Praktische Einführung in die Allgemeine Chemie

Anleitung zu physikalisch-chemischem Praktikum und selbständiger Arbeit

Von

Dr. phil. Max Trautz
Professor für physikalische Chemie und Elektrochemie a. d. Universität Heidelberg

Mit 187 Abbildungen

Leipzig ▫ Verlag von Veit & Comp. ▫ 1917

Druck von Metzger & Wittig in Leipzig.

Seiner Exzellenz

Herrn Geheime Rat Professor Dr. Carl Engler,

dem Förderer der allgemeinen Chemie,

seinem verehrten Lehrer und treuen Freund

widmet der Verfasser diese Schrift

in dankbarer Erinnerung.

Vorwort.

Die Anfänge vorliegenden Buchs und des ihm folgenden Lehrbuchs liegen 8 Jahre zurück. Beide Bücher wenden sich an Chemiker.

Der Stoff war so zu behandeln, daß der chemische Anfänger trotz des bei ihm nicht seltenen Mangels an physikalischer Vorbildung möglichst zu scharfem, begrifflichem Denken angeregt wird. Im Hinblick auf die von ihm meist aus der Schule mitgebrachte Ungewandtheit beim mathematischen Ansatz ist zuviel Ausführlichkeit in diesem Punkt kaum möglich. Deshalb wählte ich die Anordnung nach steigender Komplikation der mathematischen Gesetze. So steigt zugleich die begriffliche Schwierigkeit, experimentelle Umständlichkeit und die Unentbehrlichkeit physikalischer Hilfsmittel und Vorbildung.

Daneben sollen die Bücher dem Leiter physikalisch-chemischer Arbeiten zeitraubende Mühe sparen: Aufgaben zum physikalisch-chemischen Praktikum und Anleitung bei der selbständigen Arbeit der Doktoranden geben.

Die Zahl der Praktikumsaufgaben ist größer als üblich, um Wahl zu ermöglichen. Es ist Geschmackssache, welche man nimmt. Auch der beschreibende Naturwissenschafter und Mediziner war dabei zu berücksichtigen, wie bei der Anleitung der Doktoranden. Die im Anhang abgedruckten Vordrucke für Versuchs-Berichte sind in etwas größerer Ausführung als Sonderhefte einzeln käuflich. Am besten trägt der Praktikant seine Ergebnisse an beiden Stellen ein, worauf die Sonderhefte vom Leiter des Praktikums als Belege eingezogen werden. Das Buch enthält dieselben Einträge des Praktikanten und fördert so die Erinnerung.

Das Buch soll nicht das Lehrbuch der praktischen Physik von F. Kohlrausch für den Chemiker entbehrlich machen. Denn dieses kann nicht entbehrt werden. Das wenige, was beiden Büchern gemeinsam, ist dort kurz, nicht für den Anfänger, physikalisch, gegeben, im vorliegenden Buch auf den Chemiker, seine anderen Zwecke und seine andere Vorbildung zugeschnitten.

Von Selbstanfertigung käuflicher Apparate ist abgesehen. Die Gefahr des sich „Verbauens“ ist ohnehin groß genug. Auch deshalb gebe ich an Arbeitsmethoden selten mehrere, meist nur eine, die sicher geht und nach ihren Leistungen tunlichst bekannt ist. Ebenso bei Apparaten. Die hier getroffene Wahl setzt die hiesigen Praktikanten und Doktoranden in Stand, ohne dauernde mündliche Anleitung durch Dozenten und Assistenten sich der hier eingeführten Apparate und Methoden zu bedienen.

Messungen der Dampfdichte nach V. Meyer und A. W. Hofmann, ebenso die der Dielektrizitätskonstante werden heute in jedem physikalischen Praktikum geübt und man bedarf ihrer noch selten bei den heutigen chemischen Fragen. Deshalb durften sie übergangen werden.

Praktikumsbuch und Lehrbuch haben nicht physikalische Chemie zu ihrem Gegenstand, sondern die allgemeine Chemie, das eine große Teilgebiet der reinen Chemie, das die allgemeinen Gesetze der Chemie umfaßt. Kann man doch weder die Lehre von der chemischen Affinität noch die von der Geschwindigkeit chemischer Vorgänge, welch letztere in nuce alles chemische Geschehen qualitativ und quantitativ bestimmt, als ein Grenz- oder Teilgebiet der Physik ansehen. Deshalb führt die Bezeichnung physikalische Chemie hier irre. Der allgemeinen Chemie gegenüber steht die spezielle Chemie, die systematisierte Beschreibung der reinen Stoffarten, ihrer Darstellungsweise und sonstigen Eigenschaften. (Siehe z. B. Graham-Otto, Lehrbuch der Chemie, 3. Aufl., I. Teil: Allgemeine Chemie [rund 400 S.], II. Teil: Spezielle Chemie [rund 1200 S.], 1840. Schon Berzelius teilte sein Lehrbuch der Chemie ebenso ein.) Die Wechselwirkung beider Gebiete muß mit allen Mitteln gefördert werden.

Die einzelnen Versuche in vorliegendem Buch bilden übrigens zugleich eine straff disponierte Reihe von Vorlesungsversuchen, die einführenden Kollegien sollten zugrunde gelegt werden können. Die meisten sind einfach genug, um schon in der Schule vorgeführt zu werden. Die Systematik ist betont.

Den Blick auf das Allgemeine zu richten, sind die zahlreichen Hinweise auf andere Aufgaben der Naturforschung beigefügt. Forschungsreisen werden bei der bevorstehenden Erschließung weiter Gebiete der Alten Welt früh und vielseitig geschulter Kräfte bedürfen.

Herrn Professor Dr. R. Lorenz in Frankfurt a. M. danke ich für eine Anzahl wertvoller Ratschläge, ihm und Herrn cand. Schlueter für Hilfe bei den Korrekturen, Herrn O. Trautz für Herstellung einiger Abbildungen.

Für Hinweise auf Irrtümer werde ich dankbar sein.

Heidelberg, Mai 1917.

Trautz.

Inhalt.

II. Molekulartheorie.

Seite

III. Chemische Verwandtschaftslehre.

1. Die Gesetze des thermodynamischen Gleichgewichts.

Einleitung.

I. Die Beschreibung durch Begriffe. Der mathematische Ansatz. Messung von Größen. Benutzung von Anleitungen. Größenordnung. Die Zahlenrechnungen.

a) Die exakte Naturwissenschaft fußt auf der Beobachtung. Sie ist nicht objektiv. In der Wahl dessen, was man beobachtet, liegt schon Abstraktion, die fortgesetzt zur Beschreibung der Beobachtungen führt. Sie bedient sich bestimmter Begriffe, und wo diese noch fehlen, mehr oder minder geeigneter Worte, die noch keinen scharfen Begriff definieren (z. B. in so vielen unzweckmäßigen Definitionen das „Bestreben" eines Stoffs zu irgend etwas). Die Erfahrung zeigt eine Begriffsbildung auf messendem Gebiet erst dann einigermaßen abgeschlossen, wenn die Definition des Begriffs an sich schon eine experimentell durchführbare Vorschrift zur Messung der definierten Größe enthält. Ganz, wie der Chemiker die Formel eines Stoffs erst dann als endgültig ansieht, wenn sie in nuce eine experimentell durchführbare Vorschrift zu seiner Darstellung enthält.

Die Begriffe der exakten Naturwissenschaft kennzeichnet größte Schärfe und Starrheit ihrer Begriffsbestimmung oder Definition. Deshalb auch größte Armut an Inhalt (was „Nüancen" anlangt). Man hat dabei zwei Arten von Begriffen zu unterscheiden. Grundbegriffe im strengsten Sinn (Zeit, Raum sind vom Physiker bisher als solche Begriffe benützt worden, Spannung und Ladung wählen wir in vorliegendem Buch als Grundbegriffe der Elektrizitätslehre) lassen sich formal nicht mehr definieren, d. h. nicht auf arithmetische Verknüpfung anderer Begriffe zurückführen. Sondern sie enthalten unmittelbar Beobachtungsmaterial.

In jedem Gebiet muß man einige derartige Begriffe wählen. Welche man als solche wählt, ist Zweckmäßigkeitsfrage. (Nicht aber, wieviele. So bedarf man in der Elektrizitätslehre zweier, in der Wärmelehre ebenfalls zweier voneinander unabhängiger Grundbegriffe der beschriebenen Art.) Ihre Beschaffenheit wird am besten beschrieben durch Beschreibung der Einheit, die man als Maß für ihren

Größenbetrag durch Übereinkunft festgesetzt hat (Volt durchs Westonelement, Ladung durchs Ag-Coulometer, Zeit durch die Sternzeitsekunde usw.). Die zweite Art von Begriffen sind die abgeleiteten Begriffe, die aus algebraischer Verknüpfung der Größenbeträge von Grundbegriffen gebildet werden (z. B. Ladung/Spannung = elektrostatische Kapazität; Energie = Masse . Beschleunigung . Weglänge) oder allgemeiner aus arithmetischer Verknüpfung (Brechungsindex = Sinus des Einfallswinkels : Sinus des Brechungswinkels). Die Wahl aller exakt naturwissenschaftlichen Begriffe zielt auf möglichste formale Einfachheit der zwischen ihnen beobachteten Naturgesetze. Die letzteren werden unscharf oder ungültig, wenn man die darin vorkommenden Begriffe unscharf oder falsch definiert. Deshalb hat man die Definitionen der Begriffe der exakten Naturwissenschaft als unbiegsame, durch Übereinkunft festgesetzte Bestimmungen anzusehen, deren Unkenntnis oder Mißverstehen (etwa im Sinn des gewöhnlichen Lebens bei Worten wie Kraft, Masse, Energie usw.) den betreffenden Teil der Naturwissenschaft unverständlich oder sinnlos macht, wie eine unbekannte Sprache. Diese scharfe Kenntnis der (übrigens wenigen) Definitionen ist also unerläßliche Vorbedingung für alles andere.[1] Der Bilder bedarf man nur für die Veranschaulichung der Grundbegriffe. Denn diese selbst sind großenteils Bilder, jedoch scharfe. Die Definitionen abgeleiteter Begriffe zuerst schon durch Bilder zu veranschaulichen, ist bedenklich, weil der Anschluß ans Experiment dabei verloren zu gehen und der Begriff durch das Bild ersetzt zu werden pflegt. Da das letztere aus dem gewöhnlichen Leben stammt, wird dem Begriff dabei sein scharfer Größencharakter meist verloren gehen. Rein mechanische Bilder können dagegen nützen, so in der Elektrodynamik, aber nie dürfen und können Bilder die (arithmetischen) Definitionen der abgeleiteten Begriffe ersetzen. Sonst stützen sie das Gedächtnis auf Kosten des Verständnisses.

Doch pflegt der Anfänger diesen strengen Maßstab an die Schärfe der von ihm benutzten Begriffsdefinitionen nicht anzulegen. Deshalb bezeichnet er gern jede quantitative Gedankenarbeit mit scharf definierten Begriffen als mathematisch, theoretisch oder physikalisch, aber nicht als chemisch. Er nimmt dabei die bei Wägungen oder Volummessungen vorkommenden Analysenrechnungen aus.

b) Erfordert schon die Beobachtung Abstraktion, mehr noch die Beschreibung mittels bekannter Begriffe und wieder mehr die Bildung neuer Begriffe, so ist es nur ein kleiner weiterer Schritt von da zum mathematischen Ansatz, also der Zurückführung der Begriffsverknüpfung auf die vier Spezies der Algebra, zur Aufstellung einer Gleichung. Ist man sich über die Größennatur der benützten Begriffe ganz im klaren, so bereitet es fast nie die geringsten Schwierig-

---

[1] Die Unterschätzung der Gedächtniskenntnisse scheint ihrer Überschätzung folgen zu wollen.

keiten, die Gleichung zuerst in Worten anzuschreiben, statt deren man dann zur Kürzung die Buchstaben einsetzt. Mangelnde Gewohnheit im Anwenden mathematischen Denkens wird so am schnellsten überwunden, Ermüdung des Hörers beim Vortrag mathematischer Zusammenhänge am leichtesten vermieden.

Rechnet man aber nur mit den Abkürzungen, also den Buchstaben, so läßt ein Augenblick der Unaufmerksamkeit den Hörer ihre Bedeutung vergessen. Größen, zu deren Messung man noch keinen Weg weiß, obwohl man sich im Prinzip einen denken kann und mithin eine scharfe Definition der Größen schon besitzt, fügt man in die aufzustellende Gleichung etwa als x oder y ein, rechnet zunächst damit, als ob man sie kennte und sucht die aufgestellten Gleichungen nach ihnen aufzulösen, d. h. so umzuformen, daß x oder y auf einer Seite der Gleichung allein erscheint. Viel Hilflosigkeit im Praktikum rührt daher, daß der Lernende eine Größe nicht zahlenmäßig angeben kann und deshalb auch nicht wagt, ihr einen Namen (x) zu geben oder gar mit ihr weiterzurechnen. Auch daher, daß so viele Ansätze zuerst in Form von Proportionen gemacht werden ($a:b$ wie $c:d$ z. B.), deren Gleichungsnatur dem Anfänger nicht bewußt ist $\left(\frac{a}{b}=\frac{c}{d}\right)$. Die meisten können eine Proportionalitätsform leichter ansetzen $\left(a=\frac{b \cdot c}{d}\right)$, bei der auf einer Seite nur eine Größe allein steht, deren Verhalten gegenüber Änderungen der anderen betrachtet wird. Entbehrlichkeit von Proportionalitätskonstanten wird danach auch leichter beurteilt, vollends, wenn diese Gleichungen (außer dem Zeichen =) in Worten geschrieben werden.

Dieser Übergang vom Begriff zur Rechnung, d. h. zum Ansatz, ist es, den der Anfänger nicht genug hin- und herwenden kann, bis er ihm ganz geläufig ist.

Der Ansatz kann elementarmathematisch sein und ist das auf unserem Gebiet auch oft. Er kann aber auch eine Differentialgleichung sein. Auch dann ist er meist äußerst einfach. Man kann ihn dann genähert benützen, indem man an Stelle der Differentialquotienten Differenzenquotienten einsetzt. Sehr oft ist das vollkommen genau genug. Und wiederum sehr oft kann man gar nicht anders, weil die Umformung der Differentialgleichung durch Integration oft nicht möglich ist. Dieses rein mathematische Geschäft erledigt man mit Hilfe von Integrationstafeln[1] oder, wenn dies nicht gelingt, zieht man einen Mathematiker von Fach zu Hilfe. Man vergesse jedoch nicht, daß die Aufstellung der Differentialgleichung durch den Naturforscher zu besorgen ist, als eine begriffliche Arbeit, die experimentell meßbare Größen durch kausale Verknüpfung vereinigt.

Die positiven mathematischen Kenntnisse, deren man im Gebiet der allgemeinen Chemie bedarf, sind sehr gering, wie jeder Physiker beurteilen kann. Trotzdem bleibt erstaunlich, welch außerordentlich geringe geistige Ansprüche hier noch immer unbillige Anforderung genannt werden. Wir brauchen nur wenig Mathematik, aber dies Wenige gründlich und scharf. Das notwendige Begriffliche wird in meinem Lehrbuch kurz behandelt werden.

---

[1] Tabelle der wichtigsten Formeln der Differential- und Integralrechnung von L. Kiepert. Hannover, Helwingsche Buchhandlung.

c) Auf die Aufstellung einer Gleichung[1], worin eine unbestimmte Größe vorkommt, folgt die Frage nach der Messung der Größe. Man mißt sie also im allgemeinen durch Messung anderer Größen und nachherige Berechnung aus der Gleichung. Beim Erdenken einer guten Meßmethode beachte man stets, daß ihr Ergebnis auch qualitativ die Bedeutung haben muß, wie sie im Ansatz vorausgesetzt wurde, daß man also das mißt, dessen Definition in den Ansatz einging. Oder, wie man auch anders sagt, daß man Definiertes mißt. Mißt man z. B. eine Reaktionsgeschwindigkeit, so muß man auch sicher sein, daß ihr Betrag nicht durch Umstände bedingt wird, die wir nicht kennen, z. B. durch Verunreinigungen der benützten Stoffe (Katalysatoren), Licht usf. Das kann nämlich selbst dann der Fall sein, wenn wir die betreffende Geschwindigkeit unter uns gleich erscheinenden Umständen immer im selben Betrag wieder hervorrufen können, das Experiment also mit gleichem Ergebnis wiederholen können, oder, wie man hier meist sagt, wenn das Experiment reproduzierbar ist („Parallelversuche").

Die Definiertheit ist oft schwer zu beurteilen. So ist es z. B. bei Knallgasexplosionen schwer zu beurteilen, welche Gase und in welchen Mengenverhältnissen und Zuständen (abnorme Strahlung!) sie im Höhepunkt der Explosion zugegen sind. Bei galvanischen Ketten ist der stromliefernde Vorgang oft zweifelhaft usw.

Ist eine Erscheinung definiert und reproduzierbar, so ist es noch fraglich, in welchem Grad beides der Fall ist. Nur die Reproduzierbarkeit läßt sich immer (durch Wiederholung) prüfen. Man findet dabei, z. B. bei einer Analyse, Zahlen, die sich um kleine Beträge voneinander unterscheiden. Wenn diese Abweichungen vom Mittel der Zahlen regellos verteilt sind, so definiert man sie als „zufällige". Ändern sie sich aber in einem bestimmten Sinn, wenn man erwarten müßte, daß sie einander gleich bleiben, so sagt man, daß die beobachteten Zahlen einen Gang haben. Eine sich zersetzende Substanz z. B. wird bei aufeinander folgenden Analysen immer andere und andere Werte geben, d. h. die Ergebnisse werden einen Gang haben. Solange man keine gangfreien Resultate erhält, muß man alle Sorgfalt darauf richten, die Ursache des Gangs zu finden und wenn möglich zu beseitigen. Eine Erscheinung, die nicht gangfrei reproduzierbar ist, ist meist noch nicht definiert genug. Ist sie aber gangfrei reproduzierbar, so braucht sie noch nicht im Sinn des Ansatzes definiert zu sein, aber sie kann es wenigstens und ist es dann auch oft.

---

[1] Vgl. das ausgezeichnete Lehrbuch der Mathematik für Studierende der Naturwissenschaft und der Technik von G. Scheffers (Leipzig, Veit & Comp., 1905), das sich sehr eignet zur Einführung in die höhere Mathematik zu unseren Zwecken. Nützlich sind: Mathematische Formelsammlung von O. Th. Bürklen, Sammlung Göschen Nr. 51. Niedere Analysis von B. Sporer, Sammlung Göschen Nr. 53. Ferner: Nernst-Schönflies, Einführung in die mathematische Behandlung der Naturwissenschaften.

Hat man bei wiederholten Versuchen gleicher Anordnung immer dieselbe Größe gemessen und gangfreie Werte bekommen, so summiert man sie und dividiert durch die Anzahl n der Versuche.[1] Das Ergebnis heißt das arithmetische Mittel der gemessenen Größe. Die Differenz zwischen ihm und einem Einzelwert der gemessenen Größe heißt der Fehler des betreffenden Einzelwerts. Quadriert man jeden Fehler, summiert die so entstehenden Fehlerquadrate, dividiert sie durch die um 1 verminderte Anzahl n dieser Summanden und zieht aus diesem Quotienten die Quadratwurzel, so heißt das Ergebnis der mittlere Fehler der einzelnen Messung. Dividiert man ihn noch durch $\sqrt{n}$, so heißt das Ergebnis der mittlere Fehler des Resultats. Multipliziert man ihn mit 0,674, einer Zahl, die aus der Wahrscheinlichkeitstheorie[2] stammt, wie alle diese Betrachtungen, so heißt das Ergebnis der wahrscheinliche Fehler des Resultats. Diese Zahl hat die anschauliche Bedeutung desjenigen Zahlwerts, von dem man mit derselben Wahrscheinlichkeit behaupten kann, daß der wirklich begangene Fehler größer sei als sie, wie daß er kleiner sei. Dem mittleren oder wahrscheinlichen Fehler setzt man jeweils das Zeichen $\pm$ vor, um daran zu erinnern, daß der wahre Wert größer und kleiner sein kann. Das „Gewicht" eines zufälligen Fehlers nimmt mit seiner Größe ab, was bei sehr genauen Messungen zu berücksichtigen.

In den meisten Fällen braucht man also zur Beurteilung der Größe zufälliger Fehler nur den mittleren Fehler des Resultats auszurechnen. In wissenschaftlichen Mitteilungen gibt man ihn auf zwei Stellen genau an, z. B. $\pm$ 0,00053 oder $\pm$ 8,2 usw.

Auch bringt man die Größenordnung des Fehlers schon in der Schreibweise des arithmetischen Mittels für das Resultat zum Ausdruck, indem man von diesem so viel Stellen (nach rechts hin) angibt, daß die letzte Ziffer bereits unsicher, die vorletzte noch sicher ist oder wenigstens für sicher gehalten wird. Eher gibt man noch mehr Stellen an, aber dann höchstens eine mehr und dann ist ein Zusatz über die Größe des vermuteten Fehlers unerläßlich („Genauigkeitsangabe"). Alles dieses bezieht sich nur auf die zufälligen Fehler.

Darüber, ob der benutzten Meßmethode systematische Fehler[3] anhaften, und über die Definiertheit der Ergebnisse sagt die Angabe der oben besprochenen zufälligen Fehler natürlich nichts aus. Irrtümer, die in systematischer Entstellung und Undefiniertheit wurzeln, lassen

---

[1] Vgl. Kohlrausch, Lehrbuch der praktischen Physik. S. 1—31. Näheres über Fehlerrechnung: W. Weitbrecht, Ausgleichungsrechnung. Sammlung Göschen Nr. 302.

[2] Ausführlich bei Czuber, Wahrscheinlichkeitsrechnung. Kurz bei F. Hack, Sammlung Göschen Nr. 508.

[3] Rechnerische Hinweise auf solche gibt Helmert: Über die Genauigkeit der Kriterien des Zufalls bei Beobachtungsreihen. Kgl. Pr. Sitzber. 25. V. 1905. XXVIII. 593—612. F. Richarz u. E. Neumann. Marburg. Univ. Programm 1909. Z. f. physik. Chem. 86. 1914.

sich oft nur schwer und durch mannigfaltigstes Variieren der Versuchsbedingungen und der Verwendung der gemessenen Zahlen auffinden.

Um systematische Fehler zu vermeiden oder zu entdecken, denkt man das gewählte Meßverfahren zuerst vollständig durch. Am besten, ohne schon die experimentelle Anordnung beisammen zu haben. Und unbedingt mit Papier und Bleistift. Immer Beziehungen irgendwelcher Größen zueinander in Gleichungen fassen, Schritt für Schritt. Die zu ihrer Messung ausgedachte experimentelle Anordnung der Reihe nach, wie sie sich in Gedanken entwickelt, als Meßplan aufschreiben. Die dabei herauskommenden Anordnungen, namentlich Schaltungen, Satz für Satz schematisch abbilden. (Man arbeite hintereinander alle im Buch abgebildeten Schaltungen durch; s. Sachverzeichnis.) Immer zeichnen. Ist zuletzt jeder Schritt klar und hat man gesehen, daß alle einzelnen Operationen in der geplanten Weise im Prinzip ausführbar sind und keine zu anderen in Widerspruch kommt, so denkt man das Schema nochmals durch, jetzt aber den Blick auf die besondere Konstruktion der Apparate und Instrumente gerichtet, die man benutzen will. Oft sieht man dabei, daß ihre Belastbarkeit oder Genauigkeit oder Widerstandsfähigkeit im allgemeinen (z. B. Gefäßwände gegenüber aggressivem Inhalt) jenes Vorgehen tatsächlich nicht einwandfrei erscheinen läßt, das doch prinzipiell einwandfrei war. Scheint es jedoch tatsächlich ausführbar zu sein, so richtet man während der Ausführung sein Augenmerk auf strenge Einhaltung nicht nur der prinzipiellen Anforderungen, die man schon durchgedacht hatte, sondern auch auf jede Besonderheit, die irgend sich zeigt, ja auf das scheinbar Unbedeutendste und schreibt es sofort auf. Man lasse sich aber durch solche Beobachtungen nicht zu Gedankengängen verleiten, die einen unaufmerksam werden lassen, sondern verschiebe ihre gedankliche Verarbeitung auf die Zeit nach dem Versuch. Wenigstens in dem häufigsten Fall, in dem die Beobachtung nicht sofort erkennen läßt, daß eine Fortsetzung des Versuchs in der geplanten Weise sinnlos wäre. Allzu oft denkt der Anfänger, wie der wissenschaftliche Laie, daß man bei einer Messung nur das zu Messende beobachten müsse und im übrigen seine Aufmerksamkeit ruhig anderen Dingen zuwenden könne. Dabei vergißt er die ungeheure Mannigfaltigkeit der Naturerscheinungen, die nicht nur jede Messung, sondern schon jede Beobachtung überhaupt zu einer weitgehenden Abstraktion stempelt, deren vorbedachte Deutung im Sinn des Beobachters durch die scheinbar unbedeutendsten Nebengeschehnisse vollkommen in Frage gestellt sein kann. Insofern nicht die Beobachtung selbst durch solche Nebengeschehnisse zunächst unbekannter Art überhaupt unmöglich gemacht wird.

d) Diese Bemerkungen gelten auch für die Ausführung der nachstehend gegebenen Praktikumsaufgaben. Zuerst verschafft man sich einen Überblick über das Prinzip und die Bedeutung der Aufgabe. Dann denkt man sie Satz für Satz durch. Man prüft dabei, ob einem die Definition jedes darin benutzten Begriffs in dem scharfen hier unerläßlichen Sinn geläufig ist. Ohne das ist schon das Verständnis nicht möglich. Gibt die Anleitung experimentelle Vorschriften, so skizziert man diese, Satz für Satz, der Reihe nach auf Papier durch schematische Zeichnung. Das gilt vor allem für Schaltungen und optische Anordnungen, auch dort, wo sie schon abgebildet sind. S. a. Anhang.

Der Anfänger pflegt hier folgenden Fehler zu machen. Er ahmt mit seinen Apparaten die in der Anleitung gegebene Abbildung nach. Die Reihenfolge des dabei von ihm durchgeführten Aufbaus kann zwar einem zusammenhängenden Gedankengang entsprechen, der dem Sinn und Zweck der Anordnung gerecht wird, aber weit häufiger ist sie nur Nachahmung und deshalb vollkommen sinnlos, obwohl der fertige Aufbau richtig und brauchbar ist. Die Analogie zu der ohne Sinn abgeschriebenen Gleichung für ein physikalisches Gesetz ist vollkommen. Man zeichne deshalb nicht Schaltungen usw. ab, sondern entwickle sie Stück für Stück aus den einzelnen Gedankengängen, die den einzelnen Zwecken entsprechen. Die Anleitungen sind deshalb so abgefaßt, daß die gedanklichen Teilstücke solcher Versuchsanordnungen einander folgen nach dem Sinn des Verfahrens. Man muß sehen, daß diese Reihenfolge der Vereinigung einzelner, logischer Gedankengänge entspricht, die für die einzelnen Zwecke zureichen, aber im allgemeinen nicht in dem Sinn für ihre Erreichung notwendig sind, vielmehr oft durch eine andere Reihenfolge wiederum logischer, einzelner Gedankengänge ersetzt werden können. Anordnungen entwickeln durch Vereinigung und Verschmelzung der einzelnen Zwecke ist die Aufgabe. Nur dies kann zu selbständiger Forschung führen.

Hat man eine Aufgabe, worin Gramm, ccm oder Coulombs vorkommen, so gehe man sofort zu Molen, bzw. Äquivalenten über, führe damit die Rechnung durch und gehe erst mit dem letzten Schritt wieder zu Gramm, ccm, Coulombs usw. zurück.

e) Bei dieser Gelegenheit sei des Begriffs der Größenordnung gedacht. Ein Beispiel macht ihn am besten klar. Eine gemessene Größe und ihr Fehler gehören, sofern von Messung und nicht bloß von Schätzung die Rede sein kann, zwei verschiedenen Größenordnungen an. Die Größe selbst übertrifft ihren Fehler um eine Größenordnung. Da die Genauigkeit der Messung verschiedenartiger Größen ganz verschieden ist, so ist auch der Bereich von Dezimalstellen, den man in einem gegebenen Fall als eine „Größenordnung" zusammenfaßt, ganz verschieden. Bei der Messung von Brechungsindizes an Gasen mittels des Gasinterferometers ist die Größenordnung des Fehlers nur $^1/_{100\,000\,000}$ der gemessenen Größe.[1] Die Größenordnung des Fehlers in der Zerfallskonstante eines Gases pflegt mehrere Prozent ihres Wertes zu erreichen. Bei Schätzungen endlich sagt man öfters, daß der Betrag der geschätzten Größe um seinen eigenen Wert unsicher sei, so daß Größe und Fehler in derselben Größenordnung liegen. In diesem relativen Sinn ist der physikalische Begriff Größenordnung zu benutzen. Der mathematische ist davon verschieden.

f) Wir kommen jetzt zu den Verfahren, die man zur Bewältigung der reinen Zahlenrechnungen verwendet, zur Technik des Rechnens.[2]

Man kann dabei drei Stufen der Genauigkeit unterscheiden.

[1] A. v. Dechend, Über die genaue Messung der Lichtbrechung in Gasen. Inaug. Diss. Heidelberg 1913. (124 S.)

[2] Vgl. dazu: J. E. Mayer, Das Rechnen in der Technik. Sammlung Göschen Nr. 405.

Die erste ist die Überschlagsrechnung. Übung darin ist ganz unerläßlich. Denn man kann über keine quantitative Methode schnell ein Urteil gewinnen, wieviel sie leistet und ob sie in einem gegebenen Fall die Anwendung lohnt, wenn man nicht rasche Überschlagsrechnungen im Kopf oder mit wenigen Zahlen auf dem Papier durchführen kann. Es sind fast immer Multiplikationen und Divisionen. Denn Additionsrechnungen bewältigt man ohnehin sehr rasch dem Ungefährbetrag nach und Potenzen und Wurzeln schätzt man entweder schlechthin oder führt sie auf Logarithmen zurück (s. w. u.).

Für Multiplikation und Division bedarf man zweier Vereinfachungen. Die eine betrifft Abrundung der Zahlen, die andere schnelle Ermittlung der Stellenzahl des Ergebnisses aus der Kommastellung seiner Faktoren.

1. Abrundung.

Für Überschlagsrechnungen von der Form

$$a \, . \, b \, . \, c \, . \, d \, . \, . \, . \, . \, / \, e \, . \, f \, . \, g \, . \, h \, . \, . \, . \, .$$

kürzt man jeden Faktor des Produkts auf zwei Ziffern oder auf eine. Man setzt das Komma zwischen die zwei oder rechts von der einen Ziffer und bringt die wahre Kommastellung durch Multiplikation mit einer Potenz von 10, einer „Zehnerpotenz", zum Ausdruck.

Man setzt z. B. anstatt 0,000573 die Zahl $6 \, . \, 10^{-4}$. Es ist bequem, sich zu merken, daß die Zahl im negativen Exponenten von 10 immer gleich der Gesamtzahl der Nullen links vor den Ziffern ist. Genauer schriebe man $5{,}7 \, . \, 10^{-4}$. Will man 5892,3 kürzen, so erhält man $5{,}9 \, . \, 10^{3}$. Der Exponent der Zehnerpotenz bei Zahlen gleich oder größer als Eins ist stets um 1 kleiner, als die Stellenzahl links vom Komma. Man setzt in die gegebene Produktformel nur noch solche gekürzte Ausdrücke ein und geht dann zur Ermittlung der Stellenzahl über.

2. Kürzung.

Man faßt alle Zehnerpotenzen in eine zusammen, indem man die positiven Exponenten summiert und die negativen davon subtrahiert. Dann kürzt man schätzungsweise die gegeneinander weghebbaren gekürzten Zahlen in Zähler und Nenner, multipliziert die übrigbleibenden Faktoren im Zähler miteinander und dividiert schätzungsweise durch das Produkt derer im Nenner. Das Ergebnis wird auf zwei oder eine Ziffer gekürzt, die wahre Kommalage durch eine zugesetzte Zehnerpotenz angegeben. Vereinigt man diese mit der schon vorhandenen Zehnerpotenz durch algebraische Summierung ihrer Exponenten, so hat man das Ergebnis nach angenähertem Zahlwert und nach der Kommastellung. Ein Beispiel macht dies leicht verständlich:

$$\frac{9{,}87 \, . \, 55673 \, . \, 0{,}025 \, . \, 100053 \, . \, 0{,}00464}{3347{,}45 \, . \, 11{,}85 \, . \, 0{,}00000818} =$$

$$\text{roh} = 10 \, . \, 5{,}6 \, . \, 10^{4} \, . \, {}^{1}\!/_{40} \, . \, 10^{5} \, . \, 4{,}6 \, . \, 10^{-3} / 3{,}3 \, . \, 10^{3} \, . \, 1{,}2 \, . \, 10 \, . \, 8 \, . \, 10^{-6} =$$
$$= 10^{9} \, . \, 5{,}6 \, . \, 4{,}6 / 40 \, . \, 3{,}3 \, . \, 1{,}2 \, . \, 8 = 10^{9} \, . \, 25/1300 = 10^{9} \, . \, 2 \, . \, 10^{-2} = 2 \, . \, 10^{7}.$$

Man gewöhne sich daran, alles und jedes solcher Überschlagsrechnung zu unterwerfen. **Vor allem verschiebe man die Berechnung von Versuchsergebnissen nie länger, als wenige Stunden oder Tage.** Denn nur innerhalb dieser Zeit ist man im Besitz der Erinnerungen an den Versuch, die allenfalls zur Erklärung auffallender Zahlen bei der Berechnung dienen könnten (Störungen bei der Messung usw.) und ferner ist es immer möglich, daß die Messungen unbrauchbar sind und daß man deshalb bei bloßem Weitermessen nur Zeit verliert. Hier leistet die Überschlagsrechnung unschätzbare Dienste. Denn grobe Fehler zeigt sie sofort an und verhütet so Zeitverlust.

Zehnerpotenzen mit negativen Exponenten umgeht man auch wohl beim Anschreiben des Ergebnisses, indem man z. B. für 0,000084 schreibt: $0{,}0_484$. D. h. man gibt die Zahl der Nullen hinter dem Komma durch die an 0,0 angehängte Ziffer an.

Die zweite Rechenmethode für Ausdrücke der genannten Form:

$$a.b.c.d.\ldots/e.f.g.h.\ldots$$

fußt auf der Anwendung von etwa drei- bis vierstelligen Logarithmen. Aber nicht solcher in Tabellen, sondern solcher, deren Zahlenwerte graphisch aufgetragen sind auf ein Lineal und auf eine darin verschiebbare Zunge, die geführt aneinander gleiten (Abb. 1). Wir betrachten nur die beiden unteren Skalen. An die Endstriche der entsprechenden Längenabschnitte, die also den Logarithmen entsprechen, sind jedoch nicht die Logarithmenzahlwerte angeschrieben, sondern die Numeri dieser Logarithmen. Also an den Teilstrich Null die Zahl 1, an den Teilstrich 0,30103 die Zahl 2 usf. In dieser Weise sind beide Lineale gleich geteilt. Ein Glasschieber mit Strich in Richtung der Skalenstriche läßt sich über die durch Führung aneinandergehaltenen beiden Lineale verschieben und dient zum Übergang von dem einen zum anderen Lineal. Dieser einfache Apparat, der logarithmische Rechenschieber[1]

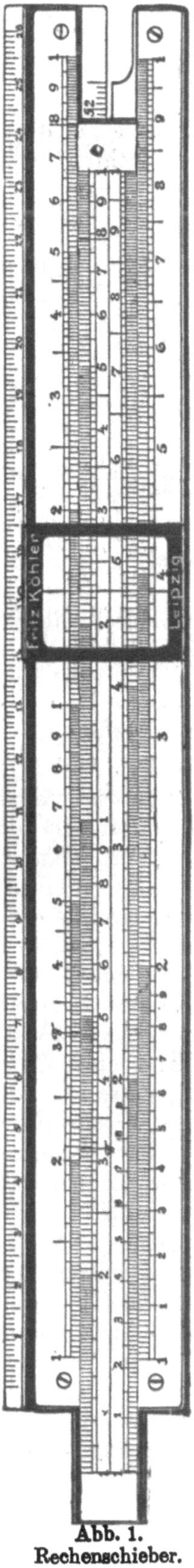

Abb. 1.
Rechenschieber.

[1] Spezialfabrik für Rechenschieber Albert Nestler, Lahr i. Baden. Sehr praktisch, wohlfeil und genau sind die kreisförmigen Rechenschieber (D. Röther, D.R.G.M. Nr. 297600), doch bedarf man dabei einer „Präzisionsscheibe" (ca. 0,5‰ Genauigkeit) und wegen Mehrdeutigkeit der Ablesung an ihr noch einer Büroscheibe (1,5‰) oder eines gewöhnlichen Rechenschiebers. (Preis zusammen ca. 18,— Mk.)

(Preis etwa 10 M. für den kleinen, 30 M. für den großen, seltener gebrauchten) ergibt in folgender einfachen Weise den Zahlwert des oben genannten Produkts ohne die Kommastellung. Da die Bestimmung der Kommastellung sich schon als sehr einfach herausgestellt hat (s. oben), so sehen wir darin keinen Nachteil.

Die Rechnung ist folgende. Man addiert graphisch die Logarithmen von *a*, *b*, *c*, *d*,... und subtrahiert graphisch die Logarithmen von *e*, *f*, *g*, *h*,... Dies geschieht in sehr einfacher Weise. Man addiert z. B. den Betrag log *b* zu log *a*, indem man an den Teilstrich *a* des Lineals den Teilstrich 1 der Zunge anlegt, auf dieser letzteren den Betrag *b* durch seinen Teilstrich abgrenzt und mit diesem den Strich auf dem Glasschieber zum Zusammenfallen bringt. Die Fortsetzung des Glasstrichs nach unten führt dann über die Stelle der unteren Skale, die $\log a + \log b$ der Länge nach entspricht, der aber der Betrag $a \cdot b$ beigeschrieben ist.

Ein Zahlenbeispiel macht dies deutlich. Man soll 1,542 multiplizieren mit 4,573. Dazu stellt man den linken Anfangsstrich der Zunge über die Zahl 1,542 des Lineals (nicht vergessen, daß der Anfang der Skale mit 1, nicht mit 0 bezeichnet ist!) geht mit dem Glasschieber bis zum Teilstrich 4,573 der Zunge und liest darunter auf dem Lineal 7,05 ab. Diese Rechnung bleibt dieselbe, einerlei, ob 1,542 mit irgendeiner positiven oder negativen ganzzahligen Potenz von 10 multipliziert ist und ob solches auch bei 4,573 der Fall ist. Denn die Kommastellung liefert der Rechenschieber nicht. Sie muß durch Überschlagsrechnung gefunden werden.

Das Verfahren bei der Multiplikation bleibt immer, wie eben beschrieben, solange das Ergebnis nicht nach rechts über das Lineal hinausfällt. Tritt dies ein, so kann man offenbar nicht die beiden Logarithmen addieren. Aber man kann vom ersten Logarithmus den Kologarithmus subtrahieren und so dasselbe erreichen. Der Kologarithmus einer Zahl ist bekanntlich gleich dem Logarithmus des reziproken Werts einer Zahl. Subtraktion des Kologarithmus führt zum selben Ergebnis, wie Addition des Logarithmus. Um zu verstehen, wie man den Kologarithmus subtrahiert, müssen wir zuerst wissen, wie man ihn auf dem Rechenschieber findet. Da der Längenbetrag des Logarithmus einer Zahl auf ihm gefunden wird, indem man von seinem linken Anfangsstrich aus nach rechts bis zu der Zahl fortschreitet, deren Logarithmus man sucht, so ist die Länge von da bis zum rechten Ende der Skale einfach der Kologarithmus. Denn die ganze Länge der Skale umfaßt die Logarithmen der Zahlen von 1 bis 10. Wir müssen also nur noch sehen, wie man graphisch subtrahiert.

Das Verfahren bei der Division von *a* durch *b* ist folgendes. Man stellt den Glasschieber auf den Strich des Lineals, der das rechte Ende der *a* von links her entsprechenden Strecke darstellt, bringt die Zunge in die Stellung, in der das rechte Ende der *b* entsprechenden

Strecke von links her mit diesem Strich gleichfalls zusammenfällt und liest auf dem Lineal den Zahlwert ab, der jetzt unter dem Teilstrich 1 der Zunge steht. Das ist also einfach die graphische Subtraktion zweier Längen, die die entsprechenden Logarithmen darstellen.

Fällt das Ergebnis dabei über das linke Ende des unteren Lineals hinaus, so ersetzt man analog der Subtraktion des Kologarithmus (s. oben bei der Multiplikation) hier die Subtraktion des Logarithmus durch die Addition des Kologarithmus. Praktisch bedeutet das, daß man bei der Division mittels des Rechenschiebers die Zunge immer so stellt, als ob das Ergebnis keinesfalls nach links über die Skale hinausfallen könnte. Tut es dies dann wirklich nicht, so liest man unter dem linken Anfangsstrich der Zunge ab. Fällt aber das Ergebnis dann links außerhalb des Lineals, so hat man bei Division die Zunge nicht zu verschieben, sondern einfach unter ihrem rechten Endstrich abzulesen.

Fällt bei der Multiplikation das Ergebnis über das rechte Ende des Lineals hinaus, so muß man die Zunge verschieben, so daß ihr rechter Endstrich über dem unteren Teilstrich erscheint, der das rechte Ende der der Zahl *a* entsprechenden Strecke darstellt. Dann muß man unter demjenigen Teilstrich der Zunge auf dem Lineal ablesen, der vom linken Ende der Zunge her die Länge *b* bezeichnet.

Die obere Skale des Lineals und der Zunge braucht der Anfänger nicht zu berücksichtigen. Hat er den Gebrauch der eben beschriebenen beiden Skalen erlernt, so daß er sich ihrer schnell bedienen kann, so findet er die Gebrauchsweise dieser beiden anderen Skalen leicht selbst.

Auf der Rückseite des kurzen Schlitzes im unteren Grundlineal entspricht an ihm ein einzelnstehender Querstrich dem Endstrich der Skale auf der Oberseite. Zieht man die Zunge nach rechts über das Grundlineal mehr oder weniger heraus, so zeigt dieser Strich auf der gleichteiligen Skale in dem Mittelstreifen der Rückseite der Zunge den Logarithmus der Zahl an, die zugleich auf der Vorderseite der Zunge durch den rechten Endstrich des Lineals bezeichnet ist.

Die Benutzung der trigonometrischen Skalen ist aus den Anweisungen zu ersehen, die den Rechenschiebern beigegeben sind, ist aber auch leicht nach einigen Vergleichen mit einer Logarithmentafel zu erraten, so daß ihre Besprechung hier übergangen werden kann. Vollends, wo die trigonometrischen Funktionen dort, wo man ihrer in der allgemeinen Chemie bedarf (optische Größen, chemische Reaktionsgeschwindigkeit), genauer bekannt sein müssen, als man sie auf diesem Wege erfährt. Denn der Rechenschieber liefert nur rund drei Stellen Genauigkeit in den Logarithmen.

Sehr viel erleichtert der Schieber dort, wo ganze Reihen von Faktoren miteinander zu multiplizieren oder zu dividieren sind. Denn hier hat man keine Zwischenresultate abzulesen, sondern nur eine Zahl an die andere graphisch auf dem Schieber anzureihen.

Ein paar zahlenmäßige Anwendungen werden dies dem Benutzer schnell klar machen. Er nehme dabei einfache Zahlen, so daß er die Ergebnisse im Kopf alle übersehen kann.

Der Rechenschieber spart so viel Zeit und besser anwendbare Geisteskraft, daß jeder seine Handhabung beherrschen sollte, der überhaupt zu rechnen hat, auch wenn es sich nur um Analysen handelt. Zugleich ist man bei einiger Übung Rechenfehlern weit weniger ausgesetzt, als beim Rechnen mit Logarithmentafeln oder ohne diese beiden Hilfsmittel. Genauigkeit, womit der Rechenschieber ein Resultat zu berechnen gestattet: Bei einem Schieber von 25 cm Länge muß man auf 0,3 Prozent Fehler rechnen. Das heißt, man muß damit rechnen, daß das berechnete Ergebnis um bis 3 Promille seines Zahlwerts fehlerhaft ist. Meist ist der Fehler etwas kleiner. Bei dem Rechenschieber von 50 cm Länge erreicht man etwa 1 Promille Genauigkeit (Fehlergrenze 1 Promille), was meistens ausreicht. Es ist zweckmäßig, die Genauigkeit eines Zahlwerts immer so anzugeben, daß man die möglichen oder wahrscheinlichen Fehler in Prozenten seines Werts angibt.

Will man eines Promilles ganz sicher sein, so rechnet man mit der Präzisionsrechenscheibe oder mit fünfstelligen Logarithmen. Empfehlenswert sind die Gaußschen Tabellen. Angenehm im Gebrauch die logarithmisch-trigonometrischen Tafeln von Th. Albrecht, Berlin, P. Stankiewicz. Solcher Tabellen bedarf man auf jeden Fall dann, wenn Logarithmen selbst vorkommen in der Formel, nach der man rechnet, oder wenn man Exponentialausdrücke zu berechnen hat (z. B. e^x usw.). (Wer im Besitz der Formeln und Hilfstafeln für geographische Ortsbestimmungen von Th. Albrecht ist, wird sich ihrer Tabellen und mancher vereinfachenden Formeln besonders bei verwickelten Reaktionsgeschwindigkeitsfragen mit Nutzen bedienen.)

Die mannigfachsten Tabellen hat man nötig, wenn man verwickelte Berechnungen an Reaktionsgeschwindigkeiten vorzunehmen hat.

Das Rechnen mit Logarithmen wird als bekannt vorausgesetzt.

Hat man ein großes Zahlenmaterial mit im wesentlichen gleichartigen Ausdrücken durchzurechnen, so erspart eine gute Maschine sehr viel Arbeit, Zeit und vor allem Irrtümer. Nach meinen Erfahrungen mit verschiedenen Typen ist die Mercedes-Euklid-Rechenmaschine mit automatischer Division (von der Mercedes-Büromaschinen-Gesellschaft, Berlin, Nollendorfplatz 6; mit Handantrieb 950 M., mit elektrischem Antrieb und Ansatz für Zwischenaddition etwa 2000 M.) weitaus am meisten zu empfehlen. Die vier Spezies werden damit außerordentlich rasch erledigt.

g) Graphische Darstellung auf Millimeterpapier[1] eignet sich zur kurzen Veranschaulichung der Ergebnisse bei Veröffentlichungen und ist zugleich ein wirksames Hilfsmittel zum Überblicken bestimmter Versuchsbefunde und Ableiten bestimmter Gesetze daraus.

---

[1] Schleicher & Schüll, Düren, Rheinland, liefern geeignete derartige Papiere.

Unentbehrlich ist graphische Darstellung zur Ermittlung von Korrektionsgliedern, weil diese nur mit geringerer Genauigkeit ermittelt zu werden brauchen. Deshalb kann man sie aus graphischen Kurventafeln auch kleinen Maßstabs oft mit mehr als genügender Sicherheit entnehmen. Man wähle dabei den Maßstab immer so groß, daß er die gewünschte Größe genauer liefert, als man sie nötig hat. Dann ist man sicher, durch die Methode nicht neue Unsicherheit in die Rechnung zu bringen.

Reduktion des Barometer- oder Manometerstands auf Normaltemperatur sollte man sich gewöhnen, nur aus einer graphischen Korrektionstabelle zu entnehmen (s. Übung 3).

Zu diesen Tabellen ist eine Bemerkung zu machen, die zeigt, wieso ihr Grundprinzip (von Mehmke angegeben) ganz allgemein zur Kürzung von Rechnungen auf graphischem Wege verwendbar ist.

Die gewöhnlichen graphischen Darstellungen geben eine Größe x an durch eine Kurve als Funktion einer anderen Größe y, also allgemein:

$$x = f(y) \quad \text{(sprich } x \text{ gleich } f \text{ von } y\text{)},$$

wo $f(y)$ beliebig aussieht.

Man kann aber auch im besonderen aus graphischen Darstellungen jede Größe x entnehmen, wenn sie proportional (s. weiter S. 34) einer anderen Größe y ist und einer beliebigen bekannten Funktion $f(z)$ von einer dritten Größe z; sobald man nur y und z kennt und den fraglichen Zusammenhang ein für allemal abgebildet hat. Also immer dann, wenn man drei Größen x, y, z so miteinander verbinden kann, daß

$$x = y \,.\, f(z) \quad \text{(sprich: } y \text{ mal } f \text{ von } z\text{)},$$

kann man die Tabelle für diesen Zusammenhang durch eine graphische Darstellung ersetzen. Sie liefert das x, sobald man y und z kennt, schneller und müheloser als Zahlentabellen. Man prüfe also, falls man viele Zahlen auf Grund einer und derselben Formel zu berechnen hat, ob man sie auf die genannte Form $x = y \,.\, f(z)$ bringen kann. S. 108 u. 147 ist das schon geschehen.

Trägt man nämlich dann in einem beliebigen Parallelogramm auf einer Seite nach oben y, auf der anderen nach unten x ab und zieht man die Diagonale zwischen den Nullpunkten der beiden Skalen, dann wird eine beliebige Gerade, die ein beliebiges x mit einem beliebigen y verbindet, zu dem Bild: Zweistrahl geschnitten von Parallelen führen.

Bezeichnet man die durch die betreffende Zeichnung gegebene Länge der Diagonale mit D, ihren zwischen dem y-Nullpunkt und der Schnittgeraden liegenden Abschnitt mit L, so wird immer sein: $x : y = (D - L) : L$. Dieser Quotient $\frac{D-L}{L}$ aber ist gleich $f(z)$, weil doch x/y diesen Zahlwert hat. Da man nun $f(z)$ kennt und D durch die Zeichnung gegeben ist (man wählt sie so groß, daß man genau genug ablesen kann), so kann man zu jedem x/y jedes zugehörige L ausrechnen und in die Zeichnung eintragen vom y-Nullpunkt aus auf der Diagonale. Dann aber schreibt man nicht an die so entstehende Skale den Zahlwert von $L = \frac{D}{1+f(z)}$ an, sondern den zugehörigen von z selbst. Ganz, wie ein Rechenschieber zwar nach den Logarithmen eingeteilt ist, aber an die ihnen entsprechenden Abschnitte ihre Numeri beigeschrieben trägt. Legt man nun durch irgendein y und ein „z" eine Gerade, so trifft sie das zu beiden gehörige x. In der Tabelle Übung 3, ist y der abgelesene Barometerstand, $f(z)$ der Ausdruck $\frac{at}{1+bt}$, worin a die Differenz der Ausdehnungskoeffizienten von Glas (oder Messing, je nach dem Material des Maßstabs) und Quecksilber, und b der Ausdehnungskoeffizient des Quecksilbers, $z=t$ die Celsiustemperatur ist. Man beachte auch die Erläuterung zur Tabelle S. 147 die nach dem gleichen Grundsatz entworfen ist. Die Selbstherstellung der beiden Tabellen ist damit schon prinzipiell angegeben, wird aber noch ausführlicher behandelt (s. weiter unten).

Temperaturkorrektionen aller möglichen Instrumente, die man braucht, stelle man graphisch dar (Korrektion an Aneroiden, Fadenkorrektion an Thermometern), desgleichen alle Kalibrierkurven, woraus man die Fehler an Skalen entnehmen will. Reduktion von Messungen an Gasen auf den idealen Gaszustand ebenso.

Unentbehrlich ist graphische Darstellung zur Integration empirischer Funktionen, wie das in Übung 2 näher im Beispiel ausgeführt ist, desgleichen zu manchen anderen Berechnungen.

Ebenso bedarf man dieser Methoden bei experimentellem Konvergenzverfahren (s. weiter unten), wobei unter Umständen sogar eine mechanische Verkörperung der graphisch gefundenen Kurven von Nutzen ist.

An Stelle von einfachem Koordinatenpapier (Millimeterpapier) tut vielfach Logarithmenpapier bessere Dienste, nämlich immer dann, wenn man es mit einer der zahlreichen Exponentialfunktionen zu tun hat. Dabei sind die Abszissen x z. B. im gewöhnlichen gleichteiligen Maß aufgetragen, die Ordinaten y dagegen in Logarithmen dieses Maßes. Eine Kurve $y = \log x$ erscheint, auf solches Papier aufgetragen, nicht wie sonst stark gekrümmt, sondern gerade. Deshalb ist man hier leichter in der Lage, richtig Punkte zwischen die beobachteten zu interpolieren.

Die Interpolation muß stets mit der nötigen Kritik geschehen. Gefundene Punkte verbindet man am besten durch wiederholte Striche möglichst stetig, so daß eine ziemlich breite Linie entsteht (weicher Bleistift). Radiert man sie dann heraus, so bleibt eine deutlichste Spur von ihr dort, wo die Linie am stetigsten gezogen war, und sie läßt sich dann mit einem feinen Bleistift durchziehen. Hier nützen Köhlersche[1] Kurvenlineale, Stahlstreifen mit einem längs daran gekniffenen Kupferband. Man kann ihnen alle möglichen Krümmungen erteilen und das Kupfer hält sie dann fest.

Extrapolationen vermeide man tunlichst. Umgekehrt ist experimenteller Nachweis der Richtigkeit einer weitgehenden Extrapolation oft eine starke Stütze für die Richtigkeit des Weges, worauf extrapoliert wurde.

h) Das Aufschreiben der Beobachtungen und der anschließenden Rechnungen.

Die unmittelbaren Beobachtungen trägt man am besten in ein „Durchschreibebuch" mit untergelegten Blaublättern ein, so daß man außer der unmittelbaren Urschrift zwei Durchschriften erhält auf Abreißblättern. Dann kann die Urschrift im Laboratorium bleiben und ist da stets zur Hand, während man die eine Durchschrift zur Bearbeitung mit nach Hause nehmen kann. Die andere Durchschrift erhält der Leiter der Arbeit, so daß auch er durch die Originalberichte auf dem Laufenden sich halten kann. Da bei diesen Büchern die linke Seite dann im allgemeinen frei bleibt, kann man sie zu Überschlagsrechnungen, zum Aufschreiben von Wageschwingungen usw. benutzen. Man gewöhne sich aber aufs strengste daran, niemals auf die rechte Seite etwas anderes, als unmittelbare Beobachtungen zu schreiben. Berechnungen gehören ins Beobachtungstagebuch nicht hinein, sondern in ein besonderes Buch. Auch da schreibe man niemals Beobachtungen „nach der Erinnerung" auf, ohne sie [etwa durch eckige Klammern] als nachträgliche Zusätze zu kennzeichnen.

Für die Drucklegung ist es vorteilhaft, nur Koordinatenpapier mit blauen Koordinatenlinien zu nehmen, weil dann das Netz beim Photographieren schon vollkommen verschwindet und daher die Kurven nicht umgezeichnet zu werden brauchen. Sie sollen mit Tusche gezeichnet sein in einem solchen Maßstab, daß der Betrag der zufälligen Fehler noch ein wenig unter denjenigen fällt, den das Auge noch mühelos auf dem Bild unterscheiden kann. Eher nimmt man den Maßstab größer. Dafür können noch andere, besondere Gründe vorliegen.

Die zahlenmäßige Darstellung von Versuchsergebnissen in Veröffentlichungen sollte stets vom Beobachter selbst in die heute üblichen Einheiten umgerechnet sein, so daß dem Leser die Beurteilung möglichst erleichtert wird.

II. Allgemeine versuchs-technische Hinweise.

Die grundlegende Wichtigkeit sicheren analytischen Könnens muß jedem aus praktischer Erfahrung geläufig sein, der auf dem Gebiet der allgemeinen Chemie arbeiten will. Denn ein großer Teil von ihr

---

[1] F. Köhler, Leipzig, Windscheidstr. 33.

besteht geradezu aus analytischen Methoden, so die Messung der Gleichgewichte und Reaktionsgeschwindigkeiten, der innerste Kern der allgemeinen Chemie schlechthin. In den anderen Teilen der allgemeinen Chemie aber hat man sich immer vollkommene Sicherheit darüber zu verschaffen, mit welchen Stoffen man es zu tun hat und wie rein sie sind.

Man ändere an einem Verfahren, das sich bewährt hat, nichts, so lange man keine Gewähr hat, daß die Änderung unerläßlich ist. Wenn man so sehr auf das Selbstausprobieren von neuen Methoden angewiesen ist, wie im Gebiet der allgemeinen Chemie, besteht mehr als anderswo erfahrungsgemäß die Gefahr, über kleinen technischen Einzelheiten und Verbesserungen das wissenschaftliche Ziel und die notwendige Allgemeinheit in der Anwendbarkeit der Methoden aus den Augen zu verlieren.

A. Arbeiten mit Quecksilber.

Quecksilberreinigung erfolgt sehr gut durch Destillation in dem von Heraeus angegebenen Apparat (Abb. 2). Das Rohquecksilber wird zuerst durch ein gelochtes Papierfilter gegossen, um mechanische Beimengungen zu entfernen, dann wird 70prozentige H_2SO_4 darauf geschüttet und die Flasche damit in ein Wasserbad gestellt, auf rund 70—80° erwärmt und mehrere Stunden lang Luft durchgesaugt, so daß Säure und Hg gut durcheinander kommen. Man trennt im Scheidetrichter das Hg von Säure und Sulfatbrei, wäscht es mit Wasser wiederholt und gießt durch mehrere gelochte Papierfilter, bis es trocken ist. Dann darf es keine Oxydhaut mehr zeigen. Man füllt es in den Aufsaugbecher (links), taucht das rechte (Abfluß-) Rohr in ein Gefäß mit so viel schon gereinigtem Hg, daß beim Auspumpen des Destillationsrohrs das Abflußrohr sich vollsaugen kann, ohne daß Luft hereinkommt, pumpt auf bestes Wasserstrahlvakuum aus und sieht darauf, daß das Destillationsrohr höchstens zu $^2/_3$ mit Metall gefüllt ist. Andernfalls stellt man den Becher am Aufsaugrohr tiefer. Man heizt jetzt elektrisch (mit Akkumulatorenstrom, damit man keines Reglers bedarf) und fängt das abtropfende Hg auf. Man unterbreche den Strom, sobald die Hg-Schicht im Destillationsrohr nur noch $^1/_2$—1 cm tief ist. Während der Destillation darf man Hg in den Aufsaugbecher nur in Mengen von höchstens 50 ccm auf einmal nachfüllen, sonst läuft man Gefahr, durch plötzliche Abkühlung das Aufsaugrohr abzusprengen. Man destilliert bei rund 220—250° C. Das probiert man ein für allemal aus durch Verändern des Widerstands vor dem Heiznetz (s. Elektrothermie, S. 95, besonders S. 103). Ab und zu muß man den Destillationsrückstand ablassen und mit H_2SO_4 in der angegebenen Weise reinigen. Sonst wird das Destillat doch auf die Dauer nicht rein genug sein. Bedient man sich eines zweiten, ebensolchen Destillierapparats zur nochmaligen Destillation des Destillats und benutzt ihn nur für schon destilliertes Hg, so erhält man dieses sehr rein. Äußerste Reinigung erzielt man nach Morse[1], wenn man das Hg vor der letzten Destillation aus einem mit feinstem Mull mehrfach zugebundenen Trichter 1000mal durch 1 m HNO_3 (1 : 20) fallen läßt und nur so gereinigtes Metall im zweiten Destillierapparat reinigt. Diese Reinigung ist für unsere Zwecke selten erforderlich.

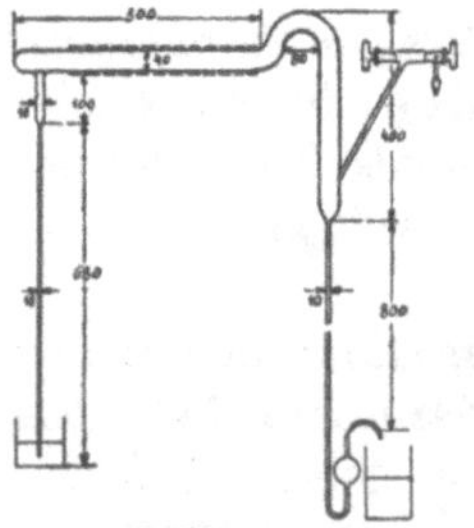

Abb. 2. Quecksilber-Reinigungs-Apparat.

[1] Amer. Chem. Journ. 45. 1911. 238.

Hat man Quecksilber aus einem Gefäß verloren, so nimmt man große Mengen am besten mit einer Saugflasche mit Druckschlauch auf, in den ein nicht allzu eng ausgezogenes Röhrchen eingepaßt ist.[1] Die Flasche verbindet man mit der Strahlpumpe, mit dem Röhrchen geht man den Metallflächen nach (Abb. 3). Man hält die Flasche vorrätig, ebenso die Quecksilberzange (Abb. 4), womit man kleinste Metallmengen aufnehmen kann.

Zum Einfüllen von Quecksilber benutzt man bei kleinen Mengen die Heerwagensche Vorrichtung (Abb. 5), zum Entnehmen die Quecksilberpipette (Abb. 6), zum Aufbewahren in größeren Mengen reine Steingutflaschen, da Glasflaschen zu zerbrechlich sind.

Man vermeide Verunreinigung der Tische mit Quecksilber, vor allem der elektrischen Instrumente wegen. Thermoelemente und Präzisionswiderstände sind dadurch sehr gefährdet. Bei genauen Arbeiten ist vielfach praktisch, schwarze (100 : 75 cm) Spiegelglasplatten[2] auf den Tisch zu legen und erst darauf die Apparate aufzustellen. Hier läßt sich jede Quecksilberspur bemerken und beseitigen.

Abb. 5. Abb. 6.
Quecksilberpipetten.

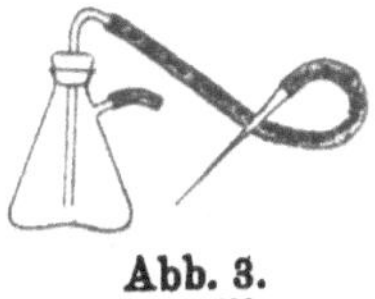

Abb. 3.
Quecksilbersaugflasche.

Abb. 4.
Quecksilberzange.

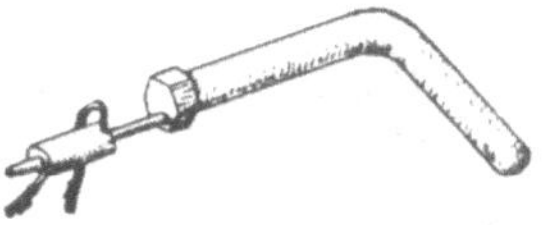

Abb. 7.

Ganz verunreinigte Quecksilberrückstände oder Quecksilbersalze sammle man in Filtrierstutzen in einer Kiste (die Salze kriechen über den Rand der Stutzen), setze zur Wiedergewinnung des Metalls Lauge zu, nutsche ab, wasche das Alkali weg, trockne und destilliere die Oxydrückstände aus einem weiten, autogen geschweißten Eisenrohr, das lang abwärts gebogen und dort gekühlt ist. Die Verarbeitung lohnt sich erst bei etwa 1 Liter Oxyd. (Abb. 7.)

B. Rohrverbindungen, Schliffe, Hähne, Kitte und Hahnfette.

Für alle Gummiverbindungen gibt Pregl folgende Vorschrift. Innerhalb der Verbindung muß, wo irgend möglich, Glas an Glas stoßen, beide glatt aufeinander geschliffen. Das geht nur sicher, wenn die Schleifung senkrecht zur Rohrachse erfolgte. Der Verbindungsschlauch muß vor dem Überziehen mit Seifenwasser, reinem Wasser und durch Ausschleudern gereinigt sein. Er muß, wie die zu verbindenden Röhren, mit einem leichten Hauch von Glyzerin überzogen sein; das erreicht man durch Befeuchten damit und nachheriges Abwischen und Auswischen. Letzteres geschieht leicht[3] mit einer Häkelnadel, worum man ein wenig Watte gedreht hat. Endlich muß das Schlauchstück genau die richtige Länge haben.

---

[1] A. v. Dechend.

[2] Behrens-Kley, Mikrochem. Analyse. 3. Aufl. I. Leipzig und Hamburg. Voss. 1915.

[3] A. v. Dechend.

Zuletzt muß man stets die Enden gleichzeitig nach beiden Seiten ziehen, so daß der *Schlauch in gedehntem Zustand* die beiden Glasstücke zusammenzieht. Keine dieser Einzelheiten darf fehlen. Die Trennungsstelle der Glasstücke soll *in der Mitte des Schlauchstücks* liegen.

Das Abschleifen der Glasenden erreicht man bei gut abgeschnittenen Röhren durch Abschleifen zuerst auf Karborundum-, dann auf Schmirgelpapier.

Diese Verbindung von Gefäßen durch Leitungen und Schliffflächen ist dort unentbehrlich, wo äußerst *geringes Gewicht* der verbundenen Teile sich mit ihrer *genauen Wägbarkeit* vereinigen soll, und wo man Kautschuk doch noch anwenden kann. Monate lang dauerndes Liegen von Kautschuk in Paraffinöl hält ihn weich, wobei er etwas quillt, schützt vor Oxydation und Angriff durch andere Gase. Oder man lagert ihn in CS_2-Dampf.

Muß man Kautschuk ganz vermeiden, also bei *aggressiven* Gasen, so wird man kleine Planschliffe verwenden (Abb. 8), die man mit einem geeigneten Hahnfett (s. weiter unten S. 20) schmiert vor dem Zusammenfügen und danach mit einer Schraubklammer zusammenpreßt (Abb. 9), unter Zwischenlegen von Gummiringen zwischen Metall und Glas. Zur Wägung von Teilen mit Planschliffen muß

Abb. 8. Planschliff.

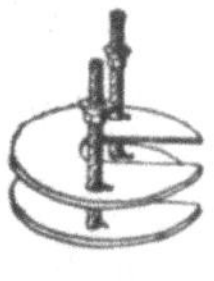

Abb. 9. Planschliffklammer.

Abb. 10.

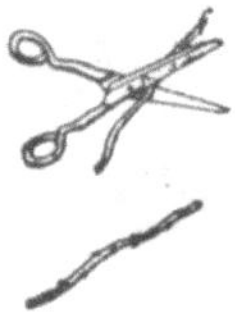

Abb. 11.

jeweils das Fett entfernt werden, am besten mit *Toluol*, wovon man stets zwei Flaschen vorrätig halte, eine mit reinem, eine mit gebrauchtem. Dazu Watte, Schirtinglappen, Hölzchen (Zündhölzchen) und Messer zum Zuspitzen, Häkelnadeln verschiedener Feinheit, Cu-Drahtstücke von 30 cm Länge und 1—2 mm Dicke und eine Schere, endlich[1] die mit Wolle durchflochtenen sog. „Pfeifenreiniger" (in jedem Tabakgeschäft erhältlich). Dieses Putzzeug vereinigt man in einem Kasten. Umwickelt man die Hölzchen mit etwas Watte und feuchtet mit Toluol an, so kann man damit kurze, enge Rohransätze rein und fettfrei machen, auch Hahnbohrungen säubern. Zum Durchziehen, befeuchtet mit Toluol, eignen sich die Pfeifenreiniger, zum Beseitigen fester haftender Teilchen die mit Watte umwickelten Spitzen der Häkelnadeln (die man am besten vorher geglüht hat, damit sie eine kleinere Gefahr sind für das Glas). Für lange Röhren dient am besten weicher Cu-Draht, dessen Ende mit Watte umwickelt (Abb. 10) und dann umgebogen wurde (bei weiten Röhren), oder den man (Abb. 11) zuerst durch Kneifen mit der Schere mit Widerhaken versehen und dann mit Watte umwickelt hat. Solche Widerhakendrähte lassen oft abgeglittene Wattestücke selbst aus Kapillaren wieder herausholen, wenn es nur gelang, an ihnen vorbeizukommen, dann den Draht zu drehen und nun beim Ziehen durch einen Widerhaken die Watte zu fassen. Man beachte aber, daß besonders für Kapillare die Berührung mit Metall gefährlich ist und durch Verletzung der harten Glashaut späteres Springen begünstigt.

Planschliffe haben den großen Vorzug, beliebig große Dichtungsflächen der verschiedensten Materialien bei engstem Durchgangsrohr drehbar und verschiebbar miteinander zu vereinigen. Sie müssen gut gekühlt und genau plan sein, werden beim Aufeinandersetzen nur am Rande geschmiert (s. Abb. 12).

---

[1] B. Berneis.

Ein Nachteil ist manchmal der große Raum der ganzen Vorrichtung.

Man löst einen am Kautschukring und in sich verklebten Planschliff in folgender Weise. Nach Aufdrehen der Schrauben schiebt man die Spitze des (weichgeglühten) Messers zwischen den oberen Gummiring und die Metallklammer und zieht mit einer Pinzette oder den Fingern an ihm, bis er vom Metall frei ist. Ebenso trennt man den unteren Gummiring vom Metall und zieht nun die schwere Metallklammer ganz ab. Gelingt es jetzt noch nicht, die beiden Schliffflächen gegeneinander zu verschieben, so kann man sie ganz vorsichtig schwach erwärmen (also nicht plötzlich und stark, wie man es beim Hals einer Flasche, einem festgesetzten Schliffkonus oder Hahn machen muß); dann legt man zwei Finger der Linken (Zeige- und Mittelfinger) an die schmale Randfläche je einer Schliffhälfte an, so daß die Trennungsebene des Schliffs zwischen den Fingern hindurchginge und drückt mit der Rechten oder mit dem Daumen der Linken unter Mithilfe der Rechten die Messerklinge gegen den Schliffspalt, um ihn mit diesem schmalen Keil zu öffnen.

Konische Schliffe lassen sich nie so genau schleifen wie Planschliffe, lassen sich aber aus dünnerem Glas machen. Sollen sie sicher dicht halten, so sind auch sie auf konstantem Druck zu halten durch Metall, am besten durch Spiralfedern, die (Abb. 13) an Ohren angehängt werden. Messingdrahtspiralen von etwa 8—9 mm Windungsdurchmesser (durch Aufspulen des harten Drahts auf der Drehbank erhalten) und etwa 0,7—0,8 mm Dicke halte man immer vorrätig zu diesem Zweck, zusammen mit einer kleinen Kneifzange, Flachzange und Rundzange zum Bearbeiten

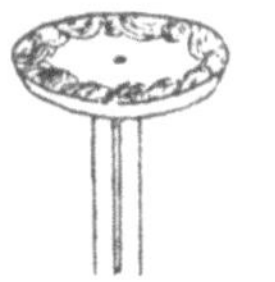

Abb. 12.
Planschliffschmieren.

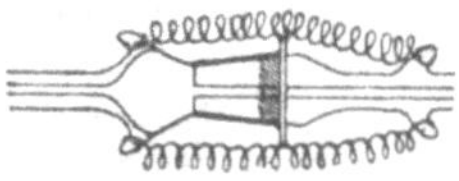

Abb. 13.
Becher-Schliffedern.

des Drahtes. Man kneift ihn an geeigneter Stelle ab, erhitzt die letzten Windungen zum schwachen Glühen, schreckt unter der Wasserleitung ab und hat nun weichen Draht, dem man die gewünschten Ösen anbiegen kann.

Kittverbindungen wie Schlauchverbindungen vermeide man, wenn irgend tunlich; am besten sind verschmolzene Glasleitungen (s. weiter unten S. 23). Hat man aber einmal Kitt nötig, so beachte man allgemein folgendes. Für gewöhnliche Temperatur und weit darunter, wenig darüber (etwa +40°), pflegt Marineleim (käuflich bei F. Köhler, Leipzig, 1 kg 5 M.) am besten zu sein. Sein Vor- und Nachteil ist, daß er langsam fließt, d. h., wo nicht von schmalen Spalten kapillar festgehalten, der Schwere folgt. Deshalb schließt er z. B. schmale Ritzen in wasserundichten Bodenflächen selbst unter Wasser allmählich nicht selten ab. Er hat als Kitt also nicht viel „Körper". Hält dicht selbst gegen Paraffinöl, wenn in Ritzen, sogar jahrelang, obwohl er dabei etwas quillt. Er widersteht zahlreichen angreifenden Stoffen, Chlor z. B. einigermaßen, ist ein vorzüglicher Rostschutz. Soll er sofort gut haften, so muß man die Gegenstände vorwärmen und mit ihm überziehen, durch Heizen in der Flamme oder mit dem erhitzten Messer. Stört sein Fließen, hat man mehr Körper nötig und hat man es nicht mit Halogenen usw. zu tun, so leistet der weiße Siegellack[1] gute Dienste. Soll der Kitt nur wasserdicht halten, aber nicht luftdicht, oder hat man „Körper" nötig, so kittet man kalt mit einem Gemisch von Glyzerin und Bleiglätte und läßt dies gut trocknen. Man kann diesen Kitt dann noch mit Marineleim überziehen, falls man die freien Flächen gut von Glyzerin gereinigt und alles gut vorgewärmt hat. Doch verträgt Glyzerin-Bleiglätte nicht viel Hitze, wie die genannten anderen Kitte. Sie schmelzen, er wird undicht. Für hohe

[1] Neudietendorf, Brüdergemeinde.

Temperaturen dient ein Gemisch von Asbest und Wasserglas, das bei reichlichem Asbestgehalt schließlich in der Hitze steinhart wird, sehr gut, wird aber selten dauernd gasdicht.

Ähnliche Kitte wie Marineleim lassen sich zum Kitten gekühlter Schliffe verwenden, wie sie (Nickelstahl in Quarz eingeschliffen) zur Abdichtung in der Nähe hoch erhitzter Körper nötig sind.

Zum Öffnen von Schliffen und Hähnen hält man sich vorteilhaft einen Mikrobrenner vorrätig. Seine kleine Flamme erlaubt sehr genau nur das zu erhitzen, was sich ausdehnen soll.

Das Festhalten von Hähnen im Gehäuse unter konstantem Druck erfolgt durch Messingfedern, wie das in Übung 3 beschrieben ist (s. a. S. 138ff.).

Schmieren von Hähnen und Schliffen muß nicht nur jeweils mit geeigneten Schmiermitteln geschehen, sondern erfordert auch bei den meisten Gasarbeiten eine ganz besondere Schmierungsart, die genau einzuhalten ist, wenn man nicht fortwährend Schwierigkeiten haben will. Es kommt außerordentlich viel darauf an. Vor dem Schmieren ist das Stück zu putzen (meist Toluol, s. oben), man legt es geputzt und trocken auf ein Uhrglas (diese bewahrt man beim Putzzeug für Hähne auf). Vor dem Zusammensetzen des konischen Schliffs wird der Schliffstopfen (nicht der Schliffbecher), das Hahnküken (die „Lilie", nicht das Gehäuse) in folgender Weise geschmiert. Man fährt mit dem tadellos reinen Zeigefinger (kein Sand usw. daran) der Rechten in das Hahnfett und nimmt etwa eine halbe oder ganze Erbse groß heraus, verteilt auf der Fingerspitze und schmiert den Konus eines Schliffs nur ganz oben, so daß man mit dem freieren Teil des Fingers beim Umstreichen des Fetts den größten Teil wieder mitnimmt. Die Schmierung soll nur $^1/_4$ bis $^1/_3$ der Schlifflänge bestreichen. Beim Schmieren von Hähnen vermeide man die Bestreichung der unmittelbaren Umgebung der Bohrungen. Will man bei ihnen ganz sicher gehen, daß sie wenigstens nach außen schließen, so legt man auf den oberen und den unteren ringförmigen Spalt zwischen Gehäuse und Hahnküken nochmals, wenn es eingesetzt ist, Fett auf und bringt es nötigenfalls durch ein angenähertes Zündholz zum glatten Anschmelzen. Macht man dann den Hahn mittels Mikrobrenner schnell warm, so daß auch alles Fett außen schmilzt und hebt das Küken ein klein wenig (mit beiden Händen anfassen!), so gelingt es leicht, Fett neu einsaugen zu lassen zwischen die Schliffflächen und so den Hahn ohne Unterbrechung des Versuchs neu zu schmieren.

Als Schliffschmieren oder Hahnfette sind folgende besonders empfehlenswert.

Für nicht aggressive Gase: Kautschukhahnfett. Man löst 7 Teile kleingeschnittenen, nicht vulkanisierten Paragummi in einem Gemisch von 1 Teil Paraffin und 3 Teilen Vaseline durch mehrtägiges gelindes Erhitzen auf dem Sandbad (rund 150° C). Die Schmelze läßt man absitzen, gießt in einen Salbentopf ab und läßt ruhig darin erstarren, damit feste Teile zu Boden sinken. Die Schmieren müssen ganz homogen und kornlos sein. Mehr Paraffin macht härter, mehr Kautschuk zäher.

Für Lösungen, die nicht schäumen sollen: reine Vaseline.

Für aggressive Gase: ein Gemisch von Weichparaffin mit Vaseline: Paraffinvaseline. Am besten mit den Gasen in der Wärme vorbehandelt und durch 10 bis 20stündiges Erhitzen im Vakuum entgast. Schmiert nicht sehr gut, ist aber allgemein verwendbar. Vor dem Drehen die Hähne nötigenfalls erwärmen, aber nur ganz leicht. So geschmierte Schliffe setzen sich nie fest. Oft kann man Paraffin selbst benutzen. Dann schmelzt man dieses im Schliff nur dann, wenn er gedreht werden soll und läßt es dann wieder erstarren. Allerdings darf dann der Druckunterschied zwischen außen und innen wegen der geringen Zähigkeit geschmolzenen Paraffins nur klein sein. Sehr brauchbar bei Halogenen und gut schmierend ist Stearinhahnfett. Ein Gemisch von 30 g Stearinsäure und 20 g Paraffin wird durch 4stündige Behandlung anfangs mit Chlor allein, später mit Chlor + NO bei 150—180° C in das geeignete Produkt übergeführt und dann im Vakuum bei höchstens 180° mindestens 10 Stunden lang entgast. Mit Brom + NO erhält man ein härteres Fett, so daß man mit einer Mischung der beiden oft auskommt. Manchmal schmiert man mit H_2SO_4 oder mit zerflossenem P_2O_5. Im letzteren Fall muß man die Schmierstelle vor der Luftfeuchtigkeit schützen, etwa durch Hg-Bedeckung oder ähnliches. Manche Hähne und Schliffe schmiert man gar nicht und bedeckt sie nur mit Hg zur Abdichtung. Das geht nur bei nicht aggressiven Gasen.

Hähne und Schliffe, die nach sorgfältigem Reinigen und Schmieren nicht optisch sicher, d. h. durchsichtig werden, ersetze man durch andere. Stark und einseitig erhitzte oder erhitzt gewesene Schliffstücke und Hähne versagen häufig, weil verzogen, müssen durch neue ersetzt werden. Bricht ein Hahngriff halb ab, so kittet man in die noch haltende Hälfte mit Siegellack ein Zündholz ein und umformt es mit Siegellack so, wie die abgebrochene Hälfte war. Auch Hahnfedern lassen sich daran befestigen. Mancher Versuch ist so noch zu retten.

C. Reinigen von Glasapparaten.

Erfolgt stets zuerst, soweit möglich, mechanisch und mit Wasser. Sind sie nicht zu groß und bestehen sie ganz aus Glas, hat man keine Eile, so legt man die Apparate nach dieser Reinigung in die Bichromatwanne, eine Glaswanne (rund 50 : 20 cm, Tiefe 30 cm), die, auf einem Steintisch auf Asbestplatte aufgestellt, Bichromatschwefelsäure enthält (2—3 kg $Na_2Cr_2O_7$ in 80prozentiger Schwefelsäure gelöst). Pipetten oder lange Röhren steckt man in den Bichromatzylinder (etwa 60 cm hoch, etwa 15 cm Durchmesser). Fragezeichenförmige Haken, aus starkem Glasstab gebogen, lassen die Apparate wieder herausfischen. Sind sie schon rein, was bei fettigen Gegenständen Wochen dauert, so spült man mit Wasser ab und hängt an die Holzzapfen eines Trockenbretts. Fettige Gegenstände reinigt man besser zuerst mit Seife und Wasser, allenfalls mit Alkohol oder Toluol, im Notfall Xylol. Äther vermeide man. Von den Spülflüssigkeiten halte man stets eine reine und eine gebrauchte Flasche bereit.

Abb. 14.

Quecksilber beseitigt man mit konzentrierter HNO_3, dann wäscht man mit verdünnter HNO_3 und Wasser nach.

Häufig sind Glasapparate von der löslicheren Schicht zu befreien, die ihre Oberfläche ausmacht. Man entfernt hier merkliche Alkalimengen durch Ausdämpfen (Abb. 14), indem man den Apparat umgekehrt auf ein Dampfrohr setzt. Das Kondensat nimmt die entstehende Lösung mit fort. Mindestens 2stündiges Ausdämpfen ist nötig, um Glasgefäße zur genauen Alkalimetrie und Azidimetrie brauchbar zu machen.

D. Bemerkungen über Maßanalysen.

Ganz genaue Pipetten erhält man nur, wenn man alle Vorsichtsmaßregeln berücksichtigt, die zur genauen Bestimmung eines Hohlvolumens durch Auswägen gehören und außerdem 1. die Übergänge vom Pipettengefäß in die Röhren sehr langkonisch, schlank gestalten läßt, 2. das Ausflußrohr dünn im Glas hält an der Spitze und diese so eng macht, daß eine 20-ccm-Pipette mindestens 40 Sekunden lang braucht, um ihren Wasserinhalt abfließen zu lassen, eine 100-ccm-Pipette etwa 60 Sekunden, 3. den Inhalt auf eine bestimmte Art der Benutzung bezieht, z. B. Abfließenlassen ohne Blasen und Anlegen, dann dreimal nach Zählen Anlegen und Blasen usw.

Maßanalytisch mit ungeeichten Apparaten zu arbeiten, geht nur bei rohen Arbeiten an. Quantitative Schlüsse kann man nur ziehen aus Messungen mit Meßgeräten, die vom Eichamt mit Stempel versehen sind oder die man selbst geeicht hat.

Die Genauigkeit der Meßgeräte von der Normal-Eichungskommission ist folgende, falls sie den Stempel „Richtig" tragen:

Pipetten, die zuerst frei auslaufen, dann nach 15 Sekunden einmal an der benetzten Wand abgestrichen werden, können einen Fehler von

$$2{,}5\sqrt{V\,\text{ccm}}\ \text{Promille}$$

zeigen, worin V das Sollvolum der Pipette ist.

Büretten läßt man im allgemeinen in $^1/_2$ Minute ablaufen. Läßt man weniger als die Hälfte des Gesamtinhalts ablaufen, so darf der Fehler die folgenden Beträge nicht überschreiten:

von	0	2	10	30	75 ccm
bis	10	10	30	50	100 „
	0,004	0,01	0,015	0,02	0,04

Meßkolben auf Einguß sollen weniger als etwa $0{,}6\sqrt[4]{V\,\text{ccm}}$ Promille Fehler aufweisen, die auf Ausguß nicht mehr als das Doppelte.

Kalibrierung von Meßgeräten führt man selbst durch bei hohen Ansprüchen an Sicherheit oder Genauigkeit. Bei Pipetten und Meßkolben durch Auswägen nach den Regeln für die Bestimmung von Hohlvolumina durch Auswägen.[1] Büretten kalibriert man durch Vergleich mit einer kleinen Hilfspipette (Abb. 15) von möglichst genau 2 ccm Inhalt, den man durch Auswägen ermittelt hat. Man muß dazu die Bürette gut fettfrei mit Wasser oder der zu verwendenden Flüssigkeit füllen (Quecksilber oder Öle geben andere Fehler als Wasser) und zuerst bis zum unteren Teilstrich der Meßpipette ablaufen lassen, wobei die Bürette bis zum Nullstrich gefüllt sei. Man läßt dann 2 ccm in die Pipette laufen, liest die Bürette ab und bestimmt so die Korrektionen der Bürettenablesung, die man graphisch aufträgt (negativ, wenn man sie subtrahieren muß, um zum richtigen Wert zu kommen). Diese Bürettenkalibrierung ist bei genauen Titrationen unerläßlich, ebenso bei Gasbüretten. Benutzt man sie für Quecksilber, so muß man sie, namentlich, wenn sie senkrecht stehen, also durch sein Gewicht verzerrt werden, mit Quecksilber kalibrieren.

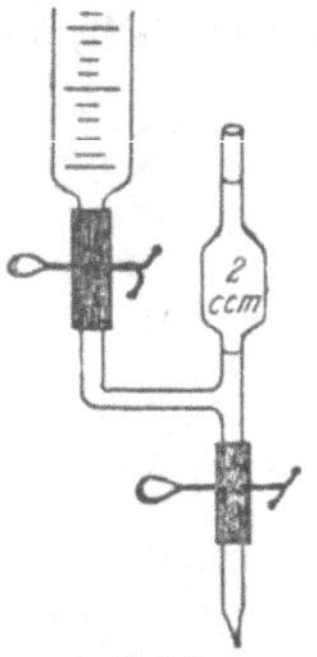

Abb. 15. Bürettenkalibrierung.

Es ist unzweckmäßig, bei vielen aufeinanderfolgenden Titrationen mit denselben Lösungen diese in der üblichen Weise in Büretten einzufüllen. Man verwende hier vielmehr nur Bürettenflaschen. Meist ist 10 Liter oder mindestens 5 Liter am vorteilhaftesten. Die Lösungen bleiben dabei auch viel konstanter und definierter. Zwei solche Bürettenflaschen, eine für $Ba(OH)_2$ und eine für $KMnO_4$, zeigen die Abb. 16a u. 16b, aus denen man sieht, wie man die Lösungen vor Luft schützt und in die Büretten bringt. Anstrich mit Asphaltlack schützt vor Licht, was bei Thiosulfat, Jod und Permanganat nötig ist. Die Auslaufspitze tauche stets in Wasser.

Büretten sollen immer über den Nullpunkt hinauf gefüllt aufbewahrt werden. Das gilt besonders für Bürettenflaschen. Sonst ist das Rohr fast stets fettig und von Genauigkeit keine Rede. Wegen Fettgefahr sollen auch Pipetten tunlichst in Chromatschwefelsäure oder wenigstens Auslaufspitze nach oben aufbewahrt und dort mit einem kleinen Reagensrohr bedeckt werden. Nach dem Gebrauch sollen sie stets sofort ausgewaschen werden und naß in dieser Stellung aufs Pipettengestell gebracht oder in den Chromatzylinder gestellt werden.

Die Ablesung an Büretten soll ohne Parallaxe erfolgen. Das geschieht leicht bei durchsichtigen Flüssigkeiten, weil hier nur Büretten mit Schellbachstreifen (Abb. 17) benutzt werden. Andernfalls ist Ableselupe (Abb. 18) nützlich oder eine Teilung, die das Rohr zu $^3/_4$ umfaßt, so daß man das vordere und das hintere Stück der Teilung durch geeignete Augenstellung miteinander zur Deckung bringt. Bei

[1] Kohlrausch, Lehrbuch der prakt. Physik. 11. Aufl. S. 99.

Füllung mit nicht benetzenden Flüssigkeiten liest man den höchsten Punkt der Kuppe nach kräftigem Beklopfen ab.

Genaue Meßkolben muß man durch Nachwägen kontrollieren und die Korrektion ermitteln.

Die Temperatur abgemessener Lösungen spielt eine sehr große Rolle, deren Einfluß bei genauen Messungen fast immer unterschätzt wird.

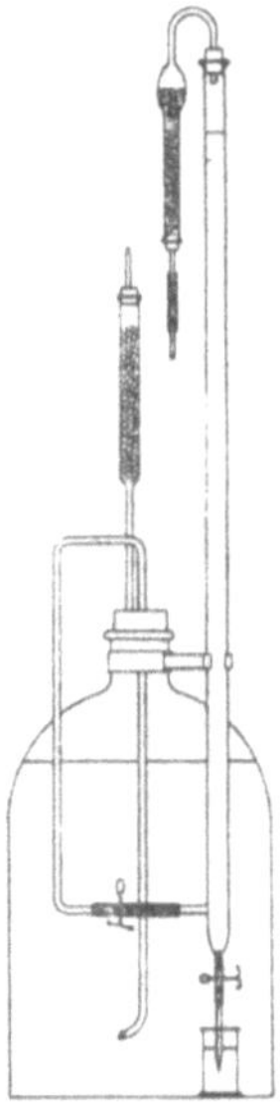

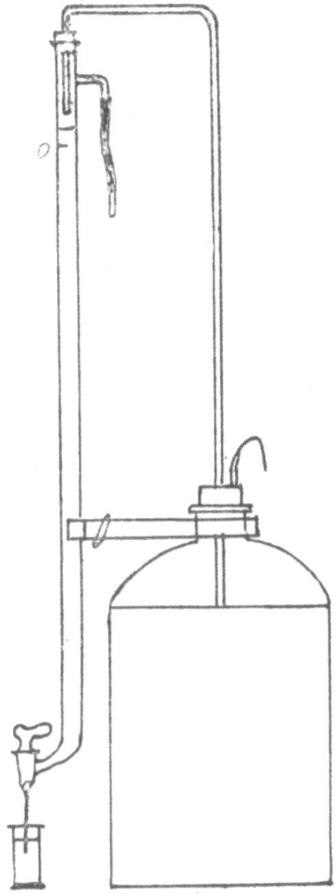

Abb. 16a. Abb. 16b.
Bürettenflaschen.

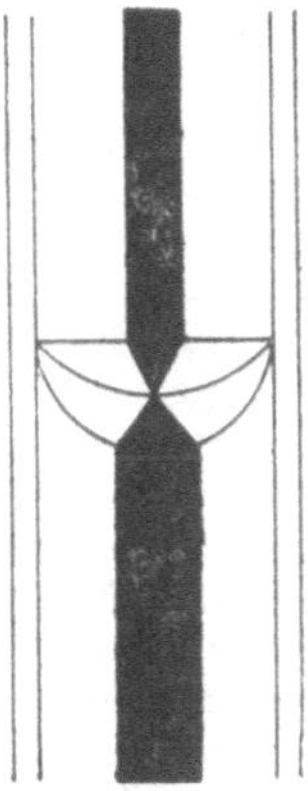

Abb. 17.
Meniskusbild in Schellbachbürette.

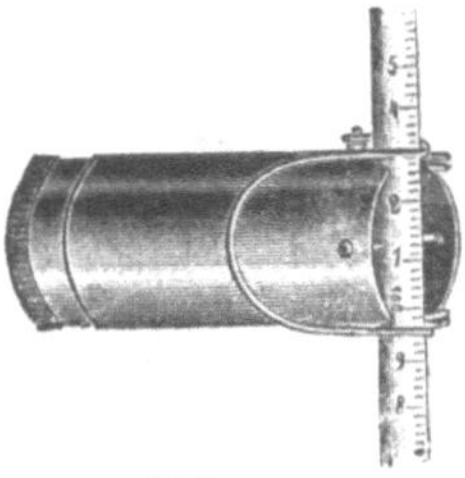

Abb. 18.
Ableselupe.

Titrationen sind bei biochemischen, vulkanologischen und ozeanographischen Arbeiten von so erheblicher Wichtigkeit, daß die Berücksichtigung dieser Regeln zur Erzielung zuverlässiger Ergebnisse auch dort nicht versäumt werden sollte.

E. Benutzung von Bombenröhren.

Die Technik des Abschmelzens von Bombenröhren hat allgemeinste Anwendbarkeit für alles Erhitzen im abgeschlossenen Raum bis zu etwa 300 bis 400°, kann nur durch Übung gelernt werden, sollte jedem geläufig sein. Übung im Glasblasen überhaupt ist jedem anzuraten, besonders auch im Ansetzen von Röhren aneinander. Denn ohne diese letztere Fertigkeit dürfte niemand gewisse Gasarbeiten durchführen können. Übung an Hand der bekannten Anleitung in

Kohlrauschs Lehrbuch der praktischen Physik setzt rasch in den Besitz dieser Kunst. In 10—12 Unterrichtsstunden bei einem Glasbläser erlernt man das Notwendige noch leichter.

Zu starkwandigen Kapillaren ausgezogene Bombenröhren eignen sich, wenn luftleer gepumpt, ausgezeichnet zum Auffangen von Gasen, wie sie an manchen Stellen, an Quellen, Sümpfen, Gas- und Ölquellen und an vulkanischen Orten der Erde entströmen. Bricht man nämlich die Spitze einer solchen Röhre nach leichtem Anfeilen in der Gasquelle ab, so füllt sich das Rohr mit einem Gemisch von Gas und Luft und kann nach völliger Erfüllung meist mit Sturmzündhölzern abgeschmolzen werden. Das Rohr sowie die Feile zum Abschlagen der Spitze befestigt man an Bambusstangen. Zum Transport werden die Röhren einzeln in Wellenpappe geschlagen, so daß die Spitze durch die steife Pappe geschützt ist, und eng in etwa 6—8 cm weite zylindrische Zinkfutterale gepackt, die man mit Leukoplast oder Lassoband am Spalt umwickelt, um Feuchtigkeit abzuhalten. Zweckmäßig macht man die Spitze derartiger Röhren sehr eng, so daß beim Aufbrechen das Gas nur langsam eindringt und so unnötiger Luftzutritt vermieden wird. Ist die Abschmelzstelle schlecht ausgefallen, so überzieht man sie mit Marineleim, dessen man auf solchen Reisen ohnehin nicht entraten kann.

Zum Auffangen und Transportieren von Flüssigkeiten, wie Quellwässern, Solfatarenprodukten und allem möglichen anderen kann man vielfach dieselben Röhren verwenden. Für größere Mengen eignen sich starke Flaschen, die man vorher ausgedämpft hat, deren eingeschliffene Stopfen man, wie auch den Hals innen, nach der Füllung gut trocknet, warm macht und je nachdem mit Wasserglas (für Öle) oder Marineleim (für wässerige Flüssigkeiten) endgültig verklebt. Schutz: Wellenpappe mit gekreuzten Rippen, außen Zinkblech. Verklebung der Ritzen mit Leukoplast.

I. Die Erhaltungsgesetze.

Stöchiometrie.

(Die Erhaltung der Elementatome, Konstante und multiple Proportionen.)

Grundbegriffe.

(Kraft, Beschleunigung, Masse.)

Besprechung.

Definitionen. Wenn ein Körper den Zustand der Ruhe oder den der gleichförmigen, geradlinigen Bewegung verläßt, so wirkt auf ihn eine Kraft.

Die Größe der Kraft setzt man streng proportional der von ihr erzeugten Beschleunigung. Als (positive oder negative) Beschleunigung definiert man die (positive oder negative) Zunahme der Geschwindigkeit, dividiert durch die Zeit, worin sie erfolgte. Als Geschwindigkeit definiert man den Betrag eines Weges, dividiert durch die Zeit, worin er zurückgelegt wird.

Das Verhältnis einer Kraft zu der Beschleunigung, die sie einem gegebenen Körper erteilt, ist eine unveränderliche Eigenschaft des Körpers und heißt seine Masse. Man mißt sie in Gramm als Einheit durch Wägung.

Die genaue zeitliche Konstanz der Masse eines Körpers oder Körpersystems ist als eine besondere Gesetzmäßigkeit anzusehen und heißt das Gesetz von der Erhaltung der Masse.

Abb. 19. Landoltsches Rohr.

Daß es auch bei chemischen Vorgängen gilt, läßt sich zeigen, indem man zwei Stoffe, die miteinander reagieren können, in getrennte Abteilungen eines Gefäßes bringt und wägt, dann in dem Gefäß miteinander mengt und wieder wägt. Um sicher zu sein, daß nichts entweicht oder hinzukommt bei der Reaktion, schmelzt man die Stoffe in Glas ein. (Abb. 19.)

Ein Prinzip der speziellen Chemie.

In der Durchführung der analytischen Methoden kommt das Prinzip zum Ausdruck, durch die Synthese auf Verbindungen konstanter Zusammensetzung hinzuarbeiten. Denn nur dadurch wird man instand gesetzt, aus der Wägung der Analysenprodukte auf die ursprünglich vorhandenen quantitative Schlüsse zu ziehen. Man sucht also die Analyse ebenso zu lenken, wie man die Synthese (allgemeiner die Darstellung der Stoffe) lenkt: so, daß man reine Stoffe erhält.

Die allgemeine Chemie andererseits schließt Gemische und mithin Lösungen aus den Zielen ihrer Arbeit nicht in dem Grad aus, wie die spezielle. Dabei gibt es bestimmt eine außerordentlich große Zahl grundsätzlich nicht rein darstellbarer Stoffe. Dies ist nicht so gemeint, als ob man keinen streng reinen Stoff darstellen könne, denn dies wäre eine Selbstverständlichkeit, wie alles Absolute. Vielmehr so, daß die Existenz einer ganzen Welt von Stoffen behauptet werden muß, die nur unter solchen Bedingungen auftreten, wo sie ihre Zerfallsprodukte, wie die Stoffe, woraus sie entstanden, als untrennbare Trabanten mit sich führen. Namentlich bei hohen Temperaturen kommen diese Stoffe als schwer untersuchbare Möglichkeiten in Betracht. Darf man doch nicht vergessen, daß jeder Stoff, der nur oberhalb Rotglut auftreten kann und beim Sinken der Temperatur unter diese Grenze unmeßbar schnell verschwindet, unseren heutigen Nachweismethoden fast immer entgehen muß. Temperatur- und Druckbereich der uns vertrauten synthetischen und analytischen Methoden ist im Verhältnis zu den Bereichen der sog. physikalisch-chemischen Methoden der allgemeinen Chemie sehr eng.

Nur die indirekten Methoden der allgemeinen Chemie können diese Welt neuer Stoffe überhaupt untersuchen, worin man voraussichtlich vor allem die sog. „Katalysatoren" zu suchen hat. In jedem Lehrbuch der Chemie begegnet man Stoffen, deren Zerfallsgrade oder deren Verwandte zweifelhaft sind und wenig berücksichtigt zu werden pflegen. Man denke an NOBr oder NO_2Cl oder ClFl.

Die Chemie von heute hat vorwiegend erst Kenntnis von denjenigen Stoffen, die (wenn auch allenfalls für nur kurze Zeit) in merklicher Menge bei gewöhnlicher (Zimmer-) Temperatur und gewöhnlichem (Atmosphären-) Druck wenigstens existieren können. Ihre Kenntnis von den bei dieser Temperatur nicht rein darstellbaren Verbindungen (z. B. Säurehydrate, Ionen usw.) ist gering im Verhältnis zu der von den rein darstellbaren. Daraus ergibt sich eine der speziellen Chemie förderliche Aufgabe der allgemeinen Chemie: Nachweismethoden zu finden für solche Stoffe, wie sie die heutige spezielle Chemie nicht oder nur unvollkommen kennt, und Methoden zur quantitativen Bestimmung ihrer Mengen und Eigenschaften. Alle diese Methoden führen auf die Frage nach Gleichgewichts- und Geschwindigkeitsgesetzen, so daß diese Frage, die nach der Verwandtschaftslehre, die chemischste Frage überhaupt darstellt.

Jede quantitative chemische Analyse ist ein Beispiel für die stöchiometrischen Gesetze der konstanten und multiplen Proportionen. Also auch jede Elementaranalyse durch Verbrennung. Es ist nützlich, sich dies zu vergegenwärtigen. Denn nur die durch analytische Arbeit erworbene Vertrautheit mit diesen Gesetzen erlaubt, in einer praktischen Einführung in die allgemeine Chemie auf ein quantitatives Beispiel dafür zu verzichten.

Die stöchiometrischen Gesetze gehören somit ebenso untrennbar zum Bestand der allgemeinen Chemie, wie die nunmehr folgenden Gesetze.

1. Übung. Elektrochemie.

(Die Erhaltung der Elektrizitätsmenge. Die Gesetze von Faraday.)

A. Grundbegriffe.

(Spannung, Elektrizitätsmenge, Stromstärke, Widerstand.)[1]

Handversuche.

1. Spannung. — Besprechung. Taucht man in ein Gefäß mit einem Elektrolyten zwei verschiedene Metalle, so daß sie sich darin nicht berühren, so ist diese Kombination ein Beispiel für ein galvanisches Element. Zwischen den nicht eintauchenden Enden der Metalle, den Polen, läßt sich eine Reihe von Kraftwirkungen nicht mechanischen Ursprungs nachweisen (Bewegungsantrieb auf geladene Teilchen zwischen den Polen, Erwärmung eines zwischen ihnen gespannten Drahts, magnetische Wirkungen in seiner Umgebung, chemische Wirkungen), die immer zusammen vorkommen. Man definiert sie als elektrische. Man definiert als elektrische Spannung zwischen den Polen die Ursache dieser Wirkungen und schreibt ihr eine bestimmte Richtung und eine bestimmte Größe zu. Man sagt, die Spannungen zwischen zwei Punkten im Raum sind gleich groß, wenn die genannten Wirkungen gleich sind. Damit hat man die Grundlage zu einer Vergleichung oder relativen Messung der Spannung. Kann man z. B. ein Element herstellen, zwischen dessen Polen die Spannung sich zeitlich und örtlich immer gleich erweist, so sagt man, daß man diese Spannung reproduzieren kann. Zieht man diese Spannung stets zum Vergleich heran und setzt fest, daß man ihren Betrag eins nennen will, so hat man damit eine willkürliche absolute Messung der Spannung ermöglicht, bezogen auf das genannte Normalelement. Man kann den Betrag der Spannung am Normalelement ebensogut anstatt zu eins zu einer anderen Zahl festsetzen, wenn es sich aus anderen Gründen als vorteilhafter erweist. Man ändert damit nur die Maßeinheit. Man hat als gut reproduzierbares Normalelement das Westonelement aufgefunden.

Es erwies sich zweckmäßig, um mit anderen Zahlen einfache Beziehungen herzustellen, den Zahlwert seiner Spannung zu

$$1{,}0188 \text{ (Volt)}$$

(1 Volt sei die Einheit genannt) festzusetzen.

---

[1] Für das Studium der Elektrizitätslehre sei empfohlen: G. Mie, Lehrbuch der Elektrizität und des Magnetismus. Für das der Elektrochemie: M. Le Blanc, Lehrbuch der Elektrochemie, 6. Aufl., O. Leiner, 1914. Für elektrochemische Praxis: R. Lorenz, Elektrochemisches Praktikum, Göttingen, Vandenhoek & Ruprecht, 1901. F. Fischer, Praktikum d. Elektrochemie, Berlin, Springer, 1912. E. Müller, Elektrochemisches Praktikum mit Geleitwort von F. Foerster, Dresden u. Leipzig, Th. Steinkopff, 1913.

Das Westonelement, die Spannungsnormale (Abb. 20), besteht aus Kadmiumamalgam als negativem und Hg als positivem Pol. Letzteres ist bedeckt mit Merkurosulfatpaste (durch Zusammenreiben von Hg_2SO_4 mit Hg und an $CdSO_4 \cdot 8/3\,H_2O$ gesättigter $CdSO_4$-Lösung hergestellt). Als Elektrolyt dient die genannte $CdSO_4$-Lösung, die mit Kristallen des Bodenkörpers $CdSO_4 \cdot 8/3\,H_2O$ erfüllt ist. Die H-Form mit unten eingeschmolzenen Pt-Elektroden hat sich wohl am meisten eingeführt. Das Amalgam soll 1 Teil Cd und 7—8 Teile Hg enthalten. Alle Bestandteile sollen überaus rein sein. Die Temperatur des Elements bedingt zwischen 15 und 25° C so gut wie keine Korrektion (Korrektionstabelle Tabelle II). Bei der Wohlfeilheit der Elemente mag von den Vorschriften zur Selbstherstellung abgesehen werden.

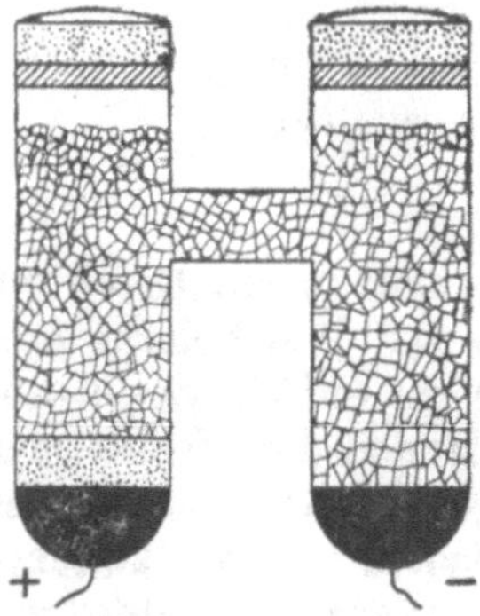

Abb. 20. Normalelement.

Die E.M.K. (elektromotorische Kraft = Spannung zwischen den Klemmen des nicht geschlossenen Elements) des Westonelements, auch bei (guter) Selbstherstellung beträgt bis auf etwa ± 0,2 Millivolt genau den in der Tabelle angegebenen Wert. Es hat daher keinen Sinn, genauer als auf diese Stellenzahl den absoluten Voltbetrag anzugeben bei irgendeiner mit Normalelement gemachten Messung. Übrigens kann man Potentialdifferenzen noch genauer als so reproduzieren, nämlich bis auf etwa ± 0,005 Prozent ihres Werts, also noch rund viermal so genau wie oben, bei Anwendung besonderer Vorsichtsmaßregeln.

Die Polbezeichnung an galvanischen Zellen ist wichtig. Denn sie wird in verschiedenen Werken verschieden gewählt und führt somit leicht zu Verwirrung. Selbstverständlich ist die Bezeichnung positiver und negativer Pol nicht willkürlich. Denn der eine Pol ist eben positiv und der andere negativ im Verhältnis zum ersteren. Aber es untersteht der Willkür, von welchem Strom wir reden, falls wir sagen, der Strom geht z. B. vom positiven Pol P zum negativen Pol N. Meinen wir nämlich dabei das Stromstück, das im Element liegt, so ist der negative Strom, also der Strom negativer Elektrizität gemeint. Meinen wir aber den Strom im äußeren Schließungsbogen, so fließt dieser vom Pol P zu N nur, wenn es der positive ist. Man merke sich:

1. Stromrichtung heißt die Richtung des positiven Stroms.

2. In elektrolytischen Zersetzungszellen, wie in galvanischen Elementen heißt der Pol, wo der positive Strom **in den Elektrolyten** eintritt, die Anode, der andere Kathode.

Beispiel: Im Wasserzersetzungsapparat heißt der Wasserstoffpol Kathode, der andere Anode. Im Akkumulator heißt das PbO_2 Anode, das Pb Kathode, während man ladet. Bei Entladung sind die Pole dieselben, die Bezeichnungen Anode und Kathode aber und die Stromrichtung umgekehrt.

3. Die Spannungsdifferenz zwischen den Polen eines galvanischen Elements rechnet man immer positiv; dann genügt eine Zahlenangabe.

Man präge sich diese Festsetzungen ein, da sie bei Messungen an galvanischen Ketten vielfach angewendet werden.

Die Maßeinheit der Spannung heißt: 1 Volt. Ihr Betrag und ihr Wesen ist durch das Westonelement definiert. 10^{-3} Volt heißt Millivolt und 10^{-6} Volt Mikrovolt. Ebenso benutzt man die Vorsilben Milli und Mikro vor anderen Einheiten. Die Spannung, wie sie hier definiert ist durch die Wirkungen zwischen den beiden Polen, kann auch angesehen werden als Differenz der Spannungen von den beiden Polen gegen die Erde. Sagt man — um eine andere, oft bequemere Ausdrucksweise einzuführen —, die letztere habe das Potential Null, so heißt die Spannungsdifferenz jedes Pols gegen die Erde sein absolutes Potential und die Spannungsdifferenz zwischen den Polen erhält den Namen: Potentialdifferenz. Da es (nur) zwei Arten von Elektrizität gibt (geriebenes Glas positiv, Harz negativ), so kann ein absolutes Potential positives oder negatives Vorzeichen haben. Aber für alle elektrischen Wirkungen von Potentialdifferenzen ist nur die Größe der Potentialdifferenzen maßgebend, sie hängen nie ab von der absoluten Höhe der Potentiale, mit anderen Worten, die Wahl des Potentialnullpunkts ist willkürlich.

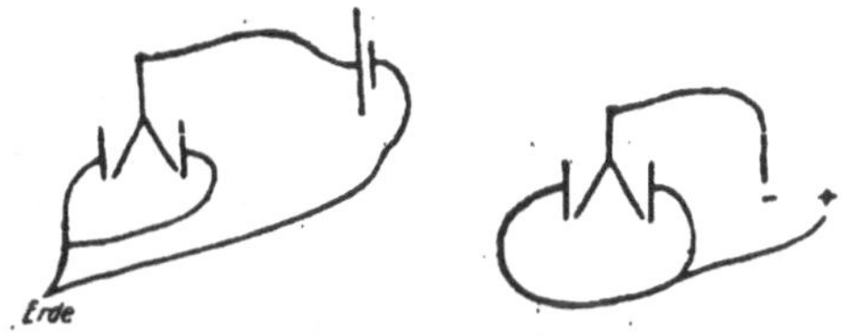

Abb. 21. Elektroskopschaltungen.

Gleichnamige Elektrizitäten stoßen einander ab. Deshalb müssen zwei leitend verbundene leichte Metallblättchen einander abstoßen, wenn man sie mit einem Körper leitend verbindet, der gegen die Erde eine Potentialdifferenz hat. Der Winkel, um den die Blättchen voneinander abgestoßen werden, ist ein Maß für die Größe der Spannung (aber ihr nicht proportional!). Er ist zugleich verschieden für verschieden schwere Blättchen, auch wenn man gleiche Spannungen anlegt. Je größer er dann ist, desto größer nennt man die Empfindlichkeit des Instruments. Solche Instrumente zum Nachweis von Spannungen heißen Elektroskope.

Die folgenden Versuche zeigen die Schaltung bei den Messungen der Spannung mit dem Elektroskop und beleuchten die Empfindlichkeit der üblichen einfachen Elektroskope. (Abb. 21.)

Zubehör. Hg_2SO_4-Tauchelement, Akkumulator. 10-Voltleitung, 80-Voltleitung, 220-Voltleitung. Exnerelektroskop mit Stativ. Drähte. Glasstab mit Wolltuch.

Ausführung. Man leitet die Feldkörper des Elektroskops zur Erde ab („erdet“ sie) durch leitende Verbindung mit Gas- oder Wasserleitung, ebenso den einen Pol des Elements, legt den anderen an den Testkörper, den Knopf, der zu den Blättern führt, prüft, ob ein Ausschlag entsteht. Dann verbindet man der Reihe nach die anderen Stromquellen mit dem Elektroskop, je einen Pol an den Testkörper, einen an die Feldkörper, ohne zu erden. Zuletzt wiederholt man die erste Schaltung und berührt den Testkörper mit dem geriebenen Glasstab. Dann hebe man die Erdung auf und wiederhole den Versuch mit dem Glasstab, zuletzt erde man eben vor und während dem Anlegen des Glasstabs durch Berühren der Feldkörperschraube mit dem Finger. Bei jedem Versuch prüfe man den Ausschlag. Man überlege die Ursache der Verschiedenheit.

2. Zersetzungsspannung. — Besprechung. Elektrische Spannungszustände kann man durch Metalle fortleiten an andere Stellen. Dabei tritt außer Elektrizitätstransport keine Fortbewegung wägbaren Stoffs ein. Solche Leiter heißen Leiter I. Klasse. Die Fortleitung der Elektrizität gelingt auch in vielen nichtmetallischen Körpern und ist hier immer mit einem Transport von Stoff untrennbar verbunden (findet aber z. T. [Gase] daneben auch ohne Stofftransport statt): Leiter II. Klasse (Elektrolyte). Im letzteren Fall hört die Leitung aber unter Umständen nach kurzem auf; das ist der Fall, wenn die transportierten Stoffe eine Gegenspannung, die „Polarisation", hervorrufen, die so stark ist als die von außen angelegte. Die Polarisationsspannung beträgt etwa 1—2 Volt und hängt von der Beschaffenheit und dem Zustand des Leiters II. Klasse ab. Macht man die äußere Spannung ihr entgegengesetzt gleich, so ist gerade noch keine dauernde Stromleitung ermöglicht, und man sagt dann, daß die „Zersetzungsspannung" erreicht sei. Ihr Betrag ist elektrochemisch sehr wichtig. Aus NaOH entwickelt der Strom Knallgas, sobald die Zersetzungsspannung überschritten wird. Der folgende Versuch beleuchtet qualitativ die Ermittlung der Zersetzungsspannung und zeigt, in welche Größenordnung sie fällt und wie sich diese verhält zu der Größenordnung der Spannungen einiger viel benützter Stromquellen. Man zersetzt bei ihm Natronlauge zwischen Pt-Elektroden.

Hier ist eine Reziprozität wichtig. Wie man einer bestimmten Mindestspannung bedarf, um chemische Zersetzungen durchzuführen in elektrolytischen Zersetzungszellen gegen die chemischen Affinitätskräfte, so liefern die letzteren, wenn man sie frei wirken läßt, in den elektrochemischen Stromquellen, den galvanischen Elementen und Akkumulatoren eine bestimmte Höchstspannung von derselben Größenordnung, die E.M.K. Sie entstammt also den chemischen Vorgängen in der galvanischen Kette und ihr Betrag ist durch diese bestimmt. Betrachten wir die chemischen Vorgänge in den bisher benutzten chemischen Stromquellen, dem Westonelement, dem Hg_2SO_4-Tauchelement und dem Bleiakkumulator.

Im Westonelement geht Cd in Lösung und Hg schlägt sich nieder. Im Tauchelement geht Zn in Lösung und Hg schlägt sich nieder. Deshalb fließt in beiden Elementen der (positive) Strom zum Hg hin.

Im Akkumulator steht Pb (grau) als negativer Pol gegenüber PbO_2 (braun), in H_2SO_4 vom spez. Gew. 1,18, wenn er geladen ist. Bei der

Entladung bildet sich $PbSO_4$ und H_2O, so daß das spez. Gew. auf 1,15 sinkt. Man verfolgt den Grad der Entladung durch Aräometer, Senkspindeln, die in der Säure schwimmen und mit zwei besonderen Marken versehen sind, die den höchsten und den tiefsten Stand anzeigen. Die stromliefernde Reaktion ist der Hauptsache nach:

$$Pb + PbO_2 + 2H_2SO_4 = 2PbSO_4 + 2H_2O.$$

Der (positive) Strom geht, wie schon aus dem Vorzeichen der genannten Pole und der Tatsache der Stromerzeugung im Akkumulator folgt, vom Pb zum PbO_2 im Element.

Die Spannung eines frisch geladenen Akkumulators ist 2,2—2,5 Volt, sinkt nach kurzem Stromschluß auf die sehr konstante Spannung 2 Volt und darf nicht unter 1,7 Volt sinken bei der Entladung, wenn der Akkumulator nicht geschädigt werden soll.

Übrigens erhält man bei Anwendung anderer, gleichfalls nicht angreifbarer Metalle, anstatt Platin, eine Wasserstoffentwicklung nicht bei derselben, sondern meist bei einer wesentlich höheren Spannung. Der Unterschied kann bis rund 1 Volt betragen und mehr. Er heißt die Überspannung, und ist an Blei und Quecksilber besonders groß. Der Wasserstoff kann sich an diesen Metallen mehr anstauen und ein wenig findet das selbst am Platin statt. Die „wahre" Zersetzungsspannung kommt aber der am Platin beobachteten sehr nahe. Man macht von der Überspannung viel Gebrauch bei elektropräparativen Arbeiten, besonders organischen.

Zubehör. Akkumulator. 10-Voltleitung. Knallgascoulometer (Abb. 22) mit Glasrohr und Stativ. 15prozentiges NaOH. 2 Drähte. Hg_2SO_4-Tauchelement.

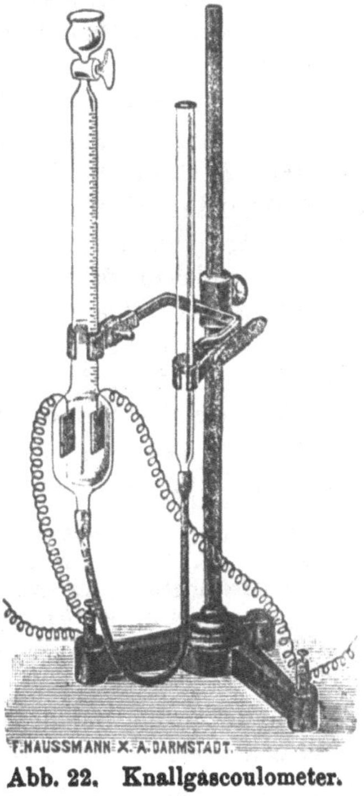

Abb. 22. Knallgascoulometer.

Ausführung. Verbinde die drei Stromquellen in der angegebenen Reihenfolge nacheinander mit dem Knallgascoulometer und beobachte jeweils letzteres. Das Tauchelement erreicht offenbar die Zersetzungsspannung noch nicht, der Akkumulator überschreitet sie, die 10-Voltspannung erst recht.

3. Elektrizitätsmenge. — Wenn ein Körper elektrische Spannung in seiner Umgebung erzeugt, so sagt man (Definition), daß sich auf ihm

eine Ladung (Elektrizitätsmenge) befindet. Sie kann aus positiver (Glas-) oder negativer (Harz-) Elektrizität bestehen und außerdem verschiedene Größen haben. Wenn man zwei Elektrizitätsmengen vergleichen (relativ messen) will, also das Verhältnis ihrer Beträge feststellen, so verfährt man wie folgt. Man bringt sie hintereinander auf denselben Körper in derselben Umgebung und prüft die Spannungen, die die beiden, auf den Körper gebracht, hervorrufen. Die erste Ladung muß zuerst vom Körper entfernt werden, ehe man die zweite darauf bringt. Sind die erzeugten Spannungen gleich, so definiert man die erzeugenden Ladungen als gleich. Durch diese Definition ist Relativmessung von Elektrizitätsmengen ermöglicht.

Läßt man eine gegebene Elektrizitätsmenge durch einen Leiter II. Klasse abströmen, z. B. zur Erde, so ruft sie in ihm eine bestimmte chemische Veränderung hervor. Wählt man also einen bestimmten derartigen Leiter II. Klasse, und definiert man als die Elektrizitätsmenge eins diejenige, die in ihm beim Durchströmen eine bestimmte, dem Betrag nach meßbare und festgesetzte Veränderung hervorruft, so hat man dadurch eine absolute Messung von Elektrizitätsmengen durch die willkürliche Wahl der Einheit ermöglicht. (Praktische Messung durch Massenbestimmung [Wägung].)

Die Einheit hat man, um mit anderen Zahlen einfache Beziehungen herzustellen, durch folgende Übereinkunft festgesetzt. Diejenige Elektrizitätsmenge, die beim Durchleiten durch eine wäßrige Silbernitratlösung (zur Einleitung der Elektrizität dienen Silberstreifen) unter Einhaltung bestimmter Bedingungen, an dem einen Streifen 1,118 mg Silber abscheidet, heißt 1 Coulomb. Mit einer solchen Zersetzungszelle kann man also durch Wägung des abgeschiedenen Silbers mittelbar die Zahl der Coulombs messen. Sie heißt daher Silbercoulometer. Die eingeleitete Elektrizität war negativ, wenn das Silber an der Einleitungsstelle, positiv, wenn es sich an der Austrittsstelle des Stroms aus der Lösung abschied.

So ist durch das Silbercoulometer Vorzeichen und Betrag der Elektrizitätsmenge laut Festsetzung definiert.

Die Einheit der Elektrizitätsmenge kennt man auf $\pm$ 0,03 Prozent genau im besten Fall. Schon der dreifache Fehler ist nicht leicht zu vermeiden bei den üblichen Messungen. Man kann daher sagen, daß die übliche Gewichtsanalysengenauigkeit zugleich die Genauigkeit unserer Kenntnis der Elektrizitätsmengen ist (was bei ihrer Proportionalität mit den Stoffmengen sich von selbst versteht), also rund 1 Promille.

Die Erfahrung hat gezeigt, daß die Wirkung einer gegebenen Elektrizitätsmenge nur durch die einer entgegengesetzt gleichen aufgehoben werden kann, daß man letztere aber weder erzeugen noch vernichten kann (Gesetz der Erhaltung der Elektrizitätsmenge). Deshalb geht in einem stromführenden, nach außen isolierten, beliebig gestalteten Leiter in jedem Augenblick dieselbe Elektrizitätsmenge durch jeden zur Stromrichtung senkrechten Querschnitt, unabhängig von der Größe des letzteren. Deshalb bleibt auch die gleichzeitige chemische Wirkung des Stroms in zwei gleichen, hintereinander geschalteten Zersetzungszellen quantitativ gleich. Dies zeigt der folgende Versuch.

Zubehör. Zwei Cu-Coulometer. Destilliertes Wasser. Alkohol. Analytische Wage. Akkumulator. Ausschalter. Drähte. Oettelsche Lösung (s. S. 42).

Ausführung. Man wäge zwei Cu-Bleche auf Milligramm genau und schalte sie so an den Akkumulator, daß sein negativer Pol (Bleiplatte) den Plättchen zugewandt ist (s. Abb. 23), lasse 5 Minuten geschlossen, unterbreche dann den Strom und wäge die mit Wasser und Alkohol abgespülten und getrockneten Plättchen wieder. Ihre Gewichtszunahme vergleiche man. Sie ist genau gleich.

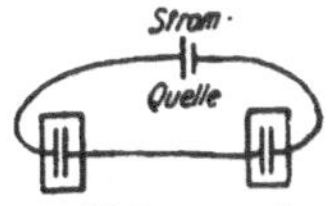

Abb. 23.

4. Stromstärke. — Besprechung. Definition: Die Elektrizitätsmenge, die durch den Querschnitt (senkrecht zur Stromrichtung gelegt) eines Leiters geht, dividiert durch die Zeit, die diese Elektrizitätsmenge zum Hindurchgehen braucht, heißt die Stromstärke.

Man kann also Stromstärken vergleichen (= relativ messen), indem man Elektrizitätsmengen und die zugehörigen Zeiten mißt. Die Einheit der Stromstärke, das Ampere, ist durch folgende Definition festgesetzt:

$$\frac{\text{Zahl der Coulombs}}{\text{Zahl der Sekunden}} = \text{Zahl der Amperes.} \qquad (1)$$

Praktisch mißt man die Stromstärke mittels der magnetischen Wirkung strömender Elektrizität, durch Amperemeter (Abb. 24). Sie enthalten eine Drahtspule, durch die man den zu messenden Strom schickt, und meist einen beweglichen Magneten, der dabei in die Spule hereingezogen wird. Wie weit er angezogen wird, ist auf einer Skale abzulesen, die schon in Amperes „empirisch" geeicht ist. Das bedeutet, daß man mittels Coulometer und Uhr gemessene Ströme durchgeschickt und die verwendete Stromstärke dem jeweiligen Stand des Zeigers beigeschrieben hat. Oder Ausdehnung eines stromdurchflossenen Drahts bewegt den Zeiger (Hitzdrahtinstrument).

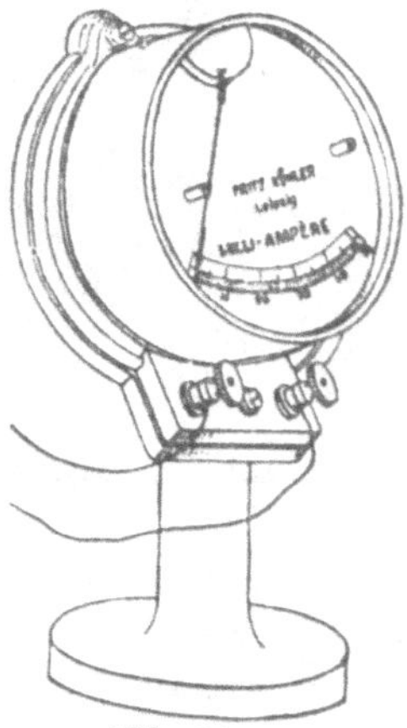
Abb. 24.
Amperemeter (Strommesser).

Die Empfindlichkeit eines jeden Meßinstruments wird in den üblichen Einheiten durch den eben noch nachweisbaren Betrag der zu messenden Größe angegeben. Erhält man also zur Kennzeichnung der Empfindlichkeit nur eine reine Zahl mitgeteilt, so hat man nötigenfalls sich nach der benutzten Maßeinheit zu erkundigen.

Die Genauigkeit wird in Prozenten der beobachteten Zahlen angegeben und ist in verschiedenen Meßbereichen im allgemeinen verschieden.

Das Produkt von Volt- und Amperezahl heißt Zahl der Watt. Ein solches Produkt aus Stromstärke und Spannung heißt ein Effekt. Das Watt ist also die Einheit des elektrischen Effekts. Dem elektrischen Effekt sind die Kosten einer Stromleistung proportional, deshalb spart man tunlichst an Stromstärke und Spannung. Außerdem sind die Kosten der Zeit proportional, während welcher man Strom braucht. Man unterbricht ihn also sogleich, wenn man ihn nicht mehr braucht. Um wirtschaftlich zu arbeiten, muß man das Produkt des Effekts in die Zeit, also die Zahl der „Wattstunden", so klein machen als möglich.

Widerstand. Definition: Der Quotient Spannungsdifferenz zwischen zwei Punkten eines Leiters dividiert durch Stromstärke im Leiter heißt (elektrischer) Widerstand des Leiters zwischen den Punkten (abgeleiteter Begriff).

Die Einheit des Widerstands ist das Ohm. Es ist definiert durch die Gleichung:

$$\frac{\text{Zahl der Volt}}{\text{Zahl der Ampere}} = \text{Zahl der Ohm} \quad (\Omega = \text{Ohm}). \tag{2}$$

Darin, daß diese Größe nur so abhängt von der Zahl der Volt oder der Amperes, und mithin von dem Körper, der vom Strom durchflossen wird, ist eine besondere Erfahrungstatsache zu sehen. Sie heißt das Ohmsche Gesetz.

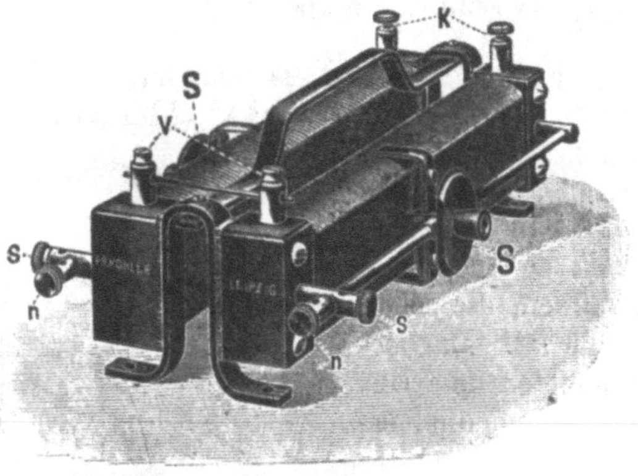

Abb. 25. Ruhstrat-Doppelwiderstand.

Die Erfahrung hat gezeigt, daß eine Quecksilbersäule von 1 qmm Querschnitt und 106,3 cm Länge bei 0° genau den Widerstand 1 Ohm hat. Durch Vergleichung mit ihr eicht man „Widerstände", d. h. solche Leiter, deren Widerstand man zu kennen und zur Stromschwächung zu benutzen wünscht.

Der Widerstand aller zylindrischen Leiter hat sich erfahrungsgemäß der Länge direkt, dem Querschnitt umgekehrt proportional erwiesen.

$$W = w \cdot \frac{l}{q}. \tag{3}$$

Zwei Größen heißen einander proportional nur dann, wenn ihr Verhältnis unveränderlichen Zahlwert hat. Bloßes Steigen einer Größe

mit einer anderen heißt nicht Proportionalität, solange diese Bedingung nicht erfüllt ist.

Der Proportionalitätsfaktor *w* hängt nur noch von Natur, Zustand und Vorgeschichte des Leiters ab, heißt daher eine Materialkonstante: Spezifischer Widerstand.

Man unterscheidet beim Experimentieren Regulier- und Präzisionswiderstände. Einstweilen brauchen wir nur erstere zu kennen.

In jedem „Widerstand" (das Wort jetzt im Sinn Regulierwiderstand oder Präzisionswiderstand, allgemein Rheostat, also in der Bedeutung eines Apparats genommen) entsteht, wie in jedem Leiter, bei Stromdurchgang Wärme. Vom Betrag der Stromstärke, dem des Widerstands und der Vollkommenheit der Wärmeableitung hängt die erzeugte Temperatur des Widerstands ab. Da die Wärmeableitung im allgemeinen für einen gegebenen „Widerstand" eine ziemlich feste Größe hat, so läßt sich für jeden Widerstand ein oberer Grenzwert der Stromstärke angeben, bis zu dem man ihn belasten darf, ohne ihn zu schädigen. Er heißt seine Tragfähigkeit. Sie hat mit dem Betrag des Widerstands unmittelbar nichts zu tun. Beide pflegen in Ampere und Ohm auf käuflichen Widerständen vermerkt zu sein.

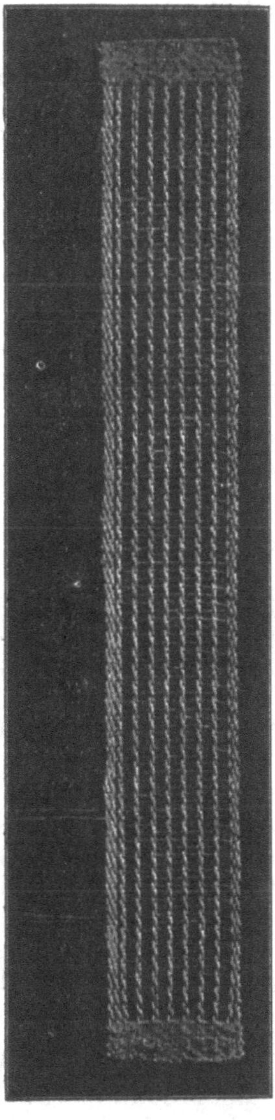

Abb. 26. Rheotanband.

Bequem, aber nicht wohlfeil, sind die auf Schiefer gewickelten Widerstände von Ruhstrat.[1] Sie pflegen mittlerer und kleiner Belastung zu dienen (Abb. 25, Doppelwiderstand). Kurbelrheostat f. große s. S. 101.

Sehr wohlfeil, weniger bequem, für fast alle elektrochemischen Zwecke praktisch sind die Asbestgitterwiderstände, sog. Rheotanwiderstände von Schniewindt, die man leicht selbst montieren kann, und von denen die 7 Ampere tragenden sehr vielfach verwendbar sind (Abb. 26).

Für sehr hohe Belastung, vor allem für sehr variable Belastung, dient der Wasserwiderstand, ein Glas- oder Steinguttrog, der zwei

[1] Göttingen, Fabrik elektrischer Widerstände.

Eisenplatten als Zuleitungen und Sodalösung als Widerstandsflüssigkeit enthält.

Zubehör. Ruhstrat-Doppelwiderstand (800 Ohm und 20 Ohm). Rheotan (45 Ω/m, 7 Amp.)-Widerstand 20 Ω. Wasserwiderstand. Maßstab. Zwei Amperemeter 3 und 6 Amp. 80-Voltleitung. 10-Voltleitung. Starke Drähte. Ausschalter. Shunt (Wehr) zum Amperemeter für 3 Amp.

Ausführung. Man schalte hintereinander (bei Hintereinanderschaltung addieren sich die Widerstände) jeweils die eine Leitung, beide Amperemeter und den Widerstand. Man variiere den Betrag der Widerstände, bilde jeweils die Quotienten von Spannung und Widerstand und vergleiche mit de~ gemessenen Amperezahl. Man überlege, weshalb das Ohmsche Gesetz nicht genau zu stimmen scheint, wenn man kleine Rheotanstücke einschaltet und nur ihre Beträge in Rechnung setzt. Man beachte ferner, daß man bei gegebener Spannung durch

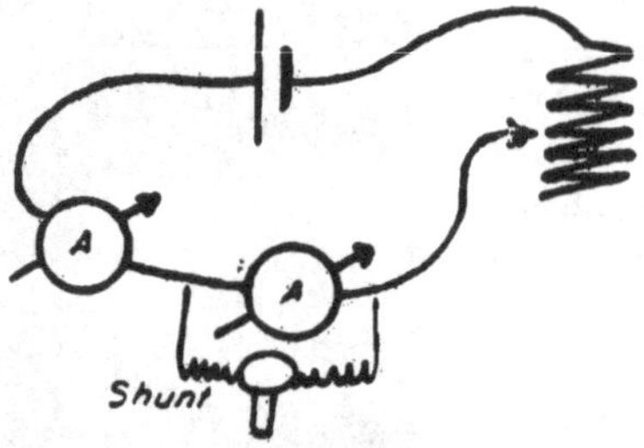

Abb. 27.
Erweiterung des Meßbereichs beim Amperemeter durch Wehr (Shunt).

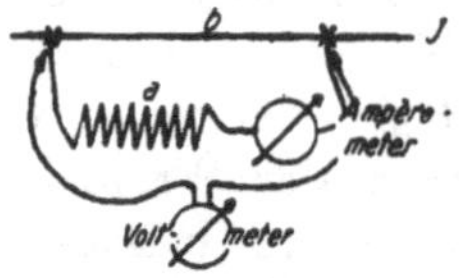

Abb. 28.
Amperemeter als Voltmeter benutzt.

Veränderung der Widerstände gewünschte Stromstärken unterhalb einer maximalen erhalten kann.

Man lege parallel [bei Parallelschaltung addieren sich die reziproken Werte der Widerstände (die „Leitfähigkeiten")] zum kleinen Amperemeter einen Nebenschluß (Wehr) vom halben Widerstand des Amperemeters (Abb. 27) und messe die dadurch hervorgerufene Änderung des Ausschlags bei im übrigen gleicher Schaltung. Man beachte, daß man durch solche Nebenschlüsse den Meßbereich von Amperemetern nach der Seite größerer Stromstärken hin erweitern kann.

5. Das Voltmeter (Strommethode zur Spannungsmessung).

Besprechung. Die Spannung E zwischen zwei Punkten eines Stromkreises bleibt praktisch unverändert, wenn man die Punkte außerdem noch durch einen (Nebenschluß-) Leiter von sehr hohem Widerstand verbindet. Ist dieser „Nebenschluß" seiner (Widerstands-) Größe nach gleich a, der Widerstand des Stücks vom (Abb. 28) Hauptstromkreis, das zwischen den Punkten liegt, gleich b, so fließt nach dem Ohmschen

Gesetz der Bruchteil (b/a). $\dot{I}_b = \frac{\frac{1}{\frac{1}{a}+\frac{1}{b}}}{a}\dot{I} = \left(\frac{b}{b+a}\right)\dot{I}$ [1] der Gesamtstromstärke $\dot{I}$ durch den Nebenschluß. Für den Nebenschluß gilt außerdem nach dem gleichen Gesetz $E = \dot{I} \cdot \frac{b}{b+a} \cdot a$. Mißt man also die Stromstärke $\dot{I} \cdot \frac{b}{b+a} = \dot{I}_a$ im Nebenschluß, etwa mittels eines Amperemeters, und multipliziert die abgelesene Amperezahl mit dem Widerstand a des Nebenschlusses, so erhält man die gleichzeitig zwischen den genannten Punkten des Haupt- (und auch Neben-) Stromkreises herrschende Spannungsdifferenz. Diese aber ist wegen der Kleinheit des Nebenschlußstroms praktisch gleich derjenigen, die ohne Anlegen des Nebenschlusses herrschen würde. Denn $\frac{a}{b+a}$ ist ausreichend genau gleich $\frac{a}{a} = 1$, solange b sehr klein ist gegen a. Man kann also Spannungen zwischen zwei Punkten eines Stromkreises messen, wenn man zwischen ihnen einen Nebenschluß von sehr hohem Widerstand einlegt und in diesen ein Amperemeter von ausreichender Empfindlichkeit. Man multipliziert dann die abgelesenen Amperes mit dem Gesamtwiderstand des Nebenschlusses und erhält so die Spannungsdifferenz in Volt.

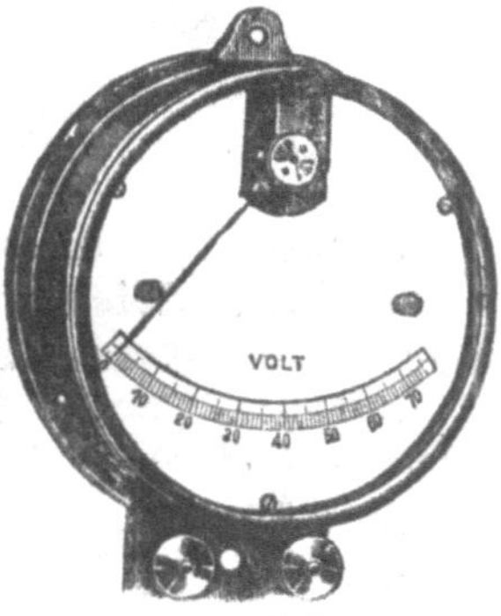

Abb. 29. Voltmeter (Spannungsmesser).

Legt man praktisch den ganzen Widerstand bereits in das Amperemeter selbst und schreibt auf die Skale des Amperemeters an Stelle der Amperes schon die Zahlen, die man durch Multiplikation der Amperes mit der Ohmzahl des Instruments erhält oder eicht man das Instrument „empirisch" (s. oben) durch Vergleich mit z. B. einem Elektroskop, so hat man aus dem Amperemeter ein Voltmeter (Abb. 29) gemacht. Man beachte in den Abbildungen die Verschiedenheit der Symbole für Strommesser (Amperemeter) und Spannungsmesser (Voltmeter). Gewöhnliche Voltmeter haben oft nur 30—100 Ω Widerstand, also b nicht klein.

Man kann mithin mit jedem Amperemeter für kleine Stromstärken — es muß also empfindlich sein — durch Zuschalten großer Widerstände, Verwendung im Nebenschluß, wie oben, und Multiplikation der Amperezahl mit dem Widerstand des ganzen Nebenschlusses Spannungen in Volts messen. Deshalb findet man bei solchen empfindlichen

[1] Gesamtwiderstand zweier Parallelleitungen vom Widerstand a und b ist (s. Nr. 4. Ausführung) $= \frac{1}{\frac{1}{a}+\frac{1}{b}}$.

Amperemetern, die schon einen sehr großen eigenen Widerstand eingebaut enthalten, manchmal zwei Skalen, eine in Amperes und eine in Volts. Ferner vielfach noch (Vor-) Zuschaltwiderstände, — nicht Nebenschlußwiderstände —, die gleich dem 9fachen, dem 99fachen, dem 999fachen des Instrumentwiderstands sind und damit die Empfindlichkeit des Instruments auf 0,1, 0,01, 0,001 der sonstigen herabsetzen. Mit anderen Worten, man hat bei Verwendung dieser Beischaltwiderstände die abgelesene Voltzahl mit 10, 100, 1000 zu multiplizieren. Begründung durchs Ohmsche Gesetz. Schaltung im Nebenschluß heißt auch „parallel" schalten, in denselben Stromkreis aber „hintereinander" oder „in Serie" schalten.

Abb. 30. Erweiterung des Meßbereichs beim Voltmeter.

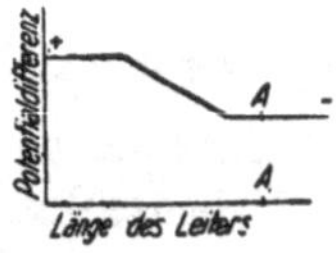

Abb. 31. Amperemeter sei praktisch widerstandsfrei.

Amperemeter schaltet man also im Hauptschluß, Voltmeter im Nebenschluß. Widerstände zur Erweiterung des Meßbereichs beim Amperemeter parallel, beim Voltmeter in Serie.

Zubehör. Voltmeter 12 Volt, 10-Voltleitung. Drähte. Zwei Amperemeter, 6 und 3 Amp. Zwei Rheotanwiderstände 15 Ω, 7 Amp. Maßstab.

Ausführung. Man schließt das Amperemeter mit einem (Abb. 30) Rheotangitter (für 15 Ω) an die 10-Voltleitung an, so daß man etwa 6 Ampere erhält, und legt in den Nebenschluß zum Rheotangitter das Voltmeter, variiert dessen (Ruhstrat-) Vorschaltwiderstand und beobachtet die Änderung des Voltmeterausschlags dabei. Man berechnet die Spannungen zwischen verschiedenen Stücken des eingeschalteten Rheotangitterteils. Dann schaltet man das ganze Gitter ein und vertauscht das Voltmeter + Ruhstratwiderstand mit dem Amperemeter (bis 3 Ampere) + einem Rheotangitter, auf dem man 10 Ω abmißt. Dann zeigt das Amperemeter (bis 3 Ampere) 1 Ampere statt 10 Volt, das andere $1^2/_3$ Ampere. Man begründe diese Befunde an Hand von Ohms Gesetz.

6. Spannungsteilung. Herstellung gewünschter Spannungsdifferenzen. — **Besprechung.** Sie lassen sich mit einfachen Mitteln nur herstellen, wenn sie kleiner sind als die höchste im Laboratorium unmittelbar verfügbare (z. B. kleiner als 220 bzw. 440 Volt). Man verfährt dann entsprechend den Überlegungen der vorigen Nummer an Hand des Ohmschen Gesetzes, wie folgt. Werden zwei Punkte eines Leiters durch eine ausreichend ergiebige Elektrizitätsquelle konstant auf verschiedenem Potential gehalten (z. B. die 220-Voltklemmen der Lichtleitung), und verbindet man sie durch einen Leiter nicht zu geringen Widerstands (sonst erhält man einen Kurzschluß und der Leiter wird zerstört), so findet in diesem Leiter ein Abfall des Potentials statt, entsprechend der Verteilung des Widerstands in ihm, laut Ohms Gesetz.

In Abb. 31 erläutert die Stelle *A* den Punkt im Leiter, wo man das Amperemeter hineingelegt hat. Da sein Widerstand immer sehr klein sein muß, so fällt das Potential in ihm nicht merklich.

Ist der Leiter im besonderen ein zylindrischer Draht von überall gleichem Widerstand, so wird ein angelegtes Voltmeter alle Spannungen zwischen 0 und der Höchstspannung an den Klemmen der Stromquelle anzeigen können, je nachdem man seine Drähte an zwei unmittelbar benachbarte Punkte des Leiters anlegt oder näher an die Klemmen der Stromquelle. Und beim Anlegen an irgend zwei andere Punkte wird eine Spannung zwischen 0 und der Höchstspannung abgelesen werden. Ist die Länge des abgegriffenen Stücks *a*, die Länge des ganzen Leiters zwischen den Klemmen (des „Gefällsdrahts") *b*, so ist die Spannung zwischen den Enden von *a* nur a/b von der gesamten zur Verfügung stehenden. So kann man an Hand einer Längenmessung bestimmte Teile einer zur Verfügung stehenden Spannung abzweigen. Die Spannungsteilung mit Gefällsdraht erläutert der folgende Versuch.

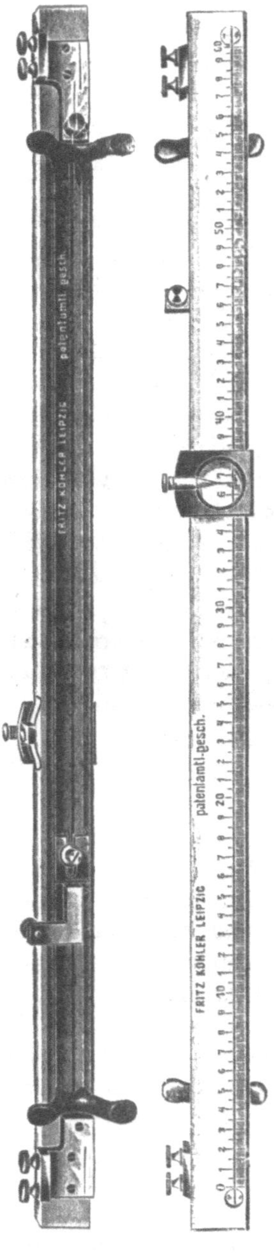

Abb. 32. Wheatstonesche (Meß-)Brücke. (Gefällsdraht).

Zubehör. Akkumulator. Wheatstonesche Brücke (Abb. 32). Voltmeter 3 Volt. Drähte (dick).

Ausführung. Man schließe den Akkumulator durch die Brücke und lege die Voltmeterdrähte an verschiedene Stellen des Gefällsdrahts. Man drücke die Schleifkontakte auf der Brücke gut an! Man beachte, daß es nur auf die Länge des Stücks zwischen den Voltmeterdrahtenden ankommt, nicht auf seine Lage, d. h. nicht auf die Höhe des absoluten Potentials, sondern nur auf die Potentialdifferenz. Man wende Ohms Gesetz an auf die einzelnen Beobachtungen.

B. Die Gesetze von Faraday.

1. Faradaysches Gesetz. Wenn eine elektrolytische Zersetzung eines Stoffs stattfindet, so ist so lange, und nur so lange, als die Zersetzung einer und derselben elektrochemischen Reaktion folgt, die Masse der abgeschiedenen Zersetzungsprodukte genau proportional der durch den Stoff hindurchgegangenen Elektrizitätsmenge, unabhängig von allen anderen Einflüssen, wie geometrische Anordnung, Temperatur, Konzentration usw.

2. Faradaysches Gesetz. Gleiche Elektrizitätsmengen scheiden bei ihrem Durchgang durch verschiedene Elektrolyte Massen der Zersetzungsprodukte ab, die sich zueinander verhalten wie die durch die Wertigkeiten dividierten Formelgewichte der Zersetzungsprodukte.

Das elektrochemische Äquivalent. Das durch die Wertigkeit dividierte Formelgewicht eines Stoffs in Gramm genommen, heißt sein elektrochemisches Äquivalent. Ein elektrochemisches Äquivalent eines beliebigen Stoffs wird abgeschieden beim Durchgang von 96500 Coulomb. Diese Zahl 96500 (ergänze: Coulombs) heißt ein Eff (1 F). Sie heißt auch wohl die Äquivalentladung.

Die Faradayschen Gesetze gelten vollkommen genau, soweit unsere bisherigen Messungen reichen, und sind im Gebiet der Elektrochemie das, was die Gesetze der konstanten und multiplen Proportionen im Gebiet der reinen Chemie sind.

Meist rechnet man nicht mit Coulombs, sondern mit Amperestunden. Division mit 3600 gibt $1 F = 26{,}8$ Amperestunden.

Man beachte stets die Reziprozitäten (s. auch S. 30) im Gebiet der allgemeinen Chemie. Wie schon in Übung 1 quantitative Analyse und quantitative Synthese einander gegenübergestellt wurden, so hat man in der Elektrochemie die Symmetrie der elektrolytischen Zersetzungszellen gegen die galvanischen (Primär- oder Sekundär-) Elemente. Wie zur Zersetzung bestimmter Stoffmengen bestimmte Elektrizitätsmengen notwendig sind, so können umgekehrt bestimmte Stoffmengen (wie sie in einem gegebenen galvanischen Element oder Akkumulator vorliegen) durch ihre Umsetzung auch nur eine bestimmte Elektrizitätsmenge liefern. Drückt man diese lieferbare Elektrizitätsmenge in Amperestunden aus, so erhält man eine Zahl, die man die Kapazität in Amperestunden (Stromkapazität) der betreffenden Stromquelle (z. B. eines Akkumulators) nennt. Dieser Begriff ist von dem der elektrostatischen Kapazität (= Ladung/Spannung) und denen der Leitfähigkeitskapazität und Widerstandskapazität wohl zu unterscheiden, wie auch von dem natürlich ebenfalls verschiedenen der Wärmekapazität.

Die Kapazität in Amperestunden hängt im wichtigsten Falle, bei Akkumulatoren, noch ab von der Entladestromstärke (wie verträgt sich das mit Faradays Gesetzen?) und deshalb muß diese auch angegeben sein, wenn man den Betrag der Kapazität genauer kennen will. Er sinkt mit wachsender Entladestromstärke, erst langsam, dann rasch. Man darf höchstens 0,01 Amp. pro Quadratzentimeter PbO_2-Fläche entnehmen, sonst wird der Akkumulator geschädigt. Man kann auf 25 qcm PbO_2-Fläche 1 Amperestunde Kapazität rechnen bei mittlerer Entladestromstärke.

Bei jeder Elektrolyse wird im Prinzip die Schaltung Abb. 33 benutzt. *C* ist ein Coulometer, *A* das Amperemeter. Das Voltmeter *V* wird an die Klemmen der Zelle angeschlossen. Die Lage des regulierbaren Widerstands *W* im Stromkreis ist natürlich gleichgültig.

Bei allen elektrolytischen Zersetzungsversuchen mit unangreifbaren Elektroden kann man so verfahren, daß man scharf die Zersetzungsspannung (+ Überspannung) erfährt. Man hat dazu nur zuerst eine ganz kleine Spannung anzulegen, die zugehörige Stromstärke aufzuschreiben, dann die Spannung zu steigern, abermals Stromstärke abzulesen usf. Man trägt die Stromstärke dann nach oben (Ordinate), die Spannung nach rechts (Abszisse) in Koordinatenpapier ein und erhält so die **Stromspannungskurve**, die unterhalb der Zersetzungsspannung fast wagrecht, bei ihr steil aufsteigend, am Ende wieder wenig steigend sich darstellt. So bestimmt man Zersetzungsspannungen. Es können mehrere übereinander erscheinen, so daß man eine treppenartige Kurve bekommt. Sie ist chemisch wichtig, entspricht verschiedener Stabilität der zersetzten Stoffe.

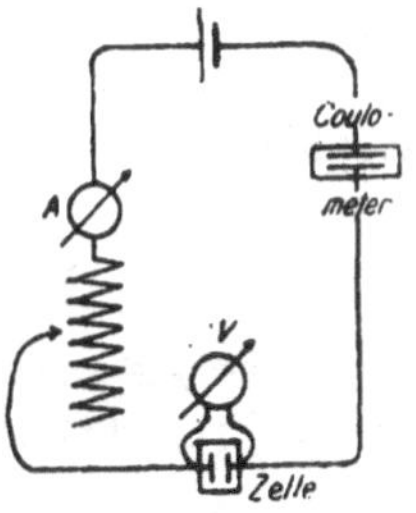

Abb. 33. Schaltung bei Elektrolyse.

Messungen als Belege und Anwendungen dieser Gesetze.

I. Anorganische Elektrolyse in Lösung.

7. **Belege zum Faradayschen Gesetz: Coulometer.** Cu-, Knallgas-, Titrationscoulometer. (Nach F. Fischer.)

Besprechung. In $CuSO_4$-Lösung ist vorwiegend Cu^{++} enthalten, aber daneben auch wenig Cu^{+}. Um nur mit ersterem rechnen zu müssen, muß die Lösung bestimmt zusammengesetzt sein (s. oben) und man muß bei bestimmter kathodischer Stromdichte (= Stromstärke, dividiert durch die Größe der Kathodenfläche, durch die der Strom austritt) und Temperatur arbeiten. 1 *F* scheidet $\frac{63,56}{2} = 31,78$ g Cu^{++} ab. Die Reaktion ist:

$$Cu^{++} + 2F(-) = Cu$$

(Coulombmessung durch Messung der Masse). Knallgascoulometer beruhen auf Volummessung des elektrolytisch erhaltenen Knallgases. Zersetzung von Natronlauge (15proz.) liefert fast nur H_2 und O_2 nach den Reaktionen:

$$Na^+ + OH' + 1F = Na + OH$$
$$Na + H.OH = {}^1/_2 H_2 + Na^+ + OH'$$
$$OH = {}^1/_2 H_2O + {}^1/_4 O_2$$

1 Mol eines Gases erfüllt bei 0° und 760 mm Druck 22,412 Liter. 1 F scheidet nach obigem ${}^3/_4$ Mol, also 16,8 Liter Knallgas ab. Die Natronlauge sendet bis zum Dampfdruck Wasserdampf aus, der mitgemessen wird, also am Volum abzuziehen ist. Das geschieht durch Multiplikation des gemessenen Volums mit $\frac{b-e}{760}$ (b = Barometerstand in Millimetern Hg, reduziert auf 0°, vgl. Tabelle I, besprochen in Übung 3), wodurch man zugleich auf den Druck 760 mm umrechnet. Division durch $1+\frac{t}{273}$, wo t die Temperatur des Knallgases ist, reduziert auf 0°. Für e darf man den Dampfdruck reinen Wassers einsetzen (s. Tabelle III).

Bei Elektrolyse eines Gemischs von Fe^{++} und Fe^{+++} finden folgende Reaktionen statt:

$$Fe^{++} + 1F(+) = Fe^{+++} \text{ an der Anode,}$$
$$Fe^{+++} + 1F(-) = Fe^{++} \text{ an der Kathode.}$$

Mischen sich Anodenflüssigkeit (Anolyt) und Kathodenflüssigkeit (Katholyt), so findet man in Summa keine Veränderung. Trennt man sie durch ein Diaphragma (Tonzelle oder dgl.), so kann man durch Titration mit $KMnO_4$ den Fortschritt der Reaktion verfolgen. Allgemein versteht man in der Elektrochemie unter Oxydation Aufnahme positiver Ladungen, unter Reduktion Aufnahme negativer, bzw. Verlust an positiven Ladungen.

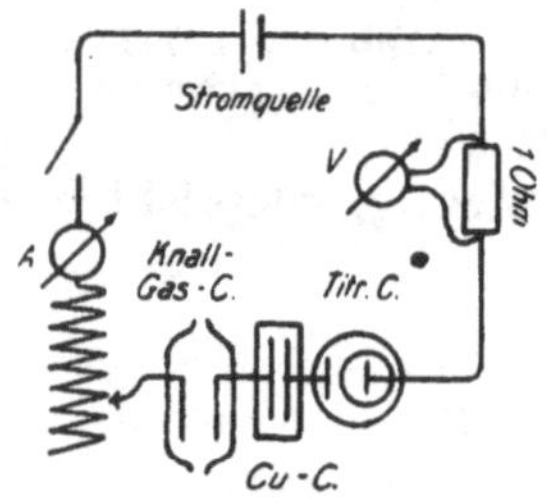

Abb. 34. Elektrolyse. Schaltung eines Voltmeters als Amperemeter.

Zubehör. 10-Voltleitung. Amperemeter 3 Amp. Ausschalter. Rheotangitter 20 Ω. Normalwiderstand 1 Ω. Cu-Coulometer. Knallgascoulometer. Glasbecher. Tonzelle. 2 Bleiplatten mit Klemmen. Erlenmeyerkolben. Pipette zu 50 ccm. Bürettenflasche mit 0,8 n.-$KMnO_4$-Lösung. Oettelsche Lösung (125 g $CuSO_4 . 5H_2O$; 50 H_2SO_4; 50 Alkohol; 1000 H_2O). Fe^{+++}-Fe^{++}-Lösung (25 $FeSO_4 . 7H_2O$; 18 $Fe_2(SO_4)_3$; 11 ccm H_2SO_4, auf 1 Liter aufgefüllt). Verdünnte HNO_3. Alkohol. Drähte. Voltmeter 12 Volt. Sekundenuhr. Meßzylinder 100 ccm.

Ausführung. Man schaltet die drei gefüllten Coulometer (Abb. 34) hintereinander nach vorheriger Titration der Eisenlösung und Abmessung der Mengen in der Tonzelle und außen. Im Stromkreis liegt ferner das Amperemeter und ein Voltmeter (12 Volt) mit 1 Ω parallel gelegt (Umkehrung des letzten Handversuchs: Messung von Stromstärken mit dem Voltmeter). Die kathodische $\left(\frac{\text{Stromstärke}}{\text{Querschnitt, worin sie herrscht}} =\right)$ Stromdichte im Cu-Coulometer muß zwischen 0,5 und 0,8 liegen (Ampere pro Quadratdezimeter). Die Cu-Kathode wird vor der Messung mit verd. HNO_3 gebeizt, gewaschen, getrocknet und gewogen. Am Knallgascoulometer beobachtet man auf eine Sekunde genau die Zeit, die zur Entwicklung von 30 ccm Gas erforderlich ist. Die Stromstärke wählt man zu rund 0,5 Ampere. Für das Eisencoulometer dienen etwa 400 ccm der Lösung, die Stromdichte sei dort 2 Amp./qdm. Nach einer Stunde bricht man den Versuch ab, mißt die Zeit, wäscht, trocknet und wägt die Cu-Kathode, titriert aliquote Teile des Katholyten und des Anolyten im Eisencoulometer und berechnet für alle drei Coulometer die Stromausbeute. Man stellt sie neben die gefundene und überlegt die Ursachen der Abweichungen. Man berechnet auch das Produkt der benutzten Volt- und Amperezahl (= Zahl der Watt). Ferner angenähert die kathodischen Stromdichten in Amp./qdm. Endlich die Stromkosten des Versuchs (1 Kilowattstunde 0,20 M.).

II. Präparative Anwendung der Faradayschen Gesetze.

(Schmelzelektrolysen, organische Elektrolysen.)

A. Schmelzelektrolysen.

8. Darstellung von Blei aus Chlorid. Metallnebel (nach R. Lorenz).[1]

Besprechung. Die Entstehung der Metallnebel bei Schmelzelektrolysen ist nicht an die Elektrolyse gebunden, sondern an die Wechselwirkung von heißem Metall und Salz. Bei der Bleichloridelektrolyse ist die Erscheinung sehr gut zu sehen, da der Versuch in Glas vorgenommen werden kann. Sie ist zugleich ein Beispiel für Abscheidung eines Metalls im „Sumpf", d. h. dem kühleren unteren Teil eines Heizofens und für die Benutzung des vielfach verwendbaren V-Rohrs aus schwer schmelzbarem Jenaer Glas als Elektrolysiergefäß. Die Elektroden sind Kohlestäbe.

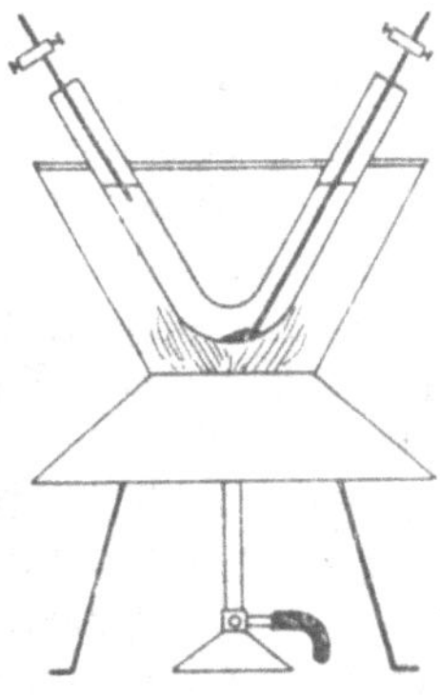

Abb. 35. Lorenzscher V-Rohr-Ofen.

Zubehör. V-Rohr. Lorenzscher Ofen für V-Rohre (Abb. 35). Zwei Kohleelektroden, 4—5 mm Durchmesser, 20—25 cm Länge mit Fassungsschrauben. Teclubrenner. Dicker runder Glasstab. $PbCl_2$, etwa 300 g. Porzellanschale. Dreifuß. Filtrierpapier. Voltmeter für 12 Volt. Amperemeter 6 Amp. Drähte. Abzug. Tiegelzange.

Ausführung. Man richtet die Schaltung, taucht aber die Elektroden noch nicht ein, erhitzt bei offenem Ofen vorsichtig das anfangs leere, eingehängte V-Rohr und füllt nur in dem Maße Salz nach, wie es

[1] R. Lorenz, Elektrolyse geschmolzener Salze. 3 Teile. Halle a. S. W. Knapp, 1905—1906.

niedergeschmolzen wird. Ist das Rohr beiderseits 10 cm hoch gefüllt, taucht man schnell die Elektroden ein und läßt 3—4 Ampere durchgehen etwa $^1/_2$ Stunde. Die Kathode muß bis in den Sumpf reichen, also bis in die V-Krümmung, die Anode soll nirgends an die Glaswand stoßen und nicht weit eintauchen, damit das entwickelte Chlor sich möglichst wenig in die Schmelze begeben kann. Man darf nicht zu sehr erhitzen, sonst verliert man unnötig viel Metall durch Nebelbildung oder das Rohr erweicht sich. Zuletzt bricht man den Versuch ab, zieht die Elektroden heraus, bevor das Salz erstarrt, zerschlägt zuletzt das Rohr, klopft mit dem runden dicken Glasstab das Salz vom Regulus ab, kocht ihn mit Wasser, trocknet und wägt ihn. Man bestimmt die Stromausbeute, vergleicht sie mit der berechneten und vermerkt Volt-, Ampere- und Wattzahl.

Versuchstechnik der Schmelzelektrolyse.

Die Schmelzelektrolyse hat ihre besondere Versuchstechnik[1], mit deren Hilfe man über die störenden Wirkungen der hohen Temperatur Herr zu werden sucht. Die wichtigste dieser Wirkungen ist die, welche von Elektrode, Gefäßwand, Atmosphäre und Elektrolyt ausgeübt wird auf die abgeschiedenen Produkte. Mit ihr steht im engsten Zusammenhang die mit steigender Temperatur steigende Flüchtigkeit dieser Produkte und die Gefahr ihrer Wiedervereinigung.

Den Schutz vor der Atmosphäre bewirken Kapseln, wie die Lorenzsche Magnesitkapsel, oder bereits Salz- oder Oxydhäute, wie beim Lithium, falls die Produkte leichter sind als die Schmelze; die letztere selbst übernimmt ihn, wenn sie schwerer sind.

Die Gefäßwand (Tiegelwand usw.) kann zwiefach wirken: auf die Schmelze allein oder auf den abgeschiedenen Stoff. Hier nützt vielfach der Muthmannsche Tiegel, ein doppelwandiger Becher, mit Wasserdurchfluß gekühlt, worin der Elektrolyt durch Innenheizung eingeschmolzen oder geschmolzen eingegossen wird. Er überzieht sich dann innen mit einer Schicht erstarrter Schmelze, die als Gefäß dient, und damit zugleich den abgeschiedenen Stoff an der Berührung mit den Wänden hindert. Wo dies nicht möglich ist, muß man den Tiegel aus möglichst widerstandsfähigem Material nehmen und die sauren oder basischen Eigenschaften des Elektrolyten dabei berücksichtigen. Je weniger Außenheizung und je mehr Stromheizung, desto mehr bleibt der Tiegel kalt, desto kleiner ist also die Gefahr der Verunreinigung durch die Gefäßwände.

Der Elektrolyt wird aber bei steigender Innenheizung im allgemeinen auch immer heißer werden, namentlich lokal an den Elektroden, und deshalb immer stärkere Wirkung auf die abgeschiedenen Produkte

---

[1] W. Borchers, Elektrometallurgie. 3. Aufl. Leipzig, Hirzel, 1903. — R. Lorenz, Die Elektrolyse geschmolzener Salze, a. a. O.

ausüben. Man kann sie verringern durch geeignete Wahl des Elektrolyten, oft auch durch geeignete Zusätze, deren Wirkungsweise sich nicht immer voraussagen läßt. Aber man muß, wie ersichtlich, einen Mittelweg einschlagen zwischen Außen- und Innenheizung, oder wenigstens dafür sorgen, daß die Stromdichte in den verschiedenen Querschnitten der Elektrolytsäule zwischen den Elektroden möglichst klein ist.

Die Elektroden, aus passendem Material hergestellt, muß man aber meist trotzdem kühlen, sei es nur durch luftige Lage, sei es durch besondere Wasserkühlung. Letztere formt man so, daß die Elektrode oder ein Teil von ihr aus einem wasserdurchflossenen Rohr besteht. Wichtig ist, daß meist nur eine Elektrode (meist die Kathode) kalt gehalten werden muß, nämlich die, woran das gewünschte Produkt (meist Metall) sich abscheidet. Sind die Produkte der Elektrolyse an der anderen, wie meistens der Fall, leichter oder gasförmig, so wird sich oft empfehlen, diese andere Elektrode sehr heiß werden zu lassen und hoch zu lagern, während die Abscheidungselektrode möglichst tief und kalt gelegt wird. Dadurch bildet sich ein „Sumpf", worin das Produkt geschützt sich abscheidet. Oft führt man deshalb die letztere Elektrode wassergekühlt von unten durch den Boden des Tiegels ein, der durch erstarrte Schmelze dicht gehalten wird. Dazu muß übrigens im allgemeinen die Elektrode doch schon recht gut eingepaßt sein. (Gekühlte Dornelektrode s. Abb. 36.)

Abb. 36. Gekühlte Dornelektrode.

Die Wiedervereinigung und Flüchtigkeit kann bei der letzterwähnten Anordnung auch nicht mehr so viel schaden. Durch lange und enge Tiegelform macht man den Schaden noch kleiner, besonders bei Spitztiegeln (Abb. 37) oder dem Lorenzschen V-Rohr.

Die Abscheidungstemperatur selbst muß man meist, wenigstens im Anfang des Versuchs, so hoch halten, daß sich das betreffende Metall geschmolzen abscheidet. Anfängliche hohe Stromdichte genügt dazu häufig, also Dornkathode, etwa durch den Tiegelboden geführt. Hat sich dann mehr abgeschieden, so ist der zuerst abgeschiedene Teil erstarrt an der gekühlten Elektrode und der weiterwachsende ragt mit geschmolzener Oberfläche in die heiße Zone. Einführung eines Thermoelements (s. nächste Übung) in den Hohldorn erlaubt sogar, die Temperatur der Kathode recht zuverlässig zu messen in unmittelbarster Nähe der Schmelze, ohne daß die Gefahr der Verunreinigung besteht.

Abb. 37. Spitztiegel.

Der Stromdichte an sich, abgesehen von den durch sie bedingten Temperaturverhältnissen, kommt (nach den Erfahrungen bei der Darstellung von Sr und Ba) offenbar eine weit geringere Wichtigkeit zu, als den oben beleuchteten Faktoren.[1]

[1] M. Trautz, Verh. Deutscher Naturforscher u. Ärzte. 83. II. 1. 196. 1911. — Zeitschr. f. Elektrochem. 21. 130. 1915.

Die **Heizung** darf nicht durch Verbrennungsgase Verunreinigungen in die Schmelze schleppen in unbekannter Menge und Beschaffenheit. Nachdrückliche Hinweise darauf verdankt man R. **Lorenz**, der die Lösefähigkeit von Schmelzen für Wasserdampf u. a. betont hat. Auch bei Laven ist bekanntlich eine Wasseraufnahme sehr wichtig für ihr physikalisches und chemisches Verhalten, und sie kann auch da in großem Maßstab vor sich gehen.[1]

Metallnebel werden beim Erhitzen von Metallen in Schmelzen ausgestoßen, wenn der Dampfdruck der Metalle groß genug ist. Diese ebenfalls von R. **Lorenz** in ihrer grundsätzlichen Wichtigkeit erkannte und erforschte Erscheinung läßt sich nach ihm durch gewisse aussalzende Zusätze (z. B. Alkalichloridzusatz bei Erdalkalichloridschmelzen) bekämpfen und innerhalb gewisser Grenzen beseitigen.

Die **Wanderungsgeschwindigkeit der Ionen** (s. Übung 8) in solchen Schmelzen ist von praktischer und grundsätzlicher Bedeutung, aber man hat hier weit größere Schwierigkeiten zu überwinden als in Lösungen. Denn der Dissoziationsgrad in Schmelzen läßt sich nicht, wie in Lösungen, bestimmen. Er ist heute noch unbekannt.

B. Organische Elektrolysen in Lösung.

9. Elektrooxydation. Darstellung von Jodoform. Verwendung unangreifbarer Magnetitelektroden.

Besprechung. Elektrooxydationen werden technisch nicht oft verwertet. Eines der wichtigsten Beispiele ist die Jodoformgewinnung. Ein Gemisch von KJ und C_2H_5OH wird zwischen Ni-Kathode und Magnetitanode elektrolysiert. Letztere Elektroden sind gegenüber Halogenen sehr widerstandsfähig und haben sich deshalb auch in der Chloridelektrolyse technisch eingeführt. Die Vorgänge sind nicht einfach. Primär entsteht Jod, Kalilauge und Wasserstoff. Die ersteren beiden bilden mit dem im Elektrolyten gleichfalls vorhandenen Alkalikarbonat Hypojodit. Letzteres jodiert und oxydiert zugleich den Alkohol, bildet Jodoform, CO_2 und HJ. CO_2 entweicht. Die Gesamtgleichung:

$$CH_3 . CH_2OH + 10\,J + H_2O = CHJ_3 + CO_2 + 7\,HJ$$

zeigt, daß von den 10 KOH-Molekülen nur 9 neutralisiert werden durch HJ und CO_2 und daß sich mithin an der Kathode KOH anhäufen würde. Das müßte bei der hohen Temperatur zu Jodatbildung führen und dieses liefert kein Jodoform. Deshalb leitet man zur Kathode einen CO_2-Strom. Dadurch kehrt das Jod immer wieder in den Prozeß zurück und wird zur CHJ_3-Bildung ausgenützt. Neben diesen Vorgängen spielen noch Nebenreaktionen.

---

[1] S. z. B. F. v. **Wolff**, Vulkanologie, Enke, Stuttgart, 1914; H. E. **Boeke**, Grundlagen der physikal.-chem. Petrographie, Gebr. Bornträger, Berlin, 1915. C. **Doelter**, Handb. d. Mineralchemie, Leipzig u. Dresden, Steinkopff.

Zubehör. 10-Voltleitung. Amperemeter bis 3 Amp. Rheotangitter 20 Ω. Cu-Coulometer. Becherglas (Jenaer) 1000 ccm. Magnetitelektrode (oder Platinfahne). Nickeldrahtnetzkathode. Tonzelle. Thermometer. Stativ mit Ring und Brenner, Drahtnetz. CO_2-Kippapparat mit Bikarbonatwaschflasche und Einleitrohr. Saugflasche mit Nutsche und Filtern. Drähte. Jodoformanolyt (20 g Na_2CO_3; 20 g KJ; 2000 g aq.; 50 ccm Alkohol). Katholyt (10prozentige Sodalösung).

Ausführung. Man erwärmt auf etwa 60° und berechnet währenddessen die Zeit, die mit $^3/_4$ Ampere zur Abscheidung von 1,5 g CHJ_3 bei quantitativer Ausbeute nötig wäre. Dann leitet man CO_2 zur Kathode, elektrolysiert mit $^3/_4$ Ampere genau die berechnete Zeit, läßt erkalten, filtriert, wäscht mit Wasser, trocknet und wägt, vergleicht mit der im Coulometer gefundenen und der berechneten Ausbeute. Man vermerkt Volt-, Ampere- und Wattzahl und die Temperatur. Das Filtrat ist mehrfach verwendbar. Nebenprodukt ist vor allem Jodat.

10. Elektroreduktion (nach Elbs-Oettel). Azobenzol aus Nitrobenzol.

Die Reduktion der Nitrokörper auf elektrochemischem Weg findet in der Technik in großem Maßstab statt. Genau genommen handelt es sich um eine rein chemische Folgereaktion einer elektrochemischen Wasserstoffabscheidung an einem Wasserstoffüberträger, dem Kathodenmetall. Damit kennen wir die drei typischen Wirkungen des Elektroden- und Elektrolytmaterials bei Elektrooxydationen und Elektroreduktionen: Zersetzungsspannung, Überspannung, katalytische Überträgerwirkung. Die Reaktionen schlagen verschiedene Bahnen ein, je nachdem die Lösungen sauer oder alkalisch sind und je nach dem Kathodenmetall, dem Lösungsmittel sowie nach den Zusätzen.

Die Reduktion von Nitrobenzol verläuft an Nickelkathode in alkalischer Lösung sehr genau nach:

$$2C_6H_5NO_2 + 8H = C_6H_5N : NC_6H_5 + 4H_2O.$$

Durch Wasserstoffanlagerung entsteht daneben noch etwas Hydrazobenzol, das man jedoch leicht durch Luftdurchblasen in Azobenzol umwandeln kann.

Zubehör. 10-Voltleitung. Wasserstrahlpumpe. Amperemeter bis 5 Amp. Rheotangitter bis 15 Ω. Nickelbecher 13 cm Höhe, 7 cm Durchmesser, mit Klemme. Frische Tonzelle 13 cm Höhe, 5 cm weit, mit Korkstopfen und Rückflußkühler. Nickeldrahtnetzkathode 10,5 : 2,5 cm. Wasserbad. Saugflasche mit Nutsche und Filtern. Waschflasche zum Luftdurchblasen. Großes Cu-Coulometer. Nitrobenzol. Alkohol. 15proz. NaOH. Drähte. Bleistücke zum Beschweren der Tonzelle.

Ausführung. Man setzt den Nickelbecher aufs Wasserbad und die Tonzelle beschwert hinein, füllt den Zwischenraum mit 15proz. NaOH, so daß sie gut durchtränkt wird, wärmt dann auf 70° an und füllt nun den Katholyten ein (10 ccm Nitrobenzol, 100 ccm Alkohol, 80 ccm 15proz. NaOH, 20 ccm H_2O). Man setzt den Kork mit Rückflußkühler und Ni-Kathode ein (die Ableitung geht durch den Kork) und elektrolysiert (bei 70° außen) mit 1,5—2 Ampere. Man berechnet die Zeit, die zu quantitativer Reaktion nötig ist, und leitet danach unter Abschwächung des Stroms noch 1—2 Amperestunden ein. Dann gießt man die heiße Kathodenflüssigkeit in die Waschflasche und saugt etwa $^1/_2$ Stunde Luft durch, um das Hydrazobenzol zu oxydieren. Man filtriert, fällt aus dem Filtrat den Rest mit Wasser aus, nutscht ab, trocknet und wägt. Man berechnet durch Vergleich mit dem Cu-Coulometer die Stromausbeute und ferner aus der angewendeten Nitrobenzolmenge die Materialausbeute. Dazu vermerkt man die Anzahl *F*, Volt, Ampere und Watt. Man beachte die Pünktlichkeit, womit zur berechneten Zeit Wasserstoffentwicklung einsetzt, weil alles reduziert ist.[1]

Wie die Gesetze der konstanten und multiplen Proportionen die Grundlage sind für die Methoden der quantitativen Analyse, so die Gesetze von Faraday für die Methoden der Elektroanalyse, also der quantitativen Bestimmung der Bestandteile durch Elektrolyse.

Gleichwie aber die Trennung zweier Bestandteile bei der quantitativen Analyse nicht immer durch getrennte Fällung etwa möglich ist, sondern bei der einen Fällung schon eine gleichzeitige Abscheidung des anderen Stoffs erfolgen kann, so bedarf man auch bei der quantitativen Elektroanalyse bestimmter Angaben über die Verwandtschaft der Stoffe, in diesem Fall zur Elektrizität, um die Trennung sicher durchführen zu können. Deshalb genügt für die Durchführung quantitativer Analysen nicht das Gesetz der konstanten und multiplen Proportionen, und für die von Elektroanalysen nicht das Faradaysche Gesetz. Im letzteren Fall bedarf man noch der Gesetze der Zersetzungsspannung, wenn die Gefahr besteht, daß sich kein einheitlicher Stoff an einer Elektrode abschiede. Diese Gesetze streift eine spätere Übung (7).

Für die allgemeine Chemie sind von besonderer Wichtigkeit die Methoden der elektrischen Schnellanalyse. Denn wir haben es meist mit einer größeren Zahl gleichartiger Analysen zu tun, oder es besteht die Gefahr, daß bei nicht ausreichend rascher Analyse das Analysiergut seine Beschaffenheit ändert. Die Prinzipien der Schnellanalyse sind einfach und nach dem schon Angeführten leicht zu verstehen. Man muß imstande sein, möglichst hohe Stromdichten durch die Zellen gehen zu lassen, ohne daß Gefahr besteht, daß die Form oder chemische Beschaffenheit des abgeschiedenen Produkts leidet oder sich ändert. Erhöhung der Leitfähigkeit des Elektrolyten und Vermeidung von Verarmung an den Elektroden sind am wichtigsten. Letzteres erreicht man durch Umrühren (bewegte oder rotierende Elektroden geeigneter Form,

[1] Neben dem Praktikum von F. Fischer, das einen Teil der hier wiedergegebenen Versuche enthält, ist zu präparativ-elektrochemischer Arbeit das vortreffliche kleine Werk von K. Elbs zu empfehlen: Übungsbeispiele für die elektrochemische Darstellung chemischer Präparate. 2. Aufl. Halle a. S., W. Knapp, 1911.

Elektrolyse unter verringertem Druck, falls Gase sich dabei entwickeln; sie rühren dann um). Ersteres durch geeignete Wahl des Elektrolyten oder Temperatursteigerung (Beispiel: Elektrolyt-Fe). Übergangswiderstände, wie sie die morphologische Beschaffenheit des abgeschiedenen Metalls z. B. hervorrufen kann, beseitigt man entweder durch Zusätze, die die Metallnebel aussalzen, oder einfach durch Probieren, da hier allgemeine Regeln wenig bekannt sind.

Weiter sind elektrochemische Hilfsmittel wichtig bei Reindarstellung solcher Stoffe, die man in stöchiometrischem Verhältnis zusammensetzen muß, um sie überhaupt rein zu erhalten, also für quantitative Synthese. Denn die Faradayschen Gesetze erlauben, durch bestimmte Elektrizitätsmengen ganz bestimmte Stoffmengen in ein Gebilde einzuführen und zwar mit beliebiger Langsamkeit und vollkommen gleichförmig. Das ist vielfach von außerordentlichem Wert und ein Teil der organisch-elektrochemischen Präparate verdankt dieser „Dosierungs"-Möglichkeit (u. a. der Milderung der Reaktionen [Elektrooxydation]) seine Darstellbarkeit.

Dieselbe Möglichkeit kann auch benutzt werden zur Herstellung konstanter Gasströme durch Elektrolyse. Eine Anwendung davon findet später Erwähnung bei der Messung von Reaktionsgeschwindigkeiten (s. S. 304).

Die technische Bedeutung der Galvanoplastik und Galvanostegie braucht kaum genannt zu werden, da sie bekannt ist. Eine Anwendung der Galvanostegie ist jedoch fürs Laboratorium wichtig bei der wachsenden Benutzung von Weinhold-Vakuumgefäßen. Der Rand dieser aus Glas gefertigten Gefäße kann seiner besonderen Gestalt wegen vom Glasbläser nicht so gut gekühlt werden als die anderen Teile und springt leicht, wenn man etwa flüssige Luft in das Gefäß gießt und etwas auf den Rand spritzt. Ist dieser aber mit Kupfer auch nur $^1/_2$ mm dick überzogen, so verteilt sich die Abkühlung mehr und außerdem widersetzt sich das Kupfer schnelleren Bewegungen des Glases. Deshalb überzieht man die Ränder von Vakuumgefäßen, die unter -100^0 dienen sollen, mit Kupfer, auf elektrolytischem Weg. Man befreit den Rand mit starker Lauge von Fett, dann taucht man ihn in starke HNO_3, spült mit Wasser ab, trocknet durch bloßes Erwärmen und bestäubt mittels Pinsel mit feinem Graphitpulver. Ein Cu-Draht mit mehreren etwa symmetrisch angebrachten Zuleitungen umgibt als Ring den graphitierten Rand, mit dem das auf dem Kopf stehende Gefäß in Oettelsche Lösung taucht. Darin steht ihm eine Cu-Platte etwa symmetrisch gegenüber. Verkupfert sich eine Stelle schlecht, was immer zu überwachen ist, so bestäubt man sie frisch und bringt unmittelbar dabei eine Zuleitung an. Man läßt den Überzug etwa $^1/_2$ mm dick werden, spült dann gut mit Wasser, später mit Alkohol ab und überzieht etwa mit Zaponlack. Man wird auch bei so geschützten Gefäßen die kalten Flüssigkeiten nicht unnötig auf den Rand laufen lassen, aber alsdann läuft man auch kaum Explosionsgefahr. Es versteht sich, daß man alle leicht springenden Glas- oder Porzellanstellen durch solche Verkupferung weniger empfindlich machen kann, und man wird für Stellen, wo schroffe Abkühlung oder Erwärmung unvermeidlich ist, dieses Kunstgriffs gedenken. Praktisch ist es auch, die Graphitierung durch chemische Versilberung (Kohlrausch. 11. Aufl. S. 36. 6. B.) zu umgehen.

2. Übung. Thermochemie.

(Gesetz der Erhaltung der Energie. I. Hauptsatz der Thermodynamik.)

A. Grundbegriffe.

(Temperatur, Wärmemenge, Wärmekapazität, Spezifische Wärme, Atomwärme, Molarwärme.)

Handversuche.

1. Temperatur[1] ist der Grad der Warmheit eines Körpers und ist definiert durch die Ausdehnung des Quecksilbers im Quecksilberthermometer (Stabthermometer: Teilung auf dem Rohr; Einschlußthermometer: Milchglasteilung frei im Rohr), auf dessen zylindrischem Rohr der Abstand zwischen dem Stand beim Schmelz- (nicht Gefrier-) Punkt des Eises und dem Siedepunkt von Wasser bei 760 mm Druck und Normalschwere in 100 Grade geteilt ist. Dieselbe Teilung wird vom Schmelzpunkt des Eises als dem Nullpunkt nach oben und unten (+ und −) gezählt. Somit ist die Temperatur rein empirisch und offenbar willkürlich definiert, aber praktisch brauchbar, soweit Quecksilber flüssig ist. Darüber und darunter ist Temperatur danach noch überhaupt „nicht definiert".

Temperaturmessungen ergeben um so mehr bloß „mittlere" Temperaturen, je ungleichmäßiger die Temperatur in der unmittelbaren Umgebung des Thermometerkörpers ist. Deshalb ist in Flüssigkeiten, besonders solchen, die schlecht die Wärme leiten, gut umzurühren. Temperaturmessung in Gasen mit ruhenden Quecksilberthermometern ist nur dann zulässig, wenn man guter örtlicher und zeitlicher Konstanz der Temperatur sicher ist. Andernfalls erhält man ganz undefinierte Zahlen. S. a. w. u.

Einstellung eines Quecksilberthermometers mit verstellbarem Nullpunkt. Flüssigkeitsthermometrische Messungen überhaupt (Beckmannthermometer).

Besprechung. Ein Thermometer kann um so genauer sein, je größer ein Gradintervall darauf ist. Um dabei nicht unhandlich lang zu sein, müssen die Röhren entweder stellenweise erweitert und dazwischen Marken angebracht sein oder man verwendet Instrumente mit verstellbarem Nullpunkt (Beckmannthermometer). Diese müssen jeweils geeicht werden

[1] Vgl. F. Henning, Die Grundlagen, Methoden und Ergebnisse der Temperaturmessung. R. Vieweg, Braunschweig, 1915. M. Planck, Vorlesungen über Thermodynamik. 3. Aufl. Veit & Comp. Leipzig. 1911.

dadurch, daß man sie gleichzeitig mit einem Thermometer bekannten Nullpunkts eintaucht in ein Bad, dessen wahre Temperatur an dem Eichthermometer und dessen „scheinbare“ an dem zu eichenden zugleich abgelesen wird. Allgemein ist für alle Messungen mit Quecksilberthermometern zu beachten: Es können, abgesehen von einer an sich falschen Teilung des Instruments — von der wir absehen wollen —, folgende Umstände zu falschen Ergebnissen führen:

1. Nachwirkung.

2. Trägheit der Quecksilberkuppe.

3. Falsche Annahmen über die Menge des auf der gemessenen Temperatur befindlichen Quecksilbers.

Schnelle Abkühlung, mehr noch schnelle Erwärmung, fälscht den Stand des Thermometers, denn die Wärmeausdehnung oder -kontraktion verschwindet nicht sofort bei Übergang zu anderer Temperatur (Nachwirkung). Quarzglasthermometer haben diesen Fehler fast nicht.

Schnelles Steigen, mehr noch schnelles Sinken des Quecksilberfadens läßt ihn nicht „nachkommen“: Trägheit. Man bekämpft sie durch seitliches dauerndes regelmäßiges Klopfen (z. B. mit dem Hämmerchen eines Hausklingelwerks) am Thermometer (s. Abb. 38).

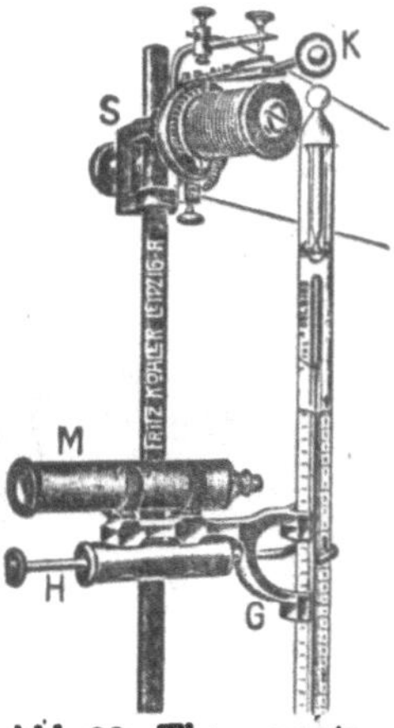

Abb. 38. Thermometer-Klopfer (K) und Ablese-Mikroskop (M).

Bildet das Metall im Thermometer eine einzige zusammenhängende Masse, so kann falsch gemessen werden deshalb, weil sie nicht überall die zu messende Temperatur hat. Z. B. wenn ein Stück des Fadens (a Grade lang) herausreicht aus dem Gebiet der zu messenden Temperatur, meist in einen Raum mit tieferer Temperatur. Man hat dann (aus den Ausdehnungskoeffizienten der Gläser und des Quecksilbers berechnet) der abgelesenen Temperatur t rund den Betrag $0{,}00016 \cdot a\,(t - t_0)$ zuzufügen, wobei t_0, die Mitteltemperatur des herausragenden Fadens, entweder geschätzt oder durch ein Hilfsthermometer gemessen wird. Z. B. eines, dessen Gefäß in $^1/_3$ der Höhe des herausragenden Fadens am Hauptthermometer befestigt ist, etwa durch Gummiringe (von einem Schlauch abgeschnitten), oder man verwendet ein Fadenthermometer, in gleicher Weise befestigt, so daß die Mitte seines Gefäßes mit jenem Drittelpunkt zusammenfällt.

Ein Fadenthermometer ist ein gewöhnliches Thermometer aus dünnem Glas mit sehr langem, engem Quecksilbergefäß, von großer Oberfläche. Es nimmt also schnell die Temperatur seiner Umgebung an, und zwar selbsttätig eine Mitteltemperatur der Luftschicht, durch die sein langes Gefäß hindurchreicht. Es „integriert“ über die Temperaturen. (Fadenthermometer nach Mahlke.)

Wird ein Quecksilberthermometer in wagrechter Lage benutzt, so muß man von seinen Angaben etwa $0{,}0012\,g$ subtrahieren in Graden, wenn g die Länge des Fadens in Zentimetern. Genau liest man ein Thermometer mit Mikroskop (Abb. 38 *M*), Lupe oder Fernrohr ab (S. 112ff.).

Die genaue Temperatur ist nicht die bloß wegen herausragendem Faden und Lage korrigierte, sondern man hat zwei weitere Korrektionen anzubringen: die aufs Gasthermometer und die auf ideales Gas (thermodynamische Skala). Für die meisten Messungen spielt sie unterhalb 200° keine Rolle, darüber jedoch zeigt das Quecksilberthermometer schließlich gegen 2—10° zu hoch. Denn das Metall dehnt sich hier, nahe seinem Siedepunkt, stärker aus. Wegen der Verschiedenheit der Glassorten läßt sich hier keine allgemeine Korrektionstabelle geben. Deshalb muß man bei 300° mit etwa 2° Unsicherheit rechnen. Prüfungsscheine der P.T.R. (Physikalisch-Technische

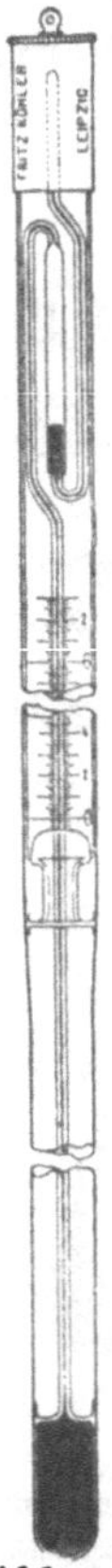

Abb. 39.

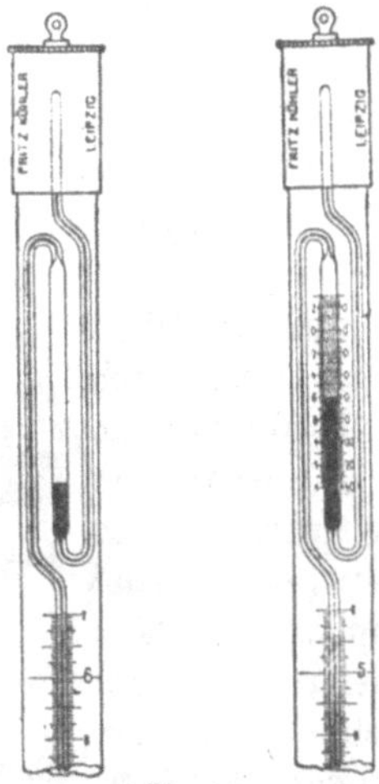

Abb. 39a.

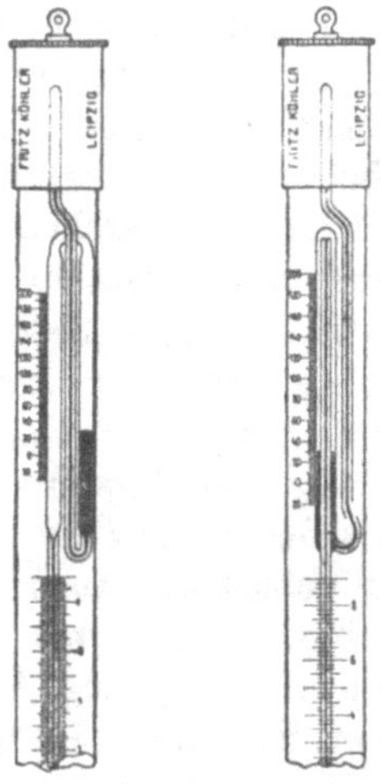

Abb. 39b.

Beckmann-Thermometer mit verstellbarem Nullpunkt.

Reichsanstalt, Berlin, Reichstagsufer) haben diese Korrektion stets schon berücksichtigt.

Bildet das Metall im Thermometer mehrere einzelne Massen, so kommt für die Messung nur noch der Fall in Betracht, daß die Trennung in zwei herbeigeführt wurde zwecks Nullpunktsverlegung, wie das beim Beckmannthermometer (Abb. 39, a u. b) geschieht. Dies Instrument dient nur der Messung von Temperaturdifferenzen. Es hat ein sehr großes Quecksilbergefäß und sehr enge Kapillare, also sehr großes Gradintervall. Die Skale pflegt nur etwa 6° zu umfassen. Oben ist die Kapillare zweimal rechtwinklig umgebogen und nach der ersten Umbiegung pipettenartig erweitert. Das Thermometer, dessen Skale vom wahren Eispunkt aus hergestellt wurde, kann nun auch bei höheren Temperaturen benutzt werden, indem man es auf eine Temperatur etwa 4° über der gewünschten Meßtemperatur bringt, wobei sich ein Teil des Quecksilbers bereits hängend in das pipettenartige Gefäß drängt. Stößt man nun das untere Ende des Thermometers auf eine elastische Unterlage (die Hand oder Kork) auf, so reißt am oberen Ende des pipettenartigen „Behälters" der Faden ab und Abkühlung um 4° bringt seinen Meniskus in den Bereich der Skale. Hat man zuviel Quecksilber in den Behälter gebracht, so kehrt man das Thermometer um, erwärmt, bis das Metall wieder in den Behälter tritt, stößt das Thermometer auf, so daß sich das Metall mit dem vorher abgeschüttelten vereinigt, richtet das Instrument vorsichtig wieder auf und läßt es sich so weit abkühlen, bis man wieder abschleudern muß. Manche Instrumente haben eine kleine Teilung am Behälter, so daß die Änderung des Nullpunkts sich schneller durchführen läßt mittels Abschätzung. (Abb. 39*a* 2 und *b* 1 u. 2.)

Hat man so den Nullpunkt verschoben, so hat man, was meist nicht beachtet wird, den Temperaturwert eines Skalenteils geändert. Denn als ein Temperaturgrad ist der Temperaturabschnitt definiert, in dem eine gegebene Quecksilbermenge sich um dasselbe Volum ausdehnt, wie von 0° auf 1° (wobei die letztere Differenz als $^1/_{100}$ des Ausdehnungsbetrags zwischen Eispunkt und Siedepunkt definiert ist). Oder, worin eine beliebige Quecksilbermenge sich um denselben Bruchteil desjenigen Volums ausdehnt, das sie bei 0° einnahm. Da nun letzteres Volum durch Verkleinern der Quecksilbermenge natürlich verkleinert wird, so wird der scheinbaren Temperaturzunahme um l^0 alsdann eine a/bmal so große, wahre Temperaturzunahme entsprechen, worin a die ursprüngliche, b die nunmehrige Menge des mit dem Meniskus zusammenhängenden Metalls ist. Da die vorhin benutzte Zahl 0,00016 den Unterschied bedeutet zwischen dem kubischen Ausdehnungskoeffizienten des Quecksilbers und des Glases, also den „scheinbaren" Ausdehnungskoeffizienten von Quecksilber in Glas, so hat man sie nur mit der Zahl der durch Abtrennung von Quecksilber „entfernten Grade" zu multiplizieren und diesen Betrag zu 1 zu addieren, um den Faktor a/b zu erhalten, womit man die abgelesene Graddifferenz multiplizieren muß, um die wahre Graddifferenz zu erhalten. Ob diese Korrektion in die Fehlergrenze fällt oder nicht, ist jedesmal durch eine Überschlagsrechnung zu entscheiden.

Es versteht sich, daß Beckmannthermometer nur zur genauen Messung von kleinen Temperaturdifferenzen dienen, nicht zu absoluter Temperaturmessung.

Die folgende Übung zeigt die Einstellung eines Thermometers auf einen gewünschten Nullpunkt.

Zubehör. **Beckmannthermometer. Genaues Thermometer für 0°. Fadenthermometer. Gummiringe (von einem Schlauch zu schneiden). Filtrierstutzen. Glasstab als Rührer. 3 Ableselupen. Eistopf. Stativ mit Haltern.**

Ausführung. Man stelle das Beckmannthermometer auf Benutzung der Umgebung von 17° ein. Man berechne die Gradkorrektion und die Fadenkorrektion. Zuerst vergleiche man den Nullpunkt des Vergleichsthermometers mit dem Eispunkt, in reinem Eis. Stets rühre man kräftig um. Das eingestellte Beckmannthermometer bewahre man aufrecht ruhig auf, da es bei einem bald folgenden Versuch mit der getroffenen Einstellung gebraucht wird.

2. Andere Flüssigkeitsthermometer (Alkohol, Ligroin, Pentan). Messung tiefer Temperaturen damit (Gasthermometer). Erweiterung der Definition der Temperaturskala.

Besprechung. Am genauesten sind Pentanthermometer, bis zur Temperatur —130° herab zu benutzen, die anderen im allgemeinen nur bis —100°. Diese tiefen Temperaturen sind nicht mehr durch das Quecksilberthermometer definiert, sondern dadurch, daß Zustandsänderungen gewisser Gase (Wärmeausdehnung bei konstantem Druck oder Druckzunahme bei konstantem Volum), die innerhalb des Temperaturgebiets, wo die Temperatur durchs Quecksilberthermometer definiert ist, der so definierten Temperatur sehr genau proportional gehen, nunmehr unterhalb und oberhalb dieses Gebiets selbst als Maß der Temperatur angesehen werden. Dadurch ist es möglich, die Skala soweit nach oben und unten fortzusetzen, als die genannten Gase (Wasserstoff, Stickstoff, Helium) gasförmig bleiben und eine Messung ihrer Ausdehnung technisch möglich ist. Der Nullpunkt bleibt derselbe.

Außer den Fehlern, die beim Quecksilberthermometer besprochen wurden, kommt hier hinzu, daß bei tiefer Temperatur die Flüssigkeiten zäh werden. Deshalb darf man zuerst nur das Gefäß eintauchen in das zu messende Bad, und erst, wenn die zu messende Temperatur annähernd erreicht ist, senkt man langsam auch das Rohr nach.

Ferner benetzen die Flüssigkeiten die Kapillare, so daß man bei sinkender Temperatur stets abwarten muß, bis alle Flüssigkeit zusammengelaufen ist.

Der folgende Versuch zeigt diese Besonderheiten von Thermometern mit gefäßbenetzender Füllung.

Für tiefe Temperaturen sind zweckmäßiger die Dampfdruckthermometer von Stock, falls man nicht auf die sehr hohe Genauigkeit elektrischer Thermometer Wert legt. Die Genauigkeit ist dabei immerhin recht groß und dementsprechend auch die Empfindlichkeit. Darüber s. weiter unten, Übung 3.

Zubehör. Toluolthermometer. Vakuumbecher. Eis. Salz. Glasrührer. Hg-Thermometer.

Ausführung. Nach Herstellung des Eis-Salzgemischs taucht man das Thermometer ein und beobachtet die Abhängigkeit der Einstellung von der Zeit. Dann vergleicht man sie mit der des gleichfalls eingetauchten Hg-Thermometers.

3. Elektrische Thermometer (Thermoelemente und Widerstandsthermometer).

Besprechung. Flüssigkeitsthermometer werden zu genauerer Messung tiefer Temperaturen oft durch elektrische Thermometer ersetzt, die wie jene durch Vergleich mit dem Gasthermometer empirisch geeicht werden. Elektrische Thermometer erlauben auch höhere Temperaturen bequemer und dadurch oft genauer zu messen, als es mit mäßigen Mitteln gasthermometrisch möglich ist. Üblich ist die Messung der Temperatur in sehr kleinen Räumen („Punkten") mit Thermoelementen, in größeren, vor allem solchen von großer Längenerstreckung, mittels Widerstandsthermometern.

Prinzip der Thermoelemente. Verbindet man ein empfindliches Amperemeter (das bekanntlich ebenso gut als Voltmeter benutzt

Abb. 40.
Thermoelement; Stromschaltung.

Abb. 41.
Thermoelement-Galvanometer.

werden kann) mit zwei Drähten aus verschiedenen Metallen, deren Enden miteinander verlötet sind, so hat man zwar einen geschlossenen Kreis von metallischen Leitern, aber eben deshalb nach Voltas Fundamentalgesetz der Spannung keinen Strom darin, solange alle Berührungsstellen verschiedener Metalle im Kreis dieselbe Temperatur haben. Ist aber die Temperatur an einer verschieden von der der anderen, so wird ein Strom erzeugt, der mit dieser Differenz steigt. Man kann deshalb unmittelbar in Temperaturgraden ein mit einem solchen Drahtpaar leitend verbundenes Amperemeter eichen (Abb. 40) durch Vergleichung mit Normalthermometer. Da die Lötstelle wenig Raum einnimmt und nur ihre Temperatur eine Rolle spielt, die der Zuleitungsdrähte, wenn sie nicht allzu dünn sind, aber belanglos ist (weshalb?), so eignet sich solche Kombination zur Messung der Temperatur in „Raumpunkten". Als Metallpaare benutzt man für tiefe Temperaturen Fe-Konstantan oder Cu-Konstantan, für hohe Platin-Platinrhodium. Als Amperemeter dienen Galvanometer, die entweder nur in Grad oder zugleich in Grad und Millivolt geteilt sind und meist zwei Meßbereiche haben (Abb. 41), denen drei Klemmschrauben entsprechen. Die eine führt zur Spule, die zweite von der anderen Seite her ebenfalls zu ihr, die dritte führt zuerst zu einem Widerstand (Wehr) im Instrument, dann ebenfalls zur anderen Seite der Spule. Letzteres entspricht dem größeren Meßbereich, der geringeren Empfindlichkeit (Ohms Gesetz). Da der Zeiger des Instruments um eine senkrechte Achse drehbar ist, so muß man es sehr genau wagrecht stellen mit Hilfe der daran sitzenden Libelle, sonst bestimmt das Gewicht des Zeigers seine Lage. Bei Nichtgebrauch muß er zur Schonung stets durch den seitlich am Instrument angebrachten Griff abgestellt (arretiert) werden.

Prinzip der Widerstandsthermometer. Der elektrische Widerstand metallischer Leiter steigt mit der Temperatur in bequem meßbarem Verhältnis an. Schickt man also einen schwachen Strom aus einer konstanten Stromquelle hindurch und mißt ihn durch ein empfindliches Amperemeter, so kann man auch hier das Amperemeter

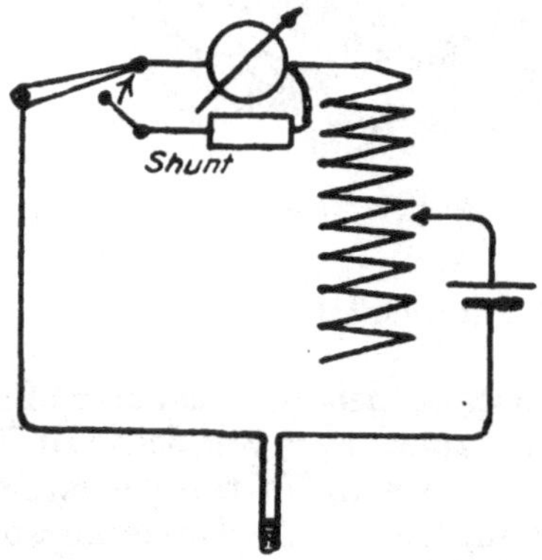

Abb. 42. Messung in 2 Bereichen mit Widerstandsthermometer.

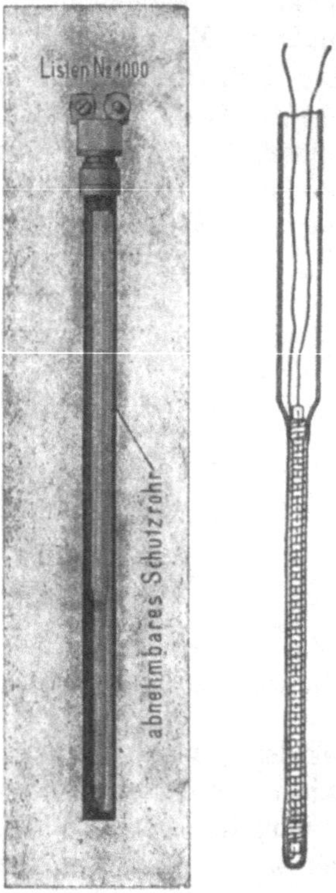

Abb. 43. Platin-Widerstandsthermometer in Quarzhülle. (W. C. Heraeus, Hanau a. M.)

unmittelbar in Temperaturgraden eichen, denn nach Ohms Gesetz gibt die Stromstärke bei konstanter Potentialdifferenz der Stromquelle ein Maß des Widerstands, und dieser wieder ist hier eindeutig bestimmt durch die Temperatur des metallenen Leiterstücks. Das Prinzip der einfachsten Schaltung bei zwei Meßbereichen (Wehr) zeigt Abb. 42. Das empfindliche Leiterstück wählt man recht dünn, also seinen Widerstand groß gegenüber dem der anderen Teile des Stromkreises. Dann üben Temperaturschwankungen in den anderen Teilen des Leiterkreises nur geringe Wirkung auf die Stromstärke. Dünner Platindraht von erheblicher Länge, auf Quarz aufgespult, ist praktisch, er muß durch eine Hülle (Glas-, Quarz-, Porzellanschutzrohr) vor jeder mechanischen Veränderung (Druck, Zug usw.) geschützt sein, sonst ändert er mit ihr seinen Widerstand in unübersehbarer Weise (Abb. 43). Stromquelle ist ein Akkumulator. Der „empfindliche" Teil des Widerstandsthermometers pflegt die Größe eines Thermometergefäßes zu haben, das Meßinstrument in Grade (und in Amperes zugleich) geteilt zu sein. Die Spannung des Akkumulators ist nicht genau konstant und der Widerstand der Zuleitungen nicht einflußlos. Deshalb wählt man anstatt der grundsätzlich einfachsten Schaltung eine etwas andere. Sie ist ein Sonderfall der Wheatstoneschen Meßbrückenschaltung. Während nämlich bei letzterer nur ein bestimmtes Verhältnis bestehen muß zwischen zwei Paaren von Widerständen (vgl. Übung 5), macht man hier die Widerstände alle vier einander

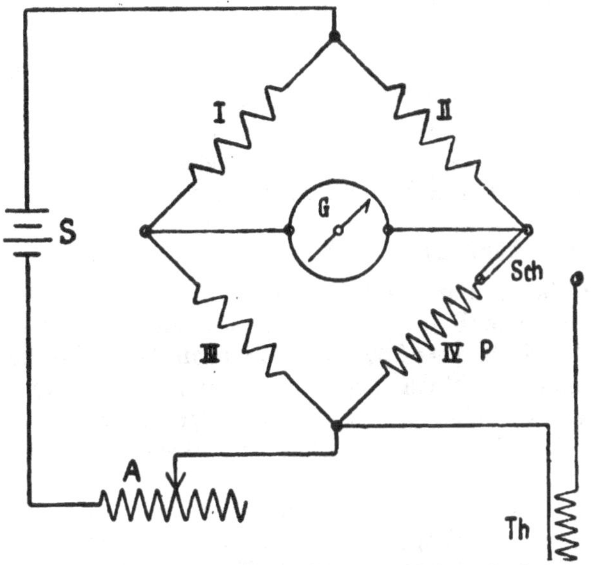

Abb. 44. Elimination der Zuleitungswiderstände beim Widerstandsthermometer.

gleich. In Abb. 44 trifft dies dann zu, wenn man den Schalter *Sch* nach rechts auf das Thermometer *Th* umlegt und dieses letztere auf 0° hält. Dann nämlich ist sein Widerstand genau so groß, wie man den von *I*, *II*, *III* gemacht hat. Wenn nun also auch zwischen dem oberen und dem unteren Verzweigungspunkt der von der Stromquelle *S* kommenden Leitung die Potentialdifferenz besteht, die der Akkumulator liefert, so muß doch wegen der Gleichheit der Widerstandsverhältnisse *I*:*III* und *II*:*Th* an den zum Galvanometer *G* führenden Abzweigpunkten dasselbe Potential herrschen. Zwischen diesen Punkten ist also die Potentialdifferenz Null. Insofern ist es gleichgültig, ob der Akkumulator konstante Spannung hat oder nicht. Wenn jetzt aber *Th* eine andere Temperatur hat, dann geht ein Strom durchs Galvanometer *G* und es schlägt dann um so weiter aus, je höher die Spannung von *S*. Man muß also nötigenfalls durch Regulieren des Widerstands *A* einen größeren oder kleineren Teil der Spannung von *S* verzehren. Welchen, erfährt man durch Schalten von *Sch* auf *IV P*, den Prüfwiderstand. Er ist so groß gemacht, wie der Widerstand des Thermometers bei einer ganz am Ende der Skale liegenden Temperatur, die durch einen roten Strich bezeichnet ist. Hat man also die genau richtige Spannung an der Brückenschaltung liegen, so muß beim Einschalten des Prüfwiderstands der Zeiger bis auf diesen Strich ausschlagen. Man reguliert mit *A* genau auf ihn ein. Nach der Messung prüft man wieder und „blockiert" so die Messung. Daß man mit dem Prüfwiderstand einen recht großen Ausschlag erhält, liegt natürlich im Interesse der Genauigkeit und deshalb ist er so gewählt, daß der Ausschlag ans Ende der Skale fällt.

Für Strahlungsmessungen und solche von tiefen Temperaturen ist diese Messung vorteilhaft, bei hohen nur weniger üblich, z. T. wegen Gefahr der Gestaltänderung und Strukturänderung des Meßdrahts, die unkontrollierbare Fehler gibt. Die folgenden Messungen befassen sich mit Thermoelement und Widerstandsthermometer.

Versuchstechnik elektrischer Temperaturmessung.[1]

Meßgebiete. Für die tiefsten Temperaturen Widerstandsthermometer aus Pb. Von der Temperatur flüssiger Luft aufwärt solche aus Pt, bis zu etwa 700° bis 800° höchstens. Darüber Thermoelemente aus Pt-PtRh bis 1600°. Darüber versagen elektrische Thermometer (s. weiter unten optische Pyrometer, Übung 8). Man kann auch das Pt-PtRh bis etwa 200° herab benutzen, aber dies ist weniger genau.

Definiertheit der Instrumente. Soll ein Widerstandsthermometer reproduzierbare Werte geben, so muß es längere Zeit auf die höchste von ihm anzugebende Temperatur erhitzt gewesen sein, in der Lage, worin es später seinem Zweck dienen soll. Es muß in dieser Lage, ohne Zerrungen oder Verbiegungen oder Druck ausgesetzt zu sein, den Änderungen der Temperatur folgen können. Es darf nicht in eine Hülle eingeschlossen sein, worin bei den in Betracht kommenden Temperaturen Kondensation eintreten kann (z. B. Luftverflüssigung am Pb-Draht). Es darf nicht so aufgestellt sein, daß auf die Dauer eine Legierung des Metalls mit Stoffen der Umgebung stattfinden kann. Gefährlich ist Fe in dieser Hinsicht, vor allem, wenn CO in die Nähe kommen kann.

Soll ein Thermoelement reproduzierbare Werte geben, so muß es einige Zeit über seine höchste Meßtemperatur erhitzt gewesen sein.

---

[1] S. dazu F. M. Jäger, Eine Anleitung zur Ausführung exakter physikochemischer Messungen bei höheren Temperaturen. Groningen, E. B. Wolters, 1913.

Es soll frei ausgespannt zur Glut gebracht sein, daß es aussieht, wie ein glühendes Seil. Im übrigen sind dieselben Vorsichtsmaßregeln zu beachten, wie beim Widerstandsthermometer. Besonders vermeide man Infektion des Elements an Stellen, die der Lötstelle nicht ganz nahe liegen.

Eichung der Instrumente. Widerstandsthermometer erhält man meist geeicht, andernfalls bestimmt man den Widerstand mit der Präzisionsmeßbrücke nach dem Wheatstoneschen Brückenverfahren (s. weiter unten, Übung 5).

Thermoelemente können durch ungeeignete Behandlung ihre Eigenschaften zwar ändern, dann aber unter Umständen wiederhergestellt werden. Brechen sie, so werden sie neu gelötet. In allen Fällen, besonders im letzteren, muß man sie neu eichen. Mit der Tiegel- oder bequemer mit der Drahtmethode. Man lötet ein etwa 5 mm langes Stückchen eines reinen (z. B. Gold-) Metalldrahts von bestimmtem Schmelzpunkt (Metall „Kahlbaum"[1]) zwischen die Enden der verschiedenen Drähte und erhitzt das Ganze gleichmäßig und langsam, bis der Zwischendraht eben durchschmilzt. Hat man in diesem Augenblick die „scheinbare" Temperatur elektrisch am Drahtpaar gemessen, so kann man sie vergleichen mit der bereits genau bekannten des durchgeschmolzenen Metalls und so das Element eichen. Die mit dem Hilfsmetall verunreinigten Enden schneidet man gut ab, ehe man später die beiden Schenkel des ursprünglichen Elements wieder zusammensetzt (Hilfsmetalle Tabelle IV).

Eichung durch Lithiummetasilikat oder künstlichen Diopsid nur unter besonderen Vorsichtsmaßregeln, so daß man sicher ist, daß der Temperaturgradient der Heizung ohne Einfluß war und keine Infektion des Elements durch Dämpfe oder Fremdmetalle stattfand.

Genauigkeit der Instrumente. Mit Widerstandsthermometern kann man noch kleinere Temperaturunterschiede wahrnehmen als $6 \cdot 10^{-4}$ Grad. Die absolute Genauigkeit der Angaben erreicht deshalb hier leicht die Genauigkeit der Eichpunkte. Sie ist, wie stets, viel kleiner als die Unterschiedsgenauigkeit, beträgt bei 200° noch bestenfalls ±0,05°, oberhalb 300° nur noch ±0,1° bis ±0,3°, bei 600° etwa ±0,5—0,6°, bei 1000° ±0,7—0,8°, bei 1200° ±1°, bei 1400° ±1,5°, bei 1600° ±2°.

Die Unterschiedsempfindlichkeit der Thermoelemente läßt sich zwar durch Hintereinanderschalten vergrößern, aber man wird hier unterhalb 700° stets das Widerstandsthermometer vorziehen. Die absolute Genauigkeit der Messung erreicht nur bei sorgfältig behandelten Pt-PtRh-Elementen die Genauigkeit, womit die Eichpunkte festliegen.

Die Ablesungsinstrumente. Wenn der empfindliche Teil des Instruments (Widerstandsdraht, Thermopaar) die erforderliche Beschaf-

---

[1] Chemische Fabrik C. A. F. Kahlbaum, Berlin-Adlershof.

fenheit hat, daß größte Genauigkeit überhaupt erreicht werden kann, hängt ihre Erreichung nur ab von der Genauigkeit der elektrischen Meßmethode.

1. Widerstandsmessung. Bei nicht sehr sorgfältiger Durchführung genügt die Wheatstonesche Brückenmethode mäßigen Ansprüchen an Genauigkeit. Sie kann sogar sehr gute Ergebnisse liefern, wenn man sie sehr vorsichtig handhabt (Callendar und Waidner und Burgeß[1]).

Kompensationsschaltung und Potentialmessung (s. Übung 6) liefert leicht Messungen von derselben und höherer Genauigkeit. Der Widerstand der Zuleitungen fällt dabei von selbst heraus. Man sendet den gleichen Strom durchs Thermometer und durch einen Normalwiderstand (Abb. 45) und mißt an beiden die Potentialdifferenzen. Daraus berechnet sich der gesuchte Widerstand. Zur Messung der Potentialdifferenzen eignen sich die Kompensationsapparate (Diesselhorst[2], von O. Wolff, Berlin, hergestellt, thermokraftfrei). Der genannte Apparat hat im Kompensationskreis 14,4 Ω Widerstand, wird für Tausendstelgrade mit einem Drehspulengalvanometer kleinen Widerstands, für noch höhere Empfindlichkeit mit Kugelpanzergalvanometer verbunden und erlaubt noch Spannungen von 0,1 Mikrovolt ($= 10^{-7}$ Volt) sicher zu messen. Mit der differentialgalvanometrischen Methode kommt man noch weiter als mit den genannten Anordnungen.

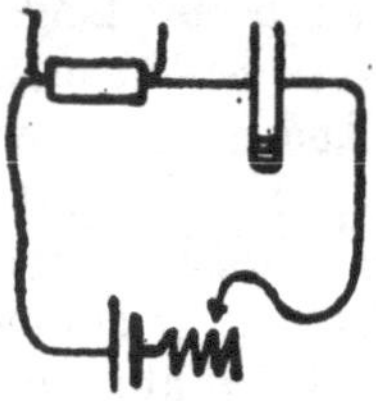

Abb. 45. Widerstandsthermometrie durch Potentialmessung.

Der Meßstrom soll zwar so groß sein als möglich, aber die Erwärmung des Thermometers setzt dem sehr rasch eine Grenze, da sie mit dem Quadrat der Stromstärke steigt (s. weiter unten Joules Gesetz). Man kann sie herabsetzen, indem man die Trägheit des Instruments verringert, etwa durch Benutzung sehr dünner (0,03 mm) Drähte. Die meist benutzten Widerstandsthermometer sind etwa 0,15 mm dick und ihre Angaben sind bis zu 0,01 Ampere aufwärts unabhängig von der Stärke des Meßstroms. Bei dieser Stromstärke erwärmt sich das Thermometer durch den Strom um rund 0,01°, was für die meisten Zwecke zwar belanglos ist, aber bei sehr genauen kalorimetrischen Messungen als Wärmequelle berücksichtigt werden muß.

Hat man so den Widerstand eines Thermometers bestimmt bei einer zu messenden Temperatur, so erfährt man ihren Betrag durch Berechnung aus der Gleichung, die Widerstand und Temperatur miteinander verknüpft und die von Instrument zu Instrument einzeln bestimmt werden muß. Über die Selbsteichung von Widerstandsthermo-

[1] Bull. Bur. of Stand. 6. 189—230. 1910.
[2] Z. f. Instrumentenkunde 1906. 173. 297.

metern vgl. die ausführlichen Angaben und Tabellen in dem genannten Werk von F. Henning.

Diese Eichungen werden selten bei den uns vorliegenden Arbeiten selbst durchgeführt werden müssen. Eichung in der P.T.R. ist hier meist vorzuziehen.

Für Widerstandsthermometer aus Pb für die tiefsten Temperaturen gilt dasselbe, auch sie wird man in der P.T.R. eichen lassen. Zudem wird man wegen der Trägheit der chemischen Vorgänge bei diesen tiefen Temperaturlagen selten chemische Messungen anzustellen haben.

2. Thermokraftmessung. Wir behandeln hier nur das Pt-PtRh-Element.

Roh, d. h. bis auf etwa 10° genau, mißt man die Temperatur mittels Zeigergalvanometer (der Zeiger und sein Spiegelbild müssen sich bei der Ablesung decken), wie sie schon mit Celsiusgradteilung zum Element geliefert werden. Dies ist also eine Strommethode. Der Widerstand des Instruments soll hoch sein, verglichen mit dem des Thermoelements, also mindestens 300—400 Ω, damit die Widerstandsänderungen, die dieses beim Erhitzen der Leitungen auf verschiedene Temperaturen bedingt, ohne Einfluß bleiben. Aus ähnlichem Grund soll der Temperaturkoeffizient des Zeigerinstruments klein sein.

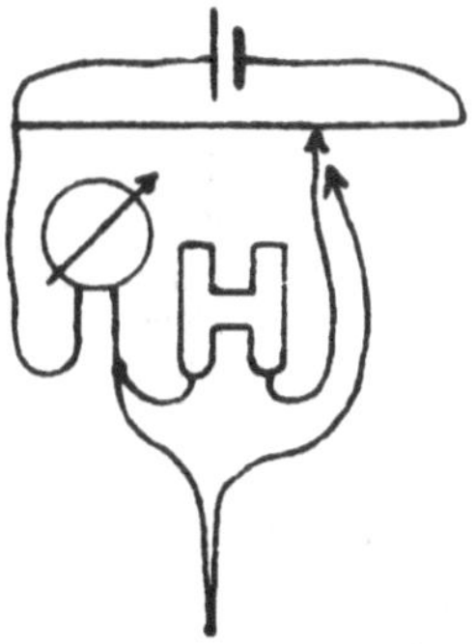

Abb. 46. Kompensationsmessung der Thermo-E.M.K. mit Brücke und Normalelement.

Genauer ist es, man mißt nicht die Stromstärke, sondern die E.M.K., d. h. man macht das Thermoelement stromlos und eliminiert so jeden Einfluß wechselnden Widerstands des Elements oder der Zuleitungen. Dabei kann man meist auf ausreichende Genauigkeit, also auf 1° und weniger kommen, wenn man mit einer einfachen Kompensationsschaltung mißt.

Entweder mißt man mit dem Strom eines Gefällsdrahts, der von einem Akkumulator geliefert wird und von dem man in der üblichen Weise einen Nebenstromkreis abzweigt, worin ein empfindlicher Stromanzeiger (Galvanometer oder Elektrometer) liegt und ein Normalelement und vertauscht dann das Normalelement mit dem Thermoelement (s. S. 252ff. und Abb. 46).

Oder man schaltet nach Lindeck[1], indem man dem Leiterstück, das beiden Kreisen gemeinsam ist, einen genau bestimmten Widerstand einfachen Betrags gibt (Normalwiderstand von 0,1 oder 0,01 Ω), den Widerstand im Akkumulatorkreis so lange verändert, bis im Thermokreis genau Stromlosigkeit herrscht und in diesem Kreis die Stromstärke J mißt mit einem Präzisionsmilliamperemeter. Dann ist die E.M.K. des Elements gleich 0,1 J bzw. 0,01 J. Um bei den hohen

[1] Z. f. Instrumentenkunde 19. 249. 1899.

Temperaturen, wo das Element am angebrachtesten ist, noch 0,1° Genauigkeit zu erreichen, müßte man bei rund 1 Mikrovolt die Stromstärke auf 0,1 Promille genau messen können. Meist genügt $^1/_{10}$ dieser Genauigkeit vollkommen und dann reichen Präzisionsmilliamperemeter mit geeigneten Meßbereichen (Wehren) aus (Abb. 47).

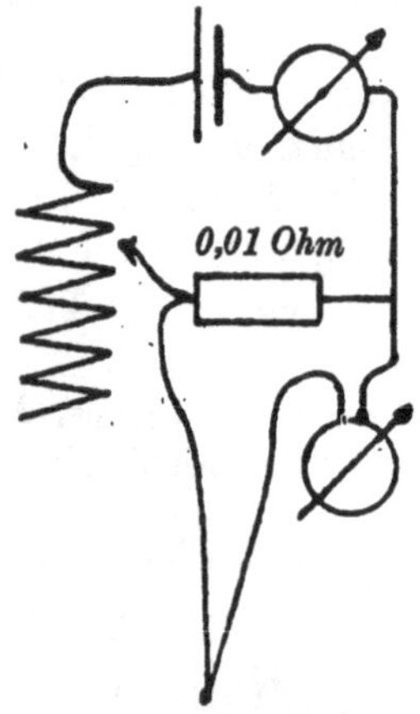

Abb. 47. Kompensationsmessung der Thermo-E.M.K. mit Normalwiderstand. Nach Lindeck.

Zur Erzielung der höchsten Genauigkeit sind nur sorgfältigst gepflegte und vorgeprüfte Thermoelemente verwendbar, deren E.M.K. etwa mit dem erwähnten Diesselhorstschen Kompensationsapparat gemessen wird. Wie hierbei zu verfahren ist und welche Vorsichtsmaßregeln man einhalten muß, sieht man aus dem Werk von F. M. Jaeger (s. S. 58).

Berechnung der Temperaturen aus den gemessenen E.M.K. an Hand der Tabelle von Day und Sosman (Tabelle V).

Einbauen elektrischer Thermometer. Abgesehen von der erwähnten Infektionsgefahr ist noch ein Fehler zu vermeiden, der bei hohen Temperaturen stört: Ströme durch Gasionen. Man muß das Schutzrohr umwickeln mit einem iridiumfreien Pt-Draht und diesen außerhalb des Apparats mit den Wänden des Arbeitsraums verbinden und so erden. Dann befindet sich das Thermoelement in einem Faradayschen Käfig und ist vor allen Ionen u. dgl. geschützt. Man erde übrigens hier nicht durch Verbindung mit Gas- oder Wasserleitung, denn in diesen hat man oft erhebliche vagabundierende Ströme. Dieser Schutz ist oberhalb 1200—1300° unerläßlich.

Es macht keine Schwierigkeit, die Angaben selbsttätig durchs Instrument aufzeichnen zu lassen.

Das Prinzip aller selbstschreibenden Apparate (Thermographen, Barographen, Hygrographen, Chronographen, Phonographen usw.) ist einfach. Ein Zeigerinstrument (z. B. Galvanometer zur Thermokraftmessung) trägt an der Spitze des Zeigers einen Schreibstift. An ihm wird in der mittleren Lagenrichtung des Zeigers mit konstanter Geschwindigkeit ein Papierband vorbeigezogen. Sie wird durch ein Uhrwerk erzeugt. Das Papierband ist mit einem Koordinatennetz bedeckt. Die Abszissen sind gerade Linien parallel der Bewegungsrichtung des Bands. Sie liegen in symmetrischen Abständen von der Mittellage des Zeigers, aber wegen dessen kreisförmiger Bewegungsbahn in um so kleineren, je weiter die Entfernung von der Mittellage ist. Projektion der Skalenteile des Zeigerinstruments auf die Senkrechte zur Mittellage des Zeigers (= auf die Senkrechte zur Bewegungsrichtung des Papiers) ergibt die Beträge dieser Abstände. Abszissenachse ist die Mittellage des Zeigers und wird senkrecht durchschnitten von Kreisbogenabschnitten, die, in gleichen Abständen sich aneinander reihend, den Zeitmaßstab darstellen. Den Schreibstift befeuchtet nicht eintrocknende Tinte. Das Papier läuft vorbei, von einer Rolle sich abspulend, über zwei Rollen, die es stets an den Stift anlegen, und dann auf eine andere Spule. Oder die Drehung eines beschreibbaren (Papier- oder Wachs- usw.) Zylinders verschiebt gleichmäßig den ihm anliegenden Schreibstift parallel der Zylinderachse. Dann wird der Zylinder spiralig beschrieben und muß zur Verwertung der Kurve die Steighöhe der Spirale in Rechnung gezogen werden. Da Zeigerinstrumente stets Trägheit haben und auch das Schreiben des Stifts nicht sehr genau ist, so arbeitet man am genausten mit dem Lichtzeiger, also mit einem Spiegelinstrument. Sein tordierter Faden hat fast keine Trägheit. Die schwingende Saite eines Saitengalvanometers ist darin noch vollkommener. Den vom Spiegelinstrument erzeugten Lichtfleck lenkt man auf ein photographisches Papier, das an Stelle der Papierrolle trat.

Zieht man andererseits senkrecht zur schwingenden Saite an ihr ein photographisches Papier vorbei und läßt auf die Saite senkrecht zur Papierebene einen Lichtstrahl fallen, so weicht die Saite bald aus und läßt ihn aufs Papier kommen, bald verdeckt sie den Spalt.

Man muß bei allen diesen Instrumenten vor allem darauf sehen, daß das Uhrwerk gleichmäßig geht. Das hängt wiederum vor allem ab von der Temperatur, und so muß man nötigenfalls seinen Temperaturkoeffizienten kennen oder für Konstanz seiner Temperatur sorgen. Soweit die selbstschreibenden Instrumente im Freien aufgestellt werden, wie bei vielen meteorologischen und Forschungszwecken auf Reisen[1], wird man vor und nach der Benutzung den Temperaturkoeffizienten der Angaben des Instruments bestimmen müssen. Hat er sich sehr geändert, so muß man die Angaben mit entsprechendem Zweifel betrachten. Im Laboratorium wird man zwar auch auf Blockierung der Angaben nicht verzichten, indem man den Gang des Uhrwerks vor und nach einer Messungsreihe kontrolliert. Doch wird (bei konstant gehaltener Temperatur) mehr auf Verstaubung und magnetische Einflüsse gesehen werden als Ursache für einseitige Änderungen des Gangs. Diese magnetischen Einflüsse auf Uhren sind so wichtig, daß man selbstschreibende Uhrwerke in Laboratorien, namentlich in der Nähe von großen elektrischen Leitungen, immer überwachen muß, und für zuverlässige Messungen mit Stoppuhren bei hoher Anforderung an Genauigkeit nur antimagnetische Werke verwenden soll.

Ein letzter Punkt, wichtig für Selbstschreiber, ist die Reibung der Zeiger, die den gemessenen Vorgang selbst verzögern kann. Deshalb

---

[1] G. v. Neumayer, Anleitung zu wissenschaftlichen Beobachtungen auf Reisen. 3. Aufl. Hannover, M. Jänecke, 1906. 2 Bde.

und manchmal auch aus anderen im Wesen der gemessenen Vorgänge liegenden Ursachen kann es besser sein, den Zeiger nur zu gewissen Zeiten anzudrücken, periodisch. Letztens kann man auch durch den zu messenden Vorgang selbst die Drehgeschwindigkeit des Papiers beeinflussen und nur immer in gleichen Zeiten eine Marke ihm aufdrücken. Dann hat man nur die Abstände der Marken zu messen und keine Koordinatennetze nötig. Man kann hier apparativ sehr viel Brauchbares konstruieren. Aber man sollte nie vergessen, daß der Selbstschreiber, wie ein schlechter Beobachter, nur (vgl. S. 6 unten) ganz einseitig einem Einfluß folgt, und alle Störungen und Besonderheiten vernachlässigt oder in die von ihm geschriebene Kurve unübersehbar hineinarbeitet. Soll er gut laufen, so braucht man viel Zeit für ihn, meist mehr, als seine Ergebnisse wissenschaftlich lohnen bei neuen Erscheinungen und falls man diese nicht sehr ausführlich bearbeiten und z. B. mit „Konvergenz"methoden erforschen will. Zum Sammeln beschreibenden oder statistischen Materials aber sind Selbstschreiber unersetzlich und vom höchsten Wert, da sie gewissermaßen die Anzahl der sehr einseitig ausgebildeten Beobachter vervielfältigen.

Zur Konstruktion von Selbstschreibern sind oftmals gebrauchte Telegraphenapparate verwendbar. Zum Zählen bestimmter Ereignisse u. dgl. ist ein solcher Apparat nützlich und hat sich beispielsweise zum Abzählen vorbeiwandernder Interferenzfransen bei der Messung des Brechungsexponenten von Gasen bewährt.[1]

Was besonders die Selbstschreiber von Temperaturkurven anlangt, so kann man hier mit größtem Vorteil die elektrischen Thermometer benutzen. Vor allem deshalb, weil diese eine Fernmessung gestatten. D. h. der empfindliche Körper des Instruments kann vom Ablesenden sehr weit entfernt sein. Dann aber auch deswegen, weil die Trägheit der elektrischen Thermometer viel geringer ist, als die der Gefäßthermometer, und bei verfeinerter Messung überhaupt unmerklich wird. Luftfahrt und Meteorologie haben bisher vielfach noch die Bourdon- oder die Bimetallthermometer benutzt, bei denen feste Körper deformiert werden und so die Änderung der Temperatur anzeigen.[2]

Auch sie ziehen jetzt Widerstandsthermometer vor. Es handelt sich dabei um die Temperaturmessung von großen Gasmengen, die nach außen nicht isoliert, auch nicht von Körpern gleicher und leidlich konstanter Temperatur umgeben, endlich vor dem Zudringen erwärmender Strahlung nicht geschützt sind. Bei solchen Messungen

---

[1] A. v. Dechend, Über die genaue Messung der Lichtbrechung in Gasen. Inaug.-Diss. (124 S.). Heidelberg, Rößler & Herbert, 1913.

[2] Vgl. z. B. Linke, Aeronautische Meteorologie, Frankfurt a. M., Auffarth, 1911; und J. Hann, Lehrbuch der Meteorologie, Leipzig, Tauchnitz, 1901.

muß das Thermometer gegen das Gas bewegt werden, sonst erhält man Temperaturangaben, die sehr fern liegen können von der Mitteltemperatur des Gases selbst. Ist das Gas die umgebende Luft, so kann man durch rasches Schwingen eines Quecksilberthermometers mit gegen Strahlung abgeschirmtem Gefäß (Messingrohr mit Löchern) an etwa 1 m langem Faden im Kreis herum, ihre Temperatur auf 0,1° ermitteln (Schleuder- oder Schwingthermometer). Ist die Bewegung des Thermometers unbequem, so setzt man durch irgendeine Aspirationsvorrichtung das Gas in Bewegung gegen das Thermometer, z. B. durch Propellerflügel, die ein Uhrwerk schnell umtreibt. Das Thermometer befindet sich dazu in einer Metallröhre, durch die man den Gasstrom gehen läßt. Denn gegen Strahlung muß es geschützt sein. Ist es der Widerstandsdraht eines Widerstandsthermometers, so erreicht man damit die größte Zuverlässigkeit der Messung. Hier, wie in der Ozeanographie, wo man die Temperatur in verschieden tiefen Wasserschichten aufnimmt, und wie in der Geologie, wo die geothermische Tiefenstufe durch Temperaturmessung zu bestimmen ist, setzt sich das Widerstandsthermometer durch, teils mit unmittelbarer Ablesung, teils mit Selbstschreiber (Registrierung). Die Biologie zieht meist die Thermoelemente vor, weil man mit ihnen die Temperatur in sehr kleinen Räumen messen oder auch selbsttätig aufzeichnen kann, und das Instrument z. B. in den betreffenden Organismus einstechen oder selbst in winzige Körperhöhlen (z. B. Darm der Insekten),[1] ohne sie zu verletzen, einführen kann. Diese Anwendungen stehen der Chemie insofern besonders nahe, als die Eigentemperatur der Organismen durch die Art und Lebhaftigkeit der Lebensvorgänge in ihnen bestimmt ist. Die letzteren aber sind mindestens z. T. chemische Reaktionen.

Soviel über die Anwendung der elektrischen Temperaturmessung in anderen Wissenschaftsgebieten.

Zubehör. Cu-Konstantan-Thermoelement. Galvanometer dazu. Eis. Salz. Zwei Filtrierstutzen. Widerstandsthermometer von Heraeus, in Kasten montiert (wird ausgegeben). Zwei Glasrührer.

Ausführung. Eichung der beiden Instrumente bei 0°. Man schaltet den Akkumulator an das Widerstandsthermometer und senkt dieses in reines Eis, verschiebt dann den Justierwiderstand so lange, bis der Nullpunkt genau erreicht ist. Dann mißt man die Temperatur im Eis-Salzgemisch. Man vergleicht mit dem Prüfstöpsel *Pr* die Einstellung bei Ausschaltung des Thermometers. Sie muß genau stimmen.

Nun schließt man das Cu-Konstantan-Element an das Galvanometer und taucht seine Lötstelle in reines Eis, notiert den Stand des Instruments und addiert die Zimmertemperatur zu der abgelesenen Grad-

[1] Vgl. z. B. P. Bachmetjew, Experimentelle entomologische Studien vom physik.-chem. Standpunkt; Sofia, 1907, und E. Fischer, Transmutation der Schmetterlinge infolge Temperaturänderungen.

zahl. Dann senkt man das Element in die Kältemischung und vergleicht mit dem Ergebnis, das durchs Widerstandsthermometer geliefert wurde.

4. Wärmemenge, Wärmekapazität, spezifische Wärme, Atomwärme, Molarwärme. Zur Beschreibung des Wärmezustands eines Körpers genügt die Angabe seiner Temperatur nicht. Denn gleiche Massen verschiedener Stoffe von gleicher Temperatur erteilen gleichen Massen gleich temperierten Wassers von anderer Temperatur beim Inberührungbringen verschiedene Temperaturen. Deshalb sagt man, daß diese gleichen Massen verschiedener Stoffe verschieden große Wärmemengen enthalten. Zur Relativmessung (Vergleichung) von Wärmemengen dient folgende definierende Festsetzung. Zwei Wärmemengen sind gleich, wenn sie auf gleiche Massen gleicher Stoffe von gleichem Anfangszustand übertragen diesen gleiche Temperaturzuwüchse erteilen. Zur Absolutmessung der Wärmemengen bedarf man, da es negative Wärme nicht gibt, nur einer Definition der Maßeinheit: Die Einheit der Wärmemenge heißt eine (18°-) Kalorie und ist dadurch definiert, daß sie einem Gramm Wasser von 17,5° C zugeführt, seine Temperatur auf 18,5° C erhöht (kleine oder Gramm- [18°-] oder Zimmertemperaturkalorie, der tausendfache Betrag: große Kalorie).

Die Erfahrung zeigt (Folgerung aus dem Gesetz der Erhaltung der Energie), daß zur Erwärmung einer gegebenen Masse beliebigen Stoffs unter gegebenen gleichen Bedingungen (Druck, Temperatur) um 1° C immer dieselbe Wärmemenge erforderlich ist. Diese Wärmemenge, die pro Temperaturgrad zuzuführen ist, heißt die Wärmekapazität der betreffenden Stoffmasse. Dividiert man die beliebige Wärmemenge, die einer Stoffmasse zugeführt wurde, durch die von ihr erzeugte Temperatursteigerung, so erhält man die mittlere Wärmekapazität in dem Temperaturintervall. Die Wärmekapazität ist erfahrungsgemäß der Stoffmasse genau proportional. Dividiert man sie durch die Masse erwärmten Stoffs, so erhält man die Größe, die man als spezifische Wärme bezeichnet (mittlere, wenn $t_2 - t_1$ nicht unendlich klein ist, andernfalls wahre). Nennt man die Wärmemenge Q, die Masse m, die Wärmekapazität K, die spezifische Wärme C, die Temperaturdifferenz $t_2 - t_1$, so wird mithin laut Erfahrung und Def nitionen:

$$Q = K(t_2 - t_1); \quad K = m \cdot C. \qquad (4, 5)$$

Das Produkt der spezifischen Wärme eines Elements in sein Atomgewicht heißt seine Atomwärme.

Das Produkt der spezifischen Wärme einer Verbindung in ihr Formelgewicht (wo die Molekülgröße bekannt ist, das Molekulargewicht) heißt ihre Molarwärme (Molekularwärme). Sie ist in der Thermochemie sehr wichtig.

Die Verschiedenheit der Wärmekapazitäten, wie der spezifischen Wärmen kann man veranschaulichen durch eine vereinfachte kalorimetrische Messung. Kalorimetrische Messungen sind solche von

Wärmemengen. Man pflegt sie anzustellen, indem man die Wärmemengen in eine bekannte Masse eines Stoffs bekannter spezifischer Wärme, meist Wasser, überführt und aus seiner Temperaturerhöhung, Masse und spezifischen Wärme nach den oben gegebenen Gleichungen die Wärmemenge berechnet. Mit dem Eiskalorimeter mißt man Wärmemengen bei konstanter Temperatur durch Messung der von ihnen geschmolzenen Eismasse, der die latent werdende Wärme proportional ist.

Wasser ist meist die „Kalorimeterflüssigkeit", die ganze Vorrichtung, worin man die Überführung der Wärmemenge vornimmt, heißt Kalorimeter. Vereinigt man zwei gleiche Kalorimeter so, daß man die Differenzen der in ihnen auftretenden Temperatursteigerungen beobachtet, so spricht man von einem Differentialkalorimeter.

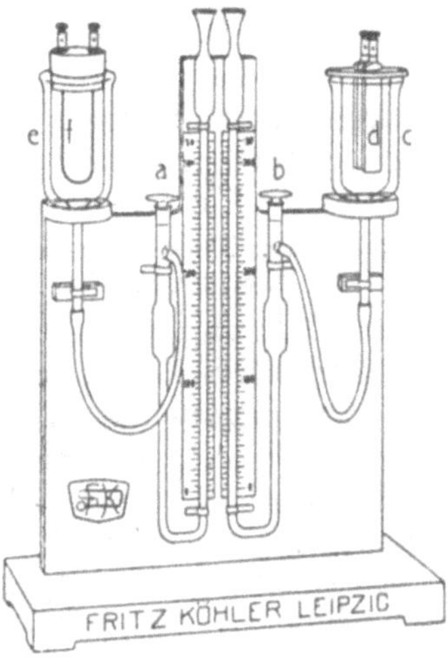

Abb. 48.
Loosers Doppelthermoskop.

Als solches läßt sich das Loosersche Doppelthermoskop[1] benutzen (Abb. 48). Es besteht aus zwei Luftthermometern, deren Gefäße durch Schläuche mit den Druckmeßapparaten, Manometern, die gefärbtes Wasser enthalten, verbunden sind. Diese Gefäße sind eingestülpt und die so entstandenen doppelwandigen Becher mit den Öffnungen nach oben gekehrt. Füllt man in sie gleiche Mengen der gleichen Kalorimeterflüssigkeit, so hat man ein Differentialkalorimeter.

Mit ihm kann man die Verschiedenheit der spezifischen Wärmen fester und flüssiger Körper und das Wesen der Messung dieser Größe leicht veranschaulichen. Für feste Körper, indem man gleiche Kalorimeterflüssigkeiten nimmt und die festen Körper verschieden wählt, für Flüssigkeiten, indem man feste Körper gleicher bekannter Wärmekapazität in gleiche Massen der zu vergleichenden Flüssigkeiten taucht. Die Flüssigkeiten sind dabei immer in den Bechern des Thermoskops enthalten und das Instrument gibt ihre relative Temperaturänderung an.

Nach dem (nur innerhalb gewisser Grenzen und nie genau gültigen) Dulong-Petitschen Gesetz sind die Atomwärmen der Metalle und (soweit das Atomgewicht über 28 liegt) auch der Metalloide recht genau gleich 6,4 (= 3 R., s. Übg. 3). Gleiche gleichtemperierte Massen von Kupfer (Atomgewicht 63,57) und Blei (Atomgewicht 207,1) müssen daher bei Abkühlung um mäßige, gleiche Temperaturbeträge Wärmemengen abgeben, die im umgekehrten Verhältnis dieser Atomgewichte stehen, sich also etwa wie 3 : 1 verhalten.

[1] Ein Teil der folgenden Versuche damit ist von Looser angegeben worden.

Taucht man also nach Einfüllung gleicher Wassermassen in die Becher des Thermoskops die beiden in einem Siedebad auf 100° erhitzten Metallstücke ein, so verhalten sich die Steighöhen der Thermometersäulen rund wie 1 : 3.

Andererseits kann man die verschiedene spezifische Wärme von zwei Flüssigkeiten — Wasser und Alkohol — dadurch zeigen, daß man in den einen Becher 20 ccm Wasser und in den anderen 25 ccm Alkohol einfüllt, zwei gleiche Kupferstücke auf 100° vorwärmt und einführt. Die Massen der beiden Flüssigkeiten sind dann gleich und deshalb werden sich die Steighöhen am Thermoskop verhalten umgekehrt wie die spezifischen Wärmen der Flüssigkeiten. Die besprochenen kalorischen Grundbegriffe und das Dulong-Petitsche Gesetz werden durch die folgenden Versuche erläutert.

Zubehör. Doppelthermoskop. Wasser. Alkohol. Zwei Kupferstücke gleicher Masse. Ein Bleistück gleicher Masse. Wasserbad mit Dreifuß und Brenner.

Ausführung. Man erhitzt das Wasser im Wasserbad, worin die drei Metallstücke liegen, zum Sieden, fern vom Thermoskop. Währenddem füllt man in die mit Kubikzentimeterteilung versehenen Becher je 20 ccm Wasser von Zimmertemperatur ein und schließt die Hähne des Thermoskops. Dann hebt man das eine Kupferstück und das Bleistück schnell aus dem Wasserbad und senkt sie zugleich in die Becher des Thermoskops. Man vergleiche die Schnelligkeit des Ansteigens und die schließliche Steighöhe. Man berechne das Verhältnis der Atomgewichte daraus.

Dann öffne man die Hähne am Thermoskop, trockne die beiden Becher aus, senke das eine Kupferstück wieder ins kochende Wasser und fülle in den einen Becher Wasser, in den anderen $^5/_4$mal so viel Alkohol (dem Volum nach, dann hat man gleiche Massen) von Zimmertemperatur. Man schließe nun die Thermoskophähne und senke schnell die gleichen Kupferstücke gleichzeitig in die beiden Becher, lese die Steighöhen ab und berechne das Verhältnis der spezifischen und Molarwärmen der beiden Flüssigkeiten, sowie ihrer Wärmekapazitäten und schätze die Genauigkeit der Messung in Prozenten der Ergebnisse.

5. Wärmetönung.

Besprechung. Als Wärmetönung eines chemischen Vorgangs definiert man die Wärmemenge, die dann auftritt oder verschwindet, wenn man, ausgehend von einer bestimmten gleichen Anfangstemperatur der Ausgangsstoffe und alles wieder am Schluß des Versuchs auf diese (oder eine von ihr wenig verschiedene, aber bekannte) Temperatur zurückbringend[1], ebensoviel Formelgewichte der betreffenden Stoffe, genommen in Gramm, reagieren läßt, wie der chemischen Reaktions-

[1] Dies gibt die wahre Wärmetönung bei t Grad, bestimmbar z. B. mittels Eiskalorimeter. Ist die Endtemperatur t' verschieden von t, so hat man die mittlere Wärmetönung im Intervall $t' - t$ bestimmt. Sie ist der wahren bei

gleichung entsprechen. Ob **während** der Reaktion die Temperatur sich ändert und in welcher Weise, ist nach dem Gesetz von der Erhaltung der Energie gleichgültig für den Wärmebetrag, den man bei dem Vorgang erhält. Nach demselben Gesetz hängt diese Wärmemenge **ab** von all den Größen, die den Energiegehalt des Systems im Anfangszustand und Endzustand bestimmen und die laut Definition der Wärmetönung am Ende des Versuchs ebenfalls bekannte, bestimmte Werte haben müssen. Diese letzteren dürfen zwar von denen am Anfang verschieden sein, doch muß diese Verschiedenheit stets quantitativ angegeben sein. Besonders einfach wird deshalb die Definition der Wärmetönung im Einzelfall, wenn man bestimmte dieser Größen am Anfang und Ende des Versuchs gleich nimmt. Ob sie es auch während des Versuchs sind, ist wieder nach dem Gesetz der Erhaltung der Energie gleichgültig. Als solche Größen wählt man fast nur Volum oder Druck und redet deshalb von der Wärmetönung bei konstantem Volum und von der bei konstantem Druck. Beide haben im allgemeinen (nicht immer) für dieselbe Reaktion verschiedene Größe. Die erstere ist einfacher definiert, weil alsdann während des ganzen Versuchs in summa keine mechanische Arbeit vom System mit der Außenwelt ausgetauscht wird.

Bei **Auflösungsvorgängen** oder solchen der **Abscheidung aus Lösungen** ist heute noch im allgemeinen unbekannt, inwieweit chemische, wieweit physikalische Vorgänge sich dabei abspielen. Deshalb ist es zweckmäßig, ohne weitere Unterscheidung den Begriff der **Lösungswärme** zu definieren und dabei die Frage nach physikalisch oder chemisch offen zu lassen. Als **Lösungswärme** definiert man die Wärmemenge, die bei der Auflösung (oder Abscheidung) von 1 g des betreffenden Stoffs in einer bestimmten Masse des Lösungsmittels entwickelt (oder aufgenommen) wird. Multiplikation dieser Größe mit dem Formelgewicht des zu lösenden Stoffs (oder, wo bekannt, seinem Molekulargewicht) liefert die **molare Lösungswärme**. Wiederum muß man die Begleitumstände von Anfangs- und Endzustand angeben und am einfachsten ist auch hier die Benutzung der Lösungswärmen bei konstantem Druck oder konstantem Volum. Erstere ist experimentell meist leichter zugänglich, wenigstens bei Flüssigkeiten, weil hier der Lösungsvorgang meist unter dem Druck der Atmosphäre sich vollzieht. Ferner muß man hier noch eine weitere Festsetzung treffen, weil über die anzuwendende Masse Lösungsmittel noch keine definierende Bestimmung getroffen ist.

Man kann entweder reines Lösungsmittel anwenden oder bereits eine Lösung des zu lösenden Stoffs. Bei reinem Lösungsmittel sind zwei Grenzfälle und ein Mittelfall wichtig.

$\frac{t+t'}{2}$ ausreichend gleich, wenn $t'-t$ klein ist (wenige Grade). Meist mißt man Temperatursteigerungen $t'-t$, woraus man die mittlere Wärmetönung ableitet.

1. Man löst in einer so großen Masse Lösungsmittel, daß weiterer Zusatz von Lösungsmittel keine Wärmeänderung mehr erzeugt: Lösungswärme für unendliche Verdünnung. Darin steckt also die Lösungswärme zu gesättigter Lösung und die Verdünnungswärme.

2. Man löst in einer so kleinen Masse Lösungsmittel, daß eben gerade eine bei der Ausgangstemperatur (und mithin auch der Endtemperatur) und den anderen Bedingungen (Druck usw.) gesättigte Lösung entsteht. Dann kann man das so auffassen, als ob man zuerst eine winzige Spur „zu unendlicher Verdünnung" gelöst hätte und dann immer mehr in Lösungen immer steigender Konzentration bis zur letzten Spur[1] (von dem verwendeten Gramm), die in praktisch beinahe gesättigter Lösung gelöst wurde. Man „integriert also experimentell" über alle Verdünnungen, und die freiwerdende Wärme ist die integrale Lösungswärme.

3. Man löst in einer Masse Lösungsmittel, die eine zwischen unendlicher Verdünnung und vollkommener Sättigung liegende Lösung ergibt. Dann muß man angeben: Lösungswärme von x Mol Stoff in y Mol Lösungsmittel.

Endlich kann man letztens schon Lösungen als Lösungsmittel verwenden und hier ist nur ein Fall wichtig:

4. Löst man 1 g Stoff in einer so großen Masse einer $z$prozentigen Lösung desselben Stoffs im gegebenen Lösungsmittel auf, daß sich ihre Konzentration nicht merklich dadurch ändert, so hat man gewissermaßen ein Stoffdifferential der Lösung hinzugefügt und dabei eine Wärmemenge erhalten, die deshalb heißt: Differentielle Lösungswärme des Stoffs in $z$prozentiger Lösung im betreffenden Lösungsmittel.

Bei der Bestimmung von Wärmemengen hat man also sehr scharf die Begleitumstände des wärmeändernden Vorgangs anzugeben. Andernfalls bestimmt man Unbestimmtes und deshalb Wertloses. Die Wärmekapazität der Lösungen setzt sich ziemlich genau additiv aus der der Bestandteile zusammen.

Zum Teil durch chemische Vorgänge getrübt sind auch oft die Wärmemengen, die bei Änderung des Aggregatzustands entstehen oder verschwinden. Ihre Definition ist jedoch einfacher, weil man fast nur die Vorgänge bei konstantem Druck in Betracht zu ziehen pflegt und soweit es sich um einheitliche Stoffe handelt.

Verdampfungswärme und Schmelzwärme sind die Wärmemengen, die zur Verdampfung bzw. Schmelzung von je 1 g (oft auch 1 kg) des betreffenden Stoffs aufzuwenden sind. Multipliziert man mit den Formelgewichten der Stoffe, so bekommt man die molare Verdampfungs- bzw. Schmelzwärme.

Da beinahe alle Wärmetönungen, die soeben genannt wurden und wozu man bei allgemeiner Auffassung auch die letztgenannten Wärmemengen zählen kann, merklich abhängen von der Höhe der Temperatur

[1] Sie gibt (vgl. Nr. 4) die sog. „letzte" Lösungswärme.

(Anfangs- und Endtemperatur allein, die ja beide gleich sind laut Definition), so ist bei genauen Angaben stets die Temperatur beizufügen, bei der die Messung gemacht wurde.

Ein Beispiel für eine Wärmetönung, bei der erhebliche Volumänderungen des reagierenden Systems ausbleiben, also erheblicher Austausch mechanischer Arbeit zwischen System und Außenwelt nicht besteht, bildet die Lösungswärme von 1 g KCl bzw. NaCl in 5 g Wasser. Es ist also weder die integrale, noch die differentielle, noch die bei unendlicher Verdünnung.

Zubehör. Doppelthermoskop mit graduierten Bechern. KCl. NaCl. Zwei Holzstäbchen. Tarierwage.

Ausführung. Man füllt in jeden Becher 15 ccm Wasser, wägt je 3 g Salz genau ab, schließt die Hähne, wirft die Salze schnell in die entsprechenden Becher und rührt mit den Holzstäbchen kräftig um.

Man berechne das Verhältnis der beiden Lösungswärmen und vergleiche es mit dem für diese Konzentrationen bestimmten an Hand der Lösungswärmen in Landolt-Börnsteins Tabellen.[1]

Man wäge dann solche Mengen ab, wie sie (bei Zimmertemperatur) gesättigten Lösungen entsprechen und wiederhole mit diesen den Versuch, wodurch man die integrale Lösungswärme erhält.

6. Wärmeentwicklung und mechanische Arbeit bei chemischen Vorgängen. Begriff der „äußeren Arbeit". Der erste Hauptsatz der Thermodynamik.

Besprechung. Das Gesetz von der Erhaltung der Energie besagt in seiner allgemeinsten Form, daß die Energie eines abgeschlossenen Gebildes („Systems") einen unveränderlichen Zahlwert hat. Abgeschlossen heißt ein Gebilde, wenn Wechselwirkungen zwischen ihm und der Außenwelt ausgeschlossen sind. Als Energie definiert man die Fähigkeit eines Gebildes, äußere Wirkungen hervorzubringen. Diese Fähigkeit kann in chemischen, elektrischen, Strahlungs-, mechanischen oder thermischen Quellen ihre Ursache haben. Danach unterscheidet man die Energiearten.

Aus dem Gesetz der Erhaltung der Energie folgt, daß die gegenseitige Umwandlung dieser Energiearten, soweit sie überhaupt stattfinden kann, sich so abspielt, daß die Menge der verschwindenden Energie erster Art in einem ganz unveränderlichen Verhältnis zu der daraus entstehenden Energie zweiter Art steht. Dabei kann das Verhältnis nur noch abhängen von den Maßeinheiten, die man für die beiden Energiearten festgesetzt hat und von sonst nichts. Daß die Umwandlung unter allen Umständen stattfinden kann, behauptet das Gesetz nicht, es hat vielmehr mit dieser Frage gar nichts zu tun.

---

[1] Landolt-Börnstein-Roth, Physikal.-chem. Tabellen. 4. Aufl. Berlin, J. Springer. Jährliche Ergänzungen dazu bildeten die Tables et Données numériques. Leipzig, Akad. Verlagsges. m. b. H.

Schon hier mag jedoch als weitere Erfahrungstatsache hinzugefügt werden, daß die Umwandlung aller Energiearten in Wärme immer unbeschränkt möglich ist, die umgekehrte jedoch nicht immer. Ferner, daß der gegenseitigen Umwandlung der anderen Energiearten ineinander (von strahlender soll wegen ihrer Beziehung zur Temperatur abgesehen werden), soweit heute bekannt, keine Beschränkung auferlegt ist. Daraus folgt bereits, daß man alle nicht thermische (zu der thermischen sei auch die Strahlung gezählt) Energie frei in mechanische Energie umwandeln und damit unmittelbar nutzbar machen kann im technischen Sinn, während man unter Umständen auf diese Umwandlung z. T. verzichten muß, wenn nur thermische Energie zur Verfügung steht. Bei vielen chemischen und ähnlichen Vorgängen (Lösung, Schmelzung, Verdampfung usw.) gestattet eine zweckmäßige gedankliche Durchführung, von vornherein zu erkennen, daß mindestens ein bestimmter Teil der freiwerdenden Energie frei (oder verbraucht) wird als nutzbare Arbeit, ein anderer Teil aber als Wärme.

Hier ist nur der Ort, das Nebeneinanderentstehen von Wärme und Arbeit (wie gekürzt meist statt nutzbare Arbeit gesagt wird) zu verfolgen. Nennt man die Energieabnahme eines Systems bei einem gegebenen Vorgang $U_2 - U_1$, die abgegebene Wärme Q und die abgegebene Arbeit A, so lautet das für diesen Sonderfall angeschriebene Gesetz der Erhaltung der Energie (der erste Hauptsatz der Thermodynamik):

$$U_2 - U_1 = Q + A. \tag{6}$$

Man kann die Vereinigung von HCl mit NH_3 benutzen, um mit dem Doppelthermoskop diese Gleichung zu veranschaulichen. Sehr schnell und unter erheblicher Wärmeentwicklung entsteht NH_4Cl. Dabei hat der Druck abgenommen, wenn man das Volum konstant hält und die ursprüngliche Temperatur wiedergekehrt ist. Oder das Volum nimmt ab, wenn man den Druck konstant hält, also z. B. die Reaktion unter Atmosphärendruck sich abwickeln läßt. Zuerst wählt man letztere Anordnung. Dann erhält man eine Energiebilanz, die sich folgendermaßen zerlegt denken läßt:

Zuerst vereinigen sich die beiden Stoffe zu NH_4Cl bei konstantem Volum. Dabei wird die Wärmetönung bei konstantem Volum Q_v frei. Dann erlaubt man der Atmosphäre den Druck auszugleichen, und sie übt nunmehr eine Kompressionsarbeit aus, die in Wärme übergeht, wie wir später (Übung 3) sehen werden, und die als A bezeichnet werden mag. Diese Überlegung zeigt, daß hier, bei der Bildung von NH_4Cl aus NH_3 und HCl, wegen der Kontraktion, die die Reaktion begleitet (bei konstantem Druck), eine Arbeit auf das System ausgeübt wird. Sie wird ihm also zugeführt und hat mit dem inneren Mechanismus der Reaktion selbst nichts zu tun, sondern nur mit der begleitenden Volumänderung. Weil sie ihm zugeführt wird, so wird in allen Fällen, wo eine exothermische Reaktion unter Volumabnahme (bei konstantem Druck gerechnet) sich vollzieht, die Wärmetönung Q_p bei konstantem Druck größer sein, als die bei konstantem Volum Q_v. Bei Volumzunahme ist Q_v größer als Q_p und bei unverändertem Volum sind beide Wärmetönungen gleich. Diese Schlüsse fußen auf dem ersten Hauptsatz.

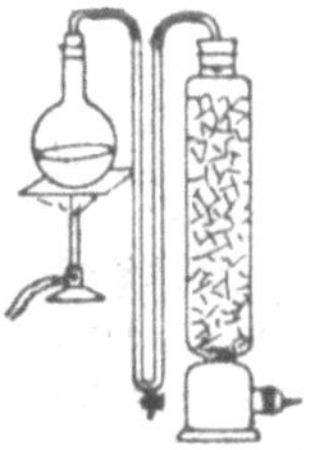

Abb. 49. NH_3-Entwicklungsapparat.

Der folgende Versuch erlaubt, diese Unterschiede von Q_p und Q_v am Experiment zu erkennen.

Zubehör. NH_3-Entwicklungsapparat (Abb. 49). HCl-Kippapparat. Ein Spezialapparat (Abb. 50) aus zwei doppelwandigen Röhren mit Dreiweghahn. Doppelthermoskop. Strahlpumpe. Abzug. T-Stück. Schläuche.

Ausführung. Man evakuiert durch den Dreiweghahn die getrockneten Außenröhren des Spezialapparats und entwickelt währenddessen aus H_2SO_4 und NH_4Cl reines HCl unter dem Abzug. Man stellt den Friedrichshahn so, daß man HCl durch ihn in das eine innere Rohr einleiten kann, und füllt dieses bis über Atmosphärendruck, was man am Steigrohr des Entwicklungsapparats erkennt. Man darf den Hahn bei Beginn der Füllung nur langsam öffnen, sonst saugt das leere Rohr Luft durch das Steigrohr in den Entwicklungsapparat und man muß dann diesen frisch entlüften. Nach der Füllung wird der Spezialapparat vom HCl-Kipp abgenommen und das HCl-gefüllte Rohr gegen die Atmosphäre entspannt, wobei eine kräftige HCl-Wolke sich außerhalb bemerklich machen muß. Man lasse den Hahn dabei nicht allzulange offen, sonst dringt Luft nach. Nun füllt man das andere Rohr mit NH_3 aus dem NH_3-Entwicklungsapparat, worin man konzentriertes Ammoniak erwärmt und das NH_3 durch ein U-Rohr und einen Kalkturm von Wasser befreit. Man entspannt auch hier, wie beim HCl, und hat den Dreiweghahn in solcher Stellung abgesperrt, daß man Verbindung zwischen beiden Rohren herstellen kann, ohne den Weg zur Atmosphäre zu öffnen. Dann werden die inneren Röhren mittels T-Stück und Schlauch mit dem einen Thermoskopbecher verbunden und die Thermoskophähne geschlossen, sobald man sieht, daß sich nach dem Schließen der Stand am Thermoskop nicht mehr merklich ändert. Damit ist alles zum Versuch bereit und man öffnet den Hahn zwischen den äußeren Rohren. Die Reaktion erkennt man an dem weißen NH_4Cl-Niederschlag und am Steigen der Flüssigkeit im Rohr des Thermoskops. Man liest den höchsten Stand ab und wartet ab, bis alles wieder Zimmertemperatur hat. Die Steighöhe im Thermoskop ist ein Maß für Q_v. Dabei muß der Druck erheblich abgenommen haben. Man muß also, wenn man jetzt

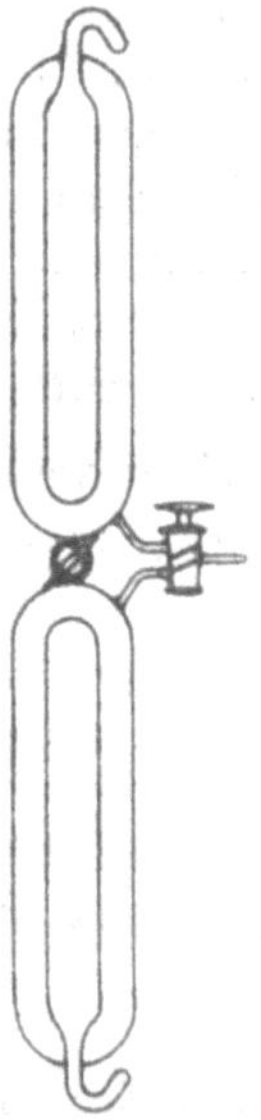

Abb. 50.

den Dreiweghahn gegen die Atmosphäre öffnet, noch eine zweite Wärmeentwicklung erhalten, die nur aus der Kompressionsarbeit stammt, die die Luft gegen den Inhalt der Rohre leistet. Man vermerkt auch hier den höchsten Stand des Thermoskops.

7. Definition der elektrischen Energie. Das Gesetz von Joule.

Besprechung. Da bei rein elektrischen Vorgängen, wie der Leitung eines Stroms im metallischen Leiter, Wärme auftritt, so muß es nach dem Gesetz der Erhaltung der Energie eine „elektrische Energie" geben, deren Verschwinden das Entstehen von Wärme in äquivalentem Maß bedingt.

Man lernt diese Größe kennen, sobald man experimentell ermittelt, von welchen (ihrer Begriffsbestimmung nach uns schon bekannten) Größen die in einem Leiter elektrisch erzeugte Wärmemenge abhängt.

Joule fand, daß der Zahlenbetrag der Wärmemenge genau proportional ist der Spannungsdifferenz E zwischen den Enden des Leiters und der durch ihn hindurch gegangenen Elektrizitätsmenge M, im übrigen aber nur von den Maßeinheiten für diese beiden Größen und für die Wärmemenge abhängt. Nach ihm hat das Produkt Volt . Coulomb den Namen Joule (spr. dschål) und die genannte Beziehung zwischen diesem und der Kalorieenzahl den Namen Joulesches Gesetz erhalten.

Genaue Messungen haben gezeigt, daß das „elektrische Wärmeäquivalent", also die Menge elektrischer Energie, die in eine Kalorie sich umwandeln läßt, gleich $\frac{1}{0,2389}$ Joule ist. Man merkt sich für schnelle Überschlagsrechnungen: 1 Joule = $^1/_4$ Kalorie.

Diesen Sonderfall des Gesetzes der Erhaltung der Energie kann man durch einige Versuche veranschaulichen. Mißt man E in Volt, M in Coulomb, so gilt nach dem Jouleschen Gesetz:

$$((E \cdot M)_{\text{Joule}} \cdot 0{,}2389)_{\text{cal}} = Q \text{ cal} \tag{7}$$

und durch Verknüpfung mit dem Ohmschen Gesetz:

$$I \cdot W \cdot M \cdot 0{,}2389 = Q \text{ cal}; \tag{8}$$

durch Einführung der Zeit z und der Stromstärke I an Stelle der Elektrizitätsmenge M wird:

$$I^2 \cdot W \cdot z \cdot 0{,}2389 = Q \text{ cal} \tag{9}$$

und, wenn man die Erfahrungstatsache berücksichtigt, daß W bei zylindrischen Leitern (Drähten) ihrer Länge l proportional ist, also $W = l \cdot b$, so wird (b hängt noch vom Querschnitt und von der Stoffnatur ab):

$$Q = I^2 \cdot l \cdot z \cdot b \cdot 0{,}2389 \text{ cal.} \tag{10}$$

Läßt man also zwei gleich starke Ströme durchgehen durch zwei Widerstände aus gleichem Material, deren Querschnitte gleich sind, deren

Längen sich wie 1 : 2 verhalten, so werden in gleichen Zeiten in beiden Drähten Wärmemengen frei, die sich gleichfalls verhalten wie 1 : 2. Wählt man den Strom im doppelt so großen Widerstand (also im längeren Draht), jedoch nur halb so stark, so wird durch ihn nur $^1/_4$ der sonst entbundenen Wärme entwickelt und nun verhalten sich die entwickelten Wärmemengen wie 2 : 1. Es ist leicht, die durchgehenden Stromstärken auf das umgekehrte Verhältnis der ihnen entgegengestellten Widerstände zu bringen. Denn nach dem Ohmschen Gesetz wird ein und derselbe Strom verzweigt in zwei parallel geschalteten Leitern Stromstärken ergeben, die im umgekehrten Verhältnis der Widerstände stehen. Dies zeigt der folgende Versuch.

Zubehör. Ein Akkumulator. Doppelthermoskop. Alkohol. Zwei graduierte Becher zum Thermoskop. Zwei Platinspiralen, 0,2 mm stark, 15 und 30 cm lang, mit Fassung (Abb. 51). Drähte mit Abzweigklemmen.

Ausführung. Man setzt die Platinspiralen ein in die mit Alkohol gefüllten Becher. Sie sind verbunden durch zwei Drähte zu einem geschlossenen Kreis. An ihn schließt man zwei Ableitungen so an, daß auch die dicken Drahtabschnitte (vom Platin bis zur Abzweigklemme) sich verhalten, wie die Längen der zugehörigen Platindrähte. Man macht jetzt das Thermoskop versuchsbereit und schließt die beiden freien Drahtenden an den Akkumulator. Die Steighöhen werden beobachtet und ihr Verhältnis mit dem berechneten verglichen.

Abb. 51.

8. Joulewärme im inneren und im äußeren Widerstand eines Elements. Anordnung, um ein Maximum an Stromstärke im äußeren Stromkreis zu erzielen. Ladung eines Akkumulators.

Besprechung. Ist der innere Widerstand eines galvanischen Elements W_i, der äußere W_a, so ergibt das Joulesche Gesetz:

$$Q = I^2 . (W_i + W_a)\, z \text{ Joule}. \tag{11}$$

Mithin verhalten sich die Wärmemengen wie die Widerstände. Nach dem Ohmschen Gesetz wird I selbst aber noch von der Summe $W_i + W_a$ abhängen, so daß:

$$Q = \frac{E^2}{(W_i + W_a)}\, z \text{ Joule}. \tag{12}$$

So werden die Wärmemengen:

$$Q_i = \left(\frac{E}{W_i + W_a}\right)^2 W_i . z \text{ Joule}; \qquad Q_a = \left(\frac{E}{W_i + W_a}\right)^2 W_a . z \text{ Joule}. \tag{13, 14}$$

Liefert ein Akkumulator den Strom, so ist E konstant. Dann also wächst $Q_a : Q_i$ mit wachsendem W_a, aber die Absolutbeträge von Q sinken dabei. Hält man Q und z konstant bei konstantem E, so wird Q_a ein Maximum, wenn $W_a = W_i$, wie man durch Versuche mit Zahlen oder Differentiation beweisen kann.

Sehr wichtig ist folgendes: Macht man den äußeren Widerstand beliebig groß im Verhältnis zum inneren, was immer möglich ist, so wird der Teil der Joulewärme, der im inneren Widerstand frei wird, beliebig klein. Es können aber im Element Wärmequellen sein, die mit der Joulewärme gar nichts zu tun haben (s. Nr. 9).

Diese Beziehungen und die zwischen Wärme und Arbeit werden beleuchtet durch die folgenden Versuche, bei denen auch Behandlung von Akkumulatoren eingeübt wird.

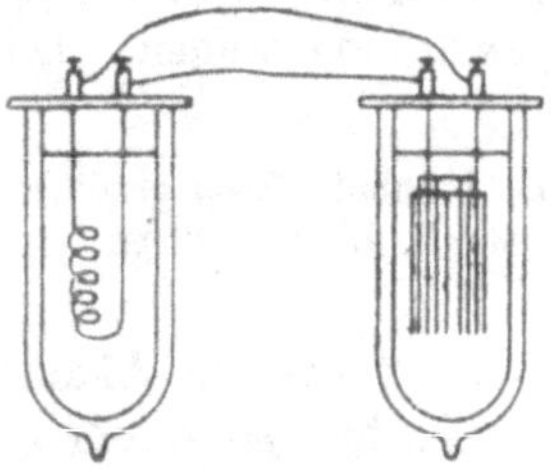

Abb. 52. Wärmeentwicklung im Akkumulator und im äußeren Schließungskreis.

Zubehör. Thermoskop. Bösescher Akkumulator. Reine H_2SO_4. 25 cm langer Pt-Draht (2,5 Ω) mit Neusilberlot an zwei starke Kupferdrähte gelötet, mit Klemmen. Ein ebensolcher, 3 cm lang, 0,25 mm dick (0,15 Ω), mit Klemmen. 10-Voltleitung. Rheotangitter 20 Ω. Amperemeter bis 0,5 Amp. Drähte. Becher zum Laden.

Ausführung. Man richtet das Thermoskop, verdünnt die reine H_2SO_4 im Verhältnis 1 : 4 mit Wasser (vorrätig) und füllt nach dem Abkühlen je 115 ccm von ihr in die Becher ein. In den einen setzt man die Platten des Akkumulators, in den anderen die ersterwähnte Platinschleife (Abb. 52).

Vorher müssen die Akkumulatorplatten geladen werden. Das geschieht durch Einsetzen in einen Becher mit H_2SO_4 derselben Konzentration, Vorschalten von Rheotangitter und Amperemeter und Anschließen an die 10-Voltleitung (+an+, −an−). Man regelt den Strom auf 0,5 Ampere und ladet, bis der Akkumulator heftig gast. Dann läßt man ihn eine Stunde stehen und setzt die Ladung bis zum abermaligen Gasen fort. Die Ladung der üblichen kleinen Akkumulatoren soll im allgemeinen mehrere Stunden dauern (6—10) und nur mit höchstens 0,5 Ampere pro Zelle durchgeführt werden. Zu rasche Ladung und Entladung schadet, Stehenlassen im entladenen Zustand gleichfalls. Die aufgeladenen Platten setzt man in den gefüllten Thermoskopbecher ein, wo alsdann die zwischen ihnen liegende Säureschicht einen Widerstand von 0,15 Ω bildet. Überhaupt ist der innere Widerstand von Akkumulatoren meist sehr klein (die Potentialdifferenz ist 1,9—2 Volt). Schließt man jetzt die Drähte des Akkumulators an die Klemmen der Schleife im anderen Becher, so müssen sich die Steighöhen im Thermoskop verhalten wie die entbundenen Wärmemengen, und diese wie äußerer und innerer Widerstand, also wie 2,5 : 0,15. Man prüfe die Übereinstimmung und überlege die Ursache der Ungenauigkeit.

Man bringt dann das Thermoskop wieder auf gleiche Temperatur und senkt die zweite Platinschleife ein, wiederholt damit den Versuch. Man vergleiche jetzt das Verhältnis der Steighöhen und die absoluten Beträge mit dem vorigen, überlege die Ursachen für ungenaue Erfüllung der theoretischen Forderungen.

Bringt man eine Verkupferungslösung und 2 Kupferbleche in den nicht vom Akkumulator besetzten Becher ein, richtet das Thermoskop versuchsfertig und verbindet dann Akkumulator und Plattenpaar, so müßte das Steigungsverhältnis der Säulen im Thermoskop mit dem beim ersten Versuch übereinstimmen, falls der Widerstand des Elektrolyten zwischen den Kupferplatten eben 2,5 Ω beträgt. Denn für Elektrolyte gilt das Ohmsche Gesetz, wie für Leiter 1. Klasse. Bei der gewählten Anordnung (die aber wegen des großen spezifischen Widerstandes des Elektrolyten fürs Thermoskop zu unbequem ist) würde nur Kupfer von einer Elektrode zur anderen befördert und mithin jeweils ebensoviel Sulfat zersetzt, als zugleich an der anderen Platte entsteht. Die chemischen Vorgänge heben sich daher heraus und es bleibt nur die Reibungswärme der Ionen übrig. Anders liegt die Sache (s. Versuch 9), falls an den beiden Elektroden nicht entgegengesetzt gleiche Vorgänge sich abspielen. Dann dient nämlich die Spannung zum Teil zur Überwindung der (entgegengerichteten) Zersetzungsspannung.

9. Äußere Arbeit und Wärmeentwicklung galvanischer Elemente an Hand des ersten Hauptsatzes der Thermodynamik. Helmholtz-Thomsonsche Regel.

Besprechung. Die Wärmeabgabe eines galvanischen Elements in Leitern außerhalb von ihm beweist nach dem Gesetz der Erhaltung der Energie, daß im Element gleichzeitig eine Energieabnahme erfolgen muß. Da eine solche an eine feststellbare bleibende Veränderung im Element geknüpft sein muß, als solche aber zuerst nur die chemischen Vorgänge bekannt waren, so wurden nur die letzteren als Ursache der Stromlieferung bezeichnet und ihre Beträge mußten zu denen der gelieferten elektrischen Energie in einer quantitativen Beziehung stehen. Und zwar mußte die elektrische Energie genau gleich sein dem elektrischen Äquivalent derjenigen Wärmemenge, die der stromliefernde Vorgang rein thermochemisch zu liefern vermag. Also bei Umsetzung solcher Massen, wie sie der chemischen Gleichung in Gramm-Formelgewichten ausgedrückt entspricht, einfach gleich dem Äquivalent der chemischen Wärmetönung. Diese Beziehung heißt die Helmholtz-Thomsonsche Regel und hat sich im allgemeinen zwar nur als eine Näherung erwiesen, jedoch als eine oft weitgehend richtige. Ihre Ableitung fußte offenbar auf der Annahme, daß jedes galvanische Element, das seine verfügbare Energie in einen Stromkreis schickt, abgesehen von diesem Stromkreis, als ein abgeschlossenes System zu betrachten sei. Mithin als eines, das, abgesehen von den beiden Leitungen, keinen Energieaustausch mit der Außenwelt hat.

In der Tat ist es leicht, einen Stoffaustausch mit der Außenwelt fernzuhalten. Nicht so den der allgegenwärtigen Wärmeenergie, deren Austausch zwischen Element und Umgebung im allgemeinen nicht überwacht worden und daher den ersten Beobachtern entgangen ist. Hält man das Element bei seiner Betätigung auf konstanter Temperatur, so können drei Fälle vorkommen, die alle beobachtet worden sind: Entweder nämlich würde das vollkommen thermisch isolierte Element von selbst konstante Temperatur behalten, wenn man den äußeren Widerstand gegen den inneren praktisch unendlich groß macht, also alle Stromwärme außerhalb des Elements frei werden läßt. Dann hätte man Gültigkeit der Helmholtz-Thomsonschen Regel und das Element würde bei seiner Betätigung weder Wärme abgeben noch aufnehmen. Oder es würde sich trotz des unendlich großen äußeren Widerstands erwärmen: Dann würde ein Teil seiner chemischen Energie prinzipiell nicht in elektrische verwandelt (das hätte mit dem inneren Widerstand, weil er gegen den äußeren verschwindend klein ist, somit gar nichts zu tun), und ein Teil mithin unmittelbar in Wärme verwandelt. Erlaubt man solchem Element Wärmeaustausch, indem man die thermische Isolierung aufhebt, so gibt es an die Umgebung von gleicher Temperatur Wärme ab. Oder drittens, das isolierte Element kühlt sich bei der Betätigung ab, dann würde es bei aufgehobener thermischer Isolierung aus der gleichtemperierten Umgebung Wärme aufnehmen. In den beiden letzten Fällen kann bei isothermer Leitung des stromliefernden Vorgangs, d. h. wenn man das Element von außen auf konstanter Temperatur hält, die gelieferte elektrische Energie nicht der chemischen allein gleich sein, sondern nur der Summe aus ihr und der von außen aufgenommenen Wärme, welch letztere positiv oder negativ sein kann. Dies folgt mit Notwendigkeit aus dem ersten Hauptsatz allein.

Verwandelt man alle in den Stromkreis eintretende elektrische Energie in Wärme, so ist letztere ein Maß der frei verwandelbaren, also **nutzbaren** Arbeit des Elements. Macht man den äußeren Widerstand unendlich groß gegenüber dem inneren, so liefert das Element unendlich langsam Energie. Die Spannung an seinen Klemmen, die Klemmenspannung, ist dann offenbar gleich der, die zwischen den Klemmen herrscht, wenn der Stromkreis offen ist. Dann heißt die Klemmenspannung die elektromotorische Kraft (E.M.K.) des Elements. Bezeichnet man sie mit E, läßt ein $F = 96500$ Coulombs durch den Schließungskreis gehen (wozu alsdann auch unendlich lange Zeit nötig ist), so wird ein Grammäquivalent der Stoffe der stromliefernden Reaktion umgesetzt sein. Ist die Wärmetönung der Reaktion bei der (konstanten) Arbeitstemperatur des Elements Q, so hat man sie durch die Wertigkeit n der sich umsetzenden Molekülstücke zu dividieren, um die Energiemenge zu bekommen, die dem Transport von 1 F entspricht.

Diese Wärmemenge ist durch 0,2389 zu dividieren, um die Kalorieen in Joules umzurechnen, und man erhält somit bei quantitativer Umwandlung der chemischen in Stromenergie (Gültigkeit der Helmholtz-Thomsonschen Regel):

$$\frac{Q}{n \,.\, 0{,}2389} = E \,.\, 96500 \text{ Joule oder } E = \frac{Q}{n \,.\, 23054} \text{ Volt.} \qquad (15)$$

Ist demnach die letztgenannte Regel richtig, so erlaubt sie die elektromotorische Kraft eines galvanischen Elements aus der Wärmetönung seines stromliefernden Vorgangs zu berechnen. Für die Daniellsche Kette trifft das ziemlich zu und für viele andere. Es gibt jedoch auch Ketten, wo sie gar nicht stimmt.

Die Veranschaulichung dieser Regel läßt sich durch einfache Versuche nicht dartun. Wohl aber kann man sehr gut die Beeinflussung der Wärmeentwicklung in einem Element verfolgen, die eintritt, wenn das Element außerhalb Arbeit abgibt. Dann muß die Erwärmung um das thermische Äquivalent dieser Arbeit kleiner ausfallen. Das zeigt folgender Versuch:

Läßt man den Strom durch verdünnte Schwefelsäure gehen zwischen Pt-Platten, so beladet sich die eine mit Wasserstoff, die andere mit Sauerstoff, und man bekommt so ein galvanisches Element, dessen elektromotorische Kraft etwa (vgl. Zersetzungsspannung) 1,7 Volt ist und der Richtung des erzeugenden Stroms entgegengesetzt. Man nennt die erzeugte Gegenkraft die Polarisation. Für die Leistung chemischer Arbeit (Überwindung der Affinität von Sauerstoff und Wasserstoff) bleibt also nur noch 0,2 Volt übrig. Dividiert man diese Spannung durch die Summe der Widerstände in der Strombahn, so erhält man nach dem Ohmschen Gesetz die durchgehende Stromstärke. Ließe man den Strom z Sekunden lang hindurchgehen und würde keine chemische Arbeit geleistet, so wäre die gesamte Wärme:

$$Q' = 0{,}2389 \,.\, I \,.\, z \,.\, 1{,}9 \text{ cal},$$

wenn 1,9 die Spannung des Akkumulators ist. Aus dem Betrag $I \,.\, z$ läßt sich aber nach dem Faradayschen Gesetz ausrechnen, wieviel Gramm Wasser zersetzt werden durch Iz Coulombs, und da 1 Grammolekül Wasser 68400 cal bedarf zu seiner Zersetzung, so ist leicht zu berechnen, wieviel Wärme diese chemische Arbeit verzehrt. Subtrahiert man sie von der oben berechneten Q', so erhält man die relativ kleine Wärmemenge, die — natürlich wieder im Verhältnis der Widerstände — im Stromkreis bei chemischer Arbeit der beschriebenen Beschaffenheit und Größe noch entwickelt wird. Wie klein sie ist, erläutert der folgende Versuch, der wesentlich negativ ausfällt.

Zubehör. Thermoskop. Böseakkumulator mit geladenen Platten. Platinplattenpaar 1 qcm groß. Abstand 1,5 cm. Schwefelsäure (1 : 4). Drähte. Becher.

Ausführung. Man senkt das Plattenpaar in den einen Thermoskopbecher, der mit 115 ccm H_2SO_4 1 : 4 gefüllt ist und setzt in den anderen ebenso gefüllten Becher die Akkumulatorplatten. Dann richtet man das Thermoskop und läßt während einer gemessenen Zeit, etwa 20′, Strom durchgehen und beobachtet die Manometer und die Gasentwicklung. Man berechne den Fehlbetrag an Wärme gegenüber dem Versuch mit der verkupferten Platte unter Berücksichtigung der früher mitgeteilten Widerstände im Stromkreis (0,15 und 2,5 Ω). Man mache sich klar, weshalb zur Berechnung der durchgehenden Stromstärke nur die Differenz der elektromotorischen Kraft 1,9 Volt und der Polarisation 1,7 Volt dient, zur Berechnung der chemischen Energie aber das Produkt aus der so berechneten Elektrizitätsmenge und der vollen Spannung 1,9 Volt. Man überlege, weshalb möglicherweise die offenbar angenähert richtige Erklärung prinzipiell nicht genau stimmen könnte.

B. Messungen und Anwendungen.

10. Elektrische Eichung eines Kalorimeters. Verfahren bei kalorimetrischen Messungen überhaupt.

Besprechung. Die Beziehungen zwischen Wärme und Arbeit bilden neben den stöchiometrischen Gesetzen die unumstößliche Grundlage der allgemeinen Chemie. Deshalb ist die genaue Bestimmung von Wärmemengen und von Arbeitsmengen von derselben Wichtigkeit, wie die von Stoffmengen, welch letztere durch die quantitative Analyse vollzogen wird.

Wärmemengen bestimmt man kalorimetrisch, Arbeitsmengen kann man durch Überführung in Wärme oft ebenso bestimmen. Deshalb ist die Kalorimetrie für die allgemeine Chemie von grundlegender Wichtigkeit, weit mehr als für die heutige Physik.

Die Wärmemenge, die dem Kalorimeter bei einer Messung in summa zufließt, wird gemessen durch Messung der Temperaturänderung und der Wärmekapazität des Kalorimeters mit Inhalt (Temperaturmessung ist schon besprochen). Von der so berechneten Wärmemenge ist der Teil abzuziehen, der dem Kalorimeter durch Wärmeaustausch mit der Umgebung von außen zugeflossen ist.

1. **Temperaturmessung.** Hat nur dann einen Sinn, wenn das Thermometer die Temperatur seiner Umgebung praktisch unmeßbar schnell annimmt und sie praktisch die des ganzen Kalorimeterkörpers ist. Ersteres wird erreicht durch Quecksilberthermometer, deren Gefäße große Oberfläche haben, also z. B. fingerförmig verzweigt sind, besser durch Thermoelemente, am besten durch Widerstandsthermometer, besonders, wenn letztere solche, etwas sperrige Form haben, daß der Widerstandsdraht möglichst verschieden gelegenen Punkten im Kalorimeter ausgesetzt ist, also möglichst über die Temperatur des ganzen Kalorimeters „integriert". Letzteres ist um so weniger nötig, je besser der Inhalt des Kalorimeters umgerührt wird. Deshalb ist auf den Rührer ganz besondere Sorgfalt zu verwenden, damit er reibungsfrei in seiner Führung arbeitet, nicht an der Gefäßwand des Kalorimeters kratzt und doch die Flüssigkeit aufs stärkste durcheinander mischt. Am besten besteht er aus einer

gelochten Platte, die senkrecht oder besser noch schräg durch das Kalorimeter auf und ab bewegt wird.

Für mäßig genaue Messungen und zur Einübung auf genaue Messungen genügt ein flacher Ringrührer und ein Beckmannthermometer. Seine Einstellung wurde schon besprochen.

2. Kapazitätsmessung. Man kann sie entweder halb rechnerisch oder ganz experimentell durchführen.

Im ersten Fall wägt man die Kalorimeterflüssigkeit und berechnet ihre Wärmekapazität durch Multiplikation mit der aus Tabellen (Landolt-Börnstein) zu entnehmenden spezifischen Wärme bei der betreffenden Temperatur. Dann bestimmt man das Volum des eintauchenden Quecksilberthermometerteils durch Eintauchen in ein z. T. gefülltes Meßglas. Die Zahl der Kubikzentimeter eintauchenden Quecksilbers + Glases multipliziert man mit 0,46 (Zufall) und erhält so die Wärmekapazität dieses Stücks. Man bestimmt in gleicher Weise das Volum aller sonst noch eintauchenden Glas- oder Metallteile und multipliziert sie mit den zugehörigen spezifischen Gewichten und spezifischen Wärmen. Das Kalorimetergefäß selbst oder ganz eintauchende Stücke wägt man und multipliziert mit der spezifischen Wärme. Besteht das Gefäß aus Glas, ist es im besonderen ein Vakuumgefäß, so ist die Glasdicke des Innenteils zu schätzen und das Gewicht dieses Stücks zu nehmen und mit der spezifischen Wärme zu multiplizieren. Wegen der Unsicherheit dieser Größen ist es vorteilhaft, ein sehr großes Kalorimeter zu benutzen (mindestens 0,5 Liter, besser mehr als 2 Liter). Da man aber dann leicht zu kleine Temperaturdifferenzen bekommt, so wählt man dann nicht Wasser, sondern Flüssigkeiten kleinerer spezifischer Wärme (z. B. Benzoesäureäthylester)[1], nicht Anilin (zieht Wasser an), nicht Paraffinöl (rührt sich schlecht um), nicht leichtflüchtige Stoffe.

Ihre spezifische Wärme muß genau genug bekannt sein. Oder man muß sich durch experimentelle Kapazitätsbestimmung in Stand setzen, auf die Kenntnis der spezifischen Wärme ganz verzichten zu können.

Diese Kapazitätsbestimmung geschieht am besten elektrisch, indem man in einen zweckmäßig bei allen Messungen im Kalorimeter verbleibenden Heizkörper eine gemessene Menge elektrischer Energie hineinschickt. Für nicht angreifende Kalorimeterflüssigkeit eignet sich Konstantandraht am besten, sonst Platin. Länge und Querschnitt richtet sich nach der Wärmekapazität des Kalorimeters. Sie und die Elektrizitätsmenge sollen so bemessen sein, daß Zeit, Klemmenspannung und Stromstärke sich auf 1 Promille messen lassen. Viel genauer sind kalorische Daten doch nie zu gewinnen, wie man auch das elektrische Wärmeäquivalent nur bis zur vierten Stelle angeben kann. Für ein Kalorimeter von 2 Liter Inhalt ist z. B. ein Platindraht von 0,1 mm Dicke und 60 cm Länge, auf Glas aufgespult, zweckmäßig. Dann kann

[1] Vgl. M. Trautz u. B. Berneis, Heidelb. Akad. Ber. Abt. A. 1916. 8. Abh.

man mit 1 Ampere 7 Volt und 15′ Dauer in einem großen Äthylbenzoatkalorimeter eine Temperatursteigerung von 1° hervorbringen.

Für Wasser hat man entsprechend größere Energiemengen nötig, die man durch höhere Spannung, weniger gut durch höhere Stromstärke und keinesfalls durch längere Dauer des Stroms erzeugt, denn letztere würde aus Gründen, die nachher zu besprechen sind, die Genauigkeit der Messung sehr herabsetzen. 15′ ist schon das allerhöchste.

Die Lötstellen des Eichkörpers (Abb. 53), wo dicke Zuleitungsdrähte an ihn angesetzt sind, müssen in die Flüssigkeit tauchen, sonst geht Wärme verloren.

Die Eichung geschieht so, daß man gleichzeitig mit dem Anschalten des Stroms ein Chronometer, z. B. die früher erwähnte Stoppuhr, in Bewegung setzt, zweckmäßig durch dieselbe mechanische Vorrichtung, die den Strom schließt. Dann beobachtet man das Steigen des Thermometers unter *gleichmäßigem* Rühren im Kalorimeter und liest dazwischen Stromstärke und Spannung ab. Die letzteren müssen konstant sein, wenn irgend Genauigkeit angestrebt wird, und deshalb entnimmt man den Strom einer Akkumulatorenbatterie, schwächt ihn durch einen Vorschaltwiderstand bis auf den gewünschten Betrag und läßt ihn — da die Spannung frisch geladener Akkumulatoren zuerst langsam nachläßt — zuerst durch einen solchen, in einem zweiten Gefäß mit Kalorimeterflüssigkeit befindlichen Widerstand hindurchgehen, der genau die Ohmzahl des Eichkörpers hat. Ist der Strom konstant geworden, so beginnt man mit der Vorperiode (s. weiter unten) im Ablesen des Thermometers, und nach ihrem Ablauf schaltet man einfach auf den Heizkörper um. Nach Erreichung von 1—2° Temperatursteigerung unterbricht man Strom und Chronometer, bildet das Produkt aus Zeit, Spannungsdifferenz und Stromstärke, und dividiert es durch das elektrische Wärmeäquivalent und die beobachtete, auf den Wärmeaustausch Null korrigierte (s. S. 83ff.) Temperatursteigerung. Die Kapazität, die man so berechnet hat, ist gleich der Wärmemenge, die das Kalorimeter um 1° erwärmen würde. Ihr Zahlwert in Kalorieen pro Grad ist gleich der Anzahl Gramm der Wassermasse, die durch dieselbe Wärmemenge dieselbe Temperatursteigerung (um 1°) erfahren würde, und heißt der *Wasserwert* des Kalorimeters. Er ist daher *numerisch* gleich der Kapazität. Die Kapazität ist für diejenige Temperatur zu bestimmen, bei der man nachher mit dem Kalorimeter messen will. Denn die spezifischen Wärmen hängen von der Temperatur ab. Das Produkt von Temperatursteigerung in einem Kalorimeter mit der Kapazität liefert nur die gesamte ihm zu-

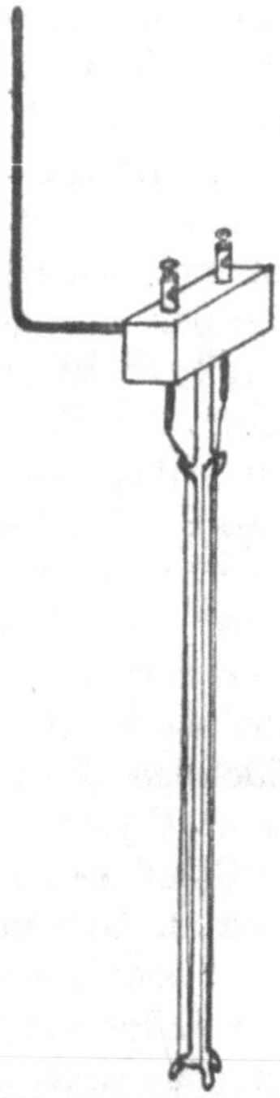

Abb. 53. Eichkörper für elektr. Wärme-Kapazitätsmessung.

geführte Wärmemenge. Diese stammt aber von dem Vorgang, den man im Kalorimeter sich hat vollziehen lassen, und von der Wärme, die aus der Umgebung (positiv oder negativ) zugeflossen ist in das Kalorimeter. Deshalb ist an der beobachteten Temperatursteigerung (die Kapazität bleibt vom Wärmeaustausch praktisch unberührt, wenn er die Temperatur nur wenig verändert) eine additive Korrektion anzubringen wegen des Wärmeaustauschs mit der Umgebung.

3. Wärmeaustausch mit der Umgebung. Nur wenn die Temperatur der Umgebung stets genau gleich ist der des Kalorimeters, findet in summa kein Wärmeaustausch statt. Im allgemeinen ist das unbequem und umständlich zu erreichen. In allen anderen Fällen besteht ein Austausch, der wegen der Kleinheit des Temperaturunterschieds zwischen Umgebung und Kalorimeter dem Newtonschen Abkühlungsgesetz durchweg gehorcht, sich aber nur bei konstanter Umgebungstemperatur ausreichend genau bestimmen läßt. Kalorimeter für höhere oder tiefere Temperaturen umhüllt man mit einer „künstlichen Umgebung", die man auf konstanter, von der des Kalorimeters möglichst wenig verschiedener Temperatur erhält, also mit Thermostaten (s. weiter unten, S. 225ff.). Das Newtonsche Gesetz besagt, daß die Temperaturabnahme $-dt$ eines Gebildes proportional ist seinem Temperaturüberschuß gegen seine Umgebung $(t - t_0)$, (t_0 = Temperatur der Umgebung) und proportional dem Zeitabschnitt dz, währenddessen dieser Überschuß besteht. Das führt zu der Differentialgleichung:

$$-dt = a\,(t - t_0)\,dz,$$

oder genähert:

$$-(t_2 - t_1) = a\,(t - t_0)\,(z_2 - z_1)\,. \tag{16}$$

Wird $(t - t_0) = 1$, so ist das Kalorimeter 1^0 wärmer als seine Umgebung. Mißt man z in Minuten und ist $dz = 1$, so besteht dieser Temperaturüberschuß 1^0 während einer Minute. Dann ergibt die Gleichung die Temperaturabnahme $-(t_2 - t_1)$ des Kalorimeters zu a Grad. Diese Größe ist innerhalb nicht zu weiten Temperaturbereichs konstant. Sie ist eine in diesem Bereich unveränderliche Eigenschaft des betreffenden Kalorimeters. Kennt man die Umgebungstemperatur, so braucht man nur für eine gewisse Zeit die Temperaturen des Kalorimeters und die zugehörigen Zeiten zu messen, währenddem nichts weiter im Kalorimeter geschieht, um an Hand der obigen Gleichung a berechnen zu können. Meist aber kennt man die Umgebungstemperatur nur ungenau. Vor allem, weil sie in Wohnräumen schnellen Schwankungen um einen Mittelwert unterliegt. Dann muß man sie gesondert bestimmen. Das geschieht bei kalorimetrischen Arbeiten durch die Messung des Temperaturgangs im Kalorimeter kurz vor und kurz nach der eigentlichen Messung der Hauptperiode selbst. Diese beiden Messungen heißen Vorperiode und Nachperiode. Beide werden im Prinzip gleich ausgeführt. Man richtet nämlich das Kalorimeter vollständig zum eigentlichen Versuch, isoliert es dazu vor allem thermisch so gut als möglich, z. B. durch Vakuumgefäße, Wattepackung usw. An dieser Isolation darf, wie überhaupt an der ganzen Anordnung, während und nach der Vorperiode bis zum Ende der Nachperiode nichts mehr geändert werden, sonst ändert sich damit das zu bestimmende a. Es enthält Wärmeleitungsgrößen in nicht übersehbarer Form.

Ist alles gerichtet, so setzt man den Klopfer am Thermometer und den Rührer im Kalorimeter in Gang. Nun wird von Minute zu Minute ($dz = 1$ Minute), besser noch von halber Minute zu halber Minute ($dz =$ 0,5 Minuten) Zeit und Temperatur abgelesen, und man setzt dies 10′ bis 15′ lang fort. Dann folgt der Versuch selbst. Über ihn wird später gesprochen. An ihn schließt sich die Nachperiode, ganz wie die Vorperiode ausgeführt. Bildet man nun jeweils die Differenz dt_v bzw. dt_n zweier aufeinander folgender Temperaturen von Vor- und Nachperiode, so braucht man nur die daraus zusammengestellten Gleichungen:

$$-dt_v = a\,.\,(t_v - t_0)\,dz \tag{17}$$

und

$$-dt_n = a\,.\,(t_n - t_0)\,dz \tag{18}$$

durcheinander zu dividieren. Dann fällt a heraus. Man erhält eine Gleichung:

$$\frac{dt_v}{dt_n} = \frac{t_v - t_0}{t_n - t_0}. \tag{19}$$

Darin ist t_v die Mitteltemperatur in dem Intervall dt_v und t_n die Mitteltemperatur in dem Intervall dt_n. Daraus ergibt sich t_0 durch Auflösen der Gleichung 19 nach ihm:

$$\frac{t_n \cdot \frac{dt_v}{dt_n} - t_v}{\frac{dt_v}{dt_n} - 1} = t_0\,. \tag{20}$$

Vereinigt man so alle verfügbaren Daten von Vor- und Nachperiode und zieht aus dem berechneten t_0 das Mittel, so erhält man einen relativ sicheren Wert für t_0. Aus ihm läßt sich für jedes Zeitintervall von Vor- und Nachperiode ein a berechnen aus Gleichung 16 und aus dem so berechneten a nimmt man wiederum das Mittel. Damit ist man im Besitz der Wärmeaustauschkonstanten a und kann jetzt die Korrektion berechnen, die an der Temperaturerhöhung anzubringen ist, die den eigentlichen Versuch begleitete.

Für die Hauptperiode, den eigentlichen Versuch, hat man für jeden einzelnen Zeitabschnitt dz (meist $^1/_2$ oder 1 Minute) aus der eben gegebenen Newtonschen Gleichung mittels a und t_0 sowie mit dem „mittleren t" für jenes dz auszurechnen, welchen Betrag man als dt zuzufügen oder (bei Wärmezufuhr von außen) abzuziehen hat. Die Summe aller dieser Größen zwischen zwei Zeiten z_1 und z_2 gibt die Gesamtkorrektion, die anzubringen ist an der in diesem Zeitintervall entstandenen Gesamttemperaturänderung. Und sie läßt sich schreiben:

$$t' = -a\int_{z_1}^{z_2}(t - t_0)\,d z. \tag{21}$$

Ein solches bestimmtes Integral, wie dies sog. Verlustintegral, ermittelt man bei vielen Vorgängen, namentlich, wenn es sich, wie hier, nicht um einfache prinzipielle Gesetze, sondern um apparativ bedingte Veränderungen handelt, nicht rechnerisch, sondern bestimmt seinen Zahlenwert graphisch. Es empfiehlt sich, bestimmte Integrale

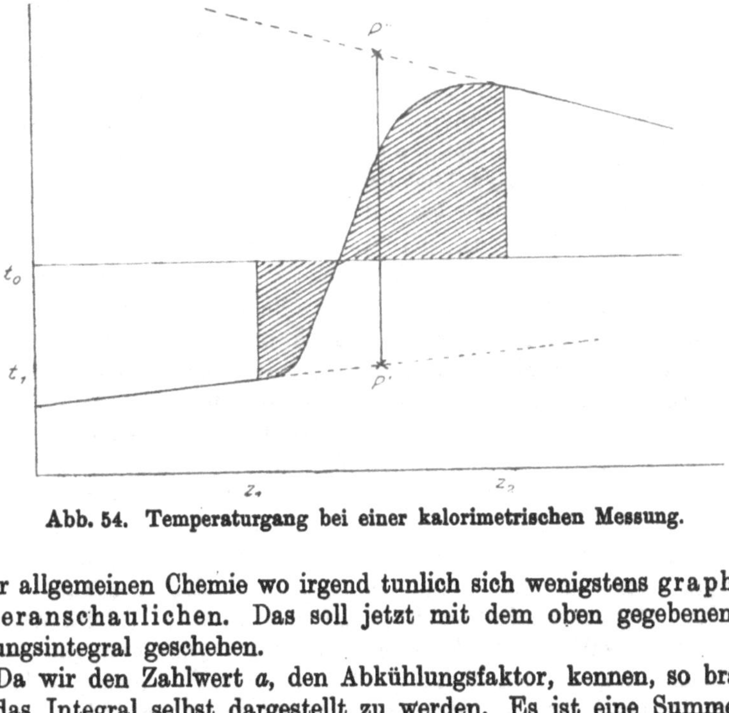

Abb. 54. Temperaturgang bei einer kalorimetrischen Messung.

in der allgemeinen Chemie wo irgend tunlich sich wenigstens graphisch zu veranschaulichen. Das soll jetzt mit dem oben gegebenen Abkühlungsintegral geschehen.

Da wir den Zahlwert a, den Abkühlungsfaktor, kennen, so braucht nur das Integral selbst dargestellt zu werden. Es ist eine Summe von Produkten aus je einer Temperaturdifferenz und einer Zeitdifferenz. Trägt man also in rechtwinkligen Koordinaten die Zeiten z nach rechts, die Temperaturen t nach oben ab, so erhält man für eine kalorimetrische Messung etwa das Kurvenbild Abb. 54. Darin ist der Punkt der Kurve bei z_1 die Temperatur bei Versuchsbeginn. Der Versuchsbeginn liegt in unserer Hand und sein Zeitpunkt ist uns daher im allgemeinen sehr genau bekannt. Hier ist die Temperatur t_1. Also wäre die Korrektion $-a\,(t_1 - t_0)\,dz$ anzubringen an der mittleren Temperatur in dem Intervall dz, das auf z_1 unmittelbar folgt. Im folgenden Intervall gleicher Länge betrüge die Korrektion weniger, weil die Temperaturdifferenz kleiner ist, dz aber gleich gewählt wurde (z. B. 1′). Reiht man so Korrektion an Korrektion, so wird klar, daß jede gleich ist $-a$mal dem Flächeninhalt eines Rechtecks, dessen eine Seite gleich dem zwischen t_0 und t liegenden Ordinatenstück, dessen andere Seite gleich dem Zeitabschnitt 1′ ist, und daß die gesamte Korrektion gleich der algebraischen Summe aller dieser $-a$fachen Rechtecke. Diese Summe wird abgebildet durch die Differenz der schraffierten Flächenstücke. Dabei setzten wir nun freilich an Stelle der stetigen Kurve eine stufenförmig verlaufende, aber dies macht nur einen sehr kleinen Unterschied aus, einen um so kleineren, je kleinere Zeitintervalle man zugrunde legt. Man braucht hier diese gar nicht so sehr klein zu machen. Denn es soll nur eine Korrektion berechnet werden und Korrektionen an Korrektionen darf man mit größerer Nachsicht behandeln, als die Korrektionen an Messungen selber. In Wirklichkeit hat sich die Temperatur natürlich nicht ruckweise, sondern stetig geändert. Messen aber können wir nur „ruckweise“. Es ist jetzt noch die letzte Frage zu behandeln, wie kommt man dazu, bei z_2 das Ende des Versuchs anzunehmen? Hier liegt der schwächste Punkt aller kalorimetrischen Messungen. Man kann das Ende einer solchen nur mittelbar finden. Denn es wird asymptotisch, also nur praktisch, nicht streng in endlicher Frist erreicht. Nehmen wir an, der zu messende Vorgang erzeuge Wärme, dann erhält man die gezeichnete Kurve. Wann wird von ihm praktisch keine Wärme mehr abgeführt ins Kalorimeter? Man bestimmt das a posteriori, indem man dauernd den Gang im Kalorimeter verfolgt, erst die Vorperiode, dann während des Vorgangs alle Minuten die Temperatur beobachtet und dies so lange fortsetzt, bis die weitere Temperaturänderung des Kalorimeters der Größenordnung nach wieder gering geworden ist, wie sie es bei der Vorperiode war, und außerdem ebenso regelmäßig. Bei ausreichender Isolation muß sich schließlich wieder eine dauernd der Zeit proportionale Temperaturänderung einstellen. Und zwar muß man dies am Ende des Versuchs während mindestens 10 Minuten beobachten. Bleibt der Temperaturgang während 10 Minuten nur noch gering und ganz gleich, so hat man den ganzen Versuch als beendet und denjenigen Teil des letzten Zeitabschnitts als die Nachperiode anzusehen, währenddessen die Temperaturänderung pro Minute konstant blieb. Das Versuchsende liegt an dem Zeitpunkt, wo diese Gleichmäßigkeit der Temperaturänderung einsetzt. Im allgemeinen ist vorher bereits die Temperaturänderung schon beinahe stationär und deshalb wohnt der Wahl dieses Punkts immer eine gewisse Willkür inne. Sie ist um so kleiner, je besser die Wärmeübertragung von dem wärmeerzeugenden System aufs Kalorimeter ist und je geringer der Temperaturgang bei Vor- und Nachperiode, je besser also die Isolation und je kleiner der Abstand der Kalorimetertemperatur von der der Umgebung, ferner je steiler die Temperatur in der Hauptperiode ansteigt.

Anbringung der Korrektion. Die Differenz der Temperaturen am Anfang und Ende des Versuchs, also am Ende der Vor- und am Anfang der Nachperiode genommen, bildet das Rohergebnis. Zu dieser Temperaturdifferenz fügt man die algebraische Summe der durch die Flächenstücke dargestellten und mit $-a$ multiplizierten Integrale. Dies ist das korrigierte Ergebnis. Die Größe der Flächen bestimmt man entweder durch Abzählen der Quadrate auf dem Millimeterpapier, das man für das Diagramm benutzt hat, oder durch Auswägung der ausgeschnittenen Papierstücke. In beiden Fällen ist natürlich zu berücksichtigen, in welchem Verhältnismaß t und z aufgetragen sind,

Viel einfacher ist es jedoch, wenn ausreichend symmetrisch während Vor- und Nachperiode und während des größten Teils der Hauptperiode Proportionalität zwischen Temperaturänderung und Zeit besteht. Dann braucht man nur die Gerade, die die Vorperiode darstellt, und die, die der Nachperiode entspricht, zu verlängern bis zu dem Zeitpunkt, der zwischen Versuchsbeginn und Ende genau in der Mitte liegt, also in der Mitte der Hauptperiode. Die Temperaturdifferenz, die durch den Abstand der alsdann übereinander liegenden Endpunkte von Vor- und Nachperiode gegeben ist (P' und P''), ist gleich der gesuchten korrigierten Temperaturdifferenz. An ihr braucht man nichts zu korrigieren. Man sieht den Grund ein, wenn man sich der physikalischen Bedeutung dieses letzten Verfahrens bewußt wird. Man setzt, wie wir sahen, in jedem Fall voraus, daß ohne den Versuch selbst Vorperiode wie Nachperiode genau nach demselben Gesetz auch in der Zeit der Hauptperiode wirken würden, wie bei Anstellung des Versuchs vor und nach der Hauptperiode. Denn a wird konstant gesetzt. Nimmt man also an, daß der Versuch selbst nur verschwindend kurze Zeit dauert, die Hauptperiode sich also auf einen Zeitpunkt reduziert, so wäre gar keine Korrektion anzubringen, denn $z_2 - z_1$ wäre Null, die Grenzen des Abkühlungsintegrals fielen alsdann zusammen und es selbst wäre daher Null. Doch wird aus dieser meist gegebenen Überlegung nicht sofort klar, weshalb man diesen Momentanverlauf des Versuchs selbst gerade in die Mitte zwischen Beginn und Ende des tatsächlichen Versuchs schieben soll.

In der Tat ist das Verfahren auch nur eine Annäherung. Es wäre streng zulässig, wenn bei entgegengesetzt gleichem Vor- und Nachperiodengang die Temperatur der Umgebung genau in die Mitte zwischen Anfangs- und Endtemperatur fiele und zugleich der wahre beobachtete Temperaturgang geradlinig diese beiden Temperaturpunkte verbände (Abb. 55). Das ist jedoch nie der Fall, vielmehr nähern sich die beobachteten Kurven diesem Verlauf nur roh an. Wenn trotzdem die Annäherung genügt, so kommt dies daher, daß nur ein Korrektionsglied ermittelt werden soll, und Korrektionen von Korrektionen weniger Einfluß haben. Ferner daher, daß zwar große Abweichungen vom Idealverlauf zu sehen sind, daß sie aber bei der Wahl der Mittellinie sich ziemlich ausgleichen und so nichts Wesentliches ändern. Bei der einfachen Diagonale und Mittellage der Umgebungstemperatur fallen sie, wie Abb. 55 zeigt, genau gegeneinander weg.

Diese Veranschaulichung für das Halbieren der Versuchszeit lehrt zugleich die Korrektion ermitteln, die man bei gleich gerichtetem, aber nicht notwendig auch gleich großem Gang in Vor- und Nachperiode bekommt. Zieht man nämlich auch hier einfach die Diagonale zwischen Anfangs- und Endtemperatur und halbiert sie, so erhält man in der Länge des Lots durch diesen Punkt, verlängert bis zu den verlängerten Linien der Vor- und Nachperiode (s. Abb. 56) die korrigierte Temperatur.

Wenn der Temperaturgang in Vor- und Nachperiode nicht linear ist, so ist die Genauigkeit ohnehin nicht groß und die Halbierung

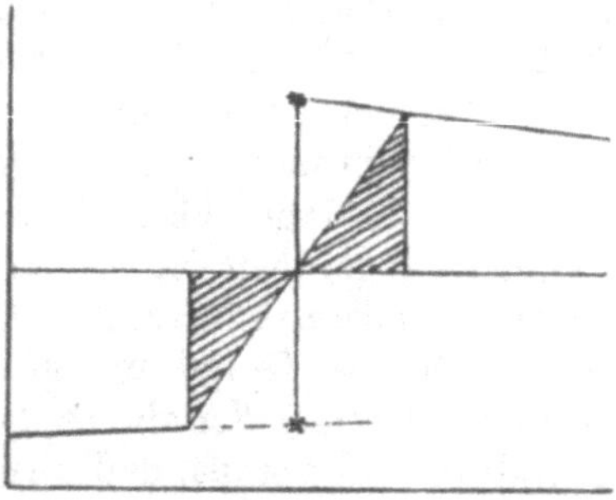

Abb. 55. Idealisierter Temperaturgang bei einer kalorimetrischen Messung.

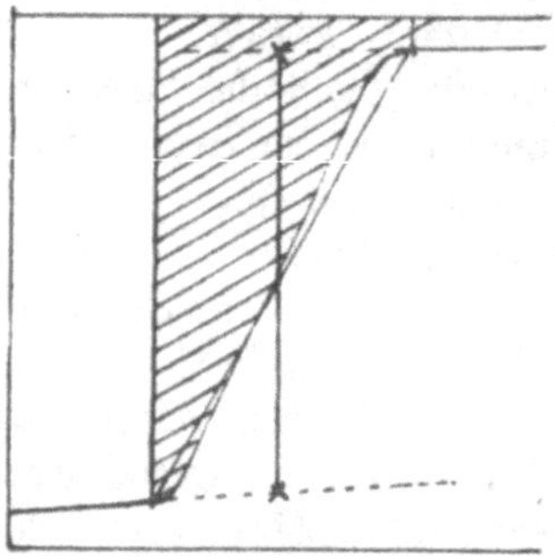

Abb. 56. Gleichsinnige Vor- und Nachperiode.

wird hier vollends ungenau werden, besonders, wenn die Umgebungstemperatur nicht zwischen Anfangs- und Endtemperatur fällt.

Als besonderer Fall kommt in Betracht, daß nur ein Stück der Hauptperiode die zu messende Wärmemenge bedeutet, z. B. bei der Durchströmungsmethode zur Bestimmung der spezifischen Wärme von Gasen[1] (Abb. 57). Dann ist bei linearer Vor- und Nachperiode die Diagonalmethode noch immer zu brauchen, falls beide sehr sanft geneigt sind, die Hauptperiode aber steil und auch ziemlich geradlinig ansteigt. Man legt durch die Endpunkte des genannten Stücks von ihr zwei Gerade von solcher Neigung gegen die Abszissenachse, wie sie dem Temperaturausgleich zu den beiden Zeiten entsprechen. Hier liegt meist aus experimentellen Gründen die Umgebungstemperatur nicht zwischen Anfangs- und Endtemperatur und deshalb erhält man die gewünschten Geraden in folgender Weise.

Nehmen wir an, das Stück falle in den zweiten Abschnitt der Hauptperiode. Dann errichtet man im Anfangs- und Endpunkt des Stücks, strenger im Anfangs- und Endpunkt der Hauptperiode selbst

[1] M. Trautz u. B. Berneis a. a. O.

ein Lot. Vom Mittelpunkt des Stücks nach links zieht man eine Parallele zur Nachperiode, nach rechts eine zur Vorperiode, und verbindet die Schnittpunkte dieser Linien mit den Loten miteinander. Die so erhaltene Verbindungsgerade gibt genau genug den mittleren Temperaturgang während des Stücks. Man zieht daher Parallele zu ihr durch die Endpunkte des Stücks und erhält den Vertikalabstand dieser Parallelen als korrigierte Temperaturänderung. Die Grundannahme für strenge Konstruktion ist offenbar die, daß der Temperaturgang der Vorperiode proportional der Zeit der Hauptperiode übergeht in den der Nachperiode. Sie trifft für kleine Gänge in den Vor- und Nachperioden ausreichend zu. Das hat den Vorzug, daß man die Umgebungstemperatur nicht zu kennen braucht. Die rechnerische

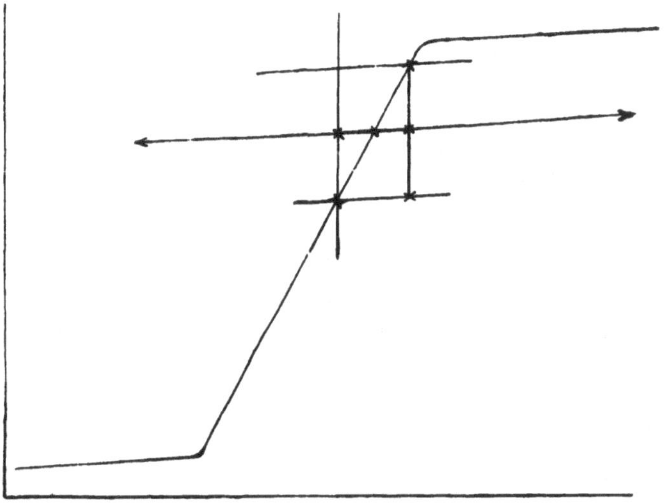

Abb. 57. Benutzung nur eines Stücks der Hauptperiode.

Ermittlung der Austauschintegrale führt bei der von Richarz vorgeschlagenen Durchführung zu dem additiven Korrektionsglied:

$$+\frac{m_0 - m_1}{T_1 - T_0}(\Sigma t - n T_0) - n m_0$$

(n = Zahl der Zeitabschnitte, z. B. Minuten, der Hauptperiode, Σt = Summe der Mitteltemperaturen jeden solchen Abschnitts, T_0 = Mitteltemperatur der Vorperiode, T_1 = der Nachperiode, m_0 bzw. m_1 = mittlerer Temperaturaustausch (dt/dz) während Vor- bzw. Nachperiode.) Sie ist bei unregelmäßiger Hauptperiode durchaus vorzuziehen.

Will man sehr genau arbeiten, so legt man t_0 unbedingt zwischen t_1 und t_2 und bestimmt durch einen Versuch zuerst diejenige Temperatur, bei der als Umgebungstemperatur jede Korrektion wegfiele, und wiederholt dann den Versuch, indem man die Umgebung auf dieser sog. Kon-

vergenztemperatur hält. Ihre Ermittlung geschieht am besten wieder graphisch. Man verlängert die Linie der Vorperiode nach vorwärts, die der Nachperiode nach rückwärts, und legt dann eine Horizontale so durch die Hauptperiode, daß die von den Anfangs- und Endordinaten der Kurve der Hauptperiode, von letzterer und der neuen Horizontalen begrenzten Flächen genau gleich werden. Sie sind gleich den Abkühlungsintegralen und ihr Unterschied ist dann Null. Jede Rechnung über a und t_0 erübrigt sich dann. Man kann also beim Arbeiten mit der Konvergenztemperatur auf die Ausmessung der Vor- und Nachperiode verzichten. Trotzdem pflegt die Benutzung der Konvergenztemperatur weit umständlicher zu sein, denn wenn man aus der zuerst erhaltenen Kurve die Konvergenztemperatur, wie beschrieben, graphisch bestimmt hat, und nun bei ihr selbst arbeitend den Versuch wiederholt, so verändert sich die Form der Kurve für die Hauptperiode verständlicherweise etwas und man berechnet also aus dem zweiten Versuch eine genauere, aber von der erst gefundenen etwas verschiedene Konvergenztemperatur. Erst der dritte Versuch pflegt auf einen so genauen Zahlwert für die Konvergenztemperatur zu führen, daß man das Ergebnis als genaustes erhältliches betrachten darf. Dies heißt Gewinnung eines Ergebnisses durch „Gabeln“.

Allgemein ist wichtig bei allen kalorimetrischen Messungen, daß der Temperaturunterschied, den man mißt, nicht über 2^0 betragen soll, sonst sinkt die Genauigkeit schnell, die Kapazität ändert sich merklich. Ferner, daß man den Maßstab der Versuche im übrigen recht groß wählt.

Die Eichung eines Vakuumkalorimeters bildet den Gegenstand der folgenden Messung.

Zubehör. Vakuumbecher in Isolation. Eichkörper aus Platindraht auf Glas. Mechanischer Rührer mit Motor. Beckmannthermometer mit Stativ und Klammer. Drähte. 1 Liter Äthylbenzoat. Fraktionierapparat aus Glas mit Thermometer. Brenner. Zwei Stative mit Klammern. Präzisions-Volt- und -Amperemeter. 10-Voltleitung. Ruhstratwiderstand. Umschalter mit Stoppuhr. Klopfer. Ableselupe. Sekundenuhr. Silberbecher im Vakuumgefäß mit Substanz, Lösungsmittel, Reagenzglas, Durchstoßstab und Handrührer. Millimeterpapier. Wage.

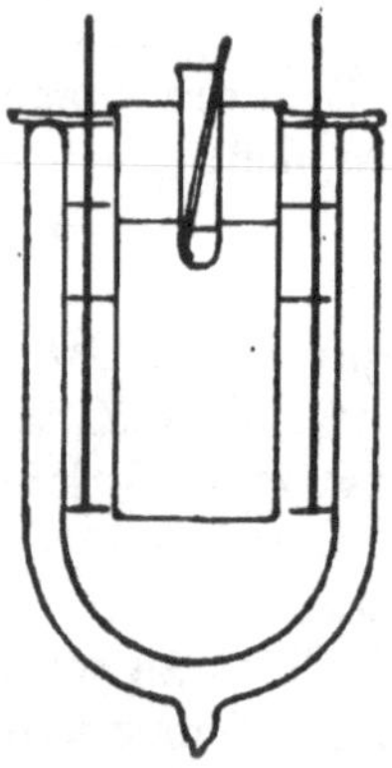

Abb. 58. Bestimmung einer Lösungswärme.

Ausführung. Man fraktioniert den Benzoesäureester und füllt eine zurückgewogene Menge davon (soviel, daß die Rührerblätter immer bedeckt bleiben und daß beim Rühren nichts spritzt oder überläuft; ist auszuprobieren) in das Vakuumgefäß, worin man Thermometer, Rührer und Eichkörper befestigt hat. Man wägt vorher Lösungsmittel und Substanz, füllt ersteres in den Silberbecher, letzteres ins Reagenzrohr und setzt den Glasstab ein, das Ganze ins Kalorimeter aufgehängt (Abb. 58). Dann schaltet man die Meßinstrumente, den Widerstand, Umschalter und die Leitung an. Man stellt das Beckmannthermometer auf Zimmertemperatur ein. Man setzt den Rührer in Gang und den Klopfer und liest alle Minuten am Thermometer ab während 10 Minuten, drückt dann den Kontakt, der zugleich die Stoppuhr auslöst, liest Spannung und Stromstärke ab und beobachtet wieder die Temperatur, bis sie um rund 1—2° gestiegen ist, drückt abermals den Kontakt, der damit die Stoppuhr anhält, und liest weitere 10—15 Minuten lang den Temperaturgang ab. Man trägt die Ergebnisse auf Millimeterpapier auf und bestimmt die Korrektionen graphisch und rechnerisch, wie oben beschrieben. Desgleichen berechnet man nach jenem Schema die eingetretene elektrische Energie und bringt dann die Korrektion an, worauf sich die Kapazität ergibt.

Man lasse den ganzen Apparat zusammengebaut zu dem nächsten Versuch, der am genauesten sogleich angeschlossen wird.

11. Bestimmung einer Wärmetönung im Vakuumgefäßkalorimeter. Messung einer Lösungswärme oder einer Hydrolyse.

Besprechung. Man muß bei Bestimmung von Wärmetönungen stets die zueinander zu bringenden Stoffe bereits bei Bestimmung des Wasserwerts im Kalorimeter haben, weil sie einen Teil der Kapazität ausmachen und auch den Wärmeaustausch beeinflussen.

Zubehör. Wie bei Versuch 1. Dazu 2 ccm-Pipette. Ätzkali. Wägeglas.

Ausführung. Man mißt zuerst die Vorperiode, stößt dann den Boden des Reagenzrohrs durch und rührt mit dem Handrührer möglichst regelmäßig im Reaktionsgemisch um, beobachtet währenddem regelmäßig weiter die Temperaturänderungen und schließt, sobald der Gang wieder regelmäßig und klein wird, die reichlich 10′ bemessene Nachperiode an.

Man berechnet die Korrektionen, die Konvergenztemperatur und die Wärmetönung des Vorgangs. Man rechnet aus letzterer die molekulare Wärmetönung aus, sobald man die Natur des Stoffs erfahren hat, und gibt an, um welche Lösungswärme es sich handelt. Man vermerke zugleich die absoluten Mengen von Wasser und Substanz und den Wasserwert des Kalorimeters, bzw. von Gefäß und Thermometer.

Man kann auch eine chemische Wärmetönung bestimmen, worein Lösungswärmen eingehen. Man läßt einen Stoff, der sich mit KOH glatt und schnell umsetzt (Säurehalogenid, Säure), aus 2 ccm-Pipette in 2%ige Kalilauge (Reagens und Kalorimeterflüssigkeit zugleich) einfließen, deren Kapazität praktisch gleich der von Wasser. Man eicht mit letzterem. Man berechnet die Bildungswärme aus den Elementen (Hilfszahlen aus Landolt-Börnstein). Pipetten-Inhalt wägen.

12. Messung der Verbrennungswärme. Gebrauch der Berthelot-Mahlerschen Bombe. Empirische Bestimmung der Wärmekapazität auf anderem Weg.

Besprechung. Da organische Stoffe sich aus ihren Ausgangsstoffen meist nur langsam bilden, so läßt sich die Bildungswärme meist nur indirekt ermitteln durch Bestimmung der Verbrennungswärmen der Ausgangsstoffe und der Produkte. Oder, wenn man nur die Bildungswärme aus den Elementen zu kennen wünscht, so hat man einfach die Verbrennungswärme zu messen und (bei Verbindungen nur von C, H und O) die für Wasser- und CO_2-Bildung abzuziehen. Man muß dabei freilich erst den Nachweis erbringen, daß die Verbrennung nur zu diesen Stoffen geführt hat. Viele Fehler sind durch Vernachlässigung dieser elementarsten Forderung in thermochemische Tabellen eingeschleppt worden.

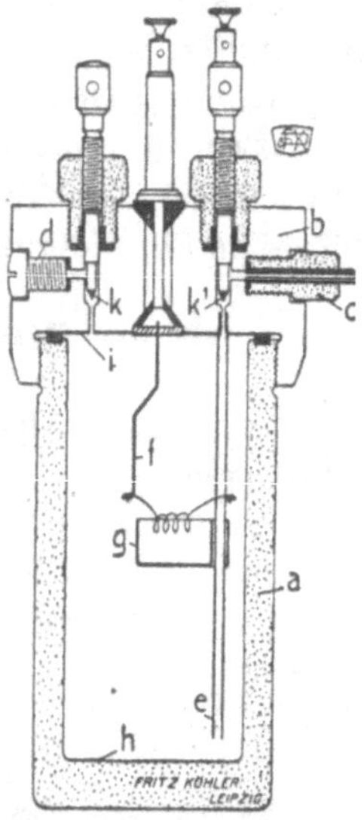

Abb. 59. Berthelot-Mahlersche kalorimetrische Bombe.

Die Verbrennung geschieht in der Berthelot-Mahlerschen Bombe, die in den Abb. 59 und 60 gezeichnet ist. Ein innen emaillierter oder mit Edelmetall überzogener Stahl- oder, wegen Explosionsgefahr besser flußeiserner Zylinder wird oben mit einer (allenfalls goldplattierten) Bleidichtung belegt und durch aufgeschraubten Deckel verschlossen, mit der zu verbrennenden Substanz beschickt, mit verdichtetem Sauerstoff gefüllt (25 Atm.) in das Kalorimeter eingesetzt und die Verbrennung durch ein dünnes Eisen- oder Aluminiumdrähtchen eingeleitet, das, in der Bombe die Substanz berührend, elektrisch verbrannt wird. Seine Verbrennungswärme wird dann als Korrektion abgezogen, ebenso wie die Wärme des Zündstroms.

Die Kapazität des Kalorimeters mit der Bombe bestimmt man durch Verbrennung einer gewogenen Menge eines Stoffs mit bekannter Verbrennungswärme. Deshalb muß jeder Versuch im übrigen genau wie der Eichversuch angestellt werden. Auch hier empfiehlt sich die Verwendung elektrischer Widerstandsthermometer als genauestes Hilfsmittel. Auch im übrigen gelten alle Regeln der Kalorimetrie. Nach der Messung muß man den Inhalt der Bombe auf seine chemische Beschaffenheit untersuchen, damit man weiß, ob auch alles zu Wasser und CO_2 verbrannt ist. Man muß durch Elementaranalyse die Zusammensetzung der zu verbrennenden Substanz ermittelt haben oder sonst kennen. Denn andernfalls kann man aus der Verbrennungswärme nicht die Bildungswärme berechnen. Nach dem ersten Hauptsatz der Thermodynamik gilt die Gleichung:

$$\left.\begin{array}{l}\text{Bildungswärme} = \text{Summe der Verbrennungswärmen der einzelnen} \\ \quad\text{„Atome"} - \text{beobachtete Verbrennungswärme.}\end{array}\right\} \quad (22)$$

Dabei darf man nicht vergessen, anzugeben, ob man zu gasförmiger Kohlensäure und flüssigem Wasser verbrennen läßt oder nicht. Meist natürlich ist ersteres der Fall und deshalb muß man eine sehr kleine Menge (etwa 0,5 bis höchstens 1 ccm) Wasser vor der

Verbrennung in die Bombe spritzen, damit der Raum bereits mit Wasserdampf gesättigt ist und man somit auch wirklich alles neue Wasser flüssig erhält. Das hat zugleich öfters den Vorzug, die Verbrennung zu fördern. Ferner ist wichtig, daß man so zwar die Bildungswärme des Stoffs aus freien Elementen erfährt, aber nicht die aus den freien

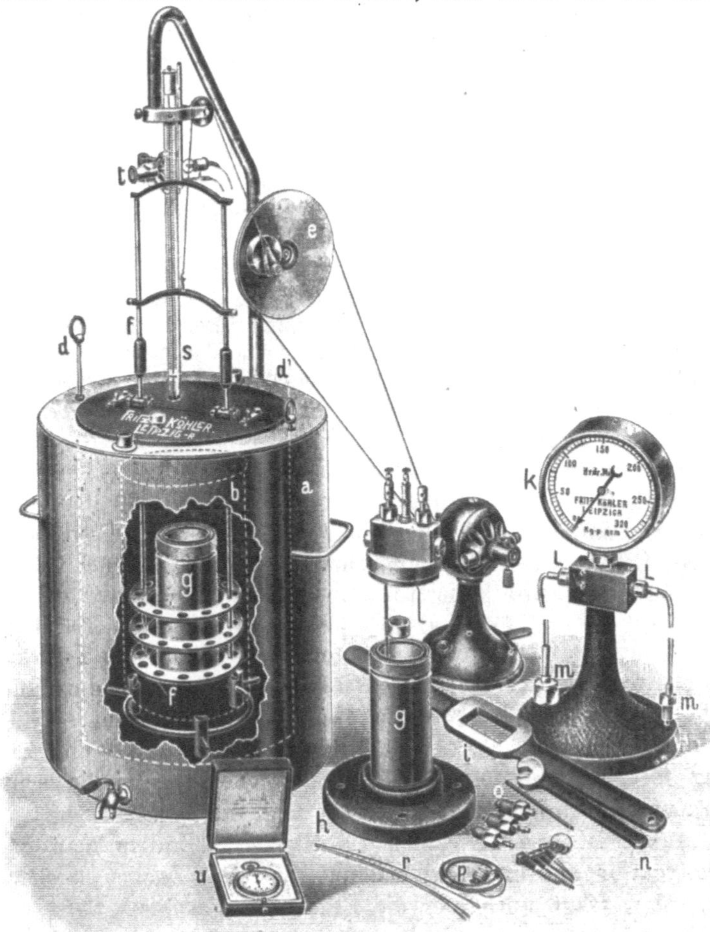

Abb. 60. Apparat zur Messung von Verbrennungswärmen und Berthelot-Mahlersche Bombe. ***k*** **Manometer zum Einfüllen des Sauerstoffs.**

Atomen der Elemente. Das Rechnen mit *Atomen* von C, H und O ist hier durchaus eine bloß *formale* Sache und entspricht *nicht den Tatsachen.* Sondern man bestimmt in der Tat die Bildungswärme der Stoffe aus Wasserstoffgas, Sauerstoffgas und Diamant oder Graphit. Wieviel Wärme man jedoch aufzuwenden hätte, um jedes dieser vier in freie Atome zu spalten, weiß man heute noch nicht, und bei den Kohlenstoffarten ist nicht einmal die Zahl der Atome im Molekül bekannt.

Man setzt kalorimetrisch für jedes Molekül entstehender Kohlensäure (Diamant) 94310 cal, Wasser 68400, SO_2 71080 cal (rhomb. S.).

Da die Bombe bei der Verbrennung geschlossen ist, so erhält man die Verbrennungswärme bei konstantem Volum.

Für äußerste Genauigkeit arbeitet man mit adiabatischem Kalorimeter, d. h. man sorgt durch „künstliche Umgebung" dafür, daß die Umgebungstemperatur in jedem Augenblick gleich der des Kalorimeters ist. Ferner hat man dann der Oxydation des Stickstoffs (aus dem Bombensauerstoff oder der Substanz) Rechnung zu tragen, indem man die entstandene Salpetersäure titrimetrisch bestimmt.

Schwierigkeiten bereitet die Verbrennung von Flüssigkeiten, da sie leicht ganz unvollkommen verbrennen. Man schmelzt sie in Glaskügelchen von 0,7—0,8 ccm Inhalt ein und legt diese in die Bombe auf $^1/_4$ g Zucker, der durch den üblichen Draht entzündet wird und die Kügelchen zum Platzen bringt.

Zubehör. Berthelot-Mahlersche Bombe mit Schraubenschlüsseln und Rührer. Al-Draht. 10-Voltleitung. Rheotangitter 20 Ω. Ausschalter. Kalorimeter. Beckmannthermometer vom vorigen Versuch. Stoppuhr. Drähte. Sauerstoffbombe mit Reduzierventil, Manometer und Kapillaren. Stativ mit Klammer. Schrauben für die Bombe. Lupe. Platindraht und Bleiringe für die Bombe. Zucker. Analytische Wage.

Ausführung. Man füllt die gewogene Zuckermenge zur Eichung ein, spannt das Drähtchen darüber, verschraubt die Bombe und setzt sie ins Kalorimeter. In diesem montiert man Rührer, Thermometer (das allenfalls vorher eingestellt wird). Man richtet den Stromanschluß und die Uhr, sowie die Sauerstoffbombe. Man schließt letztere, nach vorläufiger Öffnung derselben außerhalb des Arbeitsraums (wegen Explosionsgefahr frischer Sauerstoffbomben), an die Kalorimeterbombe (nicht ölen!) an und füllt auf 25—30 Atm. Druck auf. Es ist vorteilhaft, anfangs das Ventil etwas zu entlasten, damit die Luft aus der Bombe austreten kann. Nach der Füllung entfernt man die Sauerstoffbombe und setzt den Rührer und die Stoppuhr in Gang. Man beobachtet die Vorperiode, zündet dann durch Stromschluß und setzt die Messung fort, bis mindestens 15′ lang wieder regelmäßig schwacher Temperaturgang übrig ist. Dann öffnet man die Bombe, prüft, ob alles gut verbrannt ist und berechnet die Kapazität, indem man die Austauschkorrektion anbringt und bedenkt, daß 1 g Zucker 3988 cal entwickelt. Man trägt auch hier die Ergebnisse graphisch auf, bestimmt graphisch und rechnerisch die Korrektionen und berechnet die Konvergenztemperatur.

C. Die Erzeugung großer Wärmemengen und hoher Temperaturen.

Manche Reaktionen bedürfen zu ihrer Durchführung sehr hoher Temperaturen. Teils, weil die entstehenden Stoffe sehr große Wärmemengen dauernd in sich aufspeichern, also stark endotherm sind (Azetylen, Cyan usw.). Teils, weil die Reaktionen nur bei den hohen Temperaturen ausreichend rasch sich abspielen.

In diesem Zusammenhang sind wichtig die Aluminothermie und die Elektrothermie. Die eine entnimmt ihren Wärmebedarf der Oxydation von Al oder ähnlichen Metallen. Die andere entnimmt ihn elektrischen Energiequellen. Beide sind für die Technik des Laboratoriums und der Großbetriebe wichtig.

Die Aluminothermie (H. Goldschmidt-Essen) dient chemisch in erster Linie der Gewinnung reiner, hochschmelzender Metalle oder Legierungen. Das dabei benutzte Heizmaterial, der Thermit, findet zu schneller und hoher Erhitzung auch andere mannigfache Anwendung. Es wird aus Al-Pulver und einem Metalloxyd, meist Fe_2O_3, MnO_2 oder Cr_2O_3 zusammengemischt, wenn man nur zu heizen wünscht; aus Al-Pulver und dem Oxyd des darzustellenden Metalls, wenn man auf Metallgewinnung in regulinischer Form ausgeht. Das Verfahren ist gekennzeichnet dadurch, daß bei der Reaktion keine Gase auftreten und daß deshalb die entwickelte Wärme außerordentlich konzentriert wird. Deshalb ist es auch möglich, die Erhitzung auf sehr kleinem Raum vorzunehmen und ohne allzu große Vorrichtungen. Ein mit Drahtnetz umspannter hessischer Tiegel nimmt das Reaktionsgemisch auf. Will man ganz sicher gehen, mag man ihn noch in einen zweiten hessischen Tiegel stellen, den Zwischenraum mit Sand ausfüllen.

Die Zündung des Gemischs, also die Einleitung der Reaktion, gelingt nur durch sehr hohe lokale Erhitzung. Dies ist ein Vorzug des Verfahrens, weil deshalb der Thermit ganz ungefährlich zu befördern ist. Man beschüttet zur Zündung das im Tiegel befindliche Gemisch mit „Zündgemisch", einer Mischung von Al-Pulver und BaO_2, steckt darein eine „Zündkirsche", aus einem schnell abbrennenden Feuerwerkssatz hergestellt, worin ein Stück Mg-Band haftet. Dies Band wird mit einem Zündholz angezündet und leitet die Reaktion ein. Dabei versehe man sich mit Schutzbrille, da doch den Beginn ein ziemlich starkes Sprühen begleitet, das glühende Teile bis in 1—1,5 m Entfernung werfen kann. Das beim Vorgang entstehende Aluminiumoxyd schmilzt und dieser geschmolzene künstliche Korund kann gleichfalls verwertet werden. Verwendung von CuO ist gefährlich.[1]

Die Elektrothermie umfaßt die Verwendung elektrischer Energie als Heizmittel bei hohen Temperaturen, also die elektrischen Öfen. Technische Anwendungen findet man in dem Band I der Einführung in die technische Elektrochemie, Elektrothermie von P. Askenasy.

Für die praktische Anwendung der Elektrothermie sind folgende Punkte allgemein wichtig:

1. Die Stromzuführungen. Neben dem erforderlichen Querschnitt ist am wichtigsten, daß man Übergangswiderstände vermeidet. Sie liegen überall dort, wo der Strom aus einem Leiter in einen anderen übergeht oder wo ein Leiter zwecks Abnehmbarkeit aus zwei

[1] R. Lorenz.

Stücken besteht. Die größte Gefahr solcher Widerstände liegt vor, wenn die Übergangsstellen zugleich hohen und wechselnden Temperaturen ausgesetzt sind. Deshalb ist dem Anschluß an die Heizkörper selbst größte Sorgfalt zu widmen. Am besten formt man den Heizkörper aus einem einzigen Stück und läßt seine Enden weit aus der heißen Zone herausragen. Dann kann man sie dort verschrauben mit den Zuleitungskabeln. Die letzteren müssen ebenso wie die Enden der Heizkörper mit großen, gut leitenden Flächen versehen sein, mit Kabelschuhen (Abb. 61), und diese müssen sehr stark durch Schrauben zusammendrückbar sein. Sie sind sehr rein zu halten und oft genug auseinander zu nehmen. Man prüfe während der Benutzung diese Stellen auf Erhitzung und kühle sie nötigenfalls. Dazu genügen oft nasse Lappen. Oft sind die Kabelschuhe mit Weichlot angelötet und dann besteht Gefahr, daß sie sich bei schlechter Verschraubung oder schlechter Kühlung ablöten und dabei Unheil anrichten.

Muß man den Heizkörper selbst aus mehreren Stücken zusammensetzen, und besteht, z. B. bei Kohlestäben, nicht die Möglichkeit, sie ganz fest zu vereinigen, so muß man für die Abschätzung der

Abb. 61. Kabelschuh.

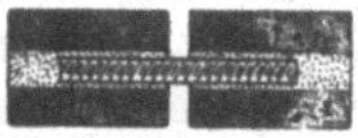

Abb. 62. Verschraubung der Metallseelen in Kohleelektroden.

Verteilung der Heizung in Betracht ziehen, daß diese Stellen stärker heizen, und muß sie öfter nachsehen, weil sie früher abbrennen und ihr Kontakt im allgemeinen immer schlechter wird. Auch hier sind Konstruktionen, die diese Teile dauernd unter Druck halten, notwendig, Verschraubung durch Metallseelen empfiehlt sich (Abb. 62).

Die Stellen, wo der Heizkörper aus der kalten in die heiße Zone ragt, werden gleichfalls besonders mitgenommen, weil sie sehr stark „arbeiten", also Lageänderungen erfahren im Lauf der Benutzung, wobei sie, wenn aus Metall, deformiert und dadurch noch brüchiger werden. Außerdem pflegen dies dieselben Stellen zu sein, wo der Heizkörper aus dem Schutzmantel heraustaucht, also die Oxydation besonders wirksam ist. Man mache also diese Teile kräftiger und die beiden schädigenden Ursachen so klein als möglich.

Elektrodenfassungen aus Metall kann man manchmal kühlen. Man muß sie, besonders wenn die Elektroden aus Kohle bestehen, unter starkem Druck unter Zwischenlegen weichen, sich gut anpressenden Metalls sich an große Flächen der Kohle anschmiegen lassen. Auch Einschrauben in die Kohle empfiehlt sich.

Die Dicke der Stromzuleitungen ergibt sich schätzungsweise aus Tabelle VI. Dabei ist Kupfer und freie Lage in Luft angenommen. Fehlt letztere, so ist die Dicke bedeutend größer zu nehmen und auszuprobieren. Die Querschnitte sind bei Zink viermal, bei Eisen gut sechsmal, die Durchmesser also 2mal bzw. 2,5mal so groß zu nehmen. Für Kohlen, wenn man sie z. B. als Zuleitungen eines Lichtbogens benutzen will, gelten die in derselben Tabelle VI genannten Zahlen. Dicke Stücke leiten relativ schlechter, weil sie poröser sind.

2. Das Ofenmaterial. Die unmittelbare Umgebung der heißen Zone, das Futter des Ofens, kann entweder aus dem Reaktionsgut selbst bestehen. Das ist häufig bei Lichtbogenöfen der Fall, wo dieses schmilzt und seine erstarrte Schmelze die Wand des heißen Raums bildet (wie beim Muthmanntiegel bei der Schmelzelektrolyse). Ist dieser Weg nicht gangbar, so nimmt man für die höchsten Temperaturen Kohle. Sie hat den Nachteil, immer CO zu geben und viel Wärme durchzulassen. Darunter, bis etwa 2000° aufwärts, kann man Kalk oder Magnesia verwenden oder die verschiedenen hochfeuerfesten Massen, die von Porzellanfabriken geliefert werden. Magnesit, feuerfest gebrannt in vorzüglicher Beschaffenheit liefern die Veitscher Magnesitwerke (C. Später, Coblenz). Gepulverter Magnesit, mit Teer gemischt, liefert eine gute Abdichtungsmasse. Magnesiapulver (Magnesia usta) läßt sich zum Einpacken von Heizkörpern gut verwenden. Kalk wie Magnesit isolieren gegen Wärmeverluste namentlich, wenn hell gefärbt, ausgezeichnet. Umgibt man sie mit Asbest, läßt dann wieder eine Magnesiaschicht folgen und wieder Asbest, auch Lufträume, die mit Asbestwolle gefüllt sind (leere schützen zwar auch, bewirken aber, wenn hoch, ungleiche Temperaturverteilung oben und unten), so wird die Wärme sehr gut zusammengehalten. Das Ganze kann man, je nachdem, in Backsteine einbauen oder in einen emaillierten Eisentopf setzen.

Das Äußere des Ofens macht man vielfach ganz aus Metall, besonders dann, wenn es ein Vakuum umschließen soll. Es ist dann gut zu kühlen durch einen Wassermantel, denn bei hohen Temperaturen kann man sonst gasdichten Abschluß sehr selten erreichen. Die Leitungen führt man mit Glimmer oder Vulkanfiber isoliert hindurch.

3. Das Gefäßmaterial. Kann man überhaupt die Reaktionsmasse in einem besonderen Gefäß in den Ofen bringen, so muß dieses der sauren oder alkalischen, oxydischen oder metallischen Beschaffenheit seines Inhalts angepaßt sein, damit es ihn nicht unnötig verunreinigt. Bis zu hohen Temperaturen ist iridiumfreies Platin vorteilhaft, da es wenig zerstäubt (< 1600°). Für höhere Temperaturen (< 2200°) nimmt man Iridium, doch zerstäubt dies sehr. Die höher schmelzenden Metalle (Mo 2110°, Ta 2850°, Wo 3000°) lassen sich ihrer Oxydierbarkeit wegen seltener benutzen. Für saure oxydische Stoffe ist zwar Quarzglas recht praktisch, aber man kommt kaum bis 1300° damit, weil es leicht entglast und gegen H_2 schon bei 800° sehr merklich undicht ist. Die Entglasung wird durch H_2 beschleunigt. Porzellan allenfalls durch Verkupferung gegen Springen geschützt, ist meist hier brauchbarer. Bei höheren Temperaturen kann man, wenn nicht in den genannten

Metallen, nur noch mit basischen oder wenigstens nicht sauren Stoffen arbeiten (in Zirkonglas bis 2500°), darüber kommt Bornitrid, Karborundum und Kohle in Betracht.

4. Größe und Form des Heizkörpers wählt man so, daß man tunlichst wenig Strom außerhalb des Ofens in Wärme umwandeln muß, daß man also den Ofen tunlichst ohne Vorschaltwiderstand an die zur Verfügung stehende Spannung anschließen kann. Wie dies im einzelnen geschieht, hängt natürlich vom Material ab (Anwendung des Ohmschen Gesetzes).

Man kann die elektrische Energie in Wärme umwandeln

1. in Widerständen aus festem Material: Widerstandsöfen;

2. in gasförmigen Widerständen: Lichtbogenöfen (elektrischer Ofen im engeren Sinn);

3. durch Bremsung von Kathodenstrahlen: Kathodenstrahlöfen.

Der Vorteil der beiden letzteren ist die sehr hohe Temperatur. Im Kathodenstrahlofen genießt man dabei den Vorzug, gleichmäßiger, mit geringerer Gebläsewirkung und ohne kohlende Wirkung arbeiten zu können.

Der Vorzug der Widerstandsöfen liegt in der Reinlichkeit ihrer Handhabung, der großen Anpaßbarkeit und der Möglichkeit, die erzeugten Temperaturen genau messen, gleichmäßig räumlich verteilen und zeitlich konstant halten zu können.

1. Widerstandsöfen.

1. Ohne eigenen Heizkörper. Dies vor allem sind die Öfen der elektrothermischen Großtechnik. Das zu beheizende Material übernimmt selbst die Stromleitung, erhitzt sich dabei auf den gewünschten Grad. Nachfüllen von oben und unten, Abstechen des Verarbeiteten gestattet Dauerbetrieb (Stahl- und Al-Gewinnung).

Nötigenfalls leitet man die Leitung ein durch einen Widerstandskörper aus Koks oder dgl., der bei dieser Hilfstätigkeit abbrennt, während man ihn mehr und mehr durch das zu verarbeitende Material verdrängt.

Bei gut leitenden Schmelzen hat man jedoch unbequem lange, schmale Bäder oder unbequem starke Ströme zu verwenden, deshalb heizt man hier wirtschaftlich mittels induzierter Ströme. Das Bad erhält ringförmige Gestalt und umschlingt als Sekundärkreis die Primärspule, die einen lamellierten, durch Joche geschlossenen Eisenkern enthält. Man muß für seine Kühlhaltung sorgen.

Für die Wahl der Windungszahl des Primärkreises kommt die zur Verfügung stehende Spannung in Betracht und das Gesetz, daß sich die Stromstärken umgekehrt, die Spannungen direkt wie die Windungszahlen verhalten. Ferner ist die Form des Eisenkerns wichtig. Der scheinbare Heizwiderstand ist gleich dem wahren mal dem Quadrat der Windungszahl des Primärkreises. Die Windungszahl des Sekundärkreises ist (ein Ring) 1.

2. Öfen mit Heizkörper sind für den Laboratoriumsbetrieb am wichtigsten.

Entweder häuft man das Reaktionsgut einfach um den Heizkörper herum, z. B. um einen Kohle-, Graphit- oder Silundumstift (Silundum ist oberflächlich silifizierte Kohle, zersetzt sich bei etwa 1700°, hält aber gegen Luft bis dahin sehr gut), der zwischen dicke Zuleitungen gesetzt ist und zum Glühen gebracht wird. Diese zentrale Heizung erfüllt naturgemäß nur sehr bescheidene Anforderungen an saubere Arbeit.

Oder man heizt das Reaktionsgut von außen.

Roh kann man so verfahren, daß man den zu heizenden Teil (Tiegel, Rohr, Muffel) in einigem Abstand mit geeignet gemauerten Wänden umgibt und den Zwischenraum mit gekörntem Leiter ausfüllt, in den man an passenden Stellen (oben und unten) die Zuleitungen, meist Kohle, einführt. Als Heizleiter dient Kohleklein, das stark abbrennt, oder Kryptol. Beide geben die Verbrennungsprodukte von Kohle ab und arbeiten weder sauber noch gleichmäßig, sind aber doch häufig von großem Nutzen, wenn man größere, gut schützbare Kapseln erhitzen will.

Sauberer und sehr gleichmäßig wirkt die Heizung von Eisenfeilspänen durch Wechselstrom. Sie kann bis gegen 1100° verwendet werden und hat den Vorzug, große Räume gleichmäßig zu heizen, wenn sie wie unten beschrieben angeordnet wird.

Dabei ist zu beachten, was für alle Widerstandsheizung gilt hinsichtlich Verwendung hoher Spannung.

Beim Heizen über Glühbeginn (500—600°) vermeide man tunlichst hohe Spannung. Namentlich, weil dann die Heizkörper dünn sind und deshalb Unregelmäßigkeiten im Material leicht zum Durchbrennen führen. Schon bei 80 Volt besteht unter Umständen Gefahr der Bogenbildung. Die Luft im porösen Isoliermaterial und dieses selbst übernehmen bei Glühtemperatur und nicht kleiner Spannung allzu leicht merklich die Leitung. Es empfiehlt sich daher große Amperezahl, kleine Voltzahl. Dies ist häufig mit der zu geringen Stromkapazität (Amperestunden) der Institutsbatterien nicht zu erreichen. Dann kann man allenfalls die Wicklung des Heizleiters so anordnen, daß die Teile von ihm, wozwischen hohe Spannung besteht, recht weit voneinander entfernt sind.

Im besonderen für Wechselstromheizung ist wichtig, daß zu Laboratoriumszwecken nicht die optimale Ausnutzung der elektrischen Energie Hauptsache bei den Konstruktionen ist, sondern daß meist andere Gesichtspunkte maßgebend sind: örtliche und zeitliche Gleichförmigkeit der Heizung vor allem, und dies nicht selten dann, wenn die Gestalt des zu beheizenden Raums vorgegeben und seine Größe erheblich ist, auch wohl der Isolation allerhand äußere Beschränkung auferlegt ist. Von diesem Standpunkt aus haben sich die folgenden Konstruktionen als geeignet erwiesen.

Man vereinigt das Prinzip der Panzerheizung, wie es beim Hg-Thermostat (s. weiter unten S. 242) eingeführt wurde, mit der Heizung durch Induktion bei niederer Spannung in folgender Weise. Abb. 63.

Ein dünnwandiger Eisentopf, der das Reaktionsgefäß aufnimmt, wird im übrigen mit Eisenfeile gefüllt. Um ihn schlingt sich, durch 15 mm dicke Schamotteschicht isoliert, eine starke Rundeisenschlange (in einem Fall 12 mm Durchmesser, 25 cm Windungsdurchmesser, 13 Windungen). Das gut wärmeleitende Metall verteilt die Temperatur sehr gleichförmig. Die große Masse enthält dann einen so bedeutenden Wärmevorrat, daß auch erhebliche Stromschwankungen nicht viel an

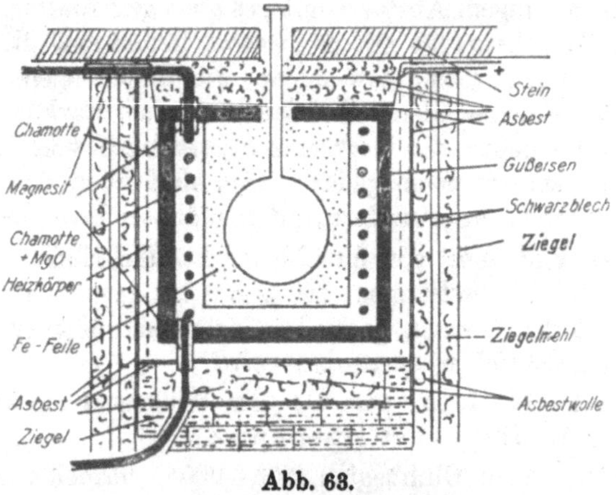

Abb. 63.
Eisenpanzer-Induktionsofen.

der Temperatur ändern. Um so mehr, als die Spirale isoliert umschlossen ist von einem allseitig zugedeckten Gußeisentopf von 1—2 cm Wandstärke. Die Eisenfeile berührt den Deckel dieses Panzers. Sein Boden aber muß durch Schamotte (15—30 mm) oder Magnesia von dem Blechtopf mit der Eisenfeile isoliert sein, sonst wird er überheizt.

Den Panzer kann man mit einer zweiten Schlange (für tiefere Temperaturen einem Heiznetz) umgeben von etwas größerer Länge und gleicher Dicke. Ein kugelförmiges Reaktionsgefäß von 20 cm Durchmesser wird so bei den angegebenen Größenverhältnissen in einer Stunde auf 800° gleichmäßig erhitzt, wenn man durch die parallel gelegten Spiralen 350 Ampere bei 55 Volt durchschickt. Für viele Arbeiten mit Gasen (Reaktionsgeschwindigkeiten) braucht man so große und unbequem geformte Räume gleichmäßig und konstant beheizt. Packt man das Ganze gut isoliert ein, so ist es leicht, die Temperatur gut konstant zu halten.[1]

[1] E. Wilke und M. Trautz.

Setzt man in das Ganze einen Silber- oder Kupferblock, so erreicht man eine weitere Vervollkommnung der räumlichen Gleichmäßigkeit der Temperatur.

Der Vorzug dieses Eisenpanzer-Induktionsofens vor dem

Abb. 64.
Heraeus-Ofen mit Platin-Wicklung und Kurbelwiderstand.

Platinofen liegt nicht nur in der größeren Wohlfeilheit, sondern vielmehr in der unmittelbaren Berührung des zu beheizenden Gefäßes mit den sehr großen und gut leitenden Metallmassen einerseits, der Unempfindlichkeit des Ofens gegen schlechte Behandlung andererseits. Sofern man große Gefäße gleichförmig und konstant zu beheizen hat, oberhalb 500—600° bis hinauf zu 1000—1100°, wird man sich am besten dieser Heizung bedienen.

Darüber oder zur schnellen Heizung kleinerer Gefäße oder von Röhren wendet man den Heraeusofen mit Platinwicklung (Abb. 64) an (Platinfolie auf Marquardtscher Masse), der in vorzüglicher Beschaffenheit mit passendem Vorschaltwiderstand von Heraeus (Platinwerke Hanau a. M.) geliefert wird in allen möglichen Größen und Formen bis herab zu dem Ofen, der auf dem Objekttisch des Mikroskops Platz findet.

Man kommt mit ihm bis zu 1200° hinauf und kann die Temperatur auch ganz gut konstant halten. Über 1100° zerstäubt Pt stark, auf 1400° darf man nur ganz kurze Zeit bleiben. Bei diesen Temperaturen und immer beim Anheizen sei man vorsichtig, damit nicht die Folie durchbrennt, bei zu starkem Anfangsstrom. Anfangs viel Widerstand vorlegen.

Wenn für einen bestimmten Zweck eine geeignete Form des Heraeusofens nicht vorliegt und man nicht einen besonderen will bauen lassen, ferner nur Temperaturen unter 700° nötig hat, wählt man Heiznetze aus Chromnickel von Schniewindt (Neuenrade i. Westf.). Diese können dauernd bis 900° erhitzt werden, haben einen hohen Widerstand und bleiben weich und zäh auch nach langer Erhitzung. Nickel selbst erleidet bekanntlich Umwandlungen. Sie haben nicht viel Schutz vor Luft nötig, aber man wird sie selbstverständlich auch einpacken.

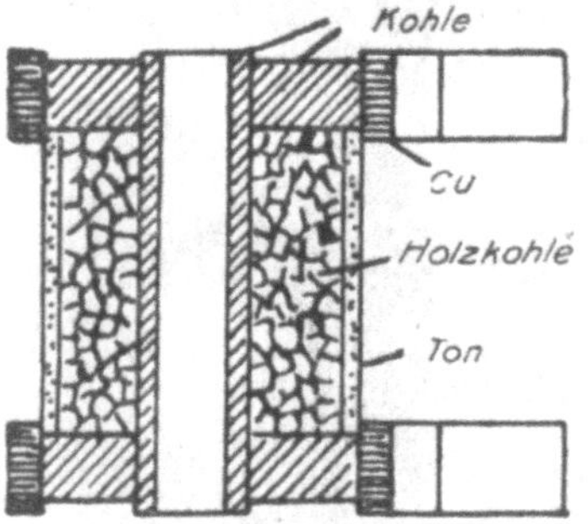

Abb. 65. Tammanns Kohlerohr-Kurzschlußofen.

Für Temperaturen über 1200° verwendet man mit Wechselstrom geheiztes Iridiumrohr bis 2000°, bis 1700° Silundum.

Darüber kann man Röhren aus Graphit oder Kohle mit Wechselstrom heizen.

Hierher gehört auch der Tammannsche Kurzschluß-Kohlerohrofen, ein dickes, in Kohleklein eingepacktes Kohlerohr zwischen Metallbacken, die den Strom zuführen. Wechselstrom, kurzgeschlossen durch das Rohr, erhitzt es in kurzem auf die gewünschte Temperatur. Der Ofen hat bei metallographischen Untersuchungen viel Anwendung gefunden (Abb. 65).

Wechselstrom ist bei allen diesen Heizkörpern überhaupt vorzuziehen, weil die Gefahr einer Elektrolyse des Ofenfutters dabei kleiner, die Heizung meist auch an sich billiger wird.

Wechselstrom schwächt man entweder durch Wasserwiderstände, wie Gleichstrom, auf den gewünschten Betrag. Oder man benutzt

Drosselspulen, worin die Trägheit des magnetischen Felds zur Stromschwächung benutzt wird. Sie verdienen den Vorzug.

Unter 500° ist das Schniewindtsche Rheotanband, meist mit Asbest umsponnen, oft am bequemsten.

Man vermeide die Anwendung von Wasserglas in der Nähe aller metallischen Heizkörper, die über 500° erhitzt werden sollen. Elektrolyse und Kurzschlüsse sind sonst oft die Folge.

Die Gefäße für das Reaktionsgut selbst gleichzeitig als Heizkörper zu benutzen, hat oft seine Nachteile, weil fast immer eine Elektrolyse des Gefäßinhalts in unübersehbarer Weise sich bemerkbar macht, auch bei Wechselstromheizung. Zudem ist die Beheizung wegen der Form der Gefäße meist ungleichmäßig (Strombahnen).

Sehr wichtig sind die Vakuum-Widerstandsöfen.

Reines Arbeiten erlaubt bei guter Abdichtung der Wolframrohrofen von Fichter und Oesterheld (Z. f. Elektrochem. **21.** 1915. S. 54). Man kommt mit ihm bis zur Höchsttemperatur des Iridiumofens. Der Ofenraum ist ein Rohr von 16 mm Weite und etwa 80 mm Länge und wird in einer Minute auf 2000° gebracht. Mit Kohlerohr kommt man bis 3000°, wie in den Konstruktionen von O. Ruff vor allem (Z. f. anorg. Chem. **82.** 1913. S. 373, und Z. f. Elektrochem. **20.** 1914. S. 179). In den genannten Arbeiten sind auch frühere Konstruktionen anderer Forscher genannt, alle Einzelheiten sind dort nachzusehen.

Sehr vorteilhaft ist es, beim Arbeiten mit Widerstandsöfen über gute Starkstromwiderstände zu verfügen. Der Thielesche Wasserwiderstand aus Bleiplatten in wasserdurchflossenem Kasten (Zuleitung durch Gummischläuche isoliert genügend) ist dabei sehr zu empfehlen. In etwas größerer Ausführung genügt er sogar für den größeren Typus des Ruffofens.

Die Bleiplatten sind abwechselnd mit der Ableitungsschiene zum einen und zum anderen Pol verbunden, wie in einem Akkumulator. Quer über ihnen liegt das mit Löchern versehene Wasserzuflußrohr, von Holzsäulchen getragen. Der Kasten für die Platten ist aus geöltem Holz gemacht und steht in einer mit Abfluß versehenen Tasse auf Füßen. Das Wasser verläßt den Kasten durch seitlich gebohrte Löcher, die mit Korken verschlossen werden können und womit man den Wasserstand beliebig regeln kann. Die Bleiplatten stehen in dem größeren Abteil des Kastens. Daneben ist ein schmales Abteil, durch eine nicht bis zum Boden gehende Wand vom ersten getrennt, am Boden mit einem Schlitz versehen, der, nach oben weiter, einen „Schützen" aufnimmt, einen mit Tuch bezogenen Holzkeil an Stiel. Reißt man ihn heraus, so fließt sehr schnell der ganze Wasserinhalt ab und der Strom ist unterbrochen. Der Schütze braucht durchaus nicht zu schließen, weil doch Wasser überläuft aus dem seitlich offen gelassenen Loch und das ganze ohnehin in einer Überlauftasse steht.

Läßt man das Wasser wärmer werden, indem man den Wasserzufluß verringert oder abstellt, oder fügt man gar, wie in allen Wasserwiderständen üblich, Soda zu, so kann man größere Ströme hindurchtreten lassen.

2. Lichtbogenöfen.

Der Lichtbogen brennt fast immer wagrecht zwischen Kohleelektroden in einem Kalkklotz. Darunter steht in einem Tiegel aus Graphit od. dgl. das Reaktionsgut. Richtet man von oben senkrecht gegen den Bogen einen starken Elektromagneten, auch vom Bogenstrom gespeist, so wird der Bogen zur sonnenartigen Scheibe ausgebreitet und besser ausgenutzt. Je nach der Anordnung kann man auch erreichen, daß der Bogen zur scharfen Stichflamme ausgeblasen wird.

Oder man benutzt als eine Elektrode des Bogens unmittelbar einen Teil des Reaktionsguts, z. B. reduzierende Kohle bei der Al-Darstellung.

Endlich kann man die Flammenwirkung des Bogens (die nicht in allen Fällen rein thermisch zu sein braucht) besser verwerten, wenn man ihn als Hochspannungsflamme brennen läßt, also mit Spannungen gegen 3000 Volt, wie beim Schönherrschen Luftsalpetersäureverfahren. Hierbei schützt man die umschließenden Wände durch spiralig strömendes Reaktionsgut (Luft) vor der Berührung mit dem Bogen und kühlt sie zugleich. Man zündet vor dem Anstellen dieses Spiralstroms durch einen Zündhebel, der die untere Elektrode mit der Gefäßwand, die mit dem anderen Pol verbunden ist, kurzschließt, und stellt dann den Luftstrom an, der den Bogen zum obenliegenden anderen Pol drängt. Die Pole kühlt man durch wasserdurchströmte Polschuhe.

3. Kathodenstrahlöfen.

v. Wartenberg benutzte die Anode in einem Kathodenstrahlrohr als geheizten Platz und heizte mittels Kathodenstrahlen. Eine mit CaO bedeckte Kathode (Wehneltkathode) aus Pt-Blech (1 cm breit, 6 cm lang, 0,04 mm dick) wurde zwischen wasserdurchflossenen Cu-Röhrchen im Vakuum des Rohrs ausgespannt und durch Wechselstrom zum Glühen gebracht (1300° durch 25 Ampere und 2,5 Volt). Dann ließ sich ein Strom von 24—36 Ampere durch die Röhre schicken, da erhitztes CaO [durch Abdampfen und Glühen von $Ca(NO_3)_2$ auf dem Blech erhalten] sehr stark Elektronen aussendet und dadurch einen starken Strom in dem gasverdünnten Raum unterhält. (Näheres Ber. d. D. Chem. Ges. **40.** 1907. S. 3288.) Die Anode besteht aus dem schlecht leitenden Eisen, um eine recht hohe Erhitzung des Reaktionsguts zu ermöglichen. (Ein derartiger Ofen weit größeren Maßstabs [20 Liter] s. bei A. Fischer, Z. f. anorg. Chem. **81.** 1913. S. 178.) E. Tiede hat einen Ofen gebaut, der ein Kathodenstrahlbüschel ins Innere eines Tiegels zu lenken erlaubt und so diesen selbst nicht wesentlich erhitzt (Ber. d. D. Chem. Ges. **46.** 1913. S. 2229).

Die Wirkung der Kathodenstrahlen wird im allgemeinen keine reine Temperaturwirkung, z. T. vielmehr photochemisch sein.

Die Herstellung sehr tiefer Temperaturen ist im allgemeinen für uns nur insofern wichtig, als die Temperaturen längere Zeit konstant gehalten werden können. Deshalb wird sie in dem Kapitel Thermostaten besprochen werden.

II. Molekulartheorie.[1]

3. Übung. Die Lehre vom äußeren Druck und der inneren Energie der gasförmigen und verdünnt gelösten Stoffe.

(Zustandsgleichung und kalorische Größen.)

A. Grundbegriffe.

(Volum, Dichte, Druck, kritische Daten, osmotischer Druck.)

Handversuche.

1. Volum, spezifisches Volum, Dichte (spezifisches Gewicht). Konzentration. Druck. Druckmessung. Barometer. Nivelliermanometer.

Besprechung. Das Volum eines Körpers ist gleich der Größe des Raums, den er erfüllt (Definition). Man definiert als Einheit das Kubikzentimeter, den Raum, den 1 g Wasser bei 4° C einnimmt unter dem Druck einer Atmosphäre.

Man definiert als spezifisches Volum eines Stoffs den Quotienten $\frac{\text{Volum in ccm}}{\text{Masse in Gramm}}$ des Körpers. Multipliziert man den Bruch mit dem Molekulargewicht des Stoffs, so erhält man das Molekularvolum. Das Produkt des spezifischen Volums ins Atomgewicht heißt Atomvolum. Die spezifischen Volumina von Gemischen setzen sich ziemlich additiv aus denen der Bestandteile zusammen.

Der reziproke Wert des spezifischen Volums definiert die Dichte eines Stoffs (auch spezifisches Gewicht genannt mit unschärferer Ausdrucksweise; ein Gewicht ist sonst nicht eine Masse, sondern eine Kraft).

Mißt man also Volum und Masse eines Körpers, so kann man spezifisches Volum und Dichte berechnen.

Lassen sich verschieden große Massen eines Stoffs derart in gleich große Räume einbringen, daß die Stoffmassen jeweils homogen die Räume erfüllen (Gase, gelöste Stoffe), so muß man zur Beschreibung des Zustands angeben, welche Masse des Stoffs in dem gegebenen Raum enthalten ist. Dies geschieht, indem man das Verhältnis Masse/Volum

[1] Grundlegend, aber z. T. schwierig: L. Boltzmann. Vorlesungen über Gastheorie. Leipzig. J. A. Barth. 1896. 1898.

angibt. Diese Größe heißt die Konzentration des Stoffs in dem Raum. Für ein homogenes Gas ist daher Konzentration und Dichte gleichbedeutend. Anders bei Gemischen bzw. Lösungen.

Konzentrationen bestimmt man bei letzteren oft chemisch oder auch mittels physikalischer Eigenschaften, die dem auf seine Konzentration zu untersuchenden Stoff eigen und von seiner Konzentration nur graduell abhängig sind.

Man kann Konzentrationen von Gasen auch durch ein sehr einfaches Gesetz ermitteln, das alle Gase beherrscht und das um so genauer gilt, je größer die Verdünnung und je höher die Temperatur ist. Doch bedürfen wir dazu noch des Begriffs des Drucks.

Definition des Drucks. Druck heißt der Quotient der Kraft[1], die auf eine Fläche (drückend positiv, ziehend negativ) wirkt, dividiert durch die Größe der Fläche.

Als Einheit des Drucks hat man durch Übereinkunft die Atmosphäre angenommen und sie definiert als den Druck, den eine Quecksilbersäule von 76 cm Höhe, senkrecht aufgestellt in Meereshöhe an einem Ort von 45° geographischer Breite bei 0° C auf ihre Unterlage ausübt. Dieser Druck dient häufig auch als Normaldruck.

Man mißt Drucke oft durch Messung ihrer Unterschiede gegen den Druck der freien Atmosphäre. Sie werden durch den Druck gegengeschalteter Quecksilbersäulen kompensiert und deren Höhe gemessen. Zu dem so gefundenen positiven oder negativen Druck ist dann der jeweilige Druck der freien Atmosphäre zu addieren, um den absoluten Wert des Drucks zu erhalten. Man erfährt ihn durch Messung der Höhe einer Quecksilbersäule, die am einen Ende dem Atmosphärendruck frei ausgesetzt, am anderen dem Druck Null ausgesetzt ist. (Der Druck Null herrscht in jedem geschlossenen, ganz leeren Raum.) Diese Anordnung heißt Barometer. Allgemein heißt jede Vorrichtung zur Druckmessung Manometer.

Jede Messung von Quecksilberhöhen zu manometrischem (oder also auch barometrischem) Zweck erfordert bestimmte Vorsichtsmaßregeln und Korrektionen an den zu gewinnenden Zahlen.

1. Die Höhenmessung selbst erfolgt an den gewöhnlichen Manometern auf 0,1 mm genau. Man muß die Höhe beider Quecksilberkuppen ablesen. Vor dem Ablesen ist das Instrument stark zu beklopfen, etwa mit dem weichen Teil des (Mittel-) Fingers, um die Trägheit des Quecksilbers zu überwinden. Der Maßstab pflegt am Manometer festgemacht zu sein. Er muß genau senkrecht hängen. Ob das Manometer selbst senkrecht hängt, ist gleichgültig. Für sehr genaue Messungen muß man Manometer mit Kathetometer ablesen, einem Maßstab mit wagrechtem Fernrohr, der mit Präzisionseinrichtung zum Senkrechtstellen versehen ist. Hier ist dann Manometer und Skale des Manometers räumlich weit

[1] Definition s. S. 25.

getrennt. Oder aber das Manometer selbst ist starr mit dem Maßstab und Präzisionsvorrichtungen zum Senkrechtstellen versehen (Libellen). Dann hat man vor der Messung diese so einzurichten, daß das Manometer genau senkrecht steht. Letztere Einrichtung ist an Präzisionsbarometern angebracht (Abb. 66) und hier kann man bei sauberen Quecksilberkuppen bis auf 0,01 mm genau ablesen. Die eine Kuppe liegt bei jedem Barometer im Vakuum, also geschützt vor Schmutz oder angreifenden Gasen. Die andere ist dem Luftdruck ausgesetzt und kann daher verstauben oder trüb werden. Dann wird die innere Glaswand schmutzig und die Kuppe stellt sich falsch ein. Um dies zu verhüten, werden beide Quecksilberflächen bei Nichtgebrauch der Instrumente durch Senkschrauben S, F_1 tief gestellt und die freie Kuppe durch eine Verschlußschraube am oberen Ende der unteren Skale von der Luft abgeschlossen. Zum Gebrauch löst man diese Schraube, so daß die Luft eindringen kann, ein wenig und dreht zuerst S, dann F_1 am Fuß des Barometers an, bis die Kuppen in den gewünschten Höhen erscheinen. Man liest stets die Höhen der obersten Krümmung der Kuppen ab. Dafür, daß die Kapillardepression keinen merklichen Fehler mehr bedingt, pflegt vom Fabrikanten der Barometer schon gesorgt zu sein. Bei Manometern muß man darauf achten, daß für die beiden Rohrschenkel genau gleich weite, gut kalibrige (=zylindrische) und recht weite Rohre verwendet werden (8—20 mm Durchmesser im Lichten).

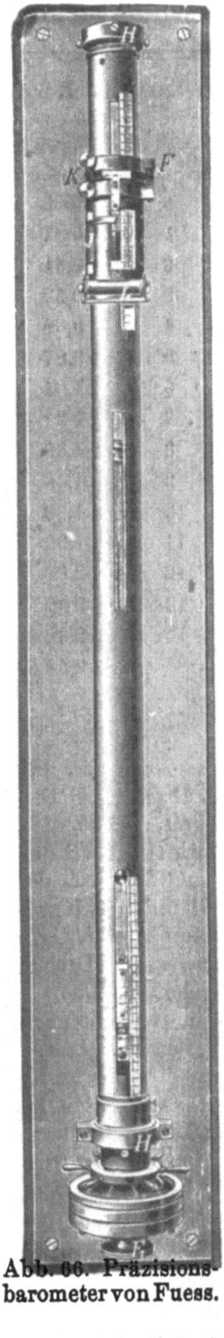

Abb. 66. Präzisionsbarometer von Fuess.

2. Die **wichtigste Korrektion** an der abgelesenen Höhe ist wegen der im allgemeinen von der Normaltemperatur 0° wesentlich abweichenden **Temperatur des Quecksilbers** anzubringen. Gleiche Höhen wärmeren Metalls entsprechen wegen der Wärmeausdehnung geringeren Drucken. Man muß bei einer Ablesegenauigkeit des Drucks von 0,1 mm die Temperatur der Säule auf etwa 0,7° genau kennen, bei einer Ablesegenauigkeit von 0,01 mm auf 0,1° genau. Das Thermometer muß, um die wahre Temperatur der Säule anzugeben, dicht an ihr angebracht sein, und schnelle Änderungen der Temperatur dürfen in der Zeit der Messung nicht vorkommen.

Die Korrektion pflegt —(2—3) mm auszumachen für 760 mm Höhendifferenz. Ihren Betrag findet man ausführlich in den Tabellen von **Landolt-Börnstein** angegeben. Am bequemsten entnimmt man ihn aus der graphischen Darstellung, deren Konstruktion jetzt beschrieben wird. Er ist empirisch bestimmt worden.

Barometerkorrektionen zu graphischer Tabelle nach Mehmke.

Glasskale, Korrektion für 1000 mm				Messingskale, Korrektion für 780 mm			
t	Korr.	*t*	Korr.	*t*	Korr.	*t*	Korr.
0	0,00	16	2,76	0	0,00	16	2,03
1	0,17	17	2,94	1	0,13	17	2,16
2	0,31	18	3,11	2	0,25	18	2,29
3	0,52	19	3,28	3	0,38	19	2,41
4	0,69	20	3,45	4	0,51	20	2,54
5	0,87	21	3,63	5	0,64	21	2,67
6	1,04	22	3,80	6	0,76	22	2,79
7	1,21	23	3,97	7	0,89	23	2,92
8	1,38	24	4,14	8	1,02	24	3,05
9	1,56	25	4,31	9	1,15	25	3,17
10	1,73	26	4,48	10	1,27	26	3,30
11	1,90	27	4,66	11	1,40	27	3,42
12	2,08	28	4,83	12	1,53	28	3,55
13	2,25	29	5,00	13	1,65	29	3,68
14	2,42			14	1,78	30	3,80
15	2,59			15	1,91		

Aus dieser Tabelle erhält man in folgender Weise die graphische Darstellung.

Nach dem Prinzip der Tabellen mit zwei Eingängen (von Mehmke) wird man die abgelesenen Drucke in Millimetern als y auffassen (vgl. S. 13f.), die Korrektionen, die man sucht, als x und die Temperatur als z. Letztere ist daher an die $f(z)$ anzuschreiben auf der Diagonale, die die Nullpunkte der nach oben gehenden Skale von y und der nach unten gehenden Skale von x miteinander verbindet. Will man auf 0,01 mm genau zwischen 0 und 1000 mm arbeiten können, so hat man ein Blatt Millimeterpapier nötig, etwa 500 mm zu 500 mm groß. Man trägt links nach oben den abgelesenen Druck in Millimetern auf und macht 1 mm Druck = 0,5 mm auf der Zeichnung. Dann kommt der Strich für 1000 mm Druck in 50 cm Höhe. Von hier geht man wagrecht nach rechts herüber rund 50 cm weit und wählt da den Nullpunkt der Korrektion. Diese beträgt am Glasmaßstab höchstens −5,00 mm, deshalb wählt man hier 1 mm Korrektion = 100 mm in der Zeichnung. Man erhält somit rechts den nach unten gehenden Maßstab. Man verbindet die beiden Nullpunkte durch die Diagonale und bestimmt auf ihr die Punkte für die Temperaturen in folgender Weise. Man entnimmt aus der obenstehenden Tabelle den Betrag der Korrektion für 1000 mm bei einer Temperatur t, sucht ihn auf der rechten Skale auf und verbindet ihn mit dem Punkt 1000 auf der linken Skale. Den Schnittpunkt mit der Diagonale bezeichnet man mit dem betreffenden t. So trägt man alle 30 Schnittpunkte auf, und erhält so die Korrektionen für Glasskale und alle Stände des Manometers zwischen 0 und 1000 mm. Für Messingskale erhält man die Korrektionen auf dieselbe Weise von 780 mm ab und die dazu nötigen Zahlen nimmt man aus der zweiten Tabelle. Zweckmäßig bringt man an die eine Seite der Diagonale die Skale für Glasskale an und an die andere Seite die für Messingskale. Dann ist alles in einer graphischen Tafel vereinigt und man hat nur jeweils vom abgelesenen

Rohdruck (linke Skale) ein Lineal zu legen über die abgelesene Temperatur (Diagonale, rechte oder linke Teilung daran, je nach Glas- oder Messingmaßstab des Manometers), um am dritten Schnittpunkt des Lineals (rechte Skale) die Korrektion ablesen zu können bis auf 0,01 mm. Gespannte Saite als Lineal (Strittmatter).

3. Sehr viel kleiner ist die Korrektion auf 45° geographischer Breite, die für 760 mm ungefähr +0,33 mm ausmacht und für einen gegebenen Ort einen nur von der gemessenen Quecksilberhöhe abhängigen Betrag hat. Für die üblichen Druckbereiche und für Heidelberg gibt Tabelle VII die Korrektion. Man bringt sie erst an dem auf Temperatur korrigierten und mit dem Atmosphärendruck vereinigten Ergebnis an.

4. Am kleinsten ist die Korrektion auf Meereshöhe. Von ihr gilt, wie unter 3, daß man sie zuletzt anbringt. Mißt man nur auf 0,1 mm genau, so fällt diese Korrektion für Heidelberg weg. Für größere Genauigkeit ist sie schon in Tabelle VII, 2, berücksichtigt und daselbst mit der unter 3 genannten Korrektion vereinigt.

Häufig bedarf man solcher Manometer, bei denen die dem Atmosphärendruck nicht ausgesetzte Kuppe während einer längeren Zeit, worin die zu messenden, auf diese Kuppe wirkenden Drucke sich ändern, an derselben Stelle im Manometerrohr gehalten werden muß. Denn dann verursacht die Einstellung des Meßinstruments keine Änderung des Volums des Gebildes, dessen Druck man bestimmt: Manometer mit konstantem Nullpunkt.

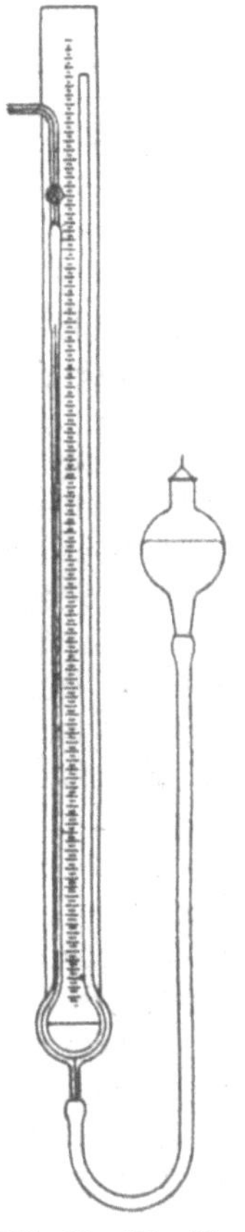

Abb. 67. Nivellier-Manometer.

Dazu dienen die Nivelliermanometer. Sie bestehen, wie die anderen Manometer, aus einem U-Rohr mit Höhenskale und Quecksilberfüllung (Abb. 67). Aber unten an die Krümmung des U-Rohrs ist ein Rohrstutzen angesetzt, der in einen Schlauch mit angesetztem birnförmigen Gefäß mündet, dessen Höhenlage verändert werden kann. Ändert sich der Druck über der einen Kuppe, sinkt er etwa, so würde in diesem Schenkel das Quecksilber steigen. Senkt man aber im selben Maß die Birne, so läßt sich die Sperrkuppe ohne Schwierigkeit genau auf derselben Marke halten, und man hat nur genau darauf zu sehen, daß dies der Fall ist, um nur noch die Höhe der anderen, der Meßkuppe, auf der Skale ablesen zu brauchen. An solchen Manometern pflegt die Skale hinten versilbert zu sein, um Parallaxe beim Ablesen zu verhindern. Man liest hier so ab, daß man die scharf beleuchtete Kuppe (man hält zweckmäßig eine kleine Glühlampe neben den Kopf des Ablesenden, etwas höher als die Kuppe) im Spiegel sucht, und das Auge in diejenige Höhe bringt, wo Kuppe und Spiegelbild genau in gleicher Höhe erscheinen. Dabei ist vorteilhaft, nicht genau von vorn auf die Kuppe zu schauen, sondern unter etwa 45° von der Seite. Man vergesse nie, das Manometerrohr bei der Ablesung zu beklopfen.

Zur Einübung des Besprochenen macht man genaue Barometerablesungen mit allen Korrektionen.

Zubehör. Präzisionsbarometer von Fuess mit Thermometer. Korrektionstabellen für Barometerablesung.

Ausführung. Man beleuchtet das Instrument, stellt die weißen Platten (hinter den Barometerschlitzen an der Wand zu befestigen) so, daß sie den Spalt gut durchleuchten, liest die Temperatur ab, prüft den Stand der Libellen und reguliert nötigenfalls die Lage des Instruments. Man stellt das untere Ablesevisier genau auf den Anfangspunkt der verschiebbaren Skale, die nötigenfalls wieder auf Nullstand zu bringen ist. Dann öffnet man die Verschlußschraube und hebt mittels der großen Schraube S das Quecksilber, bis es dicht unter dem unteren Ablesevisier erscheint. Dann macht man die genaue Einstellung durch Anziehen der großen Schraube F_1 unten am Fuß des Instruments unter leichtem Klopfen der Säule. Man liest den unteren Stand ab, der sehr genau Null sein muß, und dann den oberen. Man löst links die Feststellschrauben des Noniusschlittens, schiebt den Nonius so, daß das Ablesevisier beinahe die Kuppe des Quecksilbers bezeichnet, stellt die Schrauben wieder fest und bringt dann den Nonius mit der Mikrometerschraube rechts genau so hoch, daß das Visier die oberste Kuppe anzeigt. Man liest dann ab und prüft sofort, ob auch die untere Kuppe noch der unteren Nullmarke entspricht, was häufig nicht mehr der Fall ist. Man bringt also dies wieder in Ordnung und liest dann nach abermaliger Benutzung der Mikrometerschraube den oberen Stand ab. Es folgt noch eine Temperaturablesung zur Kontrolle. Der ersten ist der Vorzug zu geben, denn die Nähe des Beobachters und die Beleuchtung ändert schneller die Temperatur des Thermometers, als die der großen Quecksilbermasse.

Überschüsse über ganze Teilstrichintervalle von Maßstäben oder Teilkreisen liest man genauer ab mit dem Nonius.

Bei Maßstäben gleitet der Nonius als Maßstab an ihnen. Er hat jedoch nicht dasselbe Teilstrichintervall, wie der Hauptmaßstab, sondern seines ist $^9/_{10}$ oder $^{11}/_{10}$ von jenem. Wir betrachten nur ersteres. Wo das zweite vorkommt, wird dann die Deutung leicht sein. Der Nullstrich des Nonius wird mit dem Endpunkt der zu messenden Strecke zum Zusammenfallen gebracht. Man liest dann am Hauptmaßstab den letzten Teilstrich unter dem Nullpunkt des Nonius ab. Dann liest man von unten her am ersten wieder mit einem Noniusteilstrich zusammenfallenden Teilstrich des Hauptmaßstabs den betreffenden Noniusteilstrich ab. Er bedeutet, wie leicht einzusehen, unmittelbar die Anzahl Zehntel, die den am Hauptmaßstab abgelesenen Teilstrichen zuzufügen sind. Die Abb. 68 zeigt 9,22. Sind anstatt 50 mm am Hauptmaßstab ebensoviele Noniusteile auf 49 mm des Nonius verteilt und dieser von 0—100 beziffert, so ist es leicht, noch 0,01 mm an ihm abzulesen.

Abb. 68. Nonius.

Bei **Teilkreisen** pflegt ein halber Grad in 29 Teile geteilt zu sein und der Nonius, von 0—30 beziffert, gibt dann in gleicher Weise Minuten an. Bei 11er bzw. 31er Teilung hat man rückläufig abzulesen. Hier laufen die Bezifferungen von Hauptmaßstab und Nonius einander entgegen. Man überlege, weshalb der Nonius genauer arbeitet als unmittelbare Schätzung der Bruchteile von Millimetern. Endlich bestimme man die Korrektionen zu der abgelesenen Barometerhöhe.

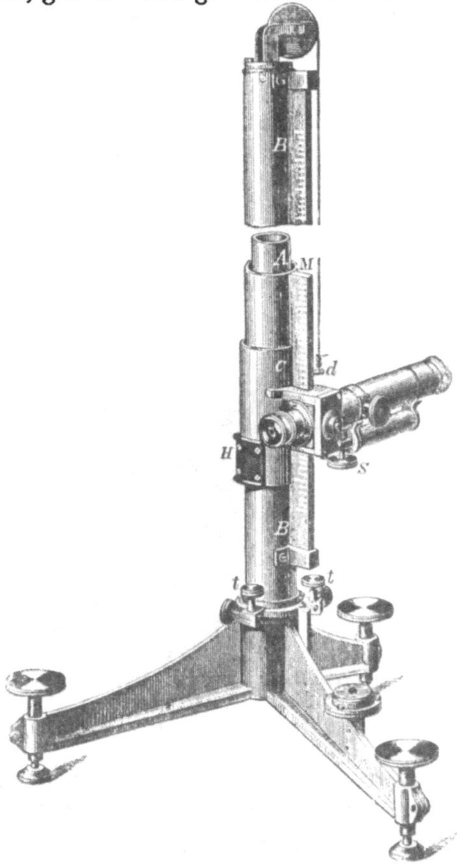

Abb. 69. Kathetometer mit durchsichtiger Skale. *A* Tragsäule; *B* drehbarer Mantel; *C* Fernrohrschlitten; *H* Griff zu seiner Verschiebung; *t* Feststellschrauben für *B*; *M* Skale; *S* Neigschraube für Fernrohr.

Versuchstechnik genauer Druckmessung.

Genaue Messung von Drucken ist zwar mit dem genannten Fueßschen Barometer möglich, doch nur, wenn es sich um die Atmosphäre und ihren kleinen Druckschwankungsbereich handelt. Für andere Meßbereiche verfährt man wie folgt.

1. Zwischen 1000 und etwa 1 mm Druck kann man mittels Kathetometer (Abb. 69 u. 70) Quecksilberhöhen ablesen. Bei dem Manometer ist alsdann nur dafür zu sorgen, daß die Schenkel so weit sind, daß eine merkliche Kapillardepression nicht mehr stattfindet, oder daß sie, was nicht so leicht sicher zu erreichen ist, auf beiden Seiten gleiche Beträge hat. Am besten nimmt man mindestens 15 mm, besser noch

20 mm weite gut kalibrige Röhren. Ferner muß man der Temperatur des Manometerquecksilbers ganz sicher sein. Man spannt entweder einen Platindraht unmittelbar daneben seiner ganzen Länge lang und benutzt ihn als Widerstandsthermometer (integriert also apparativ über die ganze Temperaturverteilung) oder man bindet ein Mahlkesches Fadenthermometer an, besser noch zwischen die Manometerschenkel, so daß es beide berührt, und isoliert das Ganze möglichst gut gegen äußere Temperatureinflüsse. Denn die großen Metallmengen hinken der Außentemperatur ohnehin stark nach. Manchmal wird man das Manometer in einen

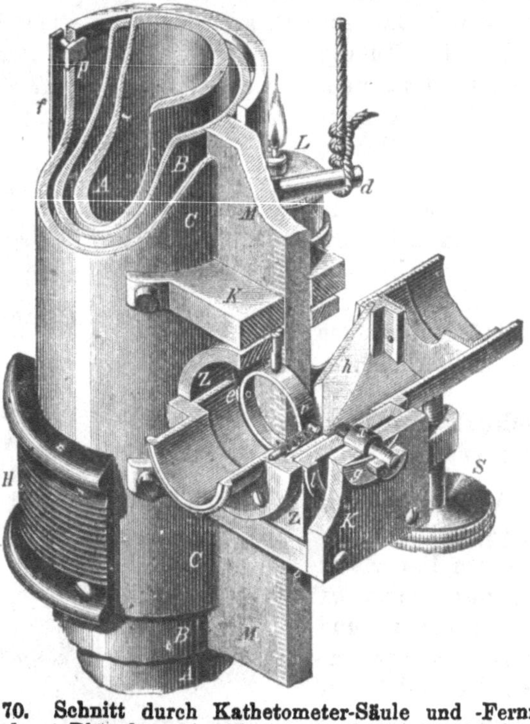

Abb. 70. Schnitt durch Kathetometer-Säule und -Fernrohr. *M* Skale; *e* Plättchen mit Mikrometerteilung; *h* Beleuchtungsplatte dafür; *L* Lampe dafür.

zylindrischen Wassermantel einbringen können. Darin ist die Temperatur sehr genau bekannt und beim Durchblasen auch meist recht gleichmäßig. Man muß die Temperatur des Manometerquecksilbers auf 0,1—0,05° genau kennen, wenn man auf 0,01 mm genau Drucke messen will.

Hat man so für Definiertheit der Kuppen und der Temperatur gesorgt, so braucht man nur mit einem genau parallel zu sich selbst verschiebbaren Fernrohr auf die obere Grenzlinie der beiden Kuppen einzustellen und den Vertikalabstand der beiden Fernrohrlagen auf 0,01 mm genau zu messen, um den Druck am Manometer auf 0,01 mm genau zu erfahren. Hierzu dient das Kathetometer. Es hat zweckmäßig einen Glasmaßstab, weil hier die Teilung durch die Laboratoriumsluft nicht angegriffen wird. Es ist mit Vorrichtungen zur genauen Senkrechtstellung versehen. Man visiert bei dem Fueßschen Instrument mit dem Fernrohr durch ihn hindurch nach dem Objekt, dessen höchsten Punkt man mit dem Fadenvisier zur Deckung bringen muß. Dazu bedient man sich der Drehbarkeit des Ganzen um die vertikale Achse, die sich mit Schrauben fein ausführen läßt, und der vertikalen Verschiebbarkeit des Fernrohrs, das $^1/_2$—2 m vom Objekt entfernt sei.

Wichtig ist bei vielen Messungen, daß man unmittelbar nach der Einstellung des Kathetometers auf den zu messenden Punkt ablesen kann, denn vielfach, z. B. bei Messungen von Gasreaktionsgeschwindigkeiten, ändert sich der Druck sehr rasch. Bei dem abgebildeten Instrument fällt Einstellen und Ablesen in der Tat zeitlich zusammen, so daß man hier dieses wichtigen Vorteils sicher ist. Der Ableseindex ist nicht wie sonst ein Fadenkreuz, sondern ein unterbrochenes Fadenvisier, woran eine Hilfsteilung bis auf 0,1 mm sich anschließt. Man kann damit leicht noch $^1/_{20}$ mm ablesen. Ist dem Instrument ein Schraubenmikrometer beigegeben, so erzielt man die Genauigkeit 0,01 mm. Die abgelesenen Zahlen sind dann natürlich wegen der Maßstab- und Quecksilbertemperatur und der Schwere zu reduzieren.

Bedenkt man, daß Gasmassen genau ermittelt werden durch Vereinigung von Druck-, Temperatur- und Volummessungen, so ist klar, daß die Vereinigung von Manometer, Thermometer und Volumeter (Gasbürette) gewissermaßen die Wage des Gaschemikers ist.

Über 1000 mm Druck mißt man seltener genaue Drucke, weil hier im allgemeinen noch keine so einfachen Beziehungen zwischen dem Druck und den anderen Eigenschaften der Stoffe bekannt sind, wie etwa bei verdünnten Gasen. Bis zu 4 Atm. kann man mit Quecksilbermanometern kommen, aber die Temperatur der Säule wird dann oft recht unsicher. Meist benutzt man hier Federmanometer nach Art der Aneroidbarometer konstruiert, die man geeicht im Handel erhält. Ihre Fehler sind folgende:

Sie arbeiten mit einem „empfindlichen Körper“ aus starrem Material. Alle solchen sind der elastischen und thermischen Nachwirkung unterworfen, d. h. sie nehmen Druck und Temperatur der Umgebung erst allmählich an infolge von länger dauernden Volumänderungen. Sie haben also auch erhebliche Trägheit. Wegen der Abhängigkeit dieser drei Fehler von der Temperatur und Struktur des Materials und wegen ihrer selten beherrschbaren Verschiedenheit sind sie alle undefinierten und oft plötzlichen Änderungen unterworfen, deren Ursache oft nicht zu erkennen, seltener noch zu vermeiden ist. Plötzliche Änderung des „Standfehlers“, unübersichtliche Einwirkungen auf die „Gangfehler“ sind die Folge. Und deshalb hilft sehr oft ihre große Empfindlichkeit, ja Genauigkeit nichts wegen ihrer Unzuverlässigkeit.

Unter 1 mm Druck bis etwa 0,05 mm kommt man mit schräg gelegten Quecksilbermanometern, deren Neigungswinkel gegen die Wagrechte man kennt. Man multipliziert die abgelesene Länge der Quecksilbersäule mit dem sin des Winkels und bringt dann erst die Reduktion an.

Für kleine Drucke von 0,1 mm abwärts bis zu den kleinsten Drucken kann man sich des Mac Leod (spr. Meclaúd) bedienen, das auf dem Prinzip beruht, den prozentual in bekannter Weise vergrößerten Druck zu messen und dann durch das Vergrößerungsverhältnis zu dividieren. Man grenzt aus der Gasmasse, deren Druck man bestimmen will, ein bestimmtes Volum ab. Das Volum (Abb. 71) ist enthalten in dem kugelförmigen Gefäß *V*, das oben in ein geschlossenes enges Rohr ausmündet. Letzteres ist mit einer Teilung versehen, die angibt, einen wie großen Bruchteil des abgesperrten Volums ein gewisser Teil dieses Rohrs enthält. Man treibt jetzt durch Heben der Nivellierbirne so viel Quecksilber in *V* ein, daß es in die Meßröhre steigt, liest das neue Gasvolum ab und seinen Druck. Multipliziert man diesen Druck mit dem Verhältnis des kleinen zum großen Volum, so erhält man den anfänglichen Druck der Gasmasse. Diese Messung hat den Nachteil, daß sie Zeit braucht und daß die Gase Quecksilber nicht angreifen dürfen. Aber man kann immerhin mit ihrer Hilfe gegen ätzende Gase unempfindliche Manometer großer Meßgenauigkeit und Meßschnelligkeit eichen, z. B. schwingende Quarzfäden usw. Übrigens wird man dieser Methoden z. Z. noch wenig bedürfen, wo die Chemie des Hochvakuums noch in ihren Anfängen steht, und deshalb wird derjenige, der sich ihr widmen will, am besten die dahin zielenden physikalischen Hochvakuumarbeiten studieren.

Abb. 71. Mac Leod-Manometer zur Messung sehr kleiner Drucke (< 0,1 mm).

2. Relativmessung kleiner Drucke, also Messung von Druckunterschieden geringen Betrags dagegen ist schon heute sehr wichtig und geschieht am zweckmäßigsten mittels der Differentialmanometer. Der einfachste Typus ist ein U-Rohr, gefüllt mit einer möglichst leichten Flüssigkeit, die beiden Schenkel verbunden mit den Gasräumen, worin die Drucke verglichen werden. Da die Flüssigkeit selbst nicht flüchtig sein darf, so wird man selten Wasser oder Anilin, häufiger Öl (Rizinusöl, Paraffinöl) oder konzentrierte Schwefelsäure benutzen. Will man aus der Höhe der Säule den absoluten Druck berechnen, so muß man die Dichte der Flüssigkeit bei der betreffenden Temperatur genau kennen und diese Temperatur kontrollieren und einigermaßen konstant halten. Mit den Ölen erzielt man eine Verzehnfachung der Höhe der Säule gegenüber Hg, aber wegen ihrer Zähigkeit wird die Genauigkeit höchstens die dreifache, als bei einfacher

Ablesung des Hg auf 0,1 mm. Schwefelsäure ist noch etwas ungenauer, weil schwer. Schräglegen ist auch hier von Nutzen (Abb. 72, Mikromanometer).

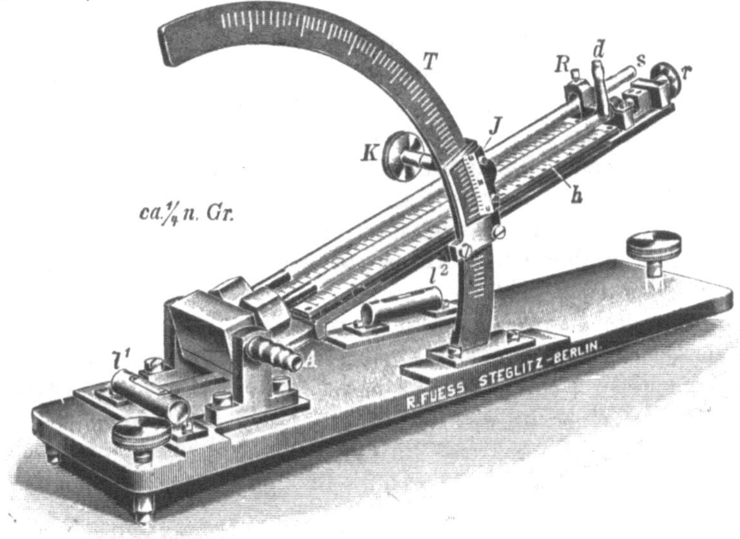

Abb. 72. **Mikromanometer.**

Differentialmanometer mit zwei Flüssigkeiten übereinander geben bedeutendere Vergrößerung (Abb. 73). Hier müssen die U-Schenkel in Gefäße von sehr großem Querschnitt (im Verhältnis zu dem des U-Rohrs) enden, so daß die Oberflächen der Manometerflüssigkeiten auch bei den größten zu messenden Unterschieden ihre Höhe gegeneinander kaum ändern. In diesem Fall hat man nur die Verschiebung zu messen, die die Kuppe in dem einen engen Rohr erfährt. Je kleiner der Unterschied der Dichten der übereinander geschichteten Flüssigkeiten wird, desto größer wird bei gleichem Druckunterschied der Ausschlag. Schwefelsäure und Paraffinöl sind vielfach schon recht brauchbar und geben rund den 20fachen Ausschlag des Quecksilbermanometers. Anilin, das sich mit Wasser nicht vollkommen mischen läßt, obwohl sich beide erheblich lösen, mit Wasser gesättigt und bedeckt mit anilingesättigtem Wasser rund den 500fachen, ist aber dafür nur selten anwendbar wegen der Flüchtigkeit beider Bestandteile.

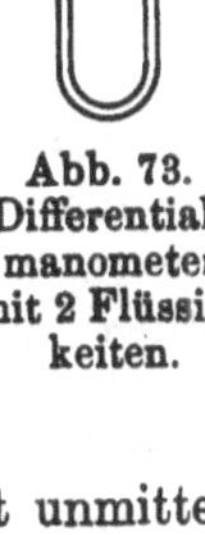

Abb. 73. Differentialmanometer mit 2 Flüssigkeiten.

3. Druckmessung bei angreifenden Gasen verbietet unmittelbare Berührung mit einer Manometerflüssigkeit, denn Hg wird angegriffen und jede andere Flüssigkeit löst Gas und verringert dadurch den Druck.

Man hat zwei Wege: Entweder legt man eine lange Säule Stickstoff oder Luft in einer engen Kapillare zwischen den Raum, worin der Druck zu messen ist, und das Manometer. Ist sie durch zwei Hähne begrenzt, die man nur zur Messung öffnet, und hat man die Lage der Röhren der Verschiedenheit der Dichten der Gase angepaßt, so erfüllt diese Methode ihren Zweck recht gut, ist dabei einfach. Ein durch Rheotanwicklung des Rohrs und elektrische Heizung geschmolzen gehaltener Tropfen $AgCl + PbCl_2$ (1 : 1) kann sehr gut als Sperrtropfen dienen bei den verschiedensten Gasen. Man legt ihn dicht vors Manometer, damit er immer praktisch an derselben Stelle bleibt.

Oder man verwendet Federmanometer, also Röhren ähnlicher Form, wie die empfindlichen Körper in den Aneroidbarometern, aber aus Quarz oder Glas geblasen, und bringt an ihnen eine Skale an, die empirisch geeicht wird, indem man in den Röhren verschiedene, mit dem Quecksilbermanometer gemessene Drucke erzeugt und die Stände der spitzen Rohrenden jeweils auf der Skale vermerkt (Abb. 74 u. 75). Da hierbei leicht die spezifischen Fehler aller Manometer mit starrem empfidlichen Körper sich einstellen, also Nullpunktsverschiebung,

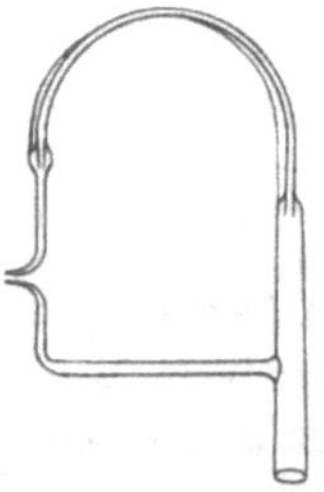

Abb. 74. Glas-Federmanometer nach Ladenburg-Lehmann.

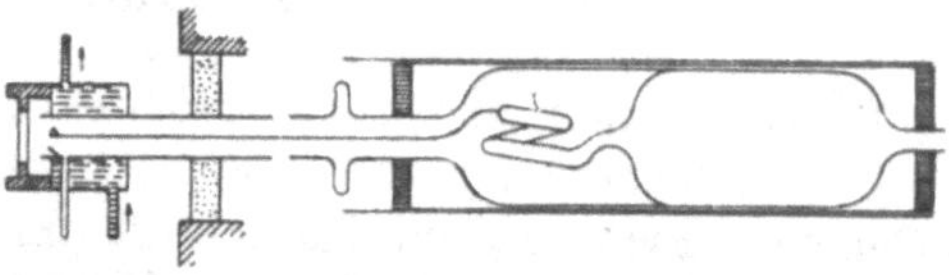

Abb. 75. Quarz-Federmanometer mit Spiegelablesung als Nullinstrument nach Bodenstein.

große Trägheit und Temperaturabhängigkeit in der Nachwirkung, so ist es besser, Bodensteins Vorgehen zu folgen und diese Manometer nur als Nullinstrumente zu benutzen in folgender Weise. Die bei Druckänderungen in ihrem Innern sich deformierende Spirale läuft in eine feine Spitze aus, die gegenüber einer anderen Spitze als Nullmarke spielt. Beide sind in einen Raum eingeschlossen, der mit einem Quecksilbermanometer verbunden ist und außerdem mit einer Gasbürette mit Nivellierbirne und Quecksilberfüllung, die den Druck im Raum zu verändern gestattet. Verläßt nun die Spitze die Nullstellung ein wenig infolge von Druckänderungen in ihrem Innern (sie kann z. B. mit einem Gefäß verbunden sein, worin sich eine Gasreaktion unter Druckänderung abspielt), so verändert man mittels der Gasbürette den Außendruck in gleichem Betrag, so daß die Nadel zum Nullpunkt zurückkehrt. Die Änderung des Drucks kann dann am Quecksilbermanometer gemessen werden. Nach Preuner vermeidet man wechselnde Empfindlichkeit dadurch, daß man den sich biegenden Teil auf konstanter Temperatur (höher als die des Raums, worin man den Druck zu kennen wünscht) hält. Empfindlicher wird die Ablesung, wenn man an der Nadel einen kleinen Spiegel ankittet und die Verschiebung des Lichtpunkts etwa einer Glühlampe (ein Längsfaden) auf einer Skale in etwa 1 m Entfernung verfolgt. So kann man bis auf $^1/_{20}$ mm Empfindlichkeit kommen und bis zu 750° herauf Drucke messen. Man muß aber bei allen derartigen Manometern immer wieder den Nullpunkt prüfen. Wenn die Spirale nicht sehr eng ist, so können durch die Kommunikation des Reaktionsraums mit dem höher erhitzten Raum der Spirale Entstellungen der Messung zustande kommen. Mißt man nicht schnell sich einstellende Gleichgewichte, sondern einseitig verlaufende Reaktionen, und bei diesen die Geschwindigkeit, so muß die Spirale die Temperatur des Reaktions-

Abb. 76. Universalinstrument (Theodolit zur Messung von Winkeln mit Horizontal- und Höhenkreis).

raums haben (oder allenfalls eine tiefere), sonst mißt man undefinierte Dinge. Die Benutzung bei wechselnder Temperatur ist natürlich weniger bequem und man hat dabei noch mehr unter thermischer Nachwirkung zu leiden als sonst. Deshalb werden hier die genannten hohen Genauigkeiten meist nicht entfernt erreicht werden. Die Abbildungen zeigen die Ladenburg-Lehmannsche (Abb. 74) und die Bodensteinsche Form (Abb. 75).

4. Geringste Druckunterschiede in der Nähe von Atmosphärendruck kann man bei Abwesenheit löslicher oder aggressiver Gase mit der Drucklibelle messen, einem etwa 3 mm weiten, xylol- oder erdölgefüllten Rohr, das unter sehr stumpfem Winkel geknickt ist. Ist die Dichte der Füllung d, der Abstand der beiden Flüssigkeitskuppen l cm und kann man eine Verschiebung des Flüssigkeitsfadens aus seiner Ruhe-

lage durch Neigen des Rohrs um den Winkel f kompensieren, so ist der Druck $p = d \cdot l \cdot \sin f$ Grammgew./qcm. Multiplikation mit 0,7355 ergibt die Anzahl Millimeter Hg, die ihm entsprechen. Die Neigung kann man an jedem beliebigen Höhenkreis messen, wie er z. B. an einem Theodolit oder Universalinstrument (Abb. 76) sich befindet. Damit läßt sich die Messung sehr genau durchführen. Man klemmt oder kittet dazu die Drucklibelle einfach an das Fernrohr des Instruments. Die Methode hat den Vorzug großer Schnelligkeit und Genauigkeit.

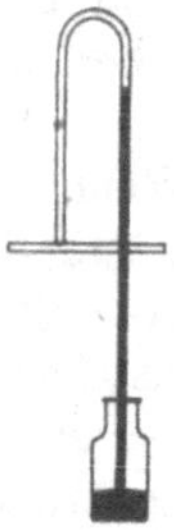

Abb. 77. Hilfsmanometer bei Gasarbeiten.

5. Hilfsmanometern beim Arbeiten mit Gasen, auch aggressiven, gibt man zweckmäßig die Form der Abb. 77. Sie bedürfen dann keines besonderen Stativs. Man kann mit ihnen Konstanz eines Vakuums oder beliebigen anderen Unterdrucks bequem beobachten, einfach durch Anlegen eines Maßstabs. Man bringt sie überall dort an, wo aus irgendeinem Grund Kontrolle des Drucks erwünscht ist (z. B. an Stellen, wo man sicher sein will, daß der Apparat dicht hält u. dgl.). Bei Gefrierpunktsmessungen oder Dampfdruckmessungen an kondensierten Gasen sind sie unentbehrlich.

Abb. 78. Gaedes Kapselpumpe mit Elektromotor. (Unempfindlich gegen Wasserdampf.)

Die Herstellung bestimmter Gasdrucke spielt heute eine erhebliche Rolle. Denn hohe Drucke haben seit den Ipatjewschen Hochdruckreduktionen ein besonderes Interesse, während niedere Drucke infolge der Einfachheit der Gesetze, die hier gelten, von jeher ausgiebig benutzt wurden.

1. Die Apparate für hohe Drucke erfordern immerhin im allgemeinen größere maschinelle Einrichtungen, falls man von fertigen Gasen, nicht von kondensierten oder von ihren zersetzlichen Verbindungen ausgeht. Durch Zersetzung der letzteren in geschlossenen (Bomben-) Röhren hat schon Faraday Gase unter hohen Druck gebracht.

2. Die Herstellung verringerten Drucks ist heute das meist verwendete Mittel zur Variation des Drucks überhaupt, bei Laboratoriumsarbeiten, wo man diesen Einfluß untersuchen will.

a) Die Strahlpumpe (stets mit Sicherheitsflasche zu versehen gegen Zurücksteigen des Wassers in die Leitung) erzeugt Vakua bis herab zu 20—10 mm Hg. Im Sommer freilich genügt häufig der Wasserdruck nicht. Für höhere Verdünnungen dient die Gaedesche Kapselpumpe (Abb. 78), oder, wenn man die abgepumpten Gase auffangen will, die Töpler-Bessel-Hagen-Pumpe (Abb. 79), deren Wirksamkeit leicht aus der Abbildung zu erschließen ist. Beide haben den Nachteil, daß man aggressive Gase damit nicht wohl wegpumpen kann. (Will man aggressive Gase auffangen, so entspannt man sie in ausgepumpte Räume.) Deshalb muß man hier mit der Strahlpumpe vorpumpen und für das weitere Pumpen geeignete, nichtporöse Absorptionsmittel (KOH fest) zwischen Pumpe und Pumpraum bringen. Dasselbe gilt in noch höherem Maß bei Anwendung der Gaedeschen Quecksilberpumpe (Abb. 80 a, b, c), deren Einrichtung die Abbildungen zeigen. In ihrem Eisengehäuse wird durch Anschließen einer Strahlpumpe ein Vorvakuum erzeugt, dessen Entstehung man an einem abgekürzten Barometer verfolgt.

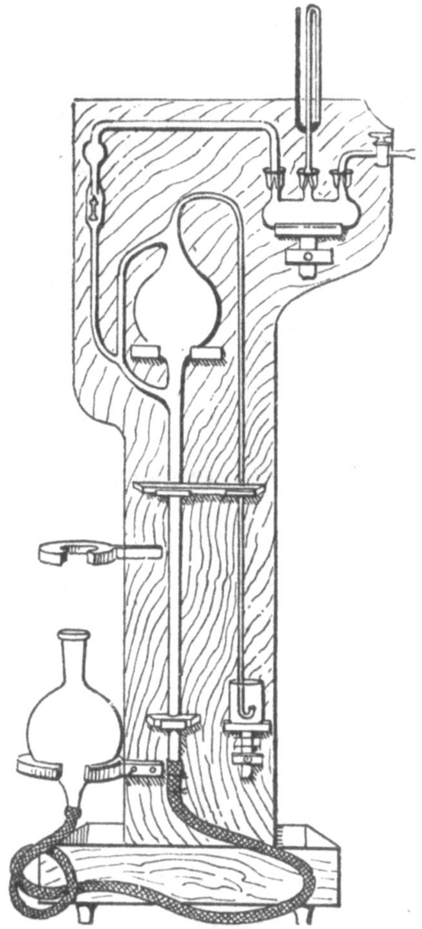

Abb. 79. Töpler-Bessel-Hagen-Luftpumpe. Zum Abfangen abgepumpter Gase benutzbar.

Abb. 80a. Gaedes Quecksilber-Luftpumpe. (Pumpt Dämpfe langsamer ab, als die Diffusionspumpe.)

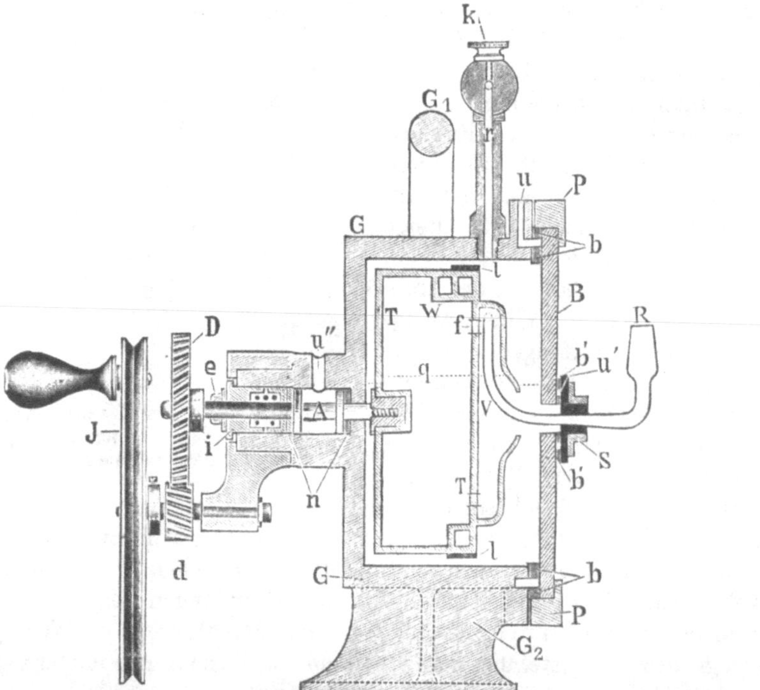

Abb. 80b. Gaedes Quecksilber-Luftpumpe. *T* Porzellantrommel; *q* Quecksilberspiegel im Hauptvakuum; *R* zum Rezipienten; *l* Gummiring als Schutzventil beim Abstellen des Vakuums; *b*, *b'* Gummidichtungsringe; *D*, *d* Vorgelege.

Der große Hahn am Rohr r muß dabei so stehen, daß seine Öffnung die Strahlpumpe mit dem Gehäuse verbindet. Setzt man dann die Trommel von Hand oder durch einen Motor (s. z. B. Abb. 78) in Bewegung im Sinn des der Trommel aufgedruckten Pfeils, so schafft die eigentümlich geformte Trommel bei jeder Umdrehung ein Quantum Luft aus dem Pumpraum ins Vorvakuum. Pro Minute sollen etwa 24 Umdrehungen stattfinden. Die Pumpe muß genau die vorgeschriebene Quecksilbermenge enthalten, muß rein sein und ihre Schliffe seien tadellos geschmiert. Man schaltet Phosphorpentoxyd vor. Zur Erleichterung bei Schliffbrüchen liefert Leybolds Nachfolger, Köln a. Rh., Gaedesche Normalschliffe, die zu jedem Schliff gleicher Nummer passen und vollkommen genau vertauschbar sind. Legt man zwischen den Hauptvakuumraum und den Pumpraum ausreichend lange Schichten Absorptionsmittel, so lassen sich alle möglichen aggressiven Gase ohne Schaden für die Pumpe und ihre Wirksamkeit abpumpen. Man vermeide dabei poröse Absorptionsmittel, nehme z. B. für saure Gase nur festes KOH. Sonst geben die Absorptionsmittel dauernd Gase ab und man kommt zu keinem befriedigenden Vakuum. Man bedenke weiter, daß der Ausgleich verschiedener Gasdrucke um so langsamer erfolgt, je **geringer** der Gesamtdruck ist. Das geht so weit, daß man zum Auspumpen auf Gaedevakuum nach Möglichkeit keine Hähne unter 5 mm Bohrung und keine Röhren unter 10—15 mm lichtem Durchmesser verwenden soll.

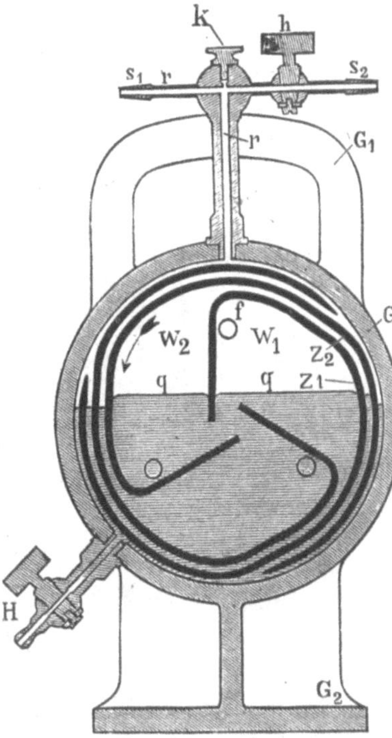

Abb. 80c. Gaedes Quecksilber-Luftpumpe. Schnitt, die Wirksamkeit der Trommelform zeigend.

Trotz der Vorschaltung von Absorptionsapparaten wird die Gaedepumpe ab und zu gereinigt werden müssen. Beim Öffnen kann das Abnehmen der Vorderplatte schwierig scheinen. Denn ihre Gummiringe pflegen fest angeklebt zu sein. Man schraubt die fünf Schrauben vollkommen heraus und schraubt zwei von ihnen von der Gehäuseseite aus, also in umgekehrter Richtung wie vorher wieder ein. Schiebt man zuvor in den Spalt zwischen Vorderplatte und Gehäuse starke Blechplättchen in den Weg dieser Schrauben, so kann man die Vorderplatte durch langsames Anziehen der umgekehrt eingeführten Schrauben leicht und stoßfrei ablösen. Die übrigen Regeln zur Behandlung der Pumpe sind ihren Beschreibungen beigegeben.

In vieler Richtung ist die Gaedesche Kolbenpumpe für den Chemiker noch geeigneter (Abb. 81). Sie liefert gleichfalls recht hohe Vakua und ist leichter zu reinigen. Auch hier muß man aggressive Gase durch Absorptionsmittel zuerst beseitigen. Für Reisen wird sich diese Pumpe vielfach bewähren.

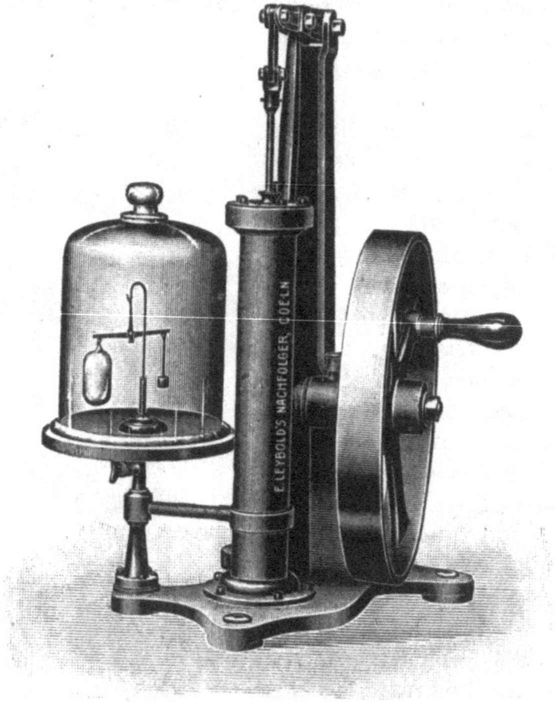

Abb. 81. Gaedes Kolbenpumpe. (Unempfindlich gegen Wasserdampf.)

Hat die Kapselpumpe den Vorzug der Unempfindlichkeit gegen Wasserdampf vor den Ölpumpen voraus und teilt sie ihn mit der Kolbenpumpe von Gaede, so bietet die Gaedesche Diffusionspumpe den Vorteil, Wasserdämpfe und Öldämpfe, überhaupt alle Dämpfe, außer dem in der Pumpe wirkenden Quecksilberdampf, abzusaugen. Freilich bedarf man für sie einer Vorpumpe, am besten der Kapselpumpe. Eine Wasserstrahlpumpe reicht dazu nicht aus, weil das Vorvakuum 0,1 mm betragen muß. Die Diffusionspumpe arbeitet beinahe ebenso rasch, wie die rotierende Hg-Pumpe, und zwar auf folgendem Prinzip fußend. Hg-Dampf, aus Q durch Erhitzung entwickelt, treibt allmählich alle Luft aus A durch a und b in den bei d an die Vorpumpe angeschlossenen Rückflußkühler D, woraus bei n' das Kühlwasser abströmt. Hg kehrt durch b nach Q zurück. Der Stahlzylinder C steht in der Hg-Rinne R und überdeckt A. Er trägt einen Spalt S, etwas enger als die freie Weglänge der Hg-Moleküle. Aus dem Wassermantel um B außerhalb C

fließt Kühlwasser bei *m'* ab, bei *m* zu. Bei *e* ist das zu evakuierende Gefäß an den mit dem Schliff *F* verschlossenen Raum *B* angesetzt. Die abzusaugende Luft strömt von *B* durch *S* in *A* hinein, entgegen dem dort herrschenden Überdruck des Hg-Dampfes. So kommt die Auspumpung zustande. Die Pumpe ist also auch molekulartheoretisch von großem Interesse. Denn das Pumpprinzip ist neu und nur durch die Eigenschaften der Moleküle ermöglicht (s. Abb. 82).

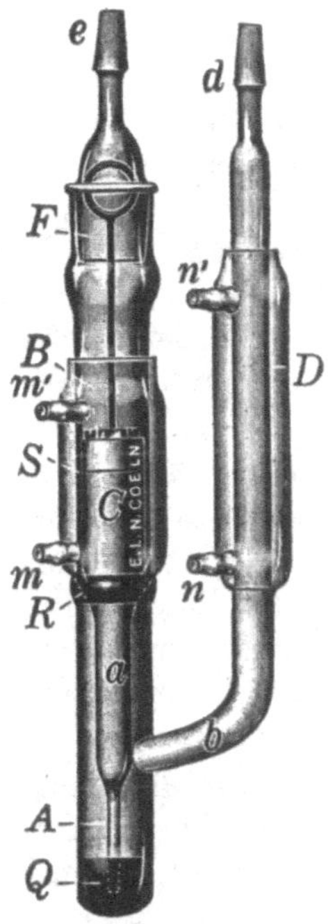

Abb. 82. Gaedes Diffusionspumpe. (Pumpt alle Dämpfe, außer Hg-Dampf, sehr schnell ab.)

b) Noch viel weiter muß man die Leitungen nehmen, wenn man mit der vollkommensten Pumpe, der Gaedeschen Molekularpumpe arbeitet, die mit sonst unerreichter Geschwindigkeit die höchsten Vakua liefert, nach einem neuen, auf den Eigenschaften der Gasmoleküle fußenden Prinzip. Diese rotierende Pumpe erfordert jedoch wegen ihrer enormen Umdrehungszahl eine besondere Aufstellung und auch ihr Preis ist so beträchtlich, daß sie zu chemischen Arbeiten selten benutzt werden wird. Doch ist sie z. B. zur Trennung verschieden schwerer Gase benutzbar, weil sie die Gase in der Reihenfolge abnehmender Dichte absaugt.

c) Bequem, aber nicht immer verwendbar, ist der Kunstgriff, einen zu evakuierenden Raum zuerst mit CO_2 auszuspülen, etwa durch fünfmaliges Auspumpen mit der Strahlpumpe und ebenso häufiges Füllen mit CO_2, worauf man einen engen, mit Kokoskohle gefüllten Seitenansatz mit dem CO_2-gefüllten Raum in Verbindung setzt und ihn von außen mit flüssiger Luft umgibt. Man erhält so ein vielen Zwecken vollkommen genügendes Vakuum ohne besondere Pumpe.

d) Zuletzt muß die Frage nach geeigneten Motoren gestreift werden. Da man doch fast überall über elektrische Spannung der Lichtleitungen verfügt (meist 110 oder 220 Volt), so wählt man nur hierzu passende Motoren. Die früher viel empfohlenen Schwachstrommotoren lassen zu oft im Stich, weil sie leicht stehen bleiben. Die geeignete Größe der Motoren ist

Abb. 83. Elektromotor $^1/_{16}$ PS.

meist $^1/_{16}$ PS. (Abb. 83). Damit kann man z. B. eine Gaedepumpe und einen Rührer (s. weiter unten bei Thermostaten, S. 227) treiben oder zwei große Rührer. Mit den Lederschnüren, die als Transmissionen am meisten geeignet sind, hat man oft Mühe. Denn sie reißen oder gleiten, oder der **S**-förmige Draht bzw. das Schlößchen, das sie zum Ring schließt, bricht. Man hat deshalb im allgemeinen mehr von zwei kleinen ($^1/_{16}$ PS.), als von einem ($^1/_8$ PS.) großen Motor. Denn je weniger Motoren, desto umständlichere und weniger gut liegende Transmissionen. Man kann diese Motoren auch mit 80 Volt laufen lassen oder einige Glühlampen (Kohlefaden etwa 10—30 HK.) und Rheotan zum Variieren vorschalten, wenn der Motor zu schnell läuft und man die Übersetzung (das „Vorgelege") nicht größer machen kann oder will.

3. Die Konstanthaltung bestimmter Drucke (Manostaten) in Gasen läßt sich bei mäßigen Anforderungen leicht erzielen, falls nicht im Wesen des begleitenden Versuchs liegt, daß er den Druck zu ändern strebt. Man legt dem Gefäß, worin der Druck konstant bleiben soll, eine sehr große Flasche (Ballonflasche) vor, die man gut einpackt, damit ihre Temperatur sich nicht ändert, und bringt darin den gewünschten Druck durch Einlassen (Fahrradpumpe) oder Abpumpen des Gasinhalts hervor, worauf man den Einlaß- bzw. Pumphahn schließt und

a) so die Flasche als künstliche Atmosphäre benutzt. Für große Ansprüche an Konstanz des Drucks setzt man sie in ein gut isoliertes Wasserbad. Dann kann man innerhalb mehrerer Minuten auf eine außerordentliche Konstanz des Drucks rechnen, so daß selbst die Drucklibelle keine Änderung anzeigt. Innerhalb 0,2 mm Hg kann man den Druck leicht konstant halten auf Stunden, falls das Bad Zimmertemperatur hat.

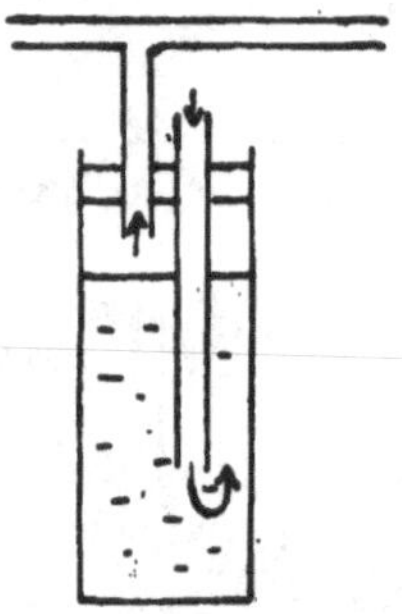

Abb. 84. Konstanthaltung des Unterdrucks strömenden Gases.

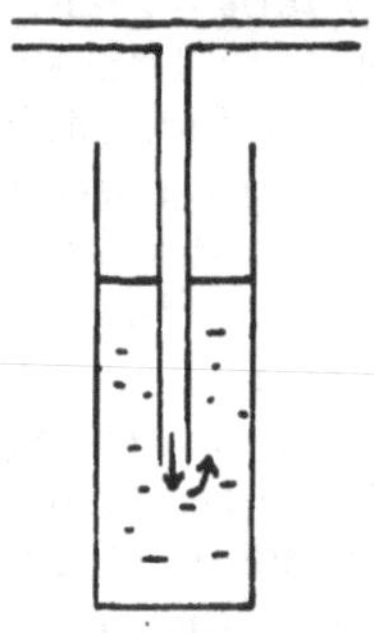

Abb. 85. Konstanthaltung des Überdrucks strömenden Gases.

b) Der Druck strömender Luft kann leicht konstant gehalten werden in mäßigen Grenzen (etwa 1 mm Hg), wenn es sich nur um geringe Abweichung vom Atmosphärendruck handelt, nach oben oder nach unten (Abb. 84 u. 85), weniger genau, wenn es sich um große Abweichung davon handelt. Dann muß man Quecksilber als Sperrflüssigkeit nehmen, im ersten Fall ist Wasser das gewiesene. Beide Methoden sind auch für andere Gase brauchbar, nur muß man bei Unterdruckregelung in das Nachströmrohr nur das betreffende Gas eintreten lassen. Man läßt es an diesem Rohr im Überschuß vorbeiströmen ins Freie. Aggressive Gase bereiten auch hier Schwierigkeiten (s. auch Übung 7, S. 272).

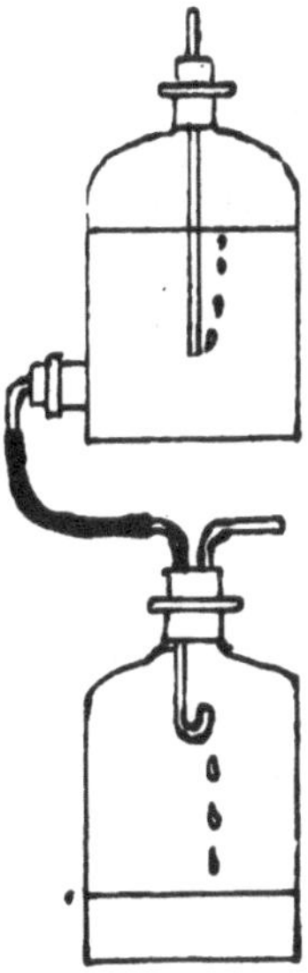

Abb. 86. Mariottesche Flasche zur Konstanthaltung sonst abnehmenden Gasdrucks.

Einen genauen umständlicheren Manostaten haben E. Beckmann und O. Liesche angegeben (Z. f. phys. Chem. **88.** 1914. S. 13), der auf konstanten Unterdruck von Luft arbeitet. Die künstliche Atmosphäre wird hier oft vorgezogen. Doch muß man bei ihr, als ob es sich um Hochvakua handle, die Verbindungsröhren weit genug nehmen, am besten 15 mm weit (auch Rückflußkühler, die man dabei brauchen sollte, sind so weit zu halten), sonst mißt man falsche Drucke. Manostaten für andere Gase wird man nach Art der Mariotteschen Flasche konstruieren (Abb. 86), aber ihrer selten bedürfen.

Die Gasgesetze. Dampfdichte, Molekulargewicht und seine Bestimmung.

Für das Verhalten einer gegebenen (Luft oder ähnlichen) Gasmasse m gegenüber Änderungen von Druck, Volum oder Temperatur gilt bei geringen Drucken (etwa 1 Atm. und darunter) und hohen Temperaturen (für dieselben Gase oberhalb 0°) recht gut folgendes Gesetz:

$$pv = mr\,(t + 273{,}09). \qquad (23)$$

Darin ist p der Druck (z. B. gemessen in Atmosphären oder in Millimetern Hg), v das Volum (meist in Litern), t die Celsiustemperatur und r eine Größe, die nur von der Natur des Gases und den Maßeinheiten für Druck, Volum und Masse abhängt. Die Summe $t + 273{,}09$ bedeutet offenbar eine Temperatur, die anstatt von 0° C von 273,09° C aus aufwärts gezählt ist. Zählt man von diesem Temperaturpunkt aus aufwärts (in Celsiusgradintervallen, wie sonst), so nennt man die so angegebene Temperatur die absolute Temperatur. Sie ist definiert durch:

$$T = 273{,}09 + t. \qquad (24)$$

Da die Gültigkeit des Gesetzes offenbar vom Zahlwert von m nicht abhängt, so kann man es übersichtlicher machen, wenn man die Massen der verschiedenen zu vergleichenden Gase so wählt, daß der Zahlenbetrag von r für alle Gase identisch wird (wobei man natürlich immer p, v und m im selben Maßstab, also z. B. immer in Atmosphären, Litern und Gramm auszudrücken hat). Aber r hat deshalb noch immer keinen bestimmten Zahlwert, weil die absolute Masse der zugrundegelegten Gasmenge noch nicht festgelegt ist. Um durch die chemischen Gleichungen nicht nur die stöchiometrischen Verhältnisse, sondern auch die Volum- bzw. Druckverhältnisse sich umsetzender Gase zu veranschaulichen und kurz darzustellen, hat man sich geeinigt, eine solche absolute Masse Wasserstoffgas für die Festlegung eines bestimmten Zahlwerts von r zu wählen, die gleich ist dem doppelten Atomgewicht, dem sog. Molekulargewicht des Wasserstoffs, genommen in Gramm. So wird r eine ganz bestimmte Zahl. Diejenigen Massen anderer Gase, gleichfalls genommen in Gramm, die denselben Zahlwert für r ergeben, heißen alsdann die Molekulargewichte (= Molargewichte) der Gase. Die Zahl r schreibt man dann R, nennt sie Gaskonstante, und die Grundgleichung für die Gasgesetze wird dann:

$$pv = RT \tag{25}$$

für solche Massen in Gramm der zugrund gelegten Gase, wie sie je einem Molekulargewicht der Gase numerisch gleich sind. Eine solche Masse eines Gases heißt 1 Mol. Schreibt man das Gesetz für n Mole an, so lautet es:

$$\underline{pv = nRT.} \tag{26}$$

Dies Gesetz gilt für „ideale" Gase.

In dieser Form wird es stets benutzt. Es ist nützlich, den Zahlwert von R sich einzuprägen:

Mißt man den Druck in Atmosphären und das Volum in Litern, so sagt man, daß R in Literatmosphären pro Grad ausgedrückt sei. Dann ist:

$$R = 0{,}08207 \text{ Literatm./grad}. \tag{27}$$

Da das Produkt Druck × Volum gleich einer Energie oder Arbeit ist, jede solche sich aber in Wärme umwandeln läßt, so muß sich R auch in cal/grad ausdrücken lassen. Man findet:

$$R = 1{,}987 \text{ cal/grad}. \tag{28}$$

Deshalb kann man bei Benutzung der letzteren Einheit auch oft genau genug schreiben:

$$pv = 2nT. \tag{29}$$

Aus den beiden Werten für R läßt sich das mechanische Wärmeäquivalent in Literatmosphären ausrechnen. 1 Literatm. ist die Arbeit, die geleistet werden muß, um den Druck einer Atmosphäre über den Raum eines Liters zurückzuschieben.

Man kann oft das Gasgesetz auch in der auf Konzentration angeschriebenen Form brauchen:

$$p = CRT. \tag{30}$$

Darin ist C die Konzentration, definiert durch die Gleichung:

$$C = \frac{n}{v}, \tag{31}$$

also nicht, wie sonst durch Masse/Volum, sondern durch eine Anzahl (Mole)/Volum.

Im Geltungsbereich dieser Gleichungen läßt sich das Molekulargewicht der Gase mit Hilfe der Gleichung bestimmen. Es ist:

$$n = \frac{m}{M}, \tag{32}$$

wo m die Masse, M das Molekulargewicht des Gases. Daher ist:

$$M = m \cdot \frac{RT}{pv} = \frac{m}{v} \cdot \frac{RT}{p}. \tag{33}$$

Der Faktor $\frac{RT}{p}$ ist bei gleichem Druck und gleicher Temperatur für alle Gase gleich, $\frac{m}{v}$ aber ist die Dichte (spez. Gew. bezogen auf Wasser = 1) des Gases. Bestimmt man also bei gleichem Druck und gleicher Temperatur das Verhältnis der Dichte eines Gases zu der von Luft, so ergibt dies Verhältnis, das kurz Dampfdichte (D.D.) oder Gasdichte genannt wird (es ist mithin eine reine Verhältniszahl, keine Dichte mehr), das Molekulargewicht des Gases nach:

$$\frac{M}{M_{\text{Luft}}} = \frac{\frac{m}{v}}{\left(\frac{m}{v}\right)_{\text{Luft}}} = D.D. \tag{34}$$

M_{Luft}, das mittlere Molekulargewicht der Luft, heißt auch die Koppsche Zahl und ist gleich 28,98.

Sie ist also das konstante Verhältnis $\frac{\text{Molekulargewicht}}{\text{Dampfdichte}}$.

Zur Bestimmung der D.D. dienen die Methoden von Dumas, A. W. Hofmann oder (weitergehend anwendbar, aber weniger genau) V. Meyer.

2. Messung der Dampfdichte nach Dumas.

Besprechung. Die drei üblichsten Methoden zur Bestimmung der Dampfdichte dienen meist nur dem Zweck, über das Molekulargewicht verdampfbarer Stoffe ungefähr Aufschluß zu geben und deshalb genügt dann mäßige Genauigkeit. Genaue Dampfdichtebestimmungen, etwa zwecks Atomgewichtsbestimmung oder zwecks physikalischer Präzisionsmessung lassen sich im allgemeinen nur mit besonders verfeinerten Hilfsmitteln ausführen. Am wenigsten Abänderung bedarf die Methode von Dumas, womit man ohne zuviel Aufwand die genauesten Ergebnisse bekommt. Dies ist ihr wesentlichster Vorteil vor den anderen Verfahren von Hofmann und V. Meyer.

Die Bestimmung der Dampfdichte bedeutet stets die Ermittlung des Verhältnisses Masse/Volum für einen Dampf und für ein gleiches Volum Luft von gleichem Druck und gleicher Temperatur.

Die Methode von Dumas geht aus von einem gegebenen Volum und bestimmt die Masse, die darin bei bestimmten Bedingungen von Druck und Temperatur enthalten ist. Eine Glasbirne von 200—300 ccm Inhalt mit eng ausgezogenem Halsrohr wird leer gewogen, dann mit einer kleinen Menge des zu untersuchenden Stoffs (6—10 g) gefüllt, in ein Bad getaucht, dessen Temperatur mindestens 10° über der Siedetemperatur des Stoffs liegt, und nachdem kein Dampfstrahl mehr aus ihrem Schnabel austritt, mit einer Stichflamme abgeschmolzen, abgekühlt, gereinigt und wieder gewogen. Dabei ist das abgezogene Glasstück natürlich mitzuwägen. Damit ist die Masse des eingeschlossenen Dampfs bekannt als Differenz der beiden Wägungen vermehrt um die Masse der Luft, die die Birne bei Zimmertemperatur faßte und die sich analog (36) berechnen läßt. Diese Masse soll dividiert werden durch die eines gleichen Volums Luft von gleichem Druck und Temperatur (wie sie beim Abschmelzen herrschten). Deshalb muß man beim Abschmelzen Barometerstand und Barometertemperatur, ferner die Temperatur des Bads ablesen und das Volum der Birne bestimmen. Man bricht die schwach angefeilte Spitze der in eine Schale mit Wasser eingetauchten Birne ab. Sie füllt sich dabei, wenn der absiedende Dampf ausreichend die Luft verdrängt hatte, vollkommen mit Wasser, und die geringe Menge (meist schwereren) Stoffs, die sich noch in ihr befindet, gleicht den Fehler von einer verbliebenen Luftblase z. T. noch aus. Man mißt die Temperatur des so eingelassenen Wassers und kennt damit alle Größen, um aus Tabellen das wahre Volum der Birne ablesen zu können (s. Tabelle VIII). Zufolge der Gasgleichung:

$$p v = \frac{m}{M} R T \tag{35}$$

und der Kenntnis der Koppschen Zahl (scheinbares Molekulargewicht der Luft) 28,98 erhält man die Masse Luft, die man in die Dampfmasse zu dividieren hat, zu:

$$m = 28{,}98 \cdot \frac{p v}{R T} \cdot \tag{36}$$

Darin ist p der Barometerdruck (reduziert auf 0° und Normalschwere) beim Abschmelzen der Dampfbirne, T die absolute Temperatur daselbst, v das durch Auswägen bestimmte Volum und R die Gaskonstante, also 0,08207, falls man den Barometerstand durch Division durch 760 auf Atmosphären umgerechnet hat. Das Volum muß dann natürlich in Litern gemessen sein.

Bei genauen Messungen muß man die Luftblase als Korrektion in Betracht ziehen, da man, wenn eine solche bleibt, nicht die Dichte des reinen Dampfs, sondern eines Dampf-Luft-Gemischs bestimmt hat. Für die Molekulargewichtsbestimmung zu chemischen Zwecken kommt dies bei ausreichend kleiner Blase nicht in Betracht. Man kann so auch Zerfallsgrade von Dämpfen bestimmen, z. B. von $PCl_5 = PCl_3 + Cl_2$.

Den Zerfallsgrad α ergibt die Überlegung, daß, wenn anfangs die Molzahl 1 vorhanden war, dann $1 - \alpha$ nach dem Zerfall noch vorhanden ist, und daß 2α hinzukamen. Daher anfangs 1 Mol, nach dem Zerfall aber $1 + \alpha$ Mole vorhanden waren. Waren also ursprünglich m Gramm in der Birne vor dem Zerfall (aber schon alles dampfförmig unter Atmosphärendruck bei Badtemperatur gedacht), so sind nach dem Zerfall nur noch $m \cdot \frac{1}{1+\alpha}$ Gramm vorhanden, so daß die D.D. anstatt des berechneten Idealwerts D_0 den Wert D hat, der gleich ist:

$$D = D_0 \cdot \frac{1}{1+\alpha}, \tag{37}$$

mithin

$$\alpha = \frac{D_0 - D}{D}. \tag{38}$$

Zubehör. Vier Dumasbirnen. Vier Uhrgläser. Ölbad. Brenner. Thermometer bis 360°. Barometer. Kralle (Abb. 87) für das Einspannen der Birne. Gebläselampe. Schutzbrille. PCl_5. CO_2- (Feuerlösch-) Bombe mit Ansatz und Schlauch. Toluol. Alkohol. Analytische Wage. Abzug.

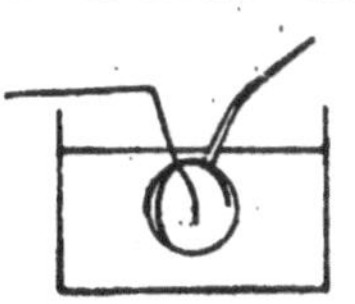

Abb. 87. Kralle mit Dumasbirne zur Dampfdichtebestimmung.

Ausführung. Die Füllung der Birne geschieht durch Aufschöpfen des PCl_5 aus der Flasche oder Einstechen und Aufklopfen der Birne auf den Tisch, um das Anklebende zum Hereinfallen zu bringen. Hat man rund 10—12 g darin, so wischt man das Rohr mit Watte aus, reinigt die Birne gut und zieht ihren Hals in eine etwa 30 cm lange, starkwandige Kapillare aus, die man, wie in der Abbildung zu sehen, biegt und am Ende abschneidet.

Man bestimmt die D.D. bei zwei verschiedenen Temperaturen und bei jeder zweimal, damit man sichere Zahlen hat. Man heizt das Ölbad beim ersten Versuch auf rund 190°, beim zweiten rund 60° höher. Man rühre während des Absiedens des Stoffs gut um im Ölbad, damit die Temperatur gleichmäßig sei. Man mißt sie im Augenblick des Abschmelzens. Das Thermometer berühre mit seiner Kugel die Dumasbirne. Sollte das Ölbad Feuer fangen, so löscht man es mit der CO_2-Bombe (nicht weit aufdrehen!) in aller Ruhe. Es ist ohnehin mit Blech abzudecken. Asbest saugt Öl auf und würde einen Docht bilden. Die Birnen wäscht man nach dem Abkühlen mit Toluol sauber, dann mit Alkohol und zuletzt mit Wasser, um die Wasserhaut tunlichst wieder herzustellen und wägt; bricht die angefeilte Spitze unter Wasser bekannter Temperatur ab, wägt wieder, trocknet und wägt leer (Spitze mitwägen). Bei den Wägungen muß die Birne rein und trocken jeweils mindestens $^1/_2$ Stunde im Wagezimmer geweilt haben, insbesondere bei der Wägung im dampferfüllten Zustand. Das Eintauchen der Birne ins heiße Bad geschehe bei großer Flüchtigkeit des Stoffs **nicht zu schnell**, damit die Birne nicht zersprengt wird. Man benutze die Schutzbrille.

Je zwei Parallelbestimmungen müssen auf einige Prozent mindestens übereinstimmen.

Man gibt im Versuchsbericht die sämtlichen beobachteten Zahlen an, dann die daraus berechneten D.D., dann ihre Mittel und die zugehörigen Temperaturen, sowie die daraus berechneten Zerfallsgrade, endlich die dabei herrschenden Drucke in Atmosphären. Zuletzt die aus den Drucken, Temperaturen und Zerfallsgraden berechneten Konzentrationen von PCl_5, Cl_2 und PCl_3 in Mol/Liter. Die Zahlen werden in Übung 5 weiter verwendet.

3. **Die kritischen Erscheinungen.** Abweichungen von den Gasgesetzen.

Bei höheren Konzentrationen oder Drucken und bei tieferen Temperaturen versagt das Gasgesetz $pv = n\,RT$ für alle Gase, um so eher, je kondensibler das Gas ist. Auch die **van der Waals**sche Gleichung $\left(p + \frac{a}{v^2}\right)(v - b) = n\,RT$, die man dann anstatt seiner mit Vorteil benutzt hat, versagt, wenn man zu allzu hohen Drucken oder allzu tiefen Temperaturen übergeht. Immerhin läßt sie die kritischen Punkte voraussehen. Die kritischen Erscheinungen lassen sich folgendermaßen hervorrufen.

Man schließt den zu untersuchenden Stoff in kondensierter Form in ein Röhrchen von starkwandigem Glas, das abgeschmolzen wird. Am besten ist das Rohr etwa zu $^2/_3$ gefüllt. Nehmen wir an, die Füllung bestehe aus flüssigem CO_2. Man kann ein solches Rohr leicht herstellen, wenn man festes CO_2 in es hineinstopft und nach fast vollständiger Füllung das Rohr abschmelzt. Es muß eng (2—5 mm weit) und starkwandig (2—3 mm Wandstärke) sein und nach dem Abschmelzen vorzüglich „gekühlt" werden durch Berußen. Man umwickle es mit Drahtgaze und vergesse nie die Schutzbrille, wenn man sich damit befaßt. Setzt man das Rohr, in dem für gewöhnlich die Kuppe deutlich zu sehen ist, in ein Bad, dessen Temperatur langsam gesteigert wird, so siedet immer mehr CO_2 in den Gasraum ab. Daher wächst der Druck des Gases und der mit ihm im Druckgleichgewicht stehenden Flüssigkeit fortwährend. Die Flüssigkeit dehnt sich, soweit sie nicht verdampft, aus, ihr spezifisches Volum steigt, ihre Dichte sinkt, ihre Masse nimmt ab, schließlich werden die Dichten von Gas und Flüssigkeit genau gleich und diesen Augenblick bemerkt man am Unscharfwerden des Meniskus, an dessen Stelle eigentümliche Nebel treten, die bei geringer Temperatursteigerung über diesen Punkt hinaus wieder verschwinden und das Rohrinnere klar und homogen zeigen. Die Temperatur, bei der die Dichten von Dampf und Flüssigkeit eben gleich werden, heißt die kritische Temperatur. Der Druck, der dann im Rohr herrscht, der kritische Druck und das **spezifische Volum** des Rohrinhalts das kritische Volum. Drucke,

Temperaturen und spezifische Volumina, dividiert durch die entsprechenden kritischen Größen, heißen „reduzierte“. Das hat mit Reduktion auf idealen Gaszustand nichts zu tun. Man kann die Erscheinung des kritischen Punkts leicht demonstrieren.

Zubehör. Kohlensäureröhrchen. Thermometer bis 40°. Trog. Fletcherbrenner mit Blechbecher. Schutzbrille.

Ausführung. Man setzt das Röhrchen in warmes Wasser, dessen Temperatur unter 30° liegt, und fügt langsam wärmeres Wasser hinzu, bis die kritische Erscheinung sich zeigt. Man liest die kritische Temperatur ab. Man gebe auch ungefähr den Füllungsgrad des Röhrchens beim kritischen Punkt an.

4. Osmotischer Druck. Molekulargewichtsbestimmung in Lösungen.

Besprechung. Man kann poröse Wände derart herstellen, daß sie manche Stoffe hindurchdiffundieren lassen, andere nicht. Sie heißen halbdurchlässige oder semipermeable Wände.

Trennt eine halbdurchlässige Wand zwei Räume, von denen der eine einen durchgehenden Stoff enthält, der andere eine Mischung von diesem und einem nicht durchgehenden, so wird auf die Wand von der letzteren Seite aus ein Überdruck ausgeübt. Ist die Wand stark genug, ihm mechanisch zu widerstehen, und geht in jedem Augenblick ebensoviel durchgehender Stoff nach der einen, wie nach der anderen Seite durch, so besteht Gleichgewicht hinsichtlich des Drucks. Man nennt dann den Überdruck den osmotischen Druck der Mischung gegenüber dem durchgehenden reinen Stoff. Oder, da die Mischung auch Lösung genannt werden kann, so kann man, wenn das Lösungsmittel (der im Überschuß vorhandene Stoff) durch die Wand gehen kann, der gelöste Stoff aber nicht, auch sagen, daß ein Überdruck besteht gleich dem osmotischen Druck der Lösung gegenüber dem Lösungsmittel.

Für den osmotischen Druck verdünnter Lösungen gelten erfahrungsgemäß folgende drei Gesetze:

Ist die Wand halbdurchlässig, so hängt der osmotische Druck von ihrer Natur nicht ab.

Er hängt vom Lösungsmittel nicht ab.

Er gehorcht im übrigen den Gasgesetzen:

$$PV = nRT. \tag{39}$$

Darin bedeutet jetzt P den osmotischen Druck, V das Volum, worin die n Mole Stoff gelöst sind, T die absolute Temperatur und R die Gaskonstante.

Somit kann man ebenso, wie aus der Dampfdichte das Molekulargewicht von Gasen, aus dem osmotischen Druck verdünnter Lösungen das Molekulargewicht gelöster Stoffe bestimmen. Die Gasgesetze gelten für den osmotischen Druck noch bei relativ höheren Konzentrationen, als das bei Gasen der Fall ist.

In Lösungen von Elektrolyten (= Leiter II. Klasse) ist der osmotische Druck größer als der Anzahl der aufgelösten Mole entspricht. Und zwar im Verhältnis $i:1$, wo i der van't Hoffsche Faktor heißt. Im Sinn der Arrheniusschen elektrolytischen Dissoziationstheorie gibt er an, in welchem Verhältnis die durch elektrolytische Dissoziation vergrößerte Molzahl zur ursprünglichen (bzw. der aus dem Formelgewicht des gelösten Stoffs berechneten) steht. Zerfällt also 1 Mol in n Mole ($n$fache Dissoziation) bei quantitativem Zerfall, so ist die Molzahl, falls nur der Bruchteil α zerfallen ist:

$$(1-\alpha)+n\alpha = 1+(n-1)\alpha = i, \tag{40}$$

$$\alpha = \frac{i-1}{n-1}. \tag{41}$$

Hat man aus dem osmotischen Druck das Molekulargewicht bestimmt und fand man für die Molzahl das $i$fache der normalen, so ist das Molekulargewicht ein $i$tel des normalen und es wird:

$$i = \frac{\text{Mol-Gew. ber.}}{\text{Mol-Gew. gef.}}. \tag{42}$$

Daher wird:

$$\alpha = \frac{\text{Mol-Gew. ber.} - \text{Mol-Gew. gef.}}{(n-1).\text{Mol-Gew. gef.}}. \tag{43}$$

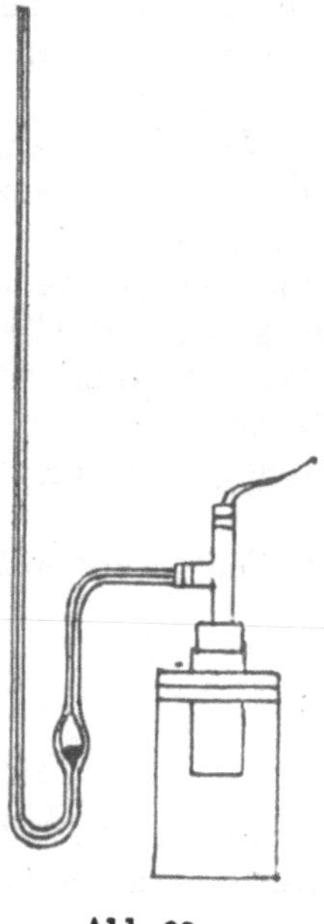

Abb. 88. Osmotischer Druck.

Zubehör. Pukallsche Filterzelle, 38 ccm Inhalt. Siedemantel aus Glas mit Ansatz zur Strahlpumpe. Strahlpumpe. 3proz. $K_4Fe(CN)_6$-Lösung, 3proz. $CuSO_4$-Lösung, Stopfen mit Glasrohr für die Zelle. Becher zur Imprägnierung. 50proz. Zuckerlösung. 1proz. Zuckerlösung. Flasche und Stopfen mit Manometeraufsatz und Skale. Stativ und Brenner.

Ausführung (nach Lüpke, Elektrochemie). Man setze die Zelle in den wassergefüllten Siedemantel und pumpe wiederholt die Luft heraus. Die Zelle muß untertauchen. Dann erhitzt man gelinde und pumpt aus, so daß durch wiederholtes Pumpen und Lufteinlassen alle Luft aus den Poren entfernt wird. Man füllt dann die tropfnasse Zelle mit der Ferrozyanidlösung voll, setzt den Stopfen mit Glasrohr höchstens 1 cm tief ein und setzt die Zelle bis über den Rand in die Kupfersulfatlösung in den Imprägnierungsbecher, wo sie etwa eine Woche stehen bleibt. Sie wird dann ausgewässert in vielfach gewechseltem Wasser und mit der 1proz. Zuckerlösung bis zum Austreten der Lösung aus der Glasspitze (durch Einschieben des Manometerasts in den Stopfen Flüssigkeit heraustreiben, dann mit Stichflamme abschmelzen) gefüllt an dem Manometerteil montiert. Man beobachte die Steigung und berechne die Quecksilberhöhe, bis zu der der osmotische Druck das Manometer hinauftreiben müßte, aus der Gasgleichung und der Konzentration der Lösung. Der Druck wird jedenfalls nicht erreicht werden, da die Lösung durch das Eindringen des hinauftreibenden Wassers verdünnter wird. Man berechne aus einer Überschlagsrechnung unter Berücksichtigung der Apparatvolumina diesen Betrag.

Die wichtige Rolle des osmotischen Drucks in der ganzen Biologie ist bekannt. Bestehen doch die Organismen großenteils aus halbdurchlässigen Wänden.

5. Anwendung des Gasgesetzes zur Volumbestimmung und zur Bestimmung der Molzahl bei einer Gasreaktion.

Besprechung. Die chemische Vereinigung von Gasen oder ihre Zersetzung läßt sich oft messend verfolgen, indem man die Volum- oder Druckänderungen mißt, die die Reaktion begleiten. Solche treten bei konstant gehaltener Temperatur zufolge dem Gasgesetz nur dann ein, wenn die Reaktion eine Änderung der Molekülzahl mit sich bringt. Diese läßt sich dann an Hand der Volum- oder Druckänderungen feststellen. Oft geht dabei die Reaktion so schnell vor sich, daß man zur Messung der Ausgangsmengen mit bloßer manometrischer Messung nicht auskommt, sondern noch Wägungen oder Volummessungen braucht.

Dann besteht der Apparat im Prinzip aus folgenden Teilen:

Reaktionsgefäß, nötigenfalls mit einem Ansatz, um gewogene Mengen leichtflüchtiger Stoffe, eingeschmolzen in nachher aufzubrechende Röhrchen, einbringen zu können, oder um Gase einleiten zu können.

Gasbürette, um gasförmige Ausgangsstoffe abzumessen, in einem Wassermantel.

Manometer, um die Druckänderungen zu verfolgen (man läßt die Reaktionen, weil experimentell und oft auch theoretisch einfacher, sich meist bei konstantem Volum abspielen).

Rohrverbindungen zwischen Reaktionsgefäß, Bürette und Manometer, die zusammenfassend als „Kreuzstück“ bezeichnet zu werden pflegen.

Dazu kommen im allgemeinen noch Vorrichtungen zur Konstanthaltung der Temperaturen (Thermostaten) und die Meßinstrumente für die Temperaturen, sowie die Entbindungsapparate für die Ausgangsstoffe. Diese letzteren Hilfsapparate lassen wir zunächst bei der Besprechung beiseite.

Im Prinzip verläuft ein Versuch stets so, daß man bekannte Mengen der Ausgangsstoffe ins Reaktionsgefäß bringt und an ihrer Druckänderung gegenüber dem aus $pv = n\,RT$ berechneten Druck die Änderung der Molzahl verfolgt.

Die Menge des ersten Stoffs kann man, falls er gasförmig ist, ermitteln, wenn man das Reaktionsgefäß bis zu einem gemessenen Druck damit füllt und sein Volum kennt. Also ist die Bestimmung des Volums des Reaktionsgefäßes die erste Aufgabe. Sie erfolgt am besten durch

Auswägen (mit Wasser und leer). Man entnimmt dann Tabellen unmittelbar das Volum des Gefäßes, das der gefundenen Wassermasse in Gramm bei der betreffenden Temperatur entspricht.

Volumbestimmung von Gefäßen.

Das Volumen von Glasgefäßen kann man unmittelbar aus Tabelle VIII ablesen. Hat man bei der Temperatur t das Gewicht G Gramm bestimmt, so ergibt die Tabelle sogleich den Faktor, womit G multipliziert werden muß, um den Inhalt in ccm zu liefern. Dieser Faktor ist der Temperatur ausreichend genau proportional. Für zwei Temperaturen, 10° und 20°, ist sein Wert aus der Tabelle zu entnehmen. Trägt man diese beiden Werte gegen die Temperatur als Abszisse in Millimeterpapier ein und zieht durch die beiden Punkte eine Gerade, so läßt sich aus ihr für jede Temperatur das Volumen des Glasgefäßes ablesen.

Das Volumen von Porzellan- oder Quarzgefäßen bestimmt man meist durch Auswägen mit Wasser. Da hier der Inhalt gegen das Volumen der Gefäßmasse groß zu sein pflegt, so reduziert man die Wägung auf den leeren Raum durch Addition von $1{,}06 \cdot G'$ mg, wo G' das Gesamtgewicht von Gefäß + Wasser in g ist. Das Korrektionsglied berücksichtigt den Auftrieb in Luft. Hat man so als reduziertes Gewicht des Wassers G g erhalten, und ist das Gefäß bei t^0 C mit Wasser gefüllt gewogen worden, so findet man sein Volumen bei dieser Temperatur t durch Multiplikation mit dem spezifischen Volumen des Wassers bei t^0, das aus Tabelle IX entnommen wird. Die Tabelle beleuchtet zugleich den großen Einfluß der Temperatur bei genauer Volumbestimmung. Um das Volumen bei anderen Temperaturen zu finden, berücksichtigt man die kubischen Ausdehnungskoeffizienten (die den dreifach genommenen linearen ausreichend gleich sind). Für Quarz (geschmolzen gewesen) ist er 0,00000135, für Porzellan rund 0,000009, für Glas rund 0,000025. D. h. man hat jedes bei t_0 Grad bestimmte Volumen mit $1{,}0000013\ (t - t_0)$ bei amorphem Quarz, mit $1{,}000009\ (t - t_0)$ bei Porzellan, mit $1{,}000025\ (t - t_0)$ bei Glas zu multiplizieren, um das Volumen bei der höheren Temperatur t zu finden. Wegen der Unsicherheit der Ausdehnungskoeffizienten bei Glas und Porzellan muß man bei ersterem bei 500° schon eine Unsicherheit der Volumina von 0,5 Prozent am Volumen zugeben und bei letzterem bei 1000° eine reichlich ebenso große. Bei Quarz erreicht sie selbst bei 1000° wohl noch nicht 0,5 Promille. Natürlich kann man diese Unsicherheiten durch besondere Messungen sehr verkleinern, aber selten wird man solche Messungen anstellen. Denn die thermische Nachwirkung bringt die Gefahr ähnlicher Fehler hervor. Selbstverständlich kann man die Ausdehnung bei anderen Stoffen als Glas gleichfalls als ausreichend linear ansehen und deshalb aus einer graphischen Darstellung entnehmen, wie bei Glasgefäßen beschrieben. Diese Näherung genügt meistens.

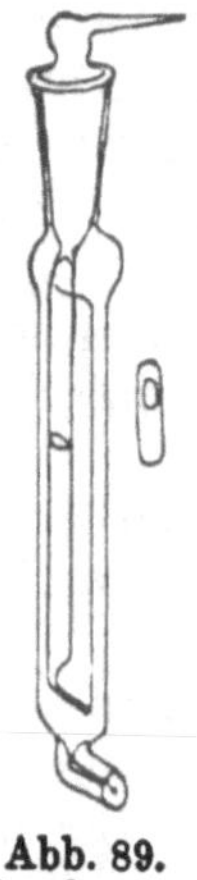

Abb. 89. Brechender Drehschliff zum Einbringen bestimmter Mengen flüchtiger Stoffe in geschlossene Gefäße.

Will man nun einen leicht verdampfbaren Stoff hinzubringen, so schließt man ihn zuerst in ein gewogenes Röhrchen ein (event. angesetzt an den Schliffstopfen, s. Abb. 89) und wägt abermals, zerbricht dann das Röhrchen, etwa durch Drehen eines Schliffstopfens, so daß sich nun die Flüssigkeit ins geschlossene Reaktionsgefäß verflüchtigt.

Will man eine bestimmte Menge eines anderen Gases hinzubringen, so geschieht das am bequemsten mittels der Bleierschen Gasbürette

(Abb. 90). Man füllt diese zuerst vollkommen mit Quecksilber durch Heben der Birne und Öffnen der entsprechenden Hähne, senkt dann die Birne, während man die Bürette oben mit den Gasbehältern in Verbindung setzt, bis man das gewünschte Gasvolum abliest. Man schließt dann die unteren Hähne und die zur Gaszufuhr und mißt auch Druck und Temperatur der abgemessenen Gasmenge. Der Druck muß höher sein, als der schon im Reaktionsgefäß herrschende Gesamtdruck. Öffnet man nun den Hahn zu ihm, so strömt Gas aus der Bürette ins Reaktionsgefäß nach Maßgabe des Druckunterschieds zwischen beiden und des Verhältnisses ihrer Volumina. Schließt man dann, einerlei, ob sich schon zwischen Bürette und Reaktionsgefäß Druckgleichgewicht eingestellt hat oder nicht, beide voneinander ab, und verbindet das Manometer mit der Bürette, so erfährt man den Druckunterschied in der Bürette gegenüber dem anfangs in ihr herrschenden. Aus diesem Druckunterschied berechnet sich nach dem Gasgesetz die Menge des ins Reaktionsgefäß gelangten Gases. Man kann natürlich auch, um größere Gasmengen in dieses überzuführen, während die Hähne zu ihm offen sind, die Birne heben und die unteren Hähne an der Bürette öffnen, so daß also dann auch das Volum, nicht bloß der Druck des Gases im Volumeter, abnimmt. Auch dann genügt das Gasgesetz zur Berechnung. Denn es ergibt die Zahl der anfangs in der Bürette befindlichen Gasmole und die Zahl der zuletzt noch übrigen. Die Differenz hat sich ins Reaktionsgefäß begeben.

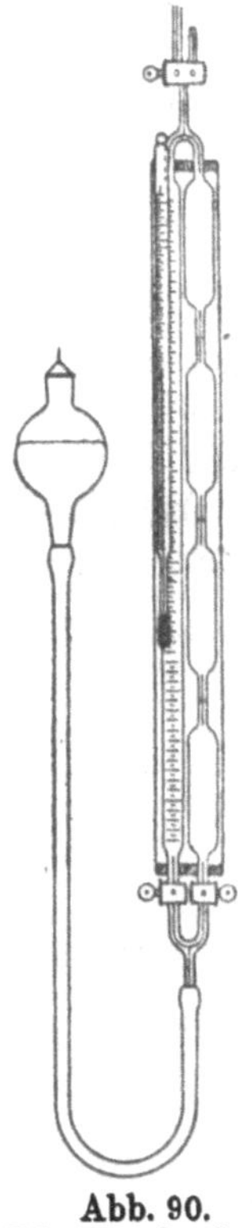

Abb. 90. Bleiersche Gasbürette.

Aggressive Gase entspannt man aus Hahnkugeln, deren Volum man kennt, ins Reaktionsgefäß. Man füllt sie durch Auspumpen der Kugeln. Eine Reihe verschieden großer Kugeln, gefüllt bei Atmosphärendruck (entspannt gegen Atmosphäre nach Füllung bei Überdruck), ersetzt eine Bürette.

In allen diesen Fällen hat man zu genauem Verfahren die Teile des Kreuzstücks mit zu berücksichtigen, worin während der verschiedenen Handgriffe der Druck und allenfalls auch die Gasnatur wechselt. Erste Bedingung ist, daß man das Volum des Kreuzstücks kennt. Meist wird es erst nach Aufstellung des ganzen Apparats vom Glasbläser angeschmolzen und ist deshalb nicht mit Wasser oder Quecksilber auszuwägen. Man bestimmt sein Volum ebenfalls mittels des Gasgesetzes auf folgendem Weg:

Volumbestimmung des Kreuzstücks. Man pumpt das Kreuzstück mit der Strahlpumpe aus und mißt den Restdruck der Luft darin. Zugleich mißt man in der Bürette eine beliebige, genau bekannte Luftmenge ab, entspannt sie dann ins Kreuzstück und berechnet aus der Druckänderung unter Berücksichtigung des Volums der ursprünglich in der Bürette befindlichen Luft das Volum des Kreuzstücks.

Man findet leicht folgenden Ansatz:

Ist der Enddruck nach dem Kommunizieren von Bürette und Kreuzstück P, der anfängliche Druck im Kreuzstück p, der Barometerstand (= Druck in der Bürette vor dem Kommunizieren) P', das Volum in der Bürette V und das gesuchte Volum des Kreuzstücks x, so wird:

$$x = \frac{P'V - PV}{P - p}. \tag{44}$$

Mehrfache Wiederholung dieses Verfahrens liefert einen genauen Mittelwert für x.

Man führt diese Messung aus und bestimmt ferner die Molzahl in einem Reaktionsgefäß, worein man eine bestimmte Menge Chlor und ein abgemessenes Volum NO hereingebracht hat. Diese beiden Stoffe vereinigen sich bei Temperaturen wenig über Zimmertemperatur in bequem meßbarem Betrag und mit meßbarer Schnelligkeit zu NOCl nach der Gleichung:

$$2NO + Cl_2 = 2NOCl. \tag{45}$$

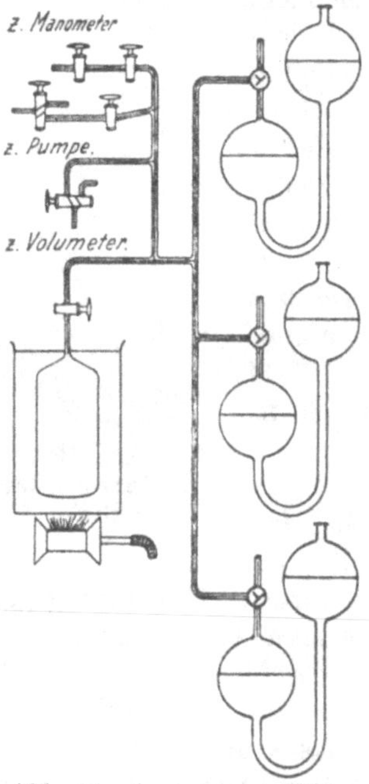

Abb. 91. Apparat zur Untersuchung einer Gasreaktion.

Die Reaktion verläuft unter Abnahme des Drucks im Verhältnis 3 : 2. Bei Chlorunterschuß und quantitativem Reaktionsverlauf würde die Reaktion dem Druck nach so erfolgen, als verschwände einfach das Chlor. Tatsächlich erfolgt die Reaktion nicht sofort quantitativ. Die Druckmessung ergibt nur die Änderung der Gesamtmolzahl gegenüber der aus den Anfangsmengen berechneten.

Genau wie hier verfährt man im Prinzip bei jeder Gasreaktion, die unter Änderung der Molzahl abläuft. Erfolgt genau die berechnete Änderung, so hat man quantitativen Verlauf damit nachgewiesen. Erfolgt eine zu geringe Änderung, so kann sie entweder praktisch unmeßbar schnell sich einstellen, dann erfährt man aus der Messung nur die Zusammensetzung des Gebildes im Endzustand, andernfalls kann man die Geschwindigkeit messen, womit er sich einstellt, wenn man die Ablesung von Zeit zu Zeit wiederholt und die zugehörigen Zeiten und Molzahlen miteinander vereinigt untereinander vergleicht. Dies wollen wir im folgenden Versuch ausführen.

Dividiert man die gefundenen Molzahlen der einzelnen Bestandteile durch das Volum des Reaktionsgefäßes, so erfährt man daraus die Konzentrationen (z. B. in Mol/Litern), was für viele Aufgaben der chemischen Verwandtschaftslehre wichtig ist.

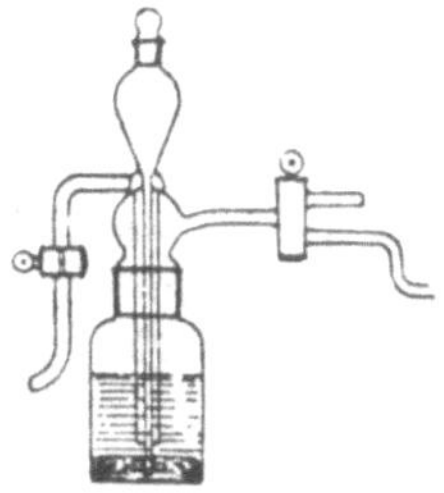

Abb. 92a. NO-Entwicklungsapparat. (Hg und nitrose Schwefelsäure.)

Zubehör. Reaktionsgefäß mit Wassermantel, Gasbehältern und Kreuzstück (Abb. 91). Bürette. Nivelliermanometer. NO-Entbindungsapparat (Abb. 92 a und b). Chlorbombe. 3 Thermometer. Strahlpumpe. Apparat zur N_2-Entwicklung nach Raschig (Abb. 93). n-Natriumazidlösung. n-Jodlösung, Thiosulfat. Quecksilber. 5% $NaNO_2$-Lösung in konz. H_2SO_4. Barometer und Korrektionstabelle.

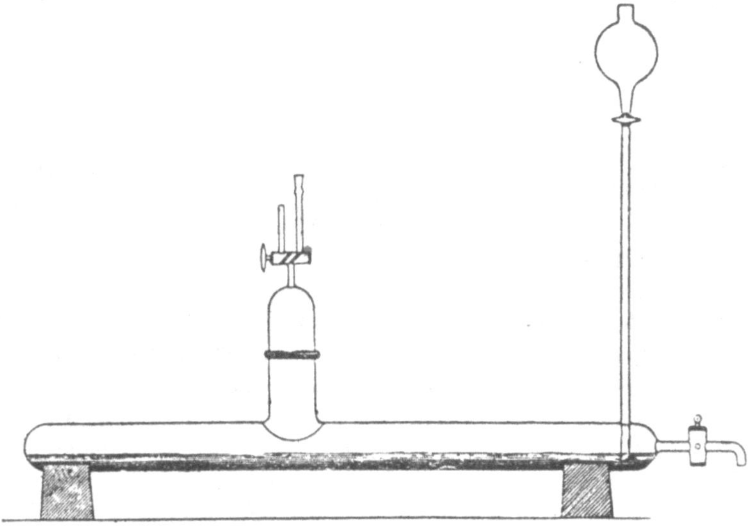

Abb. 92b. Apparat zur Entwicklung großer NO-Mengen aus Hg und nitroser Säure.

Ausführung. Man bestimmt zuerst das Volum des Kreuzstücks viermal in der beschriebenen Weise. Das Volum des Reaktionsgefäßes wird als bekannt vorausgesetzt. Man füllt dann das Reaktionsgefäß durch abwechselndes fünfmaliges Auspumpen und Füllen mit Chlor aus dem Gasometer, worin es über $CaCl_2$-Lösung aufbewahrt ist, entspannt zuletzt nach der freien Atmosphäre, worauf man mit dem gleichfalls nach der Atmosphäre entspannten, vorher mit Luft gefüllten Kreuzstück und Manometer verbindet. Nun wird sehr langsam ausgepumpt mit der Strahlpumpe bis zu einem passenden Druck (etwa 100—200 mm).

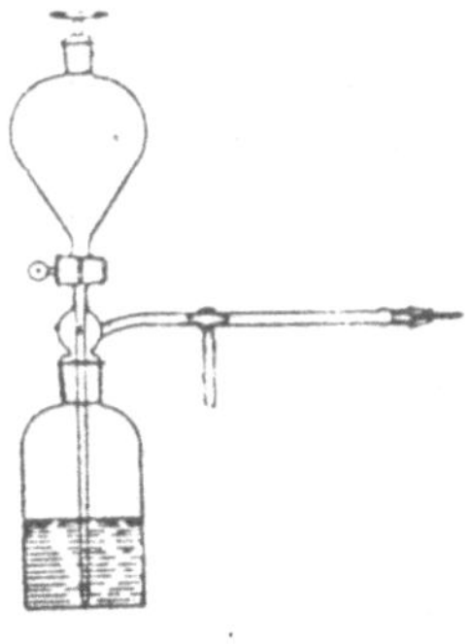

Abb. 93. N_2-Entwicklung nach Raschig. (Jodlösung fließt in $Na_2S_2O_3$-haltiges Azid.)

Man muß hierbei sehr vorsichtig verfahren, damit man kein Cl_2 ins Manometer bekommt. Es ist die einzige schwierigere Arbeit bei der ganzen Messung. Man hat dazu zwischen Kreuzstück und Pumpe einen Rillenhahn, d. h. einen, von dessen Bohrung aus je eine Rille seicht den Hahn zur Hälfte umfaßt. Öffnet man ihn (Abb. 94), so treten seine Rohrschenkel zuerst durch die Rille miteinander in Verbindung und lassen hier nur sehr langsam und stoßfrei Gas durchtreten. Hat man außerdem am Pumpendruckschlauch einen Schraubenquetschhahn befestigt und dadurch diesen verengt, so gelingt es, das Auspumpen sehr langsam beginnen zu lassen und sehr langsam (mindestens 5 Minuten für je 10 cm Hg-Höhe) durchzuführen. Ist der gewünschte Druck (rund 50—100 mm) erreicht, so verengt man langsam den Weg zur Pumpe noch mehr, so daß das Auspumpen fast asymptotisch aufhört. Dann rührt man den Wassermantel des Reaktionsgefäßes kräftig um und nun wird das Manometerquecksilber abgelesen und seine Temperatur, ferner die Temperatur des Reaktionsgefäßes. Nun wird der Hahn zu diesem geschlossen und damit kennt man nach $n' = p'v/RT'$ die Anfangsmolzahl des Chlors. Man füllt die anderen Gasometer mit N_2 und NO.

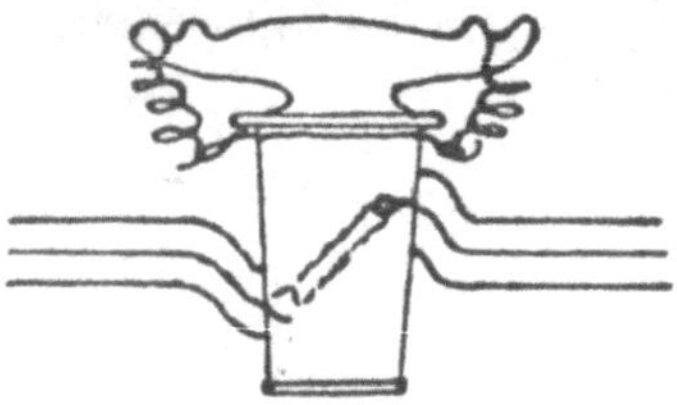

Abb. 94. Rillenhahn. (Rille von der Bohrung aus.)

Man pumpt jetzt Kreuzstück und Manometer fünfmal aus und füllt nach jedem Auspumpen mit N_2. (Entwickelt dadurch, daß man Jod in Azid laufen läßt und vorher einen Thiosulfatkristall hinzufügt.) Dann verfährt man mit Kreuzstück, Manometer und Bürette ebenso, indem man aber nun mit NO füllt (Nitritlösung auf das Hg gießen). So entfernt man jede Spur Luft aus dem Apparat. Zuletzt rührt man den Wassermantel der Bürette kräftig um und füllt sie mit NO zu einem beliebigen geeigneten Maß an, liest ihre Temperatur T'', ihr Volum v'' und den herrschenden Druck p'' ab (bei allen Druckmessungen Barometerablesung nicht vergessen), schließt sie ebenfalls ab und ist jetzt zum Versuch bereit.

Man rührt ein letztes Mal die Wassermäntel um, liest die Temperaturen darin, den Barometerstand und die Temperatur des Manometers ab. Im letzteren muß stets ein Überdruck herrschen, zum Reaktionsgefäß hin gerichtet. Man erreicht das dadurch, daß man nach dem Füllen der Bürette und Messung ihres Inhalts die Manometerbirne sehr tief stellt, so daß das „innere“ Quecksilber, also das dem Reaktionsgut zugewandte, weit unter der Nullmarke des Manometers sich befindet, an der es stets zur Messung sein muß. Hat man genug (50—100 ccm) NO in der Bürette, so verringert diese unbedeutende Volumvergrößerung des Gasvorrats in der Bürette den Druck nur sehr wenig, und man darf also dann, obwohl es langsam geschehen muß, doch unbedenklich die Verbindung zwischen Bürette und chlorgefülltem Reaktionsgefäß herstellen. Denn sobald dies geschieht, steigt das innere Quecksilber und es ist bei langsamem Öffnen des Verbindungshahns ein Leichtes, ein Steigen des inneren Quecksilbers über die Nullmarke durch rechtzeitiges unmerklich langsames Senken der Manometerbirne, wenn überhaupt noch nötig, zu vermeiden. Hat man jedoch die Birne tief genug gehängt, so zeigt eine leichte Überschlagsrechnung, daß dann die Gefahr eines späteren Senkenmüssens des inneren Quecksilbers nicht mehr besteht. Beim schnellen Senken wird fast unvermeidlich die Kuppe verschmiert und die Messung unmöglich oder unzuverlässig oder ungenau.

Hat sich der Druck ausgeglichen, so hebt man vorsichtig die Manometerbirne, bis die innere Kuppe auf der Nullmarke steht und liest ab: Temperatur des Reaktionsgefäßes, des Kreuzstücks, der Bürette, des Manometers, Stand des letzteren, Zeit und Barometerstand. Man schließe sogleich den Hahn zur Bürette, fahre mit Ablesung wenigstens von Zeit und Manometer eine Stunde lang von 5 zu 5 Minuten fort. Man wiederhole den Versuch bei etwa 20° höherer Temperatur (also etwa 0° und 20°). Man muß dabei die innere Kuppe durch sehr gleichmäßiges und langsames Senken der Manometerbirne immer genau auf der Nullmarke halten. Kennt man die Temperatur des Reaktionsgefäßes T''', der Bürette T'''', Druck P''' und hat das Kreuzstück die Temperatur der Bürette, so hat man alle Angaben beisammen, um auszurechnen:

1. Wieviel Mole NO noch in Kreuzstück und Volumeter übrig sind. Subtraktion von der anfangs in diesen Räumen vorhandenen Zahl gibt die Zahl der Mole, die ins Reaktionsgefäß eingetreten sind.

2. Addition der Chlormole zu den letzteren gibt die Summe der Mole bei der „Reaktion Null". Daraus ergibt wiederum Rechnung mit dem Gasgesetz den Gesamtdruck bei der „Reaktion Null" für das gegebene Volum und die gegebene Temperatur des Reaktionsguts.

3. Die letzte Messung selbst ergibt den wirklichen Druck, der kleiner ist als der berechnete. Das Verhältnis beider bei konstanter Temperatur gibt das Verhältnis der Molzahl am Ende zu der am Anfang des Versuchs. Andernfalls korrigiere man mit dem Gasgesetz auf die Anfangstemperatur.

Man vergesse nicht die verschiedenen manometrischen Korrektionen. Rechnung bis auf 0,2 mm entspricht etwa der erreichbaren Genauigkeit.

Man berechne, welche Partialdrucke an NO, Cl_2 und NOCl (Atm.) zu den verschiedenen Zeiten herrschen.

Man berechne durch Überschlagsrechnung, wieviel Prozent Fehler, gerechnet jeweils auf den gefundenen Partialdruck, den einzelnen Partialdrucken anhaften wird, wenn man die Ablesungsfehler berücksichtigt und den ungünstigsten Fall der Addition der Fehler im selben Sinn wählt.

Der Ansatz zu der Berechnung der Konzentrationen soll an NOCl verdeutlicht werden. Man nimmt an, daß anfangs $2a$ Mole NO und b Mole Cl_2 vorliegen, daß dann $2x$ Mole NOCl sich gebildet haben; dann sind nur noch $2a - 2x$ Mole NO übrig und $b - x$ Mole Cl_2. Also sind anfangs da:

$$2a + b \text{ Mole.} \tag{46}$$

Am Ende des Versuchs:

$$(2a - 2x) + (b - x) + 2x = 2a + b - x \text{ Mole.} \tag{47}$$

Die Drucke bei gleichem Volum und gleicher Temperatur verhalten sich wie die Molzahlen. Also entspricht dem Anfangsdruck P_0 die Summe $2a + b$ und dem Enddruck P die Differenz $2a + b - x$. Man kann auch dann unter den a, b und x unmittelbar Partialdrucke verstehen, also **die Bedeutung ändern.** Man findet somit den halben Partialdruck des entstandenen NOCl aus der Differenz:

$$P_0 - P = x. \tag{48}$$

Dies wird dann in die Ausdrücke $2a - 2x$ und $b - x$ eingesetzt. Es ist, wie man sieht, stets vorteilhaft, beim Ansatz die Molekularkoeffizienten in der chemischen Gleichung in der angeschriebenen Weise zu verwenden (also nicht als Anfangsmenge a und b zu nehmen, sondern $2a$ und b usw.).

Die Behandlung der Schliffe und Hähne muß besonders sorgfältig geschehen (vgl. S. 20).

Beide müssen, wenn sie zuverlässig arbeiten sollen, unter konstanten Druck gesetzt sein durch die daran befestigten Federn aus Messingdraht von genau richtiger Federkraft (Abb. 94).

Man prüfe Hähne in der Durchsicht, senkrecht zur Fläche der Fetthaut zwischen Küken und Gehäuse. Sie müssen hier korn- und streifenfrei durchsichtig — optisch klar — sein. Sie bleiben das jedoch nur dann, wenn man sie stets nur langsam dreht, am besten je in mindestens 3—5 Sekunden. Dabei muß ferner das Drehen, wo irgend möglich, mit beiden Händen geschehen. Die Linke faßt das Gehäuse am unteren Teil, die Finger der Rechten drehen den Querbalken des Hahns so, daß der zweite, dritte und vierte Finger, bei großen Hähnen auch der fünfte, an der einen Seite, der Daumen an der anderen Seite angreift. Man fasse dabei nicht nur das Glasstück, sondern schiebe die daran befestigten Messingteile gleichzeitig. Sonst wird der Hahn entweder zurückgedrückt durch die Federkraft, geht wohl gar wieder auf, wenn man ihn geschlossen hat, oder er gelangt wenigstens infolge der wachsenden Spannung der Feder unter größeren Druck, der beim Herstellen der alten Federlage wieder nachläßt, beim ersteren oft Fett auspreßt, beim letzteren dann undichte Streifen im durchfallenden Licht erkennen läßt.

Die Art des Hahnfetts muß bei aggressiven Gasen sich nach der Art der Gase richten. Vorbehandlung der Schmiermittel (Vaseline, Paraffin, Stearin, Paragummi) mit den Gasen und Entgasung der erhaltenen Schmieren im Vakuum liefert oft brauchbare Fette. Vgl. den Abschnitt in der Einleitung (S. 20).

Auf zuverlässige Behandlung von Schliffen und Hahnfett kommt bei Gasarbeiten einfach alles an. Man kann den gegebenen Regeln nicht leicht mit zuviel Sorgfalt und Aufmerksamkeit auf mögliche Fehler folgen. Man gebe alle beobachteten Zahlen in übersichtlicher Zusammenstellung an. Dazu eine übersichtliche Tabelle der daraus berechneten Zahlen und Korrektionsglieder, sowie der vermutlichen Fehler, ausgedrückt in Prozenten der Zahlenergebnisse.

Man bewahre die erhaltenen Zahlen auf, da sie in zwei späteren Übungen weiter verwendet werden (5 und 7).

6. Bestimmung von C_p/C_v nach der Kundtschen Methode.

Besprechung. Nach dem ersten Hauptsatz der Thermodynamik ist die Zunahme dU der Energie eines Systems gegeben durch:

$$dU = dQ - dA. \tag{49}$$

Darin ist dQ die dem System zugeführte Wärme und dA die vom System nach außen abgegebene Arbeit. Adiabatisch heißt ein Vorgang, wenn bei ihm Wärme weder aufgenommen noch abgegeben wird, also $dQ = 0$ ist. Dann wird:

$$dA = -dU. \tag{50}$$

Beziehen wir uns jetzt nur auf ideale Gase, also auf solche, für die das Gesetz $pv = n\,RT$ streng gilt, so hängt die Energie eines aus solchen bestehenden Systems nur ab von ihrer Masse und ihrer Temperatur und hat, wenn diese beiden Größen gegeben sind, für einen bestimmten Stoff einen bestimmten Zahlwert. Insbesondere hängt die innere Energie eines idealen Gases nicht ab von seiner Dichte, ändert sich also mit ihr nicht. Legen wir jetzt 1 Mol Gas zugrund, so ist die Masse bestimmt und die Energie kann nur noch abhängen vom gegebenen Stoff und der Temperatur. Dann kann eine Änderung der Energie des Gases nur noch dargestellt sein durch den Ausdruck:

$$dU = C_v\,dT, \tag{51}$$

worin C_v die Molarwärme des Stoffs bei konstantem Volum bedeutet. Nimmt man eine adiabatische Volumänderung mit diesem Gas vor, so ist die dabei abgegebene Arbeit ausgedrückt durch das Produkt pdv (dv muß darin das positive Vorzeichen haben, weil nur einer Ausdehnung eine positive nach außen geleistete Arbeit entspricht). Adiabatisch kann solche Änderung nur sein, wenn sie sehr schnell erfolgt. Sonst ist ein Wärmeaustausch während des Vorgangs mit der Umgebung unvermeidlich. Die Schallwellen stellen solche adiabatische Dichteänderungen dar. Erst als man zu dieser Erkenntnis gekommen war, gelang es, richtige Werte für Schallgeschwindigkeiten vorauszuberechnen. Der Zusammenhang zwischen den Größen in obigen Formeln und der Schallgeschwindigkeit kommt in folgender Weise zustande:

Integration der Gleichung:

$$pdv = -C_v dT \tag{52}$$

zwischen zwei Volumina v_0 und v_1 bedeutet physikalisch, daß man dem Gas, beim Volum v_0 beginnend, adiabatisch das Volum v_1 aufzwingt (praktisch sehr schnell) und daß sich dabei die Temperatur auf den zugehörigen Wert T_1 von T_0 aus ändert. Mathematisch kommt man für ein von T nicht[1] abhängiges C_v dabei zu dem Ausdruck für 1 Mol:

$$R \,.\, ln \frac{v_1}{v_0} = C_v \,.\, ln \frac{T_0}{T_1}. \tag{53}$$

Da nun:

$$R = C_p - C_v, \tag{54}$$

so wird, wenn man

$$\frac{C_p}{C_v} = \varkappa \tag{55}$$

setzt:

$$\left(\frac{T_0}{T_1}\right) = \left(\frac{v_1}{v_0}\right)^{\varkappa - 1}. \tag{56}$$

Vereinigt man das mit dem Gasgesetz:

$$pv = RT,$$

so erhält man schließlich:

$$\left(\frac{p_0}{p_1}\right) = \left(\frac{v_1}{v_0}\right)^{\varkappa}. \tag{57}$$

Dies ist das sog. „adiabatische Gasgesetz“. Die p darin bedeuten die Drucke des Gases bei den durch die Indizes bezeichneten zugehörigen Temperaturen und Volumina.

Auf einem hier nicht zu schildernden Weg leitete Laplace aus der Hydrodynamik die Gleichung her für die Schallgeschwindigkeit in einem Gas in cm/sec:

$$G = \sqrt{\frac{p\varkappa}{d}}, \tag{58}$$

worin d die Dichte bezogen auf Wasser bedeutet, p den Druck in Dynen/qcm ($= 1333 \cdot p$ in mm Hg).

Die Geschwindigkeit einer Schwingungsbewegung steht mit Wellenlänge L und Schwingungszahl N in der Beziehung:

$$G = L \,.\, N. \tag{59}$$

Die Schwingungszahl bleibt einer gegebenen Schwingung beim Durchgang durch verschiedene Medien erhalten, die Wellenlänge und Geschwindigkeit aber verändert sich. Deshalb kann man die Schallgeschwindigkeiten in zwei verschiedenen Gasen miteinander vergleichen, wenn man die gleiche Schwingung — am besten gleichzeitig — in beiden hervorruft und die entstehenden Wellenlängen vergleicht. Wählt man als das eine Gas Luft, so ist die Geschwindigkeit des Schalls in ihr bekannt und man erhält die Geschwindigkeit im anderen Gas nach der abgeleiteten Formel. Ersetzt man darin die Schallgeschwindigkeiten durch die Ausdrücke, die p, d und $\varkappa$ enthalten, so bekommt man $\varkappa$ für das zu untersuchende Gas aus der Formel:

[1] Das gilt für kleine Temperaturdifferenzen $T_1 - T_0$ im allgemeinen ausreichend genau.

$$\varkappa_2 = \left(\frac{L_2}{L_1}\right)^2 \cdot \frac{d_2}{d_1} \cdot \varkappa_1, \tag{60}$$

die sich leicht aus den gegebenen Formeln ableiten läßt für den Fall, daß man Luft und Gas vom selben Druck, z. B. Atmosphärendruck, benutzt.

Man muß also $\varkappa$ für Luft kennen (1,404), ferner das Verhältnis der Gasdichten, das z. B. bei bekanntem Molekulargewicht M sich ergibt zu $M/28{,}98$. Endlich muß man die L messen können, und dies geschieht am bequemsten durch Erzeugung der Schwingungen in einem zylindrischen Rohr und Abbildung der Schwingung durch ein leichtes Pulver (Quarzpulver, Bimssteinpulver, Glaspulver, Lykopodium usw., am besten das erste), das in den Schwingungsknoten sich zu Häufchen, in den Bäuchen sich zu Rippen anhäuft (Kundt).

Genau genommen hat man wegen Reibung und Wärmeaustausch eine Korrektion an der Schallgeschwindigkeit anzubringen, die erfahrungsgemäß sich durch den Faktor:

$$1 - \frac{0{,}45}{d\sqrt{N}} \tag{61}$$

ausdrücken läßt. Man kann leicht ausrechnen, daß diese Korrektion an der Schallgeschwindigkeit im nachfolgend beschriebenen Rohr nur etwa 0,3 Prozent ändert.

Die Genauigkeit der $\varkappa$-Messung in solchen Röhren kann im allgemeinen bis auf wenige Prozent gehen. Hat man recht genau gemessen und durch zahlreiche Messungen den zufälligen Fehler des Mittels recht klein gemacht, so muß man noch rechnerische Korrektionsglieder an ihm anbringen. Denn die abgeleitete Formel setzt ideale Gase voraus. Die tatsächlich vorhandenen aber zeigen systematische Abweichungen von diesen.

Es ist dann zu beachten, daß mit erheblicher Genauigkeit nach D. Berthelot (empirisch; theoretisch nicht streng ableitbar):

$$C_p - C_v = R\left(1 + \frac{27}{32}\cdot\left(\frac{\vartheta_0}{T}\right)^3\cdot\frac{p}{\pi_0}\right)^2, \tag{62}$$

worin ϑ_0 die kritische Temperatur in absolutem Maß und π_0 den kritischen Druck bedeutet.

Die Messung der Schallgeschwindigkeit in einem Gas ist wichtig, weil sie ebenso schnell über den Wärmeinhalt des Gases recht angenäherten Aufschluß gibt, wie eine Dampfdichtebestimmung über das Molekulargewicht, letzteres die Druck-, ersterer die Energieeigenschaften kennzeichnend.

Diese Messung ist ferner wichtig aus dem prinzipiellen Grund, weil sie das Gesetz von der Unabhängigkeit der inneren Energie eines Gases von seinem Volum einschließt. Ihre Ausführung in der hier gegebenen Form soll dazu anregen, daß der Chemiker eher in die Lage kommt, diese Größe zu bestimmen. Denn die meist benutzte Form der Methode erlaubt nicht, ätzende oder giftige oder nur in kleinen Mengen zugängliche Gase so zu untersuchen.

Solche Messungen sind auch deshalb wichtig, weil die spezifischen Wärmen im allgemeinen auf Affinitätsverhältnisse bei chemischen Reaktionen einwirken, also deren Geschwindigkeiten und Endzustände beeinflussen. Ferner, weil sie die Größe der chemischen Wärmetönung beeinflussen.

Beide Einflüsse werden, wenigstens mit erheblicher Annäherung, sehr vereinfacht durch eine in jüngster Zeit beobachtete Gesetzmäßigkeit: das Gesetz der Additivität der inneren Atomwärmen gleich idealer Gase.[1] Es ist wohl ausgeschlossen, daß es für die meßbaren Mittelwerte von C_v bei idealen Gasen streng gilt, aber vollkommen sicher, daß es für Gase untereinander etwa gleicher Idealität allgemein recht angenähert gilt, daß also seine vereinfachende Wirkung praktisch sehr zum Ausdruck kommt, ferner, daß sie theoretisch wichtig ist. Jede Molarwärme bei konstantem Volum besteht aus zwei Teilen, einem, der nur von der Flugenergie der Gasmoleküle herrührt, und einem, der andere (sogenannte innere Molekül-) Energie angibt. Der von der Flugenergie herrührende Teil beträgt bei allen idealen Gasen immer genau $3/2\,R$, also rund 3, genau 2,98 cal/grad. Der Rest mag „innere Atomwärme" heißen und hängt noch ab von der Temperatur und der Stoffart. Die letztere Abhängigkeit gehorcht mit bemerkenswerter Annäherung dem Gesetz von der Additivität der inneren Atomwärmen, wonach

$$C_v - {}^3/_2\,R = \text{innere Molarwärme} \tag{63}$$

unabhängig ist von der Art der Bindung der Atome in dem betreffenden Molekül. Sie ist also identisch für Isomere. Aber noch mehr. Sie ist noch praktisch identisch für alle die Gasgemische, die brutto dieselbe Zusammensetzung haben, wie das Gas, dessen $C_v - 3/2\,R$ man eben betrachtet. So ist die Summe der $C_v - 3/2\,R$ identisch für jeweils die beiden Seiten irgendeiner chemischen Gleichung, wenn nur die Gase ausreichend ähnliche Idealität haben, z. B. für $H_2 + Cl_2 = 2HCl$, und diese Summe ändert sich zwar mit der Temperatur, aber jeweils für gleiche Temperatur bleibt ihre gegenseitige Gleichheit mit großer Annäherung erhalten. Deutliche Abweichungen kommen bei hohen Temperaturen keineswegs immer (z. B. bei HCl, s. oben, nicht), aber doch bei einer Anzahl Gase, wie CO_2, NH_3, vielleicht H_2O, vor. und wohl immer bei Zerfall von Molekülen zu Atomen. Praktisch ist das Gesetz von erheblicher Bedeutung und bringt viel Vereinfachung mit sich. Theoretisch hat es sich als außerordentlich fruchtbar gezeigt.[2] Vielleicht gilt es bei $T = \infty$ streng, mindestens für gebundene Atome; ähnlich, wie $pv = RT$ für $v = \infty$. Doch ist dies noch unentschieden.

---

[1] M. Trautz, Elster-Geitel-Festschrift. 1915. S. 333ff. — Z. f. anorg. Chemie **93.** 177ff. 1915. — Z. f. anorg. u. allg. Chemie **96.** 1. 1916.

[2] M. Trautz, Z. f. anorg. Chemie **95.** 79. **96.** 1. **97.** 113; s. a. **97.** 127. 241. 1916. Z. f. Elektroch. 1917; ders. u. V. P. Dalal, Z. f. anorg. u. allg. Chem. 1917.

Zubehör. Flanellappen. Alkohol. Bunsenbrenner. Drei Stative mit Klammern. Gasentwicklungsapparat für eines der idealeren Gase (CO_2, NO_2, N_2O, CH_4, C_2H_4, C_2H_6 usw., C_2H_2 . . .). Strahlpumpe. Druckschlauch mit Hahn und Waschflasche. Exsikkator für die Kieselsäure. Glasstab. Hahnfett. Beschwerklötze für die Stative. 80-Voltleitung für den Magneten. Millimeterspiegelskale, Ablesenadel (Häkelnadel mit feiner Spitze). Thermometer bis 30°, auf 0,1° geteilt. Schallrohr mit Innenrohr. Parallelrohr. Magnetstopfen und Elektromagnet. Kieselsäure. (Abb. 95.)

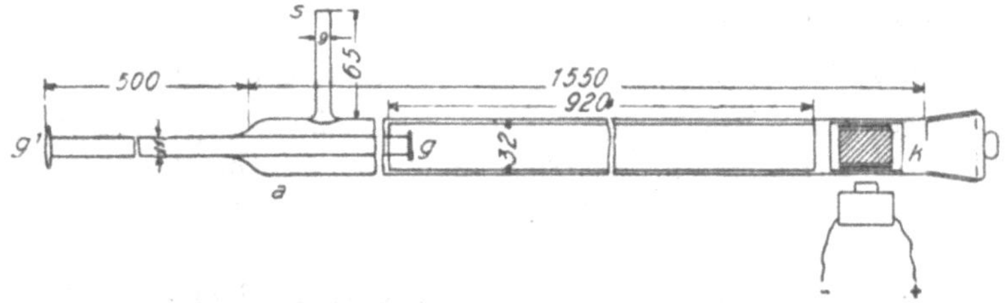

Abb. 95. Kundtsches Schallrohr zur Bestimmung des Verhältnisses $\varkappa = C_p / C_v$ der spezifischen Wärmen von Gasen aus der Schallgeschwindigkeit.

Ausführung. Man spannt das Schallrohr wagrecht ein zwischen gut passende Korke, damit es nicht Gefahr läuft, zerdrückt zu werden, und bringt ins innere Rohr, das mit einem Tropfen Marineleim angekittet ist, etwa ein bis zwei Messerspitzen voll Quarzpulver ein, die man mit dem Glasstab möglichst gleichförmig verteilt, am besten, indem man nach dem Verteilen das Rohr ein wenig um seine Achse dreht, so daß Pulver auch nach oben geschleppt wird. Man setzt den Magnetstopfen ein und dann wird das Rohr mit dem Schliffstopfen verschlossen. Kurzes Anreiben des Stempelstabs mit dem alkoholgetränkten Flanelllappen erregt die Schwingung, die laut und klingend sein soll. Man verschiebt nun von außen den Magnetstopfen mittels des Elektromagneten (oben darüber halten!), bis man für den erregten Ton scharfe Schallfiguren erhält. Das macht einige Mühe, denn man muß dazu auch das Rohr an ganz bestimmte Stellen einspannen, die erst auszuprobieren sind.

Dann wird das Rohr fünfmal je unter Erhitzen ausgepumpt und wieder mit dem zu untersuchenden Gas gefüllt und zuletzt gegen die Atmosphäre entspannt. Gleich darauf liest man den Barometerstand ab und die zu seiner genauen Kenntnis nötige Barometertemperatur. Ferner die Temperatur am Schallrohr.

Nunmehr wird das Parallelrohr über den Stempel geschoben und gut eingespannt, mit Quarzpulver beschickt, auch seine Lage ausprobiert, und so lange Einspannung der beiden Röhren und Lage des Magnetstopfens unter dazwischen erregten Schwingungen verändert, bis in beiden Rohren scharfe Figuren erschienen sind. Man mißt dann zuerst den Barometerstand und die Temperatur auch am Schallrohr, das während der Messungen stets durch den Glashahn geschlossen zu halten ist, und geht dann zur Messung der Wellenlängen über. Man legt den Millimetermaßstab dicht und etwas schräg nach vorn geneigt unter das Rohr, beleuchtet ihn durch eine angenäherte Glühlampe und zielt mit der Ablesenadel auf die Mitte zwischen zwei Bäuchen, so daß ihr oberes, spitzes Ende unten am Rohr anliegt und in der Spiegelskale zu sehen ist, während das untere Ende auf der Skale mit Reibung festliegt. Man läßt es los und liest erst dann die Lage der Nadelspitze unter möglichster Vermeidung von Parallaxe ab. So mißt man Punkt für Punkt, wiederholt dann die Messungen von der anderen Seite der Skale herkommend und nimmt je das Mittel.

Ein Spiegelmaßstab erlaubt, die Parallaxe sehr gering zu machen.

Will man die Wellenlänge recht genau erhalten, so muß man den Magnetstopfen bis auf Millimeter genau an die richtige Stelle bringen und dort durch gelindes Erwärmen einer daran haftenden Spur Marineleim festkitten.

Man wird sich der äußersten, schlecht ausgebildeten Wellen nicht bedienen, sondern nur eine Anzahl n von Punkten abmessen. Ist u_n der Wert, der dem $n$ten Punkt auf der Skale entspricht, so erhält man L recht genau aus der Formel:

$$L = 6 \cdot \frac{(n-1)(u_n - u_1) + (n-3)(u_{n-1} - u_2) + \dots}{u(n^2-1)}. \tag{64}$$

Dieser Ausdruck stellt nichts weiter dar als eine zweckmäßige Mittelbildung aus den Messungen.

Man rechnet daraus zuerst $\varkappa$ aus, dann subtrahiert man 1 davon und erhält durch Division des Ergebnisses in die Gaskonstante R die Molekularwärme bei konstantem Volum. Man addiert dazu R und erhält so C_p. Man vergleicht C_v mit dem Wert, den man unter Annahme strenger Additivität von $C_v - 3/2\,R$ aus den bekannten C_v der Komponenten nach irgendeiner chemischen Gleichung (z. B. nach $C_2H_6 = C_2H_2 + 2H_2$ oder $C_2H_6 = C_2H_4 + H_2$ für C_2H_6) erhalten würde.

Für genauere Rechnung setzt man für die Dichte nicht die aus dem Molekulargewicht folgende ein, sondern die größere, die der unvollkommenen Gasnatur entspricht. Sie ist entweder Tabellen zu entnehmen oder aus der idealen Dichte (wie sie aus dem Molekulargewicht folgt) zu erhalten, wenn man durch $1 + ap$ dividiert, worin

$$a = \frac{9}{128} \cdot \frac{\vartheta_0}{\pi_0 T} \left(1 - 6\left(\frac{\vartheta^0}{T}\right)^2\right). \tag{65}$$

Diese Gleichung stammt ebenso wie die schon angeführte genauere Gleichung für $C_p - C_v$ aus einer von D. Berthelot aus der van der Waalsschen Gleichung durch gewisse Abänderungen erhaltenen, recht brauchbaren Zustandsgleichung für nicht ganz ideale Gase.

Diese Korrektion wäre umständlich und unbequem zu berechnen, wenn man sich nicht abermals der bei der Reduktion des Barometerstands schon benutzten graphischen Methode bedienen könnte.

Denn die Korrektion ap hat ganz die formalen Eigenschaften, wie die Barometerkorrektion, falls wir nur einen kleinen Kunstgriff anwenden. Weil er typisch ist für alle solchen praktischen Vereinfachungen umständlicher Rechnung, so soll er hier eingehend behandelt werden.

Zunächst ist ap, soweit als die Formel (65) überhaupt brauchbar ist, klein gegen 1, sagen wir höchstens 0,1. Da nun die Druckmessung bei unvollkommenen Gasen wegen der Adsorption im allgemeinen kaum bis auf 1 Promille des gemessenen Werts definiert sein wird (die Genauigkeit, womit man die Messung reproduzieren kann, kann weit größer sein, ist aber physikalisch wertlos), so genügt demnach eine Bestimmung von ap auf 1 Prozent Genauigkeit in allen Fällen. Deshalb wird man mit dem Rechenschieber arbeiten. Benutzt man den 50 cm langen, so wird sogar die Division von p durch $1 + ap$ noch damit ausreichend genau möglich sein.

Reduktion eines Gasdrucks auf idealen Gaszustand (nach Mehmkes graphischem Verfahren).

$\frac{1}{\vartheta}$	ap	$\frac{1}{\vartheta}$	ap	$\frac{1}{\vartheta}$	ap
0,425	0,00007	1,000	0,01055	1,575	0,04613
0,450	0,00020	1,025	0,01147	1,600	0,04847
0,475	0,00035	1,050	0,01244	1,625	0,05088
0,500	0,00053	1,075	0,01346	1,650	0,05337
0,525	0,00072	1,100	0,01453	1,675	0,05594
0,550	0,00095	1,125	0,01565	1,700	0,05859
0,575	0,00119	1,150	0,01682	1,725	0,06133
0,600	0,00147	1,175	0,01805	1,750	0,06414
0,625	0,00177	1,200	0,01934	1,775	0,06703
0,650	0,00210	1,225	0,02068	1,800	0,07002
0,675	0,00247	1,250	0,02208	1,825	0,07308
0,700	0,00286	1,275	0,02354	1,850	0,07623
0,725	0,00329	1,300	0,02506	1,875	0,07947
0,750	0,00376	1,325	0,02665	1,900	0,08280
0,775	0,00426	1,350	0,02829	1,925	0,08622
0,800	0,00479	1,375	0,03000	1,950	0,08973
0,825	0,00537	1,400	0,03178	1,975	0,09334
0,850	0,00598	1,425	0,03362	2,000	0,09708
0,875	0,00663	1,450	0,03553	2,025	0,10082
0,900	0,00733	1,475	0,03750	2,050	0,10471
0,925	0,00806	1,500	0,03955	2,075	0,10870
0,950	0,00885	1,525	0,04167	2,100	0,11278
0,975	0,00967	1,550	0,04386		

Zuerst ermittelt man ap. Überlegt man, daß in ap der Faktor p/π_0 nur einmal und in erster Potenz vorkommt, so erkennt man, daß zwischen dem Korrektionsglied ap und dem „reduzierten" Druck (Druck gemessen in Bruchteilen des kritischen Drucks) strenge Proportionalität besteht. Der andere Faktor ist eine Funktion der reziproken reduzierten absoluten Temperatur, nämlich:

$$\frac{9}{128} \cdot \frac{\vartheta_0}{T} \left(1 - 6 \left(\frac{\vartheta_0}{T}\right)^2\right). \tag{66}$$

Dividiert man also den kritischen Druck π_0 in den auf ideales Gas zu reduzierenden Druck p und die absolute Versuchstemperatur T in die absolute kritische Temperatur ϑ_0, welch letztere man beide aus Tabellen entnimmt, so erhält man ap als eine für alle Gase identische Funktion des „reduzierten" Drucks und der reziproken reduzierten absoluten Temperatur. Deshalb kann man diese Funktion wieder aus einer Tabelle (mit zwei Eingängen nach dem Mehmkeschen Gedanken) ablesen. Die Zahlen zur Herstellung einer solchen Tabelle sind auf voriger Seite beigegeben und erlauben, zu jedem Druck graphisch das Korrektionsglied ap zu bestimmen, mit aller erforderlichen Genauigkeit, und zwar für jedes beliebige Gas. Links ist der reduzierte Druck $p/\pi_0 = \pi$ nach oben aufzutragen. Die Strecke von 0,000—0,030 für π nehme man 60 cm lang.

Von rechts oben nach unten trägt man auf eine Strecke von 60 cm Länge die Werte von ap auf, die von 0,00—0,12 reichen. Man zieht jetzt die Diagonale von rechts oben nach links unten und verbindet den obersten Punkt der linken Skale der Reihe nach mit den in der folgenden Tabelle unter ap genannten Stellen auf der rechten Skale. Die den betreffenden ap in der Tabelle beigeschriebenen $\frac{1}{\vartheta} = \frac{\vartheta_0}{T}$ schreibt man dem jeweiligen Schnittpunkt mit der Diagonale bei. Dann ist die Tafel fertig.

Man berechnet π bei späterer Anwendung der Zeichnung aus dem gefundenen Rohdruck mit dem Rechenschieber, indem man durch den kritischen Druck dividiert. Rechnung mit dem Rechenschieber genügt um so mehr, als man den kritischen Druck selten auch nur auf 1 Prozent genau kennt. Man vergesse nicht, falls man die Drucke in mm Hg gemessen hatte, noch durch 760 zu dividieren, weil doch die kritischen Drucke fast immer in Atmosphären in den Tabellen angegeben. Von oben rechts auf der Diagonale nach unten links sind die reziproken reduzierten absoluten Temperaturen beigeschrieben. Man bestimmt sie gleichfalls mit dem Rechenschieber und vergesse nicht, beide Temperaturen, die gemessene und die kritische, durch Addition von 273 auf absolute Temperatur umzurechnen. Denn kritische Temperaturen pflegen in Celsiusgraden angegeben zu sein. Die Angaben sind gleichfalls selten genauer als 1%. Kurz, der Rechenschieber genügt auch hier vollkommen. Man legt dann ein Lineal durch den Punkt für den reduzierten Druck und den für die reziproke reduzierte Temperatur. Dann trifft es rechts auf den Betrag ap, den man zu 1 addieren muß, um den Nenner unter p zu erhalten. Man vergesse nicht, daß ap eine reine Zahl ist. ap ist hier stets negativ.

Nunmehr dividiert man den Betrag $1 + ap$ in p und erhält so ein größeres auf idealen Zustand reduziertes p. Man beachte den Unterschied zwischen den „reduzierten" Drucken im Sinn des Theorems der übereinstimmenden Zustände („reduzierter" Druck $= p/\pi_0$) und den „auf idealen Gaszustand reduzierten" Drucken (besser auf idealen Zustand korrigierten Drucken, die nicht, wie jene, nur reine Zahlen, sondern benannte Zahlen sind, deren Beträge von der Druckeinheit abhängen). Es versteht sich, daß die Division von $1 + ap$ in p mindestens zehnmal so genau ausfallen kann, als die Ermittlung von ap selbst. Denn letzteres macht höchstens rund 0,1 von $1 + ap$ aus.

Man wird hier im allgemeinen auf 1 Promille genau rechnen wollen und können. Also großer Rechenschieber oder Logarithmen oder Maschine.

Benutzt man den aus (65) folgenden Ausdruck, dann muß man sich auch des verwickelteren für $C_p - C_v$ bedienen und erhält so durch umständlichere Rechnung einen Wert für C_v, wie man ihn durch unmittelbare Messung erhalten würde, wenn man das benutzte Gas bei ausreichend geringem Druck und ausreichend hoher Temperatur, also in ausreichend idealem Zustand, hätte messen können. Dieser Wert heißt reduziert auf idealen Gaszustand. In ähnlicher Weise sind, genau genommen, alle an nicht idealen Gasen gemessenen Werte auf idealen Zustand zu reduzieren.

Die Messung spezifischer Wärmen von Gasen ist für chemische Fragen wichtig.

1. Die Messung durch $\varkappa$-Messung ist vielseitig anwendbar, aber bei großen Molekülen wenig genau. Doch kommt ihr insofern eine besondere Bedeutung in manchen Fällen zu, als bei ihr die Erwärmung der gemessenen Gase nur sehr klein ist, und deshalb erfährt man bei dieser Methode unmittelbar das Verhältnis der „wahren" spezifischen Wärmen bei der Versuchstemperatur. Die meisten anderen Verfahren ergeben nur die „mittleren" spezifischen Wärmen in einem Temperaturintervall. Ferner kann es bei der Untersuchung wichtig sein, daß, wie hier, die Erwärmung nur sehr kurze Zeit dauert und daß deshalb chemische Veränderungen, die bei längerem Erhitzen unvermeidlich wären, unter Umständen noch ausbleiben können. In der Tat wird man in vielen Fällen mit der $\varkappa$-Methode kleinere spezifische Wärmen finden als mit Methoden, bei denen die Erwärmung lange Zeit dauert. Man hüte sich aber, den Schluß umzukehren und aus kleinen gegenüber großen spezifischen Wärmen zu schließen, daß nun hier chemische Veränderungen die Ursache gewesen sein müßten.

2. Die meist benutzte Methode ist die der Durchströmung. Hier läßt man (Abb. 96) das zu untersuchende Gas einen Vorheizer (G und J) durchströmen, der ihm die Temperatur t_1 erteilt. Dann tritt es durch das „Zwischenstück", ein möglichst kurzes, gegen Wärmeaustausch mit der Umgebung möglichst gut isoliertes Stück in eine Abkühlungsschlange oder -kammer K, die im Kalorimeter L liegt, wo das Gas die Temperatur t_0 annimmt. Bei der Strömung muß der Druck konstant gehalten werden. Man erfährt so die mittlere spezifische Wärme bei konstantem Druck zwischen den Temperaturen t_1 und t_0. Zweckmäßig bildet man Vorheizer, Zwischenstück und Kalorimeter, alle drei als Vakuumgefäße aus, um die Isolation so weit zu treiben als möglich. Da der wunde Punkt des Verfahrens im Zwischenstück liegt, das aus glastechnischen Gründen im allgemeinen nicht sehr kurz sein kann und aus anderem Material (außer Pt und Au) sich nur bei wenigen einfachen und nicht aggressiven Gasen herstellen läßt, so muß man dafür sorgen, daß alle die Wärme, die das Gas

im Zwischenstück einbüßt, auch dem Kalorimeter zugeführt wird. Das erreicht man dadurch, daß man den Schnabel des Vorheizers mit dem Zwischenstück schon ins Kalorimeter eintaucht, trotzdem aber so konstruiert, daß möglichst wenig Wärme aus dem Vorheizer allein ins Kalorimeter abfließen kann. Darüber erhält man ein Urteil aus der Vor- und Nachperiode des Versuchs. Wie man dies konstruktiv erreicht, zeigt die Abb. 96.

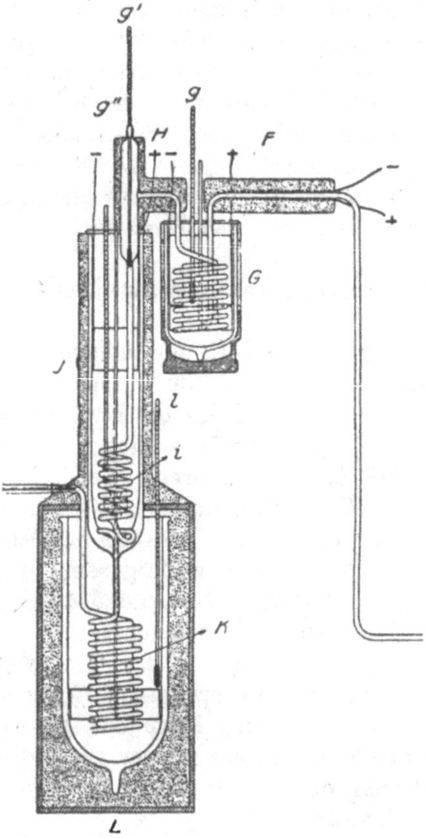

Abb. 96. Messung spezifischer Wärmen von Gasen nach der Durchströmungsmethode.

Trotzdem bleibt die Durchströmungsmethode mindestens bei aggressiven und wenig vollkommenen Gasen unvollkommen. Denn während des Durchströmens ist der Wärmeaustausch zwischen Vorheizer und Kalorimeter im allgemeinen größer als ohne das Durchströmen. Deshalb findet man dann zu große spezifische Wärmen und voraussichtlich um so mehr zu große, je höher die Temperatur des Vorheizers im Verhältnis zu der des Kalorimeters ist. Dabei können die erhaltenen Zahlen nur dann richtig sein, wenn die Strömungsgeschwindigkeit so groß war, daß ihre weitere Steigerung eine Veränderung der gefundenen Zahlen nicht mehr zur Folge hatte; aber sie hängen auch noch von anderen Faktoren ab und können also auch dann noch durch Fehlerquellen entstellt sein.

Man bedarf also zu dieser Methode konstanter Gasströme gemessener Geschwindigkeit. Da solche auch bei manchen anderen Arbeiten von Wichtigkeit sind, so seien hier einige Hilfsmittel zu ihrer Erzeugung genannt.

Schon beträchtlichen Ansprüchen an Gleichmäßigkeit des Stroms genügt die Zirkulationspumpe von v. Wartenberg. Darin faßt ein Schneckenrohr *A* bei jeder Drehung eine kleine Gasmenge, taucht sie unter und läßt sie mit dem mitgenommenen Quecksilber in den Vorraum gelangen, durch *L*, von wo sie in Richtung des Pfeils weiter gedrückt wird, während das mitgenommene Metall durch den kleinen

Schlitz zwischen beiden Räumen verbunden, immer recht genau die Höhe C in beiden aufweist. Die Achse z wird durch einen Elektromotor betrieben, dessen Umdrehungsgeschwindigkeit durch ein Vorgelege geeignet vermindert ist. Das Ganze kann aus Glas, Eisenblech und Siegellack zusammengesetzt werden. Nur die Achse und ihre Führung erfordert exaktere Ausführung (Abb. 97) (Z. f. Elektrochem. **19.** 1913. S. 485).

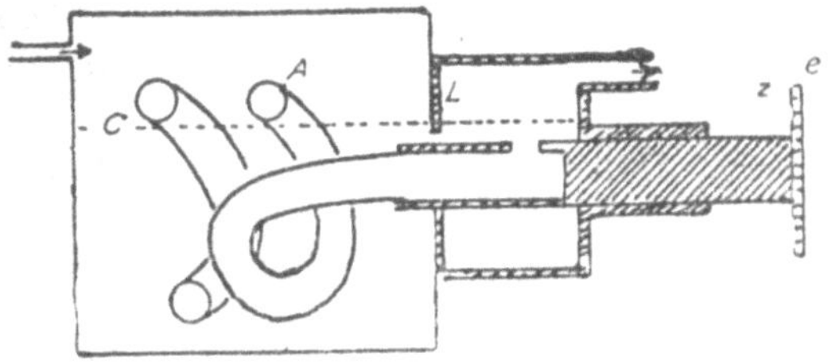

Abb. 97. **Zirkulationspumpe für Gase nach v. Wartenberg.**

Sehr schön, aber auch nur für Quecksilber nicht angreifende Gase brauchbar, ist die Vorrichtung von Scheel und Heuse (Ann. d. Phys. **40.** 1913. S. 474, s. Abb. 98). a_1 und a_2 sind durch eine geschlossene (sog. endlose) Kette verbundene Zahnräder. An der Stelle S der Kette sind die tragenden Seile der beweglichen Niveaukugeln n_1 und n_2 befestigt, so daß diese Kugeln immer auf und ab gehen müssen, wenn die Kette in Gang ist. Die Zeichnung zeigt, wie auf diese Weise ein Gasstrom zustande kommt. Eine Periode währt 6 Sekunden. Gemessen wird der Strom mit der Vorrichtung Abb. 99 (Ann. d. Phys. **37.** 1912. S. 85). Der Gasstrom ist ringförmig geschlossen. Fließt also aus U_1 durch H Metall in U_2 ein, so muß

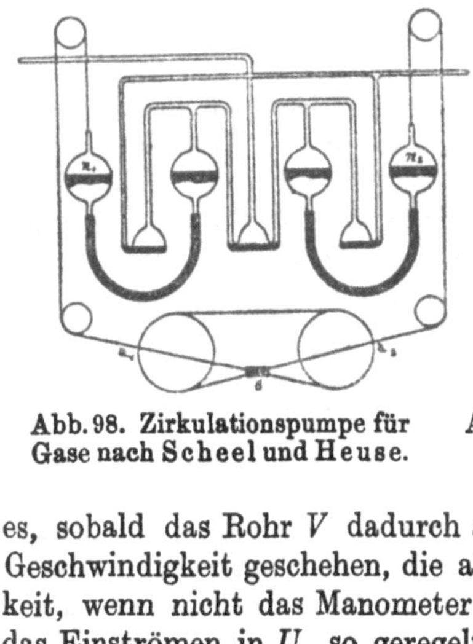

Abb. 98. Zirkulationspumpe für Gase nach Scheel und Heuse.

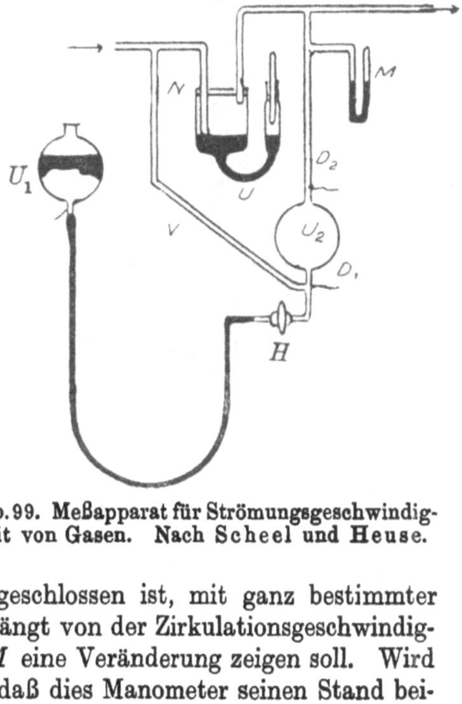

Abb. 99. Meßapparat für Strömungsgeschwindigkeit von Gasen. Nach Scheel und Heuse.

es, sobald das Rohr V dadurch abgeschlossen ist, mit ganz bestimmter Geschwindigkeit geschehen, die abhängt von der Zirkulationsgeschwindigkeit, wenn nicht das Manometer M eine Veränderung zeigen soll. Wird das Einströmen in U_2 so geregelt, daß dies Manometer seinen Stand beibehält, so bleibt offenbar die Zirkulationsgeschwindigkeit dieselbe und wird (in Kubikzentimetern pro Sekunde) gemessen durch das Verhältnis des Inhalts von U_2 zu der Zeit, die zu seiner Erfüllung mit Metall von D_1 aus bis D_2 gebraucht wurde. Diese Zeit wird automatisch auf elektrischem Weg durch einen Chronographen vermerkt. Das bei D_1 ankommende Metall schließt nämlich mittels des Drahts an der Niveaubirne U_1 einen Strom und beim Ankommen an D_2 wird ein zweiter geschlossen, so daß beide Punkte sich markieren. Die **Masse** des beförderten Gases erhält man natürlich durch Multiplikation des Volums mit der Dichte, die sich ihrerseits aus Druck, Temperatur und Molekulargewicht des Gases ergibt.

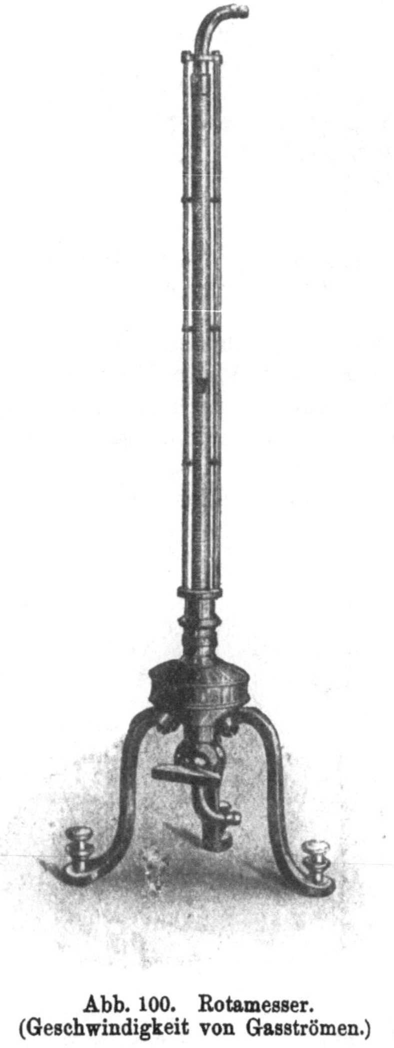

Abb. 100. Rotamesser.
(Geschwindigkeit von Gasströmen.)

Strömungsgeschwindigkeiten beliebiger Gase konstant zu halten, gelingt, wenn man sie **elektrolytisch** durch konstante Ströme entwickeln kann. Aber man kann so ohne große Apparate keine großen Gasmengen auf einmal erhalten, wegen der Größe der Äquivalentladung. Reduzierventile an **Stahlflaschen** lassen die Strömung von Gasen aus ihnen einigermaßen gleichmäßig halten. Aber die Erzeugung konstanter Ströme bestimmter aggressiver Gase hängt wegen Unbrauchbarkeit von Sperrflüssigkeiten in jedem Fall von der Natur des betreffenden Gases ab, wenn man es nicht aus Stahlflaschen entnehmen oder sich mit der dabei erhältlichen mäßigen Genauigkeit der Konstanz begnügen kann.

Strömungsgeschwindigkeiten beliebiger Gase mit nicht sehr großer Genauigkeit zu **messen**, erlaubt der Rotamesser, womit man 50—10000 ccm/Stunde messen kann. Der Gasstrom hebt darin einen Specksteinschwimmer mit Gewinde, den er zum Rotieren bringt, entsprechend seiner Stärke und der Natur des Gases auf eine bestimmte Höhe in einem gut senkrecht zu stellenden Glasrohr mit Teilung (Deutsche Rotawerke G. m. b. H., Aachen, Kurbrunnenstr. 22). Diese Apparate arbeiten auf etwa ± 1 Prozent genau und sind schon für etwa 60 M. zu erhalten (Abb. 100).

Genauer kann man messen mit Kapillaren, wodurch man die Gase ausströmen läßt in freie Räume, worin Absorptionsmittel sich befinden, der Druck aber trotz der Absorption konstant gehalten werden muß. Dann bestimmt man die Zeit und die absorbierte zugehörige Gasmasse. Freilich kann man so nur Ausströmungs-, nicht ohne weiteres Zirkulationsgeschwindigkeiten messen. Für die Messung von C_v nach der Durchströmungsmethode wird dies aber oft dieselben Dienste leisten und ist schon mehrfach mit Erfolg benutzt worden.

Ist schon die experimentelle Messung der für C_p nötigen Größen bei der Durchströmungsmethode mit der gleichzeitigen Konstanthaltung und Messung mehrerer verschiedener Größen verknüpft und mit erheblichem apparativem Aufwand, so wird dementsprechend die Berechnung der Ergebnisse, wenn auch durchaus nicht schwierig, doch umständlich und deshalb hinsichtlich der Bewertung der Fehlergrößen schwer übersichtlich. Ganz zu schweigen davon, daß auf die Berechnung der gemessenen spezifischen Wärme erst noch die Frage folgt, inwieweit es sich bei der Messung um bloße Erwärmung einheitlichen und einheitlich bleibenden Stoffs handelte und nicht um andere Wärmegewinn- oder -verlustursachen (chemische Änderungen, Reibungswärme usw.). Die sog. Explosionsmethode leidet unter der Unsicherheit der chemischen Vorgänge dabei.

7. Bestimmung einer Dichte festen oder flüssigen Stoffs. Pyknometer.

Besprechung. Die Dichte ist aus mehrfachen Gründen wichtig, da man zur Verwertung gewisser optischen Größen zu chemischen Zwecken der Kenntnis der Dichte bedarf. Überdies gelten für die Molekularvolumina $\left(= \frac{\text{Molargewicht}}{\text{Dichte}}\right)$, wie für die Molarwärmen fester Stoffe bei nicht zu hohen Temperaturen mit erheblicher Näherung die Gesetze von Neumann und Kopp. Danach setzen sich die Molarvolumina additiv aus den Atomvolumina, die Molarwärmen additiv aus den Atomwärmen zusammen. Diese Größen spielen also hier genähert die Rolle, wie die inneren Atomwärmen $C_v - 3/2\,R$ im Gesetz der Additivität der inneren Atomwärmen (s. S. 144).

Feste Körper werden mit der hydrostatischen Wage oder dem Pyknometer auf ihre Dichte untersucht, bei Flüssigkeiten dient dazu das letztere Instrument oder die Mohrsche Wage, weniger genau, aber bequemer, die Aräometer (vgl. Ladung eines Akkumulators, Kontrolle mit Aräometer). Wir behandeln hier nur die Messung mit Pyknometer (Abb. 101).

Jede Dichtebestimmung läuft auf eine Messung von Masse und Volum eines gegebenen Körpers hinaus. Denn Dichte heißt: Masse/Volum.

Sie genau zu ermitteln, ohne daß die Temperatur genau bekannt ist und gemessen wird, ist sinnlos, da zwar nicht die Masse, wohl aber das Volum im allgemeinen stark von der Temperatur abhängt und mit ihr wächst.

Ein Pyknometer ist ein Gefäß von genau bekanntem Gewicht und Volum, oft versehen mit Thermometer (Abb. 101). Bequem ist für Flüssig-

Abb. 101. Pyknometerfläschchen mit Thermometer.

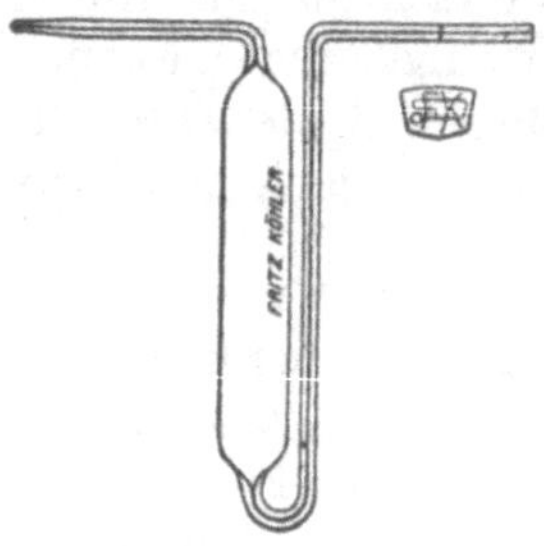

Abb. 102. Ostwaldsches Pyknometer.

keiten die Ostwaldsche Form, ein pipettenartiges Gefäß (Abb. 102). Man wägt es zur Eichung zuerst leer und mit Wasser genau bekannter Temperatur gefüllt aus. Dann beschickt man es mit der betreffenden Flüssigkeit und wägt wieder. Division von Masse durch Volum (Gramm und Kubikzentimeter als Einheiten) liefert die Dichte.

Zubehör. Ostwaldsches Pyknometer mit Platindraht zum Anhängen an die Wage. Thermometer auf 0,05° ablesbar für Zimmertemperatur. Zwei Becher zum Einstellen. Analytische Wage. Reines Tuch zum Abtrocknen.

Ausführung. Man stellt das Pyknometer leer einige Zeit in destilliertes Wasser ins Wägezimmer, daneben ein Thermometer darin. Dann trocknet man es ab, läßt es so 10 Minuten neben dem Becher hängen und wägt genau. Man füllt dann mit Wasser aus dem Becher durch Saugen bis zur Marke und verfährt vor der nun folgenden Wägung genau wie oben. Man berechnet an Hand der Tabelle VIII den Inhalt des Pyknometers für eine gegebene Temperatur. Man trocknet es dann gut aus, füllt durch Saugen bis zur Marke mit der zu untersuchenden Flüssigkeit, die die ganze Zeit neben dem Becher mit Wasser zur Erlangung der gleichen Temperatur aufgestellt war, setzt das Instrument in den Wasserbecher, füllt nötigenfalls nach, oder nimmt mit Filtrierpapier etwas heraus, und verfährt somit vor der Wägung genau wie bei der Eichung mit Wasser.

Man berechnet dann das Volum des Pyknometers für die Wägetemperatur der untersuchten Flüssigkeit und dividiert es in die gewogene Masse. Man gebe alle beobachteten Zahlen an.

Die Vorbehandlung mit Wasser ist nur bei sehr gutem Glas möglich, dann aber zur Erzielung einer konstanten Wasserhaut notwendig, die sich doch ausbilden würde, nur ohne das Verfahren schlechter reproduzierbar. Pyknometer mit Vakuum-Mantel sind wegen Temperaturkonstanz zu empfehlen.

Man bewahre die gewonnene Zahl und die Flüssigkeit auf, da sie bei den optischen Messungen benutzt werden.

Schnellmethoden zur Dichtebestimmung von Flüssigkeiten beruhen auf dem Auftrieb, den graduierte Senkkörper, die Aräometer, in ihnen erfahren. Zur raschen Bestimmung von Konzentrationen von Säuren oder anderen qualitativ bekannten binären Gemischen sind sie sehr zweckmäßig, aber nie sehr genau. Die fünfte Stelle hinter dem Komma kann man noch genähert bestimmen. Die Temperatur und die Benetzung der Instrumente sind wichtig als Fehlerquellen. Aräometrische Angaben ohne Temperaturangabe sind meist wertlos. Für den Gesamtcharakter natürlicher Wässer (Quellwässer, Meerwasser usw.) und den physiologischer Flüssigkeiten ist die Dichte oft bezeichnend und hier genügt oft die Messung mit dem Aräometer.

III. Chemische Verwandtschaftslehre.

1. Die Gesetze des thermodynamischen Gleichgewichts.

II. Hauptsatz der Thermodynamik. I. Teil.

4. Übung. Phasenlehre.

(Clausiussche Formel, Phasengesetz, heterogene Gleichgewichte, Nernstsches Theorem.)

A. Grundbegriffe.

Man kann die Definition des thermodynamischen Gleichgewichts rein thermodynamisch geben, wenn man sich der mathematischen Ausdrücke des zweiten Hauptsatzes bedient. Diese Definitionen sind grundsätzlich unanschaulich. Oder man stützt sich auf den zweiten Hauptsatz in folgender Form:

Zweiter Hauptsatz der Thermodynamik: Es ist unmöglich, eine periodisch wirkende Maschine zu bauen, die dauernd nichts weiter bewirkt, als Leistung äußerer Arbeit und Abkühlung eines einzigen Wärmebehälters.

(Dieser Satz ist ein induktiv gewonnener reiner Erfahrungssatz.)

Unter einer periodisch wirkenden Maschine ist dabei eine verstanden, die nach jeder Periode genau in den Anfangszustand zurückkehrt. Die von ihr erzeugten Veränderungen würden also nach Ablauf einer ganzen Periodenzahl nur außerhalb von ihr liegen. Die Maschine selbst würde also dauernd sog. Kreisprozesse durchmachen.

Unter dem einzigen Wärmebehälter wird einer verstanden, der überall gleiche Temperatur hat.

Man kann den Satz auch so ausdrücken: Jeder von selbst verlaufende Vorgang ist auch bei bester Ausnutzung nur imstande, ein bloß endliches Quantum äußerer Arbeit zu liefern. Dieser Satz wird zuerst erläutert und dann auf den obenstehenden Grundsatz zurückgeführt.

Von selbst verläuft ein Vorgang nach Definition dann, wenn er ohne äußere Eingriffe verläuft. Würde er auf den Anfangszustand zurückführen, so müßte er wegen der Gleichheit der Bedingungen sich von neuem abspielen usf. Dabei könnte dann er selbst wegen des ersten Hauptsatzes der Thermodynamik keine Arbeit erzeugen, wohl aber wäre es denkbar, daß er Wärme eines Wärmebads unbegrenzt in Arbeit verwandelt. Dies bezeichnet der oben gegebene Erfahrungssatz als unmöglich.

Erfahrungsgemäß führt jedoch kein einziger Vorgang, der sich von selbst abspielt, auf seinen Anfangszustand zurück, sondern immer auf einen von ihm verschiedenen Endzustand. Dabei wird das endliche Quantum äußerer Arbeit gewonnen, wenn man ihn optimal ausnützt. Würde er jedoch auf den Anfangszustand von selbst zurückführen, so wäre ein Arbeitsgewinn unmöglich, sonst verstieße man entweder gegen den ersten oder den zweiten Hauptsatz. Es folgt also, daß es solche Endzustände geben muß, wenn man das endliche Quantum der Arbeit überhaupt (zeitlich) erreichen kann.

Läßt man also einen von selbst verlaufenden Vorgang so weit und in der Art sich abspielen, bis man alle erhaltbare Arbeit gewonnen hat, bis also das System von selbst keine Arbeit mehr liefert, dann hat man den Zustand erreicht, den man das thermodynamische Gleichgewicht des Systems nennt.

Nicht rein thermodynamisch, aber anschaulicher wird die Definition des thermodynamischen Gleichgewichts, wenn man die Vorgänge vor Erreichung des Gleichgewichts betrachtet. Jedem thermodynamischen Gleichgewicht nämlich gehen zwei Vorgänge bereits voraus, von denen der eine nur darin besteht, daß er die Wirkung des anderen in jedem Augenblick brutto z. T. wieder aufhebt. Beide Vorgänge verschieben ihr Anteilverhältnis am gesamten Geschehen mit wachsender Annäherung ans Gleichgewicht mehr und mehr so, daß die Aufhebung der Wirkung des einen durch den anderen immer vollkommener wird. Beim thermodynamischen Gleichgewicht verändert sich durch den einen Vorgang in jedem Augenblick genau so viel im einen Sinn, wie durch den anderen im selben Augenblick im anderen Sinn verändert wird. In Summa wird also dann gar keine Veränderung mehr eintreten, die bemerkbar wäre, trotzdem der Vorstellung entsprechend regste Tätigkeit der entgegengesetzten Vorgänge im System herrschen kann (dynamisches Gleichgewicht). Diese Auffassung ist nicht etwa eine bloß formale Veranschaulichung, sondern sie dringt tiefer in den erfahrungsmäßigen Befund ein, als die rein thermodynamische Formulierung. Dafür tritt hier die Beziehung des Gleichgewichts zur Arbeitsfähigkeit des Systems nicht hervor, die für die Anwendungen des Begriffs so außerordentlich fruchtbar und so außerordentlich gewiß ist.

a) **Handversuche.**

1. Dampfdruck eines Stoffs. Siedepunkt.

Besprechung. Definition: Der Dampfdruck eines Stoffs im festen oder flüssigen Zustand bei der Temperatur T ist derjenige Druck, den der Dampf des festen oder flüssigen Stoffs dann ausübt, wenn bei der Temperatur T zwischen dem festen oder flüssigen Stoff einerseits, seinem Dampf andererseits thermodynamisches Gleichgewicht herrscht.

Übt also ein Dampf bei einer bestimmten Temperatur einen bestimmten Druck aus, so läßt sich im allgemeinen nur dann mit Sicherheit behaupten, daß es der Dampfdruck des festen oder flüssigen Stoffs bei der betreffenden Temperatur sei, wenn der feste oder flüssige Stoff zugleich zugegen ist.

Hält man, wie oftmals, nicht die Temperatur, sondern den Gesamtdruck konstant, so nennt man die Temperatur, bei der der Dampfdruck eben gleich diesem Gesamtdruck wird, den Siedepunkt oder die Siedetemperatur (K.P. = Kochpunkt). Man gibt sie meist in Celsiusgraden an.

Der Dampfdruck, laut Definition ein Druck, wird demgemäß gemessen und ausgedrückt in Atmosphären oder in Millimeter Quecksilber.

Bringt man in einen praktisch leeren Raum, also einen Raum, worin praktisch der Druck Null herrscht, dessen Wände man auf einer bestimmten Temperatur hält, einen Stoff merklicher Verdampfbarkeit in ausreichender Menge hinein, so wird ein Teil von ihm verdampfen, bis eben der Dampfdruck bei der betreffenden Temperatur erreicht ist. Man sagt auch wohl, bis Sättigung erreicht ist. Deshalb nennt man den Dampfdruck auch wohl Sättigungsdruck oder Druck des gesättigten Dampfs (oder Maximaltension, kürzer Tension).

Bei gegebener Temperatur enthält ein Raum, worin ein Stoff den Dampfdruck ausübt, stets den Stoff in einer ganz bestimmten, nur von Temperatur und Stoffnatur abhängigen Konzentration, der Sättigungskonzentration des dampfförmigen Stoffs bei der betreffenden Temperatur. Sie ist, wie jede Konzentration, definiert durch den Bruch $\frac{\text{Masse}}{\text{Volum}}$ oder $\frac{\text{Zahl}}{\text{Volum}}$, je nachdem man sie z. B. in Gramm pro Liter oder, wie meist, in Mol/Liter mißt. Im letzteren Fall spricht man von molarer Sättigungskonzentration. Gehorcht der gesättigte Dampf den Gasgesetzen noch ausreichend, so ist seine Sättigungskonzentration zu berechnen aus Temperatur und Dampfdruck nach:

$$C = \frac{p}{RT}, \tag{67}$$

einer Beziehung, von der häufig Gebrauch gemacht wird.

Dampfdruck und Sättigungskonzentration, die in jedem Fall, auch bei Ungültigkeit der Gasgesetze, eindeutig miteinander verknüpft sind, hängen nicht merklich ab von dem Mengenverhältnis zwischen Dampf und kondensierter Stoffmasse, solange die Oberflächenenergie neben den dem Volum der kondensierten Stoffmasse proportionalen Energieen (z. B. Wärmeinhalt) nicht merkliche Beträge hat, solange also die Oberfläche klein ist im Verhältnis zum Volum. Sie ist das nicht mehr erst bei kleinen Tröpfchen oder festen Teilen ähnlicher Größe.

Diese Gesetzmäßigkeiten lassen sich leicht an einem einfachen Versuch einsehen.

Zubehör. Drei Barometerröhren mit Quecksilberwannen. Drei Stative. Wasser. Alkohol. Zwei Pipetten, 10 ccm. Ein gewöhnliches Thermometer. Papiermarken. Millimetermaßstab. 1,5 Liter Quecksilber.

Ausführung. Man fülle alle drei Barometer mit Quecksilber, stülpe sie in die betreffenden Wannen und markiere die Höhen der Kuppen (durch Papier, wie Abb. 103 zeigt), die dem herrschenden Barometerstand entsprechen. Man drücke nun in die zweite Röhre sehr vorsichtig einen Tropfen Wasser hinein und messe die Depression des Stands, die bei ausreichender Kleinheit der Wassermasse noch nicht dem gesättigten, sondern noch ungesättigtem Wasserdampf entspricht. Flüssiges Wasser ist dann gar keines übrig, alles ist verdampft. Man fülle mehr Wasser ein und messe den wahren Dampfdruck und die Temperatur. Man vermehre die Menge des flüssigen Wassers durch weiteres Einpressen und beobachte die Unabhängigkeit des Dampfdrucks von der Masse. Dabei ist die Höhe der über dem Quecksilber verbleibenden flüssigen Wassersäule durch Division mit 13,55 auf die von Quecksilber umzurechnen und der gemessenen Quecksilberhöhe zuzuzählen.

Abb. 103. Dampfdruckmessung.

Man stelle den gleichen Versuch an mit Alkohol.

2. Dampfdruckerniedrigung (Herabsetzung des Dampfdrucks eines Stoffs durch Auflösung eines anderen in ihm). Relative Dampfdruckerniedrigung.

Besprechung. Aus der Existenz des osmotischen Drucks, also einer reinen Erfahrungstatsache, folgt an Hand des zweiten Hauptsatzes der Thermodynamik die neue Erfahrungstatsache, daß der Dampfdruck des Lösungsmittels über der Lösung eines praktisch nicht flüchtigen Stoffs um denselben Betrag unter den Dampfdruck des reinen Lösungsmittels bei derselben Temperatur fällt, wie dieser letztere im Abstand der osmotischen Steighöhe der betreffenden Lösung über dem reinen Lösungsmittel geringer ist, als unmittelbar über der Oberfläche des reinen Lösungsmittels. Denn wäre dem nicht so, dann stünde zwar nach Erreichung des osmotischen Gleichgewichts die flüssige Lösung mit dem flüssigen Lösungsmittel im thermodynamischen Gleichgewicht, aber der Dampf des Lösungsmittels hätte verschiedenen Sättigungsdruck in derselben Höhenlage, müßte sich also an der Seite, wo sein Sättigungsdruck geringer wäre, jeweils kondensieren, und von der anderen Seite durch den osmotischen Vorgang ununterbrochen nachgeliefert werden, also eine einseitige Bewegung im Raum, eine Strömung bilden. Sie läßt sich unter allen Umständen motorisch ausnützen. Die Energie dazu könnte nur aus der Wärme des überall gleich temperierten Wärmebads stammen, und damit wäre eine Maschine gegeben, die weiter nichts bewirkt, als Abkühlung eines einzigen Wärmebads und Leistung äußerer Arbeit auf Kosten der Wärme, was laut dem zweiten Hauptsatz der Thermodynamik unmöglich ist. Also muß die obenstehende Beziehung gelten zwischen der osmotischen Steighöhe und der Dampfdruckerniedrigung durch gelösten Stoff.

Sollen die Gasgesetze für Dampf und gelösten Stoff gelten, so kann die osmotische Steighöhe nur gering sein, und dann darf man bei der Berechnung des Dampfdruckunterschieds absehen von der Dichteänderung des Dampfs mit steigender Höhe über der Lösung. Man findet leicht, daß das Verhältnis der alsdann geringen Dampfdruckerniedrigung zum (Mittelwert des) Dampfdruck(s) gleich ist dem Verhältnis der Mole gelösten Stoffs zu der Anzahl Mole Lösungsmittel in der Lösung. Dieses Verhältnis $(p_0 - p)/p_0$ heißt die relative Dampfdruckerniedrigung. Diese Definition ist wegen ihrer mannigfachen Anwendung wichtig (Abb. 104).

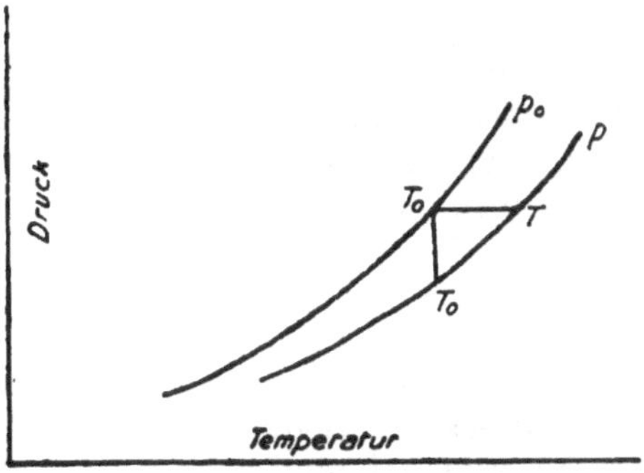

Abb. 104. Dampfdruckerniedrigung.

Alle diese Überlegungen gelten nur für Lösungen aus einem merklich verdampfenden Lösungsmittel und im Verhältnis dazu nicht merklich verdampfendem gelöstem Stoff.

Verdampft der gelöste Stoff gleichfalls merklich, so setzt sich der Dampfdruck über der Lösung zusammen aus zwei Partialdampfdrucken, deren getrennte Ermittlung im allgemeinen umständlicher ist.

Man hat deshalb bei jedem Versuch über Dampfdruckerniedrigung sich zu überzeugen, was verdampft. Im allgemeinen lohnt sich die Untersuchung mit den üblichen Methoden nur, wenn nur das Lösungsmittel flüchtig ist.

Man kann die Tatsachen der Dampfdruckerniedrigung leicht anschaulich machen, wenn man sich der vorhin benutzten Apparate bedient.

Zubehör. Wie bei Versuch 1. (Versuch 1 blieb stehen.)

Ausführung. Man bringe in das Rohr mit Wasser etwas Alkohol, jedoch sehr wenig. Hat man ausreichend wenig eingebracht, so nimmt der Druck darin kaum zu, doch immerhin etwas, weil der Zuwachs des Gesamtdrucks durch das Hinzukommen des Alkoholpartialdrucks die Depression des Wasserdampfdrucks übertrifft. Setzt man umgekehrt zu dem Alkohol im anderen Rohr etwas Wasser, so kommt zwar zu dem Alkoholdampfdruck noch der Wasserpartialdampfdruck hinzu, aber die Herabsetzung des Alkoholpartialdampfdrucks übertrifft den Betrag des hinzukommenden Wasserpartialdampfdrucks.

3. Schmelzpunkt (Gefrierpunkt). Gefrierpunktsdepression.

Besprechung. Definition: Schmelzpunkt (F.P. = Fusionspunkt) heißt diejenige Temperatur, bei der ein kristallisierter Stoff mit seiner Schmelze im thermodynamischen Gleichgewicht steht (unter Atmosphärendruck). Schmelzpunkt im weiteren Sinn kann diese Gleichgewichtstemperatur heißen für beliebige Drucke, die jedoch dabei dann jedesmal anzugeben sind.

Erfahrungsgemäß hängt die Höhe des Schmelzpunkts ab von der Natur des Stoffs und (sehr wenig) vom Druck. Pflegt zuerst mit ihm zu steigen bis zum „maximalen" Schmelzpunkt, dann zu fallen.

Genäherte Bestimmung geschieht im Schmelzpunktsröhrchen, wie aus der präparativen Arbeit bekannt.

Löst man in einem Lösungsmittel einen anderen Stoff auf, der im Gegensatz zum Lösungsmittel, ganz wie bei Versuch 2, nicht merklich flüchtig ist, so ergibt der zweite Hauptsatz folgendes: Wegen der Verschiedenheit der Dampfdrucke, die er an Hand der osmotischen Tatsachen fordert (s. oben), muß der Schmelzpunkt der Lösung tiefer liegen, als der des reinen Lösungsmittels. Andernfalls könnte man wiederum eine Maschine konstruieren, die nichts weiter bewirkt, als Abkühlung eines Wärmebads und Leistung äußerer Arbeit auf Kosten davon (Abb. 105). Wäre nämlich der Schmelzpunkt der Lösung höher als der des Lösungsmittels, so würde beim Abkühlen einer Lösung zuerst Lösungsmittel gefrieren, ehe es in reinem Zustand gefröre. Dadurch müßte die Lösung konzentrierter werden und folglich müßte dann das Lösungsmittel aus ihr noch leichter ausfrieren, es würde also, wenn das Gefrieren einmal eingeleitet wäre, das ganze Lösungsmittel von selbst aus der Lösung sich abscheiden und zuletzt wären beide Stoffe entmischt, die vorher in Lösung vereint waren. Zugleich müßte die Temperatur steigen, denn der Schmelzpunkt der konzentrierteren Lösung müßte ja höher sein. Das gefrorene Lösungsmittel muß dann bei Trennung von der Lösung sogleich schmelzen, weil doch reines Lösungsmittel am tiefsten schmelzen soll. Das gilt nun aber schon vom Inneren der sich abscheidenden festen Teile des Lösungsmittels, die mit der Lösung nicht mehr in Berührung stehen. Wenn man dies Innere durch seinen Dampf kommunizieren läßt mit der Lösung, so sendet es ununterbrochen Dampf zur Lösung, der sich dort auflöst, dann wieder in fester Form abscheidet, schmilzt, wieder verdampft usw. Die Strömung des Dampfs, die so zustande kommt,

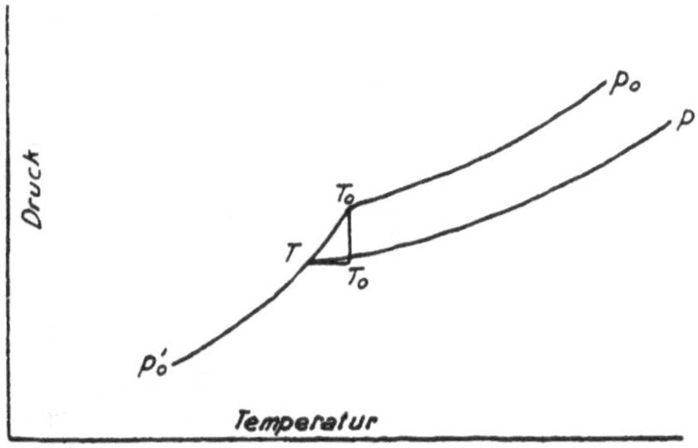

Abb. 105. Dampfdruckerniedrigung und Gefrierpunktserniedrigung.

geht einseitig und läßt sich daher motorisch ausnützen. Außerdem aber würde nur Wärme aus dem einen Wärmebad fortwährend entnommen. Das aber ist nach dem zweiten Hauptsatz unmöglich, und daraus folgt, daß die Schmelzpunkte umgekehrt liegen müssen, der der Lösung unter dem des Lösungsmittels. Die Möglichkeit, daß beide gleich wären, läßt sich nur erfahrungsgemäß abweisen.

Man benutzt die Gefrierpunktsdepression, um mit ihr die Identität zweier Stoffe zu prüfen. Haben sie nämlich, vielleicht zufällig, gleiche Schmelzpunkte, so fügt man vom einen eine kleine Menge zum anderen und nimmt wieder den Schmelzpunkt. Blieb er unverändert, so waren die Stoffe fast sicher identisch.

Wichtig ist so die Schmelzpunktsbestimmung von Gemischen (Lösungen). Denn jeder reine Stoff schmilzt höher, als eine einfache, sehr verdünnte Lösung irgendeines Stoffs in ihm. Dies ist nur eine andere Form des Gesetzes der Gefrierpunktsdepression. Hat man also z. B. ein Gemisch von Zn und Cd, so hängt zwar die Höhe des Schmelzpunkts vom Mischungsverhältnis ab, jedoch ist so viel von vornherein sicher, daß bei Abwesenheit von Zn-Cd-Verbindungen der Schmelzpunkt jedes der beiden Metalle durch Zusatz des anderen erniedrigt werden muß. Sind beide in jedem Verhältnis mischbar, so muß man bei jedem Verhältnis einen bestimmten Schmelzpunkt finden, so daß eine zusammenhängende Reihe von Schmelzpunkten beobachtet wird. Geht man z. B. von reinem Zn aus und bestimmt, immer mehr Cd zufügend, die Schmelzpunkte, d. h. die Punkte, bei denen eben bereits fester Stoff aus der Schmelze auszufrieren beginnt (Methode s. weiter unten), so findet man zuerst ein Sinken dieser Temperatur. Dabei ist der ausfrierende Bodenkörper zuerst immer nur reines Zn (da hier Mischkristalle, feste Lösungen usw. ausbleiben). Erst wenn man 82 $^0/_0$ Cd in der Schmelze hat, friert auch Cd gleichzeitig aus, und zwar gefriert bei diesem Verhältnis die Schmelze einheitlich. Es scheidet sich mit anderen Worten Zn und Cd aus ihr im selben Mengenverhältnis ab, wie es in der Schmelze vorhanden ist. Bei höherem Cd-Gehalt friert (ganz wie vorhin nur Zn) nur Cd aus. Nunmehr steigt der Schmelzpunkt mit wachsendem Cd-Gehalt bis auf den des reinen Cd. Trägt man die Temperaturen nach oben, die Cd-Gehalte in Prozent nach rechts auf, so erhält man eine etwa **V**-förmige Kurve mit einer scharfen Spitze unten. Die ihr entsprechende Temperatur heißt der eutektische Punkt und das ihr entsprechende Gemisch das eutektische Gemisch oder Eutektikum. Die seitliche und Höhenlage dieser Spitze hängt — infolge der Druckabhängigkeit aller Schmelzpunkte — vom Druck etwas ab, und so entspricht das Eutektikum einem Gemisch, das seine auszeichnende Eigenschaft, gerade mit dieser Zusammensetzung einheitlich zu gefrieren, dem zufälligen Betrag des äußeren Atmosphärendrucks verdankt. Es ist also keine chemische Verbindung. Erhält man jedoch, wie Abb. 106 zeigt, eine Kurve mit mehreren Eutektika und Maxima dazwischen, so beweist jedes solche Maximum durch die Unabhängigkeit seiner seitlichen (nicht Höhen-) Lage vom äußeren Druck die Existenz der betreffenden chemischen Verbindung. Dieses Mittel ist von äußerster Wichtigkeit zur Feststellung von Stoffindividuen in der ganzen Chemie (s. weiter unten: Metallographie und Silikatchemie). Wie man Gefrierpunkte von Mischungen zwecks Aufnahme solcher Schmelzdiagramme bestimmt, zeigt das folgende Beispiel.

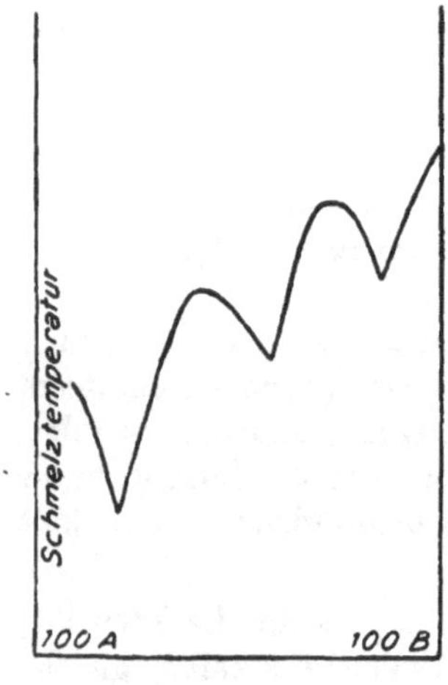

Abb. 106. Schmelzdiagramm eines binären Gemischs, das 2 Verbindungen bildet.

Ein Gemisch von Zn und Cd in bestimmtem Verhältnis wird geschmolzen und man verfolgt mit einem eingetauchten Thermoelement die Temperatur von Minute zu Minute. Sobald festes Metall sich abzuscheiden beginnt, wird Schmelzwärme frei und das Sinken der Temperatur verlangsamt sich. Man trägt die Temperatur als Ordinate gegen die Zeit als Abszisse auf und liest aus dieser Abkühlungskurve die Schmelztemperatur an der Abflachung ab.

Zubehör. Zn. Cd. Bunsenbrenner mit Schlot. Stativ. Porzellanreagenzrohr (etwa 2 cm weit, 10 cm lang). Thermoelement Pt-PtRh (wird ausgegeben) mit Schutzrohr und Galvanometer. Eisentiegel. Tiegelzange. Wage.

Ausführung. Man wägt Zn und Cd in bestimmtem Verhältnis ab, etwa 150 g, schmelzt sie im Fe-Tiegel zusammen, bringt den Regulus ins Porzellanrohr, schmelzt ein, taucht das Thermoelement ein und rührt um. Ist alles geschmolzen bei langsamer Heizung, so dreht man den Brenner kleiner, so daß die Schmelze sich nicht zu langsam (rund 1° pro Minute) abkühlt, und verfolgt gleichzeitig Zeit und Temperatur. Man liest an der nachher entworfenen Abkühlungskurve den Schmelzpunkt ab. Nötigenfalls bestimmt man mehrere Punkte, um sogleich einen Überblick über das Schmelzdiagramm zu erhalten (Abb. 107).

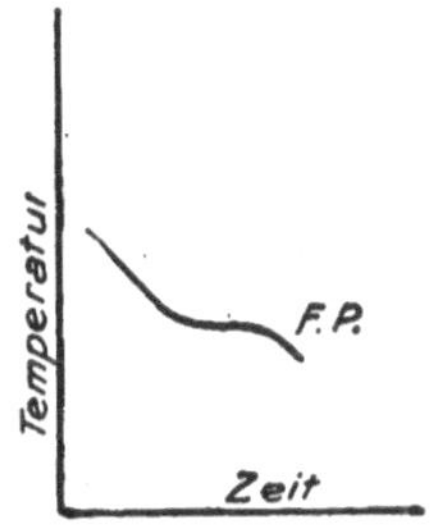

Abb. 107. Abkühlungs-(Schmelz-)Kurve bei Untersuchung eines Schmelzdiagramms.

Der beschriebene Fall stellt den einfachsten dar. Wenn die festen Körper, die sich ausscheiden, nicht reine Stoffe sind, sondern Mischkristalle, feste Lösungen im allgemeinen, so werden die Verhältnisse verwickelter.

4. Löslichkeit. Löslichkeitsdepression.

Besprechung. Definition: Die Löslichkeit eines Stoffs in einem anderen bei einer bestimmten Temperatur und bestimmtem Druck ist gleich der Konzentration des gelösten Stoffs, bei der zwischen Lösung und ungelöstem Stoff thermodynamisches Gleichgewicht besteht. Diese Konzentration heißt die Sättigungskonzentration. Man gibt sie je nach dem Zweck der Messungen in so verschiedener Weise definiert an, daß es zweckmäßig ist, die Unterschiede der Definitionen zu kennen:

1. Mole gelöster Stoff in der Volumeinheit der Lösung. Diese Angabe heißt molare Konzentrationsangabe und ist analog der in der Maßanalyse benutzten Normalität, sehr einfach und vorteilhaft.

2. Molprozent. Die Gesamtmolzahl wird in Prozent verteilt auf Lösungsmittel und gelösten Stoff. Für solche Lösungen zweckmäßig, wo man alle Prozentgehalte herstellen kann (vollkommene Mischbarkeit).

3. Gramm gelöster Stoff auf 100 g Lösungsmittel. Zweckmäßig zur Herstellung der Lösungen. Der gelöste Stoff wird dabei im ganz lösungsmittelfreien Zustand gerechnet (also z. B. wasserfreies Salz bei wäßrigen Lösungen).

Die Löslichkeit eines Stoffs wird durch Auflösung eines zweiten Stoffs in ihm nach denselben Gesetzen herabgedrückt, wie die Dampfdrucke, falls nicht andere Vorgänge chemischer Art etwa die Erscheinungen verwirren. Wenigstens macht man bei Abweichungen immer erklärende chemische Hilfsannahmen.

Es gibt keine unlöslichen Stoffe, sonst könnte man alsbald einen Widerspruch gegen den zweiten Hauptsatz ableiten.

Die Geschwindigkeit der Auflösung eines Stoffs steht zu seiner Löslichkeit meist, aber durchaus nicht immer, in der Beziehung, daß die eine mit der anderen (nicht proportional!) steigt.

Die Löslichkeit steigt zwar meistens, aber durchaus nicht immer, mit der Temperatur, es kann auch umgekehrt sein. Im letzteren Fall erzeugt, im ersteren verbraucht der Lösungsvorgang Wärme. (II. Haupts.)

Jede Molekülart (also auch jedes Hydrat z. B.) hat bei gegebener Temperatur und gegebenem Druck in gegebenem Lösungsmittel ihre eigene konstante Löslichkeit.

Damit steht im engen Zusammenhang der

Verteilungssatz (Nernst): Jede Molekülart verteilt sich bei gegebener Temperatur und gegebenem Druck zwischen zwei nicht vollkommen mischbaren Lösungsmitteln in einem bestimmten, von der Gesamtmenge der Molekülart unabhängigen Verhältnis. Dieser Satz gilt im allgemeinen für konzentrierte Systeme nur angenähert, besser für verdünnte. Als nicht mischbare Lösungsmittel kann man beliebig viele feste Lösungsmittel nehmen, im Höchstfall zwei flüssige (eine wäßrige, eine ölige) und ein gasförmiges. (Übrigens lassen sich mehrere metallische, miteinander nicht mischbare Lösungsmittel herstellen; metallische muß man also bei obiger Erfahrungsregel ausschließen.) Für dampfförmige Stoffe kann man das Vakuum in gewisser Hinsicht oft als das „Lösungsmittel" ansehen. Die Verhältniszahl, die die Verteilung auf zwei „Phasen" (s. demnächst S. 169) angibt, heißt der Verteilungskoeffizient; bei Gasen wegen des Henryschen Gesetzes, das ein Sonderfall des Verteilungssatzes ist, auch wohl Henrykoeffizient.

Den Verteilungssatz kann man sich leicht durch einen Versuch veranschaulichen.

Zubehör. **Pikrinsäure. Ligroin. Scheidetrichter. Stativ. Vier Schälchen zum Trocknen. Gebläse. Zwei Meßgläser.**

Ausführung. Man schüttle Ligroin und Wasser mit zwei verschiedenen Mengen Pikrinsäure, trenne die entstandenen Schichten und trockne sie in den vier Schälchen durchs Gebläse ein. Man vergleiche durch Wägung die Konstanz des Massenverhältnisses und überlege die Ursachen für die Ungenauigkeit des Versuchs.

5. Clausiussche Formel.

Besprechung. Wenn man einen Vorgang in einem Wärmebad bei $T + dT$ von selbst sich abspielen läßt, ihn in einem anderen Bad bei T rückgängig macht und den Vorgang beide Male umkehrbar, d. h. **unendlich langsam** leitet, so wird dabei im allgemeinen eine Wärmemenge Q aus dem Bad von der Temperatur $T + dT$, wo der erste

Vorgang sich vollzieht, ins zweite Bad von der Temperatur T, wo er rückgängig gemacht wird, transportiert werden müssen. Ferner wird dabei ein Arbeitsgewinn erhalten, der im besten Fall einen gewissen endlichen Betrag dA nicht überschreitet. Der **zweite Hauptsatz** zeigt dann, wie hier nicht näher auseinanderzusetzen, daß die Gleichung besteht:

$$\frac{dA}{Q} = \frac{dT}{T}. \tag{68}$$

Darin bedeutet T die absolute Temperatur (wie sie durch Gase definiert ist, die dem Gesetz $pv = n\,RT$ ganz genau gehorchen).

Dieses Gesetz ist von allgemeinster Anwendbarkeit und zu seiner Anwendung pflegt man theoretische Kreisprozesse zu verwenden, die nur Sonderfälle darstellen von dem eben beschriebenen. Es definiert zugleich die „thermodynamische Temperatur T“, auch für solche Temperaturgebiete, wo es keine idealen Gase mehr gibt.

Für alle Änderungen des Aggregatzustands läßt sich die Beziehung zwischen Wärme- und Arbeitsänderung in folgender Weise ableiten:

Zuerst betrachten wir den Vorgang der Verdampfung:

Ein Mol gesättigten Dampfs vom Volum V wird bei der Temperatur T umkehrbar und isotherm kondensiert zu Flüssigkeit vom Volum v. Sie wird auf $T + dT$ erwärmt, isotherm und umkehrbar verdampft und wieder auf T abgekühlt. Sind p und $p + dp$ die Dampfdrucke der Flüssigkeit bei diesen beiden Temperaturen, so ist:

unser Arbeitsaufwand: $p\,(V - v)$,
unser Arbeitsgewinn: $p\,(V - v) + dp\,(V - v)$,
Wärmegewinn von Bad I: $L + K'dT$,
Wärmeverlust von Bad II: $L + dL + K dT$,

worin L die molare Verdampfungswärme bei T, K' und K die Wärmekapazität des zwischen den beiden Bädern bewegten Systems bedeutet.

Vernachlässigt man die additiv auftretenden Glieder höherer Ordnung, was beim Übergang zu unendlich kleinem dT streng gilt, so erhält man nach der oben angeführten Gleichung aus dem zweiten Hauptsatz:

$$L = T \cdot \frac{dp}{dT} \cdot (V - v). \tag{69}$$

Gelten für den Dampf im Sättigungszustand bei den betrachteten Temperaturen die Gasgesetze ausreichend genau, so ist v neben V zu vernachlässigen, und $V = RT/p$, also:

$$\frac{d \ln p}{dT} = \frac{L}{RT^2}. \tag{70}$$

Analog sind ableitbar die Formeln für die Sublimationswärme:

$$S = T \cdot \frac{dp}{dT} \cdot (V - v_0), \tag{71}$$

wo v_0 das Molarvolum des festen Stoffs bei T und p sein soll.

Schließlich die Formel für die molare Schmelzwärme:

$$F = T \cdot \frac{dp}{dT}(v - v_0), \tag{72}$$

worin p der Druck im System ist, der nicht mehr als Dampfdruck zu bezeichnen ist, weil nur noch Flüssigkeit und fester Stoff zugegen sind, aber kein Dampf mehr. Man wird ihn den Koexistenzdruck festen und flüssigen Stoffs oder „Schmelzdruck" nennen. In den beiden ersten Formeln dagegen bedeutet p jeweils den Dampfdruck, in der ersten des flüssigen, in der zweiten des festen Stoffs.

Diese drei Formeln, die dieselbe äußere Form haben, heißen die Clausiussche Formel. Spricht man schlechthin von der Clausiusschen Formel, so meint man meist die zuerst genannte. Sie ist von außerordentlicher Wichtigkeit, weshalb ihre Ableitung hier in den Grundzügen wiederholt wurde.

Löst man diese Formel mathematisch nach dem Dampfdruck p auf, so findet sich zuerst, falls man zur Vereinfachung Gültigkeit der Gasgesetze annimmt:

$$d \ln p = \frac{L\,dT}{R\,T^2}. \tag{73}$$

Nimmt man weiter, was bei nicht zu hohen Temperaturen immerhin eine gewisse Annäherung gibt, an, daß L von der Temperatur nicht abhängt, so ergibt sich rein **mathematisch**:

$$\ln p = -\frac{L}{RT} + C', \tag{74}$$

worin C' einen beliebigen Wert haben darf, der aber, einmal gewählt, in der Gleichung (74) bei allen Werten von T derselbe sein muß. C' ist also unabhängig von der Temperatur, in dieser Hinsicht also konstant, aber im übrigen eine willkürlich wählbare Zahl. Sie heißt die Integrationskonstante der Gleichung.

Die Gleichung hat jedoch außer ihrem mathematischen Inhalt einen **physikalischen**. Und aus diesem folgt manches andere noch über die Größe C'.

L/RT ist, wie eine leichte Überlegung lehrt, eine reine Verhältniszahl, da Zähler und Nenner Energiemengen bedeuten. Also hängt diese Zahl von den benutzten Einheiten nicht ab. Dagegen hängt der Zahlwert von $\ln p$ (Logarithmus des Dampfdrucks) ab: 1. von den Einheiten, worin man diesen Druck mißt, ist z. B. um den ln (760) größer, wenn man von Atmosphären zu Millimeter Hg übergeht; 2. hängt er ab von der Natur des Stoffs.

Somit kommt man jetzt zu der aus dem Gleichheitsbegriff erfließenden, begrifflichen Folgerung, daß, wenn die linke Seite der Gleichung von den Maßeinheiten abhängt, die rechte sich ebenso verhalten muß. Und ferner, physikalisch: daß die linke Seite einen ganz bestimmten Zahlwert hat für ein gegebenes T (denn der Dampfdruck hat doch für eine gegebene Temperatur bei einem gegebenen Stoff einen eindeutig bestimmten und nicht willkürlich wählbaren Zahlwert). Also fordert die physikalische Erfahrung, daß auch die rechte Seite der Gleichung, mithin auch C', einen ganz bestimmten, mit den Maßeinheiten veränderlichen Zahlwert haben muß. Ob dieser übrigens von Stoff zu Stoff verschieden ist oder gleich, das läßt sich nicht ohne weiteres sagen, da die Verschiedenheit der rechten Seiten der Gleichungen für verschiedene Stoffe auch z. T. durch Verschiedenheit der Zahlwerte L/RT bedingt sein könnte. Dem ist auch so.

Über den absoluten Zahlwert der Größe C' sagt der erste und der zweite Hauptsatz der Thermodynamik nichts aus. Wohl aber ein davon unabhängiger Satz, das Nernstsche Theorem, das allgemeine Erfahrungen u. a. über diese Größe enthält. Experimentelle Erfahrung ergab, daß C' in der Tat außer von den Maßeinheiten, worin man die Dampfdrucke mißt, noch abhängt von der Natur der Stoffe, und daß diese Verschiedenheit gerade für die chemischen Affinitätsverhältnisse von erheblicher Wichtigkeit ist. Man rechnet bei diesen im allgemeinen aus Bequemlichkeitsrücksichten nicht mit den natürlichen Logarithmen, sondern mit den Briggsschen (= dekadischen) und man rechnet C' auf Briggssche um, einfach durch Multiplikation mit 0,4343. Wir wollen die Integrationskonstante für diesen Fall C nennen. Sie heißt dann die chemische Konstante. Dabei ist üblich, die Drucke in Atmosphären anzugeben.

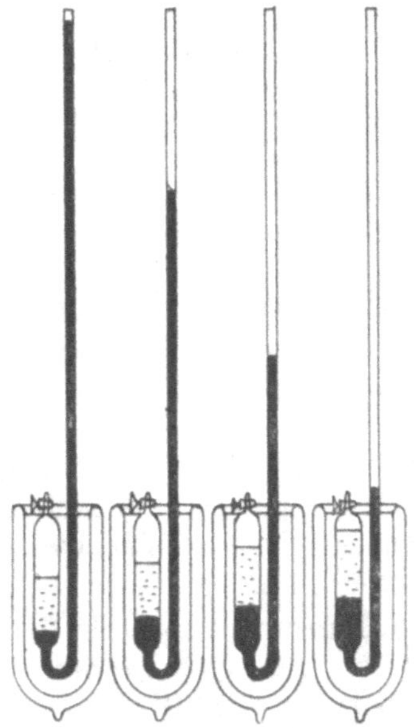

Abb. 108. Statische Dampfdruckmessung. Anwendung der Clausiusschen Formel.

Faßt man die erhaltenen Ergebnisse zusammen, so sieht man, daß der zweite Hauptsatz zwar angibt, wie groß die Differenzen der Logarithmen der Dampfdrucke bei verschiedenen Temperaturen sind, nicht aber, wie groß die Dampfdrucke selbst. Und da die Differenz der Logarithmen gleich dem Logarithmus des Verhältnisses der Zahlen selbst ist, so kann man auch sagen, daß das Verhältnis der Dampfdrucke zueinander bei verschiedenen Temperaturen durch den zweiten Hauptsatz bestimmt ist und aus ihm bei Kenntnis von L ermittelt werden kann, nicht aber die absoluten Werte der Dampfdrucke selbst. Denn Multiplikation aller Dampfdrucke desselben Stoffs mit einer unveränderlichen Größe läßt das Verhältnis der Dampfdrucke unverändert. Dieser

Faktor aller Dampfdrucke entspricht dem Summanden der Logarithmen der Dampfdrucke.

Man kann sich diese Größe durch einen Versuch veranschaulichen.

Zubehör. Dampfdruckdemonstrationsapparat (Abb. 108) mit Ätherfüllung der Gefäße. Vier Dewarbecher. Thermometer bis 100°. Heißwasserkessel mit Fletcherbrenner. Maßstab.

Ausführung. Man fülle die vier Dewarbecher mit Wasser von 42, 52, 62, 72° und schiebe die Becher von unten über die Gefäße mit dem Äther. Nachdem sich die Manometersäulen einigermaßen endgültig eingestellt haben, stelle man die Temperaturen genau auf 40, 50, 60, 70° ein und lese die Höhendifferenz des Quecksilbers in jedem Rohr ab, ferner (auf 1 mm) den Barometerstand, der zu den abgelesenen Höhen zuzufügen ist. Man drücke die Temperaturen in absolutem Maß aus und setze die Zahlen zuerst in die Clausiussche Formel:

$$d \ln p = \frac{L\,dT}{R\,T^2}, \tag{75}$$

die man genähert ersetzen kann durch:

$$\ln p_2 - \ln p_1 = \frac{L(T_2 - T_1)}{R\left(\frac{T_2 + T_1}{2}\right)^2} = 2{,}3026 \,.\, \log \frac{p_2}{p_1}. \tag{76}$$

$T_2 - T_1$ ist 10. Die Differenz der natürlichen Logarithmen findet man durch Multiplikation der Differenz der Briggsschen mit 2,3026. Die Maßeinheit für die Drucke ist gleichgültig, da nur das Verhältnis der Drucke in der Formel steht. L ist nach Messungen rund 6500 cal. Aus letzterer Maßeinheit ergibt sich, in welcher Maßeinheit R zu nehmen ist.

Man ersieht aus den Messungen, daß man L so bestimmen kann; es wird mit 6500 leidlich übereinstimmen. Man überzeuge sich, daß eine Multiplikation der gemessenen Dampfdrucke mit einer und derselben Zahl jeweils ganz ohne Einfluß bleibt, daß man mithin aus L nach der gegebenen Gleichung nur dies Verhältnis hätte voraussagen können. Man zeichne die Dampfdruckkurve (p Ordinaten, T Abszissen).

Nun wende man die Gleichung an, in der C vorkommt. Man nennt sie im Gegensatz zu der eben besprochenen Differentialgleichung die integrierte Gleichung. Sie erlaubt nicht, wie man sieht, aus L, R und T allein (nur diese Größen dienten in der Differentialgleichung zur Berechnung des Verhältnisses p_2/p_1) die Größe von p für einen gegebenen Stoff auszurechnen.

Dagegen erlaubt unsere Messung, experimentell, wiewohl sehr roh, den Zahlenbetrag der chemischen Konstante C für Äther zu ermitteln. Man braucht dazu nur die Gleichung in der Form zu schreiben:

$$\log p + \frac{L \,.\, 0{,}4343}{R\,T} = C, \tag{77}$$

dann stehen links lauter beobachtete Größen und rechts die zu bestimmende Größe. Man gebe dabei p in Atmosphären an.

Man präge sich ein: Der zweite Hauptsatz ergibt nur die Temperaturkoeffizienten dx/dT vieler Größen x (z. B. des Dampfdrucks, der Gleichgewichtskonstante, s. w. u.). Ihren absoluten Betrag läßt er unbestimmt und man bedarf zu seiner Bestimmung eines neuen Gesetzes oder aber jeweils besonderer Messung.

Was so für den Dampfdruck der flüssigen Stoffe gesagt wurde, gilt ganz analog für den fester Stoffe. Und der zweite Hauptsatz läßt es ersichtlich ganz unbestimmt, ob dieselbe Molekülart in verschiedenen Aggregatzuständen gleiche oder verschiedene chemische Konstanten hat. Das Nernstsche Theorem behauptet ersteres, abgesehen von Gasen.

Für den Schmelzdruck, den Koexistenzdruck festen Stoffs mit flüssigem Stoff, gilt dieselbe Art von Überlegungen.

Da die Sättigungskonzentrationen eindeutige Funktionen der Dampfdrucke sind, so folgt, daß auch sie nur ihrem Temperaturkoeffizienten nach, nicht ihrem absoluten Wert nach, durch den zweiten Hauptsatz mittels der Verdampfungswärmen sich im Prinzip bestimmen lassen.

Zu auch nur einigermaßen genauen Überlegungen und Messungen hat man die Temperaturabhängigkeit der Verdampfungs-, Sublimations- und Schmelzwärmen zu berücksichtigen. Dazu bedarf man der Kenntnis der spezifischen Wärmen.

Wichtige Anwendungen des bisher Behandelten bilden:

die genaue Messung von Dampfdrucken nach der dynamischen Methode, die Bestimmung von Molekulargewichten aus Siedepunktserhöhung und Gefrierpunktserniedrigung.

6. Begriff der Phase. Phasenregel von Gibbs.

Besprechung. Besteht ein Gebilde nicht bloß aus einer homogenen Masse, so kann es entweder Inhomogenitäten enthalten, die stetig die Masse durchziehen, z. B. Schlieren u. dgl., allgemein Konzentrationsgefälle, oder aber es enthält Unstetigkeitsflächen, d. h. Grenzflächen, zwischen in sich homogenen, untereinander aber verschieden beschaffenen Anteilen. Die **Gesamtheit** aller untereinander gleich beschaffenen Anteile in einem solchen Gebilde heißt **je eine** Phase. Gebilde aus verschiedenen Phasen heißen heterogene Systeme, solche aus einer Phase homogene. In Systemen mit inhomogenen Anteilen ist die Anwendung des Phasenbegriffs meist nicht fruchtbar (die der Phasenregel von Gibbs nicht zulässig). Gasförmige Phasen können schnell ihre Konzentration ändern, flüssige durch Mischung mit anderen flüssigen auch noch vielfach, feste können es zwar auch, tun es aber wegen ihres meist nur geringen Lösevermögens und der kleinen Lösegeschwindigkeit in nicht merklichem Grad. Feste Phasen sind daher sehr oft, wenn nicht meistens, praktisch chemisch „reine“ Stoffe. Da ihr Dampfdruck bei gegebener Temperatur einen festen Betrag hat, so muß ihre Konzentration in einem chemischen (Gas-) Gleichgewicht bei gegebener Temperatur ebenfalls konstant sein. Da aber der feste Stoff mit seinem Dampf nach Herstellung des Dampfdrucks im Gleichgewicht steht, so muß auch seine Sättigungskonzentration in einem gegebenen Lösungsmittel einen bestimmten, von der Gegenwart allenfalls dissoziierten Stoffs unabhängigen Zahlwert haben. Kurz: Man hat feste Phasen im allgemeinen als Phasen konstanter Konzentration anzusehen. Man kann das leicht an einem Versuch zeigen (nach J. Wagner).

Zubehör. Abs. alkoh. $^1/_6$ n. Pikrinsäure. Abs. alkoh. $^1/_6$ n. Naphthalin. Meßglas für 100 ccm. Filtrierstativ. Filter. Drei 100-ccm-Standzylinder.

Ausführung. Mischt man gleiche Teile der beiden Lösungen, so bildet sich $^1/_{12}$-n. Naphthalinpikrat, wovon ein Teil elektrolytisch dissoziiert gelöst ist, ein Teil undissoziiert gelöst bleibt, ein Teil ausfällt, da die Konzentration die Sättigung übertrifft. Fügt man zum Filtrat Naphthalinlösung oder Pikrinsäurelösung, so entsteht in beiden Fällen wieder ein kräftiger Pikratniederschlag. Denn in beiden Fällen wird durch den Zusatz mehr Pikrat gebildet, das aus dem dissoziierten zusammen mit dem Zusatz entsteht und da das Pikrat (Gegenwart festen Pikrats!) **konstante Konzentration** hat, so muß es ausfallen.

Darin liegt zugleich eine Veranschaulichung der **Phasenregel**, die sich thermodynamisch ableiten läßt und besagt, daß im Fall eines Gleichgewichts zwischen p Phasen, zu dessen Aufbau man mindestens b Bestandteile (im analytischen Sinn) braucht, die Zahl der Freiheiten, also der unabhängig veränderbaren Größen f durch folgende Gleichung gegeben ist:

$$\underline{p + f = b + 2}\,. \qquad (78)$$

(**Phasen + Freiheiten = Bestandteile + 2**)

Wir haben hier zwei Phasen, festes Pikrat und flüssige Lösung, ferner drei Bestandteile, nämlich Lösungsmittel und Naphtalin und Pikrinsäure. Man hat also drei Freiheiten, wovon über die Temperatur schon verfügt ist und über die Konzentration des Pikrats auch. Man kann also nur noch höchstenfalls eine Konzentration verändern, wie das Experiment gezeigt hat.

b) Messungen.

7. Messung des Dampfdrucks nach der dynamischen Methode.

Besprechung. Die Vorzüge der sog. dynamischen vor der bisher behandelten statischen Methode ergeben sich aus folgenden Überlegungen.

Bringt man einen merklich verdampfbaren Stoff in eine Barometerleere, so wird er, wenn nicht vollkommen rein, zuerst seine flüchtigeren Verunreinigungen abgeben und so den Dampfdruck zu groß erscheinen lassen. Da jede Flüssigkeit Luft löst und meist vor dem Einfüllen mit Luft oder sonstigen Gasen in Berührung war, so wird diese Entstellung der Dampfdrucke um so größer sein, je weniger flüchtig der zu untersuchende Stoff ist. Diese Methode ist also dann unsicher.

Erhitzt man andererseits (dynamische Methode) einen Stoff bei konstant gehaltenem äußerem Druck so hoch, daß eben der Dampfdruck gleich dem äußeren Druck wird und ihn ein klein wenig übertrifft, und mißt nun die Temperatur des Siedens, so besteht die Möglichkeit, die zuerst abgegebenen Gase und Dämpfe derart entweichen zu lassen, daß sie eine merkliche Vergrößerung des Drucks nicht zu bewirken vermögen. Denn das Auftreten von Blasen aus der Flüssigkeit zeigt an, daß mindestens die Menge von ihr, die noch übrig ist, ihren eigenen vollen Dampfdruck ausübt. Dabei muß man dafür sorgen, daß die entwichenen Gase nicht als schwerere Säule (schwerer als die Atmosphäre, die man als Gegendruck mißt) über der Flüssigkeit liegen. Denn in engen Röhren kann sich sonst bei lebhaftem Sieden recht wohl ein kleiner, merklicher Drucküberschuß über den Außendruck erhalten und dann mißt man für den gemessenen Außendruck eine zu hohe zugehörige Siedetemperatur, verfällt also in den umgekehrten Fehler, wie bei der statischen Methode. Man hat hier den weiteren Vorteil, daß man so große Stoffmengen kann sieden lassen, daß der Einfluß von Verunreinigungen immer klein bleibt. Denn die zurückbleibende Menge ändert ihre Zusammensetzung kaum und der Dampf besteht bei ausreichend großem Dampfraum und lebhaftem Sieden in der Tat weit vorwiegend aus dem gewünschten Stoff allein.

Der Hauptfehler, den man vermeiden muß, liegt in dem zeitweiligen Ausbleiben des lebhaften Siedens, das um so leichter stört, je reiner der Stoff und das Gefäß ist, worin er sich befindet.

Diesen Fehler umgeht man durch Siedeerleichterer. Die üblichen Platinschnitzel, Platintetraeder oder Tonstückchen genügen meist nicht, man erhitzt besser die Flüssigkeit **lokal** stark, etwa durch einen dicken, die Glaswand durchsetzenden Platinstift, der die Wärme der Heizquelle empfängt, oder durch einen kleinen (z. B. 0,3 mm dick, 8 mm lang, an die 10-Voltleitung angeschlossen), sehr dünnen Platindraht, der von einem solchen Strom durchflossen ist, daß er in freier Luft eben glühen würde. Der letztere elektrische Siedeerleichterer ist besser, weil die **dicken** Platindrähte leicht das Glas sprengen (Abb. 109).

Abb. 109. Elektr. Siede-Erleichterer.

Will man Siedepunkte bei anderen Drucken messen als bei dem der Atmosphäre, so ist eine künstliche Atmosphäre vorzuschalten, ein Gefäß von im Verhältnis zum Siedegefäß sehr großem Inhalt, z. B. ein Säureballon, in dem mittels Pumpe und Manometer ein bestimmter Druck stationär erhalten wird. Man muß zwischen künstliche Atmosphäre und Siedegefäß Apparate einschalten, die eine Diffusion des Dampfs in die Atmosphäre verhindern, aber die Druckausgleichung nicht merklich beeinflussen. Namentlich bei sehr geringen Drucken findet der Druckausgleich sehr langsam statt, wenn die Röhren nicht sehr weit sind. Unter 10 mm lichte Weite bei $^1/_2$ m Länge sollte man nicht wählen, wenn man bis zu 100 mm Quecksilberdruck herabgehen will.

Ein anderer Fehler, der sich leicht einschleicht, rührt von der Überhitzung des Thermometergefäßes, die oft durch die Außenheizung bewirkt wird, oder von einer falschen Kühlung durch Kondensat, das aus dem Kühler aufs Thermometer herabfließt. Letzteres umgeht man dadurch[1], daß ein Rohr (Abb. 110) das Kondensat unmittelbar in die siedende Flüssigkeit zurückführt, ersteres wird bekämpft durch Strahlungsschutz in erster Linie. Man setzt das Siedegefäß in ein Sandbad, das wegen der Strahlung aus hellem Material, z. B. Asbest, gefertigt ist. Den oberen Teil des Siedegefäßes schützt ein Asbestgehäuse mit ringförmigem Deckel vor Überhitzung oder Abkühlung. Das Thermometer darf nie in die Flüssigkeit tauchen, sonst zeigt es fast immer zu hoch, es darf auch nicht frei im Gasraum sich befinden, sonst zeigt es leicht die Temperatur mehr der Gefäßwände als des Dampfs. Vielmehr umgibt man es zweckmäßig mit einem besonderen Glasrohr, das unten in der Flüssigkeit offen endet und durch welches der Dampf von oben herab und dann unterhalb des Thermometers seitlich hinauf in den Kühler zu strömen gezwungen ist. Diese Form hat sich sehr bewährt. Um das Thermometer noch sicherer auf die Gleichgewichtstemperatur zwischen Flüssigkeit und Dampf zu bringen, wird sein Gefäß mit Watte oder Glaswolle umwickelt, die ein Platindraht festhält.

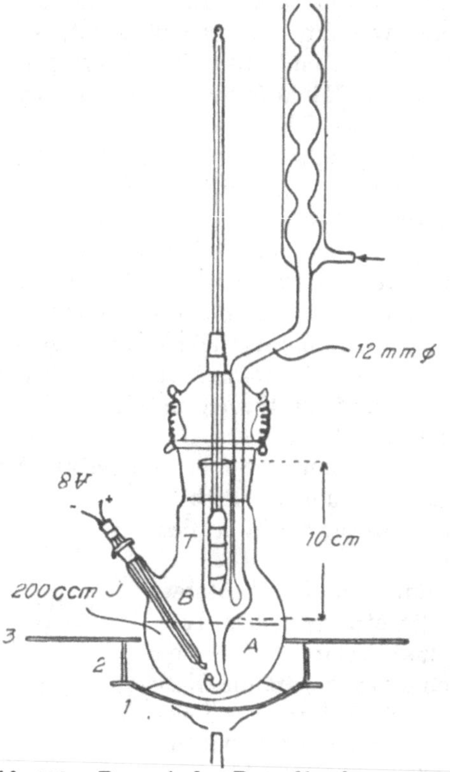

Abb. 110. Dynamische Dampfdruckmessung. Aufnahme der Dampfdruckkurve.

Es versteht sich, daß man alle Vorsichtsmaßregeln und Korrektionen

[1] M. Trautz, E. Baisch und A. v. Dechend, Z. f. Elektrochem. 1908. S. 272ff.

für genaue thermometrische Messung anbringen muß, ebenso für die manometrische.

Zubehör. Dampfdruckapparat (Abb. 110) mit Thermometer bis 100°, geteilt in 0,1°. 10-Voltleitung. Ableselupe.

Ausführung. Man beschicke den Apparat mit Wasser und bestimme mindestens 10 Punkte der Dampfdruckkurve, die man nach Anbringung aller Korrektionen mit den in Landolt-Börnstein-Roths Tabellen enthaltenen vergleicht und graphisch aufträgt. Man überlege die Fehlerquellen.

Die Stockschen Dampfdruckthermometer machen von der starken Temperaturabhängigkeit des Dampfdrucks Gebrauch und sind Quecksilbermanometer, die den Druck des gesättigten Dampfs einer geeigneten Flüssigkeit, z. B. Sauerstoff, messen, anstatt in Millimeter Hg aber schon in Grade geteilt sind. Sie werden am besten empirisch geeicht, dienen für sehr tiefe Temperaturen und sind recht genau.

8. Molekulargewichtsbestimmung durch Siedepunktserhöhung (Dampfdruckerniedrigung).

Besprechung. Die Grundformel für die osmotischen Molekulargewichtsbestimmungen ohne Messung des osmotischen Drucks einfach an Hand des zweiten Hauptsatzes war (s. oben) folgende:

$$\frac{p_0 - p}{p_0} = \frac{n}{N}, \tag{79}$$

worin links die relative Dampfdruckerniedrigung, rechts das Verhältnis der Mole gelösten Stoffs zu der Anzahl Mole Lösungsmittel steht.

Wir leiten jetzt daraus quantitativ die Formel ab, die zur Molekulargewichtsbestimmung durch Siedepunktserhöhung führt.

Verknüpfung der Grundformel mit der Clausiusschen Formel für ideale Gase: $d \ln p / d T = L / R T^2$.

Diese letztere Formel gilt nur, wenn der gesättigte Dampf noch den Gasgesetzen sich fügt. Für die Dampfdrucke der Flüssigkeiten, die bei Molekulargewichtsbestimmungen als Lösungsmittel dienen, trifft das fast immer ziemlich annähernd, bis auf einige Prozent, genau zu. Mathematisch läßt sich die Formel umschreiben in:

$$\frac{dp}{p} = \frac{L\,dT}{R T^2}, \tag{80}$$

was sich angenähert ersetzen läßt durch:

$$\frac{p_0 - p}{p_0} = \frac{L(T - T_0)}{R T^2}, \tag{81}$$

worin unter T^2 das Quadrat der mittleren Temperatur zwischen T und T_0 verstanden ist. Das ist nur möglich, falls $(p_0 - p)$ klein ist gegen p_0 und $T - T_0$ klein gegen T. Aus der Clausiusschen Formel ergibt sich, wie wir sahen, nicht die Größe des Dampfdrucks selbst, sondern nur die Änderung des Logarithmus des Dampfdrucks mit der Temperatur.

Da wir diese soeben auch ersetzen konnten durch die relative Dampfdruckerniedrigung (durch Temperaturerniedrigung bewirkt), so kann man auch sagen, der zweite Hauptsatz gebe nur an, wie groß die relative Dampfdruckerniedrigung sei, die durch eine gegebene Temperaturerniedrigung hervorgerufen wird, nicht aber die Dampfdrucke selbst. Die Ursache davon ist, wie wir sahen, daß der zweite Hauptsatz den Betrag der Dampfdruckintegrationskonstante unbestimmt läßt. Umgekehrt kann man jetzt sagen, daß alle verschiedenen Dampfdrucke verschiedener Flüssigkeiten dann durch eine und dieselbe Clausiussche Gleichung dargestellt sind, wenn die Formen der Kurven für $\ln p$ identisch sind und nur allenfalls ihre Lage, d. h. der vertikale Abstand von der T-Achse verschieden ist. Jede Kurve für $\ln p$, die also der ursprünglich betrachteten parallel ist, oberhalb oder unterhalb von ihr verläuft, ist mithin durch dasselbe L/RT^2 gegeben. Das gilt auch noch recht angenähert, wenn es nicht die $\ln p$-Kurven sind, sondern die p-Kurven selbst, die einander parallel gehen. Dann freilich darf der Abstand nicht zu groß werden. Wird also durch irgendeine Ursache, die aber nicht in einer Temperaturänderung liegen soll, eine bloße Verschiebung der Dampfdruckkurve eines Stoffs in Richtung der Druckachse, also bei der meist geübten Darstellung (p nach oben, T nach rechts) nach oben oder unten bewirkt, und ist diese Verschiebung nicht zu beträchtlich, so wird sie noch als Parallelverschiebung im beschriebenen Sinn erscheinen, auch für $\ln p$. Und wenn dies der Fall ist, so gilt dieselbe Clausiussche Gleichung (d. h. mit demselben L und in derselben Form) auch für die verschobene Kurve. Nur die physikalische Bedeutung hat sich dann z. T. geändert. Denn $(p_0 - p)$, die Dampfdruckdepression, ist dann nach Definition nicht durch Temperatursenkung erzeugt, sondern durch jene andere, angenommene Ursache. $T - T_0$ aber wird die Differenz der zu diesen beiden Druckwerten zugehörigen Temperaturen, also die dem Übergang von p_0 zu dem kleineren p entsprechende Erhöhung der Siedetemperatur. L und R dagegen bleiben natürlich gleich. Jetzt nehmen wir an, daß die dampfdruckdeprimierende Ursache in einem Zusatz an gelöstem Stoff liegt. Dann muß dieser Zusatz klein sein, damit die Depression klein genug ist, um die Parallelität der Kurven nicht zu beeinträchtigen. Das hat den weiteren Nutzen, daß alsdann auch die osmotische Grundformel in Geltung bleibt, die nur für verdünnte Lösungen gilt:

$$\frac{p_0 - p}{p_0} = \frac{n}{N}. \tag{82}$$

Dampfdrucke selbst mißt man, wie wir sahen, nicht so genau nach der statischen als nach der dynamischen Methode. Letztere aber besteht im Bestimmen von Siedepunkten. Wir wollen jetzt die Beziehung ableiten, die zwischen den Siedepunkten des reinen Lösungsmittels und der Lösung bestehen muß. Dazu setzen wir zuerst in die osmotische

Grundformel an Stelle von n und N die Größen ein, die man experimentell unmittelbar bestimmt, nämlich die Stoffmassen und ihre Molekulargewichte. Es ist laut Definition von 1 Mol:

$$n = \frac{g}{m} \quad \text{und} \quad N = \frac{G}{M}, \tag{83, 84}$$

worin g und G die Massen von gelöstem Stoff bzw. Lösungsmittel in Gramm, und m und M die zugehörigen Molekulargewichte sind.

Bedenkt man nun, daß man einen Ausdruck sucht, der das Molekulargewicht des gelösten Stoffs zu berechnen gestattet, so ist klar, daß man nach m auflösen muß. Das ergibt zusammen mit der osmotischen Grundformel:

$$m = \frac{g\,M}{G} \cdot \frac{p_0}{p_0 - p}. \tag{85}$$

Setzt man jetzt aus der umgedeuteten Clausiusschen Gleichung den Ausdruck für die relative Dampfdruckerniedrigung ein, um diese, die man doch nicht unmittelbar mißt, zu ersetzen durch die gemessene Siedepunktserhöhung, so wird:

$$m = \frac{100\,g}{G} \cdot \frac{M}{100\,L} \cdot \frac{R\,T^2}{T - T_0}. \tag{86}$$

Die Erweiterung des Ausdrucks mit 100 geschah, um für $100\,g/G$ eine Abkürzung einführen zu können, indem diese Größe eine sehr einfache und experimentell handliche Bedeutung hat. Es ist die Anzahl g gelösten Stoffs auf 100 g Lösungsmittel und soll durch g' bezeichnet werden. $L:M$ ist die molare Verdampfungswärme, dividiert durch das Molekulargewicht, also einfach die Verdampfungswärme. Nennt man sie L', so heißt der Bruch $\frac{R\,T^2}{100\,L'} = E$ die molekulare Siedepunktserhöhung und gibt die Siedepunktserhöhung an, die ein Lösungsmittel erfährt, wenn man in 100 g von ihm 1 Mol eines Stoffs auflöst. Das sieht man leicht, wenn man die Abkürzung E einführt:

$$m = \frac{g' \,.\, E}{T - T_0}. \tag{87}$$

Wegen der Verschiedenheit von E von Stoff zu Stoff ist auch E für verschiedene Lösungsmittel verschieden und wegen T^2 und schließlich auch L' hängt es auch, obwohl nur wenig, ab von der Temperatur.

Man sieht leicht die Richtigkeit folgenden Satzes ein: Solange die Zahl der gelösten Moleküle dadurch nicht verändert wird, läßt sich eine Anlagerung von Lösungsmittel an den gelösten Stoff durch osmotische Molekulargewichtsbestimmung nicht nachweisen. Dabei ist es gleichgültig, ob die Anlagerung zu echter chemischer Verbindung oder zu mehr physikalischer Gruppenbildung führt (z. B. Ionenhydrate).

Dagegen verhalten sich Ionen ungefähr wie neutrale Moleküle in osmotischer Hinsicht und deshalb gelten die bisher entwickelten Gesetze auch im Fall elektrolytischen Zerfalls und man kann umgekehrt letzteren dem Grad nach ermitteln durch Siedepunktserhöhung oder direkte Messung des osmotischen Drucks (vgl. S. 131ff.). Freilich gibt es hier auch in scheinbar einfachen Fällen noch unaufgeklärte Unstimmigkeiten.

Bedingungen für die Gültigkeit unserer Ableitungen waren einzig: Gültigkeit der Gasgesetze für die Lösungen, also ausreichende Verdünnung (höchstens etwa 5prozentige; streng gelten die Gesetze natürlich nur für unendliche Verdünnung) und zweitens: Der gelöste Stoff darf nicht merklich in den Dampfraum sich begeben, sonst hängt der gemessene Dampfdruck (= Gesamtdruck) nicht nur vom Dampf des Lösungsmittels ab, wie die Ableitungen fordern. Die Oberfläche der siedenden Flüssigkeit muß also eine halbdurchlässige Wand sein, die zwar Lösungsmittel, nicht aber gelösten Stoff durchläßt.

Experimentell bestimmt man die Siedepunktserhöhungen meist mittels Beckmannthermometern, wie auch die genauen und zweckmäßigen Apparate zur Durchführung der hierher gehörigen Messungen großenteils von Beckmann herrühren.

Zubehör. Siedeapparat nach Beckmann mit Thermometer und zwei Brennern. Kühler dazu. Pastillenpresse. Pyropen. Äther über $CaCl_2$. Asbestpapier. Eistopf mit Dreifuß. Schläuche. Destillationsapparat, ganz aus Glas. Filter. Stativ dafür und Trichter. Na-Flasche. Flasche für reinen Äther. Becher, Dreifuß, Drahtnetz und Brenner. Pipette, 20 ccm. Vaseline. Sechs Wägegläser.

Ausführung. Man reinigt zuerst den Äther, indem man ihn filtriert. Er muß anfangs mit Wasser ausgeschüttelt worden sein, um den Alkohol zu entfernen, und dann wochenlang über stets erneuertem $CaCl_2$ gestanden haben. Der filtrierte Äther wird über frisches, reines Natrium gebracht und darüber 1—2 Tage (nicht länger) aufbewahrt, nochmals filtriert und aus dem Glasapparat destilliert. Heizung durch heißes Wasser. Man vermeide die Nähe von Flammen. Das Destillat wird in eine reine, trockene Flasche gebracht. Der Rückstand kann als Rohäther verwendet werden.

Man wäscht den Apparat mit reinem Äther aus, namentlich die Pyropen, und bringt den Spüläther in ein besonderes Gefäß. Er ist zu fraktionieren, bevor man ihn mit Wasser, $CaCl_2$ und Na reinigt.

Beim Fraktionieren des reinen Äthers hat man den Siedepunkt des reinen Äthers erfahren und stellt jetzt das Beckmannthermometer in warmem Wasser so ein, daß man über diesem Siedepunkt noch mindestens 3° auf der Skale verfügbar hat.

Dann bestimmt man die genaue Lage des Siedepunkts von reinem Äther auf der Skale des Beckmannthermometers. Dazu wird der Apparat, wie Abb. 111 zeigt, aufgebaut.

Die beiden Brenner stellt man genau unter die Ecken des Asbestgehäuses, die zwischen den Asbestschornsteinen in der Mitte liegen. Auf dieses kommt der mit etwas (nicht ganz reinem) Äther und einigen Pyropen beschickte Glasmantel zu sitzen, an den der gebogene Kühler angesetzt wird. In sein inneres Rohr wird mit Asbestpapierringen (oben einer, unten einer) das Siedegefäß eingepaßt, so daß es zwar eine feste Stellung darin hat, aber nicht zu festgeklemmt ist. Jedenfalls müssen die Ringe so gut abschließen, daß keine Heizgase zwischen Mantel und Siedegefäß durchkönnen. Das Siedegefäß ist mit der nötigen Äthermenge beschickt und auf 0,01 g genau gewogen.

Dazu richtet man es in folgender Weise: Man beschickt es mit einer rund 4 cm hohen Schicht Pyropen und verschließt es mit zwei gut schließenden, weich gepreßten, ungebohrten Korkstopfen. Dann wird es zum erstenmal gewogen. Ohne die Pyropen würden die unten sich bildenden, sehr überhitzten Dampfblasen nicht so gut ihre überschüssige Wärme an die Flüssigkeit abgeben, und deshalb bestünde dann große Gefahr, zu hohe Temperaturen zu finden.

Nun füllt man etwa 20 ccm reinen Äther ein, verschließt wieder und wägt abermals.

Man setzt jetzt das Gefäß mit den Asbestringen in den Mantel ein und erst, wenn dies geschehen, wird der seitliche Stopfen abgenommen und der gerade Kühler angesetzt, dann der obere Stopfen entfernt und das Beckmannthermometer mit dem vorher gut angepaßten Kork eingesetzt, so daß sein Gefäß etwa $^1/_2$ cm über den Pyropen endet und ganz in den Äther eintaucht.

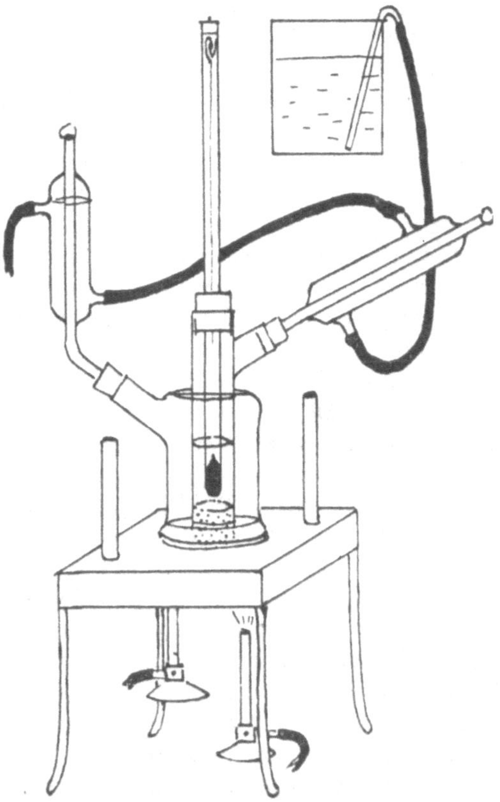

Abb. 111. Molekulargewichts-Bestimmung durch Siedepunktserhöhung nach Beckmann.

Nun befestigt man die Kühlerschläuche, wie Abbildung zeigt, füllt Eis in den Eistopf und setzt die Kühlung in Gang. Man steckt lose auf die Enden der Kühler kleine Wattestopfen, um Wegdiffusion des Äthers zu verringern. Man heizt mit den beiden kleinen leuchtenden Flämmchen, liest die Uhr ab und bereitet die Pastillen vor.

Die Pastillenpresse befreit man zuerst durch Abwischen mit einem reinen Tuch von Fett, bringt dann jeweils etwa 0,2 g in die Presse, wo man sie mit nicht zu starkem Druck zu einer Pastille verfestigt. Die erste Pastille wird noch schmutzig sein und man verwirft sie. Hat man vier bis sechs Pastillen gepreßt, so reinigt man die Presse mit einem Lösungsmittel für den gepreßten Stoff, hier also Äther, wischt sie gut trocken und fettet sie leicht ein mit Vaseline.

Man wägt die Pastillen ab bis auf 0,001 g. Es ist dabei zweckmäßig, sie leicht abzublasen oder abzuwischen, um Substanzstaub zu beseitigen, der die Genauigkeit beeinträchtigen würde.

Mittlerweile werden 20 Minuten leichten Siedens verstrichen sein und man beginnt nun, das Thermometer abzulesen, nötigenfalls nach geringer Vergrößerung der Heizung. Denn das Sieden muß sehr lebhaft, beinahe stürmisch erfolgen. Man liest von Minute zu Minute unter regelmäßigem Klopfen das Thermometer genau ab — 0,001° schätzt man noch — und schreibt jede Beobachtung auf. Die Schwankungen des Thermometers dürfen gegen Ende dieser ersten 10 Minuten (man schreibt 10′) nur höchstens 0,005—0,01° betragen. Solange noch ein einseitiger Gang des Thermometers vorliegt, genügt entweder das Sieden noch nicht oder man überhitzt den Mantel oder das Thermometer. Man erhält auf diese Weise die genaue Lage des Siedepunkts auf der Skale des Beckmannthermometers, indem man aus den letzten gangfreien zehn Zahlen das Mittel nimmt. Bei sehr schnell und einseitig sich änderndem Barometerstand kann es geschehen, daß man gangfreie Zahlen überhaupt nicht bekommt. Deshalb ist es zweckmäßig, vor Beginn und nach Ende der ersten 10 Meßminuten das Barometer zu vergleichen.

Man wirft die erste Pastille ein — nach den Siedepunktsmessungen werden die Wägegläschen zurückgewogen — ins Siedegefäß und liest abermals von Minute zu Minute ab, schreibt wieder jede Ablesung auf. Nach den ersten 5′ wird im allgemeinen der höhere Siedepunkt konstant sich eingestellt haben, denn die Auflösung des Stoffs erfolgt bei der hohen Temperatur und raschen Bewegung der Flüssigkeit sehr rasch. Dann kommt die zweite Pastille usw. Zuletzt stellt man die Heizung ab, läßt die Kühlung aber weiter laufen und wägt die Wägegläschen, die man nicht verwechsle, zurück. Man kann bei der Gelegenheit auch ein letztes Mal den Luftdruck vergleichen. Dann stellt man auch die Kühlung ab und berechnet die Versuche nach den in der Besprechung gegebenen Überlegungen.

Man gibt an: Natur des Stoffs, Gramm Stoff auf 100 g Lösungsmittel, Temperaturerniedrigung, gefundenes und berechnetes Molekulargewicht und den van't Hoffschen Faktor i (s. S. 132), ferner den Barometerstand vor und nach der Messung, da er zur Beurteilung der Fehler nützlich ist.

Nach Abschluß der Versuche ist der ganze Apparat gründlich zu reinigen.

Hier ist noch einiger Kunstgriffe zu gedenken, die bei der üblichen Größe und Art der Apparate vorteilhaft sind. Genau genommen ist z. B. die Lösung jeweils konzentrierter, als den Wägungszahlen entspricht. Denn ein Teil des Lösungsmittels weilt während der Messung als Dampf über der Lösung. Man kann diesen vernachlässigen. Aber ein anderer Teil hängt, nach Maßgabe seiner Zähigkeit, flüssig im Kühler und dafür muß man bei Wasser etwa 0,35 g, bei Äther u. dgl. 0,15—0,20 g vom Gewicht des Lösungsmittels, das man bei der ersten Wägung fand, subtrahieren. Löst man flüssige Stoffe, so bringt man sie mit einer Wägepipette ähnlich dem Ostwaldschen Pyknometer ein, die dann zurückgewogen wird.

Bei organischen Lösungsmitteln darf man nur Kork-, keine Gummistopfen verwenden.

Die Größe E hat die in Tabelle X gegebenen Werte.

Man vergleiche das aus den Messungen berechnete Molekulargewicht mit dem erwarteten und überlege die Ursache von Abweichungen davon. Insbesondere, was ein zu kleines, was ein zu großes Molekulargewicht bedeuten kann.

Anhangsweise sei das Verfahren mit dem Sakurai-Landsberger-Beckmannschen Apparat beschrieben, das an Einfachheit hinter dem eben genannten zurücksteht, aber hinsichtlich der Sicherheit der Temperaturmessung Vorzüge hat.

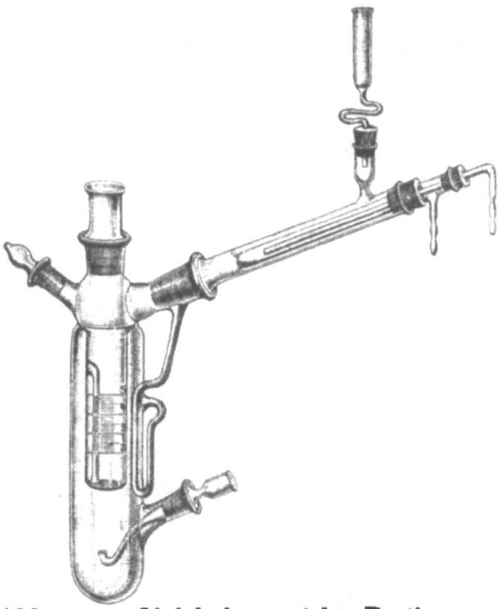

Abb. 112. Molekulargewichts-Bestimmung durch Siedepunktserhöhung. Apparat von Sakurai-Landsberger.

Den Apparat zeigt Abb. 112. Im Prinzip unterscheidet er sich vom eben behandelten dadurch, daß die Lösung durch Einleiten des Lösungsmitteldampfs geheizt wird, und daß die Lösung von diesem Dampf vollständiger umgeben ist als bei jenem.

Daß Einleiten des Dampfs vom siedenden Lösungsmittel in die Lösung diese überhaupt auf höhere Temperatur zu bringen vermag, als sie der Lösungsmitteldampf selbst besitzt, erscheint zuerst unmöglich, weil doch zwei Flüssigkeiten, die einander durch Leitung Wärme mitteilen, nur auf gleiche, aber nie auf verschiedene Temperaturen kommen können. Der Fehler in dieser Überlegung tritt näher, wenn man bedenkt, daß der Dampfdruck des Lösungsmittels nur dann dem der Lösung gleich werden kann, wenn die Lösung höher erhitzt ist als das Lösungsmittel. Denn bei gleicher Temperatur hat doch die Lösung einen deprimierten Dampfdruck. Man müßte also annehmen, daß die Lösung hinsichtlich ihres Dampfdrucks gar nicht mit dem Dampfdruck des Lösungsmittels ins Gleichgewicht kommen kann, wenn man nicht annimmt, daß das Lösungsmittel der Lösung eine höhere Temperatur zu erteilen vermag als es selbst hat. Dabei gleichen sich aber die Drucke der Dämpfe insofern sofort auf den des Lösungsmittels aus, als dieser bis auf die Oberfläche der Lösung vordringt. Und dort muß sich Dampf zuerst kondensieren. Dabei gibt er Wärme ab, nämlich seine Verdampfungswärme. Und wenn schon die Temperatur der Lösung gleich der des Lösungsmittels war, was durch reine Wärmeleitung sehr schnell erreicht wird, so muß nunmehr die Temperatur weiter steigen, weil die Kondensationswärme in der Lösung sich anhäuft. Denn man arbeitet durch Außenheizung auf Konstanz des Lösungsmitteldampfdrucks im ganzen Gefäß hin. Gelingt es also, diesen Dampfdruck wirklich dauernd im Gefäß zu erzeugen und zu erhalten, so muß die Temperatur der Lösung auf ihren (höheren) Siedepunkt steigen, denn erst bei ihm steht sie mit dem Dampfdruck über dem reinen Lösungsmittel im thermodynamischen Gleichgewicht. Siedet sie dann selbst, so gibt sie in jedem Zeitmoment ebensoviel Wärme durch Verdampfung von Lösungsmittel ab, als sie durch Kondensation in sich empfängt, und hat somit erst dann die Möglichkeit, Temperatursteigerung weiterhin selbsttätig abzuwehren.

Diese Möglichkeit, die Temperaturen verschieden werden zu lassen, bestünde nicht ohne die Heizung durch die latente Wärme. Denn ein bloßer Wärmeaustausch durch Leitung, wie im anfänglichen Denkfehler angenommen, könnte nie zu einer Differenz der Temperaturen führen. Man läßt also hier nicht Temperaturen, sondern (Dampf-) Drucke sich ausgleichen. Die Wärmeleitung muß übrigens dem hier geschilderten Vorgang dauernd entgegenwirken, so daß nur für eine gewisse Zeit einigermaßen das beschriebene Druckgleichgewicht bestehen kann. Später werden sich die Konzentrationen und Temperaturen am Ende auch ausgleichen. Doch wird das praktisch nicht erreicht.

Zwei weitere Unterschiede des neuen Verfahrens liegen darin, daß das Lösungsmittel nicht frei unter dem Druck der Atmosphäre siedet, sondern unter einem, der höher ist um den Druck der zu überwindenden Lösungssäule, durch die der Dampf durchdringen muß, was natürlich durch Siedepunktserhöhung auch günstig wirkt. Und zweitens darin, daß man die Konzentration nicht durch ein Verhältnis zweier Massen angibt, sondern durch die Masse gelösten Stoffs, der in 100 ccm Lösung enthalten ist. Diese beiden Eigentümlichkeiten bedingen gewisse Unbequemlichkeiten, andererseits freilich doch auch Vorteile.

Da man hier das Volum der Lösung und des Lösungsmittels im inneren (Siede-) Gefäß von außen muß ablesen können, so trägt dieses eine Teilung. Ihr kommt jedoch kein Absolutwert zu, weil man im selben Apparat verschiedene Beckmannthermometer verwenden kann, diese aber keine unveränderliche Stellung im Gefäß erhalten (etwa durch Schliff), sondern durch Asbestpapier dicht im oberen Schliffstopfen des Siedegefäßes eingesetzt werden. Man merkt sich am Thermometer nach diesem Einsetzen genau den Punkt, bis wohin man es in den Schliff gesenkt hat, um bei event. Verschiebung sofort die Ursache falscher Volumablesungen zu erkennen. Nunmehr eicht man die Skale am Gefäß, indem man nach Einsetzen des thermometerversehenen Schliffs bei 15° C aus einer genauen Bürette kleine Wassermengen in das Gefäß laufen läßt und jeweils zu dem abgelesenen Stand am Gefäß die eingelassene Kubikzentimeterzahl aufschreibt. Man zeichnet dann die Zylinderteile als Abszissen, die Kubikzentimeter als Ordinaten in Millimeterpapier ein und zieht durch die abgelesenen Punkte eine stetige Kurve zur Interpolation der wahren Volumina aus den abgelesenen Teilstrichen der Gefäßskale. Verschiebt sich das Thermometer oder wird es durch ein anderes ersetzt, so muß man neu eichen.

Zur Bestimmung des Siedepunkts des Lösungsmittels baut man den Apparat, wie gezeichnet, auf. Den Boden des äußeren Siedegefäßes beklebt man mittels Wasserglas mit Asbestpapier. Zweckmäßig umgibt man den ganzen äußeren Mantel mit einem oben und unten offenen Glaszylinder, der auf der Asbestheizplatte steht und oben und unten durch einen Ring von Asbestwolle gegen Luftströmungen abgeschlossen ist. Man füllt in den Mantel 15—30 ccm Lösungsmittel, je nach seinem Volum, erhitzt zu lebhaftem Sieden und liest den Thermometerstand und unmittelbar darauf den genauen Flüssigkeitsstand im (inneren) Siedegefäß ab, sobald etwa der Teilstrich 3 daselbst von der hereindestillierenden Flüssigkeit erreicht ist. Bei der Ablesung des Flüssigkeitsstands öffnet man einen Augenblick den Stopfen des Mantels, um das weitere Eindringen von Lösungsmittel ins Siedegefäß einen Augenblick zu unterbrechen. Eine große Lupe tut beim Ablesen gute Dienste. Nach der Ablesung schließt man den Mantel wieder und verfährt dann weiter mehrfach in derselben Weise auch bei höheren Ständen des Lösungsmittels. Der Thermometerstand muß mit der Säulenhöhe des Siedemittels steigen und man erhält so eine Reihe von Punkten, die man ebenfalls am besten auf Millimeterpapier vereinigt und so für jede Stelle der Skale den Siedepunkt des reinen Lösungsmittels zu interpolieren erlaubt. Zuletzt unterbricht man die Heizung, schließt den Mantel durch Drehung des Kühlerschliffs um 90° von der Atmosphäre ab und läßt den Atmosphärendruck den Inhalt des Siedegefäßes in den Mantel zurückdrücken. Dann folgt die Bestimmung der Siedepunkte der Lösungen.

Man dreht den Kühler wieder zurück, wirft die Pastille ein und destilliert abermals bis zum Teilstrich 3 und liest dann ab, zuerst am Thermometer, dann an der Skale. Während man sonst mehrere

Wägungen nötig hatte und dabei die Wägefehler sich summieren mußten, fällt das hier weg, da man hier die Konzentrationen durch Hinzudestillieren von Lösungsmittel variiert. Man erhält so immer tiefer siedende Lösungen, und legt die Ablesungen am Thermometer zweckmäßig so, daß man stets an ganzen $^1/_{100}{}^0$ abliest. Dann öffnet man jeweils einen Augenblick den äußeren Stopfen, um sofort den Stand auf der Skale ablesen zu können, und fährt so fort, bis man eine genügende Anzahl Ablesungen beisammen hat. Man berechnet die Depressionen so, daß man stets für gleiche Stände an der Teilung die zugehörigen Siedepunkte des reinen Lösungsmittels und der Löung vereinigt. Die Konzentrationen erhält man bei genauer Rechnung unter Berücksichtigung des spezifischen Gewichts der Lösungen, meist hat man das nicht nötig, sondern darf mit dem spezifischen Gewicht des reinen Lösungsmittels rechnen. Die molekularen Siedepunktserhöhungen sind hier umzurechnen, indem man die in der Tabelle X enthaltenen Werte dividiert durch das spezifische Gewicht des Lösungsmittels. Im übrigen bleibt die Berechnung naturgemäß gleich.

9. Molekulargewichtsbestimmung durch Gefrierpunktserniedrigung.

Besprechung. Der Gefrierpunkt einer Lösung ist definiert als die Temperatur, bei der festes Lösungsmittel und flüssige Lösung (nicht aber außerdem noch fester, vorher gelöst gewesener Stoff) nebeneinander beliebig lange bestehen können, ohne eine Veränderung ihres gegenseitigen Massenverhältnisses zu erfahren. Man kann auch sagen: miteinander im thermodynamischen Gleichgewicht stehen.

Also müssen beim Gefrierpunkt die Dampfdrucke des Lösungsmittels über dem festen Lösungsmittel und der angrenzenden Lösung einander gleich sein. Denn sonst würde stets die Stofform mit dem kleineren Dampfdruck auf Kosten der mit dem größeren an Menge zunehmen müssen, infolge der einseitigen Destillation. Wäre dem nicht so, dann könnte man nämlich eine Maschine konstruieren, die weiter nichts bewirkt als Abkühlung eines Wärmebads und Leistung äußerer Arbeit. Das aber wäre ein Widerspruch gegen den zweiten Hauptsatz.

Um zu der quantitativen Formel für die Berechnung zu gelangen, verfährt man analog wie bei der Siedepunktserhöhung. Dort wurde das Ergebnis aus einer Beziehung zwischen den Dampfdrucken abgeleitet. Das soll hier auch geschehen. Aber man muß hier, um auf die Dampfdrucke zu kommen, ausgehen von der Schmelzwärme. Sie ist nach dem ersten Hauptsatz gleich der Sublimationswärme minus der Verdampfungswärme, also gleich $S - L$. Nun gilt für L die Gleichung:

$$d \ln p = \frac{L\,d\,T}{R\,T^2} = \text{roh}\,\frac{p_0 - p}{p_0}; \tag{88}$$

und für S:

$$d \ln p' = \frac{S\,d\,T}{R\,T^2} = \frac{p_0' - p'}{p_0'}. \tag{89}$$

Setzt man durch Subtraktion beider Ausdrücke F ein und formt etwas um, so erhält man leicht:

$$\left(\frac{p' p_0}{p'_0} - p\right) : p_0 = \frac{F\, d\, T}{R\, T^2} = \text{roh}\, F(T_0 - T) : R\, T^2. \tag{90}$$

Für kleine Dampfdruckdifferenzen gilt:

$$\frac{p' p_0}{p_0'} = p_0\,, \tag{91}$$

deshalb wird:

$$\frac{p_0 - p}{p_0} = F \frac{(T_0 - T)}{R\, T^2}. \tag{92}$$

Bedenkt man jetzt, daß die Bedeutung auch dieser Formel hinsichtlich der Ursache für die Veränderung des Drucks von p_0' auf p' verschieden sein darf, wenn nur

1. die Veränderung des Dampfdrucks klein ist und
2. die Parallelität der Kurven für $\ln p$ erhalten bleibt,

so erhält man genau die gleiche Begründung, wie bei der Siedepunktserhöhung für die Umdeutung der ursprünglich durch Temperaturverschiebung bewirkten Dampfdruckveränderung in eine durch Fremdstoffauflösung bewirkte. Voraussetzung ist für die Erfüllung der Bedingungen wiederum die Gültigkeit der osmotischen Gesetze. Setzt man die oben benutzten Bezeichnungen für die Konzentrationen ein, so ergibt die letzte Formel:

$$m = \frac{g'\, E}{T - T_0}, \tag{93}$$

worin:

$$E = \frac{R\, T^2}{100\, F'}. \tag{94}$$

Darin ist jetzt $T - T_0$ die Gefrierpunktserniedrigung, F' die gewöhnliche (nicht molare) Schmelzwärme, E die molare Gefrierpunktserniedrigung.

Voraussetzungen bei der Ableitung dieser Formel waren:

1. Daß die Gasgesetze für den osmotischen Druck darin gelten, was nur bei ausreichender absoluter Verdünnung (höchstens 5 Prozent) zutrifft.

2. Daß nur Lösungsmittel in festem Zustand zugegen ist, daß also nur dieses ausfriert (und nicht etwa feste Lösung oder ein Eutektikum, d. h. gleichzeitig nebeneinander gelöster Stoff und Lösungsmittel in dem Verhältnis, wie sie in der Lösung enthalten sind, oder nur gelöst gewesener Stoff). Diese Bedingung läßt sich so auffassen, als ob die Grenzfläche zwischen Lösung und Ausgefrorenem nur durchlässig sein dürfe für Lösungsmittel, nicht für gelösten Stoff.

Es versteht sich, daß man die Ableitungen der Formeln für Siedepunktserhöhung und Gefrierpunktserniedrigung ebensowohl unmittelbar mittels Kreisprozessen machen kann, die einfach Sonderfälle jenes allgemeinen Kreisprozesses sind, der zur Ableitung der Gleichung $dA/Q = dT/T$ des zweiten Hauptsatzes benutzt wird.

Analog der Siedepunktsmethode hat man bei der Gefrierpunktsmethode gleichfalls Überschreitungserscheinungen zu vermeiden. Lag dort die Gefahr einer Überhitzung vor, so hier die einer Unterkühlung, die man wie jene systematisch bekämpfen muß. (Molekulare Gefrierpunktserniedrigungen üblicher Stoffe s. Tabelle XI.)

Zubehör. Gefrierapparat nach Beckmann (Abb. 113) mit Thermometer, Rührer, Impfstift. Benzol. Zwei Stopfen zum Wägen des Gefäßes. Eis. Salz. Kühltopf. Vergleichsthermometer. Pastillenpresse. Tuch. Vaseline. Gewöhnliches Thermometer.

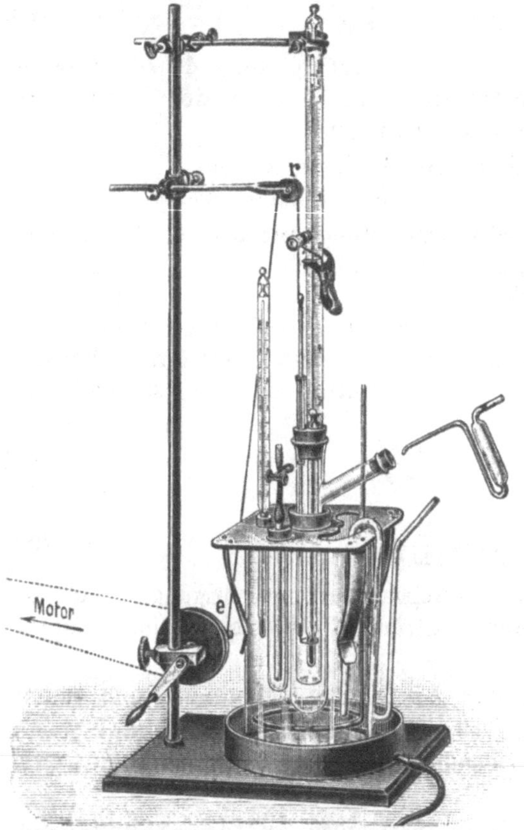

Abb. 113. Molekulargewichts-Bestimmung durch Gefrierpunktserniedrigung nach Beckmann.

Ausführung. Man reinigt zuerst den Apparat und die Stopfen und prüft das Zusammenpassen des gebohrten Stopfens F mit dem Thermometer und der Führung für den Rührer. Letzterer muß möglichst reibungsfrei gehen, ersteres gut im Kork festhalten.

Man stellt das Beckmannthermometer auf den Schmelzpunkt reinen Benzols ein, so daß man unterhalb von ihm noch etwa 3° auf der Skale zur Verfügung hat.

Man wägt das Gefrierrohr mit Stopfen zuerst leer, füllt es dann etwa 6 cm hoch mit dem reinen Lösungsmittel (z. B. thiophenfreiem Benzol oder destilliertem Wasser), verschließt und wägt wieder.

Der Gefriermantel wird jetzt mit Kühlmittel (bei Benzol Eis, bei Wasser Salz und Eis) gefüllt, so daß es höher steht als das Lösungsmittel im Gefrierrohr.

Man wählt allgemein die Temperatur des Kühlbads 3°, höchstens 4° unter dem Gefrierpunkt des Lösungsmittels, sonst ist die Gefahr der Unterkühlung zu groß. Deshalb messe man mit einem gewöhnlichen Thermometer dauernd die Temperatur des Kühlbads.

Man ersetzt jetzt den Stopfen durch den anderen mit Thermometer nnd Rührer und bestimmt vorläufig annähernd den Gefrierpunkt des reinen Lösungsmittels auf der Beckmannskale, indem man das Gefäß unmittelbar ins Gefriermittel hereinsetzt, unter Umrühren abkühlt und öfter heraushebt, bis man sieht, daß sich „Eis“ in der Lösung ausscheidet. Man merkt sich dann den Stand des Thermometers und wiederholt diesen Versuch ein paarmal. Dann erfolgt die genaue Bestimmung des Schmelzpunkts beim Lösungsmittel. In ein seitlich im Kühlbecher steckendes Reagenzrohr bringt man reines Lösungsmittel und einen dünnen Glasstab, den Impfstift. Man zieht ihn heraus, sobald an ihm eine kleine Menge Lösungsmittel gefroren ist, und senkt ihn dann wieder ein, wenn er nicht mehr ans Lösungsmittel anfrieren kann.

Man läßt alles im Meßrohr wieder aufschmelzen, kühlt dann durch unmittelbares Einsetzen in den Kühlbecher unter fortwährendem Rühren so weit ab, bis das Thermometer rund 1—1,5° über dem vorläufig bestimmten Schmelzpunkt angekommen ist. Man hebt das Gefäß heraus, trocknet es rasch und gründlich ab und setzt es gut schließend in den Luftmantel, der im Kühlbecher steckt. Dort rührt man regelmäßig weiter, nicht zu rasch, bis die Flüssigkeit um etwa 0,5° unterkühlt ist unter den vorläufig bestimmten Schmelzpunkt. Etwa 15mal in der Minute soll der Rührer auf und ab gehen. Ist der genannte Punkt erreicht, so zieht man den Rührer einen Augenblick hoch, berührt ihn durch die Bohrung im Kork mit dem Impfstift und rührt sofort im selben Tempo weiter. Bei Wasser ist dies Verfahren fast nie zu umgehen, andere Flüssigkeiten brauchen oft keine Impfung zur Auslösung der Kristallisation, aber besser ist das Impfen stets. Man klopft jetzt häufig seitlich ans Thermometer mit einem mit Schlauch überzogenen Bleistift oder dem Finger und liest die Temperatur alle 10″ ab. Jede Beobachtung schreibt man auf, Tausendstelgrade schätzt man. Unmittelbar nach dem Impfen beginnt die Temperatur durch das Freiwerden der Schmelzwärme zu steigen. Sie wird schließlich nahe konstant und sinkt dann langsam. Man liest bis zum tiefsten Stand ab.

Hat das Thermometer die Neigung, an der Krümmung der unteren Kapillare den Faden abreißen zu lassen, so vermeidet man die allzu schroffe Abkühlung bei der vorläufigen Bestimmung, und macht auch die vorläufige Bestimmung unter Benutzung des Luftmantels, ähnlich, wie die genaue.

Man wiederholt die genaue Messung mindestens viermal, und zwar jedesmal vom vollkommen geschmolzenen Lösungsmittel aus, wie beschrieben. Die Zahlen sollen auf 0,005° miteinander übereinstimmen. Man nimmt dann das Mittel, wobei man die erste Zahl wegen der dort größeren Fehler am besten verwirft. Die anderen Zahlen werden ohne Rücksicht auf ihren bloßen Zahlwert zur Mittelbildung benutzt, man darf nur dann eine verwerfen, wenn man weiß, daß bei der Messung ganz bestimmte Unsicherheiten oder Fehler vorkamen. (Die Gefrierpunkte der üblichen Lösungsmittel und ihre molaren Gefrierpunktserniedrigungen s. Tabelle XI.)

Man muß jetzt die Gefrierpunkte verschieden konzentrierter Lösungen bestimmen. Dazu preßt man (s. oben S. 178) die Substanz in Pastillen, so daß die Depression pro Pastille 0,5—1,5° beträgt, also 0,2—0,4 g im allgemeinen, läßt das Lösungsmittel wieder aufschmelzen, wirft die genau gewogene Pastille ein und läßt sie sich lösen. Ist das mit Sicherheit geschehen, so bestimmt man den Schmelzpunkt der Lösung genau, wie beim reinen Lösungsmittel angegeben. Man wiederholt mit der gleichen Lösung die Messung drei- bis viermal. Man kann, wenn die Erniedrigung klein genug war, noch eine zweite Pastille einwerfen und mit dieser zweiten Konzentration die Gefrierpunkte messen.

Bekommt man keine vernünftigen Ergebnisse, so untersuche man die Natur des Ausgefrorenen, ob sie den Bedingungen der Anwendbarkeit der Grundformel auch wirklich genügt.

Man gibt dieselben Größen an, wie bei der Siedepunktserhöhung, nur der Barometerstand wird nicht angegeben, da er hier ohne Belang ist (s. S. 160).

Zur Bestimmung der Molekulargewichte nicht zersetzter und nicht assoziierter Stoffe genügen fast immer Messungen von mäßiger Genauigkeit. Zu Messungen des Zerfalls- oder Assoziationsgrads muß man genauere Messungen machen, wenn man diese Grade genau zu kennen wünscht. Deshalb zieht man dann die genauere Gefriermethode der schon wegen der Abhängigkeit vom Barometerstand weniger genauen Siedemethode vor. Übrigens sind auch bei gleicher Konzentration die zu messenden Temperaturunterschiede bei der Gefriermethode größer und deshalb genauer meßbar. Die Gefriermethode ist zu Präzisionsmessungen ausgebildet worden (Präzisionskryoskopie). Für Elektrolyte gelten die entwickelten Gesetze aus unaufgeklärten Ursachen selbst in einfachen Fällen (NaCl) nicht genau, auch in verdünnten Lösungen, aber doch genähert.

Die Anwendungen der Kryoskopie in anderen Wissenschaften[1] sind sehr zahlreich. Dabei ist es besonders wichtig, daß die Methode sich schnell und ohne umständliche Vorrichtungen ausführen läßt. Dies erlaubt, auch Lösungen zersetzlicher Stoffe exakt zu untersuchen, wobei die Abkühlung ihrer Haltbarkeit zugute kommt.

Deshalb benutzt Medizin und Biologie im weitesten Maß die Kryoskopie und bestimmt mit ihrer Hilfe den osmotischen Druck der physiologischen Flüssigkeiten (Blut usw.), um aus ihm auf den Gehalt an gelösten Stoffen zu schließen. Von besonderem biologischem Interesse werden die Messungen, wenn man Beziehungen zwischen diesen

---

[1] S. auch G. v. Neumayer, Anleitung zu wissenschaftlichen Beobachtungen auf Reisen. 3. Aufl. A. a. O.

osmotischen Drucken aufsucht und der Natur des Mediums, worin die untersuchten Organismen leben (klimatische Einflüsse) oder, wie bei im Wasser lebenden, den Vergleich mit der Gefrierpunktsdepression des betreffenden Wassers ziehen kann. So wird die Kryoskopie für die Meeresforschung wichtig. Sie wird so zu vielen Forschungen auf Reisen angewendet, da ihre Experimentaltechnik schon sehr gut durchgebildet ist.

10. Umwandlungspunkt. Umwandlungstemperatur.

Besprechung. Jedes heterogene Gleichgewicht, das nur eine Freiheit hat, heißt ein vollständiges Gleichgewicht. Wählt man die Temperatur als Freiheit, so ist damit der ganze Zustand eindeutig bestimmt, abgesehen von der Menge der einzelnen Phasen, denn diese übt bekanntlich auf das, was man als Lage des Gleichgewichts (gekennzeichnet durch die Zusammensetzung der einzelnen Phasen) bezeichnet, keinen Einfluß. Führt man nun Wärme zu oder ab, so gelingt es nicht, die Temperatur zu verändern, sondern man bewirkt nur die Abnahme einer der Phasen an Menge. Erst wenn die betreffende Phase ganz verschwunden ist, ändert sich auch die Temperatur. Diese selbsttätig konstant bleibende Temperatur heißt die Umwandlungstemperatur oder der Umwandlungspunkt. Nur bei vollständigen chemischen Gleichgewichten gibt es eine solche. Bei allen anderen chemischen Gleichgewichten, also auch bei allen homogenen, ändert sich der Zustand stetig. Dort gibt es also keine Umwandlungs- oder z. B. Zersetzungspunkte, sondern nur Zersetzungs- (Temperatur-) Gebiete ohne scharfe Grenzen und diese letzteren bezeichnen nur Gebiete besonders merkbarer Zersetzungsgrade vor anderen, wo die Zersetzungsgrade (s. Übung 5) weniger merkbar verlaufen oder schon praktisch verlaufen sind.

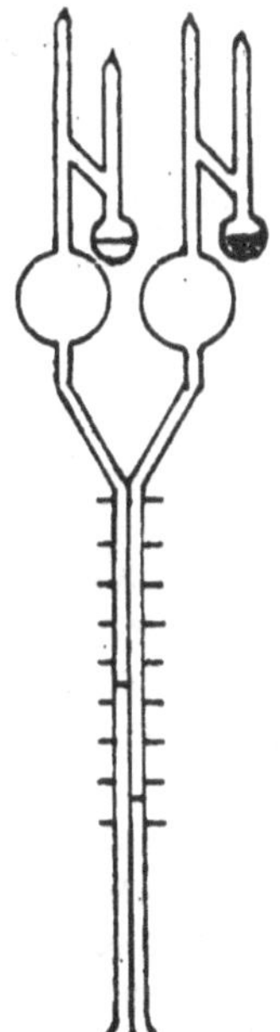

Abb. 114. Froweinsches Differentialtensimeter zur Bestimmung von Umwandlungspunkten.

Man kann die Umwandlungspunkte zweckmäßig auch als Koexistenzpunkte bezeichnen, weil bei ihnen dauernde Koexistenz der betreffenden Phasen nebeneinander möglich ist. Bei diesem Punkt muß also auch der Dampfdruck zweier koexistierender Phasen gleich sein. Sind sie nicht als Ganzes flüchtig, sondern nur Zerfallsprodukte von ihnen, so gilt die Forderung der Gleichheit der Dampfdrucke für diese Zerfallsprodukte. Das läßt sich mit dem Froweinschen Differentialtensimeter zeigen (Abb. 114).

Zubehör. Zwei Froweinsche Differentialtensimeter, das eine mit Na_2SO_4, das andere mit dem Dekahydrat, beide feucht, gefüllt. Wasserbad. Thermometer in 0,1° geteilt. Rheotangitter. Durchblaserohr zum Rühren. 80-Voltleitung.

Ausführung. Man stellt die beiden Tensimeter in der gezeichneten Lage auf und erwärmt langsam, zeichnet von Grad zu Grad den Dampfdruck umgerechnet auf Millimeter Hg auf und, sobald man die Temperaturen gleichen Dampfdrucks bei beiden überschritten hat, geht man mit der Temperatur wieder herab und mißt den Dampfdruck wieder von Grad zu Grad. Man trägt die Ergebnisse graphisch auf Logarithmenpapier auf (die Dampfdrucke logarithmisch, die Zahlwerte der Temperaturen direkt) und bestimmt die Temperatur, wo beide Dampfdrucke gleich werden. Man übersehe dabei nicht, daß in den Apparaten nur die Dampfdrucke herrschen.

Tritt bei einem Entwässerungsvorgang z. B. eine neue feste Phase (neue Hydratisierungsstufe) auf, so springt der Dampfdruck des Ganzen auf einen neuen Wert.

11. Messung eines vollständigen Gleichgewichts im kondensierten System. Dilatometrische Bestimmung der Umwandlungstemperatur monoklinen Schwefels in rhombischen. Nernstsches Theorem.

Besprechung. Bei der Koexistenztemperatur in einem vollständigen Gleichgewicht kann durch Wärmezu- oder -abfuhr nur eine Veränderung der Menge einer der Phasen stattfinden, aber keine Änderung irgendeiner Konzentration. Deshalb gestattet eine solche Mengenänderung keine nutzbare Arbeit zu gewinnen. Wie ja jedes thermodynamische Gleichgewicht dadurch gekennzeichnet ist, daß eine unendlich kleine Verschiebung die Arbeit Null ergibt, während bei unendlich kleiner Verschiebung eines Nichtgleichgewichts eine unendlich kleine Arbeit gewonnen oder aufgewendet werden würde.

Man kann also umgekehrt die Umwandlungstemperatur eines Systems finden, wenn man die nutzbare Arbeit als bekannte Funktion der Temperatur kennt und gleich Null setzt. Aus der so entstehenden Gleichung läßt sich dasjenige T berechnen, bei dem A wirklich gleich Null ist und dies ist dann die Umwandlungstemperatur. Für nicht zu hohe Temperaturen gestattet das Nernstsche Theorem bei Kenntnis der spezifischen Wärmen, die nutzbare Arbeit zu berechnen als Funktion der Temperatur, und damit ist diese Aufgabe gelöst. Dabei spielt die Integrationskonstante der Claususschen Formel eine Rolle.

Der zweite Hauptsatz allein gibt keine Auskunft über die Integrationskonstante, die man bei Integration der Clausiusschen Formel (oder der Gleichgewichtsisochore, s. nächste Übung) erhält. Das Nernstsche Theorem ist ein allgemeines Prinzip, das Beziehungen zwischen diesen Integrationskonstanten und anderen Größen herzustellen sucht. Es läßt sich in der Form von 1906 kurz in folgender Weise andeuten.

Die Gesamtenergie U, die bei einem gegebenen Vorgang frei wird, hängt ab von der Natur dieses Vorgangs und von der Temperatur, und man braucht die Abhängigkeit ihres Betrags von anderen Größen (Konzentrationen z. B.) nicht zu kennen, wenn man sich nur auf ganz bestimmte gegebene Konzentrationen (z. B. jede gleich 1) der beteiligten Stoffe bezieht und das Volum beim Vorgang konstant hält. Dann hat also U für jeden Vorgang einen bestimmten Betrag und man kann es gegen T in ein Koordinatensystem eintragen und erhält im allgemeinen eine ansteigende Kurve (Abb. 115).

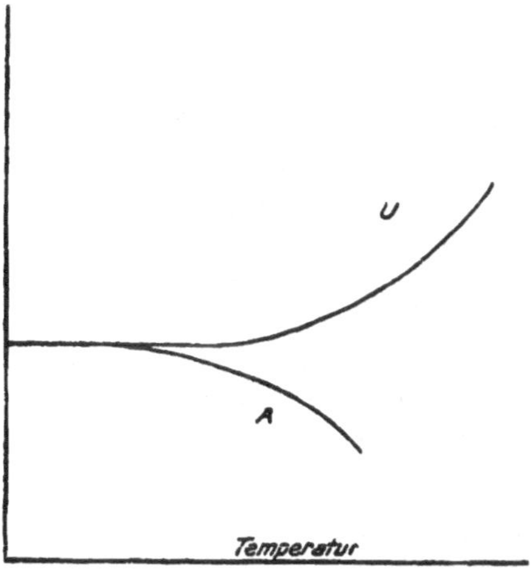

Abb. 115. Gesamtenergie und nutzbare Arbeit als Temperaturfunktionen zufolge Nernsts Theorem von 1906.

Die nutzbare Arbeit A läßt sich genau so betrachten und stellt ebenso eine temperaturabhängige Eigenschaft jedes Vorgangs dar. Entsprechend dem zweiten Hauptsatz wird sie im allgemeinen mit steigender Temperatur sinken.

A und U sind nicht gleich. Das zeigt der zweite Hauptsatz, entgegen dem Berthelotschen Satz.

Sie können einander auch nicht allgemein proportional sein, ebenfalls zufolge dem zweiten Hauptsatz. Das Nernstsche Theorem sucht eine Beziehung zwischen A und U aufzustellen, die dem zweiten Hauptsatz nicht widerspricht und bedient sich dazu der Temperaturkoeffizienten von A und U. An Hand eines großen Erfahrungsmaterials behauptet es, daß (für Systeme nur aus festen und flüssigen reinen Stoffen):

$$\frac{dA}{dT} = \frac{dU}{dT} = 0 \text{ bei } T = 0. \tag{95}$$

D. h. es behauptet, daß die ins gleiche Koordinatensystem eingetragenen Kurven für A gegen T und U gegen T 1. sich an einer Stelle asymptotisch berühren, 2. daß sie dort temperaturunabhängig sind, d. h. der Temperaturachse parallel verlaufen, und 3. daß die Berührungsstelle bei $T = 0$ liegt. (Abb. 115).

Punkt 3 wird dann notwendige Forderung, wenn die genannte Berührungsstelle der einzige gemeinsame Punkt der beiden Kurven sein soll. Denn der zweite Hauptsatz fordert, falls man auf $T = 0$ extrapolieren darf, daß A und U bei $T = 0$ zusammenfallen. Man kann also anstatt der letzten Forderung auch sagen, daß die Kurven außer diesem Berührungspunkt, wo sie sich asymptotisch berühren, keinen anderen derartigen Punkt gemeinsam haben.

Macht man nur diese drei Annahmen und nur für feste und flüssige reine Stoffe, so lassen sich alle Gleichgewichte, an denen keine Gase oder Lösungen, sondern nur reine feste oder flüssige Stoffe teilnehmen, aus rein thermischen Daten zuzüglich der Wärmetönung des Vorgangs berechnen. Es ergibt sich u. a., daß die Kurven für A und U, bevor sie zusammenfallen, sich dieser Lage symmetrisch von beiden Seiten her annähern. Bis zu wie hohen Temperaturen das erfüllt ist, hängt natürlich vom Verlauf der spezifischen Wärmen, da sie in A und U enthalten sind, mit der Temperatur ab, der überhaupt für das ganze Theorem von hervorragendster Wichtigkeit ist und anläßlich seiner Aufstellung tiefgehende Erforschung erfahren hat.

Bestimmt man jetzt die Gesamtenergieänderung U für irgendeinen Vorgang, also seine Wärmetönung, und stellt sie dar in ihrer Abhängigkeit von der Temperatur, so fordert das Theorem von Nernst, daß für nicht zu hohe Temperaturen der Verlauf der Kurve für A das Spiegelbild der Kurve für U sei, gespiegelt an der Parallelen zur Abszissenachse durch den Nullpunkt von U. War also z. B. U, die Wärmetönung, darzustellen durch eine Gleichung:

$$U = U_0 + a T^2, \tag{96}$$

so muß gelten:

$$A = U_0 - a T^2 + c T, \tag{97}$$

und die Integrationskonstante c soll eben für feste und flüssige reine Stoffe gleich Null sein nach Nernsts Theorem.

Bis zu welcher Temperaturhöhe dies gilt, das hängt von dem betrachteten System und seinen Molarwärmen ab und muß in jedem einzelnen Fall besonders entschieden werden.

Setzt man in der letzten Gleichung $A = 0$, so bedeutet das, daß man die Gleichung angesetzt hat für die Umwandlungstemperatur. Sie heiße T'. Löst man nach T' auf, so erhält man:

$$T' = \sqrt{\frac{U_0}{a}}. \tag{98}$$

Man erkennt leicht, daß diese Formeln die allgemeine Forderung des Nernstschen Theorems befriedigen, wenn man A und U nach T differentiiert und $T = 0$ setzt.

Die experimentelle Bestimmung von Umwandlungspunkten geschieht am besten so, daß man eine auffällige und große Änderung, die die Umwandlung begleitet, beobachtet und die zugehörige Temperatur. Da die meisten Umwandlungen ziemlich langsam gehen, so bemerkt man an festen Körpern nicht leicht scharf genug, wann die Umwandlung einsetzt und lebhaft vorwärts schreitet, wenn man sich nur auf den Augenschein verläßt. Da aber mit den meisten derartigen Umwandlungen recht merkliche Volumänderungen verknüpft sind, so läßt man sie zweckmäßig in einem Dilatometer, einem Gefäß, sich abspielen, das in ein enges Rohr ausmündet, worin ein Faden von Sperrflüssigkeit verschoben wird, wenn der eingeschlossene Körper sein Volum ändert.

Diese dilatometrische Methode erlaubt bequem, den Umwandlungspunkt von beiden Seiten her zu erreichen und so des zuverlässigsten Kriteriums, daß wirklich Gleichgewichte gemessen wurden, sich zu versichern.

Zubehör. Dilatometer, mit Schwefel und Xylol gefüllt. Thermometer Fletcherbrenner. Asbestplatte. Stativ mit Klammern. Becherglas mit Filz. Rührerrohr zum Durchblasen. Maßstab. (Abb. 116.)

Ausführung. Man setzt das Dilatometer ein und erwärmt schnell bis gegen 90°, dann sehr langsam weiter — in 10 Minuten um 1°—. indem man für jeden Grad den Stand an der Millimeterskale abliest, Bei der Umwandlungstemperatur zeigen sich in der Kurve, die man danach aufträgt, Unregelmäßigkeiten. Nach Überschreitung dieser Temperatur läßt man sie wieder sinken und beobachtet bei fallender Temperatur. Dies wiederholt man mehrfach und findet so die genaue Lage der Umwandlungstemperatur. Man vergesse nicht die Fadenkorrektion am Thermometer.

Man hat dU/dT für diese Umwandlung des Schwefels zu $2{,}30 \cdot 10^{-5} \cdot T$ ermittelt. Man überlege an Hand des ersten Hauptsatzes (s. thermochemische Versuche) die physikalische Bedeutung dieser Größe und berechne aus ihr und der Umwandlungstemperatur (die natürlich in absoluter Zählung gerechnet wird) die Arbeit bei $T = 0$ (s. Besprechung). Sie ist gleich U_0 cal.

Abb. 116. Dilatometer zur Bestimmung von Umwandlungspunkten aus ungleicher Ausdehnung.

Das gebrauchte Dilatometer bewahre man aufrechtstehend auf, ebenso wie die Froweinschen Tensimeter.

Thermische Analyse.

Die heterogenen Gleichgewichte sind sehr wichtig für die synthetische Chemie wie für die analytische, denn zahlreiche, und nicht bloß schnell entstehende und schnell zerfallende, bei gewöhnlicher Temperatur und gewöhnlichem Druck unbeständige Stoffe lassen sich nur durch die Methode der Schmelzpunktskurven (thermische Analyse) überhaupt nachweisen, auch quantitativ, durch quantitative Synthese, bestimmen. Die wichtigsten Anwendungen liegen auf technischem Gebiet und auf mineralogisch-geologischem. Ersteres in der Metallographie.[1] Letzteres in der Silikatchemie.[2]

1. Um eine Vorstellung von dem Verfahren zu geben, dem man bei Aufnahme einer Schmelzpunktskurve kondensierter Gasmischungen folgt — wohl einer der apparativ unbequemsten Fälle

---

[1] Lehrbuch der Metallographie von G. Tammann. Leipzig und Hamburg, L. Voß, 1914.

[2] C. Doelter, Silikatschmelzen I—IV. Sitzungsber. d. Wien. Akad. 113. 114. 115. 1904—1906. J. H. L. Vogt, Silikatschmelzlösungen I u. II. Kristiania 1904.

solcher Untersuchung — mag die Aufnahme der Schmelzpunktskurve einer binären Mischung eines leicht siedenden Stoffs (Br_2 z. B.) und eines schwer kondensierbaren Gases (NO z. B.)[1] beschrieben werden. Der wesentliche Teil des Apparats ist das Gefriergefäß (Abb. 117), das hier luftdicht abgeschlossen und mit den nötigen Zuleitungen für die Gase versehen sein muß. Es enthält einen Glasrührer, der aus drei sehr leichten Röhrchen und zwei Hohlringen hergestellt ist. Der obere Hohlring enthält einen Ring von kräftigem Eisenblech.

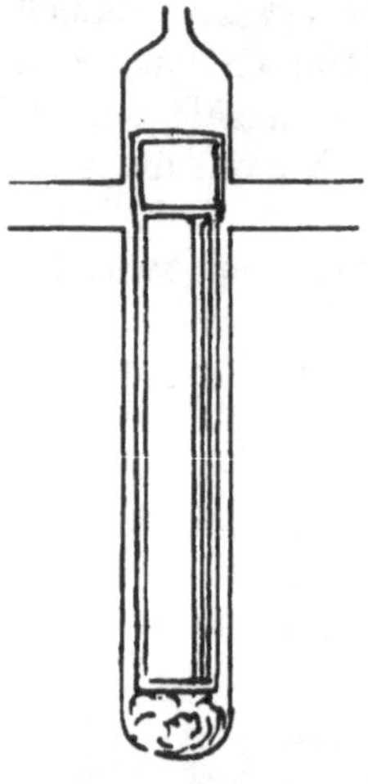

Abb. 117. Gefriergefäß für Schmelzdiagramme flüchtiger Stoffe.

Dieser Ring darf nur ein paar Gramm wiegen, und das Ganze soll 10 g nicht erreichen. Durch den Ring geht zentrisch das Thermometer, am besten ein Platinwiderstandsthermometer, das man oben in einen Schliff oder Stutzen eingekittet hat, für allzu angreifende Gase ein mit jenem geeichtes Glasthermometer nicht gekittet, sondern unter einer Schliffkappe. Der obere Teil des Gefäßes ist von einem kräftigen Eisenrohr umgeben, dessen unterer zugeschärfter Teil etwa in der Höhe des beginnenden, in Glas eingeschlossenen Rings endet. Dies Rohr ist zweckmäßig der Höhe nach verschiebbar und auf ihm kann man eine Spule verschieben, die, mit viel dünnem Draht bewickelt, aus einer Spannung von etwa 10 Volt rund 1,5 Ampere empfängt. Hat man keinen passenden Draht vorrätig, ist er, wie oft, zu dünn, so macht man mehrere getrennte Windungen übereinander und schaltet dann ihre Enden parallel. Auf der Spule liegt ein dicker, am besten wassergekühlter Eisenflachring, und diese Vorrichtung zusammen mit dem Rührer ist der Typus des Vakuumrührers. Verbindet man nämlich das eine Ende der Spule mit dem einen Pol, das andere mit einem Quecksilbernapf, worein der andere Pol periodisch eintaucht, so erhält man periodischen Stromschluß und Stromunterbrechung, also ein Pulsieren des Rührers, wenn er leicht genug ist und die Spule mit den Eisenteilen richtig verpaßt ist. Das Quecksilber bedeckt man mit Alkohol, um die Funken abzufangen, den eintauchenden beweglichen Ast macht man aus einem gut amalgamierten Cu-Draht, der an den Zeiger eines Mälzelschen Metronoms angelötet und an die eine Stromklemme angeschlossen ist.

Verdampfbare Stoffe bringt man durch Destillation in dies Gefäß. Dazu dienen zweckmäßig starkwandige Glasbirnen von etwa 25—50 ccm Inhalt, mit gutem, durch Schrauben, ähnlich wie Planschliffklemmen (s. S. 18), festgehaltenem, schräggebohrtem Glashahn und Planschliff. Der letztere wird zuerst gut gereinigt und der Hahn frisch ge-

[1] M. Trautz und V. Dalal, Z. f. anorg. u. allgem. Chem. 1917.

schmiert, das Gefäß leer gewogen, an den Apparat angeschlossen, gekühlt, aus einem Entwicklungsapparat (wenn es sich um einen bei gewöhnlicher Temperatur gasförmigen Stoff handelt) oder aus einer Vorratsbirne, wenn es sich um einen da kondensierten Stoff handelt, so viel überdestilliert, als man braucht, verschlossen, die Schliffbirne abgenommen, durch Toluol von Schmierfett befreit, wieder gewogen. Diese erste Destillation reinigt zugleich und verhütet unnötige Verunreinigung durch Hahnfett. Man schließt wieder an den Apparat an, pumpt auf Gaedevakuum aus, wobei die rohen Hilfsmanometer gute Dienste tun (s. oben S. 118), kühlt das Gefriergefäß und läßt aus der Birne eine passende Menge herüberdestillieren. Man muß dabei so stark kühlen, daß praktisch alles kondensiert wird, nichts im Röhrensystem zurückbleibt. Den anderen Bestandteil kann man ebenso einbringen, wenn er etwa dieselbe Flüchtigkeit hat, und in beiden Fällen bestimmt man die eingebrachte Menge, also auch das Mengenverhältnis der beiden Komponenten durch Differenzwägung. Oder, wenn der andere Bestandteil ein schwer kondensibles Gas, so muß man ihn manometrisch-volumetrisch abmessen und durch Verdrängung mit Hg aus dem Volumeter entfernen oder am besten so stark kühlen, daß er sich gleichfalls quantitativ aus dem Volumeter oder der Vorratskugel entfernt und praktisch vollkommen sich verdichtet. Seine Menge erfährt man dann durch Umrechnung des Volums auf die Masse, entsprechend dem Gasgesetz. Denn man weiß, wieviel in dem Volumeter gewesen war.

Hat man so ein gegebenes Gemisch hergestellt, was nur bei ausreichender gegenseitiger Löslichkeit allgemein ohne Druckapparate möglich ist, so setzt man den Rührer in Gang und bestimmt durch langsame Kühlung im Luftbad oder langsam gekühlten Toluol- oder Pentanbad den Gefrierpunkt. Dabei ist es angenehm, die Abscheidung der Kristalle unmittelbar sehen zu können, man muß also durchsichtige (nicht versilberte oder streifenweise vom Silber befreite) Vakuumgefäße benutzen und den Luftmantel oben durch einen Ring von Kork oder Gummi abschließen und einige Körnchen $CaCl_2$ einbringen, um Bereifung des Glases zu verhüten. Kann man wegen zu dunkler Färbung des Gemischs nichts sehen, so ist der Gefrierpunkt nur durch Beobachtung des zeitlichen Gangs der Temperatur zu ermitteln. Dieser erfährt nämlich bei beginnendem Gefrieren eine bedeutende Verlangsamung, die um so merkbarer ist, je langsamer man gekühlt hat. Oder die Temperatur steigt sogar, wenn man stark unterkühlt hatte. Wiederholung lehrt den genauen Punkt kennen. Beim Herstellen von weiteren Mischungen wiederholt man im Prinzip nur das angegebene Verfahren (quantitative Synthese). Man destilliere stets das Flüchtigere auf das weniger Flüchtige, um Explosionen zu vermeiden (Eisdecke auf dem Flüchtigen ist die Ursache).[1]

[1] Theorie der verschiedenen Schmelzkurven s. Bakhuis Roozeboom, Die heterogenen Gleichgewichte. I. II. Binäre Gemische. 1901, 1904. III. Ternäre Gemische. 1911 (bearb. v. Schreinemakers). Braunschweig, Vieweg & Sohn.

2. Die Metallographie[1] untersucht die Struktur der Metalle und Legierungen, ihre Zusammensetzung und deren Beziehungen zu den physikalischen Eigenschaften. Die beiden ersten Aufgaben sind eng an die Kenntnis der analytischen Zusammensetzung geknüpft, und sie erfährt man aus den Schmelzdiagrammen. Diese sind hier anders als bei 1. zu bestimmen, denn dort handelte es sich um leicht verdampfbare Stoffe, hier um wenig oder praktisch gar nicht flüchtige. Hat man Metallmischungen zu untersuchen, so muß man sich eine Reihe davon herstellen mit wachsendem Gehalt am einen Bestandteil, und die Schmelzpunkte dieser Mischungen bestimmen. Die Herstellung der Mischungen geschieht meist durch einfaches Zusammenschmelzen der abgewogenen Metalle. Dabei freilich können mehrere Prozent verloren gehen durch Verdampfung oder Oxydation des flüchtigeren. Denn häufig ist das eine sauerstoffhaltig. Oder die Mischungswärme ist sehr groß, was ähnliche Fehler hervorbringt. Oder die Mischung gelingt überhaupt nicht ohne weiteres infolge Verunreinigung (Cu und C-haltiges Fe).

Die reinsten technischen Metalle oder die Metalle „Kahlbaum" sind fast immer den selbst gereinigten vorzuziehen. Reinheit der Ausgangsmaterialien ist Grundlage von allem. Zusammenschmelzen von Metallen sehr verschiedenen Schmelzpunkts geschieht so, daß in das höher schmelzende geschmolzene Metall das tiefer schmelzende in Stücken untergetaucht wird. Man rührt mit einem Schamotte- oder Kohlestäbchen um. Meist benutzt man den Tammannschen Kohlerohr-Kurzschlußofen, oder einfach einen Mékerbrenner mit Schlot.

Die Schmelzpunktsbestimmung macht man thermoelektrisch mit einem „Neutralkörper", worein ebenfalls ein Thermoelement eingeführt ist, zum Vergleich (Roberts-Austen). Die beiden Thermoelemente werden beim Abkühlen der sie umgebenden Schmelzen im selben Ofen immer gleich zeigen, solange es sich um reine Abkühlung handelt und keine Umwandlungen erfolgen. Man wählt deshalb als Neutralkörper ein Metall, das in diesem Temperaturgebiet bestimmt keinerlei Schmelz- oder Umwandlungspunkte hat. Schaltet man die beiden Thermoelemente gegeneinander, so ist der Ausschlag des Millivoltmeters Null, solange auch in der zu untersuchenden Probe keine thermischen Effekte auftreten. Sobald das aber stattfindet, gibt das Instrument einen Ausschlag, und man kann dann die Gegenschaltung aufheben und die Temperatur bestimmen. Der Ausschlag kann durch Erstarrung oder sonstige Modifikationsänderung oder durch eine sonstige Änderung der Art der anwesenden Molekülarten bedingt sein, also auch durch das Auftreten oder Verschwinden bestimmter ausfrierender Verbindungen.

Die Verbindungen werden auf ihre Eigenschaften untersucht, wenn möglich, rein gewonnen, andernfalls und immer auch im Gemisch

[1] Vgl. G. Tammann, Lehrb. d. Metallographie. Leipzig, Voss, 1914.

geprüft in Schliffen. Diese erhält man, indem man die Legierung mit einer ebenen Fläche versieht, mit geeigneten feinen Schleifmitteln schleift (Schmirgelpapier feinster Sorte) und feucht poliert, meist mit feinst geschlämmtem Aluminiumhydroxyd. Die Politur besteht in einem Überzug aus amorphem Metall.

Die Untersuchung der Schliffe geschieht im reflektierten Licht und bei schwacher Vergrößerung. Sie wird unterstützt durch Färbe- und Ätzversuche, die Struktur und Zusammensetzung aus verschiedenen chemischen Individuen hervorheben. Als Ätzmittel kommen Salzsäure, Pikrinsäure und eine Anzahl anderer in Betracht. Bei abgeschreckten Metallproben hat man unter Umständen instabile Molekülarten und wendet zu ihrer Feststellung besondere Mittel an, z. B. übersättigte Lösungen, aus denen dann Metall anwachsen kann usw.

Die mikroskopischen Bilder, die sich auch gut photographieren lassen, sind so kennzeichnend, daß man oft nach ihnen qualitativ die Zusammensetzung aus den verschiedenen festen Phasen ableiten kann.

Beachtenswert ist, daß Umwandlungen, die ohne erhebliche Wärmetönung vor sich gehen, der geschilderten thermischen Analyse sich entziehen müssen. Deshalb genügt die Vereinigung der thermischen Analyse mit den mikroskopischen Methoden allein nicht immer zur sicheren Entscheidung über die Existenzgebiete der betreffenden Phasen, sondern man muß auch die anderen physikalischen Eigenschaften der Legierungen und ihrer Bestandteile untersuchen, um über die Sicherheit der aus den beiden Hauptmethoden abgeleiteten Ergebnisse ausreichende Gewißheit zu erhalten.

Das Ergebnis der Untersuchung wird dann in einem Kurvenbild (z. B. Abb. 106) niedergelegt, das die Existenzgebiete der einzelnen Phasen graphisch darstellt in ihrer Abhängigkeit von Temperatur und atomarer Zusammensetzung der Mischung. Experimentell von Wichtigkeit ist, daß die eutektischen Mischungen, also die Mischungen tiefsten Schmelzpunkts, bei den Metallmischungen eine große Rolle spielen, und daß echte Gleichgewichte hier in weitem Umfang den Aufbau erstarrter Legierungen bestimmen. Darin vor allem liegt der Unterschied gegen die Verhältnisse in der

3. Silikatchemie. Wenn man aus ihr die Chemie der Silikatschmelzen herausgreift, so hat man scheinbar ein völliges Analogon der Metallegierungen. In der Tat sind die Methoden einigermaßen ähnlich, die Schlüsse aber sind wesentlich verschieden, weil geschmolzene Silikate bei ihrer Kristallisation weit weniger sich nach der Lage der Schmelzpunkte der Bestandteile richten, als nach ihrer Kristallisationsgeschwindigkeit und Kristallisationsfähigkeit.[1] Sie sind im Gegensatz zu den Metallschmelzen oft zähe Schmelzen, meist von verwickelter und deshalb sehr vieler verschiedener Umsetzungen

[1] Letztere ist durch die pro Zeiteinheit entstehende Kristallkeimzahl mal ihrer Wachstumsgeschwindigkeit definiert.

fähiger Zusammensetzung und durch die starke Beteiligung glasiger Erstarrung ausgezeichnet. Der sehr großen Zahl möglicher Umsetzungen entsprechend wird eine große Zahl von „Schmelzpunkten" hier nicht scharf sein, sondern wegen chemischer Änderungen des erhitzten Stoffs — der sich in sich umlagert, zersetzt usf. — erhält man Schmelzintervalle, Erweichungsintervalle von oft 150° Umfang. Dazu kommt die große Aufnahmefähigkeit solcher Systeme für Verbrennungsgase, z. B. Wasser (Lava). Wenn also solche experimentell nicht vermieden wird, so erhält man unkontrollierbare Entstellungen der gemessenen Angaben. Die große Höhe der Schmelz- und Erweichungsgebiete (800—1400°) bringt experimentelle Schwierigkeiten mit, die durch die häufige Lösewirkung der Schmelzen auf das Tiegelmaterial nicht verkleinert werden. Der Beteiligung der Gläser entspricht das Vorkommen von Entglasung nach dem Erstarren.[1]

Andererseits können Gläser beim Erstarren Gase in fester Lösung behalten, vielleicht auch in feinsten Bläschen (?). Das ist an neueren Effusivgesteinen beobachtet, z. B. an vulkanischen Gläsern oder neovulkanischen Gesteinen mit Glasbasis. Erhitzt man sie auf eine in der Gegend von 1000° gelegene Temperatur, so geben sie unter Zerstäubung und Explosion ihren Gasgehalt ab. Auch diese Erscheinungen sind vom Standpunkt der allgemeinen Chemie erst wenig untersucht. Dabei kann man auch der kolloidchemischen Methoden nicht entraten und der ultramikroskopischen. Beide führen jedoch so weit ins Gebiet der Mikroskopie hinein, daß ihre Behandlung im vorliegenden Buch zu weit führen müßte.

Es spielen also hier Zeitfaktoren eine größere Rolle als bei den Metallschmelzen. Viele Annahmen über Beteiligung bestimmter Eutektika bei Silikatschmelzen haben sich als hinfällig erwiesen. Bei der großen Zahl der möglichen Verbindungen und dem heutigen Fehlen sicherer Methoden, viele davon sicher nachzuweisen, wird man nach J. Königsberger mit allen Schlüssen über Stabilitätsgebiete (im Sinn von Gleichgewichtsgebieten) sehr vorsichtig sein und sie nicht mit den Existenzgebieten (die auch Instabiles umfassen) verwechseln.

Die mikroskopischen Methoden der Silikatchemie sind ähnlich den petrographischen Methoden. Hier bedient man sich der Dünnschliffe, weil die Schmelzen im durchfallenden Licht untersucht werden können. Die Vergrößerung kann dabei erheblich sein. Ätzmittel und übersättigte Lösungen werden ebenfalls verwendet, auch Anfärbung, Heizung der Proben unter dem Mikroskop gleichfalls, wie bei den Metallen. Das petrographische Mikroskop ist auch wohl mit einem kleinen Heräusofen versehen. Das Eigenlicht der erhitzten Proben pflegt erst bei recht hohen Glühtemperaturen zu stören.

---

[1] S. auch H. Boeke, Physikal.-chem. Petrographie, und F. v. Wolff, Vulkanologie, a. a. O.; ferner Wo. Ostwald, Kolloidchemie, 3. Aufl., und Zeitschr. f. Kolloidchemie; endlich die ultramikroskopischen Methoden von Zsigmondy und Siedentopf, Arbeiten von J. Königsberger und W. J. Müller u. a.

Die Silikatchemie im Sinn einer Beschreibung der chemischen Individuen der reinen Silikate in ihrer großen Mannigfaltigkeit ist noch in ihren Anfängen. Die angeführten Besonderheiten machen das verständlich. Man findet in dem Handbuch der Mineralchemie eine Darstellung dieses Gebiets von C. Doelter, dem man auf diesem Gebiet sehr viel verdankt.[1] Die Petrographie wird, wie die Keramik, aus einer Fortentwicklung des Gebiets den größten Nutzen ziehen. Die Abgrenzung der Mineralarten erfährt von hier aus grundlegende Beeinflussung. Die Chemie verwickelter, z. T. schlecht kristallisierender Mischungen bei hohen Temperaturen wird ihre Methoden aus den Händen der Silikatchemie empfangen; diese, wie die Metallographie, wird durch die Kolloidchemie[2] mächtig gefördert werden.

Der II. Hauptsatz der Thermodynamik. II. Teil.

5. Übung. Chemie des Umlagerungs- und Zerfallgrads.

(Thermodynamisches Massenwirkungsgesetz, Gleichgewichtsisochore, homogene Gleichgewichte in Gasen und Lösungen.)

A. Grundbegriffe.

Handversuche.

1. Chemisches Gleichgewicht. Thermodynamisches Massenwirkungsgesetz und Gleichgewichtsisochore. Ihre Integration. Nernsts chemische Konstante. Anwendung des Gesetzes der Additivität der inneren Atomwärmen und der Trautzschen Theorie der Reaktionsgeschwindigkeit. Berechnung der Moleküldurchmesser aus Gleichgewichten nach der letzteren.

Besprechung. Jede chemische Reaktion führt bei Vermeidung äußerer Eingriffe (= Konstanthaltung der äußeren Bedingungen oder völlige Abschließung gegen außen) zu einem Endzustand, den man als chemisches Gleichgewicht bezeichnet. Genau genommen, wird ein Gleichgewicht erst nach unendlich langer Zeit erreicht. Manchmal kann es praktisch erreicht werden, manchmal nicht.

Das chemische Gleichgewicht kann auch definiert werden als der Zustand, bei dem alle chemischen Stoffe in einem gegebenen System untereinander im thermodynamischen Gleichgewicht sind. Da das thermodynamische Gleichgewicht ein dynamisches ist, so ist es entsprechend unseren früheren Überlegungen ein (im statistischen Sinn) stationärer Zustand, d. h. in jedem Augenblick, wo thermodynamisches Gleichgewicht in einem System besteht, wandelt sich in diesem System genau so viel Stoff A in B um, wie umgekehrt B in A. Über die Beträge dieser in beiden Richtungen pro Zeiteinheit umgewandelten Stoff-

[1] C. Doelter, Handbuch der Mineralchemie. Dresden, Th. Steinkopff, 1911. Derselbe, Petrogenesis. Braunschweig 1906. Derselbe, Physikalisch-chemische Mineralogie. 1905.

[2] Wo. Ostwald l. c.

mengen sagt jedoch die Thermodynamik nichts aus; sie zu bestimmen, ist Sache der Reaktionsgeschwindigkeitslehre (chemische Kinetik).

Besteht in zwei genau gleich zusammengesetzten Systemen von gleicher Temperatur und gleichem Druck einzeln chemisches Gleichgewicht, so ändert sich nichts in ihnen, wenn man sie miteinander in ungehemmte Berührung bringt. Diese Tatsache umschreibt man durch den Ausdruck: Die Lage eines chemischen Gleichgewichts hängt nicht von der Masse des Systems ab, sondern nur von seiner Temperatur, seinem Druck und seiner Zusammensetzung. Die Angabe der Zusammensetzung geschieht am besten und häufigsten durch Angabe der Konzentrationen (Mol/Liter) aller im System vorhandenen Molekülarten. Deshalb sagt man auch ausführlicher:

Die Lage eines chemischen Gleichgewichts ist eine Funktion der Temperatur, des Drucks, der Konzentrationen und der Natur der beteiligten Stoffe.

Der Druck ist mit den Konzentrationen eindeutig verknüpft im Geltungsbereich der Gasgesetze, solange das Lösungsmittel keine Rolle spielt, also in verdünnten Lösungen in **indifferenten** Lösungsmitteln und in Gasen. Hier hängt das Gleichgewicht mithin nur ab von der Temperatur, den Konzentrationen und, da kein übliches Lösungsmittel indifferent ist in chemischer Hinsicht, in Lösungen auch vom Lösungsmittel.

Daher muß man hier drei Gesetze kennen: dasjenige, das die Beziehungen der Konzentrationen untereinander festlegt bei konstanter Temperatur, dasjenige, das die Abhängigkeit dieser Beziehungen von der Temperatur wiedergibt, und das für den Lösungsmitteleinfluß. Das zweite heißt das Gesetz der Gleichgewichtsisochore, ersteres das der Gleichgewichtsisotherme oder thermodynamisches Massenwirkungsgesetz. Sein Gültigkeitsbereich ist damit gegeben.

Betrachtet man eine beliebige Reaktion zwischen nur gasförmigen oder nur verdünnt im selben Lösungsmittel gelösten Stoffen, die der chemischen Gleichung entspricht:

$$n_1 A_1 + n_2 A_2 + \ldots = n_1' A_1' + n_2' A_2' + \ldots + Q \qquad (99)$$

worin Q die positive Wärmetönung[1] ist, so nimmt das Massenwirkungsgesetz für den Gleichgewichtsfall im homogenen[2] System (homogene Gleichgewichte) bei der Temperatur T die Form an:

$$\frac{(A_1)^{n_1} \cdot (A_2)^{n_2} \ldots}{(A_1')^{n_1'} \cdot (A_2')^{n_2'} \ldots} = K. \qquad (100)$$

Die in Klammern gesetzten Größen bedeuten die Konzentrationen der Stoffe, deren chemische Symbole geschrieben sind. K ist eine Größe,

[1] Man schreibt zweckmäßig alle Gleichungen so, daß rechts die positive Wärmetönung steht.

[2] Auf heterogene Gebilde als Ganze ist es nie anwendbar; auch nicht auf die mikroheterogenen Kolloide. Bei letzteren sind i. allg. alle Folgerungen aus dem II. Hauptsatz mindestens zu modifizieren.

die durch äußeren Eingriff in die Konzentrationen, also in idealen Gasgemischen (nicht in Lösungen) auch durch Änderung des Drucks, nicht beeinflußt werden kann. Sie ist von den Konzentrationen unabhängig und hängt nur ab von T, Q und einer für die betreffende Reaktion bezeichnenden, von Reaktion zu Reaktion verschiedenen Konstante I, die mathematisch als Integrationskonstante einer Differentialgleichung auftritt und deshalb kurz die Integrationskonstante (Stoßkonstante) des chemischen Gleichgewichts genannt wird (s. weiter unten). Mit der Abhängigkeit der Gleichgewichtskonstante K von T, Q und I befaßt sich die Gleichgewichtsisochore, nicht aber das thermodynamische Massenwirkungsgesetz.

Man kann ein chemisches Gleichgewicht (falls die Reaktionen nicht zu träge verlaufen, merklich) verschieben, indem man die Konzentration eines oder mehrerer Stoffe im System ausreichend ändert. Die Gleichgewichtskonstante aber wird dadurch nicht verändert, sondern behält ihren Zahlwert genau bei. Die Konzentrationsänderung des einen Stoffs führt nämlich zu einer Konzentrationsänderung aller anderen Stoffe. Das zeigt ein Beispiel: Macht man A_2 in obiger Gleichung größer, so reagiert ein Teil von A_2 mit A_1 und macht einen Teil der Vergrößerung von A_2 bereits rückgängig, ferner verschwindet durch diese Reaktion ein Teil von A_1 und es entstehen dabei Anteile von A_1' und A_2'. Diese Vorgänge gehen so lange weiter, bis die anfängliche Vergrößerung des Zählers in obigem Bruch teils durch Abnahme der anderen Zählerfaktoren, teils durch Zunahme des Nenners in seiner Wirkung auf den Zahlwert von K wettgemacht ist, so daß K genau seinen Zahlwert behält.

Wenn man bei verschiedenen Konzentrationen, also bei Verschiebung eines Zustands, doch immer unter Annahme einer gegebenen Reaktion [z. B. (99)] einen konstanten Betrag für die Gleichgewichtskonstante [z. B. nach (100)] berechnen kann, so spricht das dafür, daß man Gleichgewichte vor sich hat, die wirklich durch die angenommene Reaktion dargestellt sind. Aber sicher ist dies Kriterium noch nicht.

Erreicht man bei gleicher Temperatur, gleichem Volum und gleicher atomarer Konzentration den gleichen Endzustand in zwei Systemen, obgleich man das eine von der einen Seite der Reaktion, das andere von der anderen Seite der Reaktion her seinen Endzustand erreichen läßt, so ist dieser Endzustand ganz bestimmt ein chemisches Gleichgewicht, und dies gilt unabhängig von allen Zustandsgleichungen, also für alle Reaktionen und nicht nur für die gasförmiger oder verdünnt gelöster Stoffe. Freilich besagt diese Entscheidung gar nichts über die chemische Reaktionsgleichung, die das Gleichgewicht darstellt.

Gleiche atomare Konzentration herrscht in zwei Systemen, wenn in jedem von beiden pro Volumeinheit gleich viel Atome eines gegebenen Elements vorhanden sind und wenn es dabei gleichgültig ist, welches Element man auf seine Atomzahl in den beiden Systemen vergleicht. Es versteht sich, daß die verschiedenen Elemente durchaus nicht untereinander gleiche Atomzahlen zu haben brauchen und im allgemeinen auch so gut wie nie haben werden in solchen Systemen, wie wir sie untersuchen können.

Ganz wie die Clausiussche Formel läßt sich aus dem zweiten Hauptsatz durch einen Kreisprozeß die van't Hoffsche Formel der Gleichgewichtsisochore ableiten. Man erhält für Gleichgewichte zwischen Stoffen, die dem Gasgesetz folgen:

$$\frac{d \ln K}{d T} = \frac{Q}{R T^2}; \tag{101}$$

genähert:

$$\frac{\log K_2 - \log K_1}{T_2 - T_1} = \frac{Q}{4{,}573 \,.\, T^2}. \tag{102}$$

Darin bedeutet K die Gleichgewichtskonstante, Q die Wärmetönung bei konstantem Volum.

Für Gase ähnlicher Idealität gilt mit Annäherung das Gesetz[1] von der Additivität der inneren Atomwärmen $C_v - 3/2\,R$. Soweit es gilt, läßt sich die obige Gleichung schreiben:

$$\frac{d \ln K}{d T} = \frac{Q_0 + \Sigma \nu \, 3/2\, R T}{R T^2}. \tag{103}$$

Integration liefert danach:

$$\ln K = -\frac{Q_0}{R T} + \Sigma \nu \, 3/2 \ln T + I' \tag{104}$$

oder mit Briggsschen Logarithmen und Einsetzung von $R = 1{,}986$ cal/grad:

$$\log K = -\frac{Q_0}{4{,}573 \,.\, T} + \Sigma \nu \, 1{,}5 \log T + I. \tag{105}$$

Q_0 kann man danach aus der Differenz des $\log K$ für zwei verschiedene Temperaturen ausrechnen. Denn man findet aus der letzten Gleichung:

$$\log \frac{K_2}{K_1} = \frac{Q_0}{4{,}573}\left(\frac{1}{T_1} - \frac{1}{T_2}\right) + \Sigma \nu \, 1{,}5 \log \frac{T_2}{T_1}. \tag{106}$$

Daraus findet man, wenn T_2 und T_1 und die zugehörigen K_2 und K_1 gemessen wurden, leicht Q_0. Setzt man dieses und einen K-Wert in Gleichung (105), so findet man I, die Integrationskonstante des Gleichgewichts. Hat man die Gleichgewichtskonstante K ausgedrückt in Partialdrucken, und diese in Atmosphären gemessen, so wird[2] die allgemeine Gleichgewichtsisochore:

$$\log K_p = -\frac{Q_0}{4{,}573 \,.\, T} + \Sigma \nu \, 2{,}5 \log T + C'', \tag{107}$$

wo C'' in sehr einfacher Beziehung zu den chemischen Konstanten (s. Übung 4) steht, falls das Nernstsche Theorem zutrifft. Sie kommt so zustande:

Macht man über die Dampfdrucke der am Gleichgewicht beteiligten Stoffe bestimmte Annahmen, so gelangt man für Gleichgewichte, an

[1] Vgl. S. 144 und 300. [2] Vgl. Gl. 54, S. 142.

denen Gase teilnehmen, an Hand des Nernstschen Theorems in der in Übung 4 gegebenen Form zu der Folgerung, daß die Integrationskonstante der Gleichgewichtsisochore einfach die algebraische Summe ist von den Sättigungskonzentrations-Integrationskonstanten i (aus der Clausiusschen Gleichung) der beteiligten Stoffe, jede mit dem zugehörigen Molekularkoeffizienten multipliziert. Dies gilt, wenn man die Gleichgewichtskonstante aus Konzentrationen berechnet hat. Hat man sie auf Partialdrucke berechnet, also das Gleichgewicht bei konstantem Druck zugrunde gelegt, so tritt die Summe der Dampfdruckintegrationskonstanten C an ihre Stelle, die man durch jeweilige Addition von $\log R$ zu i erhält, wobei R in Literatmosphären auszudrücken ist, falls man die Konzentrationen in Mol im Liter und die Drucke in Atmosphären gemessen hat.

Kennt man also die chemischen Konstanten aller am Gleichgewicht beteiligten Stoffe, so kann man bei bloßer Kenntnis der Wärmetönung die Lage des Gleichgewichts für alle Temperaturen vorausberechnen.

Doch fehlen heute für die meisten Gase zuverlässige Zahlen für C, da die früheren (rund $= 3$) nach Nernst nicht die physikalische Bedeutung von C haben können.[1]

Die Vereinfachung der kondensierten Gleichgewichte (wo also Gase und Lösungen fehlen) rührt im Sinn des Theorems daher, daß sich bei diesen die Integrationskonstante genau weghebt, man also ihrer Bestimmung nicht bedarf.

Es ist also nach dem Theorem von Nernst für alle Gasgleichgewichte (nicht für Lösungen):

$$C'' = \Sigma \nu C. \tag{108}$$

Dann wird auch:

$$I = \Sigma \nu i, \tag{109}$$

wo die i die Sättigungskonzentrations-Integrationskonstanten sind. Jedes i steht zu dem C in der Beziehung:

$$C = i + \log R. \tag{110}$$

Hat man C in Atmosphären und i in Mol/Liter gemessen, so ist in der letzteren Gleichung R in Literatm./Mol Grad auszudrücken.

Unabhängig vom Nernstschen Theorem läßt sich die Integrationskonstante aus der Trautzschen Theorie der Reaktionsgeschwindigkeit berechnen (vgl. Übung 7). Sie gewährt zugleich einen anschaulichen Einblick in die Vorgänge im Gegensatz zu rein thermodynamischen Betrachtungen. Dabei ruht sie natürlich ebenfalls auf den beiden ersten Hauptsätzen der Thermodynamik und auf dem Gasgesetz $pv = nRT$. Daneben auf der genäherten Additivität der inneren Atomwärmen idealer Gase und auf gastheoretischen Vorstellungen

[1] Vgl. auch M. Trautz u. C. F. Hinck, Z. f. anorg. u. allgem. Chem. 97. 127ff. 1916. Derselbe u. L. Wachenheim, ebenda 241ff. Derselbe u. V. Dalal, ebenda 1917. W. Nernst, Z. f. Elektroch. 22. 185. 1916.

über die Vorgänge zwischen den Molekülen (intermolekulare Vorgänge) und in den Molekülen (intramolekulare Vorgänge). Diese Theorie[1] hat sich, außer an einem Zerfall in Atome[2], am ganzen Beobachtungsmaterial über Gasgleichgewichte und Gasreaktionsgeschwindigkeiten bestätigt.

Für binäre Zerfallsgleichgewichte der Form:

$$a + b = ab \tag{111}$$

ist nach ihr die Integrationskonstante des Gleichgewichts gegeben durch:

$$10^I = \frac{1{,}55 \,.\, 10^{-24}}{s^3} \,.\, 1000 \text{ Mol/Liter}. \tag{112}$$

s = Durchmesser des Moleküls ab (rund $5 - 10 \,.\, 10^{-8}$ cm).

Darin stammt der Zahlenfaktor $1{,}55 \,.\, 10^{-24}$ aus der Molekulartheorie. Er kann wegen hier unumgänglicher Hypothesen auch einen etwas anderen Zahlwert haben, doch macht das sehr wenig aus, weil schon die experimentell bestimmten 10^I selten auch nur auf 20% sicher sind. Weil man in der Molekulartheorie alle Längen in Zentimetern zu messen pflegt, so muß der Faktor 1000 zugefügt werden, weil sich I auf Mol/Liter bezieht. Der Sinn der Formel ist sehr einfach.

Das Gleichgewicht kommt dadurch zustande, daß teils a mit b zusammenstößt, während sie nicht verbunden sind: intermolekulare Stöße. Ihre Zahl hängt von der Temperatur ab, und der Teil von ihr wieder, der zur Bildung von ab-Molekülen führt, abermals. Letzterer steigt im allgemeinen stark und von Stoff zu Stoff sehr verschieden, ersterer langsam und fast gleich bei allen Stoffen. Diese vereinenden Stöße lassen sich also stets schreiben:

$$Z_v \,.\, f_v(T). \tag{113}$$

Darin ist Z_v von der Temperatur unabhängig und $f(T)$ bringt den Temperaturkoeffizienten zum Ausdruck.

Zweitens stoßen die im Molekül vereinten beiden Teile in ihm wieder und wieder zusammen: intramolekulare Stöße. Sie führen früher oder später wieder zum Zerfall des Moleküls und lassen sich schreiben:

$$Z_z \,.\, f_z(T). \tag{114}$$

Die Integrationskonstante des chemischen Gleichgewichts, gemessen in Mol/ccm, als Exponent über 10 gesetzt, hat einfach die Bedeutung:

$$10^I = \frac{Z_z}{Z_v} \,.\, m. \tag{115}$$

Wegen ihrer Bedeutung sei für die Größe I statt des formalmathematischen Namens Integrationskonstante der Name Stoßkonstante des Gleichgewichts vorgeschlagen. Sie ist also gleich dem Verhältnis

[1] M. Trautz, Z. f. anorg. u. allgem. Chem. **96.** 1. 1916; **97.** 113. 1916. Derselbe u. L. Wachenheim, ebenda 241ff.

[2] M. Bodenstein, Z. f. Elektroch. **22.** 327. 1916. Eine Deutung der Abweichungen s. M. Trautz, Z. f. anorg. u. allgem. Chem. **97.** 116. 1916 (vor allem S. 125), Z. f. Elektroch. 1917 u. S. 300 vorliegenden Buchs.

des temperaturunabhängigen Teils der beiden Stoßzahlen mal m. Die Bedeutung des letzteren Faktors und seine Unentbehrlichkeit wird klar, wenn man bedenkt, daß man experimentell nicht bestimmt, wieviel Moleküle im Kubikzentimeter zersetzt und wieviel unzersetzt sind, sondern wieviel Mole.

Da nach Avogadro das Molarvolum aller Gase gleich ist, also alle Gase bei gleicher Temperatur und gleichem Druck im selben Volum gleichviel Moleküle enthalten, so brauchen wir nur die Verhältniszahl Moleküle pro Mol, die sehr wichtige sog. Avogadrosche Zahl:

$$\underline{6{,}175 \cdot 10^{23}} \tag{116}$$

zu kennen, um die Umrechnung auszuführen. Im übrigen tritt noch die Zahl π in die Rechnung ein, da sich stoßende Moleküle wegen der Unregelmäßigkeit des Aufeinandertreffens im Mittel wie Kugeln verhalten.

Die Gastheorie führt so zusammen mit der genannten Theorie der Reaktionsgeschwindigkeit zu dem Ausdruck für binäre Zerfälle, der oben angeführt wurde. Bei den Messungen der Reaktionsgeschwindigkeit wird die ausführliche Formel gegeben werden für alle Reaktionen.[1]

Da der Durchmesser der meisten Moleküle mit wenigen Atomen in der Gegend von:

$$\underline{4 \cdot 10^{-8}\,\mathrm{cm}} \tag{117}$$

liegt, so ist es leicht, an Hand der Gleichung (112) unter Einsetzen dieses Durchmessers I für den PCl_5-Zerfall (und für jeden anderen) vorauszuberechnen. Man führe diese Berechnung durch und vergleiche den gemessenen mit dem berechneten Wert. Umgekehrt berechne man aus dem gemessenen Wert den Durchmesser des PCl_5-Moleküls. Die Zahlen dafür ergab die Messung der Dampfdichte nach Dumas.

Zubehör. Die Zahlen von Versuch 2 in Übung 3.

Ausführung. Man berechnet zuerst K aus den drei Konzentrationen (PCl_3, PCl_5, Cl_2) für beide Temperaturen T_2 und T_1 und findet so die zugehörigen K_2 und K_1. Es ist:

$$K = \frac{(PCl_3)(Cl_2)}{(PCl_5)} \tag{118}$$

(Anwendung des thermodynamischen Massenwirkungsgesetzes).

Man wendet jetzt die van't Hoffsche Näherungsgleichung an, die Differenzen statt Differentialen benutzt [Gleichung (102)]. Dann berechnet man Q_0 aus Gleichung (106), indem man Additivität der inneren Atomwärmen voraussetzt. $\Sigma\nu$ ist hier $= +1$, da die Molzahl um 1 abnimmt.

Den so erhaltenen Wert für Q_0 setzt man in die Gleichung (105) ein, die man nach I aufgelöst hat. Und zwar das eine Mal mit K_2 und T_2, das andere Mal mit K_1 und T_1. Man überzeuge sich von der angenäherten Gleichheit von I in beiden Fällen. Sie belegt zugleich das Additivitäts-

---

[1] S. S. 298ff.

gesetz und das Nernstsche Theorem. Endlich berechne man aus I die Größe C, indem man bedenkt, daß nach dem Nernstschen Theorem:

$$I = i_{PCl_5} + i_{Cl_2} - i_{PCl_3}. \tag{119}$$

Also:

$$C = I + \log R. \tag{120}$$

Ferner berechne man I aus der Trautzschen Theorie ($s = 10^{-7}$ cm) und s nach ihr aus dem gefundenen I, s. Besprechung, Ende.

Über die Bedeutung und Ableitung von Nernsts Theorem vgl. 4. Übung. Über die Additivität der inneren Atomwärmen vgl. Versuch 6, Übung 3, ferner S. 299 Anm. und S. 300.

2. Elektrolytische Gleichgewichte. Ionengleichgewichte. Leitfähigkeit der Elektrolyte.

Besprechung. Das thermodynamische Massenwirkungsgesetz gilt ebenso wie für verdünnt gelöste neutrale Moleküle auch für verdünnt gelöste Ionen. Ebenso die van't Hoffsche Gleichgewichtsisochore. Aber genau gilt es für Elektrolyte in den seltensten Fällen (vgl. die Bemerkungen bei der Kryoskopie). Ob das an falschen chemischen Annahmen liegt oder an grundsätzlichen Fehlern, ist noch fraglich.

Ionengleichgewichte stellen sich außerordentlich schnell ein. Deshalb kann man ihre Lage nicht mit solchen Mitteln bestimmen, die, wie die meisten chemisch-analytischen Mittel, diese Lage verändern. Denn die Veränderung würde schneller erfolgen, als die Bestimmung des anfänglichen Zustands, womit letztere unmöglich wird. Man bestimmt die Lage eines Gleichgewichts dadurch, daß man die Konzentrationen der beteiligten Stoffe, in diesem Fall der Ionen, mißt. Man kann Ionenkonzentrationen u. a. bestimmen durch:

1. Osmotische Messungen,
2. Leitfähigkeitsmessungen (unsicherer),
3. Messungen elektromotorischer Kräfte (s. S. 266),
4. Messungen von Katalysen (s. S. 289).

Welche dieser Methoden, die alle einigermaßen ähnliche Ergebnisse, z. T. sogar sehr gute Übereinstimmung, liefern, am besten ist, entscheidet man im einzelnen Fall. Auch andere, namentlich optische Methoden führen zum Ziel.

Die Leitfähigkeitsmethode dient in erster Linie zur Bestimmung des Zerfallsgrads eines verdünnt gelösten Stoffs in seine Ionen. Denn die Zahl der Ionen und ihre Geschwindigkeit ist maßgebend für die Leitfähigkeit eines elektrolytischen Leiters, und die Geschwindigkeit hängt nur wenig ab von der Konzentration der Ionen. Deshalb läßt sich die Konzentration der Ionen aus der Leitfähigkeit ziemlich genau ermitteln. Das Faradaysche Gesetz fordert strenge Proportionalität zwischen Ionenzahl und Stromstärke, und das Ohmsche führt dann zu der Proportionalität zwischen Leitfähigkeit und Ionenzahl.

Die Leitfähigkeit einer Lösung eines Elektrolyten in schwach leitendem Lösungsmittel (dessen Leitfähigkeit für sich zunächst vernachlässigt sei) wird gemessen in reziproken Ohm. Dividiert man sie bei zylindrischer Form des Leiters durch den Querschnitt der Schicht und multipliziert mit ihrer Länge, so erhält man die spezifische Leitfähigkeit der Lösung. Durch diese Definition hat man also eine Größe gewonnen, die von der geometrischen Anordnung unabhängig ist. Der Faktor q/l heißt Leitfähigkeitskapazität (des Widerstandsgefäßes für die Lösung, das ihre geometrische Form bestimmt). l/q heißt die Widerstandskapazität des Gefäßes. Dieser Begriff Kapazität hat mit dem Begriff Kapazität schlechtweg (s. Übung 8 und 9) nichts zu tun, denn letzterer wird in der Elektrostatik als Ladung/Spannung definiert und hat ferner nichts zu tun mit der Stromkapazität (in Amperestunden) einer chemischen Stromquelle, z. B. (s. Übung 1) einer Akkumulatorenbatterie, denn hier gibt die Kapazität eine Elektrizitätsmenge an. Diese drei verschiedenen Definitionen sind also scharf auseinander zu halten.

Die spezifische Leitfähigkeit einer Lösung hängt ab vom Lösungsmittel, vom gelösten Stoff, von seiner Konzentration und von der Temperatur, ferner vom Druck, den man auf der Lösung lasten läßt. Doch können wir von der letzteren Abhängigkeit absehen, weil man doch meist Lösungen unter Atmosphärendruck benutzt. Die spezifische Leitfähigkeit der Elektrolyte steigt mit der Temperatur. Mit der Konzentration pflegt sie zuerst zu steigen, dann wieder zu sinken. Sie geht also bei Steigerung der Konzentration von 0 auf 100 Prozent durch ein Maximum. Dies kommt so zustande. Sehr wenig Elektrolyt, in einer gegebenen Menge Lösungsmittel gelöst, hat eine sehr geringe Konzentration und muß daher sehr weitgehend in Ionen zerfallen sein. Ist die Konzentration klein genug, so ist er praktisch ganz zerfallen. Aber es ist dann auch die absolute Zahl der Ionen sehr gering. Und diese absolute Zahl der Ionen bestimmt die Leitfähigkeit. Steigert man die Konzentration, so nimmt die Zahl der Ionen zu, solange der Zerfall des Elektrolyten noch nicht groß ist. Wie groß er ist, hängt von der Konzentration und vom Betrag der elektrolytischen Zerfallskonstante (Gleichgewichtskonstante) ab. Letztere ist durch Stoffnatur und Temperatur bestimmt. Nach dem Massenwirkungsgesetz kann bei höheren Konzentrationen nicht mehr alles Gelöste zerfallen sein, deshalb muß schließlich weiter zugesetzter Elektrolyt nicht nur selbst nicht zerfallen, sondern sogar die Dissoziation des bereits gelösten zurückdrängen, die Ionenzahl also herabsetzen. Deshalb beobachtet man ein Maximum der spezifischen Leitfähigkeit, wenn man von den verdünntesten zu konzentrierteren Lösungen übergeht. Dies rührt also, wie Maxima und Minima oft gedeutet werden, von der Überlagerung zweier entgegengesetzt wirkender Vorgänge.

Man definiert als die molekulare Leitfähigkeit den Quotienten:

$$\frac{\text{spezifische Leitfähigkeit}}{\text{Konzentration in Mol/ccm}} \tag{121}$$

als Äquivalent-Leitfähigkeit:

$$\frac{\text{spezifische Leitfähigkeit}}{\text{Konzentration in g-Äquivalenten pro ccm}}. \tag{122}$$

Gemeint sind im letzteren Fall elektrochemische Grammäquivalente. Wichtig ist, daß man nach Übereinkunft die Konzentration bei der Definition dieser beiden Größen immer in Mol/ccm, nicht wie sonst in Mol/Liter, angibt, und daß man an Stelle der Division durch die Äquivalentkonzentration noch häufiger (was aufs selbe herauskommt) die Multiplikation mit ihrem reziproken Wert:

$$\eta = \text{Verdünnung} = \frac{1}{\text{Konzentration}} \tag{123}$$

setzt. Die physikalische Bedeutung der Verdünnung ist die: η gibt an, wieviel Kubikzentimeter der Lösung ein elektrochemisches Grammäquivalent enthält.

Die molekulare und die Äquivalentleitfähigkeit geht mit wachsender Verdünnung der Lösungen nicht durch ein Maximum, sondern strebt einem maximalen Grenzwert zu, der bei unendlicher Verdünnung erreicht werden müßte. Das ergibt sich bereits aus den Betrachtungen über die spezifische Leitfähigkeit, sobald man die Definition der molekularen bzw. Äquivalentleitfähigkeit beizieht.

Die Äquivalentleitfähigkeit ist proportional dem Anteil gelösten Stoffs, der in Ionen zerfallen ist. Man definiert als Zerfallsgrad (Dissoziationsgrad) den Bruch:

$$\alpha = \frac{\text{Zerfallener Teil des Elektrolyten}}{\text{Gesamtmenge des gelösten Elektrolyten}}. \tag{124}$$

Also wird:

$$\lambda = K' . \alpha, \tag{125}$$

worin K' eine von Elektrolytnatur und Natur des Lösungsmittels, sowie von der Temperatur und (dem Zahlwert nach) von den Maßeinheiten abhängige Proportionalitätskonstante ist.

Bei sehr hoher Verdünnung wird notwendig dem Massenwirkungsgesetz zufolge $\alpha = 1$ und deshalb darf man schreiben:

$$\frac{\text{Äq.-Leitfähigkeit bei Verdünnung } \eta}{\text{Äq.-Leitfähigkeit bei Verdünnung } \infty} = \frac{\lambda_\eta}{\lambda_\infty} = \alpha . \tag{126}$$

Man kann also den Zerfallsgrad bestimmen aus der Leitfähigkeit, wenn die Äquivalentleitfähigkeit wirklich dem Zerfallsgrad streng proportional ist. Das trifft jedoch, wie bemerkt, nicht vollkommen zu, denn die Geschwindigkeit der Ionen, der gleichfalls die Leitfähigkeit proportional ist, hängt ein wenig von der Konzentration des Elektrolyten ab. Da diese Abhängigkeit unbedeutend ist, können wir einstweilen davon absehen. Doch sei schon hier darauf hingewiesen, daß man umgekehrt Schlüsse ziehen kann auf die Ionengeschwindigkeit, wenn man die osmotischen Bestimmungen von Ionenkonzentrationen vergleicht mit den Leitfähigkeitsbestimmungen.

Aus dem Dissoziationsgrad eines z. B. binären Elektrolyten kann man seine Zerfallskonstante berechnen, denn man hat alsdann je α Ionen und $1 - \alpha$ undissoziierte Elektrolytmole. Daher wird:

$$K = \frac{\alpha^2}{(1 - \alpha) v} . \tag{127}$$

v ist das Volum der Lösung, worin der Elektrolyt enthalten ist. Es muß deshalb in die Gleichung eingehen, weil die Massenwirkungskonstante sich aus Konzentrationen und nicht aus absoluten oder relativen Massen aufbaut. Der eben angeschriebene Sonderfall des Massenwirkungsgesetzes für Elektrolyte heißt das Ostwaldsche Verdünnungsgesetz.

Die Konstante K darin heißt auch wohl die Affinitätskonstante, wenn man den Zerfall von Säuren oder Basen betrachtet, und ihr Zahlwert ist alsdann ein Maß für die „Stärke“ der Säure oder Base in dem betreffenden Lösungsmittel (meist in Wasser). Ihre Messung spielt daher bei Konstitutionsbestimmungen eine oftmals erhebliche Rolle. Das Gesetz gilt nicht für starke Säuren und Basen aus heute noch unaufgeklärten Ursachen.

Erfahrungsgemäß ist die Bestimmung von α mittels der Leitfähigkeitsmethode bei höheren Konzentrationen nur brauchbar für Elektrolyte, die nicht allzu stark dissoziiert sind bei den üblichen Verdünnungen, also für sog. Halbelektrolyte. Die meisten organischen Säuren und Basen gehören hierher und ferner ihre Salze miteinander. Der Zerfallsgrad starker Säuren und Basen wird mittels Leitfähigkeit nur in großen Verdünnungen richtig bestimmt ($v > 10$).

Eine nützliche empirische Regel ist schließlich die von Ostwald beobachtete Beziehung zwischen Basizität einer Säure und Abhängigkeit der Äquivalentleitfähigkeit ihres neutralen Natriumsalzes von der Verdünnung. Es gilt:

$$(\lambda_{1024} - \lambda_{32})/10 = b. \tag{128}$$

Darin ist b die gesuchte Basizität. Den Äquivalentleitfähigkeiten sind als Indizes die Verdünnungen in Liter/Mol beigesetzt. Auch diese Regel ist wichtig für die organische Praxis.

Die Begriffe der spezifischen und der Äquivalentleitfähigkeit kann man sich begrifflich und experimentell näher bringen.

Die spezifische Leitfähigkeit einer Lösung ist gleich der Leitfähigkeit schlechthin, wenn man durch zwei einander gegenüberliegende Seiten eines Würfels von 1 cm Kantenlänge, der die Lösung enthält, den Strom schickt. Die Elektrolytmenge in dieser Lösung ändert sich nicht durch Zusatz von mehr Lösungsmittel. Stellt man also zwei große, plattenförmige Elektroden in 1 cm Entfernung einander gegenüber in ein Gefäß und füllt es zuerst nur so hoch mit der ursprünglichen Lösung, daß der Querschnitt der Flüssigkeit senkrecht zur Stromrichtung genau 1 qcm beträgt, so ist die absolute Leitfähigkeit dieser Schicht gleich der spezifischen. Sie bleibt dies aber nicht, wenn man mehr Lösungsmittel zugießt, falls dieser Zusatz α nicht mehr merklich vergrößert, falls also der Zerfall schon so gut wie quantitativ war. Denn die absolute Zahl der Stromträger (Ionen) wird dadurch dann nicht mehr geändert. Wohl aber nimmt der Querschnitt allein zu. Vergrößert man also die Verdünnung eines Elektrolyten und gleichzeitig im selben Maß seinen Querschnitt, so bleibt seine absolute Leitfähigkeit unverändert, falls die Verdünnung den Zerfallsgrad nicht merklich beeinflußt und zugleich auch die Äquivalentleitfähigkeit nicht verändert. Dagegen nimmt die spezifische Leitfähigkeit dann proportional der Verdünnung ab.

Im allgemeinen, d. h. bei noch nicht großem α, wird der Zusatz von Lösungsmittel α vergrößern und die Äquivalentleitfähigkeit, wie auch die absolute Leitfähigkeit werden wachsen, beide in untereinander gleichem Maß, aber nicht proportional der Verdünnung.

Die Äquivalentleitfähigkeit einer Lösung gegebener Verdünnung ist gleich derjenigen Leitfähigkeit schlechthin, die sich einstellen würde in dem beschriebenen Würfel von 1 cm Kantenlänge, wenn man in ihm im Lösungsmittel 1 Grammäquivalent Elektrolyt gelöst hätte, ohne daß durch den Übergang von der gegebenen Verdünnung zu dieser Konzentration eine Änderung von Zerfallsgrad und Ionengeschwindigkeit eingetreten wäre. Anschaulicher wird die Auffassung des Begriffs, wenn man ihn realisierbar faßt: Äquivalentleitfähigkeit einer Lösung ist zahlenmäßig gleich der (absoluten) Leitfähigkeit, die sich zwischen zwei Elektroden von 1 cm Abstand einstellt, wenn man so viele Kubikzentimeter Lösung dazwischen bringt, als die Verdünnung η beträgt, mit anderen Worten so viel Lösung, daß genau 1 Äquivalent Elektrolyt zwischen den Elektroden sich befindet.

Damit ist der Anschluß an den folgenden Versuch gegeben.

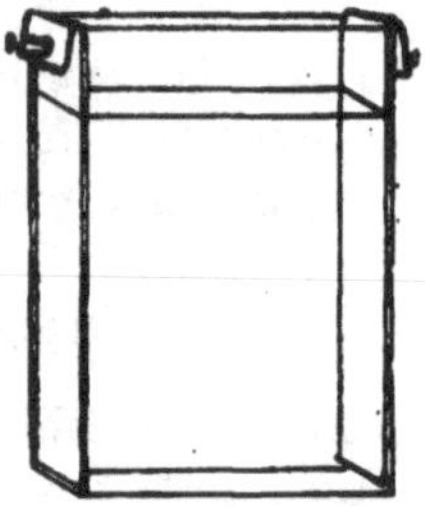

Abb. 118. Leitfähigkeitsänderung beim Verdünnen von Lösungen.

Zubehör. Trog mit zwei Eisenelektroden. Kalilauge. Ammoniak. Amperemeter. 10-Voltleitung. Rheotanwiderstand 30 Ω. Drähte. (Abb. 118.)

Ausführung. Man fülle Kalilauge in den Trog, schließe 10 Volt an und beobachte den Ausschlag des Amperemeters bei Zusatz von Wasser zur Kalilauge. Kaliumhydroxyd ist schon in mäßiger Verdünnung sehr weit dissoziiert. Das Äquivalentleitvermögen bleibt also bei Verdünnung gleich und die

Verdünnung hat deshalb, weil der Querschnitt ihr proportional vergrößert wird, hier keine Wirkung.

Man fülle statt Kalilauge Ammoniak ein und beobachte wieder die Wirkung der Verdünnung. Ammoniak ist schwach dissoziiert, so daß die äquivalente Leitfähigkeit und mithin hier auch die absolute steigt mit der Verdünnung.

Man schätze die Ohmzahl bei den Lösungen.

B. Messungen.

3. Leitfähigkeit eines Drahts von Abschnitt zu Abschnitt. Kalibrierung einer Wheatstoneschen Brücke. (Nullmethode.)

Besprechung. Die genaue Messung elektrischer Widerstände geschieht meist am bequemsten mittels der sog. Wheatstoneschen Brücke (Abb. 119, s. auch Abb. 32, S. 39). Diese Schaltung ergibt sich ohne weiteres aus der Anwendung des Ohmschen Gesetzes.

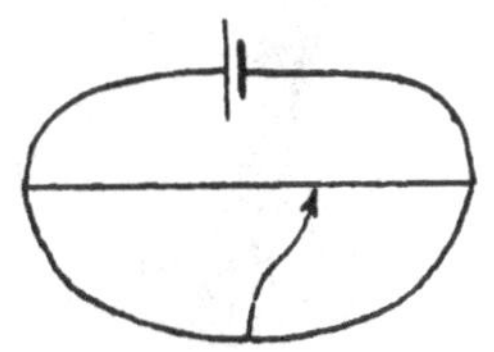

Abb. 119. Wheatstonesche Brückenschaltung.

Das Prinzip ist folgendes. Legt man in den Stromkreis einer Elektrizitätsquelle konstanter Spannung einen Nebenschluß und legt an einen Punkt dieses Nebenschlusses einen Draht an, den man mit dem gegenüberliegenden Teil des Hauptschlusses verbindet, so kann man diesen letzteren Draht dadurch stromlos machen, daß man ihn an einen ganz bestimmten Punkt des Hauptschlusses anlegt. Dieser stromlose Brücken-

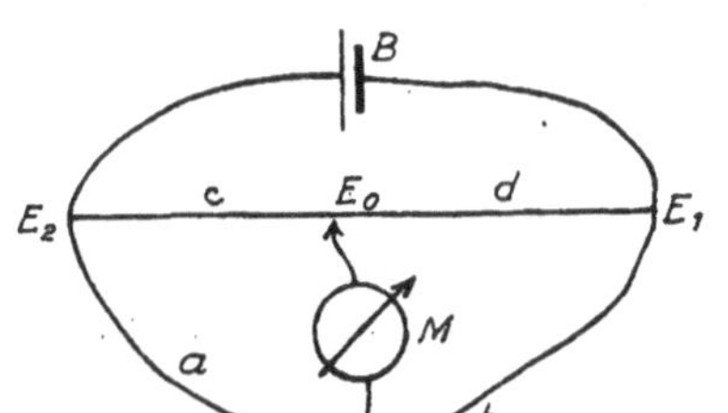

Abb. 120, 1. Wheatstonesche Brückenschaltung. Unzweckmäßige Form, wegen schlechten Kontakts.

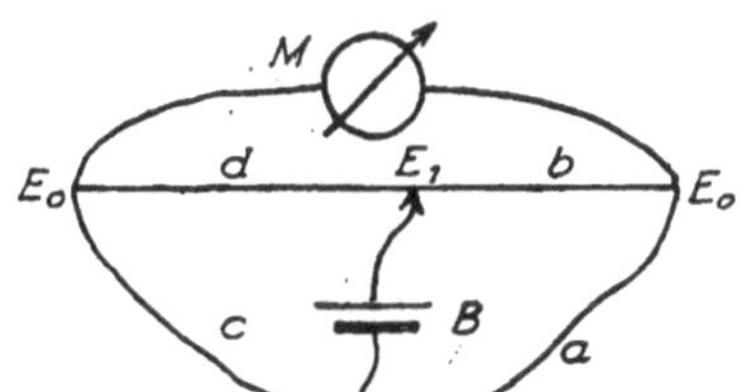

Abb. 120, 2. Wheatstonesche Brückenschaltung. Zweckmäßige Form.

draht teilt dann die beiden parallel liegenden Leiterteile in je zwei weitere und man kann beweisen, daß man den Widerstand jedes der vier Teile berechnen kann, wenn man den von dreien kennt. Dies liefert eine Methode der Widerstandsmessung, eben die Wheatstonesche Brückenmethode. Der Beweis ist an Hand des Ohmschen Gesetzes folgendermaßen zu führen (Abb. 120, 1 u. 2).

Der Strom der Elektrizitätsquelle B tritt bei E_2, wo das Potential E_2 sei, in die Verzweigung ein und bei der Stelle mit dem Potential E_1 aus. Bei M liegt ein „Nullinstrument", d. h. ein Instrument, das fähig ist, Stromlosigkeit anzuzeigen in der Leitung, in die es eingeschaltet ist. Der Leiter cd Abb. 120, 1, meist aus einem ausgespannten Draht überall gleicher Beschaffenheit hergestellt, wird meist als Brückendraht oder kurz Brücke bezeichnet. Der Pfeil deutet einen auf ihr verschiebbaren Kontakt an. Man kann den Kontakt auf der Brücke so lange verschieben,

Abb. 121. Präzisions-Rheostat. (Zur genauen Messung von Widerständen durch Vergleichung.)

bis M Stromlosigkeit anzeigt. Dann ergibt das Gesetz der Erhaltung der Elektrizitätsmenge und das Ohmsche Gesetz die Gleichungen:

$$E_2 - E_0 = a \cdot J_1; \quad E_0 - E_1 = b \cdot J_1; \tag{129}$$

gibt dividiert:

$$(E_2 - E_0) : (E_0 - E_1) = a : b. \tag{130}$$

$$E_2 - E_0 = c \cdot J_2; \quad E_0 - E_1 = d \cdot J_2; \tag{131}$$

gibt dividiert:

$$(E_2 - E_0) : (E_0 - E_1) = c : d; \tag{132}$$

also:

$$a : b = c : d. \tag{133}$$

Man muß also zur Bestimmung von a den Betrag von b und das Verhältnis $c:d$ kennen. Den absoluten Betrag des Widerstands der Brücke braucht man nicht zu kennen.

Der Widerstand eines frei ausgespannten Drahts wird verändert, wenn der Draht an einer Stelle mechanisch verändert, etwa gequetscht oder gezerrt wird, und da man mit zufälligen Beanspruchungen derart immer rechnen muß, ebenso wie mit thermischen Nachwirkungen, so muß man vor Benutzung einer Wheatstoneschen Brücke sie kalibrieren. D. h. man muß ermitteln, ob die Werte $c:d$ auch wirklich zusammenfallen mit denen, die man auf dem Maßstab abliest, worauf der Draht aufgespannt ist. Zu dieser Messung bedarf man mithin, wie die abgeleiteten Gleichungen lehren, der Kenntnis von $a:b$. Die Einzelwerte a und b hätte man nicht nötig. Weil man jedoch zu den Messungen meist Rheostaten großer Genauigkeit, sog. Präzisionsrheostaten (Abb. 121, er enthält aufgespulte Drahtstücke bestimmten Widerstands) benutzt, so erfährt man bei der Messung dann auch die Einzelwerte von a und b.

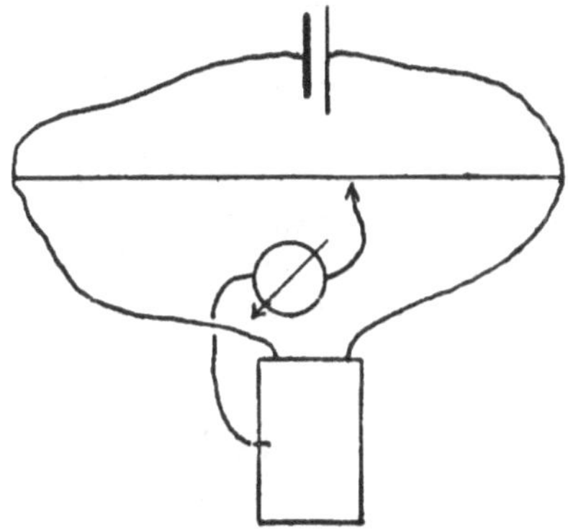

Abb. 122.
Brückenschaltung bei Kalibrierung der Meßbrücke mit dem Rheostaten.

Zubehör. Wheatstonesche Brücke. Galvanometer. Akkumulator. Stromschlüssel. Präzisionsrheostat 1000 Ω. 7 Drähte.

Ausführung. Man schaltet nach Abb. 122, schließt den Rheostaten durch Einsetzen aller Stöpsel in sich kurz und setzt den mit dem Galvanometer verbundenen Laufstöpsel irgendwo in der Mittelgegend des Rheostaten in ein Seitenloch.

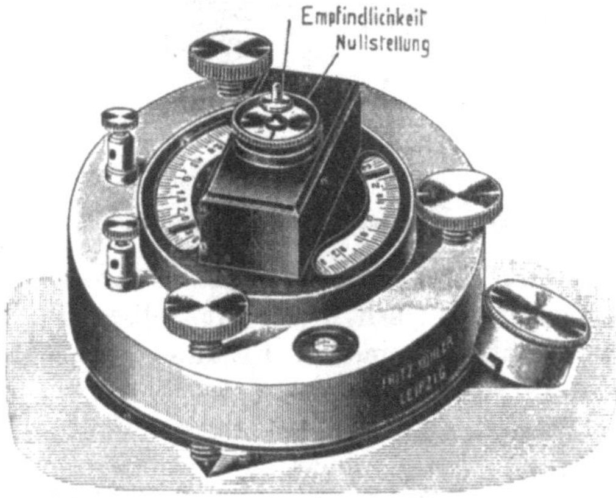

Abb. 123. Paschensches Galvanometer. (Nullinstrument bei Leitfähigkeitsmessung.)

Als Galvanometer benutzt man das Paschensche (Abb. 123). Es trägt oben zwei Schrauben. Die größere bewegt den Richtmagneten und mit ihr stellt man die Nadel zuerst auf Null. Die kleinere läßt einigermaßen die Empfindlichkeit des Instruments verändern. 1° Ablenkung wird durch etwa $2 \cdot 10^{-6}$ Ampere bewirkt. Man beachte, ob die Libelle richtig zeigt.

Man überlege, von welchen Widerständen jetzt die Nullstellung des Brückenkontakts abhängt. Dann zieht man auf jeder Seite des festsitzenden Laufstöpsels einen Stöpsel, verschiebt den Kontakt auf der Brücke bis zur Stromlosigkeit und schreibt die Lage des Kontakts und die Beträge von a und b auf. Man zieht dann weitere Stöpsel, stellt danach wieder auf Stromlosigkeit ein, schreibt wieder die Beträge auf und fährt so fort, bis man zahlreiche Stellen auf der einen Hälfte der Brücke mit dem Kontakt bestrichen hat. Man läßt dann alle Verbindungen liegen und vertauscht nur die Drähte an den Anschlußklemmen des Rheostaten. Nun wiederholt man alle vorher getroffenen Anordnungen und kalibriert so die andere Hälfte der Brücke.

Man gebe auch die Instrumentnummer an im Versuchsbericht, denn die Brückenkalibrierungskurve wird bei einem späteren Versuch gebraucht zu Messungen. Ferner stelle man unter den aus den Widerstandsverhältnissen berechneten Sollwert (z. B. 20 mm) den auf der Brücke gefundenen (z. B. 18,5 mm) und setze darunter das Widerstandsverhältnis in Form eines gewöhnlichen Bruchs (nicht Dezimalbruch). Man stellt in einer Tabelle die am Maßstab abgelesenen und die aus der Rheostatenstellung berechneten $c:d$ zusammen, nimmt letztere als richtig an und rechnet die Differenzen positiv, wenn der am Maßstab abgelesene Wert zu klein, negativ, wenn er zu groß war. Diese Werte trägt man als Ordinaten gegen die Maßstabteile als Abszissen in Millimeterpapier ein und erhält so unmittelbar die Korrektionskurve der Brücke.

Abb. 124. Kohlrauschsche Meßwalze.

Benutzung einer Kohlrauschschen Meßwalze (Abb. 124) gestaltet sich ebenso.

Man mache sich bei den Messungen klar, welche Drähte dick sein müssen, welche nicht, und welche Kontakte tadellos sein müssen, welche nicht. Man reinige nötigenfalls die Kontakte mit feinstem Schmirgelpapier und einem Tropfen Erdöl. Die Rheostatenstöpsel dürfen nicht zu fest eingesetzt werden. Man drehe beim Einsetzen und Herausnehmen ein wenig. Nötigenfalls legt man vor das Galvanometer in seinen Zweig einen großen (sog. „Ballast-“) Widerstand, den man erst dann ausschaltet, wenn die Ausschläge sehr klein geworden sind. Sonst wird das Instrument leicht geschädigt. Das Paschensche ist übrigens recht widerstandsfähig.

Als Widerstandsverhältnisse am Rheostat wählt man vorteilhaft:

100 : 900; 200 : 800; 300 : 700; 400 : 600; 500 : 500.

Dann legt man um und wiederholt.

4. Bestimmung der Leitfähigkeit einer reinen nichtmetallischen Flüssigkeit (Wasser).

Besprechung. Der Widerstand elektrolytischer Leiter kann ebenfalls an Hand des Ohmschen Gesetzes mittels der Brückenkombination gemessen werden, da dies Gesetz auch für solche Leiter streng gilt. Aber man kann nicht Gleichstrom verwenden, weil er sogleich zu einer Änderung der chemischen Natur des Elektrolyten führt an beiden Elektroden, die den Strom zuleiten, und zwar zu einer verschiedenen Änderung an beiden, die eine Polarisation, also elektromotorische Gegenkräfte bedingt und mithin die Leitfähigkeit zu gering erscheinen läßt. Diesen Fehler kann man meist vermeiden, wenn man Wechselstrom benutzt, z. B. den Strom eines kleinen Induktoriums, das nun seinerseits von dem bisher benutzten Akkumulator betrieben wird. Der Wechselstrom ruft zwar auch eine geringe Zersetzung hervor, aber meist kann man davon absehen, denn die Wirkung des Stromstoßes in der einen Richtung wird im allgemeinen ausreichend durch die des nächsten umgekehrt gerichteten wieder aufgehoben.

Abb. 125. Telephone zur Leitfähigkeitsmessung.

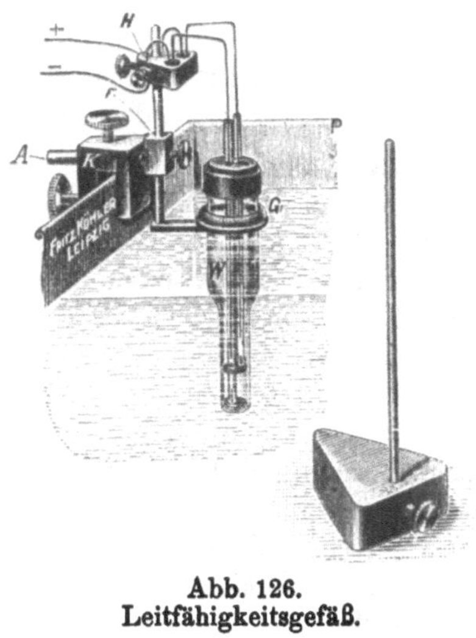

Abb. 126. Leitfähigkeitsgefäß.

Als Stromanzeiger dient für den Wechselstrom des Induktoriums ein Telephon (Abb. 125). Es schweigt, sobald kein Wechselstrom hindurchgeht. Übrigens soll es wegen magnetischer Wirkungen des Induktoriums 1—2 m von diesem entfernt aufgestellt sein.

Der flüssige Leiter wird in einem Leitfähigkeitsgefäß vom Strom durchflossen (Abb. 126). Das ist ein (meist Glas-) Gefäß *W*, in dem zwei Platinelektroden in bestimmter Lage und bestimmtem Abstand befestigt sind. Um Polarisation durch Elektrolysenprodukte möglichst zu umgehen, muß man die Oberfläche der Elektroden recht groß machen.

Denn dann verteilt sich die Menge der durch gleichen Elektrizitätsdurchgang erzeugten Produkte auf eine größere Fläche und hat somit an der gegebenen Fläche geringere Konzentration. Man erreicht die Vergrößerung am besten durch elektrolytisches Platinieren der Elektroden mit Platinmohr.

Um in einem gegebenen Gefäß die Leitfähigkeit eines Stoffs zu messen, muß man die Leitfähigkeitskapazität des Gefäßes kennen. Diese Größe läßt sich auffassen als die Leitfähigkeit, die in dem gegebenen Gefäß eine Flüssigkeit vom spezifischen Leitvermögen 1 zeigen würde. Man bestimmt sie, indem man die absolute Leitfähigkeit einer Flüssigkeit genau bekannten spezifischen Leitvermögens bei bekannter Temperatur in dem Gefäß mittels der Brückenkombination mißt, womöglich bei gleicher Temperatur und Füllhöhe, wie bei den späteren Messungen mit dem Gefäß. Ist die spezifische Leitfähigkeit der Flüssigkeit, die man aus Tabellen entnimmt, gleich $\varkappa$ und die gemessene gleich l, so wird entsprechend der Definition der Leitfähigkeitskapazität C:

$$C = \frac{l}{\varkappa}. \qquad (134)$$

Die Leitfähigkeitskapazität ist eine Apparatkonstante, eine Eigenschaft des betreffenden Leitfähigkeitsgefäßes.

Danach reinigt man das Leitfähigkeitsgefäß sorgfältig und beschickt es mit der Flüssigkeit, deren Leitvermögen bestimmt werden soll. Ist diese kein Gemisch, also keine Lösung, sondern eine einheitliche, elektrolytisch leitende Flüssigkeit, so pflegt sie sehr schlecht zu leiten. Ihr Leitvermögen wird dann außerordentlich erhöht durch sehr geringe Zusätze fremder Stoffe. Deshalb muß man einheitliche Flüssigkeiten, deren Leitvermögen gemessen werden soll, außerordentlich sorgfältig reinigen, bevor man die Messung durchführt. Es geht also derartigen Messungen eine Reindarstellung der Flüssigkeit im allgemeinen voraus. Dasselbe empfiehlt sich, wenn man die Leitfähigkeit von Lösungen messen will. Denn hier darf man mit einer additiven Zusammensetzung des beobachteten Leitvermögens aus dem des gelösten Elektrolyten und dem des reinen Lösungsmittels rechnen. Leitet also die Lösung noch verhältnismäßig wenig, so muß man wegen der Leitfähigkeit des Lösungsmittels einen prozentual hohen Betrag abziehen, um zu dem Leitvermögen des gelösten Elektrolyten zu kommen. Diesen abzuziehenden Betrag aber erfährt man genau nur durch vorherige Messung und man ist auch nur so sicher, daß man nur mit den Leitvermögen des reinen Lösungsmittels und des zu untersuchenden gelösten Stoffs zu tun hat und nicht noch mit unbekannten Verunreinigungen. Man ist also nur so der Definiertheit des Materials sicher.

Man wird bei sehr schlecht leitenden Lösungsmitteln ihre Leitfähigkeitsmessung vor die Messung der Leitfähigkeitskapazität verlegen.

Denn sonst verliert man mit dem Herauswaschen der Eichflüssigkeit aus den Platinblechen sehr viel Zeit oder läuft Gefahr, daß sie in das reine Lösungsmittel in Spuren hereinkommt.

Die Berechnung der spezifischen Leitfähigkeit $\varkappa$ erfolgt dann laut Definition nach:

$$\varkappa = \frac{1}{WC}, \tag{135}$$

worin W der gemessene, d. h. aus der Brückenmessung abgeleitete Widerstand ist.

Es ist klar, daß man sich für Flüssigkeiten sehr verschiedener spezifischer Leitfähigkeit auch Leitfähigkeitsgefäße wählt von sehr verschiedener Leitfähigkeitskapazität.

Aus dem Besprochenen ergibt sich, daß man den Zerfallsgrad einer reinen Flüssigkeit nicht ohne weitere Angaben aus der Leitfähigkeitsbestimmung der Flüssigkeit berechnen kann (s. weiter unten: Wanderungsgeschwindigkeit).

Zubehör. Apparate vom vorigen Versuch, dazu ein Leitfähigkeitsgefäß. Platinierungsflüssigkeit (+ Blei) (vorrätig). Leitfähigkeitswasser (vorrätig). Halter für Leitfähigkeitsgefäß. Zwei Akkumulatoren. Stativ mit Klammer. Becher. Verd. Salzsäure. Platindraht. Drähte. Thermostat. Quecksilberfläschchen. Manganindraht, 0,3 mm Dicke. Telephon. Antiphon. Induktorium mit Filzplatte. Ausdämpfapparat. Ein Literkolben aus Jenaer Glas. KCl-Meßkolben, 200 ccm Inhalt. Amalgamierflüssigkeit (vorrätig). Rheostat bis 5000 Ω.

Ausführung. Sie zerfällt in drei (bzw. bei Fehlen von Leitfähigkeitswasser vier) Abschnitte:

Platinieren der Elektroden,
(Herstellung von Leitfähigkeitswasser),
Messen der Leitfähigkeit reinen Wassers,
Messen der Leitfähigkeitskapazität.

1. Man platiniert die mit Chromatgemisch, HNO_3 oder Natronlauge gereinigten und gut ausgewaschenen Elektroden elektrolytisch mit Lummer-Kurlbaumscher Platinierungsflüssigkeit (vorrätig, 1 $PtCl_4$ auf 30 H_2O und 0,008 Pb-Azetat) und zwei Akkumulatoren ohne Vorschaltwiderstand, jede Elektrode 1 Minute lang, im Leitfähigkeitsgefäß, das schräg, um die Gasblasen entweichen zu lassen, in ein Stativ gespannt wird. Nach einer Minute vertauscht man die Zuleitungsdrähte. Waren die Elektroden noch blank, so wird 5—10 Minuten, aber jede Elektrode gleich lange, platiniert. Die Platinierungsflüssigkeit kann wieder verwendet werden. Man hängt dann die Elektroden kurz geschlossen in einen Becher mit verdünnter Salzsäure, stellt ihnen einen Platindraht als Anode gegenüber und elektrolysiert mit 2 Volt etwa eine Viertelstunde, um Platinreste, die adsorbiert sind, zu reduzieren. Dann wässert man die Elektroden in oft gewechseltem, warmem, destilliertem Wasser aus. In der Zwischenzeit baut man den Leitfähigkeitsapparat auf (und stellt nötigenfalls Leitfähigkeitswasser her). (Abb. 127).

2. Herstellung von Leitfähigkeitswasser. Ausreichend reines Wasser für Leitfähigkeitsbestimmungen in wäßrigen Lösungen erhält man durch Destillation ammoniakfreien Wassers über Ätzbaryt, wobei der Vorlauf verworfen wird, der Kühler aus Quarz und die Vorlage aus ausgedämpftem Jenaer Glas oder aus paraffiniertem Glas oder gleich-

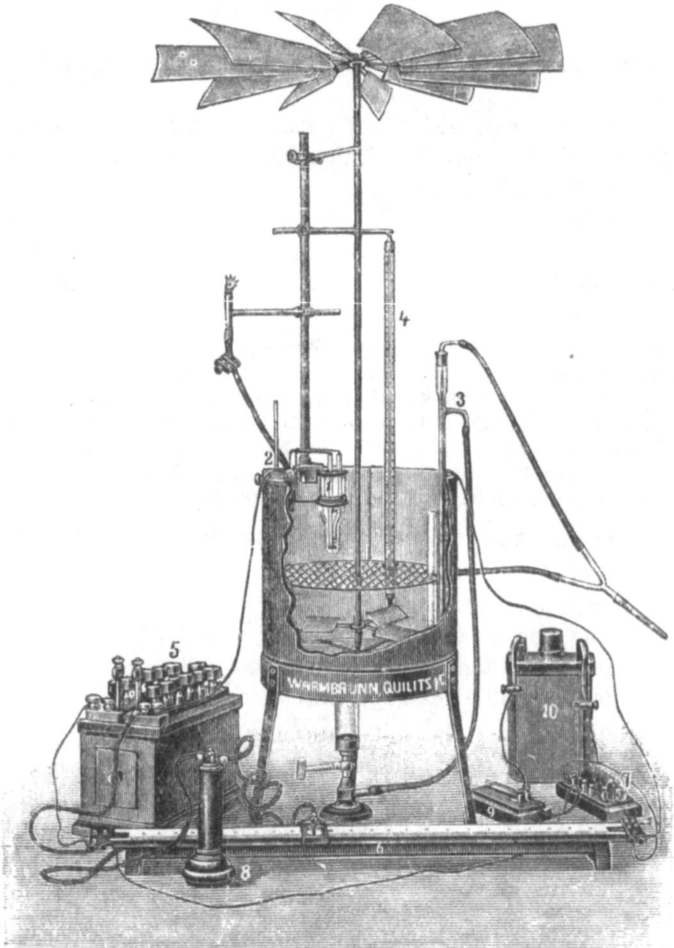

Abb. 127. Leitfähigkeitsmessung mit Wheatstonescher Brücke.

falls aus Quarz besteht, Wiederholung der Destillation ohne Ätzbaryt und Durchlüftung in dem Gefäß, aus dem man das Wasser unmittelbar zum Gebrauch entnimmt. Für die Durchlüftung bewährt sich der Apparat Abb. 128. Er besteht aus einem Jenaer Kolben von 5 Liter Inhalt mit Gummistopfen, Heberrohr zur Wasserentnahme (Quetschhahn), Pumpenanschluß mit Natronkalkröhren und einer vorgeschalteten Reinigungsanlage für die durchzusaugende Luft. Zweitägiges Luftdurchsaugen genügt. Die Leitfähigkeit des Wassers wird dabei leicht auf $1-2 . 10^{-6}$ (rez. Ohm/cm) herabgedrückt und bleibt monatelang so.

3. Bestimmung der Leitfähigkeit reinen Wassers. Man richtet zuerst den Apparat und beginnt dabei mit dem Thermostaten (s. weiter unten: Thermostaten, S. 225ff., s. namentlich S. 240, Nr. 11), den man auf 25° einstellt, indem man bei Erreichung dieser Temperatur das Gaszuleitungsrohr im Thermoregulator eben so hoch zieht, daß seine Mündung z. T. frei ist. Dann beobachtet man den weiteren Gang der

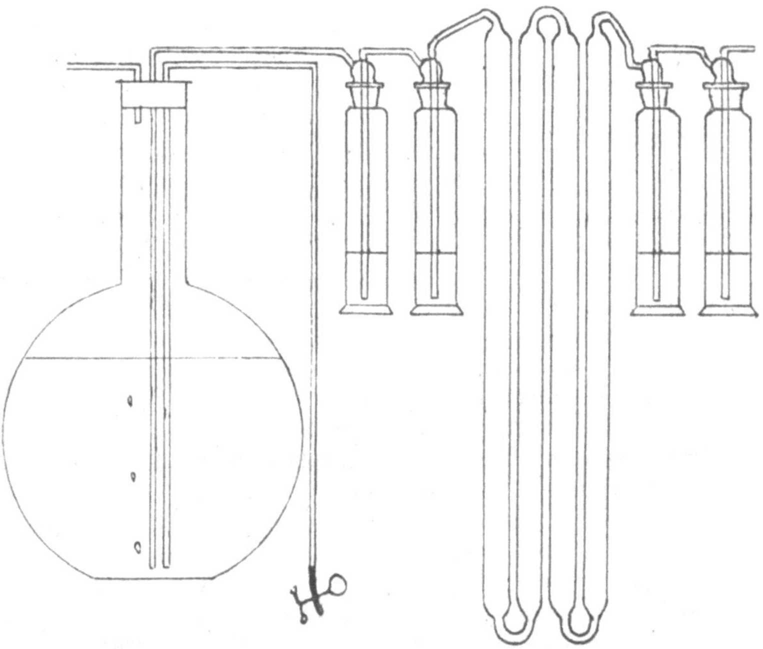

Abb. 128. Apparat zur Durchlüftung von Leitfähigkeitswasser.

Temperatur und reguliert genau allenfalls durch Verstellen der seitlichen Eisenschraube. Man sorge für gute Rührung.

Man setzt das mit Leitfähigkeitswasser etwa 2 cm über die Elektroden gefüllte Leitfähigkeitsgefäß in das Gestell und beide in den Thermostaten. Das Gestell *H* trägt zwei Quecksilbernäpfe, Glasröhrchen in aufgekitteten Korkstückchen. War das Leitfähigkeitsgefäß neu, so muß es unbedingt eine Stunde mindestens mit Wasserdampf ausgedämpft werden (s. Abb. 14, S. 21).

Bei der Schaltung vermeide man alles, was im eigentlichen Meßkreis, also im ganzen Stück vom Induktorium an, Übergangswiderstände erzeugen könnte. Deshalb muß man die Zuleitungsdrähte zu den Quecksilbernäpfen am Leitfähigkeitsgefäß gut amalgamieren (durch Eintauchen in die vorrätige Amalgamierungsflüssigkeit: verd. HNO_3, darunter Hg). Deshalb legt man auch den Stecker, womit man den Strom schließt (Abb. 129), zwischen Akkumulator und Induktorium. Endlich schaltet man deshalb auch etwas anders, als oben beschrieben. Man kann nämlich offenbar wegen der Symmetrie der Anordnung hinsichtlich Telephon und Stromquelle auch beide vertauschen, ohne daß man die Möglichkeit, zu messen, einbüßt. Nur ist dann die Bedeutung von *a*, *b*, *c* und *d* entsprechend ebenfalls zu vertauschen, wie die beiden Figuren (Abb. 120) erkennen lassen. Wenn alle Kontakte gleich gut wären, wären auch beide Schaltungen gleich vorteilhaft. Dies trifft jedoch nicht zu. Denn der Kontakt auf der Brücke wird nie so gut sein, wie die anderen Kontakte sein können, weil er doch nur schleift. Deshalb muß man die Spannung an dieser Kontaktstelle so hoch halten als möglich, und das geschieht nur bei der zweiten Schaltung. Denn hier liegt immer die ganze Spannung des Induktoriums an der Brücke, während bei der ersten um so geringere Spannung daran liegt, je näher man schon der Stelle auf der Brücke gekommen ist, wo das Telephon schweigt. Deshalb wählt man die zweite Schaltung.

Abb. 129. Stecker zum Stromschließen.

Um die Messung nicht durch andere Zusatzwiderstände unbekannten Betrags zu trüben, verwendet man überall dort, wo die Widerstände bei der Rechnung vernachlässigt werden sollen, kurze und dicke Drähte.

Das Induktorium setzt man nur dann in Gang, wenn man es braucht. Sonst schädigt man es leicht und entladet unnötig den Akkumulator. Tönt es zu laut, so schaltet man so viel Manganindraht zwischen es und den Akkumulator, daß es nicht mehr von selbst angeht und man es anknipsen muß. Man setzt es auf eine Filzplatte und deckt es nötigenfalls mit einem Pappkasten zu, um seinen Ton weniger hörbar zu machen. Benutzt man eine Walzenbrücke, so stelle man ihre Achse senkrecht zu der des Induktoriums, um magnetische Störungen zu umgehen.

Das Telephon drückt man mit der einen Hand fest ans Ohr, während die andere Hand den Kontakt auf der Brücke verschiebt. Das andere Ohr verschließt man nicht mit Watte, da dies nicht viel hilft, sondern mit einem Holz- oder Glaskügelchen, dem Antiphon.

Zu Beginn der Übung setzt man einen ausgedämpften Literkolben mit 1 Liter Leitfähigkeitswasser in den Thermostaten und wärmt ihn so vor.

Man schaltet anfangs im Rheostaten 1000 Ohm ein, füllt etwa 20 ccm Wasser ins Leitfähigkeitsgefäß, gibt Strom und bestimmt auf der Brücke die Stelle, wo das Telephon schweigt, oder wenigstens ein Minimum zeigt. Bei so schlechten Leitern wie Wasser ist das Minimum leicht unscharf, denn hier können sich statische elektrische Ladungen in den Widerstandsrollen des Rheostaten und an den Gefäßwänden ausbilden, also elektrostatische Kapazitäten. Die an den Gefäßwänden lassen sich verringern, wenn die äußere Gefäßwand trocken ist oder als Thermostatenflüssigkeit etwa Öl oder Erdöl dient. Häufig genügt auch Parallelschaltung eines Plattenkondensators zum Rheostaten. D. h. man legt zwei durch gut paraffiniertes Papier getrennte Kupferplatten aufeinander und verbindet jede mit einer Klemme des Rheostaten. Variiert man den Betrag der Überdeckung der Platten, so kann man leicht eine Stellung finden, bei der das Minimum auf der Brücke scharf wird. Bei guten Leitern kann das Minimum auch unscharf werden, aber bei diesen rührt das dann von Polarisation und muß durch große Elektroden und gute Platinierung, auch größeren Elektrodenabstand beseitigt werden.

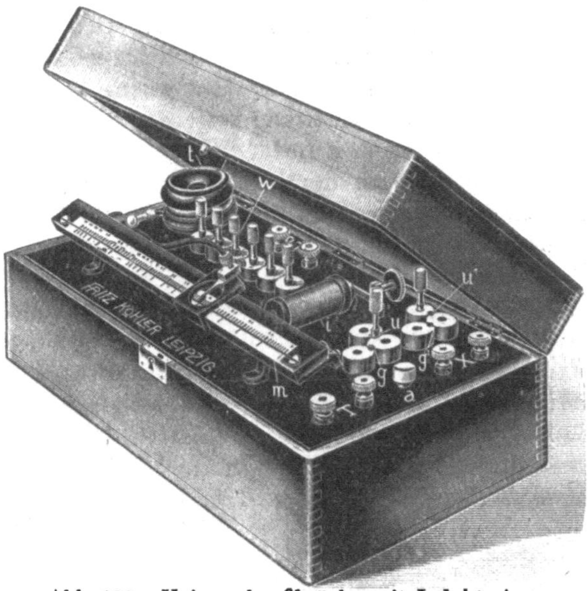

Abb. 130. **Universalmeßbrücke mit Induktorium, Telephon und Rheostat in Kasten vereinigt.**

Man schiebt den Kontakt auf der Brücke hin und her und stellt ihn auf die Mitte zwischen gleicher Stärke des Geräuschs ein. Das geht am leichtesten, wenn man die Verschiebung taktmäßig vornimmt. Man liest auf 0,5 mm genau ab. Man rührt durch vorsichtiges Auf- und Abbewegen der Elektroden vorsichtig um und liest nach 2 Minuten von neuem ab. Man findet dann eine Zunahme der Leitfähigkeit, weil noch Salze aus dem Platinmohr heraustreten. Man erneuert das Wasser, wiederholt das Verfahren, und setzt dies so lange fort, bis drei aufeinanderfolgende Portionen des Wassers keinen Unterschied mehr ergeben innerhalb je 5 Minuten Meßzeit. Länger als 10—15 Minuten soll man mit derselben Wassermenge nicht messen, weil sie CO_2 aufnimmt und dadurch die Leitfähigkeit in längeren Zeiten immer wachsen muß. Man hat im allgemeinen vier- bis achtmal das Wasser zu wechseln.

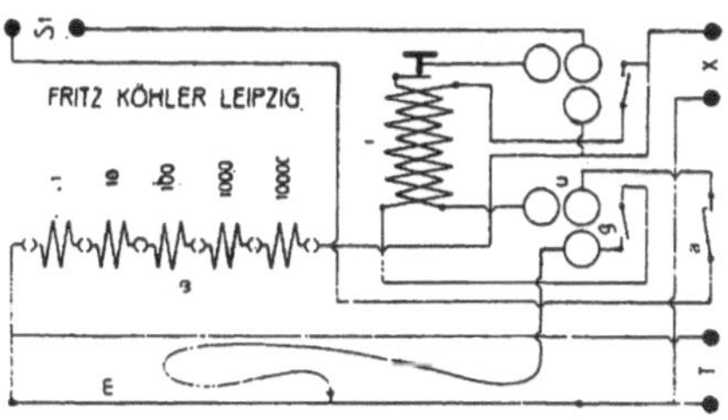

Abb. 131.

Man schreibe die identischen oder nahe identischen letzten Ablesungen alle auf und verschiebe die Berechnung bis nach der Messung der Leitfähigkeitskapazität.

Man kann die nötigen Apparate auch alle so vereinigen, daß man die gemessenen Widerstände unmittelbar in Ohm ablesen kann. Das zeigt die so entstehende Universalmeßbrücke (Abb. 130 u. 131), die alles außer dem Galvanometer enthält, das natürlich, wie oben, nur Nullinstrument ist. Für Elektrolyte dient das Telephon *t*, woneben man das Kügelchen des Antiphons (zum Verstopfen des unbeschäftigten Ohrs) sieht. An *X* schließt man den zu messenden Widerstand, an *S* die Stromquelle. *i* ist das ausschaltbare Induktorium. *m* ist der Meßdraht, *a* der Taster. Der Meßbereich umfaßt alle praktischen Anwendungen. Die Schaltung zeigt das Schema.

5. Messung der Leitfähigkeitskapazität.

Man stellt sich durch Abwägen eine genau 0,02-n. KCl-Lösung in Leitfähigkeitswasser bei Zimmertemperatur her. Ihr spezifisches Leitvermögen $\varkappa$ ist bei 25° 0,002768. Man wärmt einen kleinen Vorrat im Thermostaten etwa 5 Minuten lang vor und spült damit das Leitfähigkeitsgefäß unter Eintauchen der Elektroden mehrmals aus. Dann füllt man es ungefähr so weit, wie es bei der Messung mit Wasser gefüllt war und beginnt die Messung. Sie wird um so genauer, je näher der Mitte der Kontakt auf der Brücke das Telephon zum Schweigen bringt. Denn je länger die zu messende Strecke ist, desto prozentual genauer kann man ihren Betrag messen. In Rücksicht darauf wählt man die Widerstandsverhältnisse auf der Brücke. Man stellt mit der ersten Füllung je dreimal unabhängig ein, stöpselt einen anderen Widerstand, stellt wieder je dreimal unabhängig ein, stöpselt endlich einen dritten Widerstand und macht wieder drei Einstellungen. Dies wiederholt man mit zwei anderen Füllungen, so daß man im ganzen mit neun verschiedenen Widerständen arbeitet. Zuletzt spült man Elektroden und Leitfähigkeitsgefäß gründlich ab, zuerst mit destilliertem, zuletzt mit Leitfähigkeitswasser, und bewahrt die Elektroden in dem mit Leitfähigkeitswasser gefüllten Leitfähigkeitsgefäß auf.

Man berechnet die Leitfähigkeitskapazität und muß Werte für sie finden, die auf etwa 2 Promille übereinstimmen. Verschiedene Präparate derselben Lösung von verschiedenen Beobachtern mit verschiedenen Instrumenten gemessen müssen auf 5 Promille übereinstimmende Zahlen geben.

Man gibt an: Nummer des Gefäßes, die drei Ablesungen auf der Brücke, die drei gestöpselten Widerstände und die drei daraus abgeleiteten Zahlwerte der Leitfähigkeitskapazität. Ferner das aus ihnen berechnete Mittel, die Temperatur und Konzentration der benutzten KCl-Lösung.

Man berechne die spezifische und Äquivalentleitfähigkeit des vorher benutzten Leitfähigkeitswassers.

6. Messung der molekularen Leitfähigkeit λ einer Säure und ihrer Basizität.

Besprechung. Im Prinzip erfolgt die Messung genau wie unter Nr. 4. Nur eine Korrektion ist zu merken, die sich auf die Eigenleitfähigkeit des Wassers bezieht. Nach dem Massenwirkungsgesetz bleibt die letztere fast unverändert, wenn man ein Salz im Wasser auflöst, das keine Ionen abspaltet, die identisch sind mit denen, die sich aus Wasser abspalten. Genau genommen, ändert sie sich übrigens auch ein wenig, weil die elektrolytische Dissoziation auch durch fremdionige Stoffe verändert wird. Denn zu einem kleinen Betrag findet doppelte Umsetzung statt, indem sich aus dem Salz Säure und Basis bilden, und das verkleinert naturgemäß die Konzentration des Wassers. Doch ist diese Wirkung hier unterhalb der Nachweisbarkeit. Löst man jedoch eine Säure (oder eine Basis) in Wasser auf, so wird die Dissoziation des Wassers verkleinert, denn das Wasserstoffion hat jetzt eine so viel größere Konzentration, daß das Gleichgewicht in diesem Sinn verschoben sein muß. Es erweist sich bei Leitfähigkeitsmessungen organischer Säuren, die ja schwach dissoziiert sind, bei den üblichen Konzentrationen als genau genug, wenn man eine Herabsetzung der Eigenleitfähigkeit des Wassers auf die Hälfte annimmt und demgemäß nur den halben Betrag der für Wasser gefundenen Leitfähigkeit von der Leitfähigkeit der Lösung abzieht, um zu der Leitfähigkeit des Elektrolyten zu kommen, der darin aufgelöst ist.

Zubehör. Apparate von Messung 2. Eine Aufnahmepipette, 10 ccm Inhalt. Eine Ausflußpipette, 10 ccm Inhalt. Filtrierpapier. Natriumhydroxyd pro analysi. Meßkolben, 300 ccm Inhalt. Meßkolben, 1 Liter Inhalt. Phenolphtalein. n. Salzsäure (vorrätig). Eine organische Säure (wird ausgegeben).

Ausführung. Man bestimmt zuerst die Leitfähigkeit der Säure selbst, dann die des Natriumsalzes.

Man löst (1 Mol der Säure in 16 Liter Wasser) die Säure im Einliterkolben in Leitfähigkeitswasser, muß aber diese Lösung in den darauffolgenden 6—10 Stunden zur Messung benutzen, sonst verdirbt oder schimmelt sie. Man trocknet Leitfähigkeitsgefäß und Elektroden, indem man letztere in geneigter Stellung an der Seitenkante mit Filtrierpapier abtupft, ersteres zum Trocknen auf einen Glasstab hängt, nach Abtupfen der anhängenden Tropfen. Man darf die Flächen der Elektroden nach der Bestimmung der Leitfähigkeitskapazität nicht mehr berühren, sonst ändert sich ihre Kapazität (Abb. 132).

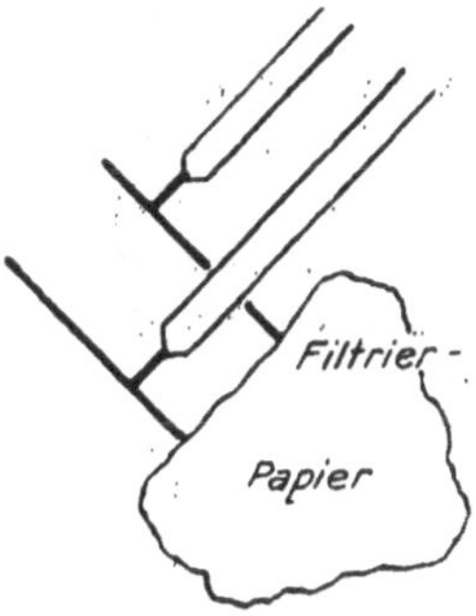

Abb. 132. Abtrocknen von Leitfähigkeitselektroden.

Man schiebt ferner über die Schnäbel der beiden sorgfältigst gereinigten Pipetten enge kleine Schlauchendchen, allenfalls von Druckschlauch, die so dick sein müssen, daß sie durch das Loch im Deckel des Leitfähigkeitsgefäßes nicht hindurchgehen. Man läßt den Pipettenschnabel nur so weit aus ihnen vorstehen, daß er beim Aufsitzen des Schlauchendchens auf dem Deckel keinesfalls die Fläche einer Elektrode berührt (Grund s. oben). Inzwischen hat man die Säurelösung im Thermostaten vorgewärmt und füllt mit der Ausflußpipette genau 20 ccm der Lösung ins trockene Leitfähigkeitsgefäß, setzt die trockenen Elektroden ein und das Ganze in den Thermostaten, bis seine Temperatur sicher wieder genau erreicht ist. Dann mißt man mit drei verschiedenen Widerständen und durch je drei unabhängige Ablesungen den Widerstand. Inzwischen stand die Aufnahmepipette mindestens 5 Minuten senkrecht mit dem Schnabel auf reinem Fließpapier, so daß sie (wenn vorher fettfrei) als trocken angesehen werden darf. Ferner ist inzwischen in einem ausgedämpften Jenaer Einliterkolben enthaltenes Leitfähigkeitswasser vorgewärmt worden. Man zieht jetzt genau 10 ccm mit der Aufnahmepipette aus dem Leitfähigkeitsgefäß heraus und füllt statt dessen genau 10 ccm Wasser mit der Ausflußpipette ein. So erhält man die Verdünnung 32 (Liter/Mol). Man rührt durch vorsichtiges Auf- und Abbewegen der Elektroden gut um, wartet 3—5 Minuten und mißt wieder mit drei Widerständen je dreimal die Leitfähigkeit. So fährt man fort bis zum Volum 1024. War die Säure zu wenig löslich, so beginnt man schon mit einer größeren Verdünnung, doch aus Gründen der Einfachheit immer mit einem Multiplum von 16.

Man berechnet mit Hilfe der Leitfähigkeitskapazität die spezifische Leitfähigkeit $\varkappa$ für alle Verdünnungen, bei denen gemessen wurde, und subtrahiert von jeder so gefundenen Zahl die Hälfte der spezifischen Leitfähigkeit des Wassers. In den Versuchsbericht trägt man unter Angabe der Korrektion auch die so korrigierten Werte ein und nur sie dienen zur Berechnung des Zerfallsgrads.

Man berechnet für jede einzelne Verdünnung das molekulare und das Äquivalentleitvermögen λ_v. Dann macht man Gebrauch von einer von Ostwald aufgefundenen Regel, wonach das Äquivalentleitvermögen für unendliche Verdünnung λ_∞ bei organischen Säuren mit über 12 Atomen nur noch von der Atomzahl abhängt, und entnimmt seinen Zahlwert aus folgender Tabelle, die die Äquivalentleitvermögen für $v = \infty$ und $t = 25^0$ enthält.

11 Atome	377	15 Atome	373
12 „	376	16 „	373
13 „	375	17 „	372
14 „	374	18 „	371

Es werden im Praktikum nur Säuren mit 11—17 Atomen verwendet, und die Atomzahl wird dem Praktikanten angegeben. Die angegebenen Zahlen steigen pro Grad um 1,5 Prozent, was man bei Messung bei anderen Temperaturen berücksichtigen muß. Messungen bei sehr hohen Verdünnungen sind meist nicht möglich, einmal, weil die Genauigkeit dann nicht ausreicht, und andererseits erfolgt bei sehr hohen Verdünnungen häufig eine Verdrängung der Zerfallsreaktion, die sich bei geringerer Verdünnung abspielte, durch eine andere. Z. B. es tritt an Stelle eines binären ein ternärer Zerfall auf. Dann erführe man über die Leitfähigkeit bei vollständigem binärem Zerfall und Fehlen des ternären nichts aus der Messung, auch wenn sie möglich wäre.

Andere Wege als der obige, rein empirische, sind zu beschreiten, wenn es sich nicht um organische, hochmolekulare Säuren handelt. Man kommt dann ohne Geschwindigkeitsmessungen nicht aus (s. weiter unten) und bedarf der Kenntnis der Wanderungsgeschwindigkeit der Ionen. (Siehe Übung 7.)

Kennt man so das Äquivalentleitvermögen λ_∞ bei unendlicher Verdünnung, so berechnet man die Dissoziationsgrade in Prozent bei den angewandten Konzentrationen aus der Gleichung:

$$\alpha = \frac{\lambda_v}{\lambda_\infty} \tag{136}$$

zu 100 α.

Dann wird das Massenwirkungsgesetz angewendet und die Dissoziationskonstante berechnet. Man findet bei binärer Dissoziation:

$$K = \frac{\alpha^2}{(1-\alpha)v}.$$

Darin pflegt man v in Liter/Mol zu rechnen. Man gibt den hundertfachen Betrag von K an, um handliche Zahlen zu erhalten, sowohl die Einzelwerte, als gesondert das Mittel daraus. Die Dissoziationskonstante (Affinitätskonstante) muß sich als innerhalb einiger Prozent identisch erweisen bei den verschiedenen Konzentrationen. Man überlege, welchen Einfluß ternärer Zerfall auf den Zahlenbetrag des Äquivalentleitvermögens und der Dissoziationskonstante haben muß, wenn man so gerechnet hat, als ob kein ternärer Zerfall erfolgte.

Die spezifische Leitfähigkeit des benutzten Wassers fügt man dem Versuchsbericht bei.

Damit ist die Bestimmung der Stärke der Säure in dem Lösungsmittel (hier Wasser) abgeschlossen und man geht zu der der Basizität über.

Man muß dazu eine $^1/_{32}$ äquivalente Lösung des Natriumsalzes herstellen aus $^1/_{32}$ äquivalenter Natronlauge und fester Säure. Man stellt zuerst eine rund $^1/_{30}$ äquivalente Lösung von reinem NaOH her und titriert sie mit $^1/_{30}$ Salzsäure, die man durch Auffüllen von 10 ccm n. Salzsäure auf 300 ccm erhalten hat. Indikator Phenolphtalein. Dann setzt man aus einer ausgedämpften Bürette so viel Leitfähigkeitswasser zu, bis die Lösung genau $^1/_{32}$ äquivalent ist. Diese Lösung (etwa 100 ccm) wird mit fester Säure unter Zusatz eines kleinen Tropfens Phenolphtalein genau neutralisiert. Man läßt die feste Säure, die in kleinen Mengen eingetragen wird, sich stets vollkommen auflösen, ehe man neue zugibt. Ist die Lösung eben entfärbt, so gibt man eine Spur $^1/_{32}$ äquivalente Lauge zu, bis gerade wieder Rötung eintritt, und nimmt diese durch eine winzige Spur (etwa einen halben Stecknadelkopf groß) Säure wieder weg. Alle diese Arbeiten muß man schnell vornehmen und die Lauge vor CO_2 geschützt aufbewahren.

Inzwischen hat man das Leitfähigkeitsgefäß getrocknet und die Elektroden, ferner die Ausfluß- und die Aufnahmepipette. Man wärmt die Salzlösung auf 25° vor, füllt genau 20 ccm ins Leitfähigkeitsgefäß und mißt dann bei den Verdünnungen 32, 256, 1024, die man sich in der oben beschriebenen Weise herstellt. Dann reinigt man das Leitfähigkeitsgefäß und die Elektroden, wie beschrieben, und berechnet für die drei Verdünnungen die spezifische und die Äquivalentleitfähigkeit, wobei man, wie gleichfalls schon bemerkt, die Korrektion für die Eigenleitfähigkeit des Wassers nicht halbiert. Dann wendet man die Ostwaldsche empirische Regel über die Basizität an (s. S. 207).

Die Leitfähigkeitsmessungen spielen in der Biologie eine erhebliche Rolle zur Bestimmung von „Gesamtkonzentrationen“. Denn die Konzentration bestimmter Ionen in den physiologischen Flüssigkeiten erhält man im allgemeinen mit dieser Methode nicht, weil Gemische verschiedener Ionen darin vorliegen. Für den Gesamtcharakter von Quell-, See- oder Meerwässern kann die Leitfähigkeit gleichfalls in Betracht kommen.

7. Berechnung der Dissoziationskonstante von Elektrolyten aus osmotischen Messungen.

Besprechung. Da man aus osmotischen Messungen (osmotischer Druck oder unter Beiziehung des zweiten Hauptsatzes der Thermodynamik Gefrierpunktserniedrigung, weniger genau Siedepunktserhöhung) die Zahl der Moleküle + Ionen erfährt und somit, falls der Ausgangsstoff bekannt ist (z. B. KCl), auch den Betrag seiner Dissoziation so kann man seine Dissoziationskonstante (für Zerfall in Ionen) auch aus jenen Zahlen berechnen.

Zubehör. Die Zahlen von der Messung der Gefrierpunktserniedrigung durch ein Salz in Wasser (Übung 4).

Ausführung. Man berechnet zuerst den Dissoziationsgrad α und daraus nach der angeführten Formel die Konzentrationen der dissoziierten und der nicht dissoziierten Anteile, worauf man das Massenwirkungsgesetz dafür anschreibt und daraus die Dissoziationskonstante erhält. Die osmotische Bestimmung ist wegen der leichteren Kontrollierbarkeit ihrer Anwendbarkeitsbedingungen einwandfreier als die Leitfähigkeitsmethode, und ihre Ergebnisse stimmen mit denen der letzteren zwar oft in weiten Bereichen, aber keineswegs immer überein. Dafür ist die Leitfähigkeitsmethode bequemer und weit empfindlicher. Welche Ursachen die Verschiedenheit der Ergebnisse bedingen, ist z. T. schon bekannt (s. oben), z. T. noch Gegenstand der Forschung.

Versuchstechnik konstanter Temperaturen. Thermostaten.

Für die Untersuchung sämtlicher Aufgaben der chemischen Affinität und man kann fast sagen sämtlicher Fragen der allgemeinen Chemie und der Physik der Materie ist die Möglichkeit, bestimmte Temperaturen zu erzeugen und räumlich wie zeitlich konstant zu halten, außerordentlich wichtig. Deshalb ist hier ein Abschnitt über Thermostaten eingefügt, über die Vorrichtungen zu diesem wichtigen Zweck. Da die biologischen und geologischen Vorgänge im allgemeinen denselben ungeheuren Einfluß der Temperatur erkennen lassen wie die meisten chemischen, so wird damit jedem Naturforscher und Mediziner nützliches Material an die Hand gegeben und die Auswahl unter zahllosen Vorrichtungen erleichtert.

I. Man hat drei Arten von Thermostaten zu unterscheiden:

1. Trägheitsthermostaten. Der Wärmeaustausch mit der Umgebung wird auf ein Minimum beschränkt und nur als Störung angesehen. Solche Thermostaten sind im allgemeinen nur dann benutzbar, wenn die einzutauchende Vorrichtung, deren Temperatur konstant bleiben soll, das „System", Wärme weder erzeugt noch verbraucht, oder beides wenigstens nur in so geringem Betrag, daß die Temperatur des Thermostaten dadurch nicht in störendem Betrag verändert wird. Im Fall das System also Wärmeeffekte hervorbringt, muß seine Wärmekapazität verschwindend klein sein gegen die des Thermostaten. D. h. man muß ihn dann sehr groß machen. Dies ist bei Trägheitsthermostaten ohnehin zu empfehlen, weil die (vorteilhafte) Kapazität angenähert dem Volumen proportional wächst, die (nachteilige) austauschvermittelnde Oberfläche aber nur der Zweidrittelpotenz des Volumens proportional. Trägheitsthermostaten von weniger als 1—2 Liter Volumen sind selten zu brauchen. Die tiefen Temperaturen vor allem sind das Gebiet dieser Apparate. Denn hier ist der Ausgleich der Temperatur gegen außen durch Strahlung nur sehr klein, und man entfernt sich auch bei den tiefsten Temperaturen nur rund 300^0 von der Zimmertemperatur. Endlich kann man hier durch die Weinholdschen Gefäße (Dewargefäße, Vakuumgefäße) den Wärmeaustausch durch Leitung ausgezeichnet vermeiden. Sobald ihre Anwendbarkeit in Frage steht, also bei hohen Temperaturen, denen sie nicht mehr gewachsen sind, muß der Größenmaßstab der Trägheitsthermostaten unverhältnismäßig wachsen, wenn sie Befriedigendes leisten sollen. Hier muß man sie als Panzerthermostaten bauen (s. weiter unten). Unentbehrlich sind die Trägheitsthermostaten dann, wenn innerhalb nicht zu langer Zeiten auch die kleinste Temperaturänderung vermieden werden soll.

2. Regulierthermostaten. Der Wärmeaustausch mit der Umgebung wird zwar herabgesetzt, manchmal auch so weit als möglich. Meist aber wird künstlich von außen Störung der Temperatur herbeigeführt und zwar nach oben und nach unten, und diese beiden Einflüsse mehr oder minder selbsttätig abwechselnd zum Überwiegen gebracht. Die Temperatur dieser Thermostaten wird also künstlich in einer wellenförmigen Bewegung gehalten, so daß sie um die gewünschte Mitteltemperatur regelmäßig und nicht zu langsam schwankt. Ob diese Schwankungen mehrere Grade oder nur weniger als 0,001^0 ausmachen, ist im Prinzip gleichgültig. Sie bewirken nur dann eine gangfreie Konstanz, wenn man für die Störungen sorgt. Solche Thermostaten sind unentbehrlich, wenn das System Wärmeeffekte hervorbringt und seine Wärmekapazität in dieselbe Größenordnung fällt, wie die des Thermostaten. Damit ein solcher Thermostat infolge der Wärmeeffekte nicht inkonstant arbeitet, muß er innerhalb dieser Effekte auch als Trägheitsthermostat wirken und darf deshalb auch nicht zu klein sein. Da die Störungen von seiten der Umgebung, soweit zufällig, oft unregelmäßig sind, und alsdann bei hohen Temperaturen eine sicher wirkende Ausgleichung durch künstliche gegengerichtete Störung nicht zulassen [bei mittleren ebenfalls, wenn man hohe Anforderungen an Konstanz stellt], so schränkt man diese Störungen durch Isolation bei fast allen Temperaturen so sehr ein als möglich. Nur bei Temperaturen, die einige 10^0 über der Zimmertem-

peratur liegen oder ebensoviel darunter (aber sicher immer darüber oder sicher immer darunter), kann man ohne Gefahr auf besondere Isolation verzichten. Auch wegen der Verkleinerung der Temperaturstörung durch Vergrößerung des Thermostaten bei gleicher Isolationsart darf man die Thermostaten nicht zu klein nehmen.

Für große, gangfreie Konstanz bestimmt gewählter Temperaturen bedient man sich der Regulierthermostaten, aber nur dann, wenn Temperaturschwankungen auch außerordentlicher Kleinheit, die innerhalb weniger Minuten auftreten, nicht stören.

3. Gefrierpunktsthermostaten. Sie sind von beschränkter Anwendbarkeit, weil man hier auf wenige und ganz bestimmte Temperaturen angewiesen ist. Bei der außerordentlich geringen Abhängigkeit der Schmelzpunkte reiner Stoffe vom äußeren Druck und dem ziemlich großen Betrag der latenten Schmelzwärme kann man die Schmelztemperatur jedes reinen Stoffs außerordentlich genau konstant halten in einem wohlumgerührten Gefäß, das den Stoff teils flüssig, teils in kleinen, zahlreichen festen Stücken enthält. Der Grundtypus ist der Eisthermostat. In diesen Thermostaten ist die Temperatur höchst vollkommen konstant. Sie kompensieren auch die beträchtlichsten Wärmemengen, die das System zuführt oder entzieht und sind bei geeigneten Eigenschaften des Badstoffs sehr leicht zu bedienen. Da dieser aber ganz rein bleiben muß, damit die hohe Konstanz gewahrt bleibt, so kommt man auch mit ihnen kaum über etwa 100^0 nach oben ohne ganz besondere Ausarbeitung der Verfahren. Für äußerste Präzisionsverfahren wird sich solche Ausarbeitung lohnen, aber viel Zeit brauchen.

Praktisch kommt heute fast nie ein Thermostat dieser Klasse in Anwendung, außer dem vielbenutzten Eisthermostaten. Auch er soll nicht zu klein sein und gut isoliert.

II. Nach der experimentellen Umständlichkeit unterscheidet man zweckmäßig drei andere Klassen. Ihre Besprechung wird die Auswahl für gegebene Fälle weiter erleichtern.

1. Thermostaten ohne Rührer. Sie dürfen, wenn Regulierthermostaten, keinesfalls eine Flüssigkeit enthalten als Bad für das System (ausgenommen Quecksilber oder andere Metalle beim Panzer-Gasthermostaten, s. weiter unten). Denn eine nicht umgerührte Flüssigkeit, deren Temperaturträgheit an sich nicht groß genug ist, ordnet sich in Schichten verschiedener Temperatur. Bei guten Trägheitsthermostaten geringer Höhe schadet diese Schichtung nichts. Insbesondere dann, wenn das System ein Gas ist, also ohnehin in sich die Wärme schnell verteilt, und dann, wenn das System in ein dickwandiges, gut wärmeleitendes (z. B. Metall-) Gefäß eingeschlossen ist. Denn dieses verwischt dann die Temperaturunterschiede lokal.

Gute Thermostaten ohne Rührer können im übrigen die Luftbäder aller Art sein, aber sie sind es sehr selten. Auch dann selten, wenn das System keine Wärmeeffekte erzeugt. Denn die Gefahr freier Schichtung ist hier immer vorhanden und führt zu einer Zunahme der Temperatur mit der Höhe im Thermostat. Deshalb legt man in den Röhrenöfen (s. elektrische Öfen) den Heizraum tunlichst horizontal und gibt ihm einen geringen Querschnitt, womit er freilich für viele Zwecke unbrauchbar wird. Bei den hohen Glühtemperaturen gleicht die starke Strahlung einen großen Teil dieser Fehler ausreichend aus. Man macht sie noch kleiner, indem man durch guten Abschluß an den Seiten die eingeschlossene Luft tunlichst an Bewegung oder gar am Entweichen nach außen hindert. Gute Luftbäder müssen mehrfache Wände haben aus Wärme gut leitendem Material, dazwischen Füllungen aus schlechtleitendem, das die Luft am Zirkulieren hindert, z. B. Wolle, Asbestwolle, Magnesia. Die Verwischung muß also vor allem angestrebt werden.

Siedebäder (geeignete Flüssigkeiten s. Tabelle XII) sind als umgerührte Flüssigkeitsbäder aufzufassen, wenn das System in die Flüssigkeit eintaucht, als umgerührte, sehr sichere, aber nicht sehr genaue Luftbäder, wenn das System im Dampfraum liegt. Sicher arbeiten sie, weil Überhitzung bei einigermaßen verständiger Anordnung der Heizung sicher vermieden, Unterkühlung durch die große Kondensationswärme verhütet wird. Ungenau sind sie, wenn man, wie meistens, keinen Manostaten mit ihnen verbindet, sondern die Bäder offen an der Luft sieden läßt, sie also dem wechselnden Luftdruck aussetzt. Er beeinflußt den Siedepunkt recht merklich, schon innerhalb mehrerer Zehntelgrade in den meisten Fällen. Für mäßige Ansprüche an Konstanz und wenn man sich den immerhin nicht frei wählbaren Temperaturen anpassen will, genügen sie und sind bequem und schnell aufgebaut. Jede Temperatur zwischen etwa 30° und 250° erhält man durch Verbindung mit den immerhin umständlichen Manostaten. Oberhalb 130° siedende Stoffe pflegen sich übrigens nach kurzem so sehr zu verunreinigen, daß die Konstanz und mehr noch die Sauberkeit der Arbeit so sehr leidet, daß dann das Siedeverfahren wenig befriedigt. Rein bleibende Stoffe, wie Schwefel, sind aber für Konstanz auf kurze Zeiten recht brauchbar. Verbindung mit Manostat lohnt sich hier noch nicht.

Thermostaten aus gutleitenden Metallblöcken sind als Luftbäder oder Metallbäder mit ausgezeichneter Verwischung aufzufassen. Eisen, Aluminium, Kupfer, Silber sind in dieser Reihenfolge in steigendem Maß geeignet (vgl. Preglsche Analysenmethode). Durch Zwischenfüllung von Metallpulver (Ag, Cu, in dicker Schicht Eisenfeilspäne) verbessert man die Wärmeübertragung und verringert die Luftzirkulation. Zwischenfüllung dicker Schicht und Benutzung sehr großer Metallmengen leitet zu den Panzerthermostaten über, vollends, wenn man die Heizung dieser Masse abermals mit dickem Metall umgibt. Für hohe Temperaturen und große Konstanz bei lokaler Gleichförmigkeit der Temperatur ist dies Prinzip ausgezeichnet. Insbesondere in denjenigen Gebieten, wo die Strahlung noch nicht ausreichend mithilft (200 bis 900°). Überall sonst ist es zur Erzielung höchster Präzision zu brauchen.

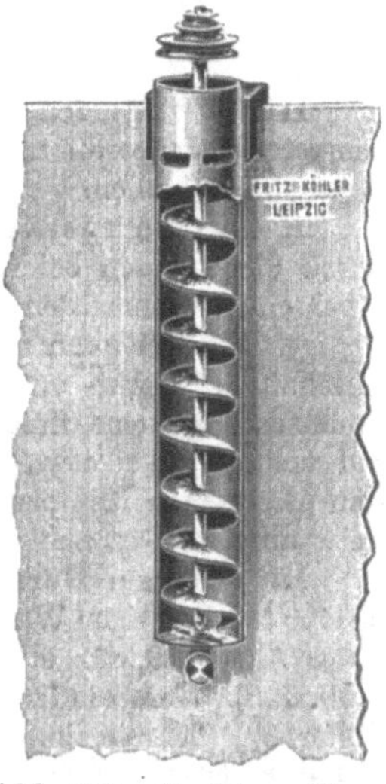

Abb. 133. Turbinenrührer.

2. Thermostaten mit Rührer. Herauf bis 0° pflegt man mit der Rührung durch Gasblasen roh auszukommen. Auch darüber ist sie brauchbar. Zur Ausgleichung örtlicher Temperaturunterschiede bei Zimmertemperatur wird sie überall benutzt (vgl. Wassermantel der Gasbüretten). Für exakte Regulierthermostaten sind starke Rührer geradezu die Hauptsache. Es genügt, zwei Rührerarten zu besprechen. Die erste läßt sich befriedigend nur bei Zimmertemperatur benutzen, hat den Vorzug, keines besonderen Motors zu bedürfen (Abb. 127). Eine senkrechte, sehr leichte und leicht drehbare Achse trägt unten im Thermostaten (meist wassergefüllten Gefäß) Schaufeln und oben über der Flüssigkeit desgleichen. Unter den oberen Schaufeln brennt ein kleines Gasflämmchen und setzt das Reaktionsrad durch seine Wärme in langsame Umdrehung. Für Temperaturen von 25° höchstens genügt dies, z. B. bei Leitfähigkeitsmessungen.

Der wichtigste Rührer ist der Turbinenrührer, ein Rohr von etwa 6 cm Durchmesser, fast so lang, als der Thermostat tief ist, oben mit einer oder mehreren Löcherreihen versehen, durch welche die im Rohr gehobene Flüssigkeit ausfließt. Hebung besorgen eine Schnecke oder Propellerschrauben, die auf einer Stahlachse sitzen und mit ihr in Drehung versetzt werden (Abb. 133) durch das Transmissionsrad von etwa 4 cm Durchmesser und den angeschlossenen kräftigen ($^1/_{16}$ PS.) Elektromotor. Die Führung der Achse soll fest und kräftig sein und gut am Rührerrohr angeschlossen sein. Die

Achse liege gut zentrisch und rotiere so schnell, daß ein Berg von Flüssigkeit den Rührer umgibt. Die ganze Fläche der Thermostatenflüssigkeit soll stark strömen. Man braucht dabei meist kein Vorgelege. Solche Rührer sind bis 400° herauf benutzbar. Aber von etwa 100° aufwärts empfiehlt es sich, die Propellerstücke an die Achse mit Hartlot anzulöten und die Achse nur oben zu lagern, ferner die Lager mit Wasserdurchfluß zu kühlen (s. Abb. 134). Oberhalb 200° ist nur so ein sicherer Gang zu erzielen. Thermostaten von mehr als 10 Liter Inhalt brauchen fast immer zwei Rührer. Dafür genügt noch ein Motor bei guter Ölung der Lager am Rührer. Es ist vorteilhaft, an den Transmissionsriemen — Gummischnüre oder Bindfaden taugen nichts — Spannrädchen (2 cm Durchmesser) anzubringen, die an einem Stativ verstellbar sind. Ferner ist darauf zu sehen, daß der auf das ziehende Rad auflaufende Riemen in der Ebene dieses Rads liegt, sonst gleitet er ab. Das gilt für alle Transmissionen. Endlich hat man bei allen Apparaten, die bewegte Teile enthalten und besser noch auch sonst, die tragenden Stative durch Muffen und Eisenstangen von etwa 10—15 mm Dicke miteinander so starr als möglich zu verbinden. Dies verhütet manchen Bruch und läßt allein sicheren Gang bewegter Teile erzielen, verringert auch die Abnutzung außerordentlich. Anschließen der Stative an Gasrohre oder Wasserleitungsrohre oder Anschluß der plattgehämmerten und gebohrten Enden der Rundeisenstangen an Holzteile der Wand durch Schrauben ist gleichfalls oft nötig. Deshalb ist auch der Träger des Rührers sehr kräftig zu halten und muß so befestigt sein, daß das Rohr des Rührers keiner Bewegung fähig ist.

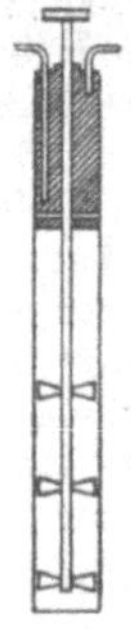

Abb. 134. Rührer mit gekühlter Führung nach Hinck.

III. Im folgenden stellen wir bewährte Thermostaten zusammen nach steigender Temperatur angeordnet. Die Auswahl unter ihnen wird jetzt, nach dem schon Gesagten, leicht fallen.

1. Die Temperatur −253° (siedender H_2) und tiefere Temperaturen. Durch Siedenlassen bei vermindertem Druck kommt man noch tiefer, man schaltet dabei einen Manostaten vor. Meist genügt das rohe Verfahren S. 124, 3b. Den flüssigen H_2 stellt man mittels flüssiger Luft her aus reinem Bombenwasserstoff (Gesellschaft für Markt- und Kühlhallen, Berlin). Man bedarf zur Herstellung eines bestimmten Volumens flüssigen Wasserstoffs etwa desselben Volumens flüssiger Luft und verliert dabei etwa 9 mal so viel Wasserstoff, als man verflüssigt gewinnt, falls man nicht einen Kompressor (z. B. Whiteheadkompressor) benutzt. Doch wird man meist auf letzteres aus verschiedenen Gründen verzichten.

Mit dem von Nernst angegebenen Apparat erhält man pro Stunde etwa 300 bis 400 ccm flüssigen Wasserstoff. Er ist von Gebr. Hoenow, Berlin O. 112, Frankfurter Allee 118, für etwa 250 M. zu erhalten und ist folgendermaßen konstruiert (Abb. 135). Komprimierter Wasserstoff durchströmt das dick gezeichnete, sehr enge, kupferne Druckrohr in einem Bad flüssiger Luft, wird in dem von flüssiger Luft umspülten Messingblechgefäß *c* zu einem Ventil bei *V* geleitet, wo er nahezu auf Atmosphärendruck entspannt wird. Zahlreiche Windungen durchströmend, gibt er auf der Rückkehr ins Freie seine Kälte nach Möglichkeit noch im Innern des Apparats ab. Die verdunstende Luft wird auf dem langen Weg durch *d* zu kühlender Wirkung genötigt, ehe sie ins Freie tritt. Der Raum des 25 mm weiten Neusilberrohrs *B* dient als Versuchsraum. Will man den flüssigen Wasserstoff außerhalb des Apparats benutzen, so setzt man ein doppelwandiges Heberrohr ein (R. Burger Co., Berlin N. 4, Chausseestr. 8, oder E. Gundelach, Gehlberg in Thüringen), das innen durch ein Gazefilter Eindringen fester Luft verhindert, außen mit einem Messingventil verschlossen ist. Drückt man dieses, so treibt der kleine Überdruck (einige Zentimeter

Hg) den flüssigen H_2 heraus, in mit flüssiger Luft gut vorgekühlte Vakuumgefäße. Das Neusilberrohr soll dem verdampfenden H_2 jedenfalls den Durchgang gestatten, darf also nicht mit Kork oder Filz zu dicht abgeschlossen sein. Dann wirkt der Druck des Wasserstoffs stets auf das Manometer, ein offenes U-Rohr mit Hg, so daß man über den Druck im Innern stets orientiert ist. Wächst er zu sehr, so treibt er allenfalls den Kork aus dem Neusilberrohr an der Seite. Der aus den Ventilen austretende H_2 soll mit den wärmeren oberen Metallteilen nicht in Berührung kommen.

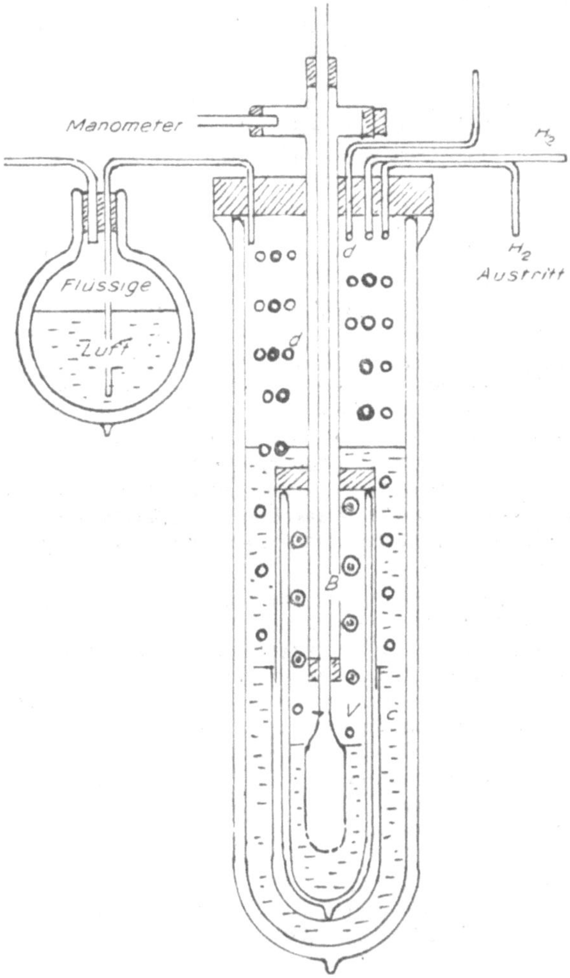

Abb. 135. Wasserstoff-Verflüssiger nach Nernst.

Deshalb muß man die Windungen gegen das innere Vakuumgefäß mit Flanell gut isolieren. Dieses Gefäß wird eingesetzt, indem man die Verschraubung des Messinggefäßes löst. Die zwei von außen regulierbaren Ventile sind angebracht, weil manchmal feste Luft Verstopfungen herbeiführt. Man sucht dies zu vermeiden, indem man vor Benutzung den noch warmen Apparat mit komprimiertem H_2 ausbläst. (Dazu kann man gebrauchte Bomben mit weniger als 70 Atm. Druck verwenden.) Das Gas leite man ins Freie, um den Arbeitsraum nicht unnötig mit Knallgas zu füllen.

Dann beschickt man das äußere Vakuumgefäß mit flüssiger Luft, schiebt es langsam über den Apparat und dichtet mit dem breiten Gummiband ab. Man fügt durch das Loch im Deckel immer so viel flüssige Luft zu, daß das Messinggefäß eben bedeckt bleibt. Man überläßt nun den Apparat sich selbst, bis auch innen die Temperatur der flüssigen Luft herrscht, oder beschleunigt dies durch weiteres Durchschicken von H_2 aus der gebrauchten Bombe. Die Temperatur mißt man durch ein Cu-Konstantan-Thermoelement, das, ins Neusilberrohr eingeführt, den Boden des inneren Vakuumgefäßes berührend, bei der Temperatur flüssiger Luft 6 Millivolt zeigt, bei der flüssigen Wasserstoffs 5,3. Hat man die Temperatur flüssiger Luft im Innern erreicht, so erhöht man den Druck des H_2 auf 150 Atmosphären, worauf nach rund 10 Minuten Verflüssigung beginnt.

Man kommt durch Siedenlassen am Manostaten unter vermindertem Druck (50 mm) bis zu $-259°$. Tiefer kommt man praktisch nur mit flüssigem He, was z. Z. mit hohem Aufwand und Kosten verknüpft ist. Im Kamerlingh-Onnesschen Kältelaboratorium in Leiden wird damit gearbeitet.

Man wird selten genötigt sein, zu diesen tiefen Temperaturen herabzugehen, sofern man sie nicht gerade als Arbeitsgebiet ausgewählt hat. Denn die meisten Vorgänge verlaufen hier äußerst langsam, so daß im wesentlichen nur „physikalische" Änderungen hier übrig zu sein scheinen.

Flüssigkeiten, die kälter sind als feste CO_2, also kälter als $-80°$, z. B. flüssige Luft, lasse man nie plötzlich auf den Rand eines Vakuumgefäßes kommen. Denn fast immer, namentlich bei zylindrischen Gefäßen, explodiert dann das Gefäß infolge Zerspringens. Man lasse die kalte Flüssigkeit zuerst nur in die Mitte des Gefäßes sprühen und schwenke es anfangs mit einer kleinen Menge davon aus. Dann erst fülle man auf. Beim Ausgießen aus einem Vakuumgefäß neige man dieses zuerst langsam, bis ein paar Tropfen über seinen Rand kommen und bringe, ohne es wieder aufzurichten, das andere Gefäß hinzu, worein abgefüllt werden soll. Schutzbrille. Verflüssigte Gase kann man wegen des Leidenfrostphänomens durch ungeklebte, bloß zusammengedrehte Papierkonusse, wie man sie zum Einfüllen von Pulvern benutzt, in Flaschen eingießen.

2. Die Temperatur $-190°$ (siedende Luft) und Temperaturen darunter bis $-210°$. Die Temperatur $-190°$ erhält man auf etwa $0{,}1°$ pro Stunde konstant, wenn man zwei Vakuumgefäße mit flüssiger Luft ineinander setzt und beide oben mit Wolle gut abdichtet. Die Temperatur steigt dann im Innern pro Minute um etwa $0{,}002°$, um so weniger, je größer sein Inhalt (angenommen sind 20 cm Tiefe und 5 cm Durchmesser). Man muß die Temperatur messen, weil sie von dem „Alter", d. h. dem Anreicherungsgrad des O_2 darin, abhängt. Ihre Abhängigkeit vom Atmosphärendruck macht pro 10 mm nur rund $0{,}1°$ aus.

Tiefere Temperaturen bis zu $-210°$ erhält man durch Siedenlassen am Manostaten unter vermindertem Druck, wobei ebenfalls die rohe Anordnung meist genügt (s. oben bei H_2).

3. Temperaturen zwischen $-190°$ und $-150°$. Dieses Intervall ist unbequem zu benutzen. Denn eine geeignete Badflüssigkeit hat man hier nicht, weil die üblichen zu zähe sind, und einen bequemen Siedestoff auch nicht, weil das einzig in Betracht kommende NO giftig und in größeren Mengen lästig ist, zudem seine Reindarstellung recht zeitraubend ist (Einwirkung von Hg auf 5prozentige Lösung von $NaNO_2$ in H_2SO_4). Doch wird es sich lohnen, falls nur kleine Räume auf eine gewünschte Temperatur gebracht werden sollen. Man läßt dann das NO am Rückflußkühler mit Manostat sieden. Ein einfaches Luftbad, mit flüssiger Luft gekühlt, ist natürlich mangelhaft, aber die Panzerblockmethode wird vielfach brauchbar sein, erfordert freilich besondere Ausarbeitung je nach Größe und Gestalt des zu kühlenden Raums.

4. Temperaturen zwischen $-150°$ und $0°$. Hier kommen wir in ein sehr gut zugängliches Intervall. Freilich ist flüssige Luft erforderlich, etwa 2 Liter pro Stunde für Konstanz bei $-150°$ bei einer Badgröße von 3 Liter. Für höhere Tem-

peraturen braucht man entsprechend weniger. Oberhalb -80^0 kann man billiger mit fester CO_2 arbeiten.

Wir behandeln zuerst den Thermostaten für -150^0 bis 0^0 von F. Henning (Abb. 136). Ein Bad von Petroläther (bis -80^0 herauf) oder Alkohol (von -80 bis 0^0) in einem Dewargefäß von mindestens 3 Liter Inhalt wird durch einen konstanten Strom flüssiger Luft auf die passende Temperatur gebracht. Die Kühlung geschieht im Innern des Turbinenrührers *N*, der nur unten eine Propellerschraube enthält, und zur besseren Verwischung der Temperaturen in ein mehrfach gelochtes Porzellanrohr von 27 mm lichter Weite eingeschlossen ist. Er ist also viel enger als sonst üblich. Das ist wegen der Zerbrechlichkeit und des häufigen Springens von Dewargefäßen über 9 cm lichtem Durchmesser zu empfehlen. Über dem Propeller liegt

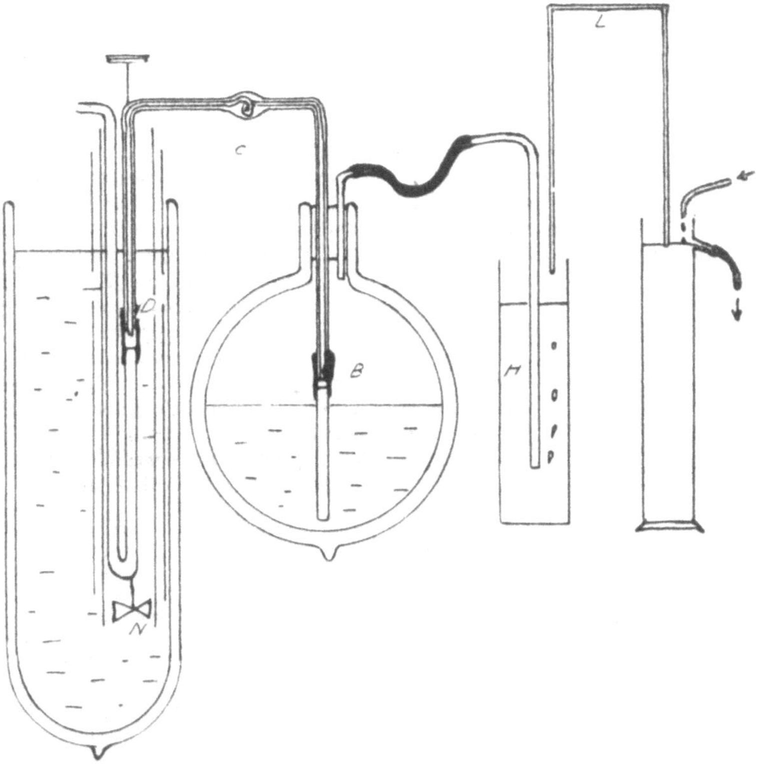

Abb. 136. Thermostat für -150^0 bis 0^0 nach Henning.

im Rührer neben der Achse das Kühlrohr *U*, worin die flüssige Luft verdampft. Sie strömt dann durch ein so langes Rohr in den Arbeitsraum ab, daß sie beim Austreten schon warm ist, so daß die Öffnung des Rohrs nicht vereisen kann. Die flüssige Luft tropft in konstanter Menge aus dem doppelwandigen Vakuumrohrheber *c* bei *D* (Schlauchverbindung) ins Kühlrohr. Der Druck der verdampfenden Luft treibt sie herüber aus der Dewarflasche *B*. Man hält ihn durch die rohe Manostatenform ganz genügend konstant, wenn man durch Eintropfen von Wasser aus dem Kapillarheber *L* den Druck im selben Maß erhöht, als der Spiegel der flüssigen Luft in der Vakuumflasche sinkt. Zum rohen Einstellen der gewünschten Temperatur setzt man *H* tief, so daß viel flüssige Luft eintritt. Hat man die gewünschte Temperatur rund erreicht, so regelt man die Konstanz ungefähr durch Verstellen von *H* und genau durch Einstellen des Kapillarhebers auf eine bestimmte Tropfgeschwindigkeit des Wassers. Der Rührer muß von unten nach oben arbeiten und ist unten durch ein Sieb verschlossen, damit nicht Eisstückchen u. dgl. den Rührer stören oder den Kühlkörper beschädigen können.

Die doppelwandigen Vakuumröhren müssen nach jedesmaliger Benutzung gereinigt und getrocknet werden, sonst vereisen sie beim Versuch.

Dieser vorzügliche Thermostat arbeitet auf 0,01—0,02° genau konstant.

5. Die Temperatur −112° (Schmelzpunkt von CS_2) hält man mehrere Stunden in einem Vakuumgefäß von 20 cm Tiefe und 5 cm Durchmesser konstant, wenn man es zu $^1/_3$ mit reinem CS_2 füllt, flüssige Luft eingießt, bis CS_2 anfängt zu erstarren, und nun aus einem zweiten Vakuumgefäß mit einem Holzlöffel CS_2-Schnee einträgt. Man hat ihn bereitet, indem man in jenen zur Hälfte mit flüssiger Luft gefüllten Vakuumzylinder langsam, unter Umrühren mit dem Holzlöffel, reinen CS_2 eingoß, bis die flüssige Luft beinahe ganz von dem entstehenden Schnee aufgesaugt war. Die Schneedecke darf nicht zusammenhängend werden, also die flüssige Luft nicht zudecken, sonst kommen Explosionen vor durch die verdampfende, abgesperrte Luft. Man beachte, daß ein Gemisch von flüssiger Luft mit (vollends fein verteilten) brennbaren Stoffen ein sehr kräftiger Explosivstoff ist.

6. Temperaturen −78° bis 0°. Hier kann man ohne flüssige Luft auskommen. Bequem ist noch immer der Henningsche Thermostat, wenn man sich seiner bedienen will. Man hat dann nur einen Apparat nötig. Man kann ihn aber mit geringer Mühe und ohne viel Umstände ergänzen für die Benutzung fester CO_2.

Der Thermostat für −78° bis 0° nach dem Verfahren vom M. Bodenstein. Obwohl die Beschreibung nicht genau Bodenstein folgt, so stammt doch der Gedanke meines Wissens von ihm. Man entfernt die Einrichtung für flüssige Luftkühlung uud senkt in den Rührer statt des Rohrs *U* ein doppelwandiges Dewarrohr, aus welchem dieselbe Flüssigkeit, die als Bad dient, unmittelbar ins Bad einfließt in konstantem Strom. Dies Dewarrohr ist unmittelbar angesetzt an einen großen Dewarzylinder, in dessen Innerem es sich zu einer langen Kühlschlange nach oben

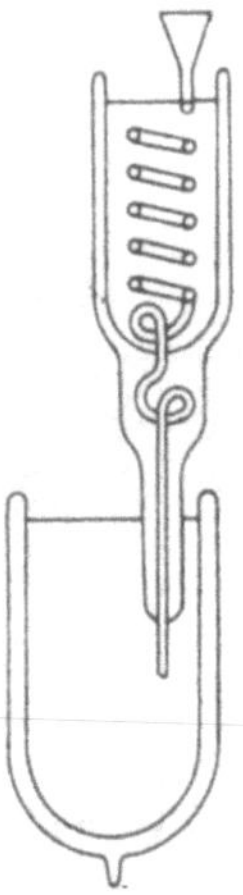

Abb. 137. Thermostat für −78° bis 0° nach Bodenstein.

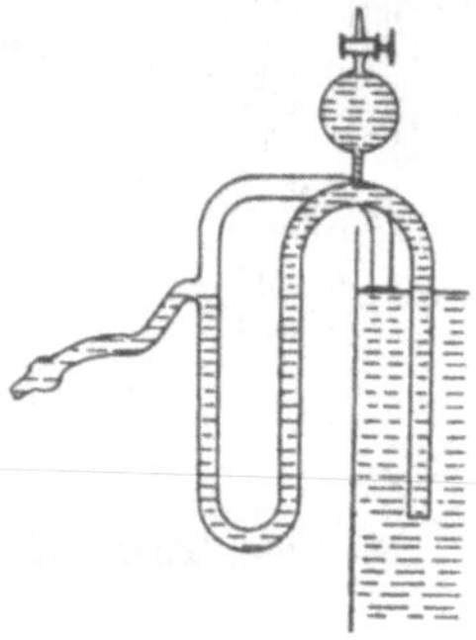

Abb. 138. Überlauf für Thermostaten nach Anschütz.

fortsetzt, die am oberen Ende einen Trichter trägt. In ihn tropft aus einer Mariotteschen Flasche die ungekühlte oder eisgekühlte Badflüssigkeit ein, nimmt beim Durchlaufen der Schlange die Temperatur des sie umgebenden CO_2-Toluolbreis an und kühlt so den Thermostaten (Abb. 137). Er gibt durch einen Überlauf[1] (Abb. 138)

[1] A. Anschütz, Versuche über den Einfluß des Lichts auf das Kristallisieren übersättigter Lösungen. Mit Löslichkeitsbestimmungen an Erdalkalihalogenaten. Inaug.-Diss. Freiburg i. B., 1906.

den Überschuß ab, der in ein Vakuumgefäß abfließt und noch kalt oben ab und zu wieder eingegossen werden kann in die auf einen Augenblick abgestellte Mariotteflasche. Diese muß deshalb außer feinstellbarem Regulierhahn noch einen viel weiteren vor ihm haben, der nur zum An- und Abstellen dient.

7. Die Temperatur -78^0 (sublimierende CO_2) erhält man stundenlang konstant durch einen dicken, oft umgerührten Brei von CO_2 mit Toluol. Sein Übersteigen beim Eintragen der CO_2 kann man durch Daraufblasen leicht verhüten.

Die Herstellung fester CO_2 gehört zu den häufigen Arbeiten im Laboratorium und wird folgendermaßen gehandhabt. An die Mündung der CO_2-Bombe wird ein Mundstück (Abb. 139) angeschraubt, das zum Festbinden des CO_2-Sacks dient. Dieser wird aus zähem Wollstoff, am besten doppelt, genommen, festgenäht an den beiden Längsseiten (rund 25 cm lang) und der einen Querseite (15 cm). Die vierte Seite wird mit einem starken Bindfadenzug versehen und diese offene Seite schiebt man über das Mundstück der Bombe, windet zuerst den straff gezogenen Zug um den Teil des Sackes, der hinter der Verdickung des Mundstücks liegt und bindet ihn dort zu, dann windet man die Enden um das dickere Stück und bindet nochmals. Man legt jetzt die Bombe so auf einen Hocker, daß das Mundstück gegen den Boden sieht und tiefer liegt als der Fuß der Bombe, und dreht die Bombe auf, so daß ein kräftiger Strom des Gases den Sack bläht. Doch muß man nun den Sack kneten und drücken und den Gasstrom nie so stark werden lassen, daß dies nicht mehr bequem möglich ist. Man sehe auch darauf, daß das Bombenventil, das manchmal zufriert, dann nicht plötzlich einen zu starken Gasstrom entläßt, sondern warte nach solchem Einfrieren ruhig ab, bis das Ventil von selbst wieder zischt. Man fühlt, wie der Sack durch Erfüllung mit Schnee immer mehr ausgefüllt wird und hört am Ton, ob überhaupt noch ausreichend Kondensation statthat. Nach der Benutzung der Bombe muß man immer nach einiger Zeit nochmals abdrehen, weil das Ventil selten gleich nachher wieder ganz zugeht. Die feste CO_2 zerdrückt man gut, da ihre kühlende Wirkung sonst schlecht ausgenutzt wird.

Abb. 139. Bombenmundstück für Bereitung fester Kohlensäure.

8. Die Temperatur 0^0 wird sehr genau mit dem Eisthermostaten erreicht, am bequemsten wiederum in einem Vakuumgefäß mit Turbinenrührer, der nach unten arbeitet und an den oberen Löchern durch Umwinden mit Drahtnetz gegen Eindringen von Eisstücken geschützt ist. Man füllt mit zerkleinertem reinem Eis und läßt ab und zu durch einen Heber das überschüssige Schmelzwasser ab. In größerem Maßstab werden zwei ineinander gesetzte emaillierte Eisentöpfe benutzt, deren Zwischenraum mit dickem Filz ausgestopft und die zudem außen mit dickem Filz umwunden sind. Die Böden müssen ebenso isoliert sein.

9. Temperaturen zwischen 0^0 und $+20^0$ erzielt man am besten durch Kühlung mit Eiswasser im Vakuumgefäß, ganz wie bei den Temperaturen zwischen -78^0 und 0^0 beschrieben. Nur dient jetzt als Badflüssigkeit Wasser, und das Schlangenrohr im oberen Vakuumgefäß ist mit Eis gekühlt. Vakuumgefäße sind hier auch entbehrlich, wenn man im großen Maßstab arbeitet und Emailtöpfe mit Filzisolation verwendet. Die Schlange muß dann aus Kupfer sein und ihr Zwischenstück zwischen beiden Gefäßen ist sehr gut zu isolieren, am besten durch Korke und Filz- oder Flanellüberzug oder durch den käuflichen, für Wasser- und Dampfleitungen benutzten Kieselgurschlauch.

In den Vakuumgefäßen kann man durch Konstanz des Zuflusses auf ausreichende Konstanz der Temperaturen kommen, aber in den Emailtöpfen nur schwer. Hier ist es, je näher man der Zimmertemperatur kommt, um so unerläßlicher, entweder überhaupt auf Trägheit zu arbeiten oder, wenn eben ein Gang der Temperatur vermieden werden soll, eine künstliche Heizung und einen selbsttätigen Regulator anzuwenden. Das nunmehr zu beschreibende Verfahren ist typisch für alle Reguliertbermostaten bis herauf zu rund 50°. Es ist gekennzeichnet durch die gleichzeitige Anwendung zweier entgegengesetzt wirkenden Temperaturstörungen, die beide künstlich hervorgebracht sind. Unter Null hat man dies nicht nötig, weil hier der Temperaturunterschied des Thermostaten gegen die Umgebung groß genug ist, um in seiner störenden Wirkung unabhängig genug zu sein von den im Verhältnis zu seinem Betrag (mehr als 20°) prozentual kleinen Schwankungen (der Außentemperatur). Über 50° gilt dasselbe. Aber dazwischen kann die Außentemperatur leicht um so viel schwanken, daß der Betrag des Temperaturunterschieds gegen außen um 100 Prozent seines Werts sich ändert, ja daß er sein Vorzeichen umkehrt. Deshalb muß man hier eine künstliche Störung anbringen, die so groß ist, daß die anderen von außen kommenden Störungen prozentual nicht mehr merklich sind. Bei Durchflußthermostaten (s. Übg. 8) gilt dies in erhöhtem Maß.

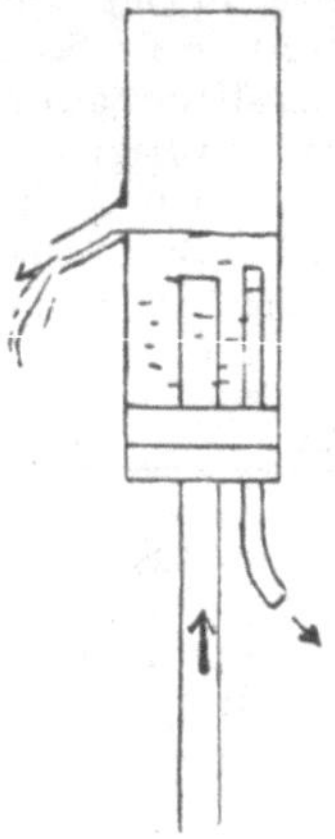

Abb. 140. Druckregler für Wasserzufluß.

Man kann auch zur Kühlung Leitungswasser nehmen, aber selten hat man dabei ganz befriedigende Ergebnisse. Denn seine Temperaturschwankungen sind im Verhältnis zu der Temperaturdifferenz gegen den Thermostaten meist beträchtlich und sein Druck ist sehr unregelmäßig. Deshalb muß man mindestens den letzteren konstant halten und nötigenfalls selbsttätig die Menge des zufließenden Wassers regeln. Das wird erreicht durch folgende Vorrichtung. Ein langes Rohr (gewöhnliches Leitungsrohr), das am besten bis nahe an die Decke des Raums reicht (dort pflegt die Luft etwas zu stagnieren, also einigermaßen konstant temperiert zu sein), trägt oben einen weiteren Ansatz, woran in passender Höhe ein seitlicher Abfluß das überschüssige Wasser, das unten eintritt, ablaufen läßt. Etwas tiefer, am besten verschiebbar (Abb. 140), geht ein anderes Ablaufrohr nach unten. Dieses führt die konstante Kühlwassermenge dem Thermostaten zu, entweder unmittelbar oder durch eine in Eis oder stark strömendem Leitungswasser liegende Schlange, von wo das Wasser gut isoliert in den Thermostaten oder eine in ihm liegende Cu-Schlange tritt.

Geheizt wird entweder mit Gas oder elektrisch. Reguliert wird nur die Heizung, bei Gas unter Umständen mechanisch, bei Gas- oder elektrischer Heizung kann man elektrisch regulieren.

Der Thermoregulator, ein selbsttätiges Instrument, das bis zu 350° in prinzipiell derselben Form gebaut wird, ist ein Gefäßthermometer mit großem Gefäß und geeigneter Füllflüssigkeit, die durch Quecksilber abgesperrt, einen Quecksilberfaden verschiebt. Er bewirkt die Regelung mechanisch oder elektrisch.

Der Inhalt des Gefäßes sei recht groß, seine relative Oberfläche möglichst groß und erstrecke sich in die verschiedensten Räume des Thermostatengefäßes. Bei Toluolfüllung (bis 100° brauchbar) genügen für 6-Liter-Thermostaten etwa 80 bis 200 ccm Toluol. Bei Schwefelsäurefüllung (bis 260° brauchbar) hat man mindestens 300, besser etwa 500 ccm nötig. Bei Quecksilberfüllung (bis 355° brauchbar) etwa ebensoviel. Im letzteren Fall kommt man wegen der guten Wärmeleitung mit einem zylindrischen Gefäß (etwa 20 cm Länge) aus, während man bei der zähen Schwefelsäure die Oberfläche und auch den Inhalt nicht leicht groß genug machen kann, dafür auch leicht eine viel größere Empfindlichkeit erzielt, als mit dem schweren Metall, das verwickelte Formen des Regulators durch die starke Bruchbeanspruchung ausschließt. Bei Schwefelsäure wie bei Toluol nehme man dünnes Glas, 15—20 mm weit im Lichten, und lasse das fingerartig verzweigte oder schlangenförmig gekrümmte Gefäß sich in die verschiedensten Teile der Badflüssigkeit, namentlich auch in verschiedene Höhen erstrecken. Man vermeide zu große Nähe an geheizten oder gekühlten Teilen, also bei Gasheizung des Bodens, bei elektrischer Heizung der Heizkörper, und bei Wasserkühlung der Kühlströme oder -schlangen.

Eine senkrecht stehende, doppelt U-förmige Krümmung (Siphon) vermittelt die Überschichtung des Quecksilberabschlusses mit der Regulierflüssigkeit. Sie liegt bei Toluol unter dem Badspiegel und nur eine kapillar enge, mit Quecksilber gefüllte Röhre taucht da heraus. Bei Schwefelsäure muß die Übergangsstelle über dem Badspiegel an einer schon kühlen Stelle liegen (Abb. 141) und erweitert sein, um bei verschiedenen Temperaturen doch immer wesentlich in derselben Höhe zu bleiben und ein Herabfallen von Metall in die Säure zu verhüten. Geschieht dies übrigens einmal mit einer kleinen Menge, so schadet es nichts und setzt höchstens die Temperaturhöchstgrenze der Brauchbarkeit etwas herab durch SO_2-Gehalt. Um diese Erweiterungen nicht unnötig weit machen zu müssen und so einen Teil des empfindlichen Thermometerkörpers in die freie Luft zu bringen, was der Genauigkeit sehr schadet, bringt man an dem Schwefelsäuregefäß unterhalb der Übergangsstelle irgendwo ein kapillares Ansatzrohr an mit Hahntrichter. So erzielt man, dem Beckmannthermometer vergleichbar, aber in viel weiterem Maß, veränderlichen Regulier- (wie dort Meß-) Bereich. Unter den sehr gut geschliffenen Hahn, der doch meist

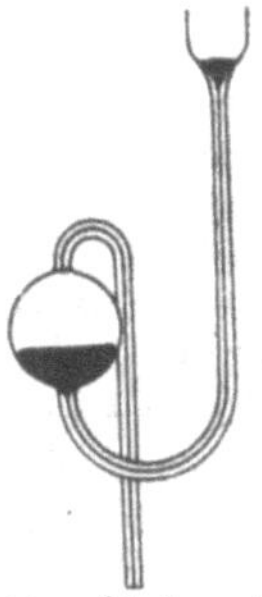

Abb. 141. Siphon bei Schwefelsäureregulator.

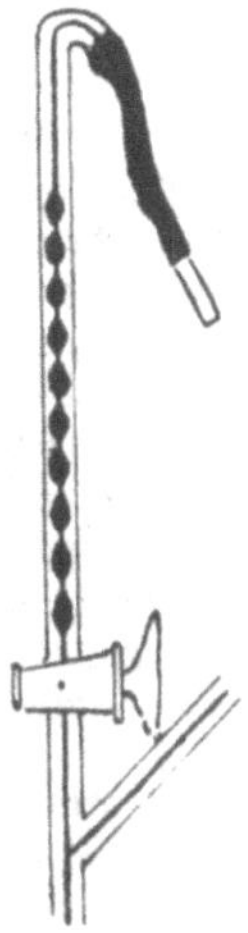

Abb. 142. Pipettensäule für bestimmte Variation der Thermostatentemperatur.

Abb. 143. Quecksilber-Thermoregulator.

etwas zu lecken pflegt, bringt man zweckmäßig zwei aus Bleirohr geschnittene Ablaufrinnen, die seitwärts abgelenkt sind, damit die leckende Säure nicht ins Bad tropft. Die entsprechende Erweiterung des Regulierbereichs bei Toluolregulatoren wird durch eine unter dem Badspiegel liegende Ausbauchung bewirkt, die veränderliche Mengen von Quecksilber aufnimmt aus einem seitlich angesetzten Hahntrichter. Man kann ihm die Form einer sehr engen Meßbürette geben und diese empirisch eichen, so daß man gewünschte Temperaturen immer wieder schnell reproduzieren kann. Sehr genau erzielt man dies, wenn man an Stelle der Bürette eine Säule aufeinandergesetzter Pipetten mit sehr engen Stellen an den Marken benutzt (Abb. 142). Bei Schwefelsäure ist dies nicht zu empfehlen, weil der Druck der Säure auf den Hahn dabei unnötig wächst. Daß diese Hähne durch Federn festzuhalten sind, versteht sich. Die für Quecksilber schmiert man mit zähem Hahnfett, die für Schwefelsäure schmiert die Säure selbst. Der Quecksilber-Thermoregulator bedarf keiner besonderen Krümmung. Man setzt den Fülltrichter hier aus Festigkeitsgründen am besten senkrecht über das Reguliergefäß und läßt den Regulierast seitlich abzweigen. Hier empfiehlt es sich, das ganze obere Stück mit nach unten blühendem Schliff (Abb. 143) anzusetzen, zwecks leichterer Reinigung, Montierung und Reparatur. Er muß immerhin kräftig im Glas gehalten werden und aus gut gekühltem Glas gemacht sein.

Die Aufstellung der Regulatoren geschieht bei leichten Stücken durch Einspannen des senkrechten Astes, den ein gebohrter, aufgeschnittener Kork umgibt, in eine Stativklammer, bei schwereren durch Aufstellen auf Glasfüße, aus Glasstabstücken (etwa 3—5 cm lang), angesetzt an die wagrecht liegenden Regulatorschlangen oder -finger. Unter diese legt man Bleistücke mit passend eingekörnten Vertiefungen, denn der Glasbläser erreicht nur selten, daß die Füße alle zugleich gut aufstehen. Quecksilberregulatoren können (in besonderen Fällen) auf Asbestrinnen liegen. Meist ist es am besten, sie genau senkrecht mit dem runden unteren Ende auf einen Zementfuß zu setzen, der durch Eingießen von Zementbrei in einen besonders hergestellten Becher aus Asbestpappe (gekittet mit Wasserglaslösung und getrocknet) erhalten wird. Am besten bestreicht man dies runde Ende mit Vaseline, taucht es in Asbestwolle und setzt es so senkrecht in den weichen Zementbrei. Dann hat das Ende immer seine weiche, nach ihm geformte Unterlage. Andernfalls kann der Regulator bei hohen Temperaturen durch den starken Druck des Metalls unter Umständen springen.

Das Regulatorende für mechanische Gasregulierung (Abb. 144) soll aus einer schlanken Erweiterung der 1-mm-Kapillare bestehen und dann in einen rund 2 cm weiten Trichter zylindrischer Form auslaufen mit seitlichem Gasableitungsrohr und von oben mit gebohrtem Kork eingeführtem Gaszuleitungsrohr. Letzteres endet auf etwa 0,5—0,8 mm lichte Weite schlank ausgezogen und glatt, nicht schräg abgeschnitten, in dem schlanken Trichter, worin es der Höhe nach verschiebbar zentrisch sitzen soll. Das reine Quecksilber darf, wenn sein Spiegel unter die Öffnung dieses Rohrs sinkt, nicht Tropfen neben ihm hängen lassen. Sonst zieht man das Rohr etwas höher oder macht die Spitze dünner im Glas (nicht enger). Der Kork muß oben gut festsitzen, man hat Sorge zu tragen, daß nicht durch anhängende Schläuche usf. die zentrale Lage des Zuleitrohrs leidet. Dieses Rohr wird zweckmäßig in seinem oberen kräftigen Teil mit einem kleinen, ausgeblasenen Loch versehen, das man durch Einhalten des Rohrs in die Flamme so lange verengt, bis durch dies Loch allein nur noch so viel Gas durchkann, daß es eine kleine, sicher nicht verlöschende Flamme speist. Die Schlauchverbindung zeigt die Abbildung. Läßt man die Brückenleitung einstweilen beiseite, so wirkt der Regulator wie folgt. Angenommen, die Temperatur sei zuerst so tief, daß die Mündung des Einleitrohrs frei ist. Genügt die Heizung im Verhältnis zur Kühlung, bzw. ist letztere nicht zu stark, so wird Temperatur und Kuppe im Regulierast steigen, bis das Einleitrohr unten verschlossen wird. Jetzt wird die Gasflamme klein. Damit sie bei diesem Kleinwerden nicht zurückschlägt, soll die Brennermündung (bei einem Bunsenbrenner) mit Cu-Drahtnetz überbunden sein und der Brenner durch einen kleinen Glimmer- oder Asbestzylinder geschützt sein, damit er nicht durch Zug ausgeht. Ist die Heizung nicht zu stark, die Kühlung nicht zu schwach, so wird die Sparflamme so lange klein bleiben, bis der zu große Wärmegewinn wieder durch Verlust ausgeglichen ist und das Quecksilber auf seinen alten Stand zurückgeht. So geht Heizung und Kühlung abwechselnd hin und her, und dies soll nicht zu selten abwechseln, vielmehr ein sehr reger Wechsel sein, aber ohne starke Bewegung des Quecksilbers. Sonst hat man beide Störungen zu groß gewählt. Reguliert der Regulator zu selten, so wird man selten gangfreie Temperaturen be-

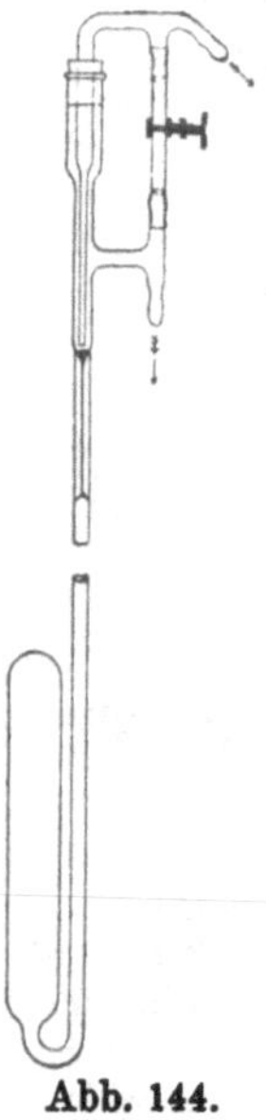

Abb. 144. Toluol-Thermoregulator.

kommen. Die kleine Brücke endlich, eine Schlauchverbindung, durch Schraubenquetschhahn einstellbar, kann man an Stelle des kleinen Lochs zur Abzweigung des Gasstroms zur kleinen Sparflamme benutzen.

Das Regulatorende für elektrische Gasregulierung (Abb. 145) hat denselben schlanken Trichter, nun aber gefüllt zu etwa 1—2 cm Höhe mit absolutem Alkohol und oben durch einen gekerbten Kork nicht geschlossen. Durch diesen geht ein Platindraht bis in den oberen Teil der Kapillare, dessen Anlötstelle zum zuleitenden Cu-Draht mit Marineleim überzogen ist, um sie vor dem Quecksilber zu schützen. Ein anderer Platindraht ist an passender Stelle in die Kapillare eingeschmolzen und zu einer kleinen Öse gebogen. Er wird mit dem negativen, der obere Draht mit dem positiven Pol einer Schwachstromleitung (10 Volt) verbunden und mit dem Mechanismus, der die Heizung beeinflußt. Diese Vorrichtung (Abb. 146) ist ein elektromagnetisch betätigter Quecksilberverschluß. Ein weites, unten mit Kork verschlossenes Glasrohr O mit seitlichem Stutzen T_2 ist bis zu passender Höhe mit Quecksilber gefüllt und mit einer Spule S aus dünnem Draht umgeben, die etwa bis

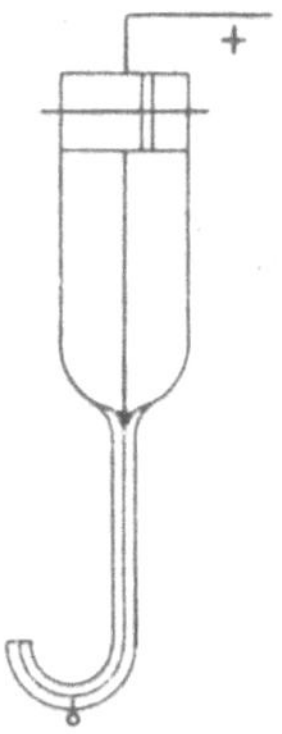

Abb. 145. Regulatorende für elektrische Regulierung.

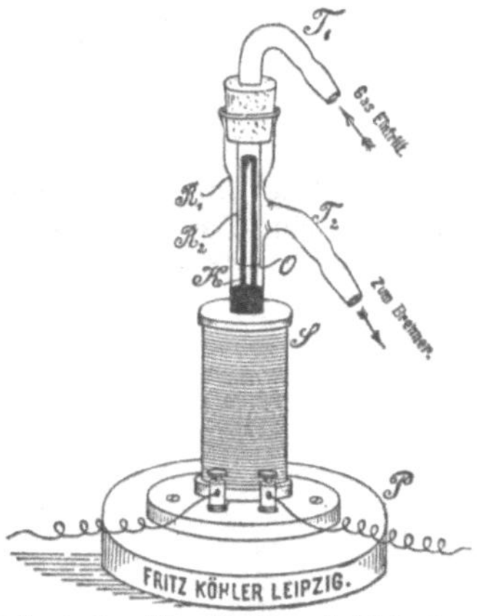

Abb. 146. Ventil für elektrische Gasregulierung.

zur selben Höhe reicht. In das Rohr ragt von oben durch einen gut schließenden, durchbohrten Kork ein anderes Glasrohr R_2 von rund 12—15 mm lichter Weite, das unten glatt abgeschnitten und rundgeschmolzen, etwa 5 mm über dem Quecksilber endet. In ihm schwimmt, im Metall steckend, ein etwa 5 cm langer Weicheisenkern K, dessen runde Form man auf zwei entgegengesetzten Seiten durch Abfeilen abgeflacht hat. Er muß so dick sein, daß er im inneren Rohr gut geführt ist, aber einem durch es fließenden Gasstrom den Durchlaß nicht merklich erschwert, wenn er schwimmt. Wird nun der Elektromagnet erregt, so zieht er den Kern herab, das Quecksilber verschließt das innere Rohr, der Gasstrom wird bis zum Öffnen des Stroms unterbrochen. Deshalb sorgt man in der oben beschriebenen Weise (s. mechanische Gasregulierung) für das Fortbrennen einer Sparflamme. Die Konstruktion des oberen Regulatorendes mit den beiden Pt-Drähten bedingt, daß beim Steigen der Temperatur der Strom geschlossen, der starke Gasstrom daher unterbrochen wird, und daß er erst wieder frei wird, wenn das Quecksilber im Thermoregulator sich vom oberen Pt-Draht wieder zurückgezogen hat.

Diese elektrische Gasregulierung empfiehlt sich immer dann, wenn die Temperatur des Thermostaten ziemlich hoch sein soll und daher die Gefahr besteht, daß bei mechanischer Regulierung auf die Dauer zu viel Hg-Dampf in den Arbeitsraum geschleppt wird. Ferner dann, wenn man sehr große Schwankungen der Wärmezu- und -abfuhr (unregelmäßige Außentemperatur, unvermeidliche, schlechte Isolation, starke Wärmeeffekte im Thermostaten) kompensieren muß und dabei Gas verwenden will. Man kann die genannten Gasventile in sehr großem Maßstab bauen und schon bei 3 cm Innendurchmesser des Außenrohrs lassen sie genug Gas für einen großen Iserlohner Brenner durch. Für Gasheizung bei hohen Temperaturen ist es übrigens sehr häufig nötig, durch nicht regulierte Brenner die Temperaturen beinahe zu erreichen und nur das fehlende durch einen regulierten Brenner zu bewirken. Darüber s. die hohen Temperaturen.

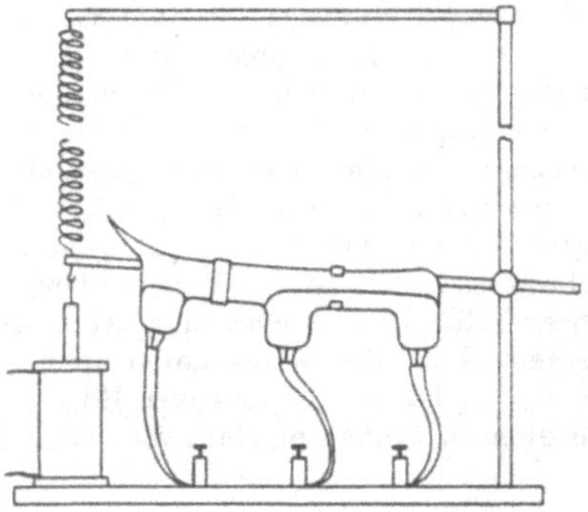

Abb. 147. Starkstromwippe.

Das **Regulatorende für elektrische Regulierung elektrischer Heizung** ist dasselbe, wie für die elektrische Regulierung der Gasheizung, nur mit anderem Mechanismus zur Beeinflussung der Heizung. Folgender Weg empfiehlt sich allgemein. Bei seiner Beschreibung ist es überflüssig, auf die Natur des Heizkörpers irgendwelche Rücksicht zu nehmen. Der vom Thermoregulator geschlossene Hilfsstrom durchfließt, wie im vorigen Fall, eine Spule und zieht dadurch einen Magneten in sie hinein. Dieser jedoch ist (Abb. 147) am Träger einer Starkstromwippe angehängt. Sie wird bei Stromschluß umgelegt auf eine Leitung mit etwas größerem

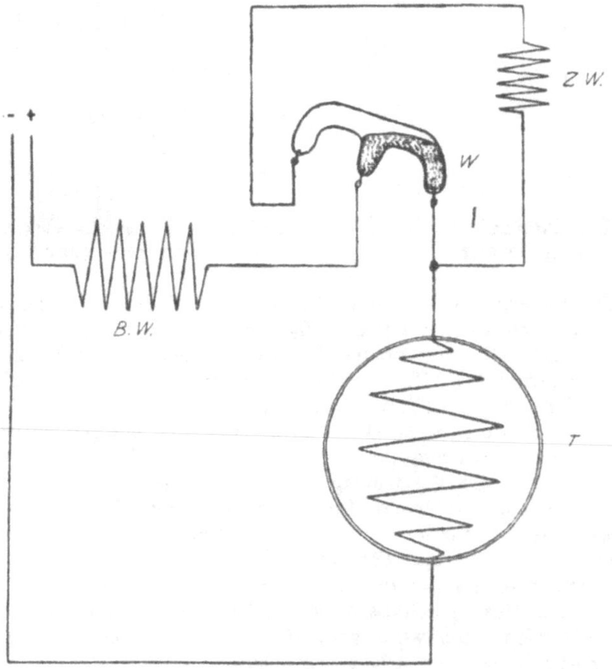

Abb. 148. Schaltung bei elektrischer Thermostatenheizung.

Widerstand als vorher, wie Abb. 148 zeigt. Darin bedeutet *Z* den Zusatzwiderstand, der durch Kippen der Wippe eingeschaltet wird. Er soll gerade so groß sein, daß, wenn er eingeschaltet ist, die Heizung eben nicht ausreicht, wenn er ausgeschaltet ist, aber eben zu stark ist. Meist genügt ein Stück Rheotanband von rund 2 Ohm Widerstand. Wird der Hilfsstrom wieder unterbrochen infolge ausreichender Abkühlung des Thermostaten, so zieht die Spiralfeder *F*, deren Länge man passend reguliert, den Wippenkörper wieder hoch und schaltet damit auf die Leitung ohne Zusatzwiderstand um. Dieser Körper besteht aus einem passend gekrümmten Glasrohr von rund 2 cm lichter Weite und etwa 12 cm Länge mit drei runden Erweiterungen, worein jeweils mehrere Platindrähtchen eingeschmolzen sind. Unterhalb der Einschmelzstelle sind sie zu einem Bündel zusammengedreht und an Streifen dünner (0,05 mm) Cu-Folie angelötet. Diese führen den Strom zu. Dicke Pt-Drähte sprengen, namentlich bei starken Strömen, allzu leicht das Glas. Die dünnen lassen Ströme von 6 Ampere leicht durch. Im Innern des Rohrs ist so viel reines Quecksilber enthalten, daß es die drei Erweiterungen ausfüllt und jeweils zwischen zwei die breite leitende Verbindung herstellt, ohne zugleich die dritte anzuschließen. Nach der Füllung des gut gereinigten Rohrs wird an der Strahlpumpe auf rund 1 cm Druck ausgepumpt, also maximales Wasserstrahlvakuum, und nun abgeschmolzen. Um Springen zu verhüten, muß diese Abschmelzstelle gut gekühlt werden (lange Zeit berußen). Die Schaltung der Starkstromwippe ist aus der Abbildung ersichtlich.

Die elektrische Heizung hat den Vorzug, sich als Innenheizung anordnen, also Nachhinken der Temperatur hinter der Tätigkeit des Thermoregulators besser vermeiden zu lassen. Wie man sie anordnet, hängt mehr von Gestalt und Füllung des Bads ab, als von der Temperatur, wenigstens im Gebiet der nichtmetallischen Badflüssigkeiten (0—350°).

In Wasser zwischen 0° und 20° heizt man am besten mit dünnen Kohlestäben (etwa 3 mm dick), die, zwischen feste Metallfassungen gebracht, unmittelbar ins Bad gehängt werden. Der 10-Voltstrom genügt bei geeigneter Länge der hintereinander zu schaltenden Stäbe bequem. Diese Heizung hat E. Wilke mit großem Erfolg benutzt. Das Wasser bleibt recht rein dabei.

Gefäß für das Bad ist am besten ein Vakuumgefäß, doch ist das nicht nötig. Ein Glastrog, wie er als Akkumulatorenglas benutzt wird, eine umgekehrte Glasflasche mit abgesprengtem Boden und abgeschliffenem Sprengrand, ein Glaszylinder sind ebenfalls geeignet. Größere Gefäße nimmt man aus emailliertem Eisenblech (Filzisolation), allenfalls aus Zink oder Kupferblech, nie aus Weißblech (rostet durch), sehr große aus Steingut. Die letzteren kommen nicht wesentlich teurer als gleichgroße Zinkgefäße, isolieren und halten besser (Steinzeugwarenfabrik Friedrichsfeld b. Mannheim). Große Gefäße mit durchsichtigen planparallelen Wänden werden hergestellt aus dünnem Kupferblech mit etwa 1 cm tiefen Führungsrinnen für zwei Spiegelscheiben. Diese Rinnen sollen der Scheibe auf allen Seiten nur 1—2 mm Spielraum lassen und werden zuerst mit heißem Marineleim ausgestrichen (nicht gefüllt). Durch Erwärmen des Metalls wird er gut angeschmolzen. Dann wird der Rand der Spiegelscheibe vorsichtig gut angewärmt, auch mit Marineleim überzogen und wenn die zu verkittenden Teile mit gut weichem und warmem Marineleim bezogen sind, schiebt man die Scheiben in die Rinnen und sorgt durch Erwärmen mit großen Flammen dafür, daß die Scheibe gut sich einsetzt. Das Einsetzen großer Scheiben ist nicht leicht. Sitzt eine Scheibe aber gut, so hält sie gegen Wasser oder Paraffinöl jahrelang dicht, auch bei Temperaturen von etwa 25°.

Es ist nicht zweckmäßig, unterhalb Zimmertemperatur bis 0° andere Badflüssigkeiten als Wasser zu nehmen, wenn es nicht sein muß.

Muß man Paraffinöl nehmen, so heizt man besser mit einem Stück Rheotannetz, anstatt mit Kohle. Der Unterschied in der Zuverlässigkeit ist nicht groß.

10. Temperaturen zwischen 20° und 50°. Als Gefäße sind alle beschriebenen (s. Nr. 9) brauchbar, außer den mit Marineleim gekitteten, denn sie halten nur bis etwa 40° und leiden hier auf die Dauer doch durch das Fließen des Leims. Am besten beschränkt man ihre Benutzung auf Temperaturen unter 30°. Unter 25° sind sie ganz zuverlässig. Im Notfall kann man mit einem Gemisch von Bleiglätte und Gly-

zerin kitten für Temperaturen zwischen 30° und 50°, aber man wird oft durch Losspringen des Kitts von den Kittflächen in der Arbeit gestört. Kleine Stücke kann man gut mit dem weißen Siegellack (Neudietendorf, Brüdergemeinde) kitten für dies Intervall.

Als Badflüssigkeit nimmt man bei kleineren Mengen, 10—20 Liter, Wasser. Oberhalb 30° dampft es immerhin merklich, so daß empfindliche Apparate geschädigt werden können und Akkumulatoren in der Nähe bald von Wasser triefen. Man bedeckt es mit Paraffinöl oder benutzt hier Paraffinöl. Letzteres überhaupt dann, wenn man größere Bäder mit großen Oberflächen benutzen und keinen Wasserdampf im Arbeitsraum haben will. Ferner zur Benutzung des Bads für ein möglichst großes Temperaturintervall.

Die Heizung bewirkt Gas bei kleineren Bädern, namentlich, wenn man bei tieferen Temperaturen bleiben will. Elektrische Innenheizung bei größeren Bädern oder wenn man auch auf höhere Temperaturen will kommen können. Diese Innenheizung liegt offen (Rheotannetz: 7 Ampere Tragfähigkeit und 45 Ohm pro Meter) am Boden des Bads, wenn seine Füllung Paraffinöl ist. Man bemißt seine Länge so, daß man möglichst die zur Verfügung stehende Spannung nicht noch außerhalb des Bads durch Widerstände schwächen muß. Sonst vergeudet man elektrische Energie und verteuert unnötig den Betrieb. Die Stromstärke soll bei Benutzung bis 170° herauf etwa 5 Ampere betragen können. Der Temperaturbereich ist also maßgebend für die Länge des Rheotanstücks, das man nach dem Ohmschen Gesetz berechnet. Nützlich ist es, zwei getrennte Stücke einzulegen, die man von außen nach Bedarf neben- oder hintereinander schalten oder allenfalls einzeln benutzen kann.

Ist das Bad mit Wasser gefüllt, so kann man bei nicht zu großen Bädern einen mit Glasperlen bezogenen Platindraht (billiger, aber der Länge wegen weniger bequem Silberdraht) auf Glashaken als eine an der Wand und am Boden herumlaufende Schlange einlegen. Man sorgt dafür, daß 3 Ampere durchgehen können, und reguliert diesen Heizstrom. Bei sehr großen Bädern muß man, falls man über 30° konstant halten will, wegen der großen Verdampfung und daraus folgendem, starkem Wärmeaustausch mit der Umgebung zwei Heizungen verwenden, eine, die rund 2° unter der gewünschten Temperatur bleibt, und eine andere, die reguliert wird und die 2° höhere Temperatur hervorbringt. Für letztere dient der Ag- oder Pt-Draht, für erstere setzt man dünnwandige Metallgefäße in das Bad, die mit Paraffinöl gefüllt sind und aus deren langem, rohrförmigen Hals die Zuleitungen des innen wohlisoliert eingelegten Heizkörpers herauskommen. Als solcher dient vorteilhaft ein zylindrisches Netz aus Chromnickel oder Rheotan (F. Köhler, Leipzig, Windscheidstraße 33, Chromnickelheizkörper für 1000 Watt, Abb. 149). Die Blechkapsel, womit man den Heizkörper umgibt, setzt man so nahe als möglich ans untere Ende der Turbinenrührer, damit die Vermischung des geheizten Wassers recht rasch geht. Kühlung ist unterhalb 30° nur im Hochsommer nötig. Wasserdurchfluß direkt oder durch Pb-, besser Cu-Schlange.

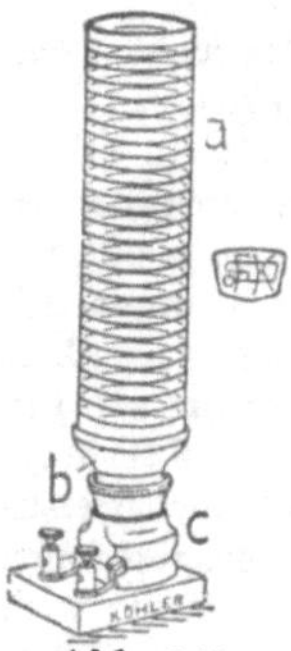

Abb. 149. Chromnickel-Heizkörper für Thermostaten.

Regulatoren mit Toluolfüllung reichen für das Intervall vollkommen aus.

11. Temperatur 25°. Häufig hat man kleine Thermostaten dafür nötig. Gasheizung mit mechanischer Regulierung, Toluolregulator, Flügelrührer mit Gasflämmchen, Wasserbad in filzisoliertem Emailtopf genügt für 0,1—0,05° Konstanz. Kühlung fast nie nötig, wenn aber, dann genügt ein kleiner Wassereinfluß aus dem Druckrohr (s. oben S. 234) und ein Wasserüberlauf, wie S. 232 beschrieben (Abb. 138).

12. Temperaturen von 25°—80°. Gefäße wie unter 10, gekittete nicht mehr zu empfehlen. Große Zinkgefäße durch einen Netzkorb aus Bandeisen zu stützen

(freie Flächen nur je etwa 15 : 15 cm groß), sonst bauchen sie sich aus und können brechen oder an den Löträndern undicht werden.

Badflüssigkeit: Wasser, nützlich ist Bedeckung mit Paraffinöl. Am besten Paraffinöl überhaupt (geht bis 170°).

Heizung: Gas ist selbst bei $^1/_4$ cbm Wasser möglich (ein großer nicht regulierter Brenner, ein mittlerer regulierter, elektrische Regulierung empfehlenswert). Bei Paraffinöl Innenheizung elektrisch mit zwei getrennten Netzen. Eines für die 2° zu tiefe Temperatur (mit Akkumulatorenbatterie zu heizen, sonst ist die Spannung leicht zu inkonstant), eines reguliert für die genaue Temperatur. Abdeckung des Thermostaten mit Deckel nützlich, da Paraffindämpfe nicht mehr unmerklich.

Kühlung bis 30° aufwärts allenfalls nötig im Hochsommer. Dann durch Pb- oder Cu-Schlange langsamer Wasserstrom unmittelbar aus der Leitung oder dem Druckrohr (s. oben S. 234).

Regulierung: Toluol mit elektrischem Hilfsstrom.

13. Temperaturen von 25°—170°. Gefäße wie unter 12. Zink oder Steingut nicht mehr zu empfehlen.

Badflüssigkeit: Paraffinöl. Oberhalb 80° zudecken. Oberhalb 130° empfiehlt sich gute Bedeckung, ferner habe man eine CO_2-Bombe in der Nähe mit Ansatz und Schlauch, um allenfalls sich entzündende Dämpfe sogleich löschen zu können. Gutes, namentlich länger gebrauchtes Paraffinöl ist in dieser Hinsicht ganz ungefährlich. Man kann es auch vorher destillieren und nur den hochsiedenden, aber noch flüssigen Anteil verwenden. Dann kommt man mit der Temperatur noch höher. Deckel aus Weißblech mit nach innen herabgreifendem Rand zum Abfließen des Kondensats.

Heizung: Elektrisch mit zwei Netzen innen, das eine roh heizend, das andere reguliert. Meist genügen zwei Stück Rheotan à 40 cm Länge (7 Ampere 45 Ohm pro Meter).

Kühlung unnötig, außer bei den tiefsten Temperaturen im Hochsommer, dann wie oben. Rührung mit oben kühlbaren Rührern[1] (s. oben S. 228).

Isolation. Topf auf Steine in anderem Emailtopf. Zwischenraum mit Asbestwolle gut ausfüllen, mit ringförmigem Weißblechdeckel gut oben abschließen. Äußerer Emailtopf mit Filz isoliert, auf Asbest oder Filz gestellt.

Regulator. Schwefelsäure oder, weniger empfindlich, Quecksilber. Letzterer hat den Vorzug, stehen bleiben zu können, wenn man die Füllung durch Vakuumöl ersetzt zwecks Erweiterung des Gebrauchs bis 350°.

14. Temperaturen von 150°—350°. Gefäße wie unter 13.

Badflüssigkeit: Vakuumöl von 360° Entflammungspunkt. CO_2-Brandbombe und Weißblechdeckel.

Heizung elektrisch mit zwei Netzen, eines roh, eines reguliert, besser drei Netze oder vier, um stark variieren zu können. Größe meist wie bei 13.

Rührung nur mit kühlbaren, nur oben gelagerten Rührern.[2]

Isolation wie 13, aller Filz zu vermeiden.

Regulator: Quecksilber.

Besonderheit: Man leitet einen langsamen CO_2-Strom auf die Oberfläche des Öls unter den gut schließenden Deckel. Waschflasche mit Schwefelsäure als Blasenzähler vorlegen.

15. Temperaturen von 33° bis etwa 450° mit Siedebädern und Manostaten. Mit den in Tabelle XII angeführten Flüssigkeiten kann man praktisch

---

[1] Cl. F. Hinck, s. S. 228.

[2] Cl. F. Hinck, Über die Vereinigung von Stickoxyd mit Chlor zwischen 160° und 320° C. Inaug.-Diss. Heidelberg, 1913 (75 S.). S. auch M. Trautz und Cl. F. Hinck, Das Zerfallsgleichgewicht $2NO + Cl_2 = 2NOCl$ des Nitrosylchlorids. Eine Bestätigung des Gesetzes von der Additivität der inneren Atomwärmen. Z. f. anorg. Chem. **93.** 177—201. 1915. II. Z. f. anorg. u. allg. Chem. **97.** 127. 1916.

alle Temperaturen zwischen 33° und 450° erreichen in Glasgefäßen, bei höherer Temperatur nötigenfalls in Quarz- oder Porzellangefäßen. Roh erhält man ohne Manostat die in der Tabelle angegebenen Siedetemperaturen. Wegen der Notwendigkeit, die Dämpfe abzuschließen und vor Verunreinigung zu schützen (das ist bei dem dauernden Erhitzen nicht möglich), ist die Methode der Siedebäder nur für kurzdauernde, namentlich Handversuche allgemein zu empfehlen, und da auch nur dann, wenn das Abschließen des geheizten Raums, der die Dämpfe enthält, nicht umständlich wird. Dauernde gangfreie Konstanz geben nur die chemisch beständigen Siedebäder am Manostaten (Wasser, Kohlenwasserstoffe, nicht die Amine, wenig die Ester und Äther). Vorteil: Rührer überflüssig.

Der große Nachteil dieser Methode ist die meist unumgängliche Notwendigkeit, den Raum abzuschließen. Zudem muß man im Dampfraum nach außen Strahlungsschutzwände anbringen. Denn die Wärmekapazität des Dampfs ist klein und er kann überhitzt werden. Beides zusammen macht die experimentelle Anordnung verwickelter. Dazu kommt, daß man eine erhebliche Anzahl reiner, immer wieder zu destillierender Siedemittel nötig hat, die auch z. T. nicht wohlfeil sind. Endlich muß man den Siedeapparat beim Übergehen von einer Temperatur zur anderen reinigen und dazu z. T. auseinandernehmen. Zuletzt die Brennbarkeit der meisten, am besten doch in Glas erhitzten Flüssigkeiten.

16. Temperaturen von etwa 20°—355° in abgeschlossenen Röhren (Thermostat für Gasreaktionen).

Gefäß (Abb. 150) aus Glas. Der äußerste Mantel als Regulatorgefäß ausgebildet mit Quecksilberfüllung. Um Rührer entbehren zu können, liegt das Ganze

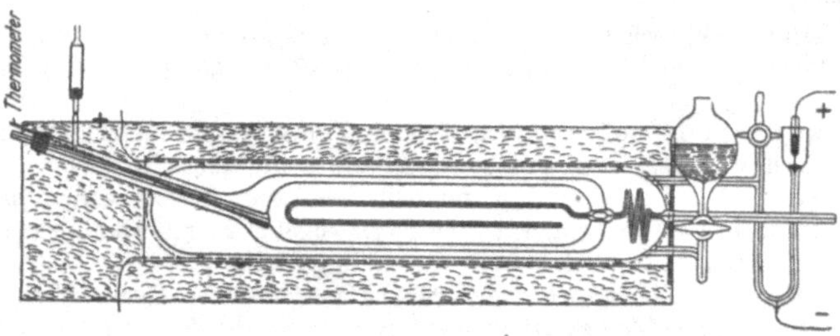

Abb. 150. Thermostat für Gasreaktionen.

wagrecht und hat geringe Höhe, ferner im Regulatormantel einen zweiten, quecksilbergefüllten Verwischungsmantel. Erst darin liegt das Gefäß für die Reaktionen, Gas usw. In es führt eine 1-mm Kapillare in mehrfachen Windungen, um glastechnischen Schwierigkeiten und unnötiger Diffusion des Gases nach außen vorzubeugen. (Der Apparat wird von F. Kramer, Freiburg i. B., Friedrichstr., und von C. Desaga, Heidelberg, Hauptstr. in vorzüglicher Haltbarkeit hergestellt.)

Badflüssigkeit: reines, ganz trockenes Quecksilber (etwa 800 ccm). Der Apparat muß innen ganz trocken sein.

Heizung elektrisch mit zwei parallel geschalteten Netzen (Rheotan von der Länge des äußersten Mantels, etwa 10 cm breit, 7 Ampere und 45 Ohm pro Meter). Sie sind dem Körper des Mantels durch Rundbiegen angeschmiegt. Zwischen ihm und den Netzen liegt eine Wicklung von Cu-Folie[1] (etwa 0,1 mm dick, mehrfach gewickelt, mit dünnem Cu-Draht festgebunden). Sie ist mit Asbestpapier mehrfach umwunden und auf dieses kommt das Rheotan. Darum herum neues Asbestpapier in mehrfachen Lagen, zuletzt mit Cu-Draht festgebunden. Kein Wasserglas, sonst kommt Springen und Kurzschlüsse vor. Der Körper des so gewickelten Zylinders

[1] L. Köllisch, Metallfolienfabrik, Rednitz-Hembach in Bayern.

liegt in einem Schwarzblechkasten auf zwei starken, halbkreisförmig gebogenen Bandeisenträgern, in die er sich nicht klemmen darf. Er muß vielmehr auf ihnen aufliegen und nach der Seite noch ein wenig Freiheit haben. Man achte darauf, daß die beiden Stirnflächen des Zylinders gut mit Cu-Folie und Asbest bedeckt seien. Beide schneidet man den austretenden Röhren an der vorderen Stirnfläche entsprechend aus und schiebt sie (Abb. 151) übereinander, verschnürt hier gut mit dünnem Cu-Draht. Von den Rheotanstreifen lasse man so lange Drähte sich abspulen, daß die Klemmschrauben für die Zuleitungen außerhalb des Ofens liegen. Das Ganze wird mit Asbestwolle gefüllt und so gut isoliert als möglich. Die Schwarzblechkiste stehe auf einem Brett mit Rand. Denn sie ist so biegsam, daß der Glaskörper durch die eigene Schwere sie verzerren und sich zerbrechen würde, wenn man die Blechkiste ohne starre Unterlage transportiert.

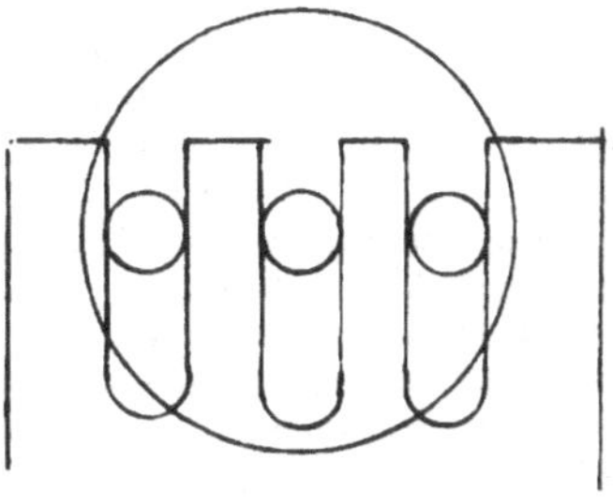

Abb. 151. Asbestabdichtung am Thermostat für Gasreaktionen.

Rührer hat man nicht nötig wegen der guten Temperaturverwischung.

Die Temperatur mißt man durch Einführen eines Thermometers oder Thermoelements oder Widerstandsthermometers in den Stutzen *S* bis auf den Boden.

Isolation ist besprochen. Eine geeignet gebogene Asbestplatte dient zum Schutz des

Regulators, der aus Pt-Kontakten in der üblichen Weise hergestellt ist und bei dessen Herstellung darauf zu achten ist, daß die Kuppe im Kapillarrohr immer höher liegen muß als der Spiegel im Hahntrichter. Dann nämlich wird beim Abstellen des Thermostaten einfach der Hahn des Hahntrichters geöffnet, worauf die sehr kleine Menge Quecksilber, die in der Kapillare bis zum oberen Pt-Draht hochgedrückt war, ins Gefäß hineinfließt, sonst aber keine merkliche Bewegung des (teils heißen, teils kalten) Quecksilbers in den Röhren stattfindet. Dieses Öffnen des Hahns beim Abstellen oder bei einer Störung der Heizung oder Regulierung darf man nie vergessen bei Temperaturen über 50°, sonst bricht fast unfehlbar durch den schroffen Temperaturwechsel einer der kapillaren Äste am Gefäß ab und das heiße Metall fließt, bei hohen Temperaturen Massen von Quecksilberdampf verbreitend, in den Raum. Achtet man auf diese eine Vorsichtsmaßregel und sorgt man dafür, daß die Regulierung sauber arbeitet (richtig „polen“: kapillares Hg: Kathode), so daß auch nie Alkohol in den Thermostaten gesogen werden kann, so arbeitet der Thermostat außerordentlich sicher und einfach und sehr sauber, im Gegensatz zu den Ölbädern. Wichtig ist bei der Konstruktion, daß das kapillare U-Rohr weit genug nach unten reicht, damit das Hg einen recht großen Spielraum hat. Der Hahn oben an ihm muß ganz mit Hg gefüllt sein. Luftblasen in einer der Kapillaren beeinträchtigen die Genauigkeit des Apparats außerordentlich.

Besonderheit. Unterhalb 40° arbeitet der Thermostat überhaupt nur auf Trägheit und ist hier nur für kurzdauernde Versuche bei Zimmertemperatur zu brauchen. Rund $^1/_2$—1 Stunde. Oberhalb 40° kann man zunächst $^1/_{20}$° leicht viele Stunden lang konstant halten, bei 350° noch immer $^1/_{10}$°. Unmittelbar nach dem Erreichen der hohen Temperatur ist die Konstanz der thermischen Nachwirkung wegen nicht sofort vollkommen. Die Unterstützungsstellen seien je etwa 8 cm vom Ende des Apparats entfernt. Dann hängt er sich nie durch. Seit rund 8 Jahren erfreut sich der Apparat bei unseren Arbeiten immer steigender Beliebtheit und jeder kehrt vom Ölbad gern zum Quecksilberthermostaten zurück.

17. Temperaturen von etwa 20°—500° (obere Grenze der Brauchbarkeit guten Glases gegenüber nicht sehr angreifenden Stoffen) erreicht man mit

dem Eisenpanzerthermostaten. Nur für **nicht** röhrenförmige Systeme vorzuziehen.

Gefäß und Heizung sowie Badkörper durchdringen sich hier so sehr, daß sie auf einmal betrachtet werden. Das Gefäß, dessen Temperatur konstant gehalten werden soll, ist hier sehr gut einzuschließen. Nehmen wir an, es sei eine große Glaskugel mit Hals (etwa 1—2 Liter Inhalt). Sie sitzt in Eisenfeile in einem zusammengefalzten Gefäß aus dünnem Schwarzblech. Dieses ist straff in einen (mit Wasserglas gekitteten) Asbestbecher mit doppeltem Boden eingelassen, dessen unterer Luftraum seitliche Löcher zum Luftauslassen hat. Er steht in einem mit Asbest (ohne Wasserglas) ausgefütterten Eisenpanzer aus 2 cm dickem Eisen, an dessen zylindrische, asbestumkleidete Innenwand ein zylindrisches Heiznetz aus Chromnickelheizgitter (Schniewindt, Neuenrade i. Westf., für 220 Volt und etwa 3000 Watt) sich anschließt. Der Panzer steht auf feuerfesten Steinen auf einer Asbestplatte und umgeben von einem Asbestzylinder im Abstand von je etwa 5 cm. Der Zwischenraum ist mit Asbestwolle ausgefüllt und an die Innenwand des so entstehenden äußeren Asbestzylinders schmiegt sich ein zweites schlauchförmiges Chromnickelheizgitter für 220 Volt und 3000 Watt, während der Boden unter dem Panzer mit einem kreisförmigen Chromnickelheiznetz für 220 Volt und 1000 Watt belegt ist. Es folgen außerhalb wieder 5 cm Asbestwolle und ebenso unterhalb. Dann kommt die Wand des äußersten Gefäßes (z. B. Emailtopf mit Asbest ausgelegt). Die ringförmigen Abschlüsse oben sind beide durch Asbestringplatten geschlossen. Der Panzer selbst ist mit einem 2 cm dicken Eisendeckel verschlossen, der die nötigen Öffnungen enthält und mit Asbestwolle und Asbestplatten bedeckt wird. Besonders wichtig ist es, den ringförmigen Platz zwischen dem Blechtopf mit der Eisenfeile und dem inneren Panzernetz gut zuzudecken und mit Asbest nach oben abzuschließen, bevor der Eisendeckel aufgesetzt wird.

Man heizt hier zuerst mit allen drei Netzen bis auf die gewünschte Temperatur roh an, aber nicht zu schnell (nicht über 9 Ampere für die großen, nicht über 3 für das kleine Netz), damit die Netze nicht überhitzt werden. Ihre maximale Belastbarkeit ist auf freie Luftlage bezogen und darf daher auch nicht entfernt erreicht werden.

Man stellt dann das untere Netz ab und heizt je nachdem nur noch mit dem äußeren oder mit dem inneren daneben. Bei der sehr großen Metallmasse ist es leicht, ohne Regulator einfach durch Konstanz der Heizströme eine auf etwa 0,5—1° konstante Temperatur zu erhalten und wenn man durch ein empfindliches Thermoelement oder Widerstandsthermometer schon ganz kleine Temperaturschwankungen erfährt, so kann man die Konstanz leicht noch wesentlich weiter treiben. Ausführung in Kupfer oder des inneren Teils mit Silber und Silberpulver erhöht natürlich die Leistung außerordentlich. Ohne Rührer und Regulator und ohne die Dämpfe von Siedebädern arbeiten zu können, ist auch bei tieferen Temperaturen ein großer Vorteil, und hier ist die Konstanz dieser auf Trägheit arbeitenden Anordnung außerordentlich groß, namentlich bei noch größerer Ausführung.

Deshalb dürfte er gerade für Messungen von Gasreaktionsgeschwindigkeiten besonders geeignet sein, ebenso für Gasgleichgewichte, und hier hat er sich schon bewährt.

Mit Glas kommt man bei diesem Thermostaten nur etwa bis 500°. Dann wird das Glas zu sehr angegriffen. Wählt man dann Quarz oder Porzellan oder geeignete Metalle, so kommt man bei geringer Änderung des Thermostaten (Ersatz der Netze durch dicke Eisenspiralen) bis zu etwa 1100°, ja noch höher. Man hat dazu nur den S. 100 bei den elektrischen Öfen beschriebenen Induktionsofen zu nehmen. Auch er ist ein Panzerofen und hält die Temperatur sehr gut. Man hat auch bei ihm weder Regulator noch Rührer nötig. Man heizt mit Wechselstrom auf die gewünschte Temperatur roh an, läßt die Temperaturen im Ofen sich etwas ausgleichen durch Herabgehen mit dem Strom und schickt dann durch die äußere Spirale einen schwächeren Strom (etwa 40 Ampere bei 50 Volt). So kann man bei genauer Überwachung empfindlicher Thermoelemente oder Widerstandsthermometer die Temperatur konstant halten in einem sehr ausgedehnten Raum (etwa 30 cm hoher Zylinder vom selben Durchmesser).

Isolation kann außen bis 500° Filz sein. Der Apparat steht auf Steinen und von unten mit Asbestwolle isoliert, für höhere Temperaturen eingemauert.

Selbsttätiger Regulator ist, wie wir sahen, für nicht zu lange Zeiten nicht nötig. Will man aber tage- und wochenlang die Temperatur konstant halten, so ist es, falls man sich zum genauen Einstellen die Zeit nicht nehmen kann (bei großen Massen von Metall genügt das noch), nützlich, einen selbsttätigen Regulator anzubringen, und zwar am besten innen an der Wand des inneren Blechtopfs. Eine Reihe gut isolierter Thermoelemente, hintereinander geschaltet, betätigen bei Schwankungen der Temperatur ein Relais, das den Heizstrom nach dem oben beschriebenen Schema reguliert durch Zu- und Abschalten eines Überschußwiderstands. Die Benutzung von Regulatoren, die auf thermischer Ausdehnung beruhen, ist mindestens über 500° selten dauernd zuverlässig, weil die thermische Änderung hier Nachwirkungen äußert. Außerdem pflegen die empfindlichen Körper im Ofen durch Gas usw. verändert zu werden. Will man sehr empfindlich die Temperatur konstant halten, so kann man außer im Innersten noch im Panzer in Bohrungen Thermoelemente einführen, in verschiedener Höhe endend und sie zu einer höheren Spannung hintereinander schalten. Doch hat man dazu recht viel Platin nötig.

18. Temperaturen von 20°—1200°, für kurze Zeit bis 1400° oder etwas höher (nur für röhrenförmiges oder kleines System) liefert der Heräusofen, durch Stromregulierung konstant zu halten. Regulator überflüssig. Man sehe darauf, daß die Enden des Ofenraums gut abgeschlossen sind und daß womöglich die Wicklung des Ofens an den Enden enger sei, damit der hier unvermeidliche Wärmeverlust dadurch ausgeglichen wird. Bei Anwendung des Ofens unter dem Mikroskop steht er im allgemeinen senkrecht. Man beachte, daß dann die Zone bestimmter gleicher Temperatur namentlich bei hoher Temperatur nur außerordentlich schmal ist, sonst kommt man leicht zu ganz falschen Folgerungen. Bei hoher Temperatur (über 1300°) brennt der Heizkörper auf die Dauer leicht durch.

19. Temperaturen von 1200°—2000° (nur für röhrenförmiges oder kleines System) liefert der Iridiumofen, werden durch Stromregulierung konstant gehalten. Iridium zerstäubt sehr. Die Konstanz weit zu bringen, ebenso die Definiertheit, ist hier schon recht umständlich, aber mit einiger Annäherung noch immer möglich. Ebenso bei

20. Temperaturen von rund 2000°—2800°, die man im Wolframvakuumofen erhält. Das ist praktisch das obere Ende der Thermostatentemperaturen.

Wichtig ist endlich der senkrecht stehende Röhrenthermostat, der oft nicht zu umgehen ist. Man benutzt bei ihm am besten das Panzerprinzip, umgibt ihn also mit großen Metallmassen, auf deren Temperaturkonstanz man hinarbeitet mit den bereits beschriebenen Mitteln. Diese Metallmassen werden von Luft durchströmt auf langen Wegen und diese Luft tritt tangential von oben in das Rohr, das den Ofenraum ausmacht. Es soll oben noch gleichfalls mit großen Metallmassen verschlossen sein oder doch wenigstens abgeschlossen. Die Luft strömt spiralig nach unten, wo sie austritt, am besten wieder durch tangentiale Öffnungen. Es ist nur eine Frage zweckmäßiger Vorheizung der Luft und der Schnelligkeit der Strömung sowie der tunlichst gleichen Metallbeheizung, ob man lokal konstante Temperaturen im ganzen Ofen erhält. Dabei spielt die Schichtung der Temperatur im Metall von unten nach oben fast keine Rolle. Konstante Temperatur der oben eintretenden Luft, konstante Temperatur der inneren Ofenwand (durch Trägheit sicher erreichbar) und Schnelligkeit des Luftstroms genügen.

Die Methoden zur Untersuchung chemischer Gasgleichgewichte sind ihrem Wesen nach einfach gasanalytische Methoden, angewendet auf diesen bestimmten Zweck. Die Methoden zur Untersuchung von Gasreaktionsgeschwindigkeiten (s. weiter unten) sind Schnellmethoden der Gasanalyse. Die analytische Chemie im alten Sinn befaßt sich prinzipiell nur mit der Analyse von Stoffen, die bei ungefähr gewöhnlicher Temperatur und gewöhnlichem Druck — wenn auch nur vorübergehend — existieren können. Das ganze, außerordentlich viel größere Gebiet der Stoffe, die diese Bedingung nicht erfüllen, kann nur durch eine indirekte chemische Analyse aufgeklärt werden und sie liefert nur die allgemeine Chemie. Man kann sagen, daß auf diesem Gebiet die allgemeine Chemie mit ihren Anwendungen bereits an Stelle der analytischen getreten ist. Welche Verfeinerung der chemischen Analyse bedeuten die Methoden der Leitfähigkeit bei Lösungen, der Radioaktivität auf dem Gebiet der Radioelemente, der Gaselemente bei den Gasreaktionen, die man auch in Lösungen sich abspielen lassen kann, und endlich die rein rechnerische Bestimmung der Gasgleichgewichte bei den höchsten erreichbaren Temperaturen. Der Einwand, daß die Rechnung auch durch neue Reaktionen getrübt sein könne, trifft jede indirekte und manche direkte analytische Methode.

Die Methoden zur Messung von Gleichgewichten können nur dann der analytischen Chemie im gewöhnlichen Sinn entnommen werden, wenn die Gleichgewichte sich sehr langsam einstellen. Andernfalls verschieben sie sich während der Probenahme oder Analyse und entstellen so die Ergebnisse. Im übrigen kann man zwei Arten von Methoden unterscheiden: Diejenigen, bei denen man gar nicht in den Bestand des Systems eingreift, sondern nur Eigenschaften bestimmt, die durch die Analyse keine Veränderung erfahren. Z. B. Analyse auf optischer Grundlage (Kolorimetrie, Refraktometrie, Polarimetrie) oder auf elektrischer Grundlage (Leitvermögen) oder auf katalytischer (Messung der Wasserstoffionenkonzentration durch Katalyse einer gegen diese Ionen empfindlichen Reaktion) oder auf thermischer (Wärmeleitvermögen, vergrößert bei Gebilden, deren Gleichgewicht sich merklich schnell verschiebt unter merklicher Wärmeentwicklung, spezifische Wärme). Zweitens diejenigen, wo man das System tunlichst schnell aus dem Zustand, worin es einem bestimmten Gleichgewicht entspricht, überführt in einen anderen, in dem es seinen Zustand nur so langsam verändern kann, daß man Zeit hat, es zu analysieren. Da die beschleunigende Ursache, die sonst die Analyse unmöglich machen kann, meist in hoher Temperatur besteht, so schreckt man das Gebilde durch rasche Abkühlung ab und sucht dadurch zu bewirken, daß es nicht Zeit findet, den Zustand zu verlassen, der dem Zustand des Gleichgewichts bei der anfänglichen Temperatur entsprach. Bei Gasen macht man dies mit der Methode der kaltwarmen Röhre. D. h. man leitet das zu untersuchende Gasgemisch durch eine Zone hoher

Temperatur langsam genug, um das Gleichgewicht dabei sich einstellen zu lassen, und läßt es dann durch eine möglichst enge und kurze Stelle strömen, die, gut gekühlt, das Gas auf so tiefe Temperatur bringt, daß das Gleichgewicht einfriert, also nicht merklich abweicht von dem bei der hohen Temperatur vorhanden gewesenen, und zugleich sich wegen der bei der tiefen Temperatur zu großen Trägheit nicht mehr merklich verschiebt. Man muß durch Veränderung der Strömungsgeschwindigkeit und auf anderen Wegen nachweisen, daß man wirklich das eingefrorene Gleichgewicht von der hohen Temperatur vor sich hat. Der einzige, dafür aber auch allgemein durchführbare Nachweis für die Gleichgewichtsnatur eines Zustands liegt darin, daß er bei gleicher atomarer Bruttozusammensetzung von beiden Seiten der Reaktion her erreichbar ist. Zu den Methoden einfrierender Gleichgewichte kann man auch manche Explosionsmethoden zählen. Meist aber benutzt man Explosionen, um aus dem bei ihnen sich einstellenden Maximaldruck Schlüsse zu ziehen auf die Lage des Gleichgewichts.

Der II. Hauptsatz der Thermodynamik. III. Teil.

6. Übung. Chemie der galvanischen Ketten.[1]

(Die nutzbare Arbeit bei chemischen Vorgängen zwischen Ionen.)

A. Grundbegriffe.

(Die Arbeit in elektrischem Maß. Umrechnung auf elektrochemische Äquivalente. Einteilung der galvanischen Ketten. Einzelpotentiale.)

Nach dem zweiten Hauptsatz ist durch umkehrbar geleiteten Übergang eines Systems aus einem bestimmten Zustand in einen anderen bestimmten Zustand (der kein „End"zustand im absoluten Sinn, also kein Gleichgewichtszustand sein muß) ein nur von der Beschaffenheit des Systems in diesen beiden Zuständen, nicht aber von der Art des Übergangs abhängiger Betrag an nutzbarer Arbeit zu gewinnen. Nutzbare Arbeit jeder Art kann erfahrungsgemäß grundsätzlich unbeschränkt in elektrische Energie umgewandelt werden. Deshalb kann man sie grundsätzlich immer in Form elektrischer Energie gewinnen. Der zweite Hauptsatz läßt ausrechnen, welchen Betrag elektrischer Energie ein gegebener Vorgang zu liefern vermag. Einfach wird die Ableitung, wenn man einen qualitativ bekannten (Reaktionsgleichung bekannt) chemischen Vorgang betrachtet, der bei konstanter Temperatur (isotherm) und konstantem Volumen (oder konstantem Druck) zwischen Stoffen sich abspielt, die den Gasgesetzen gehorchen, also gasförmig oder verdünnt gelöst sind. Dann gilt für das Gleichgewicht des betreffenden Vorgangs das Massenwirkungsgesetz, dessen Konstante K sei. Man erhält für den oben angeschriebenen Vorgang, falls die (A_1)..

[1] Vgl. Le Blanc, Arrhenius, van Laar, Elektrochemie l. c.

und (A'_1).. die Ausgangs- und Endkonzentrationen bei dem gedachten Vorgang sind, die maximale nutzbare Arbeit:

$$A = RT \ln \left[\frac{(A_1)^{n_1} . (A_2)^{n_2}}{(A_1')^{n'_1} \ldots} \right] - RT \ln K. \tag{137}$$

Der chemische Vorgang heißt dann der stromliefernde oder Elektrodenvorgang.

Diese Gleichung gilt für chemische Mole. Man rechnet aber bei elektrochemischen Rechnungen mit elektrochemischen Äquivalenten. Deshalb hat man hier den Ausdruck zu dividieren durch die Anzahl der F, die zum Umsatz der Menge erforderlich sind, die der rein chemischen Gleichung entspricht. Z. B. muß man für die Knallgasreaktion:

$$2H_2 + O_2 = 2H_2O \tag{138}$$

durch 4 dividieren, weil vier Grammionen Wasserstoff den zwei Grammmolekülen entsprechen.

Dadurch sind alle chemischen Gleichungen auf ein elektrochemisches Grammäquivalent als umgesetzte Menge reduziert. Dann folgt aus den Faradayschen Gesetzen, daß jeder derartige Umsatz, unabhängig von der chemischen Natur der sich umsetzenden Stoffe, die gleiche Elektrizitätsmenge, nämlich 1 F, verbrauchen oder liefern wird, also 96500 Coulombs. Also wird, wie bei der Helmholtz-Thomsonschen Regel, der **Betrag der nutzbaren Arbeit elektrisch ausgedrückt allein schon durch die Voltzahl** zusammen mit einem konstanten Proportionalitätsfaktor. Seine Größe erfährt man durch Umrechnung von R aus cal/grad in Volt mal F-Zahl/grad. Da 0,2389 cal = 1 Voltcoulomb, so ist:

$$R = \frac{1{,}986}{0{,}2389 . 96500} = 0{,}861 . 10^{-4} \text{ Volt mal } F\text{-Zahl/grad.} \tag{139}$$

Diese Zahl heißt die elektrolytische Gaskonstante. Ihr Produkt in $T . \ln [\ldots]$ ist die Arbeit in Volt mal F-Zahl.

War die Helmholtz-Thomsonsche Regel: $E = \frac{Q}{n . 23054}$, so ergibt der zweite Hauptsatz statt dessen das strenge Braun-Helmholtz-Gibbssche Gesetz:

$$E - T\frac{dE}{dT} = \frac{Q}{n . 23054} \text{ Volt} \tag{140}$$

trägt also dem Temperaturkoeffizienten $\frac{dE}{dT}$ der E.M.K. Rechnung.

Kann man also einen chemischen Vorgang, dessen Massenwirkungskonstante man kennt, elektrochemisch Arbeit liefern lassen, so läßt sich diese Arbeit vorausberechnen. Sie ist der Zahl der Volt proportional, die der elektrochemische Prozeß liefert. Deshalb sind die Messungen der Potentialdifferenzen an elektrochemisch wirksamen Systemen, sog. galvanischen Elementen, grundsätzlich so wichtig. Denn nur durch das Faradaysche Gesetz wird die nutzbare Arbeit auf eine so einfache Form gebracht, daß man in der Spannung des

Elements unmittelbar ein Maß für die Arbeitsfähigkeit des stromliefernden chemischen Vorgangs bei einer bestimmten Temperatur hat.

Die angeführte Formel (137) ist nur dann anwendbar, wenn es sich um Reaktionen gasförmiger oder verdünnt gelöster Stoffe handelt.

Eine zweite Gruppe von Ketten erlaubt gleichfalls, ihre elektrochemische Arbeitsfähigkeit aus dem zweiten Hauptsatz der Thermodynamik zu berechnen. Das sind die Konzentrationsketten, Ketten, in denen der stromliefernde Vorgang nur in einer Ausgleichung zwischen der Konzentration verschiedener Lösungen besteht. Hier handelt es sich offenbar nur um osmotische Arbeiten. Ihr maximaler Betrag muß nach dem zweiten Hauptsatz durch den maximalen Betrag an Stromarbeit gegeben sein. Auch hier bezieht man sich auf je ein Grammäquivalent und gewinnt so den Vorteil, die Zahl der Volt unmittelbar als Maß der nutzbaren Arbeit auffassen zu dürfen.

Die dritte Gruppe von Ketten, deren Typus die Daniellkette ist, erlaubt im allgemeinen wegen der Teilnahme fester Stoffe (Metalle) und nicht ideal verdünnter Lösungen zugleich keine strenge, einfache Vorausberechnung der elektromotorischen Kraft aus rein chemischen oder thermischen Angaben (wenn man also den Temperaturkoeffizienten $\frac{dE}{dT}$ nicht beizieht). Aber auch hier besteht die Proportionalität zwischen Voltzahl und nutzbarer Arbeit, denn das Faradaysche Gesetz beherrscht alle elektrochemischen Vorgänge.

Diese dritte Gruppe betrachtet man am besten an Hand der von Nernst vorgeschlagenen Auffassung. Nach ihr ist jedem Metall von gegebener Temperatur gegenüber einem bestimmten Lösungsmittel ein bestimmter elektrolytischer Lösungsdruck zuzuschreiben. Ihm wirkt der osmotische Druck der Ionen des Metalls entgegen. Sein Verhältnis zu diesem osmotischen Druck bestimmt man durch Messung der Einzelspannungsdifferenz, die das Metall gegen eine Lösung eines seiner Salze zeigt.

Damit zerfällt das Gebiet der elektrochemischen Arbeitsleistung in zwei Abschnitte:

1. Gasketten, Oxydations-Reduktionsketten, Konzentrationsketten ohne Überführung.

2. Daniellketten, Einzelpotentiale.

Um von vornherein die bequeme und einfache Nernstsche Vorstellung überall anwenden zu können, beginnen wir mit den Messungen an Daniellelementen und denen von Einzelpotentialen.

Handversuche.

1. Spannungsdifferenz, Potentialdifferenz, Klemmenspannung, elektromotorische Kraft, kapillarelektrometrisches Prinzip der Messung von Einzelpotentialen.

Besprechung. Die beiden erstgenannten Worte bezeichnen denselben Begriff. Als Klemmenspannung definiert man die Potentialdifferenz zwischen den Klemmen einer Stromquelle oder einer elektrolytischen Zelle, einerlei, ob Strom durchgeht oder nicht. Elektromotorische Kraft ist die Potentialdifferenz zwischen den Polen einer galvanischen Kombination (Element oder elektrolytische Zelle), wenn kein Strom hindurchgeht. Sie ist bei konstanten Elementen auch bei Stromdurchgang praktisch dieselbe, bei inkonstanten dagegen ist die elektromotorische Kraft größer als die Klemmenspannung bei Stromdurchgang. Man mißt eine elektromotorische Kraft meist mit der Kompensationsmethode, indem man ihr eine andere Potentialdifferenz entgegenschaltet, die man so abgleicht, daß sie der erstgenannten gleich wird. Dann geht durch das Leiterstück, worein die beiden eingeschaltet sind, kein Strom. Man stellt also auch hier, wie bei der Leitfähigkeit, auf Stromlosigkeit ein. Galvanometer oder Kapillarelektrometer benutzt man als Nullinstrument.

Die Wirksamkeit des Kapillarelektrometers bedarf einer kurzen Besprechung.

Die Oberflächenspannung (Kapillarkraft, eine Kraft, dividiert durch eine Länge) wirkt stets im Sinn möglichster Verkleinerung der Oberfläche einer gegebenen Masse. Deshalb nimmt eine äußeren Kräften entzogene Flüssigkeit Kugelgestalt an.

Ruhende elektrische Ladungen sitzen, wo vorhanden, stets auf den Oberflächen der Körper. Leitet der Körper, so kann er nur entweder gar keine oder nur gleichnamige Elektrizität auf der einen Seite seiner Oberfläche tragen. Wohl aber wird die andere Seite der Oberfläche (im Körper) entgegengesetzt geladen sein können. Dies heißt eine elektrische Doppelschicht. Gleichnamige Elektrizitäten stoßen sich ab. Deshalb muß eine Oberfläche stets vergrößert werden, wenn sie leitet und geladen ist, einerlei, ob man negative oder positive Elektrizität darauf gebracht hat.

Es gibt jedoch auch leitende Oberflächen, die sich verkleinern, wenn man von außen eine Ladung darauf bringt. Wegen der soeben angeführten Tatsachen ist man gezwungen, anzunehmen, daß diese Oberflächen schon vor dem Aufbringen der Ladung von außen eine Ladung trugen, und zwar eine, die der von außen aufgebrachten Ladung entgegengesetzt ist. Denn dann wird die von außen aufgebrachte Ladung zum Teil zur Neutralisation der Eigenladung verbraucht. Das wird, wenn die von außen aufgebrachte Ladung nicht zu groß war, dazu führen, daß die Ladung der Oberfläche in Summa kleiner, ihre Oberfläche also ebenfalls kleiner wird.

Solche Oberflächen, die von Natur dauernd eine eigene Ladung, eine Doppelschicht, tragen, erhält man, wenn man ein Metall in die Lösung eines seiner Salze taucht. Dann werden sich im allgemeinen aus dieser Lösung einige wenige Metallionen auf dem

Metall niederschlagen und dieses positiv aufladen, bis durch die so geweckten Gegenkräfte ein weiteres Niederschlagen von Metall aus der Lösung unmöglich wird. Oder es geschieht das Gegenteil, ein wenig Metall löst sich auf und dadurch wird das Metall negativ geladen, bis auch hier wieder die Gegenkräfte so erstarkt sind, daß zwischen Metall und Lösung ein stationärer Zustand sich hergestellt hat. Dann trägt das Metall an seiner Oberfläche eine elektrische Doppelschicht, indem die oberste Schicht des Metalls im einen Sinn, die oberste angrenzende Schicht des Elektrolyten ebenso stark im anderen Sinn geladen ist.

Schüttelt man beispielsweise ein Gemisch von 6 Raumteilen Wasser und 1 Raumteil reiner konz. H_2SO_4 mit reinem Quecksilber und Luft, so sättigt sich die Säure mit Hg_2SO_4 und das Quecksilber ladet sich positiv. Verringert man dann die Konzentration der Hg_2^{++}-Ionen, indem man das Hg kathodisch polarisiert, so muß die positive Ladung am Hg verringert werden. Seine Oberflächenspannung muß wachsen und das muß sich, falls das Hg in einer Kapillare unter der Säure sich befindet, in einem weiteren Sinken der Hg-Kuppe kundgeben. Steigert man die kathodische Polarisation, so wird man schließlich einen tiefsten Stand, also eine Maximaloberflächenspannung des Hg erreichen, bei weiterer Steigerung aber wird es wieder steigen. Trägt man die Oberflächenspannung nach oben, die angelegte kathodische Spannung nach rechts auf, so bekommt man eine Art Parabel, die Elektrokapillarkurve. Ihr Gipfel kennzeichnet offenbar denjenigen Zustand, in dem auf der Hg-Oberfläche keine Ladung sitzt. Er wird erreicht sein, wenn die von außen angelegte Spannung entgegengesetzt gleich ist derjenigen, die das Hg in der Säure allein von sich aus zeigen würde. Damit ist der Weg zur Bestimmung von Einzelpotentialen gezeigt. Versuch von Kühne:

Zubehör. Uhrglas, etwa 10 cm Durchmesser. Akkumulatorensäure. $K_2Cr_2O_7$. Lange Nadel in Kork. Ganz reines Quecksilber.

Ausführung. Man gibt in das Uhrglas so viel Quecksilber, daß es einen Tropfen von 2—3 cm Durchmesser bildet, gießt darauf verdünnte Akkumulatorensäure und setzt den Kork mit der Nadel so an den Rand des Uhrglases, daß die Nadelspitze eben gerade die Grenze des Quecksilbers berührt. Fügt man eine kleine Spur gelöstes Kaliumdichromat zu, so beginnt bei richtiger Konzentration und richtiger Stellung der Nadel das Metall bei Berührung mit ihr zusammenzuzucken, sich wieder abzurunden und die Berührung zu wiederholen usf. Alles Folgen der durch Ladungsänderung bewirkten Änderung der Oberflächenspannung (Quecksilberherz).

2. Poggendorffsche Kompensationsmethode zur Messung der E.M.K. (Nullmethode).

Besprechung. Zugleich liefert dies Verhalten des Hg im Kapillarelektrometer ein bequemes und ziemlich empfindliches Nullinstrument zur Anzeige von Potentialdifferenzen. Man erhält es dadurch, daß man nicht ein, sondern zwei Hg-Oberflächen benutzt, beide in derselben Säure, aber nur die eine klein, in einer Kapillare, die andere aber etwa tausendmal so groß (Abb. 152, 1 u. 2). Geht ein kleiner Stromstoß in eine solche elektrolytische Zelle Hg (große Oberfläche)—Säure—Hg (kleine Oberfläche), so wird entsprechend dem Faradayschen Gesetz an beiden Flächen genau gleich viel Stoff umgesetzt. Aber an der großen bedingt das eine nur sehr unbedeutende und vernachlässigbare Änderung

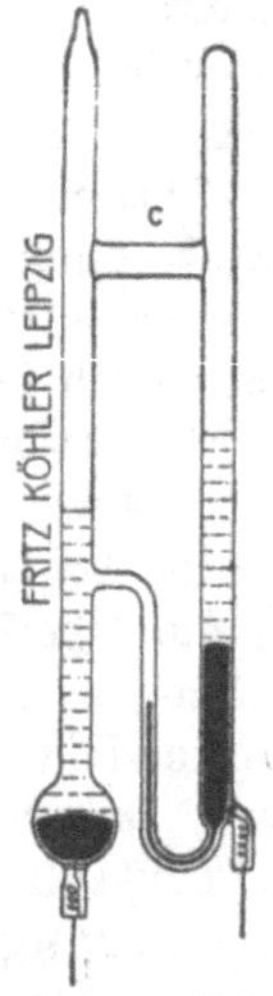

Abb. 152, 1. Kapillarelektrometer.

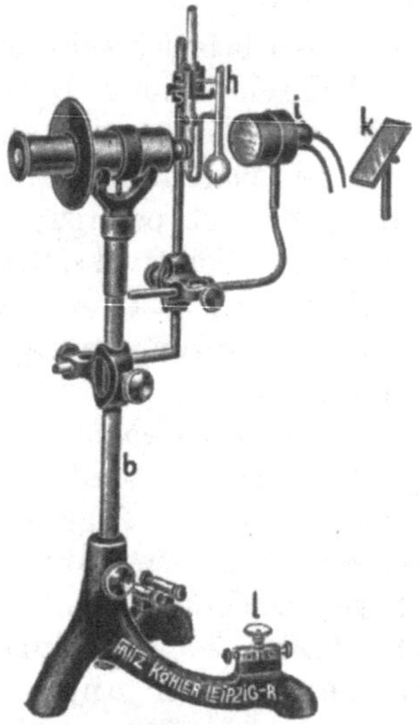

Abb. 152, 2 Kapillarelektrometer (h) mit Glühlampe (i) und Ablesemikroskop.

der Konzentration, während an der anderen Fläche sich eine praktisch sehr merkliche Wirkung einstellt. Man hat also nur diese kleine Kuppe zu beobachten.

Es ist wichtig, zu beachten, daß beim Gegenschalten einer Potentialdifferenz gegen die eigene von Hg in Säure der größte Teil des Stromstoßes nur zur Änderung der Ladung auf dem Hg dient und nicht zur Aufrechterhaltung eines dauernden Stroms nach dem Ohmschen Gesetz.

Ferner ergibt schon der Bau des Kapillarelektrometers, daß es für verschiedene Stromrichtung sehr verschieden stark polarisierbar ist. Denn kathodische Polarisation des kapillaren Hg führt wegen der Kleinheit der Hg_2^{++}-Konzentration sehr schnell zu Verarmung an diesem Ion in der Nähe der Hg-Oberfläche, und das kann erst durch Diffusion wieder ausgeglichen werden. Anodische Polarisation des kapillaren Hg aber führt zu Hg_2SO_4, das sich wegen der großen Mengen von Hg und Säure praktisch unbegrenzt bilden kann. Deshalb polarisiert man immer das kapillare Hg kathodisch. Von etwa 20 Millivolt abwärts sind dann die Depressionen der Kuppe der angelegten Voltzahl proportional.

Man benutzt das Kapillarelektrometer bei den folgenden Übungen nur als Spannungsanzeiger. Es wird anstatt anderer Spannungszeiger z. T. deshalb benutzt, damit das Prinzip der absoluten Messung von Einzelpotentialen sich einprägt.

Die genaue Messung elektromotorischer Kräfte erfolgt bei der Poggendorffschen Methode einfach an Hand der schon durchgeführten (s. Übung 2, Nr. 6) „Spannungsteilung". Man geht aus von einer Stromquelle, deren E.M.K. jedenfalls größer ist, als die der zu messenden Kette. Man schließt diese Stromquelle durch einen homogenen zylindrischen Leiter, neben dessen Widerstand alle anderen Widerstände im äußeren Stromkreis zu vernachlässigen sein müssen. Dann ist die Potentialdifferenz der Stromquelle über die Länge des „Gefällsdrahts" gleichmäßig verteilt. Man kann daher, in geeignetem Abstand zwei Drähte an den Gefällsdraht anlegend, von diesem jeden Spannungsbetrag abzweigen, der gleich oder kleiner ist, als der der Stromquelle. Schaltet man zwischen die anderen Enden dieser Drähte, der Stromrichtung entgegen, die zu messende E.M.K. und ein Kapillarelektrometer oder einen anderen Spannungszeiger, so kann man bei gleichzeitigem Verändern des Abstands der Drahtenden auf dem Gefällsdraht leicht Stromlosigkeit in dem Nebenschluß mit der zu messenden E.M.K. herstellen. Die letztere ist dann gleich der E.M.K. der Stromquelle, multipliziert mit dem Bruch: $\frac{\text{abgegriffener Teil des Gefällsdrahts}}{\text{Gesamtlänge des Gefällsdrahts}}$.

Meist ist die E.M.K. der Stromquelle nicht genau genug bekannt und auch nicht konstant genug, um sie längere Zeit vor oder nach der Messung der gesuchten E.M.K. zu bestimmen. Deshalb pflegt man mit der letzteren die Messung der E.M.K. der Stromquelle zu verbinden. Dies geschieht unter völliger Beibehaltung der Schaltung, indem nur das zu untersuchende Element durch ein Westonnormalelement ersetzt wird. Das geschieht sowohl vor wie nach der Messung des zu untersuchenden Elements („Blockierung der Messung").

In dieser Weise wird die Eichung eines Westonelements gegen das Instituts-Westonelement ausgeführt zur Einübung der Kompensationsmethode.

Abb. 153. Stromschlüssel zum Kapillarelektrometer.

Zubehör. Wheatstonesche Brücke (die bei der Leitfähigkeitsmessung geeicht wurde). Kapillarelektrometer. Akkumulator. Instituts-Westonelement. Westonelement. Stromschlüssel (Abb. 153). Drähte. Umschalter.

Ausführung. Man überlege, weshalb von den vier Schaltungen in Abb. 154 nur 1 und 4 zweckmäßig sind. Der Grund liegt nur darin, daß man das kapillare Hg nur kathodisch polarisieren darf. Um jedenfalls eine der beiden Stellungen sicher zur Anfangsstellung zu haben, schiebe man den Kontakt zuerst auf die Seite der Brücke, die man wählen will, also rechts bei 1, links bei 4. Dann bestimme man die Pole des zu untersuchenden Elements und bezeichne sie.

Zur Bestimmung kann Polreagenzpapier in manchen Fällen dienen (ein Neutralsalz + Phenolphtalein auf Filtrierpapier). Der negative Pol rötet. Man prüft damit zuerst das zu untersuchende Element allein. Ist seine E.M.K. zu gering, um die Zersetzungsspannung des Neutralsalzes (meist Na_2SO_4) im Polpapier zu überwinden, so schaltet man es mit einem ebenfalls zu schwachen (z. B. Leclanché-) Element zusammen hinter- und gegeneinander. Nur bei der einen Schaltung, hintereinander, reagiert dann das Papier, bei der anderen nicht. Unter Umständen freilich ist das Element so schwach, daß es die Kraft des Leclanchéelements doch nicht ausreichend erhöht. Dieser Fall ist bei Messungen elektromotorischer Kräfte recht häufig und wird weiter unten behandelt.

Der Akkumulator soll nicht ganz frisch geladen sein; ist er es, so schließt man ihn durch die Brücke etwa 10 Minuten lang vor Beginn der Messungen. Sonst ist seine Spannung nicht konstant genug.

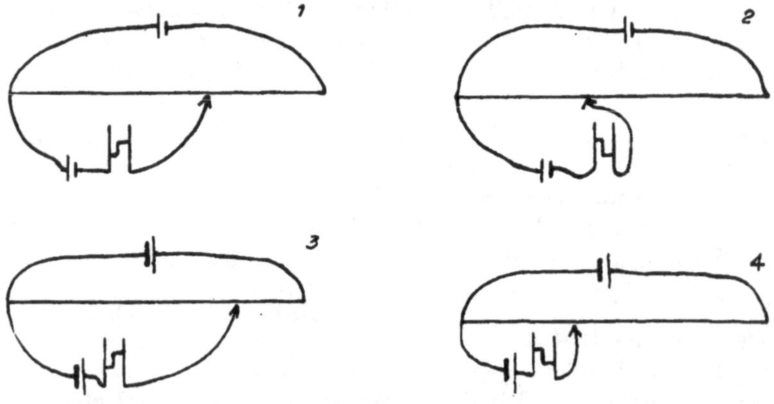

Abb. 154, 1 bis 4. Kompensationsschaltungen mit dem Kapillar-Elektrometer. Der dicke, kurze Strich ist jeweils der negative Elementpol.

Zwischen ihm und der Brücke setzt man einen Steckkontakt ein. Vor das Kapillarelektrometer wird der Stromschlüssel gelegt, eine Vorrichtung, die das Kapillarelektrometer für gewöhnlich kurz geschlossen hält und es durch einen Druck einschalten läßt. Die Drähte zum Kapillarelektrometer kann man, weil es Nullinstrument ist, sehr dünn wählen. Das Kapillarelektrometer selbst ist in ein Stativ eingespannt. Es trägt zugleich eine 10-Volt-Glühlampe zur Beleuchtung und ein Ablesemikroskop zum Ablesen des Standes des Meniskus. Letzterer wird vor der Benutzung des Instruments erneuert, indem man das Instrument etwas neigt und so einen Tropfen aus der Kapillare zum anderen Hg austreten läßt. Auf der Kapillare klebt zur Erleichterung des Ablesens ein Deckgläschen. Das Elektrometer wird in sich kurz geschlossen aufbewahrt.

Westonelemente dürfen, wenn überhaupt, nur durch sehr große Widerstände (3000—5000 Ω) und auch dann nur möglichst kurze Zeit geschlossen werden. Denn ihre Polarisation verschwindet außerordentlich langsam. Ihre E.M.K. ist sehr genau 1,0186 Volt bei

20°. Man braucht fast nie eine Korrektion für die Temperatur (s. Tabelle II) anzubringen, weil der Temperaturkoeffizient so klein ist.

Wegen der Gefahr unvollkommener Kontakte empfiehlt es sich nicht, zum Einschalten des Vergleichswestons eine Wippe (Abb. 155) zu benutzen. Besser legt man die Drähte um und klemmt sie fest. Man befestigt die Zuleitungen am besten mit Reißnägeln oder Klebwachs auf dem Tisch, damit die Drähte beim Wechseln nicht durcheinander kommen (Abb. 156).

Abb. 155. Wippe (Kommutator. Stromwender).

Man sucht zuerst die Stelle auf der Brücke, wo das Elektrometer nicht ausschlägt, mit dem Institutsweston, dann mit dem Weston *x* und dann wieder mit dem Institutsweston. Die letzte Messung muß mit der ersten auf 1 Millivolt übereinstimmen (Blockierung). Man be-

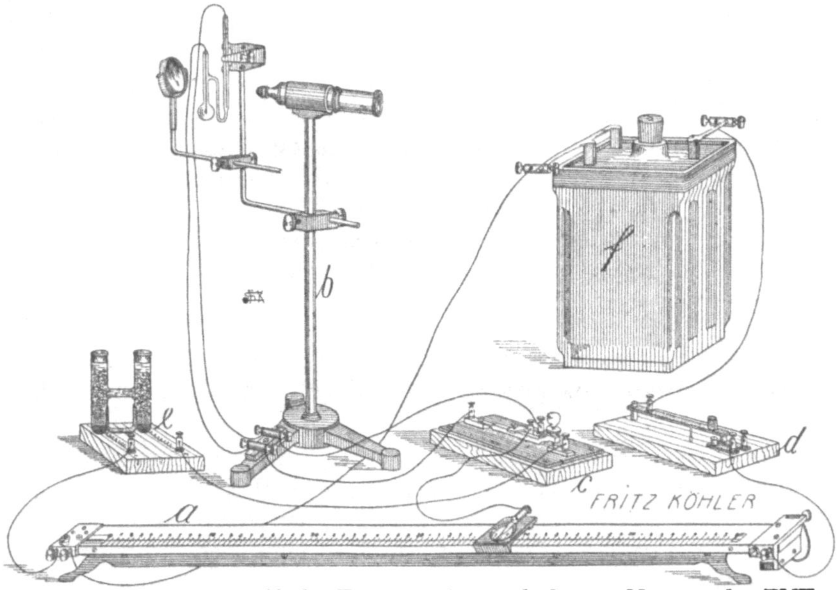

Abb. 156. Poggendorffsche Kompensationsmethode zur Messung der EMK. (Kapillarelektrometer als Nullinstrument).

rechnet in der schon angegebenen Weise, indem man die nach der früheren Kalibrierung der Brücke erhaltenen Korrektionen an den abgelesenen Ständen anbringt und dann erst die E.M.K. des Akkumulators ermittelt.

3. Anwendung des Kapillarelektrometers und der Kompensationsschaltung zur Messung von Stromstärken mit

Elektrometer und Brücke und zu der des inneren Widerstands eines (Weston-) Elements (vgl. auch S. 60—62).

Besprechung. Wenn man je zwei Punkte je zweier getrennten, geschlossenen Stromkreise miteinander verbindet, so daß jeder von beiden Stromkreisen einen Nebenschluß bekommt, der zugleich Nebenschluß des anderen Stromkreises ist und von dem ein Teil mithin dem anderen Stromkreis angehört, so kann man es durch geeignete Lage der vier Abzweigungspunkte immer dahin bringen, daß in den beiden Leiterstücken, die keinem Hauptstromkreis angehören, kein Strom fließt (Abb. 157). Man hat dazu nur zwei Bedingungen zu erfüllen: Die Abzweigungen an den Hauptstromkreisen müssen je auf den Seiten gleichnamiger Pole liegen, so daß die Potentialdifferenzen zwischen den Enden der Stücke der Hauptstromkreise einander gegengeschaltet sind. Zweitens müssen diese Potentialdifferenzen einander gleich sein. Man hat also nur einen von den vier Abzweigungspunkten verschiebbar zu machen, z. B. auf einem Gefällsdraht, einer Brücke, und in das Verbindungsstück der Hauptstromkreise einen Stromanzeiger, ein Kapillarelektrometer etwa, einzuschalten Kennt man die E.M.K., die dem auf der Brücke abgezweigten Stück entspricht, und den Widerstand des gemeinsamen Leiterstücks im anderen Hauptstromkreis, so ergibt das Ohmsche Gesetz die Stromstärke im anderen Leiterkreis:

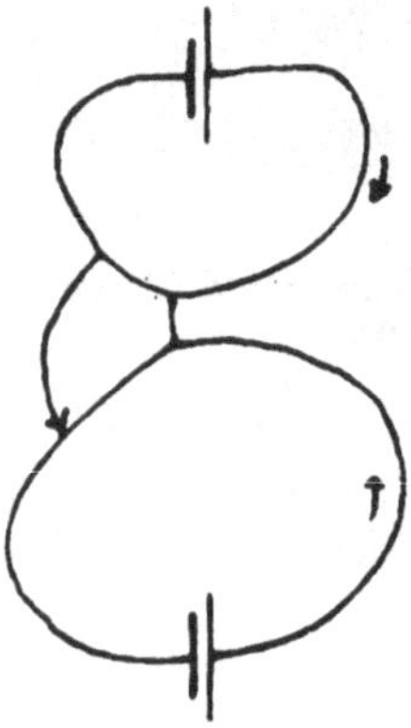

Abb. 157. Messung von Stromstärken und Widerständen mit der Kompensationsmethode.

$$I = E/T, \tag{141}$$

wo T dieser Teil des Widerstands des anderen Leiterkreises. Man kann also auf diese Weise elektrometrisch mit der Brücke Stromstärken messen.

Dies wieder erlaubt, den inneren Widerstand der Stromquelle im anderen Leiterkreis zu bestimmen, falls die E.M.K. daselbst bekannt ist. Sie sei M. Ist der innere Widerstand x, der gesamte äußere Widerstand, worein also T eingeschlossen ist, G, so muß nach dem Ohmschen Gesetz sein:

$$I = M/(G + x,) \tag{142}$$

woraus:

$$x = MT/E - G. \tag{143}$$

Es versteht sich, daß die Bestimmung von x nur dann mit ausreichender Genauigkeit möglich ist, wenn G neben x nicht zu groß ist.

Man kann diese Methode benutzen, um den (sehr großen) inneren Widerstand eines Westonelements zu bestimmen. Man schließt es durch einen Rheostaten durch einige 1000 Ω und zweigt von zwei geeigneten Punkten am Rheostaten ab. Der eine Draht geht ans gleichnamige Ende der mit einem Akkumulator geschlossenen Brücke, der andere über das Kapillarelektrometer zum beweglichen Kontakt.

Zubehör. Akkumulator. Brücke, geeicht. Kapillarelektrometer. Rheostat, mindestens 5000 Ω (wird ausgegeben). Stromschlüssel. Stecker. Westonelement. 10-Voltleitung. Drähte.

Ausführung. Man schließt das Westonelement nach richtiger Stellung der Pole durch 5000 Ω, zweigt auf beiden Seiten von 3000 Ω zur Brücke ab und bestimmt dort die Nullstellung. Dann auf beiden Seiten von 2000 Ω. Schließlich schließt man das Element nur durch 4000 Ω und zweigt wieder bei 3000 Ω ab. Man kann natürlich auch andere ähnliche Widerstände wählen, aber man hüte sich, das Westonelement durch einen Kurzschluß mittels des Rheostaten zu verderben.

Man berechnet dann für alle drei Messungen die Stromstärke in Ampere und den inneren Widerstand. Man gibt außerdem den Betrag von T (Abzweigwiderstand) und G (Schlußwiderstand des Westonelements), ferner die E.M.K. des Westonelements an. Liegen Kristalle oder Luftblasen im Westonelement, namentlich im wagrechten Verbindungsrohr beweglich, so erhält man je nach ihrer Lage sehr verschiedene Widerstandsbeträge.

B. Messungen elektrochemischer Größen. Messungen an umkehrbaren galvanischen Ketten.

Schlüsse aus der Thermodynamik können sich ihrem Wesen nach in Form von Gleichungen nur auf umkehrbare Vorgänge beziehen. Umkehrbar heißen die stromerzeugenden Vorgänge in einer Kette, wenn sie durch Anlegen eines äußeren, dem eigenen entgegengesetzten Potentialgefälles ausreichender Größe vollkommen wieder rückgängig gemacht werden. Umkehrbarkeit und Konstanz eines Elements haben miteinander nichts zu tun.

4. Die E.M.K. von Daniellketten.

Besprechung. In Ketten mit zwei Metallen und zwei Flüssigkeiten (viergliedrige Ketten) setzt sich die gesamte E.M.K. (die allein der Thermodynamik zugänglich ist, wenn man vom gesamten chemischen stromliefernden Vorgang ausgeht) zusammen aus drei Potentialsprüngen, zwei an den Metallen gegen die Flüssigkeiten und einem zwischen den Flüssigkeiten. Von dem letzteren wird (s. chemische Kinetik) einstweilen abgesehen, er ist klein. Verändert man etwas an einer solchen Kette (z. B. die Konzentration der Lösungen usw.) und ändert man dadurch die E.M.K., so erfährt man über den Sitz der Änderung nichts, bevor man die Möglichkeit hat, die beiden Einzelpotentialsprünge zu untersuchen. Immerhin kann man dadurch, daß man entweder die eine oder die andere

Lösung ändert, Änderungen hervorbringen, die sicher an der einen oder der anderen Elektrode lokalisiert sein müssen. Dazu baut man die Elemente nicht als Ganzes auf, sondern setzt sie aus Halbelementen zusammen (Abb. 158). Die Heberröhrchen zweier Halbelemente tauchen dann in ein kleines Zwischengefäß, das die konzentriertere der beiden Lösungen enthält.

Zur Messung von Einzelpotentialdifferenzen hat man die kapillarelektrischen Erscheinungen beigezogen und gefunden, daß ein Halbelement: *Hg/ mit HgCl gesättigte 0,1-n. KCl-Lösung* bei bestimmter Temperatur und wenn kein Strom durchgeht, ein sehr genau konstantes Einzelpotential besitzt. Man nennt dies Halbelement die Zehntelnormalkalomelelektrode. Man kann andere Halbelemente ihm entgegenschalten

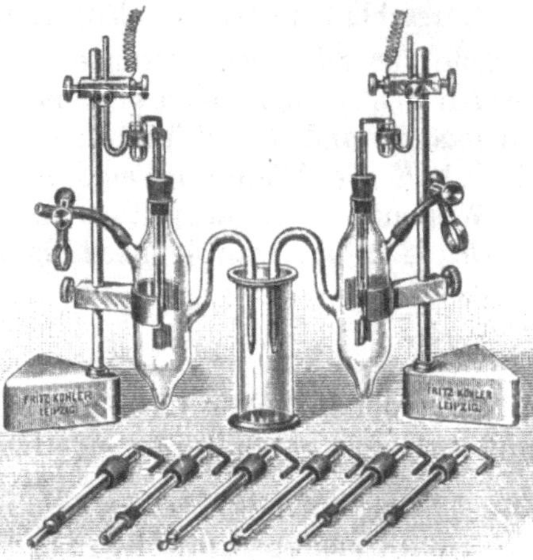

Abb. 158. Zusammenstellung galvanischer Ketten aus Halbelementen zur Bestimmung von Einzel-Potentialdifferenzen.

und sein Potential als 0 festsetzen, dann mißt man die Einzelpotentiale, bezogen auf die 0,1-n. Kalomelelektrode; oder man bezieht die letztere wieder auf die Wasserstoffelektrode (s. weiter unten). Dann muß man Größe und Vorzeichen des Einzelpotentials der Kalomelelektrode beachten.

Hinsichtlich der Vorzeichen von Einzelpotentialen kommt es auf folgendes an. Schreibt man *Hg/0,1-n. KCl gesättigt mit HgCl* = +0,612 Volt, so meint man, daß der zuerst genannte Leiter (Hg) sich gegen den zweitgenannten mit 0,612 Volt positiv ladet. Schreibt man die Leiter in umgekehrter Reihenfolge, so sagt man, das Potential sei −0,612 Volt. Die Zahl 0,612 gibt das kapillarelektrisch ermittelte „absolute" Potential an. Manchmal ist die n.-Kalomelelektrode Hg/$^1/_1$-n. KCl gesätt. mit HgCl = +0,560 bequemer. Auch die Nernstsche H·-Elektrode H_2-beladenes Pt/$^1/_1$-n. H·-Ion = + 0,277 wird viel benutzt.

Die Vorzeichen der E.M.K. galvanischer Elemente sind bereits S. 28 festgelegt. Die Vorzeichen von Einzelpotentialdifferenzen können verschieden angegeben werden. In verschiedenen Werken findet man verschiedene Wege dabei befolgt.

Man bestimmt Einzelpotentialdifferenzen mit der Kompensationsmethode nicht unmittelbar. Sondern man mißt zuerst die E.M.K. einer Kette, die aus einer Elektrode schon bekannter Potentialdifferenz und aus derjenigen zusammengesetzt ist, deren Einzelpotentialdifferenz x bestimmt werden soll; daraus berechnet man die letztere. Man muß also zur Berechnung der letzteren kennen:

1. Die E.M.K. der ganzen Kette nach Größe und Vorzeichen. Nach der Festsetzung S. 28 erfährt man diese durch Messung ohne weiteres. Denn die Größe erhält man aus der Kompensationsmessung und das Vorzeichen auch. Es bleibt also die Frage nach einer zweckmäßigen Schreibweise.

Man schreibt am besten die elektromotorisch wirksamen Phasen in der Reihenfolge von der einen zur anderen Elektrode auf. Und zwar anfangend mit derjenigen Elektrode, die sich durch den stromliefernden Vorgang positiv ladet im Verhältnis zur anderen, also anfangend mit der Kathode. Alsdann ist die E.M.K. immer durch einen positiven Zahlwert gegeben und man weiß dann, welcher Pol positiv ist.

2. Man muß die Einzelpotentialdifferenz an der benutzten Normalelektrode kennen nach Größe und Vorzeichen. Wir setzen zuerst das Vorzeichen fest, dann die Größe.

Denn das Vorzeichen ist durch Messungen ermittelt, der Betrag aber, wenigstens bei den heutigen Festsetzungen, bald Definitionssache, bald ebenfalls Sache der Messung.

a) Vorzeichen. Jede Normalelektrode besteht u.a. aus einem Metall und einem Elektrolyten. Welches von beiden sich bei der Berührung beider positiv ladet, ist durch Messung festzustellen. Bleibt also hier nur noch die Schreibweise anzugeben. Folgt man der Schreibweise in 1., so wird man dem Zahlwert, der den Betrag der Einzelpotentialdifferenz der Normalelektrode angibt, das positive Zeichen beifügen, wenn man die beiden Phasen Metall—Elektrolyt in der Reihenfolge vom positiven zum negativen aufgeschrieben hat.

b) Betrag der Einzelpotentialdifferenz; läßt sich gleichfalls durch Messung ermitteln. Diese Messungen des Potentials der Normalelektrode können selbstverständlich nicht mit der Kompensationsmethode gemacht werden, da man hierzu stets zwei Paare Metall—Elektrolyt nötig hat. Man hat diese Messungen mittels der kapillarelektrischen Erscheinungen (Maximum der Elektrokapillarkurve) durchführen können. So fand sich im Sinn der vorhin festgesetzten Schreibweise:

Kalomel $^1/_1$-Normal-Elektrode	: Hg/$^1/_1$-n. KCl gesätt. m. HgCl	+ 0,560 Volt	(144)
„ $^1/_{10}$ „ „	: Hg/$^1/_{10}$-n. KCl „ „ HgCl	+ 0,612 „	
Nernstsche Wasserstoff- „	: Pt (H_2 beladen 1 Atm.)/$^1/_1$-n. $H^·$	+ 0,277 „	

Schreibt man diese Elektroden vom Elektrolyten zum Metall hin, so sind in den genannten drei Beispielen die Vorzeichen umzukehren.

Macht man die alte Le Blancsche, auch von R. Lorenz benutzte Festsetzung, daß das Vorzeichen von Einzelpotentialen gleichzusetzen sei dem Vorzeichen der Ladung, die der Elektrolyt durch den Stoff der Elektrode erhält, so sind die Vorzeichen in den drei genannten Beispielen auch umzukehren. Bei dieser Le Blancschen Wahl (später von ihm verlassen) ist die Reihenfolge der Elektrodenkomponenten bei der Schreibung bedeutungslos für das Vorzeichen. Man kann jedoch auch dabei sich unserer Schreibweise bedienen und erhält dann zwei Klassen von Einzelpotentialdifferenzen: Solche, bei denen das Metall voransteht, und solche, wo der Elektrolyt voransteht. Der erstere Fall entspricht mehr den „elektronegativen", der zweite mehr den „elektropositiven" Stoffen.

Endlich kann man jeder der genannten Elektroden durch Definition den Wert Null der Einzelpotentialdifferenz zuschreiben.

Dies ist dann nicht mehr eine absolute Potentialangabe, wie sie die drei genannten Zahlen (s. oben) darstellen, sondern eine Potentialangabe, bezogen auf die betreffende Normalelektrode. Die $^1/_{10}$-n. Kalomelelektrode benutzt man dazu nicht.

3. Die Berechnung der Einzelpotentialdifferenz x aus der Gesamt-E.M.K. und der Einzelpotentialdifferenz der Normalelektrode.

Setzt man die Normalelektrode gleich Null an, so ist die Einzelpotentialdifferenz x nach Größe und Vorzeichen durch die Gesamt-E.M.K. gegeben.

Setzt man die Einzelpotentialdifferenzen der Normalelektroden, wie wir oben taten, zu den Werten fest, die oben gegeben wurden, so hat man zu schreiben:

a) Wenn die E.M.K. der Kette positiv wird bei der Reihenfolge:

$$\text{Kombination } x - \text{Normalelektrode} = +E, \tag{145}$$

d. h. wenn das Metall der Kombination x durch den stromliefernden Vorgang sich positiver ladet, als das der Normalelektrode, wenn also das Metall der Kombination x Kathode wird in der Kette:

$$(\text{Einzelpotentialdifferenz der Kombination } x) = \\ = (\text{Einzelpotentialdifferenz der Normalelektrode}) + E.$$

b) Wenn die E.M.K. der Kette positiv wird bei der Reihenfolge:

$$\text{Normalelektrode} - \text{Kombination } x = +E, \tag{146}$$

d. h. wenn das Metall der Normalelektrode sich positiver ladet, als das der Kombination x, wenn also das Metall der Kombination x Anode wird in der Kette:

$$(\text{Einzelpotentialdifferenz der Kombination } x) = \\ = (\text{Einzelpotentialdifferenz der Normalelektrode}) - E.$$

Außer den in den Gleichungen schon angeschriebenen Vorzeichen hat man keine einzusetzen, weil man lauter positive Größen zu addieren und zu subtrahieren hat, laut unseren Festsetzungen und unserer Schreibweise.

Die Umrechnung von der H·-Elektrode als Nullpunkt auf die Kalomelelektrode als Nullpunkt erfolgt, wie ohne weiteres klar ist, nach:

$$E_c = E_h - 0{,}283. \qquad (147)$$

Darin ist E_c die Einzelpotentialdifferenz bei $^1/_1$ Kalomelelektrode = 0, E_h die bei $^1/_1$ H·-Elektrode = 0.

Wir setzen im folgenden immer die $^1/_1$-n. Wasserstoffelektrode mit der Einzelpotentialdifferenz Null in Rechnung. Mit anderen Worten, wir müssen immer von der hier benutzten Kalomelelektrode ($^1/_1$-n.) auf die Wasserstoffelektrode umrechnen.

Das Hg ladet sich in der n. Kalomelelektrode um 0,283 Volt positiver gegen seinen Elektrolyten, als das H_2-beladene Platin sich gegen den seinen ladet. Deshalb geht bei dieser Kombination (nach Beseitigung der Diffusionspotentiale, s. weiter unten) der Strom im Element vom Wasserstoff zum Hg. Die n. Kalomelelektrode hat also, bezogen auf die Wasserstoffnullelektrode, die Einzelpotentialdifferenz + 0,283 Volt.

Da sich das Hg gegen seinen Elektrolyten positiv ladet, so führt ihm dieser positive Ladungen zu. Das bedeutet im elektrochemischen Sinn (s. S. 42): Oxydation. Man rechnet also oxydierende Wirkung hier positiv. Da wir früher die Elektrode, an der der positive Strom in den Elektrolyten eintritt, als Anode bezeichneten, so entspricht dem jetzt eine kathodische Wirkung. Verallgemeinern wir diese Schreibweise, rechnen also ein Einzelpotential immer dann positiv, wenn das Metall dabei gegen den angrenzenden Elektrolyten sich positiv ladet, so erhält man beim Voranstellen der Kathode einer Kette ihre E.M.K. stets positiv. Sie ist immer die Differenz zweier Einzelpotentialdifferenzen. Dann hat man also zwei Fälle zu unterscheiden. Man rechnet in beiden verschieden. Man bestimmt die Fälle durch das Vorzeichen der gemessenen E.M.K.

Im ersten ist die Normalelektrode die Anode. Dann steht sie an 2. Stelle.
Dann ist die E.M.K. $E = x - 0{,}283$ und $x = E + 0{,}282$.
Im zweiten ist die Normalelektrode die Kathode. Dann steht sie an 1. Stelle,
Dann ist die E.M.K. $E = 0{,}283 - x$ und $x = 0{,}283 - E$. (148)

Bei dieser Rechnungsart kann irgendeine Unklarheit oder Schwierigkeit nicht entstehen. Man muß also bei jeder solchen Messung die Stromrichtung bestimmen. Das gelingt allgemein durch Schalten mit einem Westonelement und gegen ein solches in der Wheatstoneschen Brücke (Kompensationsmethode).

Zubehör. Apparate von der vorigen Messung. Drei Halbelemente. Normalkalomelelektrode. Zwei runde Glasgefäße mit Holzplatte und Heber. Zwei Kupferelektroden. Eine Zinkelektrode. $HgCl_2$-Lösung zum Zinkamalgamieren. n. $CuSO_4$. n. $ZnSO_4$. 10-ccm-Pipette. Literkolben. Drähte. Filtrierpapier. Siegellack. Sandpapier. Verkupferungslösung. Konz. HNO_3.

Ausführung. Man mißt die Einzelpotentiale von $Zn/n. ZnSO_4$ (1); $Cu/n. CuSO_4$ (2); $Cu/0{,}01\text{-}n. CuSO_4$ (3) gegen die n. Kalomelelektrode. Dann mißt man die E.M.K. der Kombinationen 1—2, 1—3, 2—3. Im einzelnen verfährt man wie folgt:

Einzelpotentiale.

Die Normalelektrode wird geliefert. Die Halbelemente stellt man her wie folgt. Der Zn-Stab wird amalgamiert durch Eintauchen in $HgCl_2$-Lösung und Hg (diese Lösung darf nur zum Zn-Amalgamieren benutzt werden [wird geliefert], die zum Cu-Amalgamieren sei $HgNO_3$ in HNO_3). Der aus der Flüssigkeit später herausragende Zn-Teil muß von der Luft abgeschlossen werden, da seine Oxydation stören würde. Man schließt ihn in ein Glasröhrchen und verkittet die Übergangsstelle mit Siegellack (Abb. 159). Es sollen nur 1—2 cm des Zn frei bleiben. Vor dem Einbringen in die Flüssigkeit des Halbelements wird der Stab jeweils mit Filtrierpapier gut abgerieben, um Oxyd zu entfernen, nötigenfalls frisch amalgamiert. Der Cu-Stab wird mit einem ebensolchen Glasschutz versehen und wird, wenn mißfarbig geworden, jedenfalls aber vor Beginn der Messungen, frisch verkupfert in einer $CuSO_4$-Lösung, bis er rosa aussieht (nicht in der n. $CuSO_4$-Lösung). Man sehe auf gute Befestigung der Drähte an den Elektroden. Sie müssen angelötet sein. Die gelieferte $CuSO_4$-Lösung wird im Literkolben 10 ccm auf 1000 verdünnt. Man füllt dann die drei Halbelemente, jeweils bis zur selben Höhe, damit beim Inverbindungbringen keine Strömung auftritt, die zu Vermischung führt. Die E.M.K. stellt sich an diesen Elektroden in 5—10 Minuten nach dem Aufbauen konstant ein. An anderen Elektroden kann es tagelang dauern.

Abb. 159. Normal-Kalomel-elektrode.

Die Füllung geschieht auf folgende Weise: In der oberen Öffnung des Halbelements sitzt mit Gummistopfen luftdicht die Elektrode. Über den oberen seitlichen Ansatz zieht man ein kurzes Stück Schlauch, das ein Quetschhahn verschließt. Man taucht den Heberansatz in die betreffende Lösung und saugt, bis die Flüssigkeit bis in den oberen seitlichen Saugansatz gekommen ist, drückt dann den Schlauch zusammen. Es soll keine Luftblase im Heberrohr sein.

Ist die Normalelektrode beschädigt, so füllt man sie in folgender Weise neu:

Man füllt in das reine Glasgefäß elektromotorisch reines Hg und darüber eine mäßig dünne Schicht reines Kalomel (wird geliefert). In das Hg taucht man den trockenen Platindraht, den ein Gummistopfen im Hals des Halbelements festhält. Er muß ganz ins Hg eintauchen. Man schiebt ihn am besten vor dem Eintauchen des Drahts über die Glasröhre. Dann schüttelt man eine $^1/_1$-n. KCl-Lösung (reines KCl wird geliefert) mit etwas reinem HgCl bis zur Sättigung damit und saugt diese Lösung, wie oben beschrieben, ins Halbelement, wiederum unter sorgfältiger Vermeidung von Luftblasen im Heberrohr. Der Schnabel der Normalelektrode taucht stets, auch bei Nichtgebrauch der Elektrode, in ein Becherglas mit $^1/_1$-n. KCl.

Man mißt nun die Halbelemente gegen die n. Elektrode in der angegebenen Reihenfolge, und zwar immer in der Anordnung: Weston—Kette—Weston—Kette usw., alle 2 Minuten eine Ablesung an der Kette, bis sie drei aufeinanderfolgende Male innerhalb der zufälligen Fehler gangfrei dieselbe Stellung auf der Brücke ergibt. Dann schließt sich eine letzte Messung mit dem Weston an (Blockierung), die zugleich als erste für die folgende Kette dient. Man darf zur Berechnung der abgelesenen Zahlen nie vergessen, die Korrektion von der Kalibrierung der Brücke her anzubringen. Das gilt namentlich, wenn die E.M.K. der Kette sehr klein ist, so daß die Strecke auf der Brücke ganz ans eine Ende rückt. In solchem Fall verfährt man am besten so, daß man zu der Kette das Westonelement hinzuschaltet, das eine Mal im einen, das andere Mal im anderen Sinn. (Aus dieser Serien- und Gegenschaltung erfährt man zugleich die Stromrichtung im Element, und dieser Weg empfiehlt sich sehr, weil man doch alle zugehörigen Instrumente stets zur Hand hat, s. oben.)

Man schreibe stets die Stromrichtung auf und beachte, was über die Vorzeichen gesagt wurde.

Nach der Messung der Einzelpotentiale (d. h. E.M.K. eines Halbelements gegen Normalelektrode) folgen die der drei Kombinationen. Man vergleiche die aus den Einzelpotentialen summierten und die direkt gemessenen E.M.K. Ferner den Einfluß der Konzentration, der sich nach den Nernstschen Formeln (s. unten, nächste Messung) vorausberechnen läßt und pro Zehnerpotenz der Konzentration 0,058 Volt ausmacht.

5. Die E.M.K. von Konzentrationsketten.

Besprechung. Aus der Nernstschen osmotischen Theorie der Stromerzeugung folgt für eine Kette, worin der stromerzeugende Vorgang nur in der Ausgleichung der Konzentration verschieden konzentrierter Lösungen besteht, die Gleichung:

$$E = \frac{RT}{nF} \cdot \ln \frac{c_1}{c_2}. \tag{149}$$

Darin ist n die Wertigkeit der Ionen, $\frac{R}{F}$ die elektrolytische Gaskonstante und c die Konzentrationen in beliebigem Maß. ln ist der natürliche Logarithmus, den man durch Multiplikation des Briggsschen mit 2,30258 erhält. Setzt man für T Zimmertemperatur ein, nimmt

Briggssche Logarithmen und das Konzentrationsverhältnis 10 : 1, so erhält man:

$$E = 0{,}058/n \text{ Volt.} \qquad (150)$$

Diese Gleichung läßt sich, falls für die Ionen die osmotischen Gesetze streng gelten, ebenso aus der Thermodynamik ableiten. Aus der Nernstschen osmotischen Theorie folgt sie durch Vereinigung der Ausdrücke, die für die Einzelpotentiale an den beiden Metallelektroden einzeln gelten. Sind die Elektroden aus demselben Metall und tauchen sie in zwei verschieden konzentrierte Lösungen desselben Salzes des Metalls, so übt das Metallion in der einen Lösung einen anderen osmotischen Druck gegen das Metall aus, als in der anderen. Falls die Konzentrationen sich wie 10 : 1 verhalten, einen Druck, der zehnmal so groß ist, wie der der Ionen in der anderen Lösung. Man denkt sich, daß jedem Metall ein von seiner Natur, vom Lösungsmittel und von der Temperatur abhängiger sog. elektrolytischer Lösungsdruck innewohne, der etwa mit P bezeichnet sei. Ist der osmotische Druck der Ionen, die in der umgebenden Lösung vorhanden sind, p, so ergibt die osmotische Theorie den Ausdruck:

$$E = \frac{RT}{nF} \ln \frac{P}{p}\,. \qquad (151)$$

Schaltet man nun zwei solche Halbelemente gegeneinander, so sind zwei derartige Ausdrücke voneinander zu subtrahieren und P fällt heraus. Damit ist man bei dem oben gegebenen Ausdruck angekommen. Dabei ist jedoch die Potentialdifferenz, die sich zwischen den beiden Lösungen selbst einstellt, vernachlässigt worden. Das ist nur dann erlaubt, wenn sie klein genug ist. Alsdann geschieht die Ausgleichung der Konzentration einfach dadurch, daß aus dem Metall in die verdünnte Lösung Ionen austreten und gleichzeitig aus der konzentrierteren Ionen an dem Metall entladen werden. Der Strom fließt also von der verdünnteren zu der konzentrierteren Lösung.

Alle diese Überlegungen sind zu ergänzen, wenn zwischen den Flüssigkeiten selbst eine merkliche Potentialdifferenz besteht. Sie rührt dann davon her, daß die Ionen des Elektrolyten verschieden schnell wandern und somit das positive oder das negative dem anderen ein wenig voraus-eilt. Das bedingt an der Berührungsstelle der Flüssigkeiten eine Potentialdifferenz. Ihre Untersuchung gehört jedoch als eine Geschwindigkeitsfrage erst zur chemischen, genauer zur elektrochemischen Kinetik. Man kann diese Störung beseitigen, indem man der Kette andere Ionen zufügt, und zwar beiden Lösungen in gleicher Konzentration und in so großem Überschuß, daß sie sich dem Potentialgefälle zur Stromleitung darbieten und die anderen daneben nicht mehr aufkommen können. So läßt sich z. B. vielfach Na_2SO_4 verwenden. Alsdann wird an der Berührungsstelle der Flüssigkeiten nichts überführt von denjenigen Stoffen, die potentialbildend wirken, und deshalb heißt dann die Kette eine Konzentrationskette ohne Überführung. Man kann eine solche vollkommener herstellen, wenn man zwei Elemente miteinander verbindet, die sich nur durch die Konzentration ihres Elektrolyten unterscheiden (Konzentrationsdoppelketten). Die Ketten, wie sie anfangs dieses Abschnitts beschrieben wurden, bei denen keine fremden Ionenüberschüsse zugefügt sind und die Flüssigkeiten sich unmittelbar berühren, haben im allgemeinen immer ein Berührungspotential und heißen Konzentrationsketten mit Überführung. Das Berührungspotential rührt, wie wir sahen, von der Diffusion der Ionen und heißt deshalb auch Diffusionspotential.

Es werden Messungen an Konzentrationsketten ohne und mit Überführung angestellt.

Zubehör. Apparat zur Kompensationsmethode vom vorvorigen Versuch. Na_2SO_4. Reines HgCl. Reines Hg. Gesättigte Na_2SO_4-Lösung. n. Salzsäure (wird geliefert). n. KCl-Lösung (wird geliefert). 10-ccm-Pipette. Zwei 100-ccm-Meßkolben. Zwei 1-Litermeßkolben. Acht Halbelemente (bzw. sechs und dazu die $^1/_1$-n. und 0,1-n. Kalomelelektrode).

Ausführung. Gemessen werden die Ketten:

1. a)	Hg/HgCl/KCl	in	1	Liter	—	KCl	in	10	Liter/HgCl/Hg
b)	„	„	1	„	—	„	„	100	„
c)	„	„	10	„	—	„	„	100	„

Dasselbe mit HCl statt KCl (2 a, b, c). Endlich (3):

Hg/HgCl/HCl in 10 Liter — HCl in 100 Liter/HgCl/Hg,

beide Lösungen mit Na_2SO_4 gesättigt.

Man bezieht die Ergebnisse auf die H˙-Normalelektrode.

Zuerst stellt man sich die erforderlichen Lösungen her durch Verdünnen mit Meßkolben und Pipette. Die Na_2SO_4-gesättigten Lösungen stellt man dadurch her, daß man nicht mit Wasser, sondern mit der gesättigten Lösung von Na_2SO_4 verdünnt. Man sättigt alle Lösungen mit HgCl durch Schütteln mit einer Messerspitze dieses Salzes. Dann folgt, wie oben beschrieben, die Füllung der Halbelemente:

Hg/HgCl/$^1/_1$-n. KCl, Hg/HgCl/0,1-n. KCl, Hg/HgCl/0,01-n. KCl, wobei man die schon hergestellten Normal- oder 0,1-n. Kalomelelektroden benutzen kann,

Hg/HgCl/n. HCl,
Hg/HgCl/0,1 HCl,
Hg/HgCl/0,01 HCl,
Hg/HgCl/0,1 HCl, gesättigt mit Na_2SO_4,
Hg/HgCl/0,01 HCl, gesättigt mit Na_2SO_4.

Zur Vereinigung stellt man die Schnäbel der Halbelemente in einen kleinen Becher mit der konzentrierteren Lösung, bei den beiden letzten in einen mit Na_2SO_4-Lösung. *Man vereinigt aber nie eine Normalelektrode mit einem HCl-haltigen Halbelement, sonst wird die Normalelektrode verdorben.*

Man mißt die angegebenen Paare, berechnet die Potentialdifferenzen und vergleicht sie mit den gefundenen. Sie werden außer bei den beiden letzten Halbelementen nicht mit der Berechnung übereinstimmen. Doch wird der Unterschied nur bei den HCl-haltigen Ketten groß sein, da nur das $H^{\cdot}$-Ion im Verhältnis zum Cl'-Ion schnell wandert, letzteres aber fast gleich schnell mit dem $K^{\cdot}$-Ion. Deshalb werden die Diffusionspotentiale hier klein, dort groß. Sie werden bei den kinetischen Messungen betrachtet, deshalb bewahre man die Zahlen auf. Man beachte die Vorzeichen.

6. Die Messung von Konzentrationsketten, angewendet auf die Bestimmung von Gleichgewichten. Löslichkeitsgleichgewichte elektrolytisch zerfallender Stoffe. Elektromotorische Bestimmung von Ionenkonzentrationen I.

Besprechung. Da die Nernstschen Formeln im ganzen befriedigend gelten innerhalb des sonstigen Geltungsbereichs der osmotischen Gesetze für Ionen, so kann man in verdünnten Lösungen Ionenkonzentrationen ermitteln, wenn man sie als Elektrolyte in Halbelementen verwendet, denen man andere Halbelemente gegenüberstellt, die dasselbe Ion, dessen Konzentration man in der ersten Lösung bestimmen will, in bekannter Konzentration enthalten, im übrigen aber den ersten Halbelementen gleich sein müssen. Dann besteht die einzige Verschiedenheit der gegeneinander geschalteten Halbelemente in der Verschiedenheit der beiden Ionenkonzentrationen, und diese wieder übt einen gesetzmäßigen Einfluß auf die E.M.K. der so gebildeten Kette. Wenn die Konzentrationen in geometrischer Reihe steigen, steigen die E.M.K. in arithmetischer, d. h. anders ausgedrückt, die E.M.K. steigt proportional dem Logarithmus des Konzentrationsverhältnisses. Deshalb kann man elektromotorisch noch ganz außerordentlich kleine Konzentrationen mit Sicherheit bestimmen, die man chemisch-analytisch keinesfalls und auch mit Hilfe der Leitfähigkeit oft z. T. aus anderen Gründen nicht ermitteln kann. Denn eine Verringerung des Konzentrationsverhältnisses auf $({}^1/_{10})^n$ läßt die E.M.K. sich um $n \, . \, 0{,}058$ Volt ändern bei Zimmertemperatur.

Will man die Höhe der Temperatur genauer berücksichtigen, so erhält man in Briggsschen Logarithmen:

$$E = 0{,}000198\,(273 + t)\log c_1/c_2. \qquad (152)$$

Hat man z. B. die Löslichkeit eines sehr wenig löslichen Salzes, etwa eines der in der quantitativen Analyse als unlöslich bezeichneten Niederschläge, wie $BaSO_4$ oder $AgCl$, zu bestimmen, so läßt sich das durch Kombination der Lösung mit einer Lösung bekannter Konzentration eines der beiden Salzionen elektromotorisch machen. Die Stromzuführungen, also die Elektroden, müssen aus gleichem Material sein, damit alles symmetrisch ist außer dem zu Bestimmenden. Es ist bei solchen Bestimmungen eine erlaubte und vorteilhafte Vereinfachung, das schwer lösliche Salz als vollkommen dissoziiert anzusehen wegen der großen absoluten Verdünnung. Dagegen wird man im allgemeinen den Dissoziationsgrad der bekannten Lösung besonders bestimmen müssen, z. B. osmotisch oder durch Leitfähigkeitsmessung. 0,1-n. $AgNO_3$-Lösung z. B. enthält $AgNO_3$ zu 82 Prozent dissoziiert, c_1 wird hier also $0{,}1 \cdot 0{,}82 = 0{,}082$.

Die Lösungen der schwerlöslichen Salze leiten wegen ihrer Verdünnung so schlecht, daß man ihnen bei Messung der Kationenkonzentration ein löslicheres Salz des gleichen Anions zuzusetzen pflegt, um die Messung zu vereinfachen. Dann ergibt die Messung der E.M.K. aber auch zuerst nur die Konzentration des schwerlöslichen Salzes in dieser Hilfslösung. Man hat also aus ihr noch die Konzentration im reinen Lösungsmittel zu berechnen. Dazu wendet man das Massenwirkungsgesetz an, das hier wegen der Gesetze der Löslichkeit und der Größenordnung der Konzentrationen bestimmte Vereinfachungen zuläßt. Nehmen wir an, das schwerlösliche Salz sei ein binärer Elektrolyt und das leichtlösliche gleichfalls. Wir betrachten, ganz wie bei den Messungen, nur Vorgänge bei einer bestimmten gegebenen Temperatur. Dann ist die Konzentration des undissoziierten Teils des schwerlöslichen Salzes unveränderlich, denn die Lösung soll an dem Salz gesättigt sein. Das Massenwirkungsgesetz besagt nun, daß der Quotient:

$$\frac{\text{Konz. des einen Ions . Konz. des anderen Ions}}{\text{Konzentration des undissoziierten Salzes}}$$

immer denselben Wert hat, also von Zusätzen unabhängig sein muß. Der Zähler heißt das „Löslichkeitsprodukt" oder „Ionenprodukt". Da der Nenner gleichfalls konstant ist wegen der Sättigung der Lösung, so muß es auch der Zähler sein. Ist die Konzentration des Metallions a, die des Anions b, falls man die letztere schon durch das leichtlösliche Salz sehr vergrößert hat, so folgt, daß a gegenüber der Konzentration im reinen Lösungsmittel sehr verkleinert worden ist. Dort war die Konzentration der beiden Ionen gleich gewesen und gleich s. Diese Größe soll bestimmt werden. Es muß nach dem Gesagten sein:

$$a \cdot b = s^2. \tag{153}$$

a hat man durch die Messung der E.M.K. erfahren. b ist jedenfalls sehr groß gegen a wegen der Schwerlöslichkeit, und deshalb darf man es ohne weiteres gleichsetzen der Konzentration der Anionen in der Lösung des leichtlöslichen Salzes allein. Genau genommen müßte man schreiben:

$$b = a + b', \tag{154}$$

wo b' diese Anionenkonzentration im leichtlöslichen Salz allein bedeutet.

Da man so a und b kennt, so hat man nur die Wurzel aus ihrem Produkt zu ziehen und erhält dadurch s, die Konzentration jedes von beiden Ionen im reinen Lösungsmittel und damit wegen der vollständigen Dissoziation auch die Konzentration des schwerlöslichen Salzes in Summa (Gesamtmenge des in die Volumeinheit des Lösungsmittels übergegangenen Salzes).

Auch bei solchen Löslichkeitsbestimmungen muß man natürlich nötigenfalls die Diffusionspotentiale durch Salzüberschüsse (s. oben) oder durch Rechnung eliminieren.

Zubehör. Apparate zur Kompensationsmessung von E.M.K. Zwei Halbelemente. Drei Silberdrähte. 0,1-n. $AgNO_3$. 0,1-n. KCl. 0,1-n. KNO_3. Versilberungsflüssigkeit (wird geliefert, 46 g $KAg(CN)_2$. 12 g KCN . 1 Liter H_2O, 0,3—0,6 Amp./qdm).

Ausführung Man bestimmt elektromotorisch die Löslichkeit von AgCl in KCl-Lösung und auf diesem Weg in reinem Wasser.

Man versilbert galvanisch die beiden Silberelektroden, zwei Silberdrähte, indem man sie in der Versilberungsflüssigkeit eine Minute (ein Akkumulator) einem dritten Silberdraht gegenüberstellt, spült sie dann ab und trocknet sie. Man stellt sie in 0,1 $AgNO_3$-Lösung einander gegenüber und prüft, ob sich eine Potentialdifferenz zeigt. Sie wird nötigenfalls in Rechnung gezogen. Dann füllt man das eine Halbelement mit der $AgNO_3$-Lösung, den Zwischenbecher mit KNO_3-Lösung und das andere Halbelement mit der KCl-Lösung, die man zur Sättigung mit AgCl so lange tropfenweise mit 0,1 $AgNO_3$-Lösung versetzt hat, bis eine dauernde Trübung bleibt.

Nach Beendigung der Messung fügt man KJ-Kristalle bei und beobachtet die Änderung der E.M.K. und die Farbänderung des Niederschlags. Dann KCN, wobei sich $KAg(CN)_2$ bildet und die E.M.K. sich abermals ändert. Man deute diese Änderungen.

Die Berechnung der Messung der E.M.K. ergibt sich aus der Besprechung.

Man gibt die Ionenkonzentrationen c_1 und c_2 an, die Normalitäten der beiden Lösungen (C_{KCl} und C_{AgNO_3}), die E.M.K. und die berechnete Löslichkeit in reinem Wasser.

Die Konzentration bestimmter, für Organismen wichtiger Ionen in physiologischen Flüssigkeiten oder in solchen Flüssigkeiten, worin Organismen leben (Blutserum usw.) bestimmt man durch Messung der E.M.K. in geeigneten Kombinationen.

7. Messungen an Gasketten. H·-Ionenkonzentrationsketten. Messung der Dissoziation des Wassers auf elektrometrischem Weg. Elektrometrische Bestimmung von Ionenkonzentrationen II.

Besprechung. Die Gasketten sind chemisch von allen Ketten mit am wichtigsten, da man bei ihnen den unmittelbaren Anschluß hat an die Gleichungen, die die Thermodynamik und das Gasgesetz für die nutzbare Arbeit ableiten lassen. Man kann also ihre E.M.K. ohne Bezugnahme auf die Nernstschen Formeln berechnen, z. B. aus der Trautzschen Theorie der Gasgleichgewichte. Oder, wenn man die Gasgleichgewichtskonstanten gemessen hat, rein thermodynamisch.

Gasketten kann man auch unter Umständen mit Nutzen auffassen als Ionenkonzentrationsketten derjenigen Ionen, die das betreffende Gas liefert. Im Prinzip bauen sie sich auf aus zwei (meist Platin-) Elektroden, die von den betreffenden Gasen umspült sind und in Lösungen eines Elektrolyten tauchen, der diejenigen Ionen enthält, die die Gase, am Platin in die Flüssigkeit gelangend, dort bilden (Abb. 160). Entweder macht man diese Ketten elektromotorisch wirksam dadurch, daß man verschiedene Gase benutzt — dies sind die Gasketten im strengsten Sinn — oder demselben Gas an den beiden Elektroden verschiedene Konzentration gibt und nur einen Elektrolyt benutzt oder dadurch, daß man zwei Elektrolyte nimmt, die sich durch die Konzentration der aus dem Gas entstehenden Ionen unterscheiden, die Gaskonzentrationen selbst aber gleich macht. Die Berechnung ist in beiden Fällen natürlich prinzipiell dieselbe. Nur kommt im letzteren ein Diffusionspotential hinzu. Wir führen eine Messung nur für den letzteren Fall durch, und bestimmen auf elektrometrischem Weg die Konzentration der Wasserstoffionen in Alkalilauge. Daraus läßt sich dann, ähnlich wie die Löslichkeit des AgCl, die Dissoziation reinen Wassers in seine Ionen berechnen.

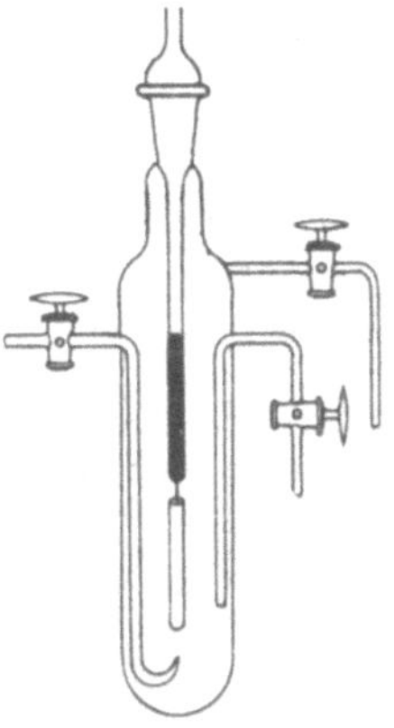

Abb. 160. Gaselektrode für Messungen an Gasketten.

Stellt man nämlich zwei Wasserstoffelektroden gleichen Wasserstoffdrucks her, senkt die eine in Säure, die andere in Alkalilösung, und schaltet diese beiden Lösungen gegeneinander, so erhält man eine Wasserstoffionenkonzentrationskette. Die Konzentration des Ions in der Säure ist so groß, daß es sich osmotisch oder, wenn die Säure schwach genug ist, mittels der Leitfähigkeit bestimmen läßt. Die im Alkali bestimmt man dann elektrometrisch, indem man die E.M.K. der Kette mißt und die Nernstsche Formel anwendet. Doch darf man hierbei das Diffusionspotential nicht vernachlässigen. Addiert man es zu der gefundenen E.M.K., so ist die Nernstsche Formel ohne weiteres anwendbar und ergibt die Konzentration der $H^{\cdot}$-Ionen in der benutzten Alkalilauge.

Benutzte man wäßrige Lösungen von nicht allzu hoher Konzentration, so darf man die „Konzentration des Wassers" im Sinn des Massenwirkungsgesetzes, obwohl sie dem Betrag nach nicht bekannt ist, als unveränderlich ansehen, auch wenn die Konzentrationen der Ionen bei den Messungen verändert werden. Sie bleiben immer klein genug. Für die Dissoziation des Wassers behauptet das Massenwirkungsgesetz, daß das Produkt der Konzentration der beiden Ionen OH' und

H· dividiert durch die Konzentration des Wassers konstant, also unabhängig vom Dissoziationsgrad sei. Da die Konzentration des Wassers aber, wie eben gesagt, selbst konstant ist, so muß auch das Produkt der beiden Ionen konstant sein. In reinem Wasser sind die Ionen in gleicher Menge vorhanden, also hat man wiederum nur aus dem Produkt der Konzentration der H·-Ionen in der Alkalilauge mit der der OH'-Ionen darin, welch letzteres man, wie die Konzentrationen der H·-Ionen in der Säure, osmotisch oder durch Leitfähigkeitsmessung bestimmt, die Wurzel zu ziehen. Dann erhält man die Konzentration der beiden Ionen im Wasser. Ihr Produkt gibt man gleichfalls an („Ionenprodukt").

Zubehör. Apparat zur Kompensationsmessung elektromotorischer Kräfte. Zwei Gashalbelemente. Normalelektrode. n. Salzsäure. n. Natronlauge. 0,-5n. NaCl-Lösung. Verdünnte H_2SO_4. Becher. Platindraht. Zwei Wasserstoffkippapparate. Vier Waschflaschen. $KMnO_4$-Lösung. Pyrogallollösung. Schläuche. Platinierungsflüssigkeit ohne Bleigehalt (vorrätig). n. KCl-Lösung. Phenolphtalein. Bürette. Schale.

Ausführung. Man mißt folgende drei Ketten:

H_2/n. HCl/0,5-n. NaCl/n. NaOH/H_2,

H_2/n. HCl/n. KCl/n. Elektrode,

H_2/n. NaOH/n. KCl/n. Elektrode.

Im einzelnen verfährt man wie folgt. Nötigenfalls platiniert man die Elektroden frisch, ganz wie bei der Leitfähigkeit beschrieben, jedoch mit bleifreiem Elektrolyten. Die ausgewaschenen Elektroden werden in verdünnter H_2SO_4 als Kathoden dem Platindraht gegenübergestellt und kurze Zeit mit einem Akkumulator mit H_2 beladen, dann mit reinem Wasser vollkommen von der Säure befreit. Das muß unmittelbar vor der Benutzung der Elektroden geschehen. Die Lauge wird gegen die n. Salzsäure eingestellt. Dann füllt man die Gashalbelemente in folgender Weise. Man saugt zuerst in den Heberschnabel bis zum Hahn NaCl-Lösung und schließt ihn dann. Er darf nicht geschmiert werden. Dann beschickt man das Gefäß mit dem Elektrolyten und sorgt dafür, daß er die eingesenkte Elektrode nur etwa bis zur Hälfte umspült. Man entfernt sorgfältig jede Luftblase aus der Leitung, die zum anderen Halbelement führen soll. Die obere Zuleitung mit Hahn verbindet man mit dem Wasserstofferzeuger unter Zwischenschaltung einer $KMnO_4$- und einer Pyrogallolwaschflasche. Letztere der Elektrode zugewendet. Man läßt dann einen langsamen und möglichst in beiden Halbelementen gleichmäßigen Gasstrom durch beide hindurchgehen. Die Blasen sollen bequem zu zählen sein. Nun setzt man die Schnäbel in den Zwischenbecher mit 0,5-n. NaCl-Lösung und beginnt 20—30' nach Beginn des Gasstroms die Messung. Dabei bleiben die Hähne zum Zwischenbecher geschlossen, müssen aber etwas locker sitzen und gut befeuchtet sein.

Mißt man nicht mit dem Kapillarelektrometer, sondern mit dem Galvanometer, so fährt man besser, wenn man die Hähne zur Messung vorsichtig öffnet. Doch muß man dann acht geben, daß keine Strömung durch verschiedene Höhe der Lösungen in den drei Gefäßen eintritt.

Man mißt alle Viertelstunden, bis die Einstellung über zweimal konstant bleibt.

Als Diffusionspotential wird bei diesen Lösungen 0,065 Volt zu der gemessenen E.M.K. addiert.

Man gibt außer den drei gemessenen E.M.K. das Ionenprodukt an.

Wichtig ist für die analytische Chemie die Möglichkeit, elektrochemisch, und zwar elektrometrisch, zu titrieren.

Bei „sehr quantitativ" verlaufenden Vorgängen, wie es die Titrationsmethoden sind, bedingt vor dem Umschlag weiterer Zusatz der Titrierflüssigkeit zuerst nur eine geringe prozentuale Änderung der Konzentration des „wegzutitrierenden" Ions. Sie nimmt dann zu und wird nahe beim Umschlag sehr groß. Die E.M.K., die an einer in solche Lösung eintauchenden geeigneten Metallelektrode herrscht, läßt sich messen und erleidet im Augenblick des Umschlags eine sehr schroffe Änderung ihres Betrags (z. B. Titration mit $H^{\cdot}$-Elektrode statt Azidimetrie und Alkalimetrie, mit Ag-Elektrode statt Chloridtitration von $Ag^{\cdot}$-Lösungen usw.). An Hand der Nernstschen Formeln ist diese Wirkung sofort klar.

Die chemischen Anwendungen der Messung elektromotorischer Kräfte sind sehr zahlreich, aber nicht immer sehr sicher, weil man nicht immer die Grundfrage bei ihrer Verwertung, die nach der chemischen Natur des stromliefernden Vorgangs, sicher beantworten kann. Es bleibt nichts übrig, als tunlichst alle Folgerungen aus einer Vermutung über den betreffenden Vorgang zu ziehen und sie am Experiment zu prüfen. Aber bei der Kompliziertheit des Zustands gelöster Stoffe ist dies oft nicht eindeutig möglich. Von besonderer Wichtigkeit sind die elektromotorischen Kräfte für die Frage nach den Angaben der Indikatoren bei Titrationen, also auch hier wieder eine Förderung der analytischen Chemie.

---

2. Die Gesetze der Umwandlungen der Stoffe.

7. Übung. Die Lehre von der Geschwindigkeit der chemischen Vorgänge.

(Chemische Kinetik.)

1. Diffusionsgeschwindigkeit. Wanderungsgeschwindigkeit. Überführungszahlen. Ionenbeweglichkeiten.

A. Grundbegriffe.

Handversuche.

1. Messung der absoluten Wanderungsgeschwindigkeit eines Ions.

Besprechung. Geschwindigkeit schlechtweg heißt das Verhältnis eines Wegs zu der Zeit, worin er zurückgelegt wird.

Diffusionsgeschwindigkeit eines Stoffs heißt das Verhältnis der Stoffmasse, die durch den Querschnitt 1 (qcm) eines gegebenen Diffusionszylinders hindurchgeht, zu der Zeit, worin dies geschieht.

(Absolute) Wanderungsgeschwindigkeit eines Ions heißt seine einfache Geschwindigkeit (s. Definition 1), gemessen in cm/sec, dividiert durch die Feldstärke (in Volt/cm), unter deren Einfluß es diese Geschwindigkeit hat.

Überführungszahl eines Ions in einem gegebenen Elektrolyten heißt das Verhältnis der Masse dieses Ions, die in einer gegebenen Zeit zur einen Elektrode wandert, zu der Gesamtmasse der in dieser Zeit abgeschiedenen Ionen desselben Elektrolyten. Das Verhältnis der Überführungszahlen gibt also z. B. das Geschwindigkeitsverhältnis der beiden Ionen eines binären Elektrolyten an. Die beiden Überführungszahlen eines binären Elektrolyten müssen sich daher zu 1 ergänzen.

Beweglichkeit eines Ions (nicht in absolutem Maß, andernfalls gleich Wanderungsgeschwindigkeit) heißt das Produkt aus der Überführungszahl dieses Ions in einem gegebenen Elektrolyten in das Äquivalentleitvermögen dieses Elektrolyten.

An vielen chemischen und elektrochemischen Erscheinungen beteiligt sich die Diffusionsgeschwindigkeit und die Wanderungsgeschwindigkeit, so daß man dieser beiden Begriffe und der beiden aus ihnen abgeleiteten oft bedarf.

Die Diffusionsgeschwindigkeit ist proportional dem Konzentrationsgefälle des diffundierenden Stoffs, d. h. der Differenz der Konzentration dieses Stoffs, die auf seinem Diffusionsweg besteht, dividiert durch die Länge dieses Wegs (Ficksches Gesetz). Die Proportionalitätskonstante, der Diffusionskoeffizient, hängt noch von der Stoffnatur und der Temperatur ab und wegen Reaktionen, die mit der Änderung der Konzentration oft verknüpft sind, oft auch noch von der Konzentration selbst. Dann also gilt das Ficksche Gesetz scheinbar nicht.

Diffundiert eine Flüssigkeit in eine andere, so ist der Weg, den sie zurücklegt, nach dem Stefanschen Gesetz proportional der Wurzel aus der Zeit.

Pro 10° Temperatursteigerung pflegt die Diffusionsgeschwindigkeit um 20—30 Prozent zu steigen. Den Betrag 1,20—1,30 nennt man häufig den Temperaturkoeffizienten der Diffusion.

Die Wanderungsgeschwindigkeit der Ionen hat einen ähnlich kleinen Temperaturkoeffizienten, der der Abnahme der inneren Reibung des Lösungsmittels etwa parallel geht.

Zur Veranschaulichung dieser Tatsachen kann folgender Versuch von Lodge dienen.

Zubehör. Apparat von Lodge (Abb. 161). Eine Platinelektrode (wird ausgegeben). Wasserbad mit Fletcherbrenner. NaCl. Gelatine. Phenolphtalein. NaOH, verdünnt. Filter. Filtriertrichter. 200-ccm-Erlenmeyerkolben. $CuCl_2$-Lösung, 1 : 10. Verd. Salzsäure. Thermometer. Maßstab. Fünf Akkumulatoren und 10-Voltleitung. Drei Drähte. Voltmeter.

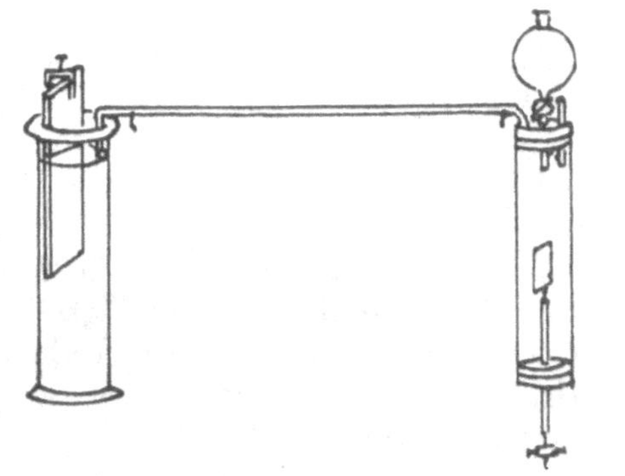

Abb. 161. Apparat von Lodge zur Vorführung der Ionen-Wanderungsgeschwindigkeit.

Ausführung. Man löst 10 g Gelatine in 140 ccm heißem Wasser unter Umrühren, fügt dann 7 g NaCl und einige Tropfen ganz schwach alkalisches Phenolphtalein zu, so daß die Farbe hellrosa ist, filtriert warm und füllt mit der Flüssigkeit die Wanderungsröhre, die nötigenfalls ein wenig vorgewärmt war. Darin erstarrt die Lösung. Das Rohr mit der Pt-Elektrode wird dann angesetzt und mit Hilfe von Trichter und Glasstäbchen im Stopfen vollkommen mit der $CuCl_2$-Lösung gefüllt und dicht abgeschlossen. Das andere Ende der Röhre taucht in den mit verdünnter Salzsäure gefüllten Zylinder, der die Kohleanode enthält.

Bevor man Strom durchleitet, beobachtet man die Diffusionsvorgänge. Die Säure rückt entfärbend in die Röhre vor, das $CuCl_2$ reagiert nach der Gleichung:

$$CuCl_2 + 2\,NaOH = Cu(OH)_2 + 2\,NaCl, \qquad (159)$$

so daß eine schwach blaue Färbung die rötliche verdrängt. Die Säure diffundiert etwa doppelt so schnell als das $CuCl_2$. Man liest den Stand etwa alle 3 Stunden ab und vergleicht die Geschwindigkeiten mit dem Stefanschen Gesetz, indem man sie zu Tabellen anordnet und die Proportionalitätskonstanten des Stefanschen Gesetzes berechnet. Mißt man die Wege in Zentimetern, die Zeiten in Stunden, so erhält man Werte in der Gegend von 1 oder 0,5 für die Konstanten.

Nach 24—30 Stunden vermerkt man den Stand der beiden Marken und legt 20 Volt an, worauf man 10 Stunden lang Strom durchgehen läßt. Man liest alle Stunden ab und vereinigt die Zahlen zu einer Tabelle.

Da es sich um die Geschwindigkeit der $H^{\cdot}$- und der Cl'-Ionen handelt, so erhält man die Überführungszahl dieser Ionen in HCl, wenn man 1 teilt im Verhältnis der beiden Geschwindigkeiten, die man beobachtet hat.

Die Wanderungsgeschwindigkeiten in absolutem Maß zu berechnen, gelingt mit erheblicher Annäherung, wenn man die Angaben des Voltmeters beizieht, das man mit den im Rohr in 40 cm Abstand eingeschmolzenen Pt-Drähten verbunden und ab und zu abgelesen hat. Man schließe das Voltmeter nur zur Messung an und unterbreche die Leitung zu ihm sofort nach der Messung. Man rechnet zuerst die abgelesenen Geschwindigkeiten auf Zentimetersekunden um und dividiert sie dann durch das Potentialgefälle, das im Rohr herrschte.

Endlich teilt man das Äquivalentleitvermögen von Salzsäure der benutzten Konzentration (etwa = 360) im Verhältnis der beobachteten Geschwindigkeiten und erhält so die Ionenbeweglichkeiten im üblichen (nicht absoluten) Maß. Man stelle alle diese Ergebnisse übersichtlich zusammen.

Da die Anhäufung eines Elektrolyten an einer Stromseite proportional sein muß der Schnelligkeit des Ions des Elektrolyten, das ihn herzog, so ist klar, daß das Verhältnis der Überführungszahlen dem Verhältnis der angehäuften (bzw. weggeführten) Massen des Elektrolyten an den beiden Stromseiten gleich sein muß. Dies ist bekanntlich die übliche Methode zur Bestimmung der Überführungszahlen.

B. Messungen.

2. Bestimmung der Überführungszahl nach H. Jahn.

Besprechung. Im allgemeinen sind die Beweglichkeiten der beiden Ionen eines binären Elektrolyten verschieden. Dann ruft Elektrolyse Konzentrationsänderungen an den Elektroden in diesem Elektrolyten hervor. Diesen Konzentrationsänderungen arbeiten die vermischenden Vorgänge der Konvektion (Strömungen) und Diffusion entgegen. Vermeidet man diese beiden möglichst vollständig, durch geeignete Anordnungen, so muß das Verhältnis des an einer Elektrode innerhalb einer bestimmten Zeit sich anhäufenden Überschusses an einem Ion zu der Menge des in der gleichen Zeit abgeschiedenen (entladenen) Menge dieses Ions gleich sein der (Hittorfschen) Überführungszahl. Die abgeschiedene Menge kann man entweder in der Elektrolysierzelle selbst oder in einem hinter sie geschalteten Coulometer bestimmen. Die nur angehäufte Ionenmenge (der Überschuß) kann wegen der sehr großen elektrischen Kräfte an den Ionen nur begleitet von den entgegengesetzt geladenen Ionen (in äquivalenter Menge) erscheinen. D. h. es ist eben nicht nur ein Überschuß der einen Ionenmenge vorhanden, sondern ein Überschuß an Elektrolyt. Diesen kann man analytisch bestimmen.

Die Bestimmung einer Überführungszahl fordert also die Messung der durch eine Zelle durchgegangenen Elektrizitätsmenge, die des Überschusses an Elektrolyt, der sich während derselben Zeit an einer Elektrode ansammelt, und den Nachweis, daß keine Vermischung das Ergebnis gestört hat. Diesen Nachweis kann man nur mittelbar erbringen, durch Analyse der (sog. „neutralen") Schicht zwischen Anoden- und Kathodenraum. In ihr darf keine Konzentrationsänderung eingetreten sein. Sonst ist man nicht sicher, daß man nicht vielleicht einen zu kleinen Raumteil des Elektrolyten an der einen Elektrode der Analyse auf Überschuß unterworfen und also vielleicht den Überschuß zu klein bestimmt hat.

Zubehör. Überführungsapparat nach Jahn. Silberanode (wird ausgegeben). Wasserbad dazu. 10-Voltleitung. Drähte. Analytische Wage. Rhodanlösung, $^1/_{20}$-n. $AgNO_3$, $^1/_{20}$-n. Eisenalaun. Hahnbürette in Stativ. Großes Wägeglas für die neutrale Schicht. Drei andere Wägegläser. 10-ccm-Pipette. $Zn(NO_3)_2$-Lösung, konzentriert. Quecksilber. Hahnfett. Kupfercoulometer.

Ausführung. Der Apparat Abb. 162 besteht aus einem Erlenmeyerkolben mit Schliff und Tubus, der den Anolyten aufnimmt, einem Aufsatz mit U-Rohr und Ablaßrohr, der die neutrale Schicht enthalten soll und einer Erweiterung des letzteren, die auf Glasfüßen eine Schale trägt, worein die Kathode taucht und wo sich der Katholyt befindet.

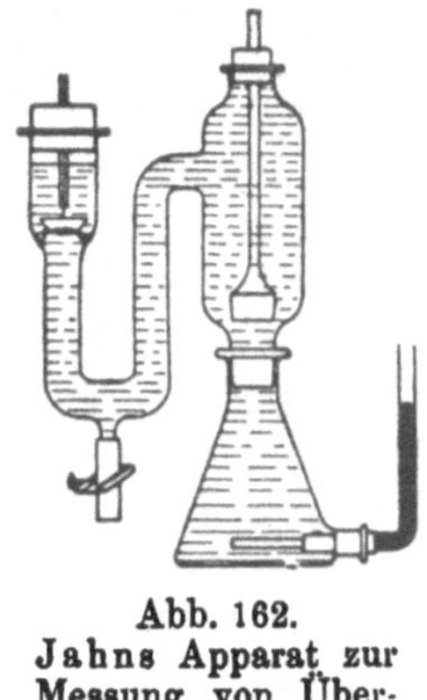

Abb. 162. Jahns Apparat zur Messung von Überführungszahlen.

Im Anodenraum steckt, mit Stopfen befestigt, die Silberanode, an die sich ein quecksilbergefülltes Rohr anschließt, worein man bei der Elektrolyse den Kontaktdraht einsteckt zwecks Stromschluß. In den Schliff des Anodengefäßes paßt der Tubus des „neutralen" Rohrs und ein anderer Schliffstopfen. In den neutralen Tubus ist ein Innenstopfen eingeschliffen, durch den man nach beendetem Versuch die neutrale Schicht vom Anolyten absperren kann.

Wenn man Silberlösungen elektrolysiert, so bilden sich an der Kathode leicht Metallflitter, die herabfallen und dadurch die Genauigkeit der Messung stören. Da man zur Bestimmung der Überführungszahl ausreicht mit der Messung der Konzentrationsänderung an einer Elektrode, so umgeht man hier diese Gefahr, indem man das Silber sich bei der Abscheidung mit Quecksilber vereinigen läßt, worein ein ganz kurzes Kupferdrahtende ganz eintaucht, dessen übriger Teil durch

Siegellack od. dgl. geschützt ist. Dies ist die Kathode. Sie ist, um vorzeitiger Silberabscheidung vorzubeugen, mit der Lösung des Salzes eines unedleren Metalls (Zn) zu überschichten. Erst darüber kommt dann die Silberlösung.

Im einzelnen verfährt man dann wie folgt:

Man wägt das Anodengefäß trocken mit Anodenrohr und Stopfen und füllt es dann bis unmittelbar unter den Schliff mit der Silberlösung (keine Luftblasen sollen sich dabei festsetzen), setzt dann das neutrale Rohr mit etwas angefettetem Schliff auf und füllt jetzt mit der Lösung auf bis zu der Erweiterung des neutralen Rohrs, wo das Schälchen darin Platz finden soll. Man gibt in dieses Quecksilber hinein, darauf konzentrierte Zinknitratlösung, setzt dann das Schälchen ein und taucht die Kathode ins Quecksilber. Das Schälchen soll eben voll sein mit der Zinklösung. Man füllt nun durch den oberen Tubus des neutralen Rohrs Lösung nach, langsam und vorsichtig, sobald die Überflutung des Schälchens damit beginnt, und schließlich so viel, daß das ganze neutrale Rohr auch bis oben erfüllt ist. Man verschließt es mit seinem Stopfen und stellt dabei den gestielten Schliff so hoch, daß die Verbindung zwischen neutralem Rohr und Anode ungehindert offen ist. Ihn wesentlich höher zu setzen, ist nicht praktisch.

Zur Elektrolyse setzt man den Apparat, von einem Stativ gehalten, in ein großes Wasserbad. Dabei ist nötigenfalls der Anodendraht durch ein Stück Schlauch anzuschließen an das Quecksilberrohr der Anode, um ihn und das Quecksilber vom Wasser zu isolieren. Man schaltet noch ein Kupfercoulometer und ein Amperemeter in den Stromkreis und legt die 10-Voltleitung an, bis sich $^1/_3$—$^1/_2$ g Silber abgeschieden hat.

Während der Elektrolyse titriert man die Silberlösung, die zur Elektrolyse dient, mit Rhodanid und Eisenalaun.

Nach dem Versuch öffnet man den Strom, senkt den gestielten Schliff sehr vorsichtig, bis man ihn unter leichtem Drehen ins untere Ende des neutralen Rohrs einführt. Man reinigt den Apparat und trennt vorsichtig das neutrale Rohr vom Anodengefäß, saugt mit der Pipette, die kaum einzutauchen ist, die oberste Schicht von 1—2 cm Höhe ab. Man verschließt den Erlenmeyerkolben mit seinem Stopfen und wägt ihn wieder. Desgleichen wägt man zur Bestimmung der durchgegangenen Elektrizitätsmenge die Platten des Coulometers. Aus dem U-förmigen Teil des neutralen Rohrs läßt man jetzt durch Lüften des unteren Quetschhahns den dem Katholyten näheren Teil abfließen und läßt durch Hochziehen des Stempelstopfens die eigentliche neutrale Schicht ab in ein trockenes Wägeglas. Man titriert diese Flüssigkeit und muß genau denselben Silbergehalt finden wie bei der ursprünglich benutzten Lösung vor der Elektrolyse. Zuletzt titriert man den durch Schütteln gut durchgemischten und durch Absitzen nötigenfalls geklärten Anolyten (AgO kann darin entstanden sein).

Die Berechnung ist einfach. Man bedenkt, daß der Anolyt durch Auflösung der Anode so viel Silber gewonnen hat, wie dem abgeschiedenen Kupfer elektrochemisch äquivalent ist, und subtrahiert also zunächst diese Menge vom Gewicht des Anolyten. Er hat aber noch mehr Silber gewonnen, falls die Überführungszahl des Silbers größer ist, als $^1/_2$, und er hat verloren, wenn diese kleiner ist. Deshalb muß man nun noch die absolute Änderung der Silbermenge im Anolyten gegenüber der Menge vor der Elektrolyse kennen. Die Menge von vorher erhält man aus der Titration der Ausgangslösung. Diese enthielt im Liter $^1/_{20}$ Mol $AgNO_3$ und 1000 g Wasser. Denn bei solch verdünnten Lösungen pflegt die Kontraktion beim Auflösungsvorgang praktisch die Volumzunahme durch Hinzukommen des gelösten Stoffs aufzuheben. Die Menge Lösungsmittel ist also, wie sonst bei reinem Lösungsmittel, aus seinem Volum zu berechnen. Wendet man diese vereinfachende, hier ausreichend genaue (aber nicht strenge) Beziehung auch an auf die durch Elektrolyse veränderte (verarmte) Lösung, so kann man aus ihrem Volum die darin enthaltene Wassermenge ausreichend genau entnehmen und aus ihrem Titer die Menge $AgNO_3$ darin. Die Differenz dieser beiden Silbermengen, der am Ende noch vorhandenen (minus der durch Auflösung der Anode hinzugekommenen) gegen die am Anfang eingefüllte, dividiert durch die der Elektrizitätsmenge elektrochemisch äquivalente Menge (coulometrisch bestimmt) ergibt die Hittorfsche Überführungszahl.

Man berechne daraus die Überführungszahl des Anions. Man gibt an: die Zunahme der Anionenkonzentration im Anodenraum und ihre coulometrisch berechnete Zunahme, die gefundenen Überführungszahlen beider Ionen, Zeit, Stromstärke und Elektrolyt.

3. Benutzung der Überführungszahl zur Messung der Dissoziation des Wassers und zur Elimination von Diffusionspotentialen.

Besprechung. Bei jedem elektrolytischen Vorgang, einerlei, ob er in einer galvanischen Kette oder einer elektrolytischen Zelle sich abspielt, wandern Ionen. Im allgemeinen wandern Kation und Anion nicht mit derselben Geschwindigkeit. Dann müssen Konzentrationsunterschiede im Elektrolyten sich herausbilden, proportional den Geschwindigkeiten, wie wir gesehen haben. Dividiert man die zu einer Elektrode hinzugewanderte, nicht abgeschiedene Menge eines Ions durch die in derselben Zeit an dieser Elektrode abgeschiedene Masse, so erhält man die Überführungszahl dieses Ions, und zwar die Hittorfsche Überführungszahl. Sie ist von der wahren Überführungszahl zu unterscheiden, die man erhält, wenn man die gleichzeitig gewanderte Masse des Lösungsmittels in Rechnung zieht, und ausrechnet, wieviel die Konzentrationsänderung des Ions betragen haben würde, wenn das Lösungsmittel gar nicht mitgewandert wäre mit einem der beiden Ionen oder mit beiden. Meist hat man nur mit der Hittorfschen zu tun.

Welche Rolle die Überführungszahlen für physikalisch-chemische Zwecke spielen, zeigen zwei Beispiele, in denen die Dissoziation des reinen Wassers berechnet wird.

Zubehör. **Die Zahlen von Übung 5, 4 und 6, 7. Beweglichkeit des H·-Ions = 315, des OH'-Ions = 174, des K·-Ions = 64, des Cl'-Ions = 65.**

Ausführung. Man kann aus der Leitfähigkeit reinen Wassers seine Dissoziation berechnen, doch nur, wenn man die Überführungszahlen seiner Ionen kennt. Die Ionen sind H· und OH'. Überführungszahlen neben der Leitfähigkeit hat man zur Messung des Zerfallsgrads immer dann nötig, wenn man reine, nicht gelöste Stoffe untersucht. Denn von letzteren kennt man die Konzentration und kann sie variieren, was bei ersteren nicht möglich ist. Die Äquivalentleitfähigkeit eines binären Elektrolyten setzt sich wegen der Unabhängigkeit der Ionen voneinander rein additiv zusammen aus den Beweglichkeiten der Ionen. Diese erfährt man für H· und OH' aus Leitfähigkeit und Überführungszahlen irgendwelcher Elektrolyte, an denen beide Größen meßbar sind, z. B. an Säuren und Alkalien. Man mißt zuerst die Leitfähigkeit, berechnet daraus die Äquivalentleitfähigkeit und bestimmt nun experimentell die Überführungszahlen. Man teilt nunmehr die Äquivalentleitfähigkeiten im Verhältnis der Überführungszahlen und findet so die Beweglichkeiten. Sie haben die oben erwähnten Werte. Addiert man sie, so findet man die äquivalente Leitfähigkeit des reinen Wassers = 489. Dies wäre die Leitfähigkeit in reziproken Ohm, falls man ein Grammäquivalent Wasser vollkommen dissoziiert zwischen zwei um 1 cm entfernte 1 qcm große Elektroden bringen könnte. Oder, anders ausgedrückt, wenn Wasser $^1/_1$-normal wäre in bezug auf H· und OH'-Ionen. Beträgt also seine Leitfähigkeit nur L, so hat man L durch 489 zu dividieren, um die Normalität in bezug auf H·- oder OH'-Ionen zu finden, also auch der Dissoziations*grad*.

Daraus könnte man die Dissoziationskonstante des Wassers finden, wenn man die Konzentration des Wassers selbst kennte. Da dieses aber nicht in „verdünnter Lösung“ vorliegt wie seine Ionen, das Massenwirkungsgesetz aber nur für verdünnte Lösungen gilt, so muß man eine willkürliche Einheit für die „Konzentration“ des Wassers einsetzen, z. B. sie gleich eins setzen. Sie durch die Dichte des Wassers zu definieren, geht keinesfalls an. Man kann deshalb den Zahlwert der so erhaltenen Dissoziationskonstante auch nicht mit dem anderer Dissoziationskonstanten vergleichen.

Man kann zweitens aus der E.M.K. der Knallgaskette die Dissoziation des Wassers berechnen. Auch dazu haben wir schon die Zahlen ermittelt (Übung 6, 7). Wir haben dort auch schon die Dissoziation des Wassers berechnet, aber einen empirischen Zahlwert eingeführt zur Beseitigung des Diffusionspotentials. Dieser Wert ist aus den Überführungszahlen von H·- und OH'-Ion berechnet. Das kommt so zustande.

Ein Diffusionspotential wird durch das Voraneilen des schnelleren, durch das Zurückbleiben des langsameren von zwei Ionen eines diffundierenden Elektrolyten, kurz durch deren verschiedene Wanderungsgeschwindigkeit erzeugt. Gehen 96500 Coulomb durch einen solchen Diffusionsquerschnitt, wo Ionen eines vollkommen dissoziierten Elektrolyten von der Konzentration c_1 auf die kleinere c_2 fallen, so werden $\frac{u}{u+v}$ Kationen auf höhere Konzentration gebracht (denn der Strom geht [s. oben] immer von der verdünnteren zur konzentrierteren Lösung und $\frac{v}{u+v}$ Anionen sinken von c_1 auf c_2). Daher ist die osmotische Arbeit:

$$-RT\frac{u-v}{u+v}\ln\frac{c_1}{c_2} \qquad (160)$$

und ebenso groß muß, sobald man R umgerechnet hat in elektrisches Maß, auch die E.M.K. an der Diffusionsstelle, also das Diffusionspotential, sein. Deshalb findet man die früher benutzte Zahl 0,069 für H· und OH', wie eine leichte Rechnung zeigt.

2. Chemische Reaktionsgeschwindigkeit.

A. Grundbegriffe.

Handversuche.

4. Reaktion im homogenen System; Wandreaktion. Katalyse. Definition der chemischen Reaktionsgeschwindigkeit.

Besprechung. Geschwindigkeit einer chemischen Reaktion heißt die Masse umgewandelten Stoffs (meist in Mol), dividiert durch das Volum, worin sie bei der Umwandlung enthalten war (meist in Liter gemessen), und durch die Zeit, innerhalb welcher die Umwandlung stattfand (meist in Minuten). Mit anderen Worten: die Konzentrationsabnahme umwandelbaren Stoffs in der Zeiteinheit. Zählt man diese Konzentration in Mol/Liter, so muß man die Molzahl dividieren durch den Molekularkoeffizienten des sich umwandelnden Stoffs, um vergleichbare Zahlen zu bekommen. Z. B. sei:

$$2H_2 + O_2 = 2H_2O$$

die Reaktion, deren Geschwindigkeit angegeben werden soll. Die Abnahme der Wasserstoffkonzentration muß stets das Doppelte der Abnahme der Sauerstoffkonzentration sein, zufolge dem Gesetz der konstanten und multiplen Proportionen, aber man wird nicht die Reaktionsgeschwindigkeit des Wasserstoffs doppelt so groß nennen können. Deshalb muß man seine Konzentrationsabnahme durch seinen Molekularkoeffizienten 2 dividieren, um die „molare" Reaktionsgeschwindigkeit anzugeben.

Wenn die Reaktion nicht bei konstantem Volum erfolgt, sondern bei konstantem Druck, so wird man die Abnahme des Partialdrucks zur Definition der Reaktionsgeschwindigkeit benutzen.

Erfolgt die Reaktion weder bei konstantem Druck, noch bei konstantem Volum, so läßt sich im allgemeinen ein rationeller Begriff der Reaktionsgeschwindigkeit nicht mehr finden, sondern man kann dann nur noch mit der Geschwindigkeit des Umsatzes rechnen, die durch die Abnahme der Masse umsetzbaren Stoffs (ohne Beziehung auf die Konzentration) in der Zeiteinheit definiert ist. Dann aber läßt sich im allgemeinen eine einfache Beziehung zwischen dieser Umsatzgeschwindigkeit und den Umständen, unter denen man die Stoffe zur Reaktion bringt, nicht mehr leicht finden, es sei denn, daß die Stoffe praktisch quantitativ reagieren im ganzen Bereich, worin man sie betrachtet. Ein Beispiel für letzteres ist etwa NO, das man bei gewöhnlicher Temperatur in Sauerstoff oder Luft ausströmen läßt. Für nicht zu hohe Anforderungen reagiert es sogleich quantitativ und seine Umsatzgeschwindigkeit hängt also dann sehr weitgehend von der Schnelligkeit der Vermischung, also weitgehend von unserer Willkür ab. Da kommen dann die stofflichen Eigenschaften der reagierenden Stoffe fast nicht zum Vorschein.

Einfach äußern sich diese Eigenschaften außerdem nur dann, wenn man entweder die Temperatur konstant hält während der Reaktion, sie also isotherm verlaufen läßt, oder wenn man den Energieinhalt konstant hält, sie adiabatisch verlaufen läßt. Bei Angabe einer Reaktionsgeschwindigkeit ist stets anzugeben, wie man verfuhr.

Eine Reaktion kann entweder im Innern eines reaktionsfähigen Gemischs praktisch so sich vollziehen, wie dort, wo es an feste Wände oder andere Phasen angrenzt. Dann heißt sie eine Reaktion im homogenen System oder eine homogene Reaktion, sonst eine heterogene.

Oder die Reaktion wird in ihrem Umsatz beeinflußt durch die Gegenwart fester Wände oder anderer Phasen, also von Unstetigkeitsflächen, dann heißt sie eine Wandreaktion oder eine heterogene Reaktion.

Wenn ein Stoff in homogener oder heterogener Reaktion die Umsatzgeschwindigkeit bei einer Reaktion erhöht, ohne selbst in die Bruttogleichung des chemischen Vorgangs merklich einzugehen, heißt er ein Katalysator (nach Ostwalds Definition, „katalytische Reaktion"). Ob er dabei durch Nebenreaktionen selbst verbraucht oder erzeugt wird, ist gleichgültig. Dann kann er laut zweitem Hauptsatz nur so wirken, daß er das Gleichgewicht praktisch unverändert läßt, also die Reaktionsgeschwindigkeit von jeder Seite der Reaktionsgleichung her in gleichem Betrag und gleicher Richtung verändert.

Der Ausdruck Katalyse wie Katalysator ist unter allen Umständen nicht viel mehr als eine Klassifikation und hat mit Erklärung nichts zu tun. Katalyse kommt zustande durch das Zusammenspiel und die Konkurrenz der einzelnen Reaktionsgeschwindigkeiten. Eine „katalytische Kraft" gibt es nicht.

Den Unterschied zwischen homogener und Wandreaktion beleuchtet folgender Versuch.

Zubehör. CO_2-Bombe mit Ansatz. Weißer Emailtopf, 20 cm tief, 30 cm Durchmesser. Waschflasche, Einleitrohr und Schlauch. NO-Entbindungsapparat. Hg. 5proz. Lösung von $NaNO_2$ in konz. H_2SO_4. Einleitrohr und Schlauch. Weißer Karton. H_2-Kippapparat. Waschflasche. Einleitrohr (Abb. 163) mit Pt-Schwamm.

Ausführung. Man setzt den H_2-Apparat in Gang, ohne das Rohr mit dem Pt-Schwamm in die Nähe zu bringen. Man läßt das Gas unmittelbar aus der Waschflasche ausströmen. Währenddessen füllt man aus der Bombe den Emailtopf mit CO_2, taucht dann, während man langsam weiter CO_2 durchleitet, das Entbindungsrohr des NO-Apparats unter das Gas und entwickelt durch Schütteln des mit Hg und Nitrosylschwefelsäure beschickten Apparats reines NO. Steigt dies auf durch die CO_2, so reagiert es unmittelbar an der „Oberfläche" des CO_2-Gases, die keine Unstetigkeitsfläche, also auch keine Wand ist. Damit ist die Existenz einer reinen Gasreaktion dargetan. Ist jetzt alle Luft aus dem H_2-Apparat vertrieben, so taucht man das Einleitrohr mit dem Pt-Schwamm daran unter die CO_2 und steckt sein Schlauchende an die H_2-Waschflasche. Dann tritt der Wasserstoff aus der CO_2-Oberfläche aus, ohne sich zu entzünden. Das Knallgas bedarf des katalysierenden Pt. Hebt man nun das Ende mit dem Pt-Schwamm so weit, daß es in die Luft kommt, so daß nun Luft und H_2 gleichzeitig den Pt-Schwamm berühren, so entflammt sich das Gas und man hat damit eine Wandreaktion demonstriert.

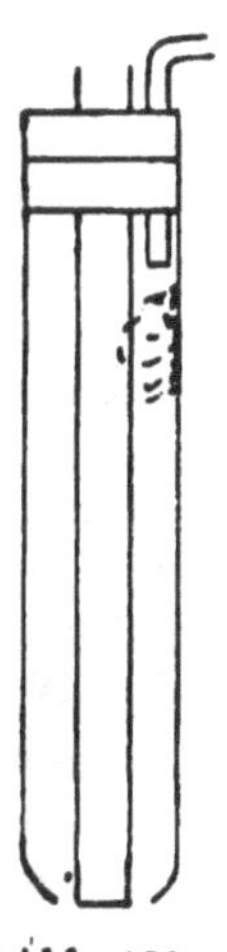

Abb. 163. Einleitrohr zur Vorführung von Gas- und Wandreaktionen.

Die Umsatzgeschwindigkeit hängt in beiden Fällen wesentlich von der Masse reaktionsfähiger Gase ab, die wir vermischen, da beide so gut wie augenblicklich quantitativ reagieren.

5. Katalyse an Kolloiden. Mikroheterogene Katalyse.

Besprechung. Durch Bredig ist gezeigt worden, daß man Metalle sehr fein zerteilen kann in Flüssigkeiten, wenn man unter der Flüssigkeit den elektrischen Lichtbogen zwischen Elektroden aus dem Metall übergehen läßt. Die Metallteilchen sind in der (indifferenten) Flüssigkeit in fortwährender Wimmelbewegung begriffen, der sog. Brownschen Bewegung. Sie ist nichts anderes als die Molekularbewegung, die man theoretisch schon für Gasmoleküle gefordert hatte. Man bezeichnet solche nicht sich absetzende Suspensionen als Sole. Zwischen Pt-Elektroden unter Wasser erhält man beispielsweise ein Pt-Sol. Doch muß dabei das Wasser sehr weitgehend frei sein von Kationen, also von Elektrolyten. Anderenfalls flockt das Sol aus und wandelt sich in Gel um. Mit den Eigenschaften der Sole und Gele u. a. befaßt sich die Kolloidchemie. Kennzeichnend für alle Kolloide[1] ist die verhältnismäßig ungeheure Entwicklung der Oberfläche im Verhältnis zum Volum. An diesen Oberflächen findet eine starke Erhöhung der Konzentration im indifferenten Lösungsmittel gelöster Stoffe statt. Deshalb ist an diesen Stellen eine Erhöhung der Reaktionsgeschwindigkeit dieser Stoffe sehr häufig zu beobachten. Die Adsorption gelösten Stoffs führt also auch hier zu Adsorptions- oder Wandkatalysen. Neuadsorption unverbrauchten und Auslaugung des verbrauchten Stoffs findet um so schneller statt, als die Teilchen sich bewegen. Dies vergrößert die Schnelligkeit der Katalyse noch mehr. Und da die Bewegung durch die Temperatur erheblich beschleunigt wird, so werden solche Kolloidkatalysen einen größeren Temperaturkoeffizienten haben als andere Wandkatalysen. Das hat die Erfahrung bestätigt. Diese Tatsachen beleuchtet der folgende Versuch.

Zubehör. Zwei Pt-Drähte, 1 mm dick (werden ausgegeben). Fassungen dafür. Ausgedämpfte Glasschale. Leitfähigkeitswasser. 80-Voltleitung. H_2O_2, 30proz. Konz. KCl-Lösung. Holzspan. Dunkle Brille. Rheotan, 10 Ω. Drähte. Ausschalter. Schere. Kelchglas.

Ausführung. Man füllt Leitfähigkeitswasser in die Schale und schließt die 80-Voltleitung und den Widerstand an. Dann bringt man vorsichtig die beiden Pt-Enden unter Wasser miteinander in Berührung und zieht den entstehenden Bogen sofort auseinander. Kleben die Enden doch zusammen, so unterbricht man sofort den Strom und zerschneidet sie wieder. Regulieren des Widerstands und des Drahtabstands bei der Bogenbildung gestattet leicht, das Pt-Sol zu erhalten. Man gießt H_2O_2 in den Kelch und tropft etwas von dem Sol hinzu. Stürmische O_2-Entwicklung ist die Folge. Man kann sie mit dem glimmenden Span nachweisen. Fügt man KCl zu, so flockt nach kurzem das Sol aus, schneller durch eine äquimolekulare $BaCl_2$-Lösung und wieder schneller durch eine äquimolekulare Alaunlösung (Abhängigkeit der Ausflockung von der Ionenwertigkeit).

6. Konstitutionsformeln und Reaktionsgeschwindigkeit.

Besprechung. Jede Konstitutionsformel ist ein abgekürzter Ausdruck für die Reaktionen des darin dargestellten Stoffs. Insbesondere drückt man durch sie die verschiedene Reaktionsgeschwindigkeit der in dem Stoff enthaltenen „näheren" Bestandteile, der verschiedenen Radikale, bestimmter Atomgruppen aus. Die ganze Strukturchemie mit ihrer Fülle von Regeln, alle diese feinen und feinsten Abstufungen von „Leich-

[1] Vgl. Wo. Ostwald, Die Welt der vernachlässigten Dimensionen. Leipzig, Th. Steinkopff, 1916.

tigkeit" der Reaktionen in diesem und jenem Molekül stellt eine beschreibende Reaktionsgeschwindigkeitslehre dar, die ganz überwiegend auf Angaben der Größenordnung der betreffenden Geschwindigkeiten abzielt. Wie das zu verstehen, zeigt ein Beispiel, das der bekannten Arbeit von Raschig über die Schwefelstickstoffsäuren[1] entnommen ist.

Zubehör. 0,1-n. $BaCl_2$-Lösung. Bürette. $KHSO_3$. KNO_2. Becherglas. Fletcherbrenner mit Asbestplatte.

Ausführung. Man mischt vier Teile $KHSO_3$ mit einem Teil KNO_2 in zusammen an K 0,1-n. Lösung in der Kälte unter Umrühren. Dabei entsteht das $(KSO_3)_3N$, Kaliumnitrilosulfonat, das sich event. in seideglänzenden Nadeln abscheidet. Man stellt in einer kleinen Probe fest, daß $BaCl_2$ nur einen geringen oder gar keinen Niederschlag gibt. Man erwärmt jetzt 50 ccm kurze Zeit und titriert mit $BaCl_2$. Man findet, daß der Reaktion:

$$N(SO_3K)_3 + H_2O = NH(SO_3K)_2 + KHSO_4 \qquad (161)$$

entsprechend Kaliumimidosulfonat sich gebildet hat, also daß die Lösung 0,033-n. ist an SO_4''. Man erwärmt dann wiederum 50 ccm zum Sieden und titriert abermals. Dabei reagiert das Salz nach dem genannten Schema und weiter nach:

$$NH(SO_3K)_2 + H_2O = NH_2SO_3H + K_2SO_4 + KHSO_4, \qquad (162)$$

so daß die Lösung 0,0666-n. wird an SO_4''.

Die erste Hydrolyse geht also schneller als die zweite. Oder anders ausgedrückt: Die abspaltbare Sulfogruppe im Imidosulfonat haftet fester bzw. wird langsamer abhydrolysiert als die erste aus dem Nitrilosulfonat abspaltbare. Endlich die in der Amidosulfonsäure ist ohne weiteres so gar nicht abzuspalten. Es handelt sich hier um verschiedene Reaktionsgeschwindigkeiten derselben Gruppe je nach ihrer Nachbarschaft im Molekül trotz gleicher Bindungsweise, oder besser, trotzdem in der Strukturformel dieser Unterschied nicht graduell zum Ausdruck kommt. Dies ist ein ganz allgemeiner Hinweis auf das, was die Strukturformel leistet, und auf das, was ihr noch fehlt. Sie ist ein qualitatives und deshalb unvollständiges Bild. Sehr lehrreich sind in dieser Hinsicht die Ansätze von v. Baeyer, Thiele, W. Kossel u. A., Quantitatives in dies qualitative Bild hineinzuarbeiten.

Sehr wichtige Beiträge dazu verdankt man Werner. Besonders bei seinen Untersuchungen ist immer wieder der grundsätzliche Unterschied zu beachten zwischen Beweisen auf chemischem Weg für eine bestimmte Konstitution und solchen Beweisen, die zwar mit den chemischen zusammenhängen, aber physikalischer Natur sind. Chemischen Beweisen hängt oft eine noch unbekannte Eigenschaft des zugesetzten Reagens an. Ferner ist hier die Frage, was Gleichgewichts-, was Geschwindigkeitssache ist, obwohl grundlegend, doch häufig noch nicht beantwortet.

---

[1] F. Raschig, Lieb. Ann. **241.** 183.

7. Räumliche Reaktionsgeschwindigkeit.

Besprechung. Wenn eine Reaktion sich in einem Gebilde zylindrischer Erstreckung abspielt, derart, daß sie am einen Ende des Zylinders beginnt und sich durch den Zylinder fortpflanzt, so bezeichnet man als räumliche Geschwindigkeit der Reaktion das Verhältnis des zurückgelegten Wegs zu der Zeit, worin er durchmessen wurde. Bei solchen Reaktionen herrscht zwar in jedem Querschnitt des Gebildes (senkrecht zur Zylinderachse) überall je der gleiche Zustand, jedoch bestehen in Richtung der Zylinderachse, mindestens dort, wo die Reaktion erfolgt, Unterschiede. Sie können sein:

1. Solche der Zusammensetzung, also Diffusionsgefälle in der Zylinderachse. Rufen die an sie geknüpften chemischen Vorgänge keine merklichen Änderungen der Temperatur oder des Drucks hervor, so schreitet die Reaktion mit einer mittleren Diffusionsgeschwindigkeit vor. Einer mittleren deshalb, weil der diffundierende Stoff nicht unbedingt bei der Reaktion selbst gegenwärtig zu sein braucht, sondern einen anderen Stoff zur Reaktion veranlassen kann, der dann seinerseits den ihm benachbarten erregt. Immerhin wird dieser letztere Fall selten sein. Ein Beispiel für solche räumliche Fortpflanzung durch Diffusion bildet die Reduktion von Permanganat durch Oxalsäure. Bringt man ein Gemisch der Lösungen dieser beiden in Wasser in einen Zylinder und fügt am einen Ende $Mn^{\cdot\cdot}$, etwa in Form von $MnCl_2$, zu, so schreitet von da die Reduktion und Entfärbung fort. Denn das $Mn^{\cdot\cdot}$ beschleunigt als Zwischenstoff die Reduktion und diese erzeugt neues $Mn^{\cdot\cdot}$, das weiter diffundiert usw.

2. Es kann ein Temperaturunterschied bestehen. Dies kommt bei der Entflammung eines Knallgases in Betracht. Die räumliche Geschwindigkeit ist dann die Entflammungsgeschwindigkeit, wie man sie beim Zurückschlagen jedes Bunsenbrenners größenordnungsweise beobachten kann (etwa 1—2 m/sec).

3. Es kann ein Druckunterschied bestehen. Reagiert ein Knallgas, wie eben beschrieben, unter ausreichend großer Wärmeentwicklung, so kommt dadurch von selbst ein Druckunterschied zustande, der sich mit großer Schnelligkeit (als sog. Druckwelle) als „Schall"welle fortpflanzt. Kombiniert er sich mit einer Wärme- und Zündwirkung, so kommt die ungeheuer schnelle Explosionswelle zustande (bei Gasen 1—2 km/sec).

Andere räumliche Reaktionsgeschwindigkeiten gibt es nicht. Doch kann man bei jeder Reaktion zwischen mehreren Molekülen, wobei also ein Zusammentreffen erforderlich ist, von einer Beeinflussung durch räumliche Schnelligkeiten reden. Denn die Stoßzahl wächst mit der Bahnschnelligkeit der Moleküle und mit der Kürze ihrer Weglänge.

Die räumliche Schnelligkeit der Diffusionsreaktion läßt sich durch einen Versuch veranschaulichen.

Zubehör. Standzylinder. 0,8-n. $KMnO_4$. Oxalsäurelösung, gesättigt. Meßzylinder. $MnCl_2$-Lösung, sehr verdünnt. Uhr. Maßstab. 10-ccm-Pipette.

Ausführung. Man mißt den Querschnitt des Zylinders aus, füllt ihn mit einem Gemisch von 100 ccm Wasser, 1 ccm $KMnO_4$-Lösung und 10 ccm Oxalsäure. Sobald alles gemischt ist und die Flüssigkeit ganz ruhig steht, läßt man einen Tropfen $MnCl_2$ auf die Oberfläche fließen und liest die Uhr ab. Man mißt nach bestimmten Zeiten die zurückgelegten Wege und vergleicht mit bekannten Diffusionsgeschwindigkeiten. Man überlege, ob und wodurch kleinere und größere Geschwindigkeiten als Diffusionsgeschwindigkeiten dabei herauskommen können.

8. Adiabatische Reaktionsgeschwindigkeit. Zeitgesetz der Explosionen.

Besprechung. Wenn eine Reaktion sich ohne Wärmezufuhr und ohne Wärmeverlust, also ohne Wärmeaustausch mit der Umgebung vollzieht (Arbeitsaustausch kann stattfinden), so heißt sie adiabatisch. Ihre Schnelligkeit hängt dann ab: 1. von der isothermen Reaktionsgeschwindigkeit bei der Anfangstemperatur, 2. von dem Temperaturkoeffizienten dieser isothermen Geschwindigkeit im ganzen durchlaufenen Temperaturgebiet, 3. von der Wärmekapazität des Systems im ganzen durchlaufenen Temperaturgebiet, 4. von der Größe der Wärmetönung der Reaktion. Ist die letztere Null (Autorazemisationen), so ist die isotherme der adiabatischen Reaktionsgeschwindigkeit gleich, ist sie größer als Null, so erwärmt sich das System und beschleunigt so den Vorgang. Ist sie kleiner als Null, so kühlt es sich ab und der Vorgang erlahmt.

Ist die Wärmetönung größer als Null und kennt man die Wärmekapazität, die Wärmetönung und die Temperaturkoeffizienten der Reaktionsgeschwindigkeit, so kann man den Zahlwert der letzteren experimentell bestimmen durch thermometrische Messung der Schnelligkeit der Temperatursteigerung. Ist die Wärmetönung groß, so kann dabei manchmal selbst im Vakuumgefäß ein Wärmeverlust statthaben, weil sichtbare Strahlung, die nicht primär aus Wärme stammt (Lumineszenz), auftritt. Diesen Fall beleuchtet der folgende Versuch.

Zubehör. Vakuumgefäß, 4 cm Durchmesser, 15 cm Tiefe. Meßzylinder, 10 ccm Inhalt. Glasstab. 10proz. Pyrogallollösung (frisch bereitet). 30proz. H_2O_2. 40proz. Formaldehyd. Uhr. 40proz. K_2CO_3, filtriert. Thermoelement Cu-Konstantan mit Galvanometer. Stativ.

Ausführung. Man befestigt das Thermoelement im Vakuumgefäß und verbindet es mit dem engeren Meßbereich des Galvanometers. Dann gießt man 10 ccm K_2CO_3-Lösung und 10 ccm Formaldehyd in den Becher, dazu unter Umrühren 10 ccm Pyrogallollösung, zuletzt schnell unter Umrühren 30 ccm H_2O_2. Beim Beginn des letzteren liest man die Sekundenuhr ab und verfolgt alle 3 Sekunden den Stand des

Galvanometers. So erhält man die steil aufsteigende Kurve der adiabatischen Reaktionsgeschwindigkeit, die schließlich einen Wendepunkt hat und in eine Parallele zur Zeitachse übergeht. Man trägt dies in Millimeterpapier ein und macht sich die physikalische Bedeutung der Kurvenform klar. Man beachte beim Versuch das glühend rote Licht des Gemisches, dessen Energie nach außen verloren geht und so die Reaktion zu einer nicht vollkommen adiabatischen macht.[1]

Die Anwendung der chemischen Kinetik in allen Teilen der Biologie ist von höchster Wichtigkeit. Man kann durch Variation von Temperatur, Strahlung und Konzentrationen die einzelnen Lebensvorgänge z. T. auseinanderlegen, so daß sie isolierter Untersuchung zugänglich werden. Als Konzentrationen kommen dabei die des Atmungsmediums und der Nahrungsstoffe oder der umgebenden Salzlösungen vor allem in Betracht. Der Temperaturkoeffizient vor allem verdient Beachtung, da er für die verschiedensten meßbaren biologischen Vorgänge dieselbe abnorme Größe hat, wie für meßbare chemische Reaktionen (Pulsfrequenz, Wachstums- und Fortpflanzungsvorgänge usw.). Zur Messung läßt sich u. a. nach Art der adiabatischen Reaktionskinetik die Messung der Wärmeerzeugung verwenden.

9. Temperaturgrößen der Chemie der Explosivstoffe. Verpuffungstemperatur.

Wenn ein Stoff oder Gemisch unter Wärmeentbindung und Gas-Druckentwicklung zerstörende Wirkungen durch letztere ausüben kann, so nennt man ihn einen Explosivstoff. Man kann ihn sehr häufig durch bloßes Erhitzen zur Explosion bringen. Wegen der notwendigen starken Exothermie der Zersetzung und wegen ihrer weiteren Beschleunigung durch den Druck, den sie erzeugt, steigt die Temperatur bei Durchschreitung eines gewissen Temperaturgebiets dann von selbst besonders schnell an, ganz im Einklang mit den Verhältnissen beim vorigen Versuch. Befindet man sich in diesem Temperaturgebiet, so kann man durch schnelle Abkühlung doch die explosive Zersetzung nicht mehr umgehen. Es ist also jenes, worin die von der Zersetzung selbständig entwickelte Wärme nicht mehr ganz abgeleitet werden kann, weil sie in zu großem Betrag frei wird. Dies Temperaturgebiet ist bei den üblichen Untersuchungsverfahren höchstens wenige Grad weit und läßt sich deshalb durch eine einzige Temperaturangabe ausreichend genau kennzeichnen. Diese Temperatur heißt die Verpuffungstemperatur. Sie liegt für explosive Gase bei rund 600°, für feste Explosivstoffe bei rund 200°. Der folgende Versuch zeigt ihre Bestimmung für ein Azid. Azide[2] werden bekanntlich im weitesten Maße zur Einleitung von Explosionen

---

[1] Ph. Lenard und M. Wolf, Wied. Ann. **34.** 918. 1888. — Eders Photogr. Mitt. 1887. Nr. 344. — Eders Jahrb. f. Photogr. 1889. 347; 1891. 289. M. Trautz und P. Schorigin, Z. f. wiss. Photogr. 1905. 121, Bredig und Epstein, Z. f. anorg. Chem. **42.** 341. Auch Hilary Lachs, Verh. d. Naturwiss. med. Ver. Heidelberg. N. F. XI. Bd. Heft 1. 1910.

[2] Vgl. die Arbeiten von Th. Curtius und seinen Schülern, Journ. f. prakt. Chemie [2] 58ff. und Ber. d. D. Chem. Ges. **23**ff.

benutzt. Da das Azid auch im folgenden Versuch verwendet wird, so ist auch seine Darstellung[1] angegeben.

Zubehör. 8proz. N_3H. $Ba(OH)_2$. Dreifuß. Abdampfschale. Brenner. Exsikkator mit H_2SO_4. Sandbad. Stabthermometer bis 360°. Kleiner Fe-Tiegel. Stanniol. Schutzbrille. Glasscheibe. Zündhütchen.

Ausführung. Man neutralisiert so viel Säure mit Baryt, daß man 11 g Azid erhält, dampft dieses auf dem Sandbad ein, nimmt die Salzhaut ab und bringt die Kristalle auf ein Uhrglas im Exsikkator. Sind sie ganz trocken, so bringt man rund 1 g eingewickelt in Stanniol auf den Boden des Eisentiegels, stellt ihn ins Sandbad und dicht neben ihn in den Sand die Kugel des Thermometers. Man erhitzt und beobachtet, geschützt durch die Schutzbrille und Glasscheibe, die Temperatur, bei der Verpuffung eintritt. Man stelle den Exsikkator mit dem Azid währenddessen gut beiseite. Übrigens ist der Versuch ganz ungefährlich. Man wiederhole den Versuch mit dem Zündhütchen, dessen explosive Füllung Knallquecksilber ist. Hier ist die Verpuffung weit lebhafter. Die Temperaturen aber sind fast gleich. Die Zersetzungen folgen den Gleichungen:

$$BaN_6 = Ba + 3\,N_2 \tag{163}$$

und:

$$Hg(CNO)_2 = 2CO + N_2 + Hg. \tag{164}$$

10. Druckgrößen der Chemie der Explosivstoffe. Brisanz.

Besprechung. Als Brisanz eines Explosivstoffs bezeichnet man seine zerschmetternde Wirkung auf seine nächste Umgebung. Während die Verpuffungstemperatur das Temperaturgebiet (nicht Temperaturpunkt) angibt, worin die Schnelligkeit der explosiven Zersetzung unmeßbar groß wird, also sehr steil aufsteigt mit der Zeit, ist die Brisanz um so größer, je steiler der Druck mit der Zeit ansteigt. Und auch, je größer er ist. Da nun die Größe des Drucks mit der Menge entbundenen Gases und mit seiner Temperatur wächst, so wächst er mit dem sog.

$$\text{charakteristischen Produkt} = V_0 \cdot Q. \tag{165}$$

Darin ist V_0 das Volum der entbundenen Gase bei Normalbedingungen ($t = 0°$, $p = 1$ Atm.), vermindert um das ursprüngliche Volum des Explosivstoffs, und Q die Wärmetönung. Man braucht sich im wesentlichen nur um diese beiden Größen zu kümmern, da bei nicht gasförmigen Explosivstoffen V_0 stets groß ist und ferner die spezifische Wärme der entstehenden Gase c, die in Q dividiert zur Explosionstemperatur Q/c führt, nicht sehr variiert. Wie der Begriff der Brisanz selbst unscharf definiert ist, so ist auch die Methode zur Messung ihres Betrags roh. Man bringt eine bestimmte Menge (3—10 g) Explosivstoff in die Bohrung eines Bleiklotzes und bringt ihn dort zur Explosion. Dazu bedarf man

[1] J. Rissom, Untersuchungen über den Stickstoffwasserstoff N_3H. Inaug.-Diss. Bonn. Druck von A. F. Jensen, Kiel. 1898. (48 S.)

im allgemeinen eines Initialsprengstoffs. Das ist ein sehr brisanter, nur zur Zündung von Explosivstoffen benutzter Stoff, der sensibel ist, also mit Bestimmtheit durch einen sehr kleinen Reiz (Zündschnur usw.) zur Explosion kommt. Diese wieder bringt dann durch Initiierung den anderen zu untersuchenden Stoff zur Explosion. Man initiiert im Bleiklotz durch eine mit 0,5 g Knallquecksilber [$Hg(CNO)_2$] geladene Sprengkapsel, die auf elektrischem Weg durch einen Induktionsfunken ausgelöst wird. Man mißt die Volumzunahme der Bohrung im Klotz, die die Explosion erzeugt, durch Eingießen von Wasser. In dem normalen Trauzlschen Bleiblock ruft Nitroglyzerin 600 ccm, Pikrinsäure 300 ccm Volumzunahme hervor. Man erhält so ein relatives Maß der Brisanz.

Zubehör. Sprengkapsel Nr. 3 (wird ausgegeben). 10 g Azid (vom vorigen Versuch. Zwei schlauchisolierte Drähte. Induktorium und Akkumulator. Sand. Trauzlscher Bleiblock, 200 mm hoch, ebensoviel Durchmesser, 125 mm tiefe Höhlung von 25 mm Durchmesser. Kiste mit Sand. Schutzbrille. Wachs.

Ausführung. Man setzt den Block in die Kiste, füllt 10 g Azid in die Bohrung. Die schlauchisolierten Drähte, die aus den Schläuchen nicht vorstehen dürfen (!), führt man wachsumgeben in die Sprengkapsel (größte Vorsicht!), so daß sie unmittelbar über dem Knallsatz enden. Man steckt jetzt die Sprengkapsel in die Bohrung auf das Azid, indem man dabei die Drähte so hält, daß sie sich in der Kapsel nicht bewegen können. Man halte auch für alle Fälle den Kopf beiseite. Die Drähte legt man nun locker über den Rand der Kiste und füllt diese mit trockenem Sand. Dann befestigt man die Drahtenden am Induktorium, voneinander gut getrennt, und schließt den Akkumulator an. Hat der Sand etwa 60 cm hoch das Ganze bedeckt und war zudem die Kiste bedeckt, so ist der Versuch ganz gefahrlos. Im Fall keine Detonation erfolgt, läßt man das Ganze nur von einem erfahrenen Feuerwerker abmontieren, da bei der Entfernung solcher Versager die meisten Unglücksfälle geschehen. Ist die Detonation erfolgt, so räumt man den Sand ab, reinigt die Höhlung des Blocks und mißt sie mit Wasser aus. Man zieht von der gefundenen Zahl das Volum der Sprengkapsel mit ungefähr 10 ccm und das ursprüngliche der Bohrung mit rund 60 ccm

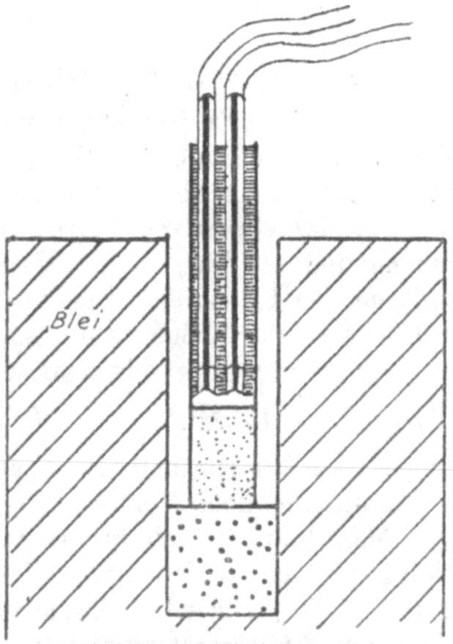

Abb. 164. Brisanz-Messung im Trauzlschen Bleiblock. Schnitt durch Sprengkapsel und Zuführungsdrähte.

ab. Vor dem Anlegen der Induktoriumsdrähte prüfe man, ob man damit überhaupt Funken erhält. Niemals füge man die Drähte in die Sprengkapsel, während sie irgend an eine Stromquelle angeschlossen sind. Man übersieht zu leicht, ob man ausgeschaltet hat oder nicht.

Man überlege die Ursache für die Unschärfe der Messungsmethode. (Abb. 164.)

B. Messungen chemischer Reaktionsgeschwindigkeiten.

11. Zuckerinversion, eine pseudomonomolekulare Reaktion, durch einen Gruppenkatalysator (H·-Ion) beschleunigt. Messung mit dem Polarimeter. Anwendungen des kinetischen Massenwirkungsgesetzes I.

Besprechung. Alle chemischen Reaktionen in verdünnten Systemen folgen dem kinetischen Massenwirkungsgesetz, das einen Zusammenhang gibt zwischen der Geschwindigkeit einer Reaktion bei konstanter Temperatur und der Konzentration ihrer Reaktionsteilnehmer. Dies Gesetz, für Gase aus der Gastheorie ableitbar, hat sich erfahrungsgemäß in einem sehr weiten Bereich als gültig erwiesen, für den Sonderfall des Gleichgewichts ergibt es genau die aus der Thermodynamik folgende Gleichung des thermodynamischen Massenwirkungsgesetzes. Für eine Reaktion:

$$n_1 A_1 + n_2 A_2 + \ldots = n_1' A_1' + n_2' A_2' + \ldots + Q \tag{166}$$

lautet es:

$$-\frac{dc}{dz} = k \cdot (A_1)^{n_1} \cdot (A_2)^{n_2} \ldots - k' \cdot (A_1')^{n_1'} \ldots \tag{167}$$

Darin bedeutet dc/dz die Reaktionsgeschwindigkeit, definiert, wie schon beschrieben, während die in Klammern gesetzten Stoffsymbole, wie beim thermodynamischen Massenwirkungsgesetz, die Konzentrationen der betreffenden Stoffe sind, meist gezählt in Mol/Liter. Q ist die Reaktionswärme, z die Zeit. z wird je nachdem in Sekunden oder Minuten gemessen. k und k' heißen Geschwindigkeitskonstante oder spezifische Reaktionsgeschwindigkeit. Die beiden Summanden in (167) heißen die zueinander reziproken oder inversen Reaktionen und, falls sie wirklich jeweils einen auf einmal (nicht in Stufen) erfolgenden molekularen Prozeß darstellen, Einzelreaktionen. Das Glied rechts ist die Gegenreaktion zu dem links. Voraussetzung des kinetischen Massenwirkungsgesetzes ist Konstanz von Volum und Temperatur, und ferner, daß der geschwindigkeitsbestimmende Vorgang wirklich der ist, auf den das Massenwirkungsgesetz angeschrieben wurde. Gegen die letztere Forderung wird am häufigsten gefehlt.

Wenn der zweite Summand, die Gegenreaktion, sehr klein ist, so kann man ihn sehr häufig vernachlässigen. Das ist dann erlaubt, wenn k' sehr klein ist, d. h. wenn die Reaktion praktisch quantitativ verläuft, und fast immer für die Anfangsstadien einer Reaktion, weil da die Konzentrationen der Produkte noch klein sind.

Bei idealen Gasen scheint es[1] nur solche Reaktionen zu geben, die in der Umwandlung eines einzelnen Moleküls oder in der Umsetzung zweier Moleküle miteinander bestehen. Darf man also hier die Gegenreaktionen vernachlässigen, so ist für diese:

$$-\frac{dc}{dz} = k.c \tag{168}$$

integriert:

$$k = \frac{1}{z_2 - z_1} \ln \frac{c_1}{c_2} \tag{169}$$

(Gleichung der monomolekularen Reaktion [Reaktion I. Ordnung]), und

$$-\frac{dc}{dz} = k.c.c' \tag{170}$$

und integriert:

$$k = \frac{1}{(c_0 - c_0')(z_2 - z_1)} \ln \frac{c_1'.c_2}{c_2'.c_1} \tag{171}$$

(Gleichung der bimolekularen Reaktion [Reaktion II. Ordnung])[2].

Die durch den Index 2 bezeichneten Größen beziehen sich auf den Zeitpunkt 2, die durch den Index 1 bezeichneten auf den Zeitpunkt 1, die mit dem Index Null auf den Beginn des Versuchs. Die Logarithmen sind „natürliche", bezogen auf die Basis $e = 2,71828\ldots$ und werden aus den Briggsschen erhalten durch Multiplikation mit 2,30258 (oder Division durch 0,4343). Alle Reaktionen scheinbar höherer Ordnung sind sicher bei idealen Gasen, wahrscheinlich aber noch allgemeiner, auf darüber gelagerte Gleichgewichte (siehe weiter unten) zurückzuführen. Bei Reaktionen in nicht gasförmigen Systemen läßt sich über die Existenz echter Reaktionen höherer Ordnung nichts Bestimmtes aussagen. Aber hier scheinen oft die Reaktionen niederer Ordnung zu sein, als sie in der Tat sind. Sobald nämlich die Konzentration eines der reagierenden Stoffe außerordentlich groß ist im Verhältnis zu den anderen, die mit ihm reagieren, wird sie sich praktisch nicht ändern, während die anderen Konzentrationen erhebliche Änderungen erfahren. Man darf sie daher als konstant ansehen bei der Integration und erhält so für jede Konzentration, die konstant bleibt, eine Herabsetzung der Ordnung um 1.

Betrachtet man etwa die Inversion des Rohrzuckers:

$$C_{12}H_{22}O_{11} + H_2O = 2C_6H_{12}O_6 \tag{172}$$

zu gleichen Molen Dextrose und Lävulose und nimmt man dazu eine verdünnte, wäßrige Lösung, so bleibt die Konzentration des Wassers praktisch unverändert (denn sie ist nicht durch die Menge Wasser in Mol pro Liter zu messen, sondern nur noch dem Dampfdruck des Wassers proportional, im übrigen aber unbekannt) und man hat dann eine Reaktionsformel I., in Wirklichkeit II. Ordnung, eine pseudomonomolekulare Reaktion. In Gasen sind nach dem schon Gesagten alle polymolekularen Reaktionen (über II. Ordnung) nur pseudopolymolekular, jedoch aus einem anderen Grund, als dem bei der Zuckerinversion besprochenen (s. weiter unten).

---

[1] S. S. 299. [2] Für $c = c'$ erhält man $k = \frac{1}{z_2 - z_1}\left(\frac{1}{c_2} - \frac{1}{c_1}\right)$.

Die Zuckerinversion verläuft in reinem Wasser so langsam, daß sie kaum zu messen ist. Setzt man jedoch H·-Ionen zu, so wird sie sehr beschleunigt, nahe proportional[1] der Konzentration der H·-Ionen und wenig beeinflußt durch die Konzentration der gleichzeitig eingebrachten Anionen. H·-Ionen und OH'-Ionen üben auf sehr viele Vorgänge in wäßriger Lösung einen stark beschleunigenden Einfluß und werden deshalb Gruppenkatalysatoren genannt. Sie erfüllen die Forderung der *Ostwald*schen Katalysatordefinition, in die Bruttogleichung der Vorgänge nicht einzugehen. Der beschleunigende Einfluß geht z. T. wahrscheinlich auf die große Erhöhung der Stoßzahl zurück, die die Anlagerung der sehr beweglichen H·- und OH'-Ionen zusammen mit den elektrischen Anziehungskräften bewirkt. Letztere erhöhen bekanntlich die Stoßzahl von Ionen bedeutend und sie werden das um so mehr tun, je beweglicher die Ionen sind. Lagert sich nun ein sehr bewegliches Ion an ein neutrales Molekül an, so wird dieses dadurch selbst zum Ion und erfährt so eine bedeutende Steigerung seiner Stoßzahl. Trifft diese Deutung bei der Zuckerinversion zu, was noch nicht bekannt ist, so ist es eigentlich nicht erlaubt, zu sagen, daß die oben angeschriebene Reaktion der Zuckerinversion durch das H·-Ion *beschleunigt* wird, sondern man müßte sagen, daß zu dieser langsamen Reaktion eine *andere hinzukommt*, nämlich: 1. die Anlagerung von H·-Ion, die jedenfalls sehr schnell geht, 2. die Reaktion dieses *neuen* Ions mit dem (vielleicht auch mit einem Ion beladenen) anderen Molekül, welche viel schneller geht, weil die Anziehungskraft der Ionen die Stoßzahl vergrößert, 3. die Abspaltung und Weitergebung der Ionen, die wohl gleichfalls wieder sehr rasch geht. D. h. man erreicht vom selben Anfangszustand, **soweit untersucht** (!) denselben Endzustand, aber auf **anderen** Bahnen. Dies (Folgereaktionen, Zwischenreaktionen) ist offenbar meistens das *Wesen der Katalyse*. Bei Reaktionen in Lösungen spielt somit oft das Lösungsmittel eine wesentliche Rolle.

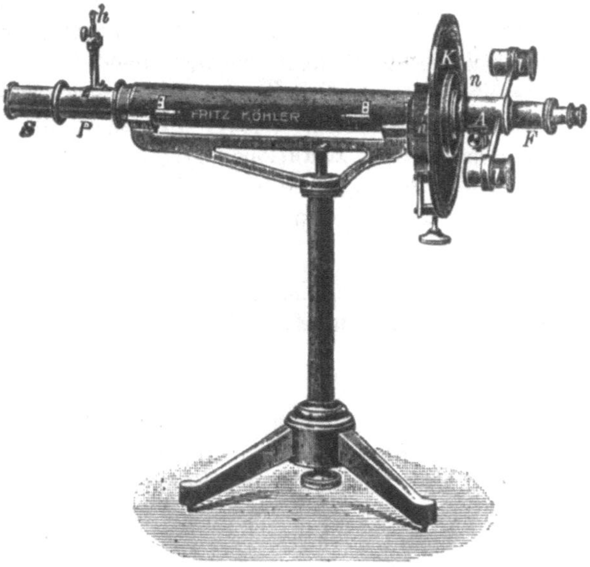

Abb. 165. Polarimeter. Drittelschatten-Apparat.

[1] Diese Proportionalität der Beschleunigung zur Katalysatorkonzentration ist häufig nahe erfüllt.

Die Inversion des Rohrzuckers, beschleunigt durch H˙-Ionen, wird messend verfolgt.

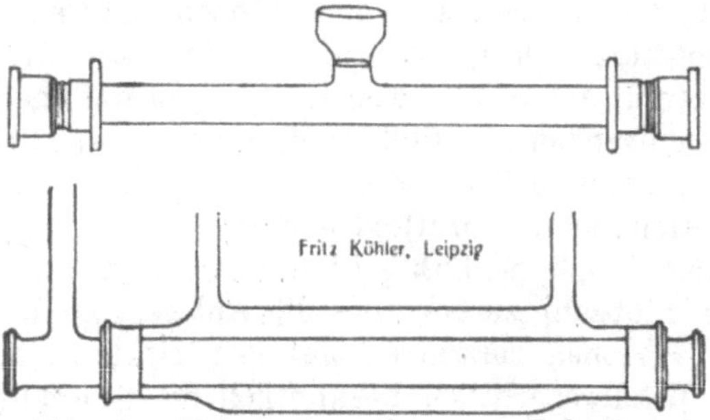

Abb. 166. Polarisationsröhren zum Polarimeter.

Zubehör. Polarimeter (Abb. 165). Natriumbrenner. Filter. Filtriertrichter und Stativ. Zwei Literkolben. Kampfer. Gemisch von Na_2CO_3 und Na_2HPO_4. 10-Voltleitung. Glühlampe für 10 Volt. Thermostat, für 25° eingestellt. Drei ausgedämpfte Kölbchen mit Bleiflügeln, 200 ccm Inhalt. Rohrzucker. 2-n. Salzsäure. Zwei 20-ccm-Pipetten. 1-n. Salzsäure. 2 Polarisationsröhren (Abb. 166).

Ausführung. Allgemein mißt man Reaktionsgeschwindigkeiten dadurch, daß man die Konzentrationen der Ausgangsstoffe oder Produkte zu bestimmten Zeiten mißt und die Konzentrationsänderungen durch die zugehörigen Zeiten dividiert. Die Konzentrationsbestimmung kann auf alle möglichen Weisen geschehen, doch stets so, daß man durch die Messung die Reaktionsgeschwindigkeit nicht ändert. Sonst muß dies erst wieder eliminiert werden, was rechnerisch oft sehr unbequem ist.

Die Rohrzuckerinversion läßt sich optisch verfolgen, da der Rohrzucker die Ebene des polarisierten Lichts stark nach rechts dreht, das Reaktionsprodukt aber schwach nach links, und da man nur jeweils das Verhältnis zweier Konzentrationen zu kennen braucht, nicht aber die Konzentrationen selbst, wie schon die integrierte Gleichung für monomolekulare Reaktionen zeigt.

Die Drehung, die ein teilweise invertiertes Gemisch zeigt, etwa eines aus $1-x$ Teilen Invertzucker und x Teilen Rohrzucker, muß sein:

$$a = A\,(1-x) - B\,x. \tag{173}$$

Denn die Drehung ist dem Gehalt an drehendem Stoff proportional. Kennt man B und A, so berechnet sich daraus x zu:

$$-x = \frac{a-A}{A+B} \tag{174}$$

und man findet für eine andere Zeit denselben Ausdruck, nur mit einem anderen a. Also fällt aus dem Verhältnis zweier solcher Brüche, und nur dieses haben wir nötig, der Nenner heraus, und es bleibt:

$$\frac{c_1}{c_2} = \frac{a_1 - A}{a_2 - A}. \tag{175}$$

Man muß also die augenblickliche Drehung a jeweils verkleinern um die Drehung A am Schluß der Messung, die nur vom Invertzucker herrührt, und deshalb muß die letztere noch für sich bestimmt werden. Diese ganze Vereinfachung der Rechnung rührt daher, daß man nur das Verhältnis der Konzentrationen zu kennen braucht. Der Endwinkel ist in unserem besonderen Fall negativ, so daß a numerisch vergrößert wird.

Man erhält somit als Endformel die Gleichung:

$$k = \frac{1}{z_2 - z_1} \cdot \frac{\log(a_1 - A) - \log(a_2 - A)}{0,4343}. \tag{176}$$

Dividiert man die Drehung, gemessen in Graden, durch die Schichtlänge in dm und durch die Konzentration des aktiven Stoffs in der Lösung, gemessen in g/ccm, so erhält man das spezifische Drehungsvermögen $[\alpha]_D$. Es hängt ab von der Wellenlänge des Lichts (D-Linie), der Temperatur der Lösung, ihrer Konzentration und Natur.

Die experimentelle Bestimmung geschieht mit dem Polarimeter, und zwar mit einem sog. Halbschattenapparat. Im Prinzip besteht ein Polarimeter nur aus zwei Polarisatoren, Nicolschen Prismen, die um meßbare Beträge gegeneinander gedreht werden können, und aus einer Vorrichtung, die erlaubt, den auf seine natürliche Drehung zu prüfenden Stoff zwischen die beiden Polarisatoren zu bringen, endlich einer Quelle homogenen Lichts, meist einer Natriumflamme, deren Licht polarisiert wird durch den ersten Nicol P. Dann folgt die Drehung durch den untersuchten Körper. Sie wird durch meßbare Drehung des zweiten Polarisators, des Analysators A, wieder kompensiert und der erforderliche Winkel abgelesen. Ist kein Stoff eingeschaltet, so zeigen solche Apparate vollkommene Dunkelheit oder vollkommene Helligkeit bei zwei um 180° auseinander liegenden Stellungen der Nicols, aber es ist schwer zu beurteilen beim Einschalten einer Substanz, ob die große Helligkeit oder Dunkelheit abnimmt. Vergleichen ist leichter, und um solche Vergleichsfelder zu schaffen, schaltet man ein gegen den Polarisator um einen kleinen Winkel ζ gedrehtes kleines Nicol zwischen ihn und die Substanz oder noch besser zwei solche, die symmetrisch je einen Teil der einen und der anderen Seite des Gesichtsfelds aufhellen. So erhält man die Halbschatten- bzw. Drittelschattenapparate. Bei ersteren wird man eine Halbierung des Gesichtsfelds erhalten und beide Seiten werden in Abwesenheit einer natürlich drehenden Substanz (abgesehen von der bloßen Schwächung durch den kleinen Nicol) gleich hell erscheinen, wenn die beiden großen Nicols Winkel miteinander einschließen, die um den Ablenkungswinkel ζ des Hilfsnicols sich von einem ganzen Vielfachen von $\pi/2$ unterscheiden (Abb. 167). Da die Helligkeit beider Seiten proportional ist $\sin^2 \zeta/2$, so ist klar, daß man um so helleres Licht braucht, je kleiner ζ ist. Man mißt aber zugleich auch genauer, da mit sinkendem ζ der Winkelbetrag immer kleiner wird, den man durchschreiten

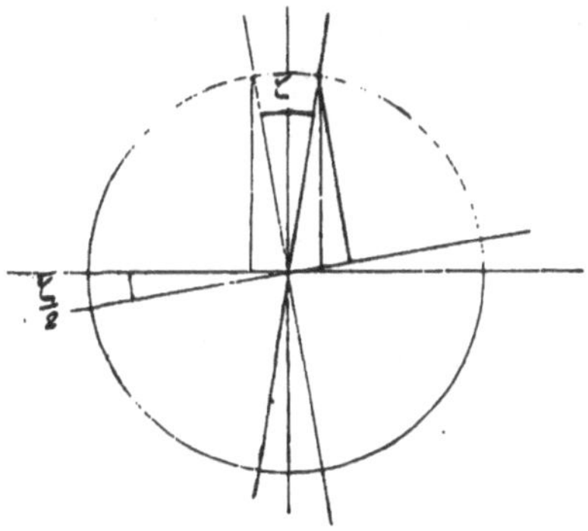

Abb. 167. Wirkung des kleinen Hilfsnicols im Polarimeter.

muß, um den Helligkeitsunterschied zwischen beiden Seiten zu vertauschen.

Der Analysator ist stets mit einem Hebel oder Zahnstange versehen und seine Stellung läßt sich an einem Teilkreis ablesen.

Vor einer Messung muß man am besten die bequemste Lage des Analysators ausprobieren und die Nullstellung für Abwesenheit eines natürlich drehenden Stoffs anmerken. Dazu stellt man den ganzen Apparat folgendermaßen auf. 10—15 cm vom Objektiv des Apparats entfernt wird die Natriumflamme aufgestellt, ein Teclubrenner mit durchlochter, ausgefaserter Asbestscheibe darüber, die mit einem Na_2CO_3-Na_2HPO_4-Gemisch getränkt ist. Man legt ein Beobachtungsrohr mit reinem Wasser in den Apparat ein (Zimmertemperatur), bedeckt den Okularteil des Apparats mit einem Dunkeltuch und probiert durch Verschieben des Analysatorhebels seine Nullstellung aus. Am besten nimmt man diese Arbeit in einem dunklen Teil des Zimmers vor. Man muß darauf achten, daß die Röhre mit dem Wasser dicht hält und daß ihre Achse gut in die optische Achse des Ganzen fällt, sonst wird die Beleuchtung des Gesichtsfelds ungleichmäßig, nötigenfalls legt man Pappe- oder Korkstückchen unter, bis die Röhre in passender Stellung fixiert ist.

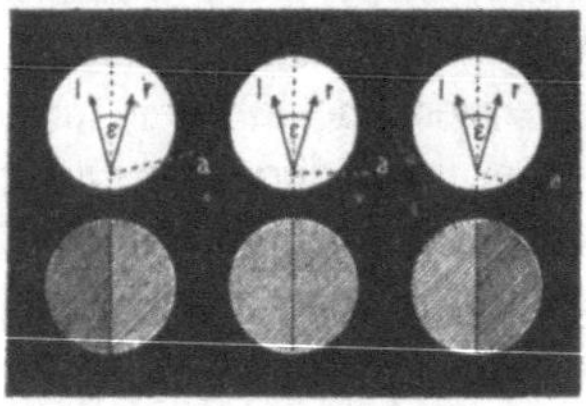

Abb. 168. Gesichtsfeld im Halbschattenapparat.

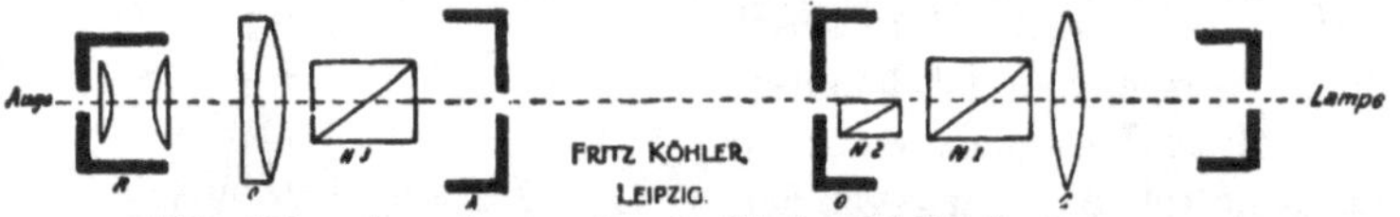

Abb. 169. Anordnung der Optik im Halbschattenapparat.

Man stellt ein durch Hin- und Herrücken des Analysatorhebels bei *K*, so daß bald die eine, bald die andere Seite des Gesichtsfelds heller ist. Man verkleinert die Amplitude dieser Bewegung und sorgt dafür, daß man möglichst symmetrisch über die wahre Nullstellung nach beiden Seiten ausschlägt. Dann ist es leicht, die wahre Nullstellung zu interpolieren. Man stellt wiederholt auf diese Weise ein und nimmt aus den unabhängigen Ablesungen das Mittel (Abb. 168 u. 169).

Beim Ablesen des Teilkreises läßt sich eine 10-Voltlampe oder ein leuchtender Brenner verwenden. Abgelöste oder undichte Platten werden auf die Beobachtungsröhren mit Siegellack wieder aufgekittet.

Die Messung der Inversionsgeschwindigkeit geht folgendermaßen vor sich. Man stellt sich zuerst etwa 1 Liter einer etwa 20prozentigen Rohrzuckerlösung her von genau bekanntem Gehalt (auf 0,1 Prozent genau) und filtriert. Man fügt zur Sterilisierung zweckmäßig ein kleines Körnchen Kampfer zu und hängt dann je ein Kölbchen mit genau 20 ccm 2-n. bzw. 1-n. Salzsäure in den 25°-Thermostaten, desgleichen zwei Wassermäntel mit Beobachtungsröhren.

Man mißt die Inversionsgeschwindigkeit bei zwei Säurekonzentrationen und zwar anfangs alle 30 Minuten. Deshalb ist es vorteilhaft, die zweite Messungsreihe 15 Minuten nach der ersten zu beginnen, so daß bei ihr die Ablesungen in die Zwischenzeiten der ersten fallen.

Man wärmt nunmehr auch die Zuckerlösung vor, richtet das Polarimeter, nimmt ein Beobachtungsrohr aus dem Thermostaten, trocknet außen Mantel und Deckplatten ab und beschickt es mit einer Mischung von 20 ccm Zuckerlösung und 20 ccm Säure, die man im Kölbchen im Thermostaten gemischt hat. Man liest die Zeit der Mischung ab und geht möglichst rasch zur Messung über. Da sich anfangs der Winkel so schnell ändert, daß er ungenauer zu bestimmen ist als die Zeit, so stellt man den Analysator zuerst nahe richtig ein, aber etwas zu weit nach der Seite hin, wohin sich der Winkel, wie man erkennt, von selbst verändert, also man stellt den Analysator gewissermaßen „vor" und beobachtet genau den Zeitpunkt, zu dem diese Stellung der genauen Kompensation entspricht. Dies ist die erste Messung. Man bringt dann das Rohr in den Thermostaten zurück. Etwa 10 Minuten später beschickt man in der gleichen Weise das andere Beobachtungsrohr, nimmt aber die andere Konzentration der Säure, und mißt ebenfalls unter Abwarten der Kompensation. Die zweiten Messungen an beiden Reihen macht man zweckmäßig 30 Minuten nach den ersten, und nach weiteren 30 Minuten folgen die dritten. Die vierten nach je einer Stunde. Man überwacht dabei noch die Temperatur des Thermostaten und merkt sie nötigenfalls an. Messungen nach 1—2 Tagen ergeben die Endwerte. Man kann sie auch nach halbstündigem Erhitzen der Lösungen auf etwa 80° und Abkühlen auf 25° messen. Sie müssen natürlich in beiden Lösungen gleich sein. Die Kölbchen, worin man die Inversion durch Temperatursteigerung vornimmt, werden zweckmäßig locker (!) verschlossen, um ein Eindampfen der Lösungen zu verhüten.

Die Berechnung der Messungen ergibt sich aus dem Vorstehenden.

Die Meßröhren sind im Interesse ihrer Haltbarkeit, namentlich an den Kittstellen, gut mit Wasser auszuspülen und zu trocknen.

12. Esterverseifung durch Alkali, eine echte bimolekulare Reaktion ohne erhebliche katalytische Beeinflussung. Messung durch Titration. Anwendungen des kinetischen Massenwirkungsgesetzes II.

Besprechung. Die vorige Messung betraf eine scheinbar monomolekulare, in Wirklichkeit bimolekulare Reaktion. Man kennt zwar in Lösungen monomolekulare Reaktionen, aber sie sind seltener zu finden, als die bimolekularen. Daß das daher rührt, daß in Lösungen Umsetzungen häufiger sind als Dissoziationen und Isomerisationen, ist nicht wahrscheinlich. Vielmehr handelt es sich wahrscheinlich nur darum, daß man die monomolekularen wegen ihrer zu großen oder zu kleinen Schnelligkeit oder wegen störender Neben- und Folgereaktionen seltener rein messen kann. Eine ähnliche Ursache hat es wohl auch, daß man bis heute keine einzige echte Gas- (nicht Wand-) Reaktion I. Ordnung kennt, die meßbar gewesen wäre. Dies ist eines der wesentlichsten Hemmnisse auf dem Gebiet.

Die klassische Reaktion II. Ordnung in Lösung ist die Verseifung von Estern durch Basen. Man sieht an ihr, daß das Zeitgesetz einer Reaktion häufig nicht das ist, das man nach einfachster formaler Ansetzung der chemischen Bruttogleichung erwarten sollte. Man schreibt z. B. die Verseifung von Buttersäureäthylester[1] durch Barytwasser meist so:

$$\left.\begin{aligned}&2\,CH_3CH_2CH_2COOC_2H_5 + Ba(OH)_2\\&\qquad = (CH_3CH_2CH_2COO)_2Ba + 2\,C_2H_5OH.\end{aligned}\right\}\quad(177)$$

Danach müßte die Reaktion III. Ordnung sein. Und sie müßte II. Ordnung werden, wenn man anstatt Barytwasser Natronlauge nimmt; ein solcher Unterschied besteht nicht. Die Reaktion geht in beiden Fällen nach II. Ordnung. Dies erklärt die Ionentheorie dadurch, daß sie die Hydrolyse nur der Wirkung des OH'-Ions zuschreibt:

$$CH_3CH_2CH_2COOC_2H_5 + OH' = CH_3CH_2CH_2COO' + C_2H_5OH. \quad (178)$$

Allgemein gehen fast ausnahmslos schon der Form der Zeitgesetze nach die Reaktionen nach I. und II. Ordnung, weil entweder nur Bruchstücke der angenommenen Moleküle reagieren oder weil die Reaktionen ohne dies in Stufen sich abwickeln. Wenn aber eine Reaktion wirklich dem Zeitgesetz nach von III. oder höherer Ordnung ist, dann zeigt sich oft, daß es sich nur um Überlagerung von Gleichgewichten handelt (s. weiter unten).

Man kann die Esterverseifung zeitlich verfolgen, wenn man aus dem Gemisch von Ester und Lauge ab und zu bei bestimmter Zeit Proben nimmt und schnell den Alkalititer durch Säure ermittelt.

Da hier die Konstante eine einfache Bedeutung hat und nicht etwa noch katalytische Faktoren enthält oder konstante Konzentrationen, wie die von der vorigen Messung, so hat auch die Änderung der Konstante mit der Temperatur eine einfachere Bedeutung als dort. Man kann an diesem Fall die Gültigkeit der sog. R.G.T.-Regel erweisen, die besagt, daß die Geschwindigkeitskonstante einer bei gewöhnlicher Temperatur meßbaren Reaktion (also nicht die der nicht meßbaren, viel zu langsamen oder viel zu schnellen) bei Erhöhung der Temperatur um 10° im allgemeinen aufs Doppelte bis Dreifache anwächst. Sie wächst bei echten Reaktionen I. Ordnung stärker als bei solchen II. Ordnung. Der Quotient der Geschwindigkeitskonstanten der gleichen Reaktion, genommen für zwei Temperaturen, die um 10° auseinanderliegen, heißt der Temperaturkoeffizient der chemischen Reaktion und ist mithin im Geltungsbereich der R.G.T.-Regel gleich 2—3. Dies ist eine der be-

[1] M. Trautz und K. Th. Volkmann, Z. f. phys. Chem. **64**. 53. 1908; Z. f. Elektrochem. 1912. S. 909ff., besonders 916.

zeichnendsten Eigenschaften chemischer Vorgänge und scheidet sie vor allem von Diffusionsvorgängen, wo bei gewöhnlicher Temperatur der Temperatureinfluß immer viel kleiner ist.

An der Verseifung von Buttersäureäthylester läßt sich beides, das Zeitgesetz II. Ordnung und der Temperaturkoeffizient messen.

Zubehör. 0,02-n. $Ba(OH)_2$. Buttersäureäthylester. 0,02-n. Salzsäure. Bürette, 30 ccm. 0,01-n. $Ba(OH)_2$ in Bürette. Zehn kleine Kolben zum Titrieren, je 150 ccm. Zwei 25-ccm-Pipetten. Zwei 250-ccm-Kolben mit Bleiflügeln. Thermostat, auf 20° und 30° einstellbar, mit Thermometer, 0,1°. Phenolphtalein. Stoppuhr.

Ausführung. Es wird bei 20° und bei 30° gemessen. Die Messungen sind einander im übrigen ganz gleich. Man mißt nur je in einer Konzentration etwa 0,01-normal an Ester und Basis. Man nimmt zweckmäßig ein wenig mehr Ester, damit der Unterschied gegen äquivalente Mengen noch größer wird, als er ohnehin ist infolge der unvollkommenen Dissoziation des Baryts. Das ist vorteilhaft wegen des sonst großen Versuchsfehlereinflusses bei der Berechnung. Man wägt rund $^1/_{400}$ Mol Ester in einem Wägeglas ab (etwa 0,3 g), worein man wegen der Flüchtigkeit des Esters zweckmäßig schon etwas Wasser eingewogen hat, und spült dies quantitativ in einen 250 ccm Meßkolben, den man mit Wasser auffüllt. Man richtet nun fünf Gefäße mit je 25 ccm 0,02-n. Salzsäure, ferner die Bürettenflasche mit der 0,01-n. Barytlauge, die Stoppuhr und eine reine 25-ccm-Pipette. In einem 500-ccm-Meßkolben werden 250 ccm 0,02-n. Barytlauge vorgewärmt, dann die Esterlösung gleichfalls vorgewärmt im 250-ccm-Kolben und unter gleichzeitiger Ablesung der Zeit zu der Barytlauge gegossen und kurz umgeschüttelt, dann wieder ins Bad gehängt. Nach 10, 40, 60, 90 und 120 Minuten, allenfalls auch öfter und später, werden je 25 ccm herausgenommen und rasch in eines der Bechergläser mit Säure entleert. Dann wird jeweils mit 0,01-n. Barytlauge zurücktitriert mit Phenolphtalein. Die Messung bei 30° geschieht ebenso, aber man nimmt die Proben hier nach 6, 30, 60, 90 und 150 Minuten.

Den Endtiter berechnet man aus der Estermenge. Die weitere Berechnung der Geschwindigkeitskonstanten ergibt sich aus der Besprechung, ebenso die Berechnung des Temperaturkoeffizienten aus den beiden Mittelwerten der Konstanten. S. auch S. 290.

Man gebe alle beobachteten Einzelzahlen an, dazu die Mittelwerte der Konstanten für jede Temperatur und die Temperaturen selbst.

Man achte darauf, die Reaktion im Augenblick der Probenahme zu unterbrechen, als diese Zeit daher den Mittelwert der Zeit während des Ausfließens der Probe in die Säure zu nehmen. Die Säure soll die Reaktion schnell unterbrechen, deshalb nimmt man sie nach Möglichkeit kalt, nötigenfalls in Eis gestellt. Ferner soll aus demselben Grund die Pipette nicht zu langsamen Ausfluß haben.

13. Bildung von 2NOCl aus 2NO und Cl_2, eine echte Gasreaktion ohne Wandeinfluß, scheinbar III. Ordnung. Mano-

metrische Messung. Anwendungen des kinetischen Massenwirkungsgesetzes III. Berechnung der Aktivierungswärme und der Moleküldurchmesser mittels der Geschwindigkeitsisochore.[1]

Besprechung. Jede Reaktion III. Ordnung läßt sich formal auffassen als eine Übereinanderlagerung einer Reaktion II. Ordnung und eines sehr schnell verschiebbaren Gleichgewichts. Z. B. kann:

$$2NO + Cl_2 = 2NOCl \tag{179}$$

sich zusammensetzen aus:

$$NO + Cl_2 = NOCl_2, \tag{180}$$

welche Stoffe immer miteinander im Gleichgewicht seien, so daß:

$$(NO) . (Cl_2) = K . (NOCl_2) \tag{181}$$

wäre und dies Gleichgewicht würde dann immer durch die meßbar verlaufende und allein der Messung zugängliche Reaktion:

$$NOCl_2 + NO = 2NOCl \tag{182}$$

gestört. Für die letztere Reaktion erhält man bei gewöhnlicher Temperatur, wo man die Gegenreaktion vernachlässigen darf:

$$-\frac{dc}{dz} = k . (NOCl_2)(NO), \tag{183}$$

also ein Schema II. Ordnung. Da aber nach unserer Annahme vom gleichzeitigen (sog. „simultanen") Gleichgewicht zwischen $NOCl_2$ und seinen Zerfallsprodukten gelten muß:

$$(NOCl_2) = \frac{(NO) . (Cl_2)}{K}, \tag{184}$$

so ergibt Einsetzen dieses letzteren Werts:

$$-\frac{dc}{dz} = \frac{k}{K} . (NO)^2(Cl_2), \tag{185}$$

d. h. auch hier wieder enthält die gemessene Geschwindigkeitskonstante k/K eine Größe, die an und für sich mit der Geschwindigkeit allein nichts zu tun hat.

Wir benutzen jetzt die Theorie der chemischen Reaktionsgeschwindigkeit.[2]

Die Erfahrung hat als Grundlage der Reaktionsgeschwindigkeitslehre einen Satz bestätigt, der den thermodynamischen Sätzen über die Unabhängigkeit der Arbeitsleistung von Zwischenzuständen ganz analog ist und besagt:

1. Die Geschwindigkeitskonstante einer jeden chemischen Reaktion hängt nur ab von der chemischen Natur der **Ausgangsstoffe**, nicht von der von Zwischenstoffen oder Reaktionsprodukten. Anders ausgedrückt ist dies nur der Satz von der Nichtexistenz prädisponierender Verwandtschaft.

---

[1] M. Trautz, Sitz.-Ber. d. Heid. Akad. d. Wiss. Abt. A. 1915. 2. Abh. Z. f. anorg. u. allg. Chem. **96.** 1. 1916; ders. u. Cl. F. Hinck, ebenda **97.** 127ff.; ders. u. L. Wachenheim, ebenda **97.** 241ff., 1916; ders. u. V. Dalal, ebenda 1917.

[2] Trautz 1909—16. Z. f. Elektroch.; Z. f. physik. Chem.; Z. f. anorg. Chem.

Eine zweite Grundlage, die sich ebenfalls allgemein bewährt hat, liegt in folgendem Satz:

2. Jede Wärmetönung[1] einer Reaktion bei $T = 0$ besteht aus einer Differenz zweier **Wärmetönungen negativen Vorzeichens**, von denen die eine nur von den Ausgangsstoffen der Reaktion, die andere nur von ihren Produkten abhängt. Dieser Satz ist teilweise eine Folgerung aus dem ersten. Die beiden negativen Wärmetönungen entsprechen einer Mindestenergie, die den Stoffen zugeführt werden muß, damit sie überhaupt reagieren können. Der Satz behauptet daher, daß jede Reaktion primär **endotherm** ist. Die negativen Wärmetönungen dieser Art haben ihrer Bedeutung entsprechend den Namen Aktivierungswärmen erhalten (Status-nascens-Wärmen). Sie werden immer durch den Buchstaben q_0 bezeichnet.

3. Die dritte Grundlage ist der Stoßdauersatz:

In idealen Gasen gibt es nur Reaktionen I. und II. Ordnung. Alle Reaktionen höherer Ordnung verhalten sich genau wie Übereinanderlagerungen von solchen. Damit hat man nur noch die Gesetze für I. und II. Ordnung zu bestimmen. Für die letztere ist dies besonders einfach. Denn das Massenwirkungsgesetz beweist, daß die Reaktionen II. Ordnung der **Stoßzahl** zu zweien proportional sein müssen, also dem Faktor:

$$2 \cdot 2\sqrt{2R\pi} \cdot 6{,}175 \cdot 10^{23} \cdot s^2 \sqrt{\frac{M + M_1}{M M_1}} \cdot \sqrt{T}\,. \qquad (186)$$

Diese Formel hat die kinetische Gastheorie schon längst abgeleitet. In ihr bedeutet der erste Faktor 2, daß bei jedem solchen Stoß zwei Moleküle umgesetzt werden können. Im zweiten Faktor führt R die Zeit ein. R steht nämlich hier mit der Fluggeschwindigkeit c der Moleküle in dem Zusammenhang, daß:

$$M \cdot \overline{c^2} = 3RT. \qquad (187)$$

Die mittlere lebendige Kraft der Moleküle ist bekanntlich der absoluten Temperatur proportional. Die Gleichung zeigt, daß der Proportionalitätsfaktor $= 3R$ ist. Sein Zahlwert hängt von den verwendeten Einheiten ab. Kennt man eine einzige Fluggeschwindigkeit, z. B. die von O_2 für Zimmertemperatur (461 m/sec), so hat man diese Größe nur mit dem Molekulargewicht des betreffenden Gases zusammen einzusetzen und findet schließlich das gastheoretische:

$$R \text{ in } \frac{\text{gramm} \cdot (\text{cm/sec})^2}{\text{grad}} = 0{,}83 \cdot 10^8 \text{ erg/grad}. \qquad (188)$$

Diese, die Avogadrosche und die Zahl für den mittleren Moleküldurchmesser sind die molekularen Größen, die man sich zweckmäßig einprägt.

[1] Über die Theorie der Wärmetönung und der Aktivierungswärmen und die Isomeren-Theorie der Molarwärmen vgl. M. Trautz, Heidelb. Akad. Ber. Abt. A. 1913 u. 1917.

Die besondere Form $2\sqrt{2R\pi}$, worin R eintritt, rührt von einer längeren und nicht einfachen Rechnung her, die auch die Form bedingt, in der die Molekulargewichte M und M_1 der zusammenstoßenden Moleküle und die Summe ihrer Radien s in die Formel hereinkommen. Die Wurzeln kommen daher, daß nicht die lebendige Kraft, sondern die Wurzel aus ihr, die Geschwindigkeit, auf die Zahl der Stöße maßgebenden Einfluß hat, und so stammen diese Glieder aus Umformungen der Gleichung (187), ebenso wie die $\sqrt{T}$.

Zuletzt kommt die Avogadrosche Zahl herein, um von der Zahl der stoßenden Moleküle auf die Masse der ihnen entsprechenden Mole zu kommen.

Soweit ist die Ableitung aus der kinetischen Gastheorie und dem Massenwirkungsgesetz selbstverständlich, welch letzteres noch weiter fordert, daß die Konzentrationen der reagierenden Stoffe C_M und $C'_{M'}$ mit (186) multipliziert die Geschwindigkeit der Bildung von MM' darstellen. Dann also wäre (186) die allgemeine Form der Geschwindigkeitskonstante II. Ordnung. Dem widerspricht die Erfahrung. Deshalb braucht man noch weitere Grundlagen.

Das erste Grundprinzip beweist, daß alle in den Ausdruck für die Gleichgewichtskonstante eingehenden Größen, die von den Stoffeigenschaften der Ausgangsstoffe abhängen, wenn auch noch so wenig, sich in der durch Zerlegung der Gleichgewichtskonstante erhaltenen Geschwindigkeitskonstante finden müssen.

Verhalten sich die inneren Energieen (pro Mol $= \int_0^T (C_v - 3/2\,R)\,dT$), wie es den Anschein hat, nicht streng additiv, so gibt es doch, wie die Erfahrung zeigt, eine sehr gute Annäherung, wenn man:

4. Additivität der inneren Atomwärmen $C_v - 3/2\,R$ bei idealen Gasen[1] annimmt. Denn nur dann können die inneren Energieen, die bei genauer Rechnung in der allgemeinen Form:

$$e^{-\int \frac{dT}{RT^2}\int_0^T (C_v - 3/2\,R + G)\,dT} = \text{ungefähr } 1$$

(G ist erfahrungsgemäß fast gleich $-(C_v - 3/2\,R)$ bei den bisherigen Geschwindigkeitsmessungen[2]) pro Mol als Faktor in jede Geschwindigkeitskonstante (auch in die I. Ordnung, s. w. u.) eintreten, ausreichend genau herausfallen und es bliebe nur noch ein Faktor in (186) zuzufügen von der Form:

$$e^{-\frac{q_0}{RT}}. \qquad (189)$$

---

[1] Ungenaue Erfüllung dieser Bedingung s. Z. f. anorg. u. allg. Chem. 97. 117. 1916. Z. f. Elektrochem. u. Z. f. anorg. u. allg. Chem. 1917. Bei sehr schnellen Reaktionen, wo q_0 sehr klein ist, wird die Annäherung schlechter sein. Sonst gleicht die Anpassung von q_0 den Fehler aus.

[2] Deutung von G als $C_v - 3/2\,R$ für den aktivierten Zwischenstoff, so daß $-q = -q_0 + \sum \nu \int_0^T (C_v - G)\,dT$ wird, ist möglich; dann versteht sich das Wegfallen der inneren Energieen, soweit die Additivität reicht, von selbst. Vgl. Prinzip 2, S. 299.

Darin bedeutet q_0 die Aktivierungswärme der Ausgangsstoffe und steht mithin mit der Wärmetönung Q_0 (alle genommen bei $T = 0$) und der Aktivierungswärme q_0' der Gegenreaktion in der Beziehung (die Gastheorie deutet q_0 durch Abstoßungskräfte):

$$Q_0 = +q'_0 - q_0. \tag{190}$$

Diesen so erhaltenen Ausdruck:

$$5{,}64 \,.\, 10^{28} \,.\, s^2 \sqrt{\frac{M + M'}{M M'}} \cdot \sqrt{T} \,.\, e^{-\frac{q_0}{RT}} = k_{II} \tag{191}$$

darf man als die heute am ganzen Erfahrungsmaterial gut bestätigte Formel für die Geschwindigkeitskonstante II. Ordnung ansehen und mithin als den Ausdruck für die Geschwindigkeitsisochore (das Temperaturgesetz) bei Reaktionen II. Ordnung.

Die Richtigkeit dieser Formel zwingt nunmehr der Ableitung der Formel für die Geschwindigkeitskonstante I. Ordnung ganz bestimmte Bedingungen auf:

1. Der Faktor darin, der von der Temperatur abhängt, muß die Form haben:

$$T^2 \,.\, e^{-\frac{q_0'}{RT}}, \tag{192}$$

sonst widerspricht man der Thermodynamik.

2. Aus demselben Grund muß der von der Temperatur unabhängige Faktor den Zahlwert rund 10^{12} reziproke Sekunden haben.

Da es sich beim Auseinandergehen eines Moleküls oder bei seiner Umlagerung um intramolekulare Vorgänge handelt, die Gesetze des Intramolekularen aber fast unbekannt sind, so ist die genaue Berechnung des temperaturunabhängigen Zahlenfaktors, wie man sie auch ansetzen mag, hypothetisch und nur durch ein großes Zahlenmaterial an Hand der Erfahrung zu stützen.

5. Diese Bedingungen erfüllt der Ausdruck für die Geschwindigkeitskonstante I. Ordnung (Geschwindigkeitsisochore I. Ordnung):

$$12 \sqrt{\frac{2R}{\pi}} \cdot \frac{s^2}{s'^3} \cdot \sqrt{\frac{M + M'}{M M'}} \,.\, T^2 \,.\, e^{-\frac{q_0'}{RT}}. \tag{193}$$

Die Temperaturtunktion $\sqrt{T}$, die man gastheoretisch findet und welche der Thermodynamik und der Erfahrung widerspricht, hat man durch die von diesen beiden aus geforderte T^2 ersetzt. Die Gleichung ist größtenteils ebenfalls durch die kinetische Gastheorie gegeben. Sie fußt auf der Vorstellung, daß die Zahl der intramolekularen Stöße der im Molekül vorgebildeten Stücke, worein das Molekül beim Zerfall auseinanderbricht, gleich ist der Zahl der kritischen Zeitpunkte für das Molekül. Und daß sie zusammenhängt mit den Molekulargewichten M und M' der beiden vorgebildeten Stücke des Moleküls vom Durchmesser s'. Die Größe s bedeutet den mittleren Durchmesser (= Summe der Radien) der stoßenden Teile. Die Form des Ausdrucks, abgesehen von der Temperaturfunktion und einem Zahlenfaktor, ist von Boltzmann abgeleitet für Moleküle, die einander sehr nahe liegen. Wenn sie auch ihrem genauen Inhalt und Zahlwert nach hypothetisch sein muß, so kommt sie doch nach beidem zweifellos der Wirklichkeit sehr nahe. Denn sie ist am ganzen Erfahrungsmaterial über Gleichgewichte und Reaktionsgeschwindigkeiten in Gasen vorzüglich bestätigt.[1] Zieht man die konstanten Faktoren 12,2 R und π zusammen, so erhält man:

$$8{,}72.10^4.\frac{s^2}{s'^3}.\sqrt{\frac{M+M'}{M.M}}.T^2.e^{-\frac{q_0'}{RT}} = k_1. \qquad (194)$$

Da der Quotient zweier Geschwindigkeitskonstanten jeweils eine Gleichgewichtskonstante ist und es nach dem Stoßdauersatz nur Geschwindigkeiten I. und II. Ordnung in idealen Gasen gibt, so folgt, daß man alle Integrationskonstanten chemischer Gasgleichgewichte aus den beiden Formeln (194) und (191) berechnen und in der Vereinigung dieser beiden Formeln mit dem kinetischen Massenwirkungsgesetz den verdichteten Inhalt der ganzen chemischen Verwandtschaftslehre für Gase sehen darf. Ganz genaue Rechnung vgl. 4. und Anm. S. 300.

Wir wenden jetzt die Formeln auf das Beispiel des NOCl an und finden, wie man leicht aus (191) und (194) ableiten kann, an Hand von (185) den Ausdruck (($C_v - 3/2\,R$) additiv angenommen und vernachlässigt):

$$\log\frac{k}{K} = \log\varkappa - \frac{q_0 - Q_0}{4.573\,T} - \log T \qquad (195)$$

und:

$$\varkappa = \frac{1{,}5.5{,}64.10^{28}\sqrt{\frac{2\,(\mathrm{NOCl})}{(\mathrm{NOCl_2})(\mathrm{NO})}}.s^2_{\mathrm{NOCl_2-NO}}.s^3_{\mathrm{NOCl_2}}}{1{,}546.10^{-24}}\ \mathrm{Mol/ccm, sec.} \qquad (196)$$

In der letzten Gleichung bedeuten die chemischen Symbole in Klammern jeweils die Molekulargewichte der betreffenden Stoffe und den Durchmessern s sind die chemischen Symbole beigesetzt, worauf sie sich beziehen. So z. B. bedeutet $s_{\mathrm{NOCl_2-NO}}$ den mittleren Durchmesser der als Index genannten beiden Moleküle. Der Faktor 1,5 rührt daher, daß ein Stoß hier nicht zwei, sondern drei (von den anfangs vorhandenen) Moleküle umsetzt.

Zubehör. Die beiden Tabellen, die bei Übung 3, Versuch 5, gewonnen wurden, bei gewöhnlicher Temperatur und bei 0° für die Molzahl in Gemischen von NO und Cl_2.

Ausführung. Man berechnet zuerst aus der Molzahl die Konzentration von NOCl, sofern dies nicht schon bei Übung 3 geschehen. Dann muß man diese Zahlen in die integrierte Gleichung des kinetischen Massenwirkungsgesetzes für eine Reaktion III. Ordnung einsetzen. Es ist:

$$+\frac{dx}{dz} = k.(a-x)(b-x)^2, \qquad (197)$$

wo a der anfängliche Chlordruck, b der halbe anfängliche NO-Druck und x die Abnahme des Chlordrucks ist. Denn nach einer gewissen Zeit wird der gesamte Druck sein:

$$P = (a-x) + 2(b-x) + 2x = a + 2b - x = P_0 - x. \qquad (198)$$

[1] Vgl. Anm. S. 300.

Integration von (197) ergibt:

$$\left.\begin{aligned} k' &= \frac{1}{(x_2 - x_1)(a-b)^2}\left(\frac{(a-b)(x_2-x_1)}{(b-x_2)(b-x_1)} - \ln\frac{(a-x_2)(b-x_1)}{(b-x_2)(a-x_1)}\right) = \\ &= \frac{1}{x_2 - x_1}\left[\frac{1}{2}\left(\frac{1}{(b-x_2)^2} - \frac{1}{(b-x_1)^2}\right) - \frac{a-b}{3}\left(\frac{1}{(b-x_2)^3} - \frac{1}{(b-x_1)^3}\right) + \right. \\ &\qquad \left. + \frac{(a-b)^2}{4}\left(\frac{1}{(b-x_2)^4} - \frac{1}{(b-x_1)^4}\right) - + \ldots\right] \end{aligned}\right\} \quad (199)$$

(letztere Formel (H. Kühl) gegen Fehler in $a - b$ weniger „empfindlich").

Zuletzt wird k' verdreifacht, weil 3 Mole reagieren.

Man berechnet mit beiden Formeln die Konstanten, nimmt für jede Temperatur den Mittelwert, rechnet ihn auf Mol/ccm, sec um (er ist dann k/K), berechnet daraus durch Subtraktion zweier Gleichungen der Form 195 mit verschiedenen T die Differenz zwischen Aktivierungswärme und Bildungswärme von $NOCl_2$, setzt dies in den Mittelwert der einen Geschwindigkeitskonstanten ein und rechnet $\varkappa$ aus mittels (195).

Aus $\varkappa$ wiederum berechne man nach Formel (196) durch Auflösen nach dem Produkt der s und Ausziehen der 5. Wurzel den mittleren Moleküldurchmesser. Man findet ihn zu etwa 3 bis $6 \cdot 10^{-8}$ cm. Damit hat man auch die Reaktionsgeschwindigkeiten auf die molekularen Größen zurückgeführt.

Man stelle die Ergebnisse übersichtlich zusammen.

Die Methoden zur Messung von Reaktionsgeschwindigkeiten (s. bereits bei Gleichgewichtsmethoden) sollen, wie gute analytische Schnellmethoden überhaupt, für den besonderen Fall geprüft sein, worauf man sie anwenden will. Bedingung ist, daß sie den Betrag der Geschwindigkeit in keiner Weise beeinflussen.

Besonders wichtig sind hier für sehr genaue Bestimmungen die experimentellen Konvergenzmethoden. D. h. man mißt den Geschwindigkeitsverlauf mit einer gegebenen Methode zuerst nicht ganz genau. Danach konstruiert man Vorrichtungen, die diesem Verlauf nachgebildet, die Messung großenteils selbsttätig ungefähr ausführen, dem Beobachter aber überlassen, in jedem Augenblick die Genaueinstellung durchzuführen. Da nun Unterschiede sich sehr viel genauer messen lassen als Absolutbeträge, so kann man diese Unterschiede, die der Automat noch auszugleichen übrig läßt, leicht mit vollkommen ausreichender Genauigkeit messend verfolgen. Als eine Art Urbild der Konvergenzmethode mag man das bekannte Schnelltitrieren ansehen, bei dem man eine Titration zuerst schnell ungefähr ausführt, so daß der Umschlag überschritten wird. Dann ein zweites Mal, indem man bis in die Nähe des Umschlags rasch aus der Bürette zulaufen läßt und erst dann langsam.

Von besonderer prinzipieller Wichtigkeit sind die Geschwindigkeiten der Gasreaktionen. Man kann diese in zwei Gruppen einteilen, deren experimentelle Messung verschieden gehandhabt wird: Reaktionen mit

Änderung der Molzahl und Reaktionen ohne solche. Die ersteren sind einfacher zu untersuchen, da die Änderung der Molzahl immer nach dem Gasgesetz aus der Änderung des Drucks, Volums oder der Dichte sich ablesen läßt. Man kann also durch Bestimmung der Dampfdichte nach dem Dumasschen Verfahren die Geschwindigkeit der Reaktion bei konstantem Druck messen, durch Bestimmung des Drucks bei konstantem Volum (s. das Beispiel der NOCl-Bildung). Dazu können also alle die verschiedenen Methoden der Druckmessung dienen. Die Dichte wieder kann auf jedem Weg bestimmt werden, der eine mit der Dichte in quantitativ bekanntem Zusammenhang stehende Eigenschaft mißt.

Die meisten der bisher untersuchten Gasreaktionen mit Änderung der Molzahl waren kontrahierende, also solche mit Abnahme der Molzahl. Experimentell meist schwieriger sind die mit Zunahme der Molzahl, die dilatierenden, zu messen. Denn bei ihnen dringt das reagierende Gas mehr und mehr in das Rohrsystem zum Manometer hin. Greift es Hg an oder setzt es in dem Rohrsystem infolge der Abkühlung Kondensat ab, so wird dadurch die Messung unmöglich. Man kann diese Schwierigkeit umgehen durch die Federmanometer. Aber, weil diese doch auch manche Nachteile haben, so ist auch ein anderer Weg erwünscht. Wir haben eine neue Methode benutzt, die auf dauerndem selbsttätigen Einströmen eines indifferenten Gases ins Reaktionsgefäß während der ganzen Reaktionszeit beruht. Dadurch wird das Rohrsystem dauernd rein gehalten und der Druck in ihm steigt langsam und zwar schneller, als er durch die Reaktion allein steigen würde. Dies erreicht man leicht durch Regeln des eindringenden Gasstroms. Die von ihm stammende Druckerhöhung wird als Korrektionsglied in Rechnung gezogen. Oder — bei Konvergenzmethode — bemißt man ihn genau so stark, daß er in jedem Augenblick der Drucksteigerung durch die Reaktion selbst das Gleichgewicht hält. Ohne Konvergenz verfährt man wie folgt. Den Gasstrom liefert eine elektrolytische Zelle. Man hält den Strom in ihr genau konstant. Dann liefert sie genau konstante Gasmengen, falls die elektrochemische Reaktion einheitlich ist. Um dabei aber eine erhebliche Drucksteigerung zu erhalten, muß man den elektrolytischen Vorgang so wählen, daß nur am einen Pol Gas frei wird, am anderen aber nicht. Dann nämlich kann man die Zelle ganz nach außen abschließen und bekommt daher einen konstanten Gasstrom von steigendem Druck. Genau genommen muß man die Löslichkeit des Gases im Elektrolyten noch berücksichtigen. Wenn man aber den Gasstrom so gering nimmt, daß er nur ein kleines Korrektionsglied ausmacht, so kann man die Löslichkeitskorrektion als Korrektion an einer Korrektion vernachlässigen. Übrigens bereitet die ausreichend genaue Ermittlung dieser Löslichkeit keine Schwierigkeit. Man muß bei dieser Methode den Gasraum der Zelle und der anschließenden Reinigungs- und Trockenröhren so klein nehmen als möglich und das Reaktionsgefäß für die Gase möglichst groß. Gleichzeitig ist der Gasraum der Zelle und am besten sie selbst auch in ein Wasserbad zu setzen. Sonst bekommt man natürlich Schwankungen des Drucks. Konzentrierte KJ-Lösung liefert so reinen H_2, während das J_2 absorbiert wird. Pt-Elektroden bzw. Pt-Kathode und Cd-Anode.

Reaktionen ohne Molzahländerung untersucht man entweder mit optischen oder elektrischen Methoden. Man hat bisher fast nur die optischen benutzt. Hier kommt in Betracht die Messung der Lichtabsorption und der Lichtbrechung. Letztere wird man mit dem Gasinterferometer durchführen.

Oder man verläßt die Methode ruhenden Gases und verwendet strömendes Gas. Dann hat man die „Fehler der kalt-warmen Röhre" zu vermeiden. D. h., man muß verhüten, daß das Gas, nachdem es eine gewisse bekannte Zeit in einem Raum von der Temperatur T geweilt und reagiert hat, beim Übergang auf die Temperatur, wo es analysiert wird, noch reagieren kann oder sich sonst verändert. Da T immer höher ist als die Analysentemperatur, so muß man also für schroffe Abkühlung des reagierenden Gases sorgen. Trotzdem wird man der Vermeidung des genannten Fehlers nie ganz sicher sein können. Mittelbar wird man sich darüber vergewissern müssen. Die Analyse des kalten, nicht mehr sich ändernden Gases kann mit jeder Methode erfolgen, am besten mit einer Schnellmethode. Wichtig ist dabei die Berücksichtigung eines weiteren Fehlers. Die noch nicht ins Reaktionsrohr (das meist in einem elektrischen Ofen liegen wird) eingeströmten Gase werden doch in dieses diffundieren, und die schon der Reaktion ausgesetzt gewesenen werden in den Heizraum zurückdiffundieren. Wenn die Zu- und Ableitungsröhren recht eng sind und die Strömung schnell geht, so wird dieser Fehler klein genug. Die Zeit des Aufenthalts im Rohr ist genau zu messen. Wegen der Gefahr der genannten Fehler und wegen der sehr gründlichen Berührung der Gase mit den Gefäßwänden ist die Aussicht, echte Gasreaktionen auf diesem Weg einwandfrei zu messen, ziemlich klein. Oft freilich hat man keine andere Methode und dann muß man sich über den Betrag der Fehler mittelbar orientieren.

Die manometrisch-volumetrischen Methoden lassen sich vorzüglich zu Konvergenzmethoden ausbilden in folgender Weise, die zugleich viele Korrektionen selbsttätig verkleinert.

Selbsttätige Korrektionsmethoden sind insbesondere die differentialmanometrischen. Man mißt am genauesten so, daß man die Druckänderung gegen ein Vergleichsgefäß mißt, das, im selben Thermostaten befindlich, ein ausreichend ideales Gas enthält. Vor Beginn des Versuchs stellt man in beiden Gefäßen auf gleichen Druck ein oder auf einen bestimmten kleinen Druckunterschied, und schließt dann beide Gefäße gegen außen ab, so daß nur noch die Änderung des Drucks im einen gegen den im anderen gemessen wird. Dies geschieht mit einem tunlichst empfindlichen Differentialmanometer. Den absoluten Anfangsdruck erfährt man aus der Barometerablesung, und man genießt während der Reaktion den Vorteil, sich um Änderungen des Barometerstands nicht kümmern zu müssen, da das Ganze nach außen abgeschlossen ist. Hat man also, was etwa mit dem Fueßschen Barometer möglich ist, den Druck auf 0,01 mm genau gemessen, so kann man während des ganzen Versuchs diese Genauigkeit beibehalten. Noch mehr: Die unvermeidlichen Schwankungen der Temperatur im Thermostaten werden selbsttätig eliminiert, da der Druckunterschied bei beiden Gefäßen bis auf Glieder höherer Ordnung sich weghebt. Diese kleinen Abweichungen rühren z. T. von der unvollkommenen Gasnatur der praktisch benutzten Gase her und können weiter verkleinert werden, wenn man ins Vergleichsgefäß ein Gas einbringt, dessen Unidealität derjenigen des Reaktionsgemischs tunlichst nahe steht, zugleich aber bekannt ist. Letzteres ist nötig wegen der Reduktion der Daten auf idealen Gaszustand. Zum anderen Teil rühren die Abweichungen her von der Volumänderung der Gefäße, die jede Druckänderung begleitet und kleine Drucke zu hoch erscheinen läßt. Doch machen diese Abweichungen bei den üblichen dünnwandigen Gefäßen nicht so viel aus, daß sie in die Druckdifferenzen merkliche Unterschiede brächten. Es ist vielmehr als ein Vorzug dieser Differentialmethode anzusehen, daß sie gerade diesen sonst leicht und unübersehbar, allerdings nicht in hohem Maß, störenden Fehler selbsttätig eliminiert. Ein dritter Fehler rührt von der Adsorption der Gase her und wird dann ebenfalls weitgehend eliminiert, wenn man das adsorbierbarste von den Gasen für sich als Vergleichsgas nimmt. Die Volumina der beiden Gefäße müssen zu idealer Ausführung der Messung genau gleich sein. Das läßt sich durch kleine rohrförmige Ansätze, die man in passender Länge abschmelzt, leicht erreichen, und man ändert dadurch nichts Merkliches an der Erfüllung der anderen Forderung, daß auch die Oberflächen (wegen der Adsorption) gleich sein sollen.

Da zur Differentialmessung von Drucken im allgemeinen eine nivellierende Bewegung (Winkeländerung usw.) erforderlich ist, wenn Konstanz des Reaktionsvolums erreicht werden soll, so wird man nach vorläufiger Messung des Reaktionsverlaufs eine Vorrichtung konstruieren, die erlaubt, diesem Verlauf auf maschinellem Weg genähert zu folgen und die genaue Anpassung durch Handbewegung und Beobachtung zu erzielen, womöglich, indem man hier abermals eine Differentialmethode anwendet zur Ermittlung der noch nötigen Zusatzbewegungen.

Weil diese Messungen zwei ähnliche Reaktionsgefäße nötig machen, also große Volumina, so hat man große Thermostatenräume nötig, und es ist nicht wahrscheinlich, daß man die Genauigkeit der Messung ganz wird ausnutzen können, wenn man nicht sehr große Wärmekapazität und einigermaßen auf Trägheit arbeitende Thermostaten mit guter Verwischung benutzt.

8. Übung. Photochemie.

A. Grundbegriffe.

Handversuche.

1. Helligkeit. Lichtstärke. Schwingungszahl.

Besprechung. Die Helligkeit einer Fläche ist proportional der pro Zeiteinheit senkrecht von ihr nach der einen Seite ausgesandten Energiemenge, dividiert durch die Größe der Fläche. Man kann sie relativ messen durch Vergleichung mit einer Fläche, deren Helligkeit als Normale definiert wird. Man läßt die beiden Lichter möglichst ohne Trennungslinie ins Auge treten und schwächt das eine meßbar, etwa durch Anwendung Nicolscher Prismen, bis die Lichter gleich hell sind. Eine Anwendung dieser Methode ist schon beim Halbschattenapparat gegeben worden bei der Messung der Zuckerinversion. Zweckmäßig verfährt man bei der Polarisationsphotometrie so, daß man beide Lichter, das Normallicht und das zu messende, polarisiert und zwar senkrecht zueinander. Man vereinigt die beiden Felder so, daß nach Möglichkeit die Grenzlinie zwischen ihnen verschwindet und betrachtet sie durch einen dritten Nicol. Man dreht ihn so, daß beide Teile des Felds gleich hell erscheinen und mißt die beiden Winkel, die dann von der Schwingungsrichtung des drehbaren und der beiden festen Nicols eingeschlossen werden. Die Helligkeiten verhalten sich dann umgekehrt, wie die Quadrate der Kosinusse dieser Winkel (s. weiter unten).

In absolutem Maß mißt man Strahlungsenergie-Stromstärken (= Intensitäten) durch Umwandlung der Strahlung in Wärme (Absorption) mittels geschwärzter Thermoelemente oder geschwärzter Widerstandsthermometer. Letztere heißen Bolometer.

Multipliziert man die oben gegebene, der Flächenhelligkeit proportionale Größe mit der Größe der Fläche, so erhält man die Lichtstärke der Fläche. Ihre Einheit ist die Hefnerkerze (H.K.), nämlich die Lichtstärke, die die Flächeneinheit dieser Lichtquelle in horizontaler Richtung aussendet. Die Messung der Lichtstärke ergibt sich aus dem Vorstehenden.

Außer durch seine Lichtstärke ist ein Licht durch seine Schwingungszahl gekennzeichnet oder, wenn es sich um Lichtgemische handelt, wie beim weißen Licht, durch die Gesamtheit aller vertretenen Schwingungszahlen und der zu ihnen gehörigen Lichtstärken. Die Schwingungszahl wird durch die Zahl der Schwingungen, dividiert durch die Zeit, worin sie erfolgen, definiert. (Die Zeit wird in Sekunden gemessen.) Sie beträgt $10^{13}-10^{15}$, bleibt einem gegebenen Lichtstrahl in jedem Medium erhalten, im Gegensatz zur Wellenlänge, die ebenso wie die Fortpflanzungsgeschwindigkeit des Lichts, $3 \cdot 10^{10}$ cm/sec, von Medium zu Medium sich ändert. Dabei gilt:

$$\text{Schwingungszahl} = \frac{\text{Fortpflanzungsgeschwindigkeit}}{\text{Wellenlänge}} \quad \text{(s. S. 142).}$$

Die Schwingungszahl mißt man im Spektralapparat, wie schon in der qualitativen Analyse gezeigt wird. Die Methode sei im Prinzip besprochen.

Der Spalt des Spektralapparats blendet aus dem zu untersuchenden Licht ein schmales Band aus mittels eines Spalts (rechts in Abb. 170).

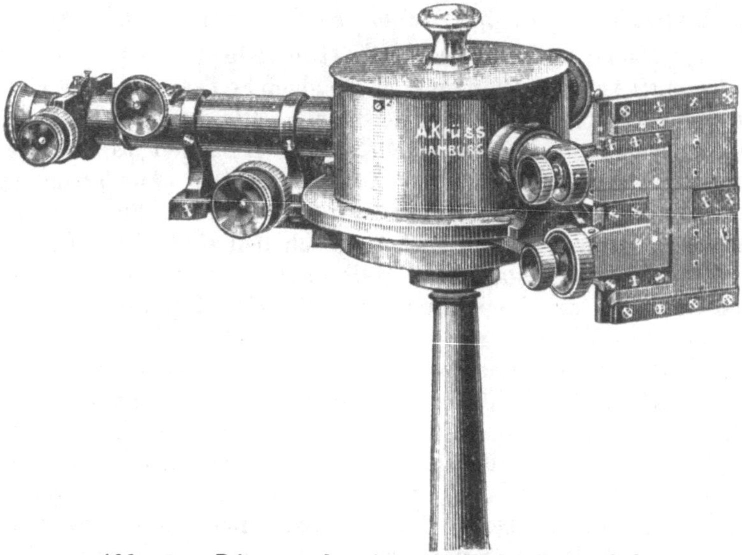

Abb. 170. Prismenspektroskop mit Wellenlängenskale.

Es fällt auf einen dispergierenden Körper, z. B. ein Prisma, und wird dort in eine Reihe parallel nebeneinander liegender Bänder auseinandergezogen, ein Spektrum, innerhalb dessen bei normaler Dispersion des Prismas die Schwingungszahl vom einen Ende zum anderen stetig zunimmt. Das Bild einer beleuchteten Skale wird durch ein drittes Rohr (hinten im Bild, das vordere rechts trägt den Spalt, das zweite links dient der Beobachtung mit dem Auge) auf das Spektrum geworfen. Durch die gegenseitige Anordnung der Teile des Spektralapparats und durch die Eigenschaften des Prismas ist bestimmt, auf welchen Teilstrich der Skale das Licht einer bestimmten Schwingungszahl projiziert wird. Die Schwingungszahlen einer Reihe bequem reproduzierbarer Spektrallinien hat man auf anderem Weg bestimmt. Mit ihrer Hilfe kann man die Skale jedes Spektralapparats eichen und die Schwingungszahlen für die nicht gemessenen Teile der Skale interpolieren. Licht ausreichend schmalen Spektralbezirks heißt homogen oder *monochromatisch*.

Die *Spektralphotometrie in absolutem Maß* geschieht bolometrisch, indem man an Stelle des beobachtenden Auges einen Bolometerstreifen, also den geschwärzten Platinstreifen eines Bolometers bringt und mißt, welche Widerstandsänderung der Streifen durch eine Belichtung erfährt. Man mißt z. B. die Lichtstärke eines Stücks im Rot eines Auerbrenners. Dann wird man dieses mit dem

Spektralapparat herausblenden und zuerst an Stelle des Bolometers ein Okular ansetzen müssen, um mittels der Wellenlängenskale des richtigen Teils des Spektrums sicher zu sein. Dann setzt man das Bolometer an die Stelle und mißt die Helligkeit. Dabei ist die Breite des Spektralintervalls anzugeben, und dieser Punkt bedarf meist besonderer Aufmerksamkeit. Von der Spaltbreite z. T. hängt die Reinheit des Herausgeblendeten ab.

Die Messung in anderen als Linienspektren ist nicht immer einfach, weil die Breite des verwendeten Spektralbereichs genau bekannt sein soll und störendes Nebenlicht zu vermeiden ist. Ersteres wird prozentual bei schmalen Bereichen nicht gut gelingen ohne besonders genaue Apparate, und letzteres wird gerade bei schmalen Bereichen und beim Messen nicht besonders heller Bereiche sehr stören.

Bolometermessung ist von größter allgemeiner Wichtigkeit. Das läßt sich nur übersehen an Hand der allgemeinen Beziehungen zwischen Strahlung und Wärme.

Zwei Körper genau gleicher Temperatur, die im übrigen beliebig verschieden sein dürfen, sich aber während der betrachteten Zeit weder chemisch, noch elektrisch, noch mechanisch verändern, sollen zusammen in einen vollkommen spiegelnden Raum gebracht sein. Dies ist ein solcher, der alle auf ihn fallende Strahlung reflektiert, keine hindurchläßt und keine absorbiert (d. h. in Wärme verwandelt). Dann fordert der zweite Hauptsatz der Thermodynamik, daß zwischen den Körpern keine Temperaturdifferenz sich ausbildet. Dies ist nur möglich, wenn für jede einzelne Schwingungszahl der von den Körpern ausgesandten Strahlung die Beziehung gilt: Die in gleichen Zeiten von einem Körper ausgesandte Strahlungsenergie ist bei Temperaturgleichgewicht gleich der vom selben Körper in derselben Zeit aufgenommenen und in Wärme verwandelten Strahlungsenergie. Man kann dies unter Benutzung der Begriffe Emissionsvermögen und Absorptionsvermögen auch in eine andere Form kleiden. Als Emissionsvermögen[1] definiert man die von der Flächeneinheit eines Körpers nach der einen Seite in der Zeiteinheit ausgesandte Strahlungsenergie. Dabei kann man das Gesamtemissionsvermögen unterscheiden von dem für einen bestimmten Bereich von Schwingungszahlen. Strahlungsenergie einer einzigen Schwingungszahl kann man nicht isolieren. Auch das homogenste Licht enthält noch immer Licht von einem großen Bereich verschiedener Schwingungszahlen. Als Absorptionsvermögen definiert man im Unterschied zu dem nicht dimensionslosen Emissionsvermögen eine reine Verhältniszahl, nämlich das Verhältnis der von einer bestimmten Körperfläche in einer bestimmten Zeit aufgenommenen und in Wärme verwandelten Strahlungsenergie zu derjenigen Strahlungsenergie, die in derselben Zeit auf dieselbe Körperfläche in Summa auffiel (nicht bloß eindrang).

---

[1] Vgl. Definition von Helligkeit S. 307.

Man kann also die genannte Folgerung aus dem zweiten Hauptsatz auch ausdrücken in der Weise, daß man sagt:

Das Verhältnis des Emissionsvermögens eines Systems zu seinem Absorptionsvermögen hängt ausschließlich von seiner Temperatur ab.

Wenn ein Körper das Absorptionsvermögen 1 hat, so bedeutet dies, daß er keine Strahlung reflektiert (dies hängt also von seiner Umgebung ab, denn um der Bedingung zu genügen, muß der Körper für die betrachtete Schwingungszahl genau denselben Brechungsindex haben wie seine Umgebung), zweitens keine Strahlung zerstreut (Zerstreuung, nicht zu verwechseln mit der ganz anderes bedeutenden Dispersion, ist eine Aufsplitterung des Lichtbündels in **nur** anders **gerichtete** Teile, die dann z. T. den Körper rückwärts wieder verlassen könnten) und drittens alle in ihn eindringende Strahlung absorbiert (also einen sehr hohen Absorptionskoeffizienten hat). Annähernd ein solcher Körper ist platiniertes Platin oder Ruß für sichtbares Licht. Aber für Infrarot gilt dies nicht mehr ohne weiteres. Immerhin rührt von diesem Beispiel die gekürzte Ausdrucksweise für den vollkommen absorbierenden Körper: vollkommen schwarzer Körper (= Körper mit Absorptionsvermögen 1). Der einzige vollkommen schwarze Körper in beliebig strenger Annäherung ist herzustellen, indem man einen Hohlraum, etwa eine Kugel, mit einem im Verhältnis zu ihrer Innenfläche beliebig kleinen Loch versieht. Das Loch ist dann der schwarze Körper. Die von ihm ausgehende Strahlung muß von der Natur der Kugel im übrigen ganz unabhängig sein und darf nur noch von ihrer Temperatur abhängen. Denn wenn man das Emissionsvermögen eines schwarzen Körpers von Temperatur T mit E_s bezeichnet, so erhält man nach dem zweiten Hauptsatz, wie wir sahen, die Gleichung:

$$E/A = E_s/1 \tag{200}$$

für jede Temperatur T und jede Schwingungszahl.

Dies ist die Form, in der man diese Folgerung aus dem zweiten Hauptsatz gewöhnlich ausspricht. Sie heißt das Gesetz von Kirchhoff.

Es gibt strahlende Körper, die diesem Gesetz sich nicht fügen. In ihnen spielen sich ausnahmslos chemische, mechanische oder elektrische Vorgänge während des Strahlungsvorgangs ab. Man nennt die von ihnen ausgehende Strahlung Lumineszenz. Die Strahlung, die dem Kirchhoffschen Gesetz gehorcht, heißt Temperaturstrahlung. Die Temperaturstrahlung eines schwarzen Körpers heißt schwarze Strahlung der „betreffenden Temperatur". Bei Lumineszenz (vgl. Übung 7, Nr. 8) haben Körper und Strahlung verschiedene „Temperatur". Dies ist dann ein erweiterter Begriff der Temperatur, den die Strahlungstheorie näher behandelt.

Man kennt heute erst die Gesetze der Temperaturabhängigkeit der schwarzen Strahlung. Die Gesamtenergie der schwarzen

Strahlung ist nach dem Stefan-Boltzmannschen Gesetz der vierten Potenz der absoluten Temperatur proportional.

Die Wienschen Verschiebungsgesetze geben an, wie sich das Energiemaximum im schwarzen Spektrum mit steigender Temperatur nach den größeren Schwingungszahlen hin verschiebt und wie sein Betrag mit der Höhe der Temperatur verknüpft ist.

Das Plancksche Strahlungsgesetz endlich umfaßt alle unsere Kenntnisse über die Energieverteilung und Temperaturabhängigkeit im schwarzen Spektrum und gibt die Energie der Strahlung eines schwarzen Körpers für jede Temperatur und jedes Intervall von Schwingungszahlen quantitativ an.

Diese Tatsachen sind für die wissenschaftliche Photochemie nicht minder wichtig, wie für das Gebiet der Beleuchtungstechnik, das ja z. T. chemische Lichtquellen umfaßt.

Nach diesen Darlegungen ist klar, daß man mit einem Bolometer nicht nur die relative Stärke eines Strahlungsenergiestroms, bezogen auf eine willkürliche Einheit (Normalkerze usw.), sondern durch Vergleich mit der Strahlung eines schwarzen Körpers (geheizter Hohlraum mit Loch) auch den absoluten Betrag einer Strahlungsenergiestromstärke in cal/sec messen und damit auch das Emissionsvermögen eines strahlenden Körpers mit dem des gleich temperierten schwarzen Körpers vergleichen kann. Das Kirchhoffsche Gesetz ergibt, daß es immer kleiner sein muß als das des schwarzen Körpers. Damit wird verständlich, wie man durch Strahlungsmessungen mittelbar auch Temperaturen messen kann (Sonnentemperatur z. B.). Es ist immer dann möglich, wenn man auf anderem Weg erweisen kann, daß der Körper, dessen Strahlung man mißt, dem schwarzen Körper für die benutzte Schwingungszahl ausreichend nahe steht. Bei „schwarzer" Strahlung hat man nur die Lage des Maximums der Energie im Spektrum festzustellen, etwa mittels Bolometer. Doch wird das nur ungenau. Besser bestimmt man den Betrag dieses Maximums E_{max}. Dann ergeben die Wien-Planckschen Strahlungsgesetze die Temperatur zu:

$$T = 203 \cdot \sqrt[5]{E_{max}}\,, \tag{201}$$

E_{max} in cal/sec (= 0.239 Joule/sec) als Einheit gemessen. Dies ist eine recht genaue Messung der Temperatur und die einzige, die bis zu den höchsten Temperaturen reicht. Da im sichtbaren Teil des Spektrums für eine gegebene Wellenlänge die Energie der Helligkeit proportional ist, so kann man, sobald die Umrechnungsfaktoren von der einen auf die andere Größe bekannt sind, durch Helligkeitsmessungen Temperaturen bestimmen (optische Pyrometer). Man eicht mit der schwarzen Strahlung eines durch elektrische Heizung durchschmelzenden Golddrahts (vgl. elektrische Temperaturmessung, Übung 2).

Um mit einem Zeigergalvanometer auszukommen, soll nur die Ungefährmessung der Gesamtstrahlung einiger Lichtquellen ausgeführt werden, anstatt thermischer Spektralphotometrie. Die letztere erfordert viel empfindlichere Instrumente und lehrt hinsichtlich Prinzip und Schaltung nichts Neues. Es tritt eben dann nur zwischen Bolometer und Lichtquelle ein Spektralapparat, woran ersteres zentriert angesetzt ist. Und statt des Zeigergalvanometers hat man dann ein Spiegel- oder Saitengalvanometer nötig.

Zubehör. Spektralapparat mit Wellenlängenskale und Lummer-Kurlbaumschem Linearbolometeransatz (wird ausgegeben). Ein Akkumulator. Mikroamperemeter (ein Skalenteil $= 10^{-6}$ Ampere oder weniger). Wheatstonesche Brücke. Rheotanwiderstand, etwa 50—100 Ω. Auerbrenner. Nernstlampe. Pappschirm. Drähte. Natriumbrenner. Mikrobrenner. 220-Voltleitung.

Ausführung. Man schaltet zuerst den ganzen Widerstand an den Akkumulator, macht dann entsprechend Abb. 172 die Brückenschaltung, läßt aber den Strom offen. Das Linearbolometer ist an den Spektralapparat angesetzt (Abb. 171). Die Nernstlampe kommt vor

Abb. 171. Lummer-Kurlbaumsches Linearbolometer.

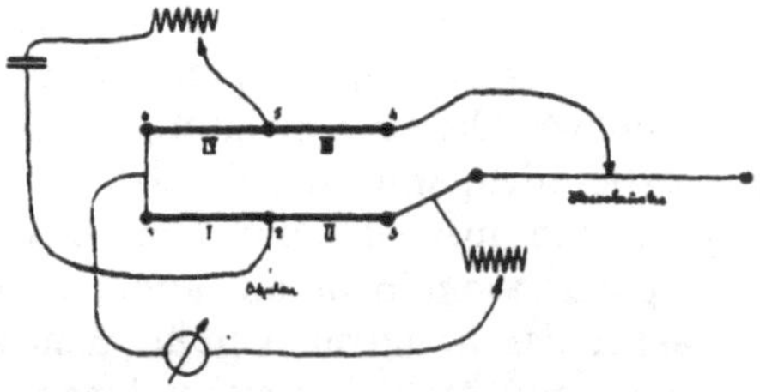

Abb. 172. Schaltung eines Linearbolometers mit 2 Zweigen (Relativmessung).

den weit geöffneten und mit der Pappscheibe abgedeckten Spalt und wird durch Erhitzen der weißen, aus seltenen Erden geformten Stäbchen gezündet, nachdem man sie an die 220-Voltleitung angeschlossen hat. Man sieht genau nach, ob der Kontakt auf der Brücke gut anliegt und berührt vorsichtig mit dem einen Schließdraht den Pol des Akkumulators. Der Ausschlag darf nur ganz klein sein. Ist er groß, so unterbricht man sofort wieder den Strom und macht erst den Brückenkontakt tadellos. Dann schließt man an, reguliert durch Verschieben des Brückenkontakts auf Nullstellung des Mikroamperemeters und zieht die Pappscheibe vor dem Spalt weg. Man wird höchstens einen winzigen Ausschlag erhalten und auch dieser wird beim Übergang zum blauen Teil des Spektrums (im Nernstlicht schwach) verschwinden. Man reguliert den Spektralbezirk durch seitliches Verstellen des Bolometerrohrs mit der Schraube am Spektroskop, indem man durch das Bolometerokular sieht.

Nunmehr verdunkelt man wieder, zieht den Bolometeransatz aus dem Spektroskop und spannt ihn so in ein Stativ, daß man durch sein vorher eingeschraubtes Ende das Licht der Nernstlampe einfallen lassen kann. Man notiere den Ausschlag, kompensiere ihn durch Verschiebung auf der Brücke, benutze ebenso Auerbrenner und Natriumbrenner.

Die ersten Ausschläge jeweils bei der Bestrahlung verhalten sich nahe, wie die Intensitäten. Die Dämpfung der Ausschläge im Meßinstrument stört diese einfache Beziehung. Bei Spiegelgalvanometern gilt sie genauer.

Da man den Widerstand aller vier Zweige und den der Brücke kennt, so kann man die Widerstandsänderung der beiden belichteten Streifen und daraus ihre Temperaturerhöhung berechnen. Denn der spezifische Widerstand reinen Platins ist $0{,}107 \,.\, 10^{-4} \,.\, (1 + 0{,}0039 \,.\, t)$.

Absolutmessung der Strahlung in Kalorien/sec kann man entweder umständlich durch Vergleichen mit dem schwarzen Körper und dessen bekannter Strahlungsenergie erreichen. Eine andere Messungsart aber ist einfach, bequem und genau und fußt auf dem Gesetz von Joule.

Teilt man nämlich den gesamten bestrahlten Bolometerteil in vier Abschnitte, deren Widerstände einander paarweise gleich sind, und zweigt man wie bisher, zwischen je zwei gleichen zur Brücke ab, zwischen je zwei ungleichen — es können auch alle vier gleich sein — aber zu einem Akkumulator und 50—100 Ω Widerstand, so kann man die von diesem in einer gegebenen Zeit gelieferte Energie vergleichen mit der von der Strahlung gelieferten und so den Absolutwert der letzteren erfahren. Wenn nämlich die Widerstände sich so verhalten, wie wir hier voraussetzten, dann stört der Hilfsstrom den Meßstrom des Bolometers nicht, weil er in seinen Kreis außerhalb des Bolometervierecks nicht eintreten kann (wegen der Gleichheit der Potentiale, die durch die Gleichheit der Gefälle bewirkt ist). Kennt man also durch ein Präzisionsamperemeter die Stromstärke im Hilfskreis und hat man vorher die Widerstände der bestrahlten Bolometerzweige gemessen, so hat man alle Angaben beisammen, um nach $E = 0{,}2389 \,.\, w \,.\, J_0^2$ die Energie zu berechnen, die der Hilfsstrom in der Sekunde liefert. Gibt der Hilfsstrom allein den Ausschlag a_0, die Bestrahlung bei ungeändertem Meßstrom ohne Hilfsstrom a, so ist die bei der Bestrahlung aufgenommene Wärmemenge $0{,}2389 \,.\, w \,.\, J^2 \,.\, a/a_0$ cal/sec. Es ist günstig, daß man die Zeit nicht zu messen hat, sondern daß der erste Ausschlag (des Spiegelgalvanometers) jeweils genügt (Abb. 173).

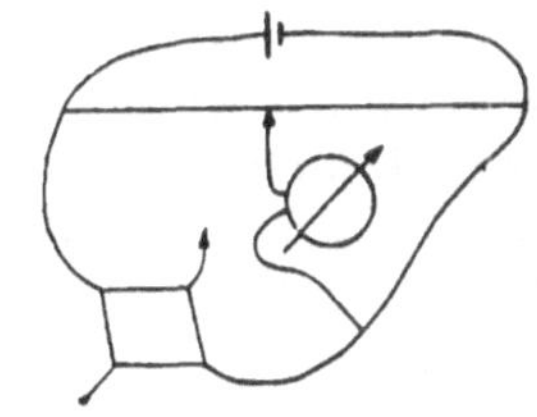

Abb. 173.
Schaltung eines Linearbolometers mit 4 Zweigen (Absolutmessung).

Die Absolutmessung zerfällt also in die Einzelaufgaben:

1. Widerstandsmessung des bestrahlten Bolometerzweigs mit sehr schwachem Strom (damit Erwärmung sehr klein bleibt) nach dem Brückenprinzip.
2. Messung der ersten Ausschläge ohne Hilfsstrom.
3. Messung der Ausschläge durch den Hilfsstrom allein.

2. Die Absorptionsgesetze von Lambert-Beer.

Besprechung. Homogenes Licht (= Licht von praktisch gleicher Wellenlänge, also nur von einem kleinen Intervall von Schwingungszahlen), das aus einem Medium in ein anderes übergeht, erfährt im allgemeinen bei diesem Übergang z. T. eine Richtungsänderung durch Reflexion, Brechung, Zerstreuung, und nach diesem Übergang auch weiterhin z. T. Richtungsänderung, z. T. Umwandlung in Wärme (Absorption). Reguläre und diffuse Reflexion schwächt die Intensität des auffallenden Lichts an einer Übergangsstelle, man hat also seine Intensität zu unterscheiden von der geringeren des eindringenden Lichts. Auf die Intensität des letzteren, des eindringenden Lichts, und ihre Verringerung durch Absorption, nicht durch Zerstreuung, beziehen sich die Gesetze von Lambert und Beer.

Das Lambertsche Gesetz beherrscht den Zusammenhang zwischen der Schichtdicke eines absorbierenden Mediums d und der beim Durchgang durch sie hervorgebrachten Schwächung der Intensität J_0 des eindringenden Lichts auf den kleineren Betrag J und lautet:

$$J = J_0 \cdot e^{-kd}. \tag{202}$$

Darin hängt k, die Absorptionskonstante, von der Schwingungszahl des Lichts, der Natur des absorbierenden Stoffs und seinem Zustand ab, ferner, wie die Formel erkennen läßt, von den Maßeinheiten.

Das Beersche Gesetz behauptet, daß k, die Absorptionskonstante, proportional sei der Konzentration des absorbierenden Stoffs, so daß, wenn man beide Gesetze vereinigt, gilt:

$$J = J_0 \cdot e^{-k' \cdot c \cdot d}, \tag{203}$$

worin c die Konzentration bedeutet. Wenn also beide Gesetze gelten, geht Konzentration und Schichtdicke symmetrisch in die Gleichung für die Lichtschwächung ein. In ihrer Allgemeingültigkeit jedoch sind beide Gesetze nicht gleich. Denn während vom Lambertschen keine sichere Ausnahme bekannt ist, gilt das Beersche in weiten Gebieten nur genähert und namentlich bei Gasen sehr oft nicht genau, auch dann, wenn diese eine Änderung der molekularen Beschaffenheit mit der Konzentration im übrigen nicht erkennen lassen.

Man kann sich diese Gesetze leicht veranschaulichen.

Zubehör. Drei gleiche Auerbrenner mit Mattzylindern. Pappschirm mit drei mit rotem Ölpapier überzogenen Fenstern und drei langen Kammern dahinter. Sechs planparallele Tröge. Gesättigte $CuSO_4$-Lösung. Maßstab. Meßzylinder, 100 ccm Inhalt.

Ausführung. Zuerst wird das Lambertsche Gesetz veranschaulicht. Man füllt die sechs Küvetten mit der auf die Hälfte verdünnten $CuSO_4$-Lösung, stellt hinter die erste Rotscheibe eine, hinter die zweite zwei, hinter die dritte drei Küvetten dicht hintereinander. Dann wird in jede Kammer des Pappschirms zu hinterst ein Auerbrenner gestellt und ihre Abstände so lange verändert, bis alle drei Fenster gleich hell erscheinen. Man mißt dann die Abstände und die Schichtdicken, setzt gleiche Reflexionsverluste bei allen drei Systemen voraus (was nicht genau zutrifft) und rechnet aus, welche Intensitäten den Abständen entsprechen, nach dem Gesetz von der Abnahme mit dem Quadrat der Entfernung. Man vergleicht das Verhältnis Intensität : Schichtdicke für jede einzelne Kammer mit dem vom Lambertschen Gesetz geforderten, indem man diese logarithmiert, durch Division zweier Gleichungen die Logarithmenbasis und k eliminiert und umformt:

$$d_1 : d_2 := \log J_1/J_0 : \log J_2/J_0 \,. \tag{204}$$

Zweitens berechne man k, indem man in eine Kammer gar keine Küvette, in die nächste eine setzt und in dieser die Lichtquelle so weit vorrückt, bis die Helligkeiten wieder gleich sind. Das umgekehrte Verhältnis der Quadrate der Entfernungen gibt das Verhältnis der Intensitäten, woraus man an Hand des Lambertschen Gesetzes die Absorptionskonstante erhält.

Zum Schluß ersetze man zwei Küvetten mit der halbverdünnten Lösung durch eine mit der unverdünnten Lösung und vergleiche mit dem Ergebnis des Beerschen Gesetzes. Die Helligkeit dürfte danach durch diese Vertauschung nicht geändert werden.

Man stelle die beobachteten und berechneten Ergebnisse übersichtlich zusammen.

3. Die Gesetze von v. Grotthus und Bunsen-Roscoe.

Besprechung. Für alle photochemischen Vorgänge gilt das Gesetz von v. Grotthus: Nur absorbiertes Licht kann chemisch wirken. Ferner gilt mit erheblicher Annäherung das Gesetz von Bunsen-Roscoe, wonach der Betrag des photochemischen Umsatzes (gemessen in Gramm oder Molen z. B.) proportional ist der Zeit der Belichtung und der Intensität des eingestrahlten Lichts, also dem Produkt:

$$I \,.\, z \,. \tag{205}$$

Dies Produkt heißt die Exposition oder Belichtung. Man kann das Gesetz offenbar auch folgendermaßen aussprechen:

Bei an der Belichtungsstelle konstant gehaltenen Konzentrationen der durch das Licht umsetzbaren Stoffe wird die umgesetzte Menge der Exposition proportional ansteigen. Angenähert wird diese Bedingung konstanter Konzentrationen bei der Umwandlung fester Stoffe durch Licht erfüllt sein, und wenn hier die Umwandlung nur in einer sehr dünnen Schicht erfolgt — weil dickere dem Licht keinen Durchgang mehr gewähren —, zugleich aber sichtbar wird durch eine starke Verfärbung des Körpers, dann wird man die Umwandlung kolorimetrisch verfolgen können. Dies ist das Prinzip der bequemsten Aktinometer, der Schwärzungsaktinometer. Ein Aktinometer ist eine Vorrichtung, die auf chemischem Weg die Intensität von Licht zu messen erlaubt. Da aber jede photochemische Wirkung an von Stoff zu Stoff verschiedene „Empfindlichkeitsbezirke" gebunden ist, mithin nicht von allen Strahlen gleichmäßig ausgeübt wird, so ergibt Messung mittels Aktinometern immer nur die Intensität des „Empfindlichkeitsspektrums". Man muß also erst dies Spektrum für die betreffende Aktinometersubstanz kennen, um aus der Messung den ganzen möglichen Nutzen ziehen zu können. Prinzipiell übertrifft Messung mittels eines „schwarzen" Körpers, wobei alle auffallende Strahlung in Wärme verwandelt wird, immer eine aktinometrische Messung. Aber praktisch besteht sehr häufig, namentlich im Gebiet der hohen Schwingungszahlen, das umgekehrte Verhältnis. Denn hier ist häufig die Empfindlichkeit des photochemischen Aktinometers sehr viel größer als die einer thermischen Messung.

Die Schwärzungsphotometer bedienen sich der Reduktion von Halogensilber zu Silber, die unter meßbarer Schwärzung verläuft. Man verwendet am bequemsten zur Vorführung ein photographisches Chlorsilber- oder Bromsilberpapier, das neben einer lichtbeständigen Fläche von grauer Normalfärbung aufgespannt ist und sich in bestimmter Entfernung und Lage zu der Lichtquelle befindet. Man mißt mit der Sekundenuhr die Zeit, die verstreicht, bis die Schwärzung des Papiers den Ton der Normalfarbe erreicht hat. Diese Methode ist grundlegend für alle photographischen Prozesse.

Zubehör. Photographischer Kopierrahmen 9 : 12. Zelloidinpapier 9 : 12. Zwei Deckel zum teilweisen Abdecken der Fläche des Rahmens. Stoppuhr. Quarzlampe (Abb. 174) mit Widerstand (wird ausgegeben). Alkohol. Tuch. Schutzbrille. Metermaßstab.

Abb. 174. Quarzlampe (Hg-Bogenlampe) ohne Mantel.
(Hochdrucklampe für 220 Volt.)

Ausführung. Man spannt schnell ein Blatt Zelloidinpapier in den Rahmen, deckt ihn zu und richtet nun die Quarzlampe. Man wischt sie zuerst mit einem reinen Lappen ab, der mit Alkohol getränkt ist, um den Staub zu entfernen. Dann prüft man sorgfältig die Pole. Derjenige, nach welchem hin die Lampe beim Zünden gekippt wird, muß der negative sein. Dort ist das Rohr eng und starkwandig. Am positiven Pol ist das Rohr weit, aber an der Oberseite mit einer erheblichen Verstärkung versehen. Die Pole müssen unbedingt richtig sein, sonst wird die Lampe zerstört. Man prüft die Pole nicht etwa durch probeweises Ingangsetzen der Lampe, sondern nur, ohne diese dabei zu gefährden, indem man Polpapier anwendet. Man feuchtet es an, setzt die Drahtenden der Leitung darauf in etwa 4—6 cm Entfernung voneinander und findet den negativen Pol daran, daß er das Papier rötet. Man kann sich aus einem Papier, das mit Salzwasser befeuchtet und mit einem Tropfen Phenolphtalein benetzt ist, das Papier schnell selbst herstellen. Das übliche Modell der Lampe brennt mit 220 Volt und etwa 4 Ampere. Der beigegebene Widerstand ist zweckmäßig nicht durch einen anderen zu ersetzen. Wohl aber kann man ihm noch einen veränderlichen Zusatzwiderstand beifügen. Denn manchmal, namentlich bei längerem Brennen, beginnt die Lampe zu „kochen", nämlich leise zu zischen; dann ist sie zu heiß und wird am besten gelöscht, geht auch wohl von selbst aus. Nach dem Löschen muß vor neuem Kippen erst mindestens 5 Minuten gewartet werden. Man muß unbedingt die Augen durch die Schutzbrille vor dem Licht bewahren, sonst sind infolge weniger Sekunden Belichtung nach einigen Stunden ausbrechende Augenentzündungen unvermeidlich. Eine Entzündung der Gesichtshaut tritt im allgemeinen nach wenigen Stunden ein und zeigt sich in Rötung und Hitze, ist aber unschädlich. Immerhin komme man der Lampe nicht zu nahe und vermeide vor allem, daß ihr Licht etwa seitwärts ins Auge kommt.

Man richtet so die Lampe her, bringt den Kopierrahmen in bestimmte, gemessene Entfernung von ihr und läßt ihn zunächst gut bedeckt mit Pappe und einem schwarzen Tuch. Dann zündet man die Lampe und wartet etwa 10 Minuten, bis ihre größte Helligkeit erreicht ist. Nun wird der Rahmen zum kleinen Teil aufgedeckt und zugleich die Uhr abgelesen. Ist eine mäßige Dunkelgraufärbung eingetreten, so bedeckt man den Rahmen und liest gleichzeitig die Zeit ab. Dann wird er in größere Entfernung gebracht, aber in dieselbe Lage zur Lampe wie vorher, und insbesondere auch gleich orientiert zu ihrer Achse wie vorher. Man berechnet nun die Zeit, die zur gleichen Exposition führen würde, indem man die Abnahme der Helligkeit des Lichts mit dem Quadrat der Entfernung in Rechnung setzt, liest abermals die Uhr ab und exponiert den noch nicht belichtet gewesenen Teil des Papiers die berechnete Zeit. Man löscht dann die Lampe und vergleicht am Tageslicht oder bei dem noch unwirksameren Licht der Auerlampe oder einer elektrischen Glühbirne die Farben der beiden bestrahlten Teile. Sie werden sehr nahe gleich sein, aber nicht ganz, denn schnell zugeführtes Licht wirkt ein wenig stärker als langsam zugeführtes, mit anderen Worten, die Schwärzung (das ist nicht identisch mit der Masse photochemisch erzeugten Stoffs und ihr auch nicht streng proportional) ist streng genommen einer etwas höheren als der ersten Potenz der Lichtintensität proportional. Daß man die Lage zur Lampenachse bei den Vergleichsversuchen nicht verändern soll, hat gleichfalls eine allgemeinere Bedeutung. Denn keine von den von uns heute benutzten Lichtquellen, außer der Sonne, strahlt praktisch nach allen Seiten mit gleicher Helligkeit. Vielmehr bilden die Flächen gleicher Helligkeit bei graphischer Darstellung der Helligkeitsverteilung meist auch gar nicht angenähert Kugeln um die Lichtquelle (sie würden das oft um so vollkommener tun, in je größerer Entfernung von ihnen wir die Helligkeitsverteilung im Raum untersuchen wollten).

4. Der lichtelektrische Effekt (Hallwachseffekt).

Besprechung. Bei Bestrahlung von Metallen, namentlich mit ultraviolettem Licht (= „Uviol"), verlieren sie negative Ladungen. Diese Fähigkeit wird durch Ozongehalt der umgebenden Luft geschädigt (lichtelektrische Ermüdung). Sie kann durch Licht um so größerer Schwingungszahlen noch merklich erregt werden, je elektropositiver das Metall ist. Die Geschwindigkeit der ausgesandten Elektronen hängt nach Lenard nicht ab von der Intensität des auffallenden Lichts. Nur die Zahl der Elektronen wird dadurch beeinflußt. Diese Erscheinungen stehen offenbar im Zusammenhang mit den photochemischen Vorgängen, lassen sich zu sehr empfindlicher Photometrie benutzen.

Zubehör. Quarzlampe mit Zubehör. 220-Voltleitung. Schutzbrille. Zinkplatte mit durch Schellack isoliertem Stiel. Amalgamierzeug. Elektroskop. Rote Scheibe. Zwei Drähte. Stativ mit Klammer. Influenzmaschine (wird ausgegeben).

Ausführung. Man amalgamiert die Zinkplatte, wischt sie gut blank und verbindet sie mit dem Ladekörper des Elektroskops, woran man den negativen Pol der Influenzmaschine schaltet. Die Feldkörper des Elektroskops werden geerdet. Man stellt jetzt die rote Scheibe vor die Lampe und zündet diese. Nun ladet man das Elektroskop negativ auf und beobachtet, daß die Ladung erhalten bleibt trotz des roten Lichts. Nimmt man dann die rote Scheibe weg, so fallen die Blättchen zusammen.

5. Präparative Verwendung photochemischer Vorgänge. Temperaturkoeffizient photochemischer Vorgänge. Dianthrazendarstellung. Umkehrbare Lichtreaktion.

Besprechung. Es gibt photochemische Vorgänge, die im Dunkeln in ausreichend langer Zeit vollständig wieder zurückgehen. Sie heißen umkehrbare photochemische Reaktionen. Dahin gehört die Zersetzung von SO_2 in S und SO_3, die von AgCl und AgBr, die von HNO_3, zahlreiche Polymerisationen. Diese Vorgänge vor allem eignen sich zur Untersuchung der allgemeinen Gesetze der Lichtwirkung. Ihnen gegenüber stehen die scheinbar umkehrbaren Vorgänge, die sich zwar mehrfach umkehren lassen, aber nur scheinbar, denn nebenher gehen Vorgänge, die einen Teil der Stoffe „nicht umkehrbar" verändern. Hierher gehören zahlreiche Änderungen von Farbstoffen und anderes mehr. Im Prinzip sind sie von den nicht umkehrbaren photochemischen Reaktionen nicht verschieden, die auch im Dunkeln vor sich gehen, im Licht aber beschleunigt werden.

Bestrahlung von Anthrazen erzeugt das Dimere, das Dianthrazen:

$$2\,C_{14}H_{10} = C_{28}H_{20}\,. \tag{205}$$

Dieser Stoff ist nur auf photochemischem Weg überhaupt erhalten worden.

Zubehör. Quarzlampe mit Zubehör. Schutzbrille. Schale. Anthrazen. Xylol. Filter. Filtriertrichter. Gestell. Reagenzrohr mit Halter. Brenner. 220-Voltleitung. Wage.

Ausführung. Man stellt eine gesättigte Anthrazenlösung in Xylol her und bestrahlt sie in der Schale mit der Quarzlampe. Das abgeschiedene Dianthrazen filtriert man ab und wägt, bestimmt die Stoffausbeute. Man erhitzt es dann zum Schmelzen, wobei es in Anthrazen zurückverwandelt wird, wie man an der wiederhergestellten Löslichkeit in Xylol erkennt.

B. Messungen zur Photochemie.

6. Messung des Brechungsindex. Brechungsvermögen. Molekularrefraktion.[1]

Besprechung. Das Maximum der Resonanz der elektrischen Ladungen (Dispersionsionen, zu unterscheiden von den elektrolytischen) in einem Molekül auf die elektrischen Kräfte des Lichts erfolgt an der Stelle im Spektrum, wo das Maximum des Brechungsindex liegt. Der Brechungsindex ist definiert als das Verhältnis Sinus des Einfallswinkels eines aus dem Vakuum einfallenden Lichtstrahls (gemessen gegen das Einfallslot hin) zum Sinus des Brechungswinkels (in gleicher Weise gemessen) (Abb. 175). Die Resonanz aber steht offenbar mit den photochemischen Vorgängen in innigem Zusammenhang. Deshalb ist die Bestimmung des Brechungsindex wichtig für die Photochemie. Ferner aber, weil man aus dem Brechungsindex erfahrungsgemäß Schlüsse ziehen kann auf die Konstitution des brechenden Körpers. Während nämlich z. B. das Molekularvolum klassenweise identisch ist, z. B. bei Gasen, so daß man es als eine kolligative Eigenschaft bezeichnet und z. B. die Molekularwärme fester Stoffe bei tiefen Temperaturen sich additiv aus den Atomwärmen zusammensetzt, also wie die innere Atomwärme $C_v - 3/2\,R$ idealer Gase eine additive Eigenschaft genannt wird, hängt der Brechungsindex stark nicht nur von der Zusammensetzung des brechenden Körpers, sondern auch von der Bindungsweise der Atome in ihm ab, ist also eine konstitutive Eigenschaft. Doch benutzt man dazu nicht den Brechungsindex selbst, der noch von

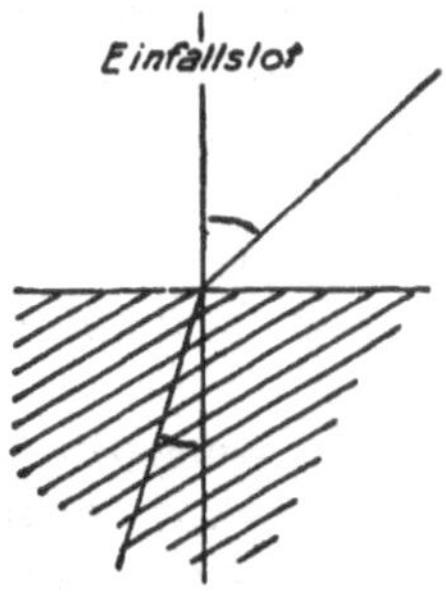

Abb. 175. Definition des Brechungsindex.

---

[1] Ausführlich bei: Roth u. Eisenlohr, Refraktometrisches Hi'fsbuch. Leipzig, Veit & Co. 1911; Eisenlohr, Spektrochemie organischer Verbindungen. Stuttgart, Enke. 1912.

Aggregatzustand, Druck und Temperatur des brechenden Stoffs und außerdem noch von der Schwingungszahl des Lichts abhängt, sondern eine Funktion von ihm, die im wesentlichen nur noch die letztgenannte Abhängigkeit zeigt, das spezifische Brechungsvermögen oder die spezifische Refraktion. Sie ist definiert durch:

$$\frac{n^2 - 1}{n^2 + 2} \cdot \frac{1}{d} = \text{spezifische Refraktion nach Lorentz-Lorenz.} \qquad (206)$$

Darin bedeutet n den Brechungsindex und d die Dichte, bezogen auf Wasser. Mit erheblicher Annäherung gilt:

$$\varrho = \frac{n-1}{d} \text{ (spezif. Brechungsvermögen nach Gladstone).} \qquad (207)$$

Multipliziert man diesen Ausdruck mit M, dem Molekulargewicht, so erhält man die Molekularrefraktion und sie ist die Funktion von n, deren man sich zur Bestimmung der Konstitution bedienen kann.

Sie läßt sich nämlich additiv aus „Atomrefraktionen" zusammensetzen, Zahlen, die für eine gegebene Lichtart und ein gegebenes, in bestimmter Weise gebundenes Atom sehr konstant denselben Zahlwert haben und die empirisch bestimmt worden sind aus dem sehr reichen Material, das man heute auf dem Gebiet der Molekularrefraktion besitzt. Sie sind rechnerisch so bestimmt worden, daß sie sich diesem Material so gut als möglich anschließen. Bei weiterer Vergrößerung des Zahlenmaterials haben sich nur sehr unbedeutende Änderungen als nötig erwiesen, ein Beweis, daß bei gleicher Bindungsweise die Art der Fremdatome, womit ein gegebenes Atom verbunden ist, ohne erheblichen Belang ist.

Will man diese Beziehung benutzen, um die Konstitution eines Stoffs zu bestimmen, so bestimmt man zuerst seine empirische Formel durch Elementaranalyse und seine wahrscheinliche Konstitution. Dann mißt man den Brechungsindex und die Dichte und setzt beide und das Formelgewicht in die Formel für die Molekularrefraktion ein. Die so erhaltene Zahl vergleicht man mit derjenigen, die man aus der angenommenen wahrscheinlichen Konstitution berechnet hat an Hand der Tabellen für die Atomrefraktionen. Hat z. B. eine Verbindung, der man eine Doppelbindung zuschreibt, 2 C-Atome und 4 H-Atome, so addiert man zur Gewinnung der Molekularrefraktion die „Atomrefraktion" für eine Doppelbindung, die verdoppelte für ein C-Atom und die vervierfachte für ein H-Atom.

Es versteht sich, daß man sich dabei auf stets dieselbe Schwingungszahl beziehen muß. Ist der Stoff für Licht einer bestimmten Schwingungszahl nicht durchsichtig genug, so wählt man eine andere.

Die Bestimmungen des Brechungsindex geschehen durch Messung des Grenzbrechungswinkels. Er ist definiert als derjenige Winkel, gemessen (im stärker brechenden Medium) gegen das Einfallslot, bis zu dem eben noch Licht aus einem weniger stark brechenden Medium durch eine ebene Fläche ins stärker brechende Medium bei streifendem Einfall eindringt. Er hängt von beiden Medien ab. Deshalb muß man den Brechungsindex des einen von beiden kennen. Bei der Methode des Pulfrichschen Refraktometers ist es der größere und als Medium mit dem größeren Index wird Glas genommen. Der Lichtstrahl gelangt also zuerst von der Lichtquelle in Luft zu dem brechenden Stoff, der auf der Fläche dieses Glases ausgebreitet liegt, durchdringt ihn und gelangt dann in das Glas. Verläßt er dieses durch eine zweite Fläche, die senkrecht zur erstgenannten Glasfläche liegt, so wird die weitere Berechnung vereinfacht. Daß er das Glas wieder verlassen muß, kommt daher, daß das Auge sich in Luft befindet. Mißt man den Winkel α, den der austretende Strahl mit dem Einfallslot auf der Austrittsfläche bildet, so kann man aus ihm den Brechungswinkel φ des ins Glas aus der Substanz eintretenden Strahls berechnen,

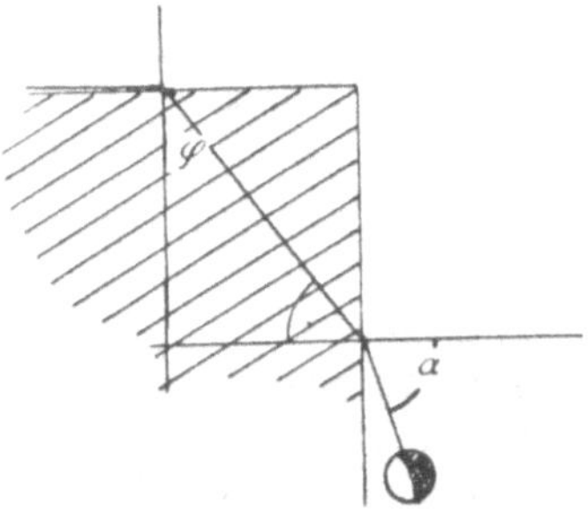

Abb. 176. 1.

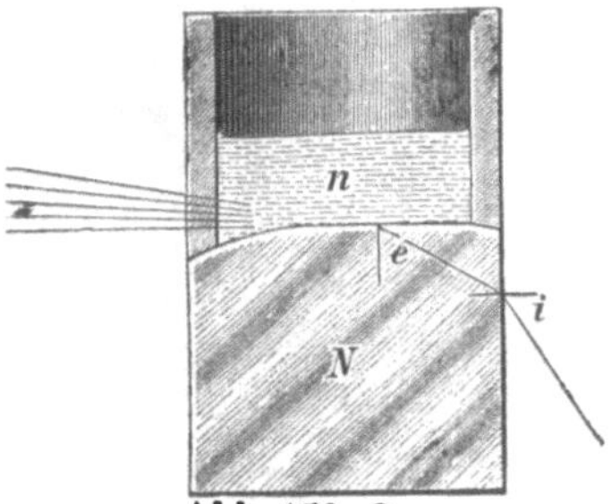

Abb. 176. 2.

Strahlengang im Pulfrichschen Refraktometer. (Messung des Brechungsindex.)

da man den Brechungsindex des Glases N kennt (Abb. 176). Letzterer ist definitionsgemäß (n für Luft ist ausreichend genau gleich eins):

$$N = \sin \alpha / \sin (90^0 - \varphi) = \sin \alpha / \cos \varphi. \tag{208}$$

Ebenfalls nach Definition ist:

$$N/n = \sin 90^0 / \sin \varphi = 1 / \sin \varphi. \tag{209}$$

Vereinigung beider Gleichungen, die ihre Einfachheit dem rechten Winkel zwischen den Glasflächen verdanken, ergibt mit dem Pythagoreischen Lehrsatz:

$$\sin \alpha / \sqrt{1 - n^2/N^2} = \sin \alpha / \cos \varphi, \tag{210}$$

daher:

$$n = \sqrt{N^2 - \sin^2 \alpha}. \tag{211}$$

Meist ist übrigens dem Instrument eine Tabelle beigegeben, so daß man n aus α ohne weitere Rechnung erhält, wobei womöglich noch die Temperaturkorrektion berücksichtigt ist.

Untersucht man Lösungen, so darf man bei nicht zu hohen Konzentrationen das spezifische Brechungsvermögen nach der **Mischungsregel** ausrechnen, aus dem gemessenen Brechungsvermögen der Lösung und dem bekannten Brechungsvermögen des Lösungsmittels zusammen mit dem Prozentgehalt der Lösung an gelöstem Stoff. Ist letzterer p, so ist das Brechungsvermögen b der reinen Substanz, falls B das der Lösung und L das des Lösungsmittels ist:

$$b = \frac{100 . B - (100 - p) L}{p} . \qquad (212)$$

Es werden die Brechungsindizes von zwei Salzlösungen verschiedener Konzentration gemessen.

Zubehör. Pulfrichsches Refraktometer. Natriumbrenner. Thermometer bis 200°. Trockenschrank. Schälchen. Ostwaldsches Pyknometer. Gemisch von Na_2CO_3 und Na_2HPO_4. Drei Bechergläser mit Uhrgläsern. Brenner. 0,1°-Thermometer für Zimmertemperatur. (Abb. 177.) Lösungen von Versuch 7, Übung 3.

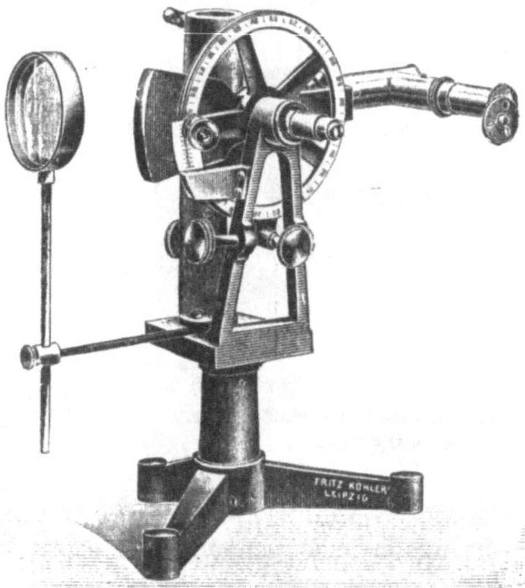

Abb. 177. Pulfrichsches Refraktometer. (Messung des Brechungsindex.)

Ausführung. Man stellt zuerst die Lösungen des Salzes (wird ausgegeben) her, eine etwa 5-, die andere etwa 10prozentig, durch Abwägen von Salz und Wasser, also nicht, wie bei Herstellung von Normallösungen, nach Volumen. Der Prozentgehalt soll ebenso genau bekannt sein, wie man später die Molekularrefraktion zu kennen wünscht, also auf etwa 1 Promille. Das Salz ist vorher zu trocknen (durch etwa viertelstündiges Erhitzen im Trockenschrank bei den im hiesigen Laboratorium benutzten Salzen). Es soll fein pulverisiert sein. Oder man benutzt die Lösungen von Versuch 7, Übung 3. Dann fällt die neue Dichtebestimmung natürlich weg.

Dann folgt die Messung der Brechungsindizes. Man kann sie bei Tageslicht durchführen, wenn dieses nicht grell unmittelbar auf das Prisma oder die Trennungslinie Flüssigkeit—Prisma fällt. Als Natriumbrenner verwendet man den schon bei der Zuckerinversion beschriebenen. Er wird etwa $^1/_2$ m oder etwas weniger von der Beleuchtungslinse entfernt aufgestellt. Ein Stückchen Papier, vor das Prisma gehalten, muß hell erscheinen, ein Bild der Flamme zeigen. Man füllt zuerst reines Wasser auf das Prisma und richtet das Fernrohr auf die Grenze zwischen hell und dunkel, auf die man scharf einstellt, so daß sie durch das Fadenkreuz geht. Man hängt in das Wasser ein Thermometer und überzeugt sich, daß das Instrument richtig justiert ist, indem man den abgelesenen Winkel in der beigegebenen Tabelle nachschlägt, wo sich der Brechungsindex dazu findet, den man zugleich aus der nachstehenden Formel berechnet. Man beachte, daß der Teilkreis in halbe Grade geteilt ist, der Nonius unmittelbar Minuten anzeigt. Der gemessene Brechungsindex muß mit dem für Wasser bei der betreffenden Temperatur auf 5 Dezimalen übereinstimmen. Er ist für reines Wasser bei 20^0 = 1,33294 und sinkt für jeden Grad Temperatursteigerung um 0,00009. $n = 1{,}33294 - (t - 20^0)\,0{,}00009$. Diese Rechnungsweise ist für unsere Zwecke genau genug.

Dann trocknet man das Thermometer ab, spült das Gefäß zwei- bis dreimal mit der einen Lösung aus und mißt ihren Index bei eingehängtem Thermometer. Man macht drei Messungen an drei verschiedenen Proben derselben Lösung, spült dann das Gläschen mit der anderen Lösung und macht wieder drei Messungen. Man muß die fünfte Dezimale bei den Messungen noch angeben.

Die Messung der Dichte der beiden Lösungen bei derselben Temperatur, wo man die Brechungsindizes gemessen hatte. Das Ostwaldsche Pyknometer wird mit der einen Lösung gefüllt und etwa 10 Minuten in ein Becherglas mit Thermometer eingehängt, das Wasser der erforderlichen Temperatur enthält. Man wägt es dann genau und erhält die Dichte, indem man die Masse in Gramm der Lösung dividiert durch das Volumen des Pyknometers. Dabei braucht man nicht, wie sonst, auf leeren Raum umzurechnen, denn der Auftrieb ist zu vernachlässigen. Und ferner darf man die Dichte auf Wasser von der Temperatur des Pyknometers beziehen, denn Dichte und Ausdehnungskoeffizient der Lösung unterscheiden sich nicht wesentlich von denen des reinen Wassers. Man berechne den Betrag der sonst nötigen beiden Korrektionen und überzeuge sich von ihrer Kleinheit und der Zulässigkeit ihrer Vernachlässigung. Oder die Dichte war schon in Übung 3 bestimmt worden.

Alsdann berechnet man die spezifische Refraktion und überlegt, ob man sie gleich der für das feste Salz setzen dürfte. Nachdem man das Molekulargewicht erfahren hat, berechnet man aus den gemessenen Zahlen die Molekularrefraktion und vergleicht sie mit der aus Tabellen berechneten. Anisotrope Körper haben mehrere Brechungsindizes für eine und dieselbe Lichtart.

7. Messung der dekadischen Absorptionskonstante mit König-Martens-Grünbaumschem Spektralphotometer.[1] Relative Spektrophotometrie.

[1] **F. F. Martens u. F. Grünbaum, Ann. d. Phys. [4] 12. 984. 1903.**

Besprechung. Das Lambertsche Gesetz besagt, daß die Lichtschwächung in einem absorbierenden Medium auszudrücken ist durch:

$$J = J_0 \cdot e^{-k \cdot d}.$$

Darin bedeutet J die Intensität des durchtretenden, J_0 die des eindringenden (nicht des auffallenden) Lichts, d die Dicke der durchstrahlten Schicht und k die Absorptionskonstante. Sie hängt von Schwingungszahl, Temperatur, Druck und Stoffnatur des absorbierenden Körpers ab, ist mit dem Brechungsindex eng verknüpft. Logarithmiert man die Gleichung und nimmt dekadische Logarithmen, so wird:

$$\frac{1}{d} \cdot \log J_0 / J = k'. \qquad (213)$$

Darin heißt k' die dekadische Absorptionskonstante, aus der man durch Multiplikation mit 2,30258 die Absorptionskonstante schlechthin erhält.

Dieser Größe bedarf man, wenn man die Beziehung der Farbe zu irgendeiner anderen Eigenschaft quantitativ untersuchen will. Ferner bei Untersuchung von Lichtfiltern zu photochemischen Zwecken und vor allem dann, wenn man die photochemische Empfindlichkeit irgendeines Systems mit anderen Eigenschaften in Verbindung setzen will. Sie ist also von großer Wichtigkeit für die ganze Photochemie.

Das Meßverfahren selbst, obwohl im Prinzip dasselbe wie bei der Messung der optischen Aktivität, d. h. vergleichende Lichtschwächung durch Anwendung Nicolscher Prismen, bietet doch hier noch viel Neues. Es ist typisch für relative Photometrie im Spektrum überhaupt, also für die Spektrophotometrie (Abb. 178).

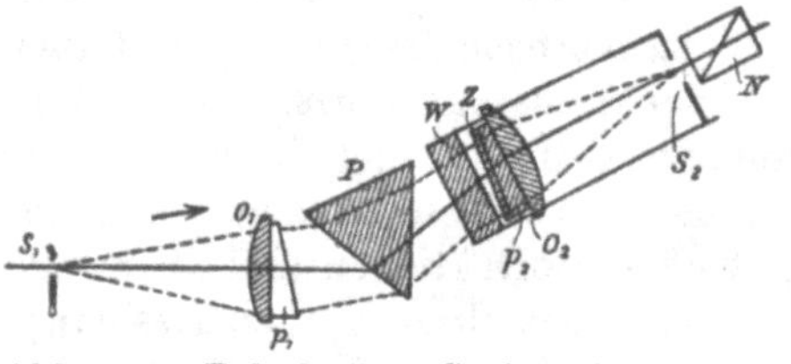

Abb. 178. Polarisations-Spektrophotometer (Prinzip).

Da man k' für eine bestimmte Schwingungszahl mißt, so bedarf man homogenen Lichts. Dies wird aus einer schon tunlichst homogenen Lichtquelle hergestellt, also aus einem Linienspektrum ausgeblendet durch einen Spektralapparat, d. h. durch ein Prisma P, das das Spaltbild ausbreitet in ein Spektrum. Aus diesem wieder blendet ein zweiter Spalt eine Linie heraus. Es versteht sich, daß auch so die Reinheit des verwendeten homogenen Lichts nicht besonders weit geht, denn durch ein Prisma allein ist dies nicht zu erzielen. Aus praktischen Gründen legt man die Kante des brechenden Prismas wagrecht. Zwischen Prisma und Eintrittsspalt liegt die Objektivlinse O_1, die das Licht parallel richtet. Auf sie ist nach dem Prisma zu ein Kronglasprisma p_1 gekittet, um störende Reflexion zu verhüten. Auf der anderen Seite des brechenden Prismas folgen dann außer der Okularlinse O_2 mit gleichfalls angesetztem reflexionverhütendem Prisma p_2 die eigentlichen Vergleichsapparate für das Licht.

Um relative Messungen der Lichtintensität ohne Normalintensität auszuführen, bedarf man je zweier Lichtstrahlen, die man zugleich derselben Quelle entnimmt, und von denen der eine durch das zu untersuchende System geschwächt wird, der andere entweder durch eine andere Schichtdicke des Systems geleitet oder ganz ungeschwächt gelassen wird. Zumeist ersteres.

Die Spaltung des Lichts in zwei parallele Bündel geschieht durch eine Vereinigung eines größeren mit zwei kleineren Prismen (Abb. 179). Dabei treten aber die Bündel zu sehr auseinander. Man nähert sie deshalb, wenn sie die absorbierenden Medien durchlaufen haben, einander wieder durch zwei Fresnelsche Prismen. In jedem wird ein Bündel zweimal an Flächen von 45° Neigung gegen seine Richtung reflektiert.

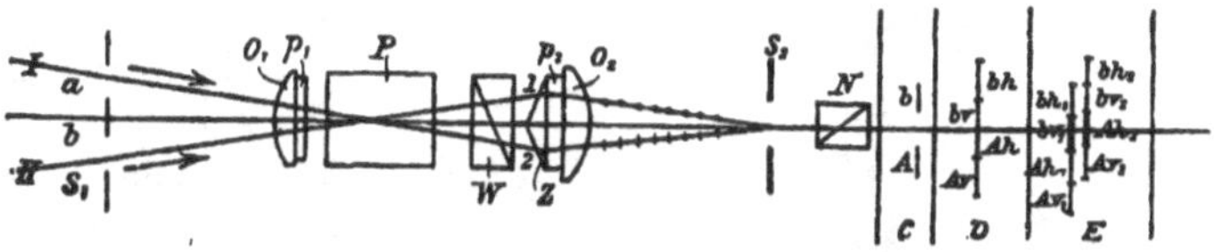

Abb. 179. Optik im König-Martens-Grünbaumschen Polarisations-Spektrophotometer.

Den absorbierenden, zu messenden Stoff nimmt ein Gefäß (Trog oder Rohr) auf, worein auf der einen Seite (für den Durchgang des einen Bündels) ein Glaskörper (Schulzscher Glaskörper) bestimmter Länge eingelegt ist oder man nimmt 2 Röhren verschiedener Länge. Alle Glasgrenzflächen, die von den Bündeln durchdrungen werden müssen, liegen senkrecht zur Richtung der Bündel infolge Bauart des Apparats und der Gefäße. Andernfalls erhält man durch Reflexion fehlerhafte Ergebnisse. Reflexion ist auch der Grund dafür, daß man auf beiden Seiten die Bündel durch Stoff und Glas hindurchgehen läßt, und nicht auf einer Seite durch Glas und Stoff und auf der anderen durch Luft und Stoff. Verschiedene Reflexion würde sich über die Erscheinung der Absorption lagern und sie in einem Sinn entstellen.

Das Prinzip der vergleichenden Photometrie ist bei Benutzung der Polarisation folgendes.

Zuerst polarisiert man die beiden Bündel, die man auf Intensität vergleichen will, senkrecht zueinander. Dann bestehen sie aus linear polarisiertem Licht der betreffenden Schwingungszahl und von verschiedener Intensität. Geht linear polarisiertes Licht durch einen Nicol und bilden die beiden Schwingungsrichtungen (die des Lichts und die, welche der Nicol durchgehendem Licht erteilen würde) einen Winkel p miteinander, so wird, von Reflexionsverlusten abgesehen, der Bruchteil $\cos^2 p$ hindurchgelassen.

Betrachtet man also zwei senkrecht zueinander polarisierte Lichter durch einen Nicol, so wird dieser im allgemeinen beide schwächen. Dreht man ihn so, daß beide gleich hell erscheinen, so müssen sich die Schwächungsfaktoren umgekehrt verhalten wie die ursprünglichen Helligkeiten, also:

$$J_1 : J_2 = \cos^2 p_2 : \cos^2 p_1 = \operatorname{tg}^2 p_1. \qquad (214)$$

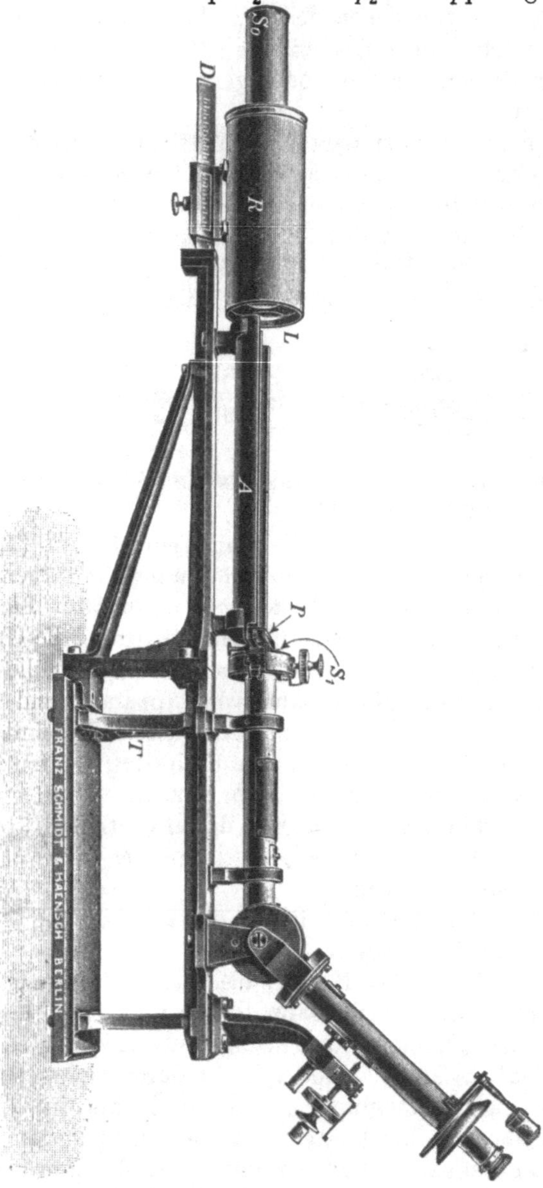

Abb. 180. König-Martens-Grünbaumsches Spektrophotometer.

Die letztere Gleichung kommt daher, daß:

$$p_2 = 90^0 - p_1. \qquad (215)$$

Die Amplitude eines Lichtstrahls ist nach der elektromagnetischen Lichttheorie mit der Intensität so verknüpft, daß letztere dem Quadrat der Amplitude proportional ist. Die Amplitude im Winkel p zur maximalen ist, wie in allen solchen Fällen und wie bei Kräften in der Mechanik, dem cos des Winkels p proportional. Geht man zu Intensitäten über, so erhält man $\cos^2 p$. Das ist der Ursprung der gegebenen Gleichung.

Polarisiert wird erst das dispergierte Licht nach seinem Austritt aus dem Prisma und zwar in einem aus zwei Kalkspatprismen zusammengesetzten sog. Wollastonprisma W (Abb. 179). Es ist so gestellt, daß der eine Strahl alsdann mit horizontaler, der andere mit vertikaler Schwingungsrichtung austritt. Da dies mit beiden Bündeln geschieht, so erhält man zwei Paare von Bildern. Anliegend an das mit der Okularlinse O_2 verkittete reflexionverhütende Prisma p_2 ist ein weiteres Prisma z angekittet. Es ist ein „Zwillings“-

prisma, also eines, das aus den vier Bildern acht entstehen läßt, vier rechts, vier links. Von diesen läßt der Okularspalt aber nur zwei durch, infolge seiner Lage und Größe. Das eine bv_1 mit vertikal schwingendem Licht vom einen Bündel, das andere Ah_2 mit horizontal schwingendem vom anderen Bündel. Diese beiden Bilder sind die Felder, deren Helligkeit man durchs Okular betrachtet und mit dem dem Auge zunächst befindlichen Nicol, dem Okularnicol N, auf gleiche Helligkeit bringt.

Der folgende Versuch gibt ein Beispiel für solche Messung.

Zubehör. König-Martens-Grünbaumsches Spektrophotometer. (Abb. 180.) 0,5proz. $K_2Cr_2O_7$-Lösung. Uviollampe. Zwei Röhren, 5 cm lang, zur Absorptionsmessung. Zwei Akkumulatoren. Drähte. Grünfilter. 220-Voltleitung. Widerstände.

Ausführung. Man füllt die eine Absorptionsröhre mit der Lösung, die andere mit Wasser und verschließt sie. Sie werden bei der Messung so benutzt, daß zuerst z. B. Wasser links und Lösung rechts liegt, dann umgekehrt, zuletzt folgt Wiederholung der ersten Anordnung.

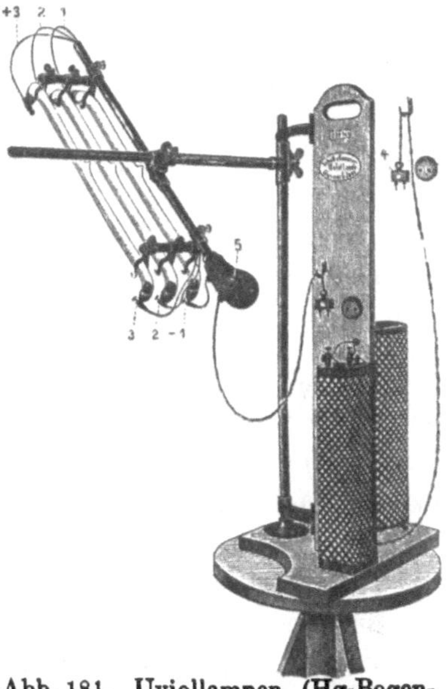
Abb. 181. Uviollampen. (Hg-Bogenlampen, Niederdrucklampen.)

Zur Beleuchtung dient die Uviollampe (Abb. 181), eine Quecksilberdampflampe aus uviol- (= Ultraviolett) -durchlässigem Glas (Uviolglas), die im Unterschied gegen die Quarzlampe unter niederem Druck brennt (Niederdruckdampflampe). Sie braucht etwa 2—4 Ampere bei 220 Volt. Wie bei der Quarzlampe ist ein besonderer Widerstand beigegeben. Man schließt die Lampe durch diesen an 220 Volt an und prüft die Pole, wie bei der Quarzlampe. Der negative muß stets von Quecksilber nach dem Zünden bedeckt bleiben. Man zündet also durch Kippen nach ihm hin, sobald man der richtigen Lage der Pole gewiß ist. Verfährt man anders, so wird die Lampe zerstört. Besonders schone man die empfindlichen Ankittungsstellen der Pole, die durch mechanische Beanspruchung leicht geschädigt werden. Man läßt die Lampe tunlichst horizontal brennen (doch muß die Kohlekathode immer ganz mit Hg bedeckt sein) und reguliert ihre Höhenlage so, daß ihr Licht die Felder im Spektralphotometer gleichmäßig erhellt.

Man setzt das Grünfilter und noch eine Blende aus Pappe vor die Uviollampe, damit vor allem das zuckende Licht von der Kathode nicht stört und unnötiges Licht nicht aufs Meßinstrument fällt. Die Lampe soll unmittelbar vor dem Beleuchtungsspalt liegen, den man mit Milchglas bedeckt hat.

Das Photometer ist so aufgestellt, wie es die Abb. 180 zeigt. Die eigentliche Meßeinrichtung, an der reguliert wird, um die Vergleichsfelder auf gleiche Helligkeit zu bringen, besteht aus dem drehbaren Okularnicol, dessen Drehungswinkel am Teilkreis abgelesen wird. Der Beobachter braucht den Kopf nicht zu bewegen, um von der Stellung aus, in der er schräg nach unten ins Rohr blickend die Helligkeit der beiden Felder verglich, zur Ablesung des Teilkreises überzugehen. Zur genaueren Ablesung dient eine Lupe, die die Stellung eines Index gegen den Teilkreis abzulesen gestattet. Über Lupe und Beobachtungsrohr ist ein Schirm geschoben, um das Auge vor dem Licht der Uviollampe zu schützen. Die Beleuchtung des Teilkreises geschieht durch eine 4-Volt-lampe an seiner Rückseite.

In Abb. 180 bedeutet A die beiden Rinnen zum Einlegen der Beobachtungsröhren, D die Schiene, worauf das Beleuchtungsrohr R mit dem Beleuchtungsspalt S_0 und dem Linsensystem L verschiebbar ist. Bei P liegen die beiden Fresnelschen Prismen in einem Gehäuse. S_1 ist der durch die darüberliegende Mikrometerschraube bilateral verstellbare Eintrittsspalt. Lösen einer Schraube gestattet, die Objektivlinse mit dem sie tragenden Rohrstück unter eine Kappe zu schieben und nach deren Abnehmung herauszuheben. Die Trommel mit dem dispergierenden Prisma trägt die Achse, um welche man durch Drehen der Mikrometerschraube das Beobachtungsrohr mit Okular und Lupe verstellen kann.

Der Index des Teilkreises am Photometer steht etwa auf Null, wenn das Feld auf der rechten Seite ausgelöscht erscheint.

Man wende stets folgendes Rechnungsverfahren an, das die anfangs genannte Vertauschung der Röhren auf beiden Seiten voraussetzt.

Bei der ersten Lage erhält man eine Lichtschwächung, die durch den Winkel a_1 gemessen wird, bei der zweiten eine, der a_2 entspricht.

Schwächt das Lösungsmittel allein schon die Helle des eindringenden Lichts auf J''/J, dann ist nach der theoretischen Überlegung (s. Besprechung) bei der ersten Messung:

$$J_2''/J_1' = \mathrm{tg}^2\, a_1, \tag{216}$$

bei der zweiten:

$$J_2'/J_1'' = \mathrm{tg}^2\, a_2. \tag{217}$$

Die beiden Schwächungsverhältnisse sind gleich, deshalb wird:

$$\frac{J_2'}{J_1''} \cdot \frac{J_1'}{J_2''} = \frac{\mathrm{tg}^2\, a_2}{\mathrm{tg}^2\, a_1} = J'^2/J''^2, \tag{218}$$

also ist:

$$J'/J'' = \mathrm{tg}\, a_2/\mathrm{tg}\, a_1 = 10^{-\varepsilon d}/10^{-\varepsilon_0 d} \tag{219}$$

oder:

$$\varepsilon - \varepsilon_0 = \frac{\log \mathrm{tg}\, a_1 - \log \mathrm{tg}\, a_2}{d}. \tag{220}$$

Da die Reflexion hier herausfällt, so darf man das Ergebnis als so genau ansehen, wie es der Apparat überhaupt liefern kann.

Um zufällige Fehler nach Möglichkeit zu beseitigen, macht man jeweils mehrere Messungen; es sollen drei Messungen gemacht werden in folgender Weise. Man stellt zuerst das rechte Feld dunkel ein und dreht dann den Okularnicol, bis beide Seiten gleich hell sind. Dann liest man beide Seiten des Teilkreises ab. Dies wiederholt man dreimal. Dann stellt man links auf Dunkel ein und verfährt ebenso, was sechs weitere Ablesungen ergibt. Je drei von ihnen unterscheiden sich jeweils praktisch um 180° von den anderen und man addiert 180° deshalb zu den kleineren von ihnen, und zwar jeweils nur zum Mittelwert. Von dem so entstehenden Betrag wird bei der einen Reihe das Mittel der anderen Zahlen der Reihe subtrahiert. Bei der anderen Reihe verfährt man analog. Die beiden Ergebnisse müssen sehr nahe übereinstimmen. Halbiert man ihr Mittel, so bekommt man den Winkel a_2. Man vertauscht jetzt die Röhren und erhält auf demselben Weg a_1. Dann vertauscht man die Röhren nochmals, kehrt also zur ursprünglichen Stellung zurück und erhält dabei mit den ersten Werten praktisch übereinstimmende, falls sich nichts verstellt hat. Man hat darin eine Kontrolle. Man dividiert endlich die Logarithmendifferenz der Tangens der Winkel durch die in Zentimetern gemessene Dicke der Schicht und erhält so die Absorptionskonstante in dekadischem Maß.

Der Fehler des Ergebnisses kann gegen 1 Prozent erreichen, was in Anbetracht dessen, daß man einen Exponenten mißt, nicht viel ist.

Angenäherte photochemische und photobiologische Untersuchungen machen oft eine nahe konstante Beleuchtung (= Intensität der Lichtquelle : [Abstand von ihr]^2) bestimmter Plätze notwendig. Vielfach genügt dazu eine Metallfadenlampe, deren Infrarot ein Wassermantel mit Durchfluß abfiltriert und deren Strahlung durch Regeln ihrer Strombelastung konstant gehalten wird. Man kontrolliert die Helligkeit der Lampe bequem mit dem Krüßschen Beleuchtungsmesser (Abb. 182)

Abb. 182. Beleuchtungsmesser nach dem Polarisationsprinzip.

auf wenige Prozent genau. Die Abbildung zeigt auch die Hefnerlampe (Normalkerze mit Amylazetat gespeist, Abb. 183). Bei derartigen biologischen Arbeiten richte man sein Augenmerk vor allem darauf, ob bestimmte Teilvorgänge in den beobachteten Organismen nicht nur durch Licht einer Art gegenüber dem Dunkel beschleunigt werden, sondern auch durch Licht anderer Art dazu gebracht werden, langsamer zu verlaufen, als im Dunkeln. Solche Reaktionen hat man in vitro auf chemischem Gebiet sicher beobachtet.

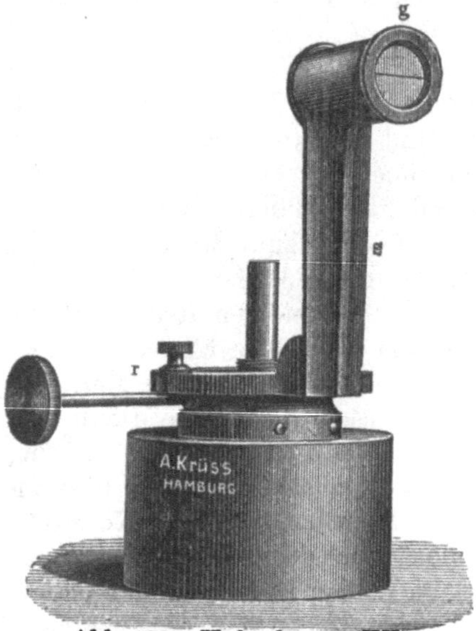

Abb. 183. Hefnerlampe (HK). Normallichtquelle.

Anstatt der Relativmessung mittels Nicolscher Prismen kann man auch eine Messung von Intensitäten auf bolometrischem Weg durchführen. Schwarz platinierte Platinbolometerstreifchen dienen dem Zweck am besten.

Verschiedenfarbige Lichter (auch Gemische) vergleicht man auch optisch durch Flimmer- (= Flicker-) Photometer, indem man sie rasch abwechselnd ins Auge treten läßt und das eine Licht schwächt, bis die Flimmer-Empfindung aufhört. Dann sind sie gleich hell.

8. Geschwindigkeitsmessung einer photochemischen Gasreaktion. Bildung von SO_2Cl_2 aus SO_2 und Cl_2 bei 100° im Licht der Quecksilberlampe im Wasserbad.

Besprechung. Die Messung einer photochemischen Reaktionsgeschwindigkeit unterscheidet sich in nichts grundsätzlich von der einer Dunkelreaktionsgeschwindigkeit. Unterschiede liegen nur vor bei der Deutung der Ergebnisse und bei den begleitenden Messungen und Hilfsapparaten.

Grundlegend ist der Unterschied zwischen Dunkelreaktionen und photochemischen Reaktionen, daß erstere zu einem echten, bei (annähernd erreichbarer) Abschließung von der Außenwelt unendlich lang sich erhaltenden Endzustand führen, letztere aber zwar zu Endzuständen führen können, die von unbegrenzter Dauer sind und sich nach Abstellen der Belichtung nicht mehr zu ändern scheinen, doch nur infolge der Ungenauigkeit unserer Hilfsmittel, häufig aber zu Endzuständen führen, die nur während der Belichtung merklich erhalten bleiben, nach Abstellen der Belichtung sich aber verschieben, um einem gewöhnlichen sog. Dunkelgleichgewicht sich anzunähern.

Die Belichtung ihrerseits kann jedes Gebilde nur dann mit Licht dauernd erfüllen, ohne seine Temperatur zu verändern, wenn man dafür Sorge trägt, daß der aus absorbiertem Licht entstehende Wärmeanteil dauernd weggeführt wird. Man muß also stets kühlen.

Welches Gesetz den Geschwindigkeitsverlauf photochemischer Vorgänge regelt, ist noch umstritten. Sicher ist, daß den meisten photochemischen Vorgängen merklich Gegenreaktionen thermischer Natur entgegenarbeiten und daß man deshalb die gemessene Reaktionsgeschwindigkeit bei photochemischen Versuchen im allgemeinen als Übereinanderlagerung eines oder mehrerer photochemischer und eines oder mehrerer thermischer Vorgänge ansehen muß. Daher dann ihr Zeitgesetz nicht wie das einfache kinetische Massenwirkungsgesetz aussehen, sondern verwickelter sein wird.

Noch verwickelter wird die Form der Geschwindigkeit meist dadurch, daß die Absorption des Lichts in den Systemen groß zu sein pflegt, so daß man gerade von dem sog. aktinischen, d. h. photochemisch in einem gegebenen Fall wirksamen Licht selten sagen kann, daß seine Helligkeit räumlich im System auch nur annähernd gleichförmig verteilt sei. Meist ist die Seite, von der aus bestrahlt wird, mit viel hellerem Licht erfüllt. Dann wird hier die photochemische Wirkung relativ größer sein als in den anderen Teilen des Systems, so daß ein Diffusionsgefälle unvermeidlich ist, falls man nicht sehr stark umrührt, und auch das hilft nicht immer. Am einfachsten verhalten sich also auch hier wieder die verdünnten Systeme, an der Spitze die Gase. Nimmt man sie sehr verdünnt und in dünner Schicht, die man womöglich von beiden Seiten aus bestrahlt, so kann man eine immerhin beträchtliche Homogenität erreichen.

Ändert sich die Molzahl während der Reaktion, so kann man auch hier der bequemen manometrischen Methode sich bedienen und mit dem in Übung 3 schon benutzten Apparat arbeiten.

Die Messung derartiger Vorgänge ist aus mehreren Gründen von grundsätzlicher Wichtigkeit. Erstens wird bestritten, daß in homogen beleuchteten verdünnten Systemen das kinetische Massenwirkungsgesetz bloß mit einem von der Intensität abhängigen Zahlwert der Konstante gilt.

Zweitens hat die Quantentheorie für photochemische Vorgänge Forderungen abgeleitet, die mit einer gewissen Annäherung sich bis jetzt erfüllt zeigten.

Endlich ist die Art der Abhängigkeit der Geschwindigkeit photochemischer Vorgänge von Lichtintensität und Temperatur erst in großen Zügen bekannt. Am merkwürdigsten ist dabei der sehr kleine Temperaturkoeffizient, der beim Übergehen zu rot- und infrarotempfindlichen Systemen auf den gewöhnlichen Betrag wachsen wird.

Man wählt als Beispiel für photochemische Reaktionsgeschwindigkeitsmessung die SO_2Cl_2-Bildung aus SO_2 und Cl_2 bei 100°.

Zubehör. Apparat zur Messung von Gasreaktionen auf manometrischem Weg (von Übung 3) mit Chlorbombe. SO_2-Entbindungsapparat (aus Sulfitlauge und konz. Schwefelsäure, durch Eintropfen der letzteren). Quarzlampe mit Zubehör. Rennuhr. Maßstab.

Ausführung. Man füllt das auf 100° (in siedendem Wasser) angeheizte Reaktionsgefäß mit Chlor von bestimmtem Druck, wie bei der Messung Übung 3 geschehen, und mißt den Druck. Man kann dabei statt N_2 sofort SO_2 als Sperrgas benutzen, während man den gewünschten Unterdruck an Cl_2 herstellt. Anstatt NO füllt man ins Volumeter SO_2 ein, das durch H_2SO_4 getrocknet wurde. Man mißt (ganz wie bei dem Versuch mit NO und Cl_2) auch die Anfangsmolzahl von SO_2 im Volumeter, preßt eine geeignete Menge SO_2 zum Cl_2 ins Reaktionsgefäß ein und mißt, wieviel zurückblieb in der Gasbürette durch Ablesung von Volum, Druck und Temperatur. So erfährt man die Anfangskonzentrationen aus den Anfangspartialdrucken der beiden reagierenden Gase. Man wählt jeden Partialdruck ungefähr gleich einer halben Atmosphäre.

Vor diesen Messungen hat man die Quarzlampe in geeigneter Entfernung (etwa 30 cm) vom Reaktionsgefäß aufgestellt und die richtige Lage der Pole ermittelt. Man mißt den Abstand, liest den Stand des Manometers ab und zündet die Lampe. Man beobachtet dann von Minute zu Minute unter fortwährendem Regulieren, ganz wie bei Übung 3, den Stand im äußeren Manometerschenkel; der Stand im inneren muß stets auf dem Anfangsnullpunkt gehalten werden. Das gelingt durch vorsichtiges Senken der Manometerbirne ohne Schwierigkeit. Zu starkes Senken saugt jedoch Chlor ins Kreuzstück oder gar ins Manometer, und macht dann eine Messung unmöglich durch Verunreinigung des Meniskus. Man vermeide dies aufs sorgfältigste. Es ist die einzige experimentelle Schwierigkeit, die allenfalls dem Ungeübten begegnet.

Man berechnet dann, wenn man bei immer stark siedendem Wasserbad $^1/_2$—1 Stunde lang bestrahlt hat, die Zahlen, ganz wie bei Übung 7 geschehen, nach dem Reaktionsschema II. Ordnung, das dort gegeben ist. An Stelle der Konzentrationen kann man bequemerweise unmittelbar die Partialdrucke setzen, die ganz analog wie bei der NOCl-Bildung folgendermaßen sich ergeben.

Ist p_1 der SO_2-Druck am Anfang der Reaktion und p_2 der entsprechende Cl_2-Druck, so ist der Anfangsgesamtdruck:

$$P_0 = p_1 + p_2. \tag{221}$$

Nach einer gewissen Zeit z findet man den kleineren Gesamtdruck P. Hat sich nur SO_2Cl_2 gebildet, so muß sein:

$$P = p_1 - p_x + p_2 - p_x + p_x = P_0 - p_x. \tag{222}$$

Darin ist p_x der Partialdruck des entstandenen SO_2Cl_2. Er läßt sich also immer in einfachster Weise aus dem Anfangsgesamtdruck und dem Gesamtdruck zur Zeit z berechnen. Er ist numerisch gleich der Druckabnahme. Subtrahiert man ihn von p_1 bzw. p_2, so erhält man die Partialdrucke von SO_2 bzw. Cl_2 zur Zeit z. Man berechne die Geschwindigkeitskonstanten daraus.

Man verlässige sich immer über die ungefähre Konstanz der Temperatur und schreibe die Temperaturen auf. Man lese vor dem Versuch und nachher den Barometerstand ab. Hat er sehr geschwankt, so erklären sich dadurch auch größere Schwankungen der Siedetemperatur des Bads.

Die Ergebnisse zeigen anfangs eine kleinere Konstante als später. Das rührt z. T. nur vom langsamen Hellerwerden des Quecksilberlichts her, in dem Maß, wie dieses sich einbrennt. Ist seine Helligkeit konstant, so sind auch die Konstanten leidlich konstant. Man kann dann die Lampe weiter entfernen und die ungefähre Gültigkeit des Bunsen-Roscoeschen Gesetzes durch eine zweite Messungsreihe prüfen. Zu genauen Messungen und quantitativen Schlüssen wäre eine Überwachung der Helligkeitskonstanz, Benutzung bestimmten Spektralbereichs, Verwendung einer dünnen, parallelepipedischen Gasschicht nötig, ferner Bestimmung der optischen Eigenschaften der Gase und Messung des absorbierten Lichtstroms, alles Dinge, die im vorhergehenden z. T. experimentell behandelt worden sind.

Die Photochemie bedarf notwendig solcher Vorrichtungen, die die thermometrische (= Körper-)Temperatur des bestrahlten Gebildes und die Strahlung der Lichtquelle konstant halten. Dazu sind selten Trägheitsthermostaten brauchbar, weil sie immer noch zu kleine Wärmekapazität haben, um die großen Lichtmengen aufzunehmen ohne Temperatursteigerung. Man hat regulierte Thermostaten nötig aus durchsichtigem Material. Am besten sind hier, wie für die meisten Messungen, wo optische Größen eine Rolle spielen, die Durchflußthermostaten. Oft reichen auch Siedethermostaten aus, aber sie haben hier den ganz besonderen Nachteil unbekannter Schwächung des unsichtbaren Lichts. Durchflußthermostaten mit Wasser, also einer Flüssigkeit, deren Absorption teils genau bekannt ist, teils sich genau bestimmen läßt, sind am besten. Man umgibt das zu bestrahlende System mit einem passenden Wassermantel aus durchsichtigem Stoff (Quarz, Glas), wobei man ihm zweckmäßig parallelepipedische Form gibt und geringe Dicke senkrecht zum Licht. Bestrahlung von beiden Seiten

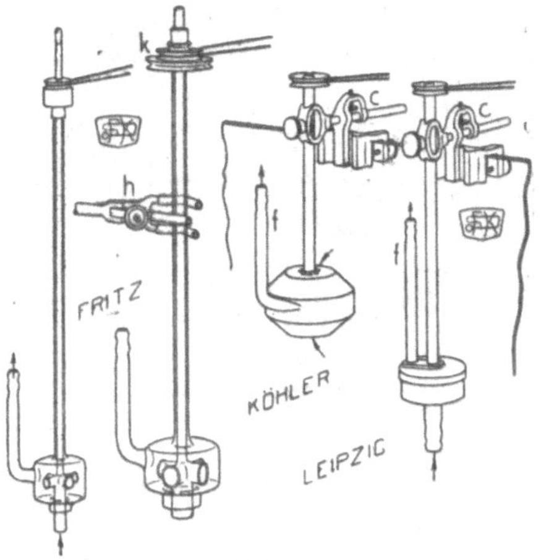

Abb. 184. Luthersche Flüssigkeitspumpe (für Durchflußthermostaten).

macht die Belichtung noch homogener. Das zuströmende Wasser wird durch eine geeignete Pumpe (Luthersche Flüssigkeitspumpe, Abb. 184, genügt manchmal, die kleinen Rotationspumpen aus Eisen, die man billig im Handel erhält, sind für stärkere Leistungen vorzuziehen) aus einem Vorrat entnommen, der zweckmäßig vom Thermostatenwasser getrennt im Thermostaten steht. Die Leitungen müssen sehr gut isoliert sein, damit kein erheblicher Wärmeverlust eintritt. Jedenfalls muß man ihn kontrollieren. Unter Umständen ist es auch vorteilhaft, dem Vorgehen von A. v. Dechend zu folgen und den Thermostaten unmittelbar um den optischen Apparat herumzubauen und mit Gummischeiben oder Ringen an ihn beweglich anzuschließen. So wurde beispielsweise die Temperatur im Meßrohr des Interferometers konstant gehalten. Dabei legt man den möglichst ausgedehnten Körper des Regulators dicht an das Stück an, dessen Temperatur am wichtigsten ist. Die Rührer, event. mit biegsamen Achsen (Stahlspiralen) ihre Kraft unmittelbar von der Achse aus übertragend, müssen sehr stark wirken.

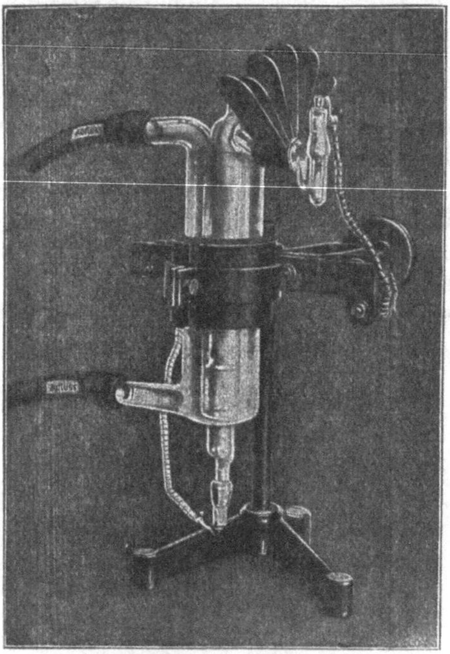

Abb. 185. Quarzlampe mit einfachem Mantel für präparative Zwecke. (Deutsche Quarzlampen-Ges. m. b. H. Hanau a. M.)

Höhere Temperaturen sind unmittelbar an der bestrahlten Wandstelle nicht leicht konstant zu halten und nicht leicht zuverlässig zu bestimmen. Theoretisch ist die Undefiniertheit der „Temperatur" zu beachten.

Zahlreiche Lichtthermostaten sind in dem Werk von J. Plotnikow, Photochemische Versuchstechnik, enthalten. Vgl. auch die Preisbücher von F. Koehler, Leipzig, und anderen Firmen.

Man bedenke bei photochemischen Thermostaten vor allem, daß meist die Absorption des wirksamen Lichts so stark ist, daß es schon in einer sehr dünnen Schicht praktisch vollkommen absorbiert wird. Dort also liegt dann die Quelle der Temperaturstörung.

Für die Zwecke der speziellen Chemie genügen meist viel einfachere Vorrichtungen, und man kann sagen, daß eines der mächtigsten Hilfsmittel der chemischen Synthese, wie man es in den starken Lichtquellen besitzt, heute noch sehr wenig ausgenutzt ist. Eine Form der

Quarzlampe, die die Strahlen sehr gut zu verwenden erlaubt und dabei gut gekühlt ist, zeigt Abb. 185. Vgl. auch die neuen Formen im Preisbuch der Deutschen Quarzlampen-Gesellschaft m. b. H., Hanau a. M.

Den Mantel außen kann man (Abb. 186) mit Wasserdurchfluß kühlen. Der mittlere Mantel wird vom Reaktionsgut (gasförmig) durchströmt. Diese Lampe (rund 1 m lang) wird nur für Stoffe brauchbar sein, die nicht, auch nicht in Spuren, Wasserstoff frei werden lassen, weil er ins Innere der Lampe diffundiert und so ein Auspumpen häufig nötig macht. Die Zuführung der Gase erfolgt wegen der unentbehrlichen Kippung der Lampe am besten mit engen Glasspiralen, die sich überhaupt, wo Gummi vermieden werden soll, sehr empfehlen. Ihre lichte Weite sei etwa 1 mm, ihre Wandstärke etwa 0,3 mm oder weniger und ihr Windungsradius etwa 10—15 mm. Solche Glasfedern wird man z. B. beim Arbeiten mit dem photochemisch erzeugten Ozon oft benutzen und auch bei Schüttelversuchen aller, auch nicht photochemischer Art, sehr gut brauchen können. Will man die Lampe für Flüssigkeiten benutzen, so läßt man sie den äußeren Mantel erfüllen oder durchlaufen und kühlt den inneren mit Durchströmung durch ein Gas, z. B. CO_2 oder Luft. Im letzteren Fall verliert man natürlich z. T. die ozonisierenden Strahlen. So kann man den mittleren Mantel mit geeigneten Gasen erfüllen und damit als Strahlungsfilter benutzen.

Abb. 186. Niederdruckquarzlampe mit doppeltem Mantel für präparative Zwecke.

Die analytische Chemie empfängt von der Photochemie die optischen Methoden (Kolorimetrie, Spektrophotometrie, Refraktometrie, Interferometrie, Polarimetrie), dazu die Methoden der Spektralanalyse, die zu den schärfsten Methoden überhaupt zu rechnen sind.

Die Wichtigkeit bolometrischer Messung für Wissenschaft und Technik ist außerordentlich groß. Die Astrophysik bestimmt durch sie die Strahlung der Gestirne. Zoologie und Botanik (vgl. z. B. G. Klebs, Heidelb. Akad. Ber., Abt. B. 1916., Abh. 4) erfahren durch sie den Energiebetrag der Lichtströme, die zur Beeinflussung der Organismen bei photobiologischen Arbeiten zugeführt werden. Daß diese Beeinflussung größtenteils auf der Verschiebung des relativen Anteilverhältnisses der biologisch-chemischen Reaktionen beruht, steht außer Zweifel. Sie ist mithin großenteils photochemisch. Ihr Betrag und ihre Art verdient die größte Beachtung. Photochemie und Kolloidchemie hängen eng zusammen.

Die künstlichen Lichtquellen bewertet man auf Grund bolometrischer Messung und bemißt ihre Ökonomie an Hand des Quotienten H.K./Watt. Besser noch an Hand des Bruchs

$$\text{Ökonomie} = \frac{\text{In Helligkeit umgesetzte Watt}}{\text{Insgesamt umgesetzte Watt}} . \qquad (223)$$

Er wird für die künstlichen Lichtquellen bestenfalls rund $^1/_{10}$, für die Leuchtfliegen kann er gegen $^1/_2$ erreichen. Im Prinzip könnte er gegen 1 kommen. Hier liegt also eine der wichtigsten Aufgaben der Beleuchtungstechnik. Ihre größte Schwierigkeit liegt darin, Apparate zu bauen, die, absolut genommen, sehr viel Licht liefern, also lichtstark sind und zugleich die Energie gut ausnutzen. Diese Aufgabe löst heute im Prinzip die Lummersche Hochdruck-Kohlebogenlampe am besten, worin die Sonnentemperatur erreicht wird.

Die Klimatologie wird gleichfalls noch mehr Nutzen als bisher aus diesen Methoden ziehen. Denn die Erforschung der Gesamtheit aller klimatischen Lichteinflüsse auf die Organismen erfordert eine bessere Kenntnis des Lichtklimas, als man heute besitzt, wo erst einzelne, allerdings z. T. vorzügliche Arbeiten auf dem Gebiet vorliegen. Gerade hier könnte auf Reisen und namentlich bei dauerndem Aufenthalt an lichtklimatisch nicht untersuchten Orten (das sind heute beinahe alle) noch außerordentlich viel geleistet werden mit kleinen Mitteln. Die Durchkonstruierung unserer Spektrobolometer und Aktinometer zu solchen Zwecken wird durch die Förderung der Photobiologie auf die Photochemie anregend zurückwirken. Mit diesen Arbeiten hängt auch die Untersuchung der kosmischen Trübungen der Atmosphäre und die der Polarlichter zusammen, die für die kosmische Physik und Chemie von Belang sind. Sollen doch die letzteren ein leichtes inaktives Gas über unserer Atmosphäre, das Geokoronium, anzeigen, während die ersteren manchmal durch hochgetriebenen Vulkanstaub (z. B. Sommer 1912, Katmai auf den Aleuten) vorgetäuscht werden.

9. Übung. Die Lehre von den radioaktiven Stoffen.[1]

A. Grundbegriffe.

1. Szintillation.

Besprechung. Gewisse Metalle von sehr hohem Atomgewicht und ihre Verbindungen zeigen sehr auffallende Eigenschaften, die den anderen Metallen und ihren Verbindungen, wenn sie rein sind, abgehen. Diese besonderen Metalle sind u. a. Uran, Thorium, Radium, Brevium und Aktinium. Die besonderen Eigenschaften sind nicht chemische. Denn chemisch stehen diese Metalle anderen Metallen, ihren nächsten Verwandten, sehr nahe, solange sie überhaupt als solche erhalten bleiben. Auffallend sind vielmehr die Entwicklung von Lichtwirkungen, Wärmewirkungen, elektrischen Wirkungen und Abgabe fremder Stoffe, ohne daß der zurückbleibende Stoff eine merkliche Änderung seiner Masse oder seiner sonstigen Eigenschaften erfährt.

Man erklärt alle diese Erscheinungen durch die Annahme, daß einzelne Atome der genannten Metalle Umwandlungen in andere Atome erleiden und daß die genannten Wirkungen Äußerungen sind der dabei frei werdenden großen Energiemengen (Atomzerfallshypothese), sowie der dabei ausgeschleuderten materiellen Teilchen. Die letzteren sind von

[1] E. Rutherford, Radioactive substances and their radiations. Cambridge 1913.

zweierlei Art: α-Teilchen heißen die mit positiver Elektrizitätsladung versehenen und mit $^1/_{10}$ bis $^1/_{20}$ Lichtgeschwindigkeit ausgeschleuderten Teilchen, die den größten Teil der frei werdenden Energie enthalten. Man faßt sie als Heliumatome auf, die zwei negative Elektronen eingebüßt haben. Die β-Teilchen sind negativ geladen, haben nur scheinbare (elektromagnetische) Masse und sind mit den Kathodenstrahlteilchen identisch. Sie fliegen mit $^3/_4$ bis $^{19}/_{20}$ der Lichtgeschwindigkeit dahin.

Außer diesen materiellen Teilchen werden auch noch Ätherstöße ausgesandt von den radioaktiven Stoffen. Sie gleichen den Röntgenstrahlen, ihre Menge ist der der β-Teilchen proportional, sie heißen γ-Strahlen.

Alle diese drei Strahlenarten (α-, β- und γ-Strahlen) sind imstande, Materie zu durchdringen, aber in sehr verschiedenem Grad. Die α-Strahlen schwächt schon 0,0034 mm dicke Al-Folie auf rund die Hälfte. Zur gleichen Wirkung bei β-Strahlen bedarf man der rund hundertfachen Dicke. Das Hundert- bis Zweihundertfache von dieser wieder ist nötig, um die γ-Strahlen auf die Hälfte zu schwächen. Die letztere Wirkung erzielt man auch durch 9 mm dickes Blei.

Alle drei Strahlenarten erzeugen beim Auftreffen auf Materie Sekundärstrahlen, z. T. aus Elektronen bestehend.

Man kann mit allen drei Fluoreszenz erregen. Die α-Strahlen wirken nicht sehr stark auf einen Bariumplatinzyanürschirm, der vor allem durch β- und γ-Strahlen zu gleichmäßigem Leuchten gebracht wird.

Dagegen kann man das Auftreffen der α-Teilchen und ihre Lichtwirkung dabei gut beobachten, wenn man auf einen mit hexagonalem Zinksulfid (Sidotblende, künstlichem Wurtzit) bestrichenen Schirm die Strahlen eines Ra-Präparats leitet und den Schirm mit der Lupe oder dem Mikroskop betrachtet.

Da hierzu schon ein stärkeres Ra-Präparat gehört, so sei schon hier darauf hingewiesen, daß stark radioaktive Stoffe schon in winzigen Mengen schwer heilende Verbrennungen der Haut hervorrufen. Sie sind um so gefährlicher, als ihre Wirkung nicht sogleich nach geschehener Schädigung hervortritt, sondern erst nach einer gewissen Latenzzeit, ähnlich wie die weit harmlosere Wirkung des Quarzlichts. Im übrigen besitzen sie auch die schädlichen Eigenschaften der Röntgenstrahlen.

Verschleppung kleiner Mengen radioaktiver Stoffe in Räumen, wo man Messungen mit solchen anstellt, kann diese Räume für Monate unbrauchbar machen zu elektrostatischen Arbeiten und zu Radioaktivitätsmessungen.

Die Szintillation läßt sich durch folgenden Versuch zeigen.

Zubehör. Ra-Präparat (wird ausgegeben). Sidotblendenschirm. Lupe. Dunkelkammer.

Ausführung. Man legt das Ra-Präparat unter den Schirm, der von den α-Teilchen noch durchdrungen wird, hält den Schirm flach darüber und betrachtet die schwach leuchtende Fläche mit der Lupe.

Man sieht dann das Spiel zahlreicher blitzender und wieder verlöschender Lichtpünktchen.

2. Photographische[1]) Wirkung radioaktiver Stoffe.

Besprechung. Diese Wirkung ist verhältnismäßig schwach und man bedarf langer Expositionen. Denn die sehr durchdringenden γ-Strahlen haben nur durch ihre Sekundärstrahlen, die stärker absorbiert werden, eine photochemische Wirkung (Grotthussches Gesetz der Photochemie), die α-Strahlen wirken an sich schwach. Die photographische Wirkung ist also vor allem an die negativen Elektronen geknüpft. Man sehe sich vor, daß nicht Wirkungen von unreinem P_2O_5 oder von H_2O_2-Derivaten (Russelleffekt) oder Lenardeffekte (Wasserfallelektrizität) auf angebliche Radioaktivität geschoben werden. Es ist nicht immer leicht, mit Sicherheit diesen Einwurf zu entkräften. Deshalb ist die photographische Methode für sich allein meist nicht sehr beweiskräftig, sondern nur zur Lokalisierung der Wirkungen und als sichtbarer Beleg für sie zu empfehlen.

Zubehör. Uranoxyd. Photographische Platte. Schwarzes Papier. Entwickler. Fixierbad. Zwei Schalen für Platten. Dunkelkammer mit roter Lampe.

Ausführung. Man schütte Uranoxyd auf die eingewickelte Platte und lasse sie damit in einer trockenen photographischen Schale 24 Stunden im Dunkeln liegen. Dann wird das Uranoxyd in die Flasche zurückgefüllt, die Platte bei rotem Licht abgespült und in den Entwickler (1000 H_2O, 100 Na_2SO_3, 100 K_2CO_3, 20 Hydrochinon) gelegt, wo sie sich an der Stelle, wo das Oxyd gelegen hatte, schwärzt. Man spült gut mit Wasser ab und legt für 10 Minuten ins Fixierbad (15prozentige $Na_2S_2O_3$-Lösung + 5 % Sulfitlauge). Dann ist die Platte lichtbeständig und wird 2 Stunden gewässert in fließendem Wasser, dann getrocknet. Der Versuch beleuchtet die große Exposition. Durch frische Metalle, Fichtenholz oder andere der Autoxydation leicht zugängliche Stoffe erhält man in viel kürzerer Zeit stärkere Schwärzungen durch rein chemische Wirkungen von Dämpfen von H_2O_2 oder seinen Derivaten (Russelleffekt).

3. Elektrische Wirkungen radioaktiver Stoffe.

Besprechung. Sie sind weitaus am wichtigsten, weil sie den empfindlichsten und für die Radioaktivität kennzeichnendsten Nachweis ergeben und weil man Messungen radioaktiver Vorgänge mit ihrer Hilfe durchführt.

Sie beruhen alle auf der ionisierenden Wirkung der drei Strahlenarten auf die Gase, die den radioaktiven Stoff umgeben. Man läßt die Ionisierung wirken, während die Gasmasse sich zwischen den Belegungen eines geeigneten Kondensators befindet, und mißt den Strom, den man durch ein geeignetes Potentialgefälle zwischen den Platten erzeugen kann,

Die entladende Wirkung auf ein Elektroskop, also den Fundamentalversuch zu diesen Äußerungen der Radioaktivität, kann man mit einfachen Mitteln durchführen.

---

[1]) Photogr. Praxis vgl. J. M. Eder, Rezepte und Tabellen für Photographie und Reproduktionstechnik. Halle a/S., W. Knapp.

Zubehör. Elektroskop (von Übung 1). Ra-Präparat. Influenzmaschine. Drähte.

Ausführung. Man ladet das Elektroskop und bringt das Präparat in die Nähe des Knopfs auf dem Instrument. Dann fallen die Blättchen schnell zusammen, weil die Strahlen die Isolationsfähigkeit der Luft zerstören und durch Ionisation sie leitend machen, so daß die Ladung durch sie zur Erde abströmt.

Die folgende Messung beleuchtet eine wichtige Methode der Untersuchung an radioaktiven Stoffen.

B. Messung an radioaktiven Vorgängen.

4. Messung der Ionisation eines Gases. Molisierungsgeschwindigkeit.

Besprechung. Diese Messung ist grundlegend für alle elektrischen Messungen zu radiologischen Zwecken.

Gase können leitend werden durch chemische Vorgänge (Autoxydationen, Wirkung von Halogenen, ähnlich der freien Sauerstoffs usw.), hohe Erhitzung angrenzender Körper, Uviol, hohe Potentialdifferenzen, Röntgenstrahlen, Ra-Strahlen, Kathodenstrahlen. Die Ionen entstehen nicht durch Dissoziation, sondern auch in einatomigen Gasen, und werden durch Anlagerung geladener Teilchen an die Gasmoleküle gedeutet. Man schreibt jedem Ion meist gleiche (positive oder negative) Ladung zu. Der Betrag der Ionisation ist definiert durch die Anzahl der Ionen im Kubikzentimeter.

Man unterscheidet das Leitvermögen der Gase, wie es durch die genannten Ionisierungsmittel erzeugt wird, wobei gleichviel Ionen beider Vorzeichen entstehen, von der unipolaren Leitung oder Elektrisierung, wo die Zahl der Ionen eines Vorzeichens überwiegt. Sie wird in der Nähe hoch erhitzter oder uviolbestrahlter Körper auftreten oder bei Entladungen.

Der erste Fall ist für die Rechnung einfacher. Man nimmt an, daß für die Schnelligkeit der Entstehung der Ionen in einem Gas und für die Schnelligkeit ihres Verschwindens das kinetische Massenwirkungsgesetz gilt:

$$dn/dz = k' - kn^2. \tag{224}$$

Darin ist dn die Änderung der Ionenzahl pro Kubikzentimeter im Zeitelement dz und k die spezifische Geschwindigkeit der Wiedervereinigung (Molisierung) der Ionen. In der Konstante k' steckt die Konzentration der nichtionisierten Moleküle. Beseitigt man die Ursache der Ionisation, so hinterbleibt nur die Gegenreaktion. Daraus ergibt sich die Zahl der nach der Zeit z noch verbleibenden Ionen zu:

$$n = n_0/(1 + n_0 kz). \tag{225}$$

Darin ist n_0 die Zahl der Ionen, die im Augenblick der Entfernung der ionisierenden Ursache im Kubikzentimeter vorhanden ist. Das Gesetz gilt nicht streng, d. h. k hängt von n_0 noch merklich ab. Vernachlässigt man diese Unvollkommenheit, so findet man für die Halbwertszeit, d. h. für die Zeit, worin die Ionisation auf $n_0/2$ sinkt:

$$Z = 1/n_0 k = n_0/k'. \qquad (226)$$

Legt man ein zeitlich und räumlich gleichförmig ionisiertes Gas zwischen zwei parallele Kondensatorplatten von der Flächengröße q und dem Abstand 1 und sind $+e$ und $-e$ die Ladungen und u und v die Beweglichkeiten der Ionenarten, so ergibt sich, weil für ganz kleine Stromstärken des durchs Gas geleiteten Stroms das Ohmsche Gesetz gilt, bei der Feldstärke (Volt/cm) F:

$$J = en_0 (u + v) qF. \qquad (227)$$

Steigert man aber das angelegte Potentialgefälle so stark, daß es in jedem Augenblick genügt, um die eben erzeugten Ionen zum Kondensator zu ziehen, bevor sie sich merklich vereinigen konnten, so erhält man einen oberen Grenzwert des Stroms, den **Sättigungsstrom:**

$$J_s = ek' q l = en_0 q l/Z. \qquad (228)$$

Weitere Steigerung des Potentialgefälles ändert ihn zunächst nicht. Dieser Begriff ist grundlegend für das ganze Gebiet der Gasionen.

Zwischen diesen Extremfällen liegende sind verwickelter.

Die Konstanten q und l entnimmt man den Abmessungen des Apparats. Eine Geschwindigkeitsmessung ergibt Z, eine weitere Messung (des Sättigungsstroms) en_0. Wir betrachten zunächst erstere.

Man leitet z. B. ein konstant ionisiertes Gas in konstantem Strom zwischen zwei parallelen geerdeten Platten hindurch und unterbricht den Gasstrom zu einer bestimmten Zeit z_0. Man wartet bis zur Zeit z_1 und verbindet dann die eine Platte mit dem Elektrometer, die andere mit dem einen Pol einer Hochspannungsbatterie, deren anderer Pol geerdet ist. Ist das Potential der letzteren hoch genug, so werden fast alle Ionen augenblicklich auf das Elektrometer gebracht, dessen Ausschlag y_1 ihrer Zahl n_1 proportional ist. Man stellt den Gasstrom wieder an, läßt ihn einige Zeit gehen, stellt wieder ab und wartet die von z_1 verschiedene Zeit z_2 ab und wiederholt da die Messung. Man hat dann:

$$1/Z = (y_1 - y_2)/(y_2 z_2 - y_1 z_1). \qquad (229)$$

Die Natur der ausgesandten Strahlenarten bestimmt das Ergebnis elektrometrischer Messungen an aktiven Präparaten, wie sie z. B. in Quellwässern vorliegen. Man mißt dabei Gasionisation und ihr Verhalten. Damit befaßt sich die letzte Messung. Ihr sind Bemerkungen vorauszuschicken über die Stufenfolge der radioaktiven Zerfallsreaktionen überhaupt und über die Beschaffenheit der dabei entstehenden Stoffe. Damit kommt man auch hier zu ganz chemischen Fragen.

Messung der Radioaktivität eines Quellwassers (Englers Fontaktoskop oder Schüttelflasche von H. W. Schmidt).

Besprechung. Die radioaktiven Elemente zerfallen stufenweise in immer andere Stoffe. Jede Umwandlung gehorcht, soweit bekannt, dem Zeitgesetz der Reaktionen I. Ordnung. Die Geschwindigkeitskonstante hat sich noch durch kein Mittel, im besonderen nicht durch die Temperatur, beeinflussen lassen. Die „Konzentration" im Sinn des Massenwirkungsgesetzes ist bei festen Körpern nicht gegeben durch die Konzentration, die durch Masse/Volum ausgedrückt wird. Da das erste Produkt eines radioaktiven Atomzerfalls sich alsbald weiter umwandelt, und dieses wieder weiter, und jede dieser Reaktionen nach dem Gesetz I. Ordnung verläuft, so ist die Kurve, die die Abhängigkeit der umgewandelten Menge von der Zeit darstellt, gegeben durch Übereinanderlagerung einer Anzahl von Exponentialfunktionen der Form:

$$N_1 = N_0 \, . \, e^{-\beta z} . \tag{230}$$

Darin bedeutet N_1 die zur Zeit z noch vorhandene unverwandelte Zahl Atome, N_0 die am Anfang der Zeit z vorhanden gewesene und β heißt die Abklingungskonstante (Wandlungskonstante). Die radioaktive Wirkung setzt man $-dN/dz$ proportional. Meist gibt man statt der Konstante die Halbwertszeit an, also die Zeit, innerhalb deren die Zahl der umwandelbaren Atome auf die Hälfte sinkt:

$$\text{Halbwertszeit} = 0{,}6931 / \beta . \tag{231}$$

Unter radioaktivem „Gleichgewicht" versteht man nicht ein Gleichgewicht im bisher besprochenen Sinn, sondern einen stationären Zustand, worin gerade so viel radioaktive Substanz A sich in B umwandelt, als in derselben Zeit aus B sich in C umwandelt. Dann bleibt also die Menge von B stationär. Und man hat hinsichtlich B „radioaktives Gleichgewicht".

Die Art der entstehenden Stoffe folgt einer gewissen Gesetzmäßigkeit, wenigstens bei Ra, Th und Act. Denn alle drei lassen unter anderem auch ein Gas „Emanation" entstehen, das in allen drei Fällen den Edelgasen gleicht und selbst weiterer radioaktiver Umwandlung unterliegt. Dies Gas führt bei seiner Entbindung und darauffolgendem Zerfall zur Absetzung seiner Produkte in der Umgebung der Muttersubstanz, zum sog. radioaktiven Beschlag oder der induzierten oder „erregten" Aktivität.

Die meisten Quellen enthalten Emanation und selbständige radioaktive, gelöste Substanz.

Die Aktivität von Wasser drückt man aus durch den elektrostatisch ausgedrückten Sättigungsstrom, den die in 1 Liter des Wassers enthaltene Emanation liefern kann. Das Tausendfache dieses Betrags heißt eine Macheeinheit.

Aktiniumemanation kann man wegen ihres schnellen Abklingens im Wasser mit den üblichen Methoden nicht nachweisen, Thoriumemanation nur bei schnellem Arbeiten mit einem geeigneten Apparat an Ort und

Stelle (falls nicht das Wasser selbst thoriumhaltig ist). Die Bestimmung führt also meist nur zu der Feststellung des Gehalts an Ra-Emanation.

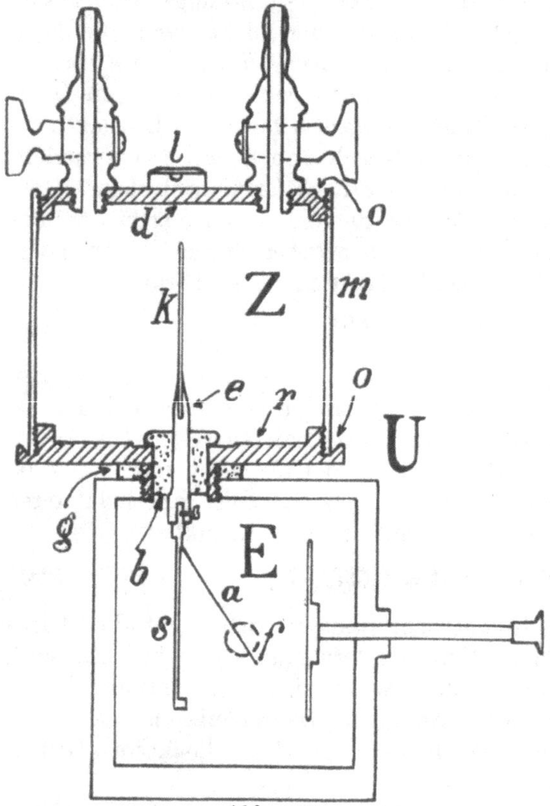

Abb. 187a.

Man vertreibt durch Luftzirkulation die Emanation aus dem zu prüfenden Wasser in einen Raum, worin man die Leitfähigkeit messen kann, mißt diese (Blattelektrometer mit mikroskopischer Ablesung durch ein Fenster, Okularmikrometer) und rechnet daraus und aus den Abmessungen des Apparats und dem Absorptionskoeffizienten der Emanation (Sättigungskonzentration im Wasser, dividiert durch die im Gas) die Aktivität in Macheeinheiten aus.

Zubehör. Schüttelflasche von H. W. Schmidt mit Gebläse und Stechuhr (Abb. 187). Radioaktives Wasser, 1 Liter. Zylinder-Elektrophor (W. Hammer, Phys. Z. **13**. 949. 1912).

Ausführung. Man stellt den Apparat auf seinem Stativ auf, justiert ihn mit der Libelle, ladet das Elektroskop, schließt die Schläuche an den Raum an, worin sich der Zerstreuungskörper des Elektroskops befindet. Dann füllt man die Schüttelflasche bis zum Auslaufen aus dem Hahn in aufrechter Stellung mit dem Wasser, schließt die Hähne, schüttelt $1^1/_2$ Minuten kräftig um, schließt die Schläuche an und läßt mittels des Gummiballons $^1/_2$ Minute lang kräftig Luft hindurchgehen. Man bestimmt dabei mit der Stechuhr die Zeit für das Wandern des Ausschlags über eine bestimmte Zahl Skalenteile. Man bläst dann die Emanation mit dem Gebläse aus dem Gefäß heraus und behält nur die Aktivität des Beschlags zurück, die man gleichfalls in derselben Weise mißt. Die Differenz liefert die Wirkung der Emanation für sich. Bei genaueren Versuchen, oder wenn man Aktivität der Luft vermutet, mißt man auch sie.

Enthält die Flasche w ccm Wasser, m ccm Luft in der Schüttelflasche, n in den Gummiteilen des Apparats und Z im Zerstreuungsgefäß, ist a der Henrykoeffizient der Emanation und V der Potentialfall pro Sekunde in Volt, so erhält man bei einer Kapazität des Apparats c die Macheeinheiten:

$$\frac{1000\,c}{3\,w} \cdot \frac{m+n+Z}{Z}\left(1+\frac{a\,w}{m}\right)\cdot V. \tag{232}$$

Dabei ist die Löslichkeit der Emanation bei:

0°	20°	40°	60°
0,52	0,275	0,16	0,12

Die radioaktiven Stoffe sind besonders von Interesse in methodischer Hinsicht. Denn nur aus der **Messung von Reaktionsgeschwindigkeiten** (Halbwertszeit) entnimmt man hier die Hinweise auf eine ganze Welt neuer Stoffe. Der Existenzbeweis wird im wesentlichen durch feine elektrische Messungen erbracht. Die Identifizierung aber ruht wesentlich auf der Form des zeitlichen Abfalls dieser Wirkungen.

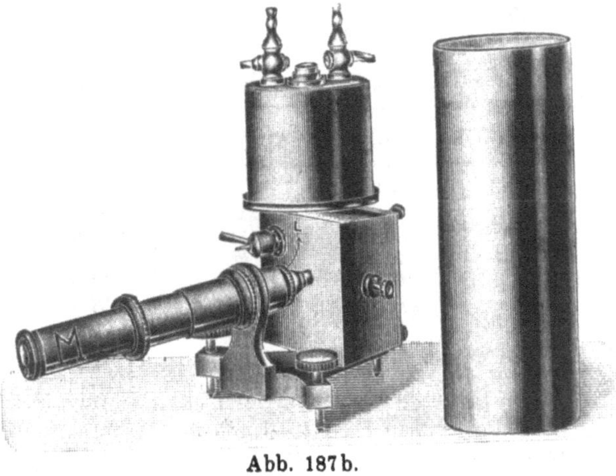

Abb. 187b.

Zur Isolierung oder wenigstens Anreicherung der Stoffe dient die enge Vereinigung von Mitteln der Präzisionsmeßtechnik der Physik mit kolloidchemischen Methoden, mit den ältesten erprobten Methoden der analytischen Chemie und den mathematischen Methoden der chemischen Kinetik, wie sie die allgemeine Chemie darbietet. So gibt sie ein anschauliches Bild von der engen Beziehung, in der sich die verschiedensten Zweige der exakten Naturwissenschaft heute befinden und von der Macht und Fruchtbarkeit, die in ihrem einigen Zusammenwirken liegt.

Tabellen.

Tabelle I. Internationale Atomgewichte 1916.

Ag	107,88	Nd	144,3	Ce	140,25	Li	6,94	S	32,06
Al	27,1	Ne	20,2	Cl	35,46	Lu	175,00	Sb	120,2
Ar	39,88	Ni	58,68	Co	58,97	Mg	24,32	Sc	44,1
As	74,96	Nt	222,4	Cr	52,0	Mn	54,93	Te	127,5
Au	197,2	Se	79,2	Cs	132,81	Mo	96,0	Th	232,4
B	11,0	Si	28,3	Cu	63,57	O	16,000	Ti	48,1
Ba	137,37	Sm	150,4	Dy	162,5	Os	190,9	Tl	204,0
Eu	152,0	Sn	118,7	Er	167,7	P	31,04	Tu	168,5
F	19,0	Sr	87,63	He	4,00	Pb	207,20	U	238,2
Fe	55,84	Ta	181,5	Hg	200,6	Pd	106,7	V	51,0
Ga	69,9	Tb	159,2	Ho	163,5	Pr	140,9	W	184,0
Gd	157,3	Be	9,1	In	114,8	Pt	195,2	X	130,2
Ge	72,5	Bi	208,0	Ir	193,1	Ra	226,0	Y	88,7
H	1,008	Br	79,92	J	126,92	Rb	85,45	Yb	173,5
N	14,01	C	12,005	K	39,10	Rh	102,9	Zn	65,37
Na	23,00	Ca	40,07	Kr	82,92	Ru	101,7	Zr	90,6
Nb	93,5	Cd	112,40	La	139,0				

Tabelle II.

E.M.K. des Weston-Normalelements (gesättigt an $CdSO_4 . 8/3 H_2O$).

Temperatur ° C	E.M.K.	Temperatur ° C	E.M.K.	Temperatur ° C	E.M.K.
10	1,0189	17	1,0187	24	1,0184
11	1,0189	18	1,0187	25	1,0184
12	1,0189	19	1,0186	26	1,0183
13	1,0188	20	1,0186	27	1,0183
14	1,0188	21	1,0186	28	1,0183
15	1,0188	22	1,0185	29	1,0182
16	1,0187	23	1,0185	30	1,0182

Tabelle III.

Dampfdruck des Wassers zwischen 0° und 30° in Millimeter Hg und Konzentration des Dampfs in mg/Liter.

t	*p*	mg/L.	*t*	*p*	mg/L.	*t*	*p*	mg/L.
0	4,6	4,8	10	9,2	9,4	20	17,4	17,2
1	4,9	5,2	11	9,8	10,0	21	18,5	18,2
2	5,3	5,6	12	10,5	10,7	22	19,7	19,3
3	5,7	6,0	13	11,2	11,3	23	20,9	20,4
4	6,1	6,4	14	11,9	12,0	24	22,2	21,6
5	6,5	6,8	15	12,7	12,8	25	23,5	22,9
6	7,0	7,3	16	13,6	13,6	26	25,0	24,2
7	7,5	7,8	17	14,5	14,4	27	26,5	25,6
8	8,0	8,3	18	15,4	15,3	28	28,1	27,0
9	8,6	8,8	19	16,4	16,2	29	29,8	28,5
						30	31,6	30,1

Tabelle IV.

Metallschmelzpunkte zur Drahtmethode für Eichung von Thermoelementen.

Zinn	231,8	Tellur	452,5	Kupfer	1082,6
Wismut	271,0	Antimon	630,0	Nickel	1452,3
Kadmium . . .	320,8	Aluminium . . .	658,6	Kobalt	1489,8
Blei	327,3	Silber	960,2	Palladium . . .	1549,2
Zink	419,3	Gold	1064,2		

Tabelle V.

Temperatur und Thermokraft von Pt–PtRh (10 proz.) nach Day und Sosman.

t^0 C	E[1]	Diff.	t^0 C	E[1]	Diff.	t^0 C	E[1]	Diff.
0			240	1777		460	3833	
		55			88			98
10	55		250	1865		470	3931	
		57			89			98
20	112		260	1954		480	4029	
		60			89			98
30	172		270	2043		490	4127	
		62			90			99
40	234		280	2133		500	4226	
		63			91			99
50	297		290	2224		510	4325	
		65			91			99
60	362		300	2315		520	4424	
		67			92			100
70	429		305,4 Benzophenon	2365		530	4524	
		69						100
80	498		310	2407		540	4624	
		71			93			100
90	569		320	2500		550	4724	
		72			93			100
100	641		320,2 Kadmium	2502		560	4824	
		73						101
110	714		330	2593		570	4925	
		75			93			101
120	789		340	2687		580	5026	
		77			94			101
130	866		350	2781		590	5127	
		78			94			102
140	944		360	2875		600	5229	
		79			94			102
150	1023		370	2969		610	5331	
		80			95			103
160	1103		380	3064		620	5434	
		81			95			103
170	1184		390	3159		629,2 Antimon	5529	
		82			95			
180	1266		400	3254		630	5537	
		83			96			103
190	1349		410	3350		640	5640	
		84			96			104
200	1433		418,2 Zink	3429		650	5744	
		85						104
210	1518		420	3446		660	5848	
					96			104
217,7 Naphtalin	1584		430	3542		670	5952	
		86			97			104
220	1604		440	3639		680	6056	
		86			97			105
230	1690		450	3736		690	6161	
		87			97			105

[1] Internat. Mikrovolt.

Tabelle V (Fortsetzung).

t^0 C	E[1]	Diff.	t^0 C	E[1]	Diff.	t^0 C	E[1]	Diff.
700	6266	105	970	9225	114	1220	12172	120
710	6371	106	980	9339	115	1230	12292	120
720	6477	106	990	9454	115	1240	12412	120
730	6583	106	1000	9569	116	1250	12532	120
740	6689	106	1010	9685	116	1260	12653	120
750	6795	107	1020	9801	116	1270	12772	120
760	6902	107	1030	9917	117	1280	12892	120
770	7009	108	1040	10034	117	1290	13012	120
780	7117	108	1050	10151	117	1300	13132	120
790	7225	108	1060	10268	118	1310	13252	120
800	7333	108	1062,4 Gold	10296		1320	13372	120
810	7441	109	1070	10386	118	1330	13492	120
820	7550	109	1080	10504	118	1340	13612	121
830	7659	110	1082,6 Kupfer	10535		1350	13733	121
840	7769	110	1090	10622	118	1360	13854	121
850	7879	110	1100	10740	118	1370	13975	120
860	7989	111	1110	10858	119	1380	14095	121
870	8100	111	1120	10977	119	1390	14216	121
880	8211	111	1130	11096	119	1391,2 Diopsid	14231	
890	8322	112	1140	11215	119	1400	14337	121
900	8434	112	1150	11334	119	1410	14458	121
910	8546	112	1160	11453	119	1420	14579	120
920	8658	113	1170	11572	120	1430	14699	121
930	8771	113	1180	11692	120	1440	14820	121
940	8884	113	1190	11812	120	1450	14941	121
950	8997	114	1200	11932	120	1452,3 Nickel	14969	
960,0 Silber	9111	114	1210	12052	120	1460	15062	121

[1] Internat. Mikrovolt.

Tabelle V (Schluß).

t^0 C	E[1]	Diff.	t^0 C	E[1]	Diff.	t^0 C	E[1]	Diff.
1470	15183		1560	16270		1670	17593	
		121			121			120
1480	15304		1570	16391		1680	17713	
		121			121			120
1489,8 Kobalt	15423		1580	16512		1690	17833	
					120			120
1490	15425		1590	16632		1700	17953	
		121			121			120
1500	15546		1600	16753		1710	18073	
		120			120			120
1510	15666		1610	16873		1720	18193	
		121			120			120
1520	15787		1620	16993		1730	18313	
		121			120			120
1530	15908		1630	17113		1740	18433	
		121			120			120
1540	16029		1640	17233		1750	18553	
		121			120			
1549,2 Pallad.	16140		1650	17353		1755 Platin	18613	
					120			
1550	16150		1660	17473				
		120			120			

Tabelle VI.

Tragfähigkeit in Amp.	Kupfer		Kohle	
	Durchmesser in mm	Querschnitt in qmm	Durchmesser in mm	Pro Ampere nötiger Querschnitt in qmm
1	0,4	0,125	50	10
50	5	20	100	12
100	8	50	200	20
150	10	78	300	40
200	13	132	400	90
300	17	230		
400	20	314		
500	24	450		

Tabelle VII.

Schwere-Korrektion für Quecksilbermanometer.

1. Bis auf 0,1 mm genau (in Heidelberg):

1000—910	910—660	660—400	400—130	130—0 mm
+0,4	+0,3	+0,2	+0,1	0

2. Bis auf 0,01 mm genau (φ = geogr. Breite, h = Meereshöhe in m):

$(1 - 0{,}0026 \cos^2 \varphi - 0{,}0000002\, h)\ H$, wo H die abgelesene und auf 0° reduzierte Höhe.

[1] Internat. Mikrovolt.

Tabelle VIII.

Volumen eines Glasgefäßes von gewogenem Wasser- oder Quecksilber-Inhalt (g = Gramm).

Temperatur der Auswägung in Grad C	Wasser		Quecksilber	
	Inhalt bei 10° C ccm	Inhalt bei 20° C ccm	Inhalt bei 10° C ccm	Inhalt bei 20° C ccm
	g 1,00	g 1,00	g 1,0	g 1,0
0	1443	1693	735683	735867
1	358	609	5798	982
2	292	542	914	6098
3	243	493	6029	213
4	210	460	144	328
5	193	443	259	443
6	192	442	374	558
7	206	456	490	674
8	234	485	605	789
9	277	527	720	904
10	333	584	835	7020
11	403	653	951	135
12	486	736	7066	250
13	582	832	181	365
14	690	940	297	481
15	810	2060	412	596
16	942	193	527	711
17	2086	337	642	826
18	241	491	757	941
19	407	658	872	8057
20	584	835	988	172
21	772	3023	8103	288
22	970	220	218	403
23	3178	429	333	518
24	396	647	449	633
25	624	875	564	748
26	862	4113	679	864
27	4110	361	794	979
28	366	616	910	9094
29	632	884	9025	210
30	908	5159	140	325

Tabelle IX.

Volumen des Wassers von 0—30°.

Grad	0	1	2	3	4	5	6	7	8	9
0	1,000132	126	119	113	107	101	095	089	084	079
1	073	069	064	059	055	051	047	043	039	035
2	032	029	026	023	020	018	016	013	011	009
3	008	006	005	004	003	002	001	001	000	000
4	000	000	000	001	001	002	003	004	005	007
5	008	010	012	014	016	018	021	023	026	029

Tabelle IX (Fortsetzung).

Grad	0	1	2	3	4	5	6	7	8	0
6	032	035	039	042	046	050	054	058	062	066
7	071	075	080	085	090	096	101	107	112	118
8	124	130	137	143	149	156	163	170	177	184
9	192	199	207	215	223	231	239	247	256	264
10	273	282	291	300	309	319	328	338	348	358
11	368	378	388	399	409	420	431	442	453	464
12	476	487	499	511	522	534	547	559	571	584
13	596	609	622	635	648	661	675	688	702	715
14	729	743	757	772	786	800	815	830	844	859
15	874	890	905	920	936	951	967	983	999	015
16	1031	048	064	081	098	114	131	148	165	183
17	200	218	235	253	271	289	307	325	343	361
18	380	399	417	436	455	474	493	513	532	551
19	571	591	610	630	650	671	691	711	732	752
20	773	794	815	836	857	878	899	921	942	964
.21	985	007	029	051	073	096	118	140	163	186
22	2208	231	254	277	300	324	347	370	394	418
23	441	465	489	513	538	562	586	611	635	660
24	685	710	735	760	785	810	835	861	886	912
25	938	964	990	016	042	068	094	121	147	174
26	3201	227	254	281	308	336	363	390	418	445
27	473	501	529	556	585	613	641	669	698	726
28	755	783	812	841	870	899	928	957	987	016
29	4046	075	105	135	165	194	225	255	285	315
30	346	376	407	437	468	499	530	561	592	623

Tabelle X.

Molekulare Siedepunktserhöhungen.

	Siedepunkt	*E*
Äther	35°	21,1°
Azeton	56°	16,7°
Chloroform	61°	36,6°
Alkohol	79°	11,5°
Benzol	80°	26,7°
Wasser	100°	5,18°
Essigsäure	118°	25,3°

Tabelle XI.

Molekulare Gefrierpunktserniedrigung einiger Stoffe.

Stoff	Schmelz-punkt	Gefrierpunkts-erniedrigung
Wasser	0°	18,5°
Eisessig	17,5°	38,9°
Benzol	5°	50°
Naphthalin	79,1°	70°
Nitrobenzol	3°	70,1°
Phenol	43°	75°
Thymol	44°	84°

Tabelle XII.

Wohlfeile Stoffe für Siedebäder. Siedetemperaturen bei Atmosphärendruck. Temperaturgrenzen bei Siedenlassen unter vermindertem Druck am Manostaten.

Stoff	K.P.	Grenzen	Stoff	K.P.	Grenzen
Äthyläther	34,60		Chlorbenzol	132,0	70—132
Äthylbromid	38,40		Brombenzol	156,1	120—157
Schwefelkohlenstoff . .	46,3	0—50	Anilin	184,4	150—185
Azeton	56,1		o-Toluidin.	199,7	
Chloroform	61,2		Nitrobenzol	210,8	
Methylalkohol	64,7		Naphthalin	217,7	189—220
Tetrachlorkohlenstoff .	76,7		Methylsalicylat . . .	223	175—224
Essigsäureäthylester . .	77,1		α-Bromnaphtalin . .	279,6	215—281
Äthylalkohol	78,4	40—79	Diphenylamin	302	
Benzol	80,2		Quecksilber	358,1	270—360
Propylalkohol	97,2		Anthrachinon	380	
Wasser	100	50—100	Schwefel	444,5	
Toluol			Phosphorpentasulfid .	514	

Tabelle XIII.

Übersicht der wichtigsten Zahlenwerte.

Seite

1. Äquivalentladung $1\,F = 96500$ Coulomb = 26,8 Amperestunden 40
2. Elektrisches Wärmeäquivalent $= \frac{1}{0,2389}$ Joule = 1 cal. 74
3. Gaskonstante R
   = 0,08207 Liter-Atmosphären / grad Cels.
   = $1,986_6$ cal/grad Cels. 126
   elektrolytische = $0,861_8 \,.\, 10^{-4}$ Volt mal F-Zahl/grad Cels. 248
   gastheoretische = $0,831_6 \,.\, 10^{8}$ Gramm . $(\text{cm/sec})^2$/grad Cels. 300
4. Zahl der Moleküle in 1 Mol: Avogadrosche Zahl = $6,175 \,.\, 10^{23}$ 203
5. Durchmesser kleiner Moleküle: 10^{-8} bis 10^{-7} cm 203
6. Modul der natürlichen Logarithmen 0,4343 ist in den Briggsschen Logarithmus zu dividieren, um den natürlichen zu liefern 168
7. Koppsche Zahl (scheinbares Molekulargewicht der Luft) = 28,98, womit multipliziert die Dampfdichte eines Gases sein Molekulargewicht liefert . . . 128
8. Absolute Potentialsprünge an gebräuchlichen Normalelektroden 259
   Hg – $^1/_{10}$-n. KCl (HgCl-gesätt.) = + 0,612 Volt,
   Hg – $^1/_1$-n. KCl (HgCl-gesätt. = + 0,560 Volt,
   H_2(Pt) – $^1/_{10}$-n. H·-Ion = + 0,277 Volt.
9. Brechungsindex von Wasser bei Zimmertemperatur = $n_{H_2O} = 4/3$ 323

Tabelle XIV.

Übersicht der wichtigsten Formeln.

Seite

I. Physikalische Hilfsmittel.

a) Gleichungen von Summen.

1. $U_2 - U_1 = Q + A$ Energieeinheiten
   (I. Hauptsatz der Thermodynamik) 72

Seite

2. $T = t + 273{,}09$ Celsiusgrad-Intervalle
(Definition der absoluten Temperatur) 125

3. $C_v - 3/2\,R$ = innere Molekularwärme, besteht bei idealen Gasen annähernd additiv aus Ausdrücken für die gebundenen Atome . . 144

4. $C_p - C_v = R$ cal/grad.
(Gaskonstante und Wärmeinhalt nach dem I. Hauptsatz) 142

b) Proportionalitätsgleichungen.

5. $E_2 - E_1 = JW$ Volt
(Ohms Gesetz) 34

6. $W = w\,.\,l/q$ Ohm
(Widerstand zylindrischer Leiter, spezifischer Widerstand, Länge und Querschnitt; Definition von w) 34

7. $Q = m\,.\,c\,.\,(t_2 - t_1)$ cal.
(Wärmemenge, spezifische Wärme und Masse; Definition von c). . 66

8. $Q = 0{,}2389\,.\,(E_2 - E_1)\,.\,M = 0{,}2389\,.\,J^2\,.\,W\,.\,z$ cal.
(Gesetz von Joule). 74

9. $-dt = a\,(t - t_0)\,dz$ grad
(Newtons Abkühlungsgesetz) 83

10. $pv = n\,R\,T$ Energieeinheiten
(Gasgesetze = Zustandsgleichung idealer Gase und ideal verdünnt gelöster Stoffe) . . . .

11. $p = C\,R\,T$ Druckeinheiten
(dasselbe; Definition der Konzentration C) 126

12. $dU = c_v dT$ Energieeinheiten (c_v unabhängig vom Volum)
(Ausdruck des Gasgesetzes der Unabhängigkeit der inneren Energie vom Volum) 141

13. $m\overline{c^2} = 3\,R\,T$ gramm . (cm/sec)^2
(mittlere lebendige Kraft $\frac{m\overline{c^2}}{2}$ der Moleküle proportional der absoluten Temperatur) 299

14. $G = L\,.\,N$ cm/sec
(Fortpflanzungsgeschwindigkeit, Wellenlänge und Schwingungszahl) 142

15. $\frac{dA}{Q} = \frac{dT}{T}$
(II. Hauptsatz der Thermodynamik) 165

16. $L = T\,.\,\frac{dp}{dT}\,(V - v)$ cal.
(Clausiussche Formel) 165

17. $\frac{dA}{dT} = \frac{dU}{dT} = 0$ bei $T = 0$ für reine kondensierte Stoffe
(Nernstsches Theorem von 1906) 189

18. $\frac{E}{A} = \frac{E_s}{1}$ Energieeinheiten/qcm, sec
(Kirchhoffsches Strahlungsgesetz) 310

Seite

10. $\frac{d \ln K}{dT} = \frac{Q}{RT^2}$ rez. Grad

(van't Hoffs Gleichgewichtsisochore) 200

11. $\log K = - \frac{Q_0}{4{,}573 \,.\, T} + \Sigma n 3/2 \log T + I$ (Näherungsformel)

(dieselbe integriert mit Additivität der inneren Atomwärmen). . . 200

12. $I = \Sigma n (C - \log R)$

(Nernsts Theorem angewendet auf I) 201

13. $K = \frac{a^2}{(1 - a) v}$

(Ostwalds Verdünnungsgesetz für binäre Elektrolyte) 207

14. $A = RT \,.\, \ln \left[\frac{(A_1)^{n_1} \,.\, (A_2)^{n_2} \ldots}{(A_1')^{n_1'} \,.\, (A'_2)^{n_2'} \ldots} \right] - RT \ln K$ Energieeinheiten

(Nutzbare Arbeit eines chemischen Vorgangs) 248

15. $- \frac{dc}{dz} = k \,.\, (A_1)^{n_1} (A_2)^{n_2} \ldots - k' (A_1')^{n_1'} (A'_2)^{n_2'} \ldots$ Mol/ccm, sec

(Kinetisches Massenwirkungsgesetz) 289

16. $- \frac{dc}{dz} = kc; \quad k_I = \frac{1}{z_2 - z_1} \ln \frac{c_1}{c_2}$ rezipr. sec

(Reaktion I. Ordnung) 290

17. $- \frac{dc}{dz} = kcc'; \quad k_{II} = \frac{1}{(c_0 - c_0')(z_2 - z_1)} \ln \frac{c_1' c_2}{c_2' c_1} \quad \frac{\text{ccm}}{\text{Mol sec}}$

(Reaktion II. Ordnung) 290

18. $k_I = 8{,}72 \,.\, 10^4 \,.\, \frac{s^2}{s'^3} \,.\, \sqrt{\frac{M + M'}{MM'}} \,.\, T^2 \,.\, e^{-\frac{q_0'}{RT}} \text{sec}^{-1}$

(Geschwindigkeitsisochore für Gas-Zerfalls-Reaktionen I. Ordnung) . 302

Korrektion auf unvollkommene Additivität der inneren Atomwärmen, zugleich Verallgemeinerung auf Isomerisationen I. Ordnung:

$$\cdot T^{-3/2} \cdot e^{-\int \frac{dT}{RT^2} \int_0^T (C_v - C_{v_a}) dT} \cdot$$

(C_{v_a} = Molarwärme im aktiven Zustand).

19. $k_{II} = 5{,}64 \,.\, 10^{28} \,.\, s^2 \,.\, \sqrt{\frac{M + M_1}{MM_1}} \,.\, \sqrt{T} \,.\, e^{-\frac{q_0}{RT}} \left[(\text{Mol/ccm}) \cdot \text{sec} \right]^{-1}$

(Geschwindigkeitsisochore für Gas-Reaktionen II. Ordnung) 301

Korrektion auf unvollkommene Additivität der inneren Atomwärmen:

$$\cdot\, e^{-\Sigma \nu \int \frac{dT}{RT^2} \int_0^T (C_v - C_{v_a}) dT} .$$

20. $Q_0 = + q_0' - q_0$ cal.

(Aufbau der Wärmetönung aus den beiden Aktivierungswärmen) . 301

c) Photochemie.

21. $m = a \,.\, J \,.\, z$ gramm

(Bunsen-Roscoesches Gesetz) 315

Anhang.

Vordrucke für Versuchsberichte.

I.

1. a) Feldkörper, geerdet an — 1 Elementpol geerdet, anderer am Testkörper		b) Feldkörper am einen Pol, Testkörper am anderen	
Spannungsquelle	Ausschlag		
Tauchelement	...	...	Skalenteile
Akkumulator	...	...	(Instrument
10 V.	...	...	Nr. . . .)
80 V.	...	...	
220 V.	...	...	
Gerieb. Glasstab	...	...	
„ „ ohne Erdung . . .	...	...	
„ „ mit gleichzeit. Erdung	...	...	

Also Empfindlichkeit zu gering für .... Volt.

2. Stromquelle	Gasentwicklung im Knallgascoulometer	
Tauchelement	...	Also Zersetzungsspannung erreicht oberhalb ... Volt.
Akkumulator	...	
10 Volt	...	

3. Gewicht von	Kupferblech A	Kupferblech B	Differenz d. Zunahmen = ... Proz.
Vor dem Versuch Nach 5′ (1 Akk.) Zunahme	.... g .... „ .... g	.... g .... „ .... g	also stimmen die Elektrizitätsmengen auf ... Proz. überein.

4. a) Ohms Gesetz.	Mit 10 Volt		Mit 80 Volt	
	gef. Amp.	aus Ohms Ges. ber. Amp.	gef. Amp.	aus Ohms Ges. ber. Amp.
Widerstand ... Ω	...	...	...	...
„ ... Ω	...	...	...	...
„ ... Ω	...	...	...	...

b Widerstand des Wehrs: ... Widerstand des Amperemeters = ...

	Mit 10 Volt		Mit 80 Volt		Mit 10 Volt		Mit 80 Volt	
	Kleines Amperemeter				Großes Amperemeter			
	Ampere		Ampere		Ampere		Ampere	
	gef.	ber.	gef.	ber.	gef.	ber.	gef.	ber.
Rheotan-Widerstand ... Ω	...	...	...	...	...	...	...	...
Ruhstrat- „ ... „	...	...	...	...	...	...	...	...
Wasser- „ ...	...		...		...		...	

Umrechnung der Angaben mit Wehr durch ....

5. Spannung ... Volt. Widerstand im Hauptschluß ... Ω. Abgegriffener Widerstand im Hauptschluß ... Ω.

a) Widerstand im Nebenschluß	Amp. i. Hauptschluß	Volt am Nebenschluß, Voltmeter		V. zw. d. End. d. im Hauptschl. liegend. Teils des Rheotans	V. zw. d. End. d. abgegriff. Rheotans
		gef.	ber.		
... Ω	...	...	...	...	...
... „	...	...	...	...	...

b) ... Ω eingeschaltet, Amperemeter statt Voltmeter.

Volt am Hauptkreis	Amperemeter bis 3 Amp. + 10 Ω.		And. Amperemeter
	Amp.	Volt zw. d. Abgreifstellen d. Rheotans i. Hauptkreis, ber. nach Ohms Gesetz	Amp.
...	...	...	...

Spannung am Hauptkreis 10 Volt, ebenso am Nebenkreis.
Widerstand im Hauptkreis = ... Ω, da sich die reziproken Widerstände addieren.
Widerstand im Nebenkreis = ... Ω.

6. Spannungsteilung. Akkumulat.-Spannung ... Volt.

Widerstands-Verhältnis = $\frac{\text{abgegriffene}}{\text{gesamte}}$ Länge	Spannung Volt ber.	gef.
...	...	...
...	...	...
...	...	...

7. Eisencoulometer. Titer vor dem Versuch ...		Kupferkathode ... g		Knallgascoulometer ... ccm
Menge außen ... ccm	Menge innen ... ccm	Volt am Voltmeter = Amp.; Zeit ... Sek. Spanng. d. Stromquelle = ... Volt, ... Watt, ... Kosten		
Titer nach dem Versuch		Kathodische Stromdichte Amp./qdm		
...	...	...	...	...
...	...		...	... gef. Änderung g-Äq.
...	...		...	... ber. „ „
...	...		...	... Differenz.

Ursache der Abweichungen ....

8. Zeit	Amp.	Volt	Watt	Masse des Pb gef.	ber.	Also Stromausbeute Proz.
...	...	...	...	...	...	...

9. Zeit	Amp.	Volt	Watt	Temp.	Jodoform	Cu vor d. Vers.	nach d. Vers.	Stromausbeute
...	...	...	...	...	...	...	...	...

10. Zeit	Amp.	Volt	Watt	F-Zahl	Cu vor d. Vers.	nach d. Vers.	Azobenzol	Strom-	Stoff-Ausbeute
...	...	...	...	...	...	...	...	...	...

II.

1. Entfernte Grade	Gradkorrektion	Herausrag. Faden	Fadenkorrektion	Vergleichsthermometer i. rein. Eis	Korrektion
...	...	...	...	...	...

2. Zeit in Minuten	Hg-Thermometer Grad	Toluolthermometer Grad	Differenz
...	...	...	...
...	...	...	...
...	konstant	...	...
...	„	konstant	...

3. Temp. d. Widerstandsthermometers		Kupfer-Konstantan-Element		Zimmer-temperatur
0-Punktskontrolle	Eissalzgemisch	0-Gradablesung	Eissalzgemisch	
...	...	...	...	...

Differenz gegen Thermoelement bei		Umgerechnet durch Addition der Zimmer-temperatur	
0°	Eissalztemperatur		
...	...	...	...

4. Thermoskop vor d. Versuch		nach 1′	Höchststand	
a) Cu	...	...	...	$\frac{\text{Steighöhe Cu}}{\text{Steighöhe Pb}} = \ldots$; aus dem Atom-Gew. berechnet
Pb	...	...	...	Diff. ... Proz. ...
b) Thermosk. vor d. Versuch		nach 1′	Höchststand	$\frac{\text{Steighöhe Alk.}}{\text{Steigh. Wasser}} = \ldots$; aus d. spez. Wärmen berechnet
Alkohol	...	...	...	
Wasser	...	...	...	Diff. ... Proz. ...

5. **Lösungswärme v. 1 g KCl auf 5 g Wasser : Lösungswärme v. 1 g NaCl auf 5 g Wasser**

	Thermoskop		Verhältnis	
	vor d. Versuch	nach d. Versuch	gefunden	berechnet
KCl	...	...	...	...
NaCl	...	...	...	...
	Integrale Lösungswärme der beiden Salze.			
KCl	...	...	...	
NaCl	...	...	...	

6. Q_p und Q_v für $NH_3 + HCl = NH_4Cl$.

	Steighöhe		Verhältnis
	vor dem Versuch	nach dem Versuch	
Q_v	...	...	$\frac{Q_v}{Q_p - Q_v} = \ldots$
$Q_p - Q_v$	...	...	

7. Stand	Widerstand		Verhältnis	
	1	2	gefunden	berechnet
Vor dem Versuch	...	...		
Nach 1′	...	...	...	...
„ 2′ usw.	...	...	...	...

8. Stand	Beim äuß. Widerst. (2,5 Ω)	Beim inn. Widerst. (Akk.)	Verhältnis gef.	ber.
Vor dem Versuch	...	...	...	...
Nach 1′ usw.	...	...	...	...
	(0,15 Ω)			
Vor dem Versuch	...			
Nach 1′ usw.	...			

9. Stand	Pt-Platten	Akkum.	Verhältnis gef.	Diff. gegen 8.
Vor dem Versuch	...	...	...	...
Nach „ „	...	...	...	...

10.

Ag-Becher + Lös.-Mitt. ... g	Substanzglas voll ... g	T unkorr. = ...	Kapaz.
leer ...	leer ...	korr. Mittellinie ...	...
Lösungsmittel ...	Substanz ...	„ Abzählen ...	...
		„ rechn. S. 84 ...	...
Kalorimetertemperatur am 0,1°-Thermometer ...		„ n. Richarz ...	...

Vorperiode Zeit	Temp.	Hauptperiode Zeit	Temp.	Volt	Amp.	Nachperiode Zeit	Temp.
...	...	...	...	...	...	...	...
...	...	usw.					

Joule-Zahl	...
Wassermenge	...
Wasserwert d. Therm.	...
„ „ Gef.	...
Summe	...

11. Temperaturschema, wie 10.;

a) Lösungswärme $\frac{K.T}{\text{Stoffmenge in g}}$ ...; Konverg. Temp. ....

b) Beispiel: Bildungswärme Q_{gas} von $2\,NOBr_3$ aus $2\,NO + 3\,Br_2$.
Benutzte kalorimetr. Reaktion: $NOBr_3 + 4\,KOH = KNO_3 + 3\,KBr + 2\,H_2O$.
Berechnung der Wärmemenge dabei, wie unter 11a) = Q gemessen.

$$Q \text{ gemessen} \times \frac{\text{Mol-Gew. von } NOBr_3}{\text{Masse von } NOBr_3 \text{ in g}} = Q_{mol};$$

also wenn Q die Bildungswärmen aus den durch Striche gegeb. Spaltstücken:
$Q_{mol} = -Q(NO/Br_3) - 4\,Q(K/O/H\,aq) + Q(K/NO/O_2, aq) + 3\,Q(K/Br\,aq) + 2\,Q(H_2/O)$, (die Q sind in Landolt-Börnstein-Roth für die betreffende Verdünnung der Lösungen nachzusehen). Also $Q_{gas} = 2\,Q(NO/Br_3) - 2\,L(NOBr) + 3\,L(Br_2)$, worin die L die Verdampfungswärmen pro Mol (s. Landolt ...), meist rund 6000 cal. Wie bei 10 die kalorimetrische Kurve graphisch auftragen.

12. Eichung der kalorimetrischen Bombe. Temp.-Bericht, wie 10.

a) Verbrenn. des Al-Drahts. T_{Al} = ... kalorimetr. wie 10.

b) m g Zucker + Al-Draht. T_{Zucker} .... kalorimetr. wie 10. = $T_{Eichung}$ = ...

$$\frac{(3988 \cdot m) + T_{Al} \cdot K}{T_{Eichung}} = K;$$ also K = ... cal/grad; Konverg. Temp. ...

III.

1. Temp. ...	Temp. nachher, Kontrolle ...
Bar. unten ... mm	Bar. ,, unt. ,, ...
,, oben ... ,,	
Differenz ...	Diff.-Übertrag ...
Temp. korr. ...	Schwerekorr. ...
Differenz ...	Summe ... = red. Bar.-Stand.

2.	Birne 1	Temp.	Bar.	Bar.-Temp.	Und ebenso für Birne 2, 3 und 4
Gewicht mit Dampf .	... g	...	...	...	
,, ,, Wasser	...	...	...	...	
,, leer . . .	...	...	...	...	
Dampfmasse g . . .	...	...	...	...	
Volum	... ccm	...	...	...	
Luftmasse in diesem:	... g	...	...	...	
Dampfdichte D.D.. .	...	$T_{abs.}$	Druck in Atm.		
α (Zerfallsgrad) . . .	...	...	...	...	
Partialdruck PCl_5 . .	...	...	...	...	= Konz. Mol/Liter ...
,, PCl_3 . .	...	...	...	...	,, ...
,, Cl_2 . .	...	...	...	...	,, ...

3.	Temp.	Meniskus	
	...	...	usw.

4. Mol.Gew. d. Zuckers ...; molare Konz. d. 1%ig. Zuckerlösg. ...; R (Literatm/grad) = 0,0821.
T abs. ...; also $p = CRT = \ldots$ Atm. = ... mm Hg.
Herabsetzg. d. Konz. durch eindring. Wasser geschätzt = ..., daher p ... mm Hg.

5. a) Inhalt d. Kreuzstücks = ... Liter	Bar. b	Bar.-Temp. t_b	p	P'	P	V	x	x Mittel
	...	...	...	...	...	...	...	... usw.

b) Temp. 0°. Chloranfangskonz. V_{RG} = ... Liter = v.

b	t_b	p_{Cl_2}	$t_{Man.}$	t_{RG}	p'	T'	n'
...	...	...	...	...	...	...	...

c) NO-Anf. Menge ... Molzahl $\frac{p'' v''}{R T''} = \ldots$	$v''_{Bür.}$	$t_{Bür.}$	b	t_b	p_{NO}	$t_{Man.}$	p''	T''
		...	...	...	...	...	...	...

d) NO-Anf.-Konzentrat.; Molzahl übrig $\frac{P''' v''}{R T''''}$ = ..., also Mol i. $R. G.$ n = ...,	Zeit	$p_{Man.}$	$t_{Man.}$	unkorrigiert T_{RG}	unkorrigiert $T_{Bür.}$	unkorrigiert $T_{+Stück}$	b	t_b	P''_{RG}	T'''_{RG}	$T''''_{Bür.}$
	...	...	...	...	...	...	...	...	...	...	...
	...	... usw.									
	...	...	...	...	...	...	...	...	...	...	...

also:

$p_{0\,NO} = \frac{n R T'''}{v} = \ldots$, daher Konz. Mol / Liter ... Daher waren die Konzentrationen:

Zeit	$p_{NO}^{RG} = 2a - 2x$	$p_{Cl_2} = b - x$	$p_{NO\,Cl} = 2x$,	ebenso die Konzentrationen:		
...	...	...	...	„	„	...
...	...	...	...	„	„	... usw.

Ebenso bei rund 10 – 20°.

6. Gas ...; b ...; t_b ...; b red. ...; Manometer ...; Manometer-Temp. ...; Manometer red. ...; Druck p red. ...

Nummer	Gas-Rohr Knotenpunkte gemessen		Luft-Rohr Knotenpunkte gemessen	
	von links	von rechts	von links	von rechts
1	...	...	...	...
2	...	...	...	... usw.

$L_2 \ldots$; $L_1 \ldots$; unkorr.; $\varkappa = (L_2/L_1)\,\frac{2\,M}{28{,}98} \cdot 1{,}405 = \ldots$; C_v roh $= \ldots$; $\vartheta_0 = \ldots$; $\pi_0 = \ldots$

$ap = \ldots$; $M/1 + ap = M$red. $= \ldots$; $\varkappa$red. $= \ldots C_v$red. $= \frac{R}{(\varkappa_{red.} - 1)} \cdot \left(1 + \frac{27}{32}(\vartheta_0/T)^3 p/\pi^0\right)^2 = \ldots$

7. Stoff	Pyknometer mit Wasser ...	mit Stoff ...	Dichte ... bei ...°
Temp. ...	„ leer ...	leer ...	bz. a. Wasser von ...°
	Differenz ...	Diff. ...	

IV.

1. Hg-Höhe anfangs ...	Temperatur ...	Dampfdruck ... mm Hg bei ... Grad
nach Wasserzus. ...	Differenz ...	
Hg-Höhe anfangs ...	Temperatur ...	Dampfdruck ... mm Hg bei ... Grad
nach Alkoholzusatz ...	Differenz ...	

2. Dampfdruckdepression nach Wasserzusatz zum Alkohol ... mm.

3. Cd	Zn	Zeit	Temp.	Zeit-Temperaturkurve graphisch auftragen
... g	... g	...	... usw.	

4. Pikrinsäure abgewogen	In Wasser	In Ligroin	Verhältnis
... g	... g	... g	...
...	...	...	... usw.

5. Stoff ... ; Barometer ... ; Barometer-Temp. ... ; Barometer red. ...

Temp. abs.	p Manometer	p Man. + b red.	L	C
...	...	...		...
...	...	...		...
...	...	...		...
...	...	...	...	...
			Mittel ...	...

6. ...

7. Stoff ...

b	t_b	Man.	Man.-Temp.	Therm.	Therm. korr.	p korr.	p Landolt
...	...	...	...	...	...	...	...
...	...	...	...	...	...	...	... usw.

Herausrag. Faden = ...

8. Stoff ...

Gramm auf 100 g Lös. M.	Siedepunkts-Erhöh.	Barometer vor	Barometer nach	Molargewicht gef.	Molargewicht ber.	i
...		...	...	...	...	...
...		...	...	...	...	...
...		...	...	...	...	...

9. Stoff ...

Gramm auf 100 g Lös. M.	Gefrierpunkts-Erniedrigung	α	Molargewicht gef.	Molargewicht ber.	i
...	...	...	...	...	... usw.

10. Temp.	Druck in A.	Druck in B.	Umwandlungspunkt bei T =
...	...	...	... usw.

11. Temp.	Stand in mm	Umwandlungspunkt bei T = ...; $A_{T_0} = U_0 =$ ... cal.
...	...	... usw.

V.

1. K_2 ...; K_1 ...; T_2 ...; T_1 ...; Q_0 nach van't Hoff ...; mit Add. v. $C_v - 3/2\ R$ = ... I ...; ...; Mittel I = ...; Einheit ...; C in Atm. ...; s = ... cm.

2. Ausschlag mit KOH ...; verdünnt ...; mit NH_4OH ...; verdünnt ...

3. Brücke Nr. ... bei	10	20	40	100	200	300	400	500	600	700	800	900 mm
Mittlere Korrektion	...	...	...	...	...	...	...	...	...	...	...	... mm
Widerstandsverhältnis	...	...	...	...	...	...	...	...	...	...	...	...

4. Zeit	Brücke a	b	Rheostat c	Temperatur	Leitfähigkeitsgefäß Nr.
...	...	...	...	...	... usw.

5. Gefäß Nr.	Ablesg.	korr.	Mittel	Gestöpselter Widerstand			Leitf. rez. Ω			Kapaz.	Temp.	g KCl in 100 ccm bei 17°
...	...	...	...	...	...	...	...	...	...	...	...	...
...	...	...	...	...	...	...	...	...	...	...	...	...

6. Stoff ...; Verdünnung = Vol., worin 1 Mol gelöst ist, in ccm ... Temp. ...

	16000	32000	64000	128000	256000	512000	1024000	
$\varkappa$	...	...	...	...	...	...	...	
λ_v	...	...	...	...	...	...	...	
100 α	...	...	...	...	...	...	...	
100 k	...	...	...	...	...	...	...	Mittel ...

Na-Salz Verdünnung	32000	256000	1024000	Basizität = ...
$\varkappa$	...	...	...	
λ	...	...	...	

7. α KCl osmotisch ...; aus Leitfähigkeit (Landolt ...) f. dieselbe Konz. .... Diff. ...

VI.

1. —. 2. Instituts-Weston ... mm, also 1 mm = ... Volt; Weston x ..., also ... Volt.

3. E ... ...; T ... ...; I ... ...; G ... ...; M ... ...; x ... ...

4. Zn-n. $ZnSO_4$	Cu-n. $CuSO_4$	Cu-0·01 n. $CuSO_4$	1 gegen 2	1 gegen 3	2 gegen 3
...	...	...	... Kath. ...	... Kath. ...	... Kath. ...

5. 1. a.	1. b.	1. c.	2. a.	2. b.	2. c.	3.
...	...	...	...	...	...	...
...	...	...	...	...	...	... ber.

6. c_1	c_2	c KCl	c $AgNO_3$	EMK	Löslichkeit von AgCl in Wasser
...	...	...	...	...	...

7. H_2-n. NaOH	H_2-n. HCl	H_2—NaOH—HCl—H_2	Ionenprodukt $H^{\cdot}.OH'$
...	...	...	...

VII.

1. a) Zeit, Stunden	Weg: Anion	Kation cm	Konstante = Weg / $\sqrt{\text{Zeit}}$
...	...	...	... usw.

b) Zeit, Min.	Weg: Anion	Kation cm	Angelegte Volt	Gefälle	Anion	Kation Geschwindigkeit
...	...	...	...	...	...	...
..	...	...	...	...	...	...

2. Anion. Zunahme entsprechend der		Überführungszahl		Zeit in Min.	Amp.	Stoff
im Anodenraum	im Coulometer	d. Anions	d. Kations			
...	...	...	...	...	...	...

3. L. Wasser = ... 1000/.489 .... Normalität i. Bez. a. H˙-, bzw. OH'-Ion. In 1000 g Wasser ... g H-Atome, also ... Proz. Zerfall aus der Leitfähigkeit.

4. 5. 6. — 7. Querschnitt ... qcm; Temp. ...; Zeit ...; Weg ... usw.

8. Zeit	Temperatur	Kurve auftragen
...	...	

9. Verpuffungstemperatur für Azid ...; für Knallquecksilber ....

10. Sprengstoff ...; Ausbauchung ...; Brisanz (Nitroglycerin = 1) = ...

11. Temp.	Zeit			Abgelesener Winkel			Zugehör. Konstante			k Mittel
...	...	...	...	...	...	...	...	...	...	...

Enddrehung ... Ebenso für eine rund 10° höhere Temperatur.

12. Temp.	Anfangstiter		Endtiter	ebenso für die 10° höhere Temp.
...	...		...	
Zeit	Titer	k	k Mittel	
...	...	...	...	„
...	...	...	...	„

Temperaturkoeffizient für 10° bei rund ...°. ... Ester ....

13. Temp. ...		a = ...	b = ...	ebenso für die höhere Temperatur	
Zeit	k	Mittel		ebenso f. d. höh. Temp.	Temp.-Koeff. für 10° ....
...	...	...		...	q_0 = ...; $\varkappa$ = ...
...	...	...		...	s = ...

VIII.

1. Bolometer-Ausschlag Na-Brenner ...; Auerbrenner ...; Nernstlampe ....

2. d_1/d_2 ...; $\log J_1/J_0 : \log J_2/J_0$ = ...; $k = -1/d \cdot \log J_1/J_0$ = ...

3. Entfernung ... ...; Zeit ... ... (ber.). 4. —

5. Anthrazen ... g; Dianthrazen ... g; Ausbeute ... Proz.

6. Best. d. Konstanten d. Apparats m. Wasser. Temp. ...; Winkel ... N-Prisma ...
Verdünnte Lösung. Stoff ...

g in 100 g Lös.	Spez. Gew.	Temp. f. Brech. u. Dichte-Best.	Winkel abgeles.	n.	Sp. Refr. Lös.	Sp. Refr. Stoff	Mol. ref. Stoff
...	...	...	...	...	...	...	...

Konzentriertere Lösung ebenso.

7. Stoff ...; Stoffkonzentrat. ...; Lichtquelle ...; Wellenlänge ...; Schwing.-Zahl ....

Röhre ...	...	..	...	...	ebenso für Röhre ...
rechts ...	...	...	...	...	links ...
links ...	...	...	...	...	rechts ...,
	...	...	...	...	wobei a_1 sich ergibt und
	...	...	..	...	ebenso bei Wiederholung
	...	...	...	...	der ersten Anordnung.
		...			
		... : 2 = ...; a_2 = ...			

$e/c = k_{c=\ldots} = \ldots$; $\log \operatorname{tg} a_1 = \ldots$;
$\log \operatorname{tg} a_2 = \ldots$;
$e\,d = \ldots$; $e = \ldots$

8. $p_1 = \ldots$; $p_2 = \ldots$; $T = \ldots$; Lichtquelle ....

Zeit	p	p_x	$(p_1 - p_x)$	$(p_2 - p_x)$	k_{II} usw.
...	...	...	...	...	...

IX.

1. 2. 3.

4. Kapaz. d. App. c	Wasser i. d. Fl.	Luft i. d. Flasche	Luft i. d. Gummiteil	Luft i. d. Zerstr. gef.	Temp.	V.
...	...	...	...	...	...	...

Sachregister.

Berichtigungen und Zusätze.

Es muß heißen:

S. 268, Z. 23 v. o.

*Ag*Cl so lange ....

Z. 24 v. o.

dauernde Trübung bleibt. *a ist für 0.1 KCl = 0.85.*

S. 300, Anm. 2: Deutung von $-G$ ....

... $-q = -q_0 + \sum \nu \int_0^T (C_{v_i} - G)\,dT$ (*worin* $C_{v_i} = C_v - 3/2\,R$) wird, ...

S. 301, Z. 14 v. o.

... Bedingungen auf, *soweit es sich um Zerfälle handelt:*

Z. 29 v. o.

nung) *für Zerfälle:*

S. 302, Z. 15 v. o.

sehen darf. *S. a. S. 353, Verallgemeinerung für Isomerisation, ferner „Die Naturwissenschaften", Jahrg. 1917. Der Verlauf der chemischen Vorgänge. — s. a. Heidelb. Akad. Ber. 1917. Abt. A. 3. Abh.*

Professor Dr. Max Trautz

Praktische Einführung in die Allgemeine Chemie

Versuchs-Berichte zum Selbsteintragen

Preis geheftet M. 1.25

Verlag von Veit & Comp. in Leipzig
Marienstraße 18

FSC
www.fsc.org
MIX
Papier | Fördert
gute Waldnutzung
FSC® C083411

Kolibri 360 GmbH
Ferdinand-Jühlke-Straße 7
99095 Erfurt, Deutschland
produktsicherheit@kolibri360.de